ENTOMOLOGISCHE ABHANDLUNGEN

Herausgegeben vom

STAATLICHEN MUSEUM FÜR TIERKUNDE IN DRESDEN

In Kommission

AKADEMISCHE VERLAGSGESELLSCHAFT GEEST & PORTIG KG

DDR — 701 Leipzig, Goldschmidtstraße 28

Staatliches Museum für Tierkunde, 801 Dresden, Augustusstraße 2
Redakteur: Dipl.-Biol. RÜDIGER KRAUSE

ABHANDLUNGEN UND BERICHTE
AUS DEM STAATLICHEN MUSEUM FÜR TIERKUNDE IN DRESDEN

Hinweise für unsere Autoren

Die Publikationen des Staatlichen Museums für Tierkunde Dresden dienen der Veröffentlichung von Arbeiten aus dem Museum und solchen, die Material des Museums behandeln bzw. über Materialien berichten, von denen Belegstücke in die Sammlung des Museums kommen. Die Arbeiten müssen musealzoologischen Inhalts sein (Taxonomie, Entwicklungslehre, Faunistik, Ökologie, Tiergeographie, Morphologie, Anatomie, Museumsgeschichte, Musealtechnik).

Arbeiten, die diesen Voraussetzungen nicht oder nur teilweise entsprechen, können nur bedingt angenommen und zweitrangig veröffentlicht werden. Es werden nur Originalarbeiten veröffentlicht, die weder ganz noch teilweise anderwärts erschienen sind. Manuskripte können in deutscher, englischer und französischer Sprache eingereicht werden. Für Inhalt und sprachliche Gestaltung und Beachtung einer eventuellen Genehmigungspflicht durch Dritte sind die Autoren selbst verantwortlich. Eine redaktionelle Bearbeitung bleibt dem Herausgeber vorbehalten.

Die Autoren erhalten 100 Sonderdrucke ihrer Arbeiten, bei Veröffentlichungen, die mehr als 200 Seiten umfassen, 50 Sonderdrucke. Diese Zahlen können aus technischen Gründen auch bei zwei oder mehr Autoren nicht erhöht werden. Honorare können nicht gezahlt werden.

Der Eingang der Manuskripte wird bestätigt, über die Annahme wird nach Beratung im Redaktionskollegium entschieden und der Verfasser benachrichtigt.

M a n u s k r i p t g e s t a l t u n g

Personennamen werden mit Großbuchstaben geschrieben (z. B. GANGLBAUER) bzw. wenn das nicht der Fall ist, einfach unterstrichen (Ganglbauer).

Beachte: GANGLBAUERsche Beschreibung (richtig),
GANGLBAUERSCHE Beschreibung (falsch).

Kursivschrift wird durch wellige Unterstreichung gefordert und nur bei wissenschaftlichen Tiernamen verwendet.

Doppelte Unterstreichungen werden für fetten Satz verwendet, S p e r r s a t z wird durch das Sperrungszeichen - - - - - - - gekennzeichnet.

Kleinsatz wird durch eine senkrechte Wellenlinie am Rand der Seite vermerkt, die im gleichen Schriftsatz gesetzten Fußnoten werden durch fortlaufende Numerierung mit hochgestellter Zahl gekennzeichnet.[1]

Der Herausgeber behält sich in jedem Falle die Entscheidung über die zu verwendende Setzart vor.

Die Manuskripte sollen mit Schreibmaschine auf einseitig beschriebenem Papier mit fortlaufend numerierten Seiten eingereicht werden. Die Zeilen sollen 1½—2 Zeilenabstände voneinander entfernt sein.

Die oft auf eingereichten Manuskripten vorhandenen Angaben: „Aus dem Institut für . . .“ usw. werden grundsätzlich nicht veröffentlicht.

Jede Veröffentlichung (außer den Arbeiten für Reichenbachia) muß eine kurze Zusammenfassung in 2 Sprachen enthalten, wobei zwischen Deutsch/Russisch, Deutsch/Französisch und Deutsch/Englisch die Wahl gelassen wird.

Das Literaturverzeichnis am Ende der Arbeit wird alphabetisch nach Autorennamen, bei mehreren Arbeiten eines Autors chronologisch, geordnet.

An den Schluß jeder Arbeit gehört die vollständige Adresse des Autors.

[1] Sämtliche Korrekturen und Setzhinweise sind stets mit weichem Bleistift vorzunehmen.

5. Unterfamilie **HALTICINAE KIRKALDY, 1902, nov. stat.**

Syn.: *Labopini* REUTER, 1883, CARVALHO 1952, An. Bras. Ci., Bd. 24, S. 39—40; id. 1958, Arq. Mus. Nac. Rio de Janeiro, Bd. 47, S. 5.

Die *Halticinae* KIRK. standen bisher als Stamm in der Unterfamilie *Orthotylinae* van DUZ., in der sich außerdem auch die *Pilophorinae* REUT. befanden. Alle drei Stämme haben jedoch einen grundlegend verschiedenen Bau der Genitalien des ♂. Der Penis ist bei den *Halticinae* KIRK. vom *Mirinae*-Typ (Abb. 347c). Die Vesika hat membranöse Anhänge, in denen 1 bis 2 Spikula und oft auch mit Zähnen besetzte membranöse Anhänge sitzen. Die Theka ist nicht mit der Wandung des Genitalsegmentes verwachsen und die Basis liegt der Theka an. Bei den *Orthotylinae* van DUZ. (Abb. 347b) besteht die Vesika aus 2 Chitinbändern, die oft verzweigt und deren Ränder oft gezähnt sind, insbesondere in ihrem apikalen Teil. Die Theka ist nicht mit der Wandung des Genitalsegments verwachsen. Bei den *Pilophorinae* REUT. (Abb. 347a) ist der Penis vom *Phylinae*-Typ. Der Apikalteil der Theka ist mit der Wandung des Genitalsegments verwachsen, von der Basis bis zur Verwachsungsstelle besteht sie aus einer dünnen Haut. Die Vesika besteht aus 2 langen, schlanken, aneinanderliegenden Chitinblättern, die nur im apikalen Teil Fortsätze oder plattenartige Verbreiterungen aufweisen. Die Basis liegt der

347

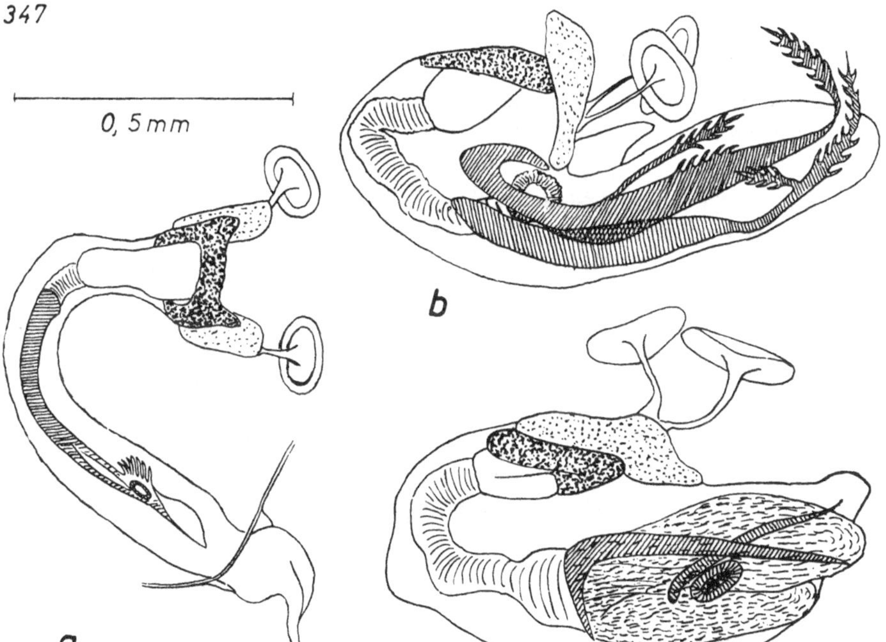

Abb. 347: Penis von links
a: *Pilophorus confusus* Kb. — b: *Heterocordylus tibialis* Hhn. — c: *Orthocephalus coriaceus* F.

Theka nicht an. Diese 3 grundverschiedenen Penistypen können nicht in einer Unterfamilie verbleiben. Daher werden die drei Stämme hier als Unterfamilien behandelt.

Die *Halticinae* KIRK. sind oft schwarz gefärbt und tragen in der Regel eine zweifache Behaarung, die aus hellen, anliegenden und mehr oder weniger aufrechten, oft borstenartigen, schwarzen Haaren besteht. Der Kopf ist stark geneigt. Wangen hoch. Auge im oberen Teil der Kopfseiten sitzend, sein Abstand von der Tylusspitze ist größer als die Höhe des Auges. 1. Glied des Rostrum mehr als doppelt so dick wie das 1. Fühlerglied (Abb. 348, a–c). Scheitel oft gerandet oder scharfkantig. Pronotum ohne Querfurche (Ausnahme *Myrmecophyes* FIEB.). Arolien im basalen Teil divergierend, hinter der Mitte konvergierend (Abb. 349h), ihre Spitzen dann leicht divergierend.

Auch der Bau der Parameren ist sehr charakteristisch. Rechtes Paramer (Abb. 348, d–f) löffelförmig, mit einem mehr oder weniger langen Stiel, größer als das linke. Letzteres (Abb. 348, g–i) klein und schlank, nur wenig gekrümmt, in der Mitte einen mehr oder weniger deutlichen, stumpfen Winkel bildend. Sinneshöcker schmal und hoch, fast immer an der Außenseite sitzend, oft spitz. Hypophysis mit langem Arm, in der Regel mit einem kleinen Höcker.

Die Unterfamilie zerfällt in 2 Stämme, die beide im Mittelmeerraum vorkommen:

Bestimmungstabelle
für die Stämme der *Halticinae* KIRK.

1 (2) Stirn nicht kegelförmig vorstehend (Abb. 348, a–c). 1. Fühlerglied nie länger als Kopf und Pronotum zusammen. Gestalt nicht an *Stenodema* LAP. erinnernd. 1. Stamm **Halticini** S. 2

2 (1) Stirn kegelförmig vorstehend, Kopf länger als hoch (Abb. 348k). 1. Fühlerglied länger als Kopf und Pronotum zusammen. Gestalt an *Stenodema* LAP. erinnernd. 2. Stamm **Chorosomellini** S. 107

1. Stamm **HALTICINI** s. str.

Robuste Arten. Färbung meistens schwarz. Kopf in der Regel höher als lang (Abb. 348, a–c). Stirn bisweilen vorgewölbt, aber nie kegelförmig. Augen fast immer die Vorderecken des Pronotum berührend. Fühler in der Regel kürzer als das Tier, ihr 1. Glied nie länger als Kopf und Pronotum zusammen.

Der Stamm läßt sich in die folgenden Gattungsreihen einteilen.

Bestimmungsschlüssel
für die Gattungsreihen der *Halticini* s. str.

1 (2) Gestalt der f. brach. ameisenähnlich, mit deutlicher Ameisentaille (Abb. 349a). Bei der f. macr. ist der Cuneus nicht abgeteilt und die Adern der Membran bilden keine Zellen. Der Teil des Kopfes unter den Augen ist mehr als doppelt so hoch wie das Auge (Abb. 348a).
1. Gattungsreihe **Myrmecophyaria** S. 4

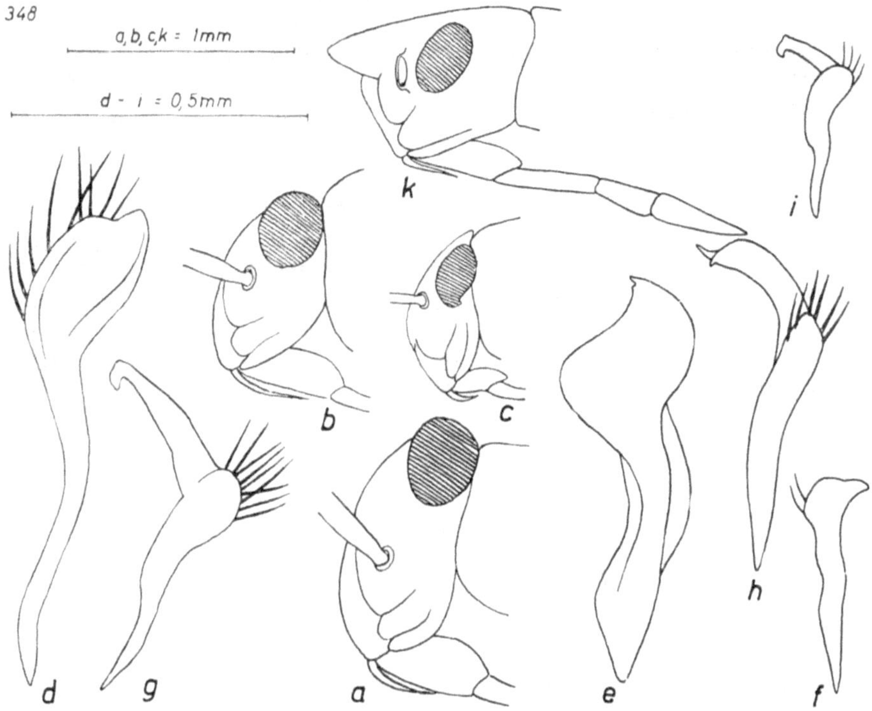

Abb. 348: *Halticinae*, Männchen

a, e, h: *Myrmecophyes alboornatus* Stål — b, d, g: *Orthocephalus coriaceus* F. — c, f, i: *Halticus pusillus* H.-S. — k: *Chorosomella jakovleffi* Horv.
a—c: Kopf von links — d—f: rechtes Paramer von oben — g—i: linkes Paramer von oben — k: Kopf und Rostrum von links

2 (1) Gestalt der f. brach. oval oder länglich-oval, Abdomen nicht eingeschnürt. Bei der f. macr. ist der Cuneus deutlich abgeteilt und die Adern der Membran bilden die üblichen 2 Zellen. Der Teil des Kopfes unter den Augen ist weniger als doppelt so hoch wie das Auge (Abb. 348, b+c).

3 (4) 4. Fühlerglied länger als das 3. (Abb. 350). Fühler lang, oft länger als das Tier. Scheitel hinten scharfkantig. Die Augen sind höher als lang und greifen auf die Vorderecken des Pronotum über (Abb. 348c).
2. Gattungsreihe **Halticaria** S. 5

4 (3) 4. Fühlerglied in der Regel kürzer als das 3., selten länger, dann ist der Scheitel stumpfkantig, das Auge kugelig und greift nicht auf die Vorderecken des Pronotum über (Abb. 348b). Bisweilen greifen die Augen auf die Vorderecken des Pronotum über, dann sind die Fühler nur 0,6× so lang wie das Tier. 3. Gattungsreihe **Laboparia** S. 15

1. Gattungsreihe **Myrmecophyaria** REUTER, 1891

Die Gattungsreihe unterscheidet sich von den beiden anderen durch die ameisenähnliche Gestalt, das an der Basis eingeschnürte, fast kugelige Abdomen, die bei der f. brach. sehr kurzen Halbdecken (Abb. 349a+b). Bei der f. macr. ist der Cuneus nicht abgeteilt und die Adern der Membran sind verzweigt, bilden aber keine Zellen. Der Kopf ist sehr hoch und die Augen sitzen an der oberen Ecke (Abb. 349c) und bedecken weniger als ein Drittel der Kopfseiten. Die Fühlerwurzel ist weit vom Auge entfernt. Weder der Hinterrand des Scheitels noch die Augen greifen auf das Pronotum über. Fühler weit länger als das Tier (Abb. 349a), ihr 4. Glied kürzer als das 3. Pronotum der f. brach. (Abb. 349b) in der Mitte am breitesten und viel schmaler als der Kopf. Bei der f. macr. ist es trapezförmig und hat eine Querfurche. Beine (Abb. 349a) lang und schlank. An den Hintertarsen (Abb. 349d) ist das 1. Glied 0,75× so lang wie das 2. und das 3. länger als das 2. Rostrum schlank.

Zu dieser Gattungsreihe gehört nur 1 Gattung.

68. Gattung **MYRMECOPHYES** FIEBER, 1870

Typus-Art: *M. alboornatus* STÅL

Ameisenähnliche, meist schwarz gefärbte Arten mit hell gezeichneten Halbdecken. Fast immer brachypter. Kopf sehr groß (Abb. 349c), höher als breit. Segment 1 und 2 des Abdomen eingeschnürt, dahinter ist das Abdomen fast kugelig. Seitlich gesehen (Abb. 349e) erscheint es beim ♂ in seinem hinteren Teil stark nach unten gekrümmt, so daß die Genitalöffnung schräg nach unten gerichtet ist. Am linken Paramer (Abb. 348h) hat die Hypophysis eine schlanke, geradeaus gerichtete Spitze. Die Gattung enthält 16 Arten, die das nördliche und mittlere Asien bewohnen. Nur eine davon ist bis in den Norden des Mittelmeerraumes vorgedrungen.

Myrmecophyes alboornatus (STÅL), 1858, (Abb. 349a)

Schlank, ameisenähnlich. Schwarz, Halbdecken in der hinteren Hälfte weißlich. Fühler und Beine zum Teil gelbbraun bis braun. Glänzend. Kopf stark gerunzelt. Scheitel beim ♂ (Abb. 349b) 1,67×, beim ♀ 2,0× so breit wie das leicht gestielte Auge. Fühlerwurzel (Abb. 349c) nahe der Mitte der Kopfseiten gelegen. 1. Fühlerglied schlank, 0,68× so lang, wie der Kopf breit ist, gelblich; 2. Glied dünn, 2,5× so lang wie das 1. und 1,6× so lang, wie der Kopf breit ist, gelblich, distal oft braun; 3. Glied 0,7× so lang wie das 2. und 1,5× so lang wie das 4., beide Endglieder braun bis schwarzbraun. Pronotum der f. brach. nur 0,63× so breit wie der Kopf (Abb. 349b), bei der f. macr. breiter und trapezförmig. Halbdecken der f. brach. ohne Einteilung, der hintere Teil weißgelb, bei der f. macr. das Abdomen weit überragend, hinter der Mitte mit weißer Querbinde. Membran mit mehreren, verzweigten Adern, die von einer Querader abzweigen.

Genitalsegment des ♂ (Abb. 349f) sehr kurz und breit, nach unten gerichtet. Rechtes Paramer (Abb. 348e) robust, löffelförmig, distal mit nach außen gekrümmter Spitze. Linkes Paramer (Abb. 348h) klein, fast winklig gebogen, Hypophysis mit

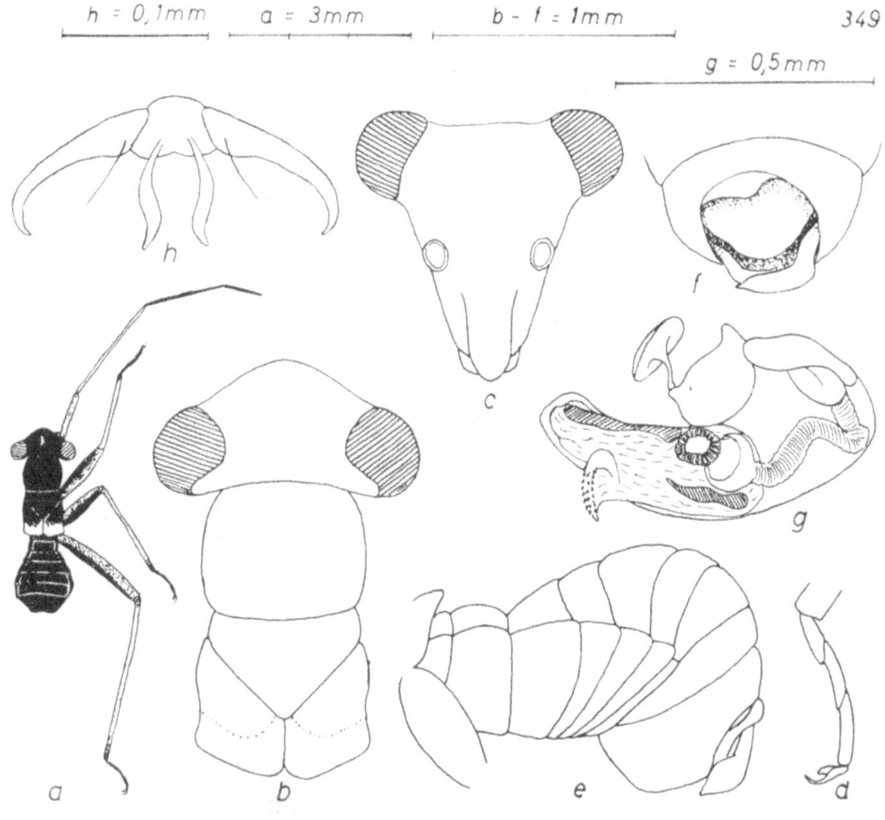

Abb. 349: *Myrmecophyes alboornatus* Stål, ♂
a: Männchen — b: vorderer Teil desselben — c: Kopf von vorn — d: Hinterfuß — e: Abdomen von links — f: Genitalsegment schräg von hinten — g: Penis von rechts — h: Klauen des Hinterfußes von innen

feiner, gerader Spitze. Penis (Abb. 349g) schlank, leicht gekrümmt, Theka vor der Spitze mit gekrümmtem, gezähntem Anhang. Vesika mit 2 Spikula.

Länge: ♂ makr. = 5,0 mm, ♂ brach. = 3,0 mm, ♀ brach. = 3,8–4,0 mm.

Die Art lebt in Westeuropa im Gebirge in lichten Wäldern im Grase. Die Imagines vermögen kleine Sprünge auszuführen. Sie waren im Juli vorhanden.

Das Verbreitungsgebiet sind vor allem Sibirien und das östliche Nordeuropa. Die Art wurde jedoch auch im S und W des europäischen Teils der Sowjetunion, in Jugoslawien, Ungarn und Mähren gefunden. Den westlichsten Punkt ihrer Verbreitung erreicht sie in Südfrankreich (Pyrénées-orientales, Font Romeu, 1800–1950 m).

2. Gattungsreihe **Halticaria** KIRKALDY, 1902

Klein, oval. Größtenteils schwarz gefärbt. Behaarung oft zweifach. Halbdecken oft verkürzt, aber auch bei der f. macr. das Abdomen kaum überragend. Membran, wenn vorhanden, mit 2 Zellen. Kopf kurz und geneigt (Abb. 348c), Augen die Vorderecken des Pronotum bedeckend. Fühler schlank, mindestens so lang wie das Tier, das 4. Glied länger als das 3. Beine kurz, Hinterschenkel bisweilen verdickt. Abdomen kurz und oval, an der Basis nicht eingeschnürt.

Rechtes Paramer (Abb. 348f) löffelförmig, mit langem Stiel, in der Regel mit deutlich erkennbarer Hypophysis. Linkes Paramer (Abb. 348i) kleiner als das rechte, schlank, winklig gebogen. Hypophysis meistens nach unten gekrümmt. Theka oft stark pigmentiert, schwarz.

Die Gattungsreihe enthält 2 Gattungen, die beide im Mittelmeerraum vertreten sind.

Bestimmungsschlüssel
für die Gattungen der *Halticaria* KIRK.

1 (2) Zügel wallartig erhaben. Scheitel und Stirn flach (Abb. 351). Fühler zum mindesten bei der f. brach. länger als der Körper.
69. Gattung **Halticus** S. 6

2 (1) Zügel flach, nicht erhaben. Scheitel und Stirn gewölbt (Abb. 356, b+e). Fühler so lang oder kürzer als der Körper. 70. Gattung **Halticidea** S. 13

350

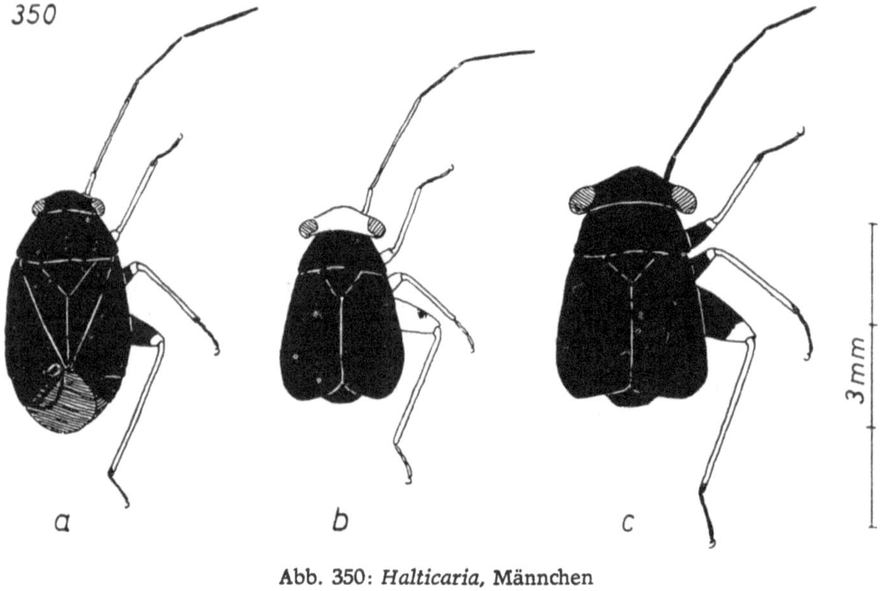

Abb. 350: *Halticaria*, Männchen

a: *Halticus major* E. Wagn., makr. — b: *Halticus rugosus* Reut., brach. — c: *Halticidea decalvata* Seid., brach.

69. Gattung HALTICUS HAHN, 1831

Typus-Art: *H. apterus* L.

Kleine, ovale Arten (Abb. 350). Schwarz, Spitzen der Schenkel und die Schienen meistens gelb bis gelbbraun, bisweilen auch die Schenkel, der Kopf und Teile der

Fühler hell. Kopf kurz und hoch (Abb. 348c). Scheitel hinten kantig, oft auf den Vorderrand des Pronotum übergreifend. Augen an der oberen Kopfecke sitzend und die Vorderecken des Pronotum umfassend. Fühler sehr lang und dünn, bei der f. brach. stets länger als das Tier, bei der f. macr. bisweilen etwas kürzer; ihr 3. Glied stets kürzer als das 4. Halbdecken oft verkürzt (Abb. 350, b+c). Hinterschenkel verdickt. Zügel gewölbt vorstehend.

Die Gattung ist über die ganze Erde verbreitet und enthält 19 Arten. Davon kommen im Mittelmeerraum 10 vor.

Bestimmungsschlüssel
für die Arten von *Halticus* HAHN

1 (2) Tylus stark vorstehend (Abb. 351a), an der Spitze fast so breit wie das Auge. Von vorn gesehen (Abb. 353a) ist der Kopf viel höher als breit. Oberlippe groß und dick (Abb. 351a). 1. **H. luteicollis** S. 9

2 (1) Tylus weniger stark vorstehend (Abb. 351, b–h), an der Spitze weniger als halb so breit wie das Auge. Von vorn gesehen (Abb. 353, b–h) ist der Kopf breiter als hoch oder etwa so breit wie hoch. Oberlippe kleiner (Abb. 351, b–h).

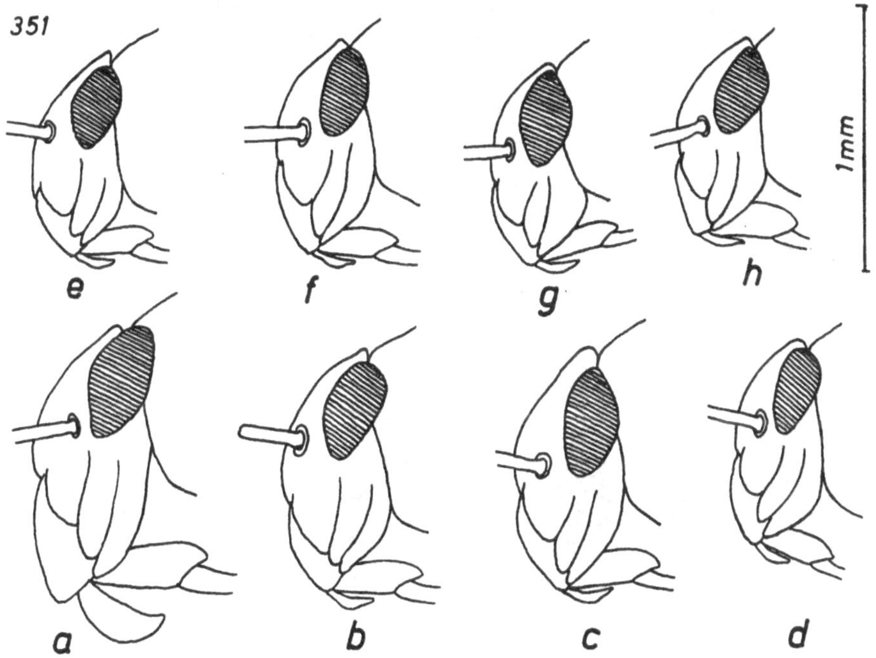

Abb. 351: *Halticus*, Kopf des Männchens von links
a: *H. luteicollis* Pz. — b: *H. apterus* L. — c: *H. saltator* Geoffr. — d: *H. macrocephalus* Fieb. — e: *H. pusillus* H.-S. — f: *H. major* E. Wagn. — g: *H. rugosus* Reut. — h: *H. asperulus* Horv.

3 (6) Hinterschenkel hell gefärbt, bisweilen mit dunklem Längsstreif (Abb. 352f) oder schwarzem Fleck vor der Spitze (Abb. 350b).

4 (5) Kopf schwarz. Hinterschenkel mit dunklem Längsstreif (Abb. 352f).
2. **H. puncticollis** S. 9

5 (4) Kopf gelb. Hinterschenkel an der Vorderkante vor der Spitze mit dunklem Fleck (Abb. 350b). 3. **H. rugosus** S. 10

6 (3) Hinterschenkel zum mindesten an der Basis schwarz, meistens größtenteils schwarz (Abb. 352, b–e, g+h).

7 (8) Schienen schwarz, nur die Basis schmal gelblich (Abb. 352g).
4. **H. asperulus** S. 10

8 (7) Schienen größtenteils oder ganz hell gelblich.

9 (10) Vorder- und Mittelschenkel einfarbig weißgelb (Abb. 354c), Hinterschenkel größtenteils schwarz (Abb. 352d). 5. **H. macrocephalus** S. 11

10 (9) Alle Schenkel im basalen Teil schwarz (Abb. 352, b, c, h).

11 (12) Kopf hell gefärbt, bisweilen dunkel gefleckt. 6. **H. saltator** S. 11

12 (11) Kopf schwarz, bisweilen am Auge ein brauner Fleck.

13 (14) Kopf von vorn gesehen (Abb. 353h) so hoch wie breit. Halbdecken oft verkürzt (Abb. 354b). Halbdecken 1,7–2,0× so breit wie der Kopf. Scheitel am Auge mit gelbbraunem Fleck. 7. **H. apterus** S. 12

14 (13) Kopf von vorn gesehen (Abb. 353, c+d) 1,25–1,33× so breit wie hoch, ohne gelbbraune Flecke. Makropter.

15 (18) Hinterschenkel größtenteils schwarz (Abb. 352, b+c). 2. Fühlerglied kürzer, als das Pronotum breit ist.

16 (17) Scheitel beim ♂ 3,6×, beim ♀ 3,67× so breit wie das Auge (Abb. 353d). Hinterschenkel (Abb. 352b) sehr lang, Spitze bis ein Viertel der Länge gelbbraun. 8. **H. major** S. 12

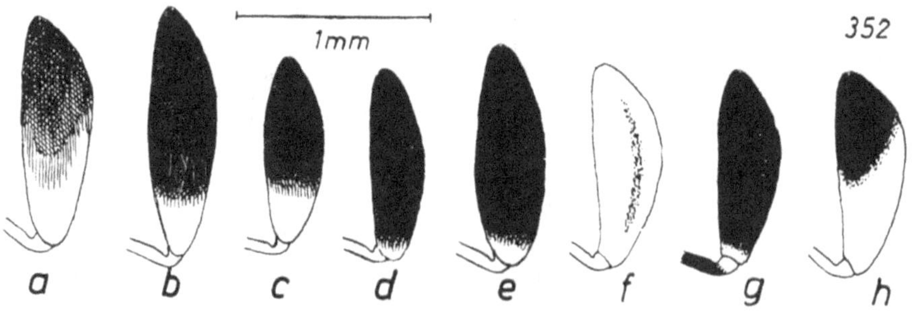

Abb. 352: *Halticus*, Hinterschenkel des ♂ von außen

a: *H. luteicollis* Pz. — b: *H. major* E. Wagn. — c: *H. pusillus* H.-S. — d: *H. macrocephalus* Fieb. — e: *H. apterus* L. — f: *H. puncticollis* Fieb. — g: *H. asperulus* Horv. — h: *H. henschi* Reut.

17 (16) Scheitel beim ♂ 4,3×, beim ♀ fast 5× so breit wie das Auge (Abb. 353c). Hinterschenkel kürzer (Abb. 352c), Spitze bis fast ein Drittel der Länge gelbbraun. 9. **H. pusillus** S. 13

18 (15) Hinterschenkel zum größeren Teil (fast zwei Drittel der Länge) hell (Abb. 352h). 2. Fühlerglied länger, als das Pronotum breit ist. 10. **H. henschi** S. 13

1. **Halticus luteicollis** (PANZER), 1805 (Abb. 354a)

Gestalt rhombenförmig. Schwarz, mit Erzglanz, dicht mit kurzen, goldglänzenden Haaren bedeckt. Kopf gelb, oft mit dunkler Zeichnung. Scheitel 2,5× so breit wie das Auge. Tylus stark vorstehend (Abb. 351a). Fühler hell, sehr lang und schlank; 2. Glied länger, als das Pronotum breit ist, seine Spitze und die beiden Endglieder dunkel. Pronotum gelbbraun, seltener schwarz. Beine hellgelb, Schenkel im basalen Teil oft gebräunt (Abb. 352a). Stets makropter.

Genitalsegment des ♂ (Abb. 355a) kurz und breit. Rechtes Paramer (Abb. 355c) groß, Schaft fast so dick wie der Apikalteil. Linkes Paramer (Abb. 355d) klein, Hypophysis einfach gekrümmt. Penis (Abb. 355b) schuhförmig.

Variation:

a (b) Pronotum gelblich (Abb. 354a). var. typica

b (a) Pronotum schwarz.

c (d) Kopf gelblich, Apikalteil der Hinterschenkel gelbbraun. var. **propinqua** HORV.

d (c) Kopf mit schwarzem, durchlaufendem, dunklem Mittelfleck. Hinterschenkel fast ganz schwarz. var. **vitticeps** REUT.

Länge: ♂ = 2,7–3,0 mm, ♀ = 3,4–3,7 mm.

Die Art lebt an Clematis vitalba L. Sie saugt die Säfte der Pflanze. Die Stiche hinterlassen auf den Blättern weiße Flecke. Imagines im Juli und August. Überwintert als Ei.

H. luteicollis PZ. bewohnt Mittel- bis Südeuropa und Kleinasien.

2. **Halticus puncticollis** FIEBER, 1870

Kleiner, oval. Schwarz, glänzend. Halbdecken mit langen, gelben Haaren. Kopf schwarz. Tylus nur wenig vorstehend. Scheitel beim ♂ fast 4×, beim ♀ 4× so breit wie das Auge. Fühler gelb, 2. Glied an der Spitze bräunlich, kürzer als das 3. und 4. zusammen, letztere dunkel. Pronotum mit entfernt stehenden, groben Punktgruben, nicht breiter als der Kopf. Makropter. Beine gelb, Schenkel unterseits mit dunklem Längsstreif (Abb. 352f), Dornen der Schienen hell. 3. Tarsenglied schwarz.

Länge: ♂ = 2,1–2,5 mm, ♀ = 2,4–3,0 mm.

Mediterrane Art, die bisher nur in Jugoslawien (Montenegro), Italien (Görz), Griechenland (Korfu) und den Gebieten nördlich des Schwarzen Meeres gefunden wurde.

3. **Halticus rugosus** REUTER, 1894 (Abb. 350b)

Klein, oval. Schwarz, stark runzelig, glänzend, mit feinen, hellen Haaren. Kopf gelblich, von vorn gesehen (Abb. 353e) breiter als hoch. Scheitel 2,6–3,0× so breit wie das Auge. Fühler gelb; 2. Glied viel länger, als das Pronotum breit ist (Abb. 350b), aber etwas kürzer als das 3. und 4. zusammen, beide Endglieder dunkel. Pronotum schmaler als der Kopf, mit sehr groben, punktartigen Runzeln. Halbdecken stark runzelig, in der Regel verkürzt. Beine gelb, Hinterschenkel am Vorderrande vor der Spitze mit dunklem Fleck (Abb. 350b). Dornen der Schienen hell.

Länge: ♂ = 1,9–2,0 mm, ♀ = 2,1–2,2 mm.

Bisher nur in Syrien gefunden.

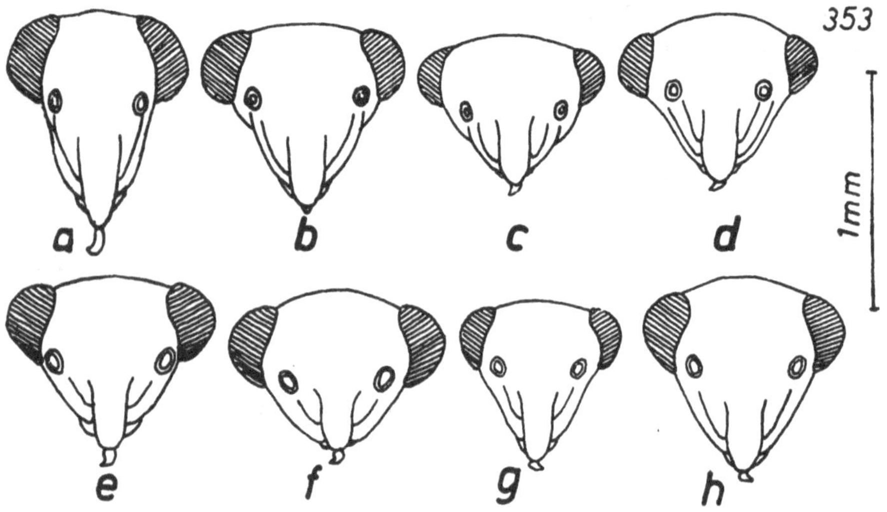

Abb. 353: *Halticus*, Kopf des Männchens von vorn
a: *H. luteicollis* Pz. — b: *H. saltator* Geoffr. — c: *H. pusillus* H.-S. — d: *H. major* E. Wagn. — e: *H. rugosus* Reut. — f: *H. asperulus* Horv. — g: *H. macrocephalus* Fieb. — h: *H. apterus* L.

4. **Halticus asperulus** HORVATH, 1898.

Etwas größer. Schwarz, glänzend, grob gerunzelt, fein hell behaart. Kopf schwarz, von vorn gesehen (Abb. 353f) 1,4× so breit wie hoch. Scheitel (♂) 3,63× so breit wie das Auge. Fühler gelb, die beiden Endglieder dunkel; 2. Glied 0,95× so lang, wie das Pronotum breit ist. Pronotum mit sehr groben, punktartigen Runzeln, 1,1× so breit wie der Kopf. Halbdecken voll entwickelt. Beine schwarz, nur die Spitzen der Schenkel und die Basis der Schienen hell (Abb. 352g).

Länge: ♂ = 2,5 mm.

Die Art bewohnt Armenien und Kaukasien, wurde aber auch im Mittelmeerraum (Syrien, Türkei) gefunden.

5. **Halticus macrocephalus** FIEBER, 1858 (Abb. 354c)

Klein, oval. Schwarz, glänzend, fein hell behaart. Kopf schwarz, seltener teilweise hell, von vorn gesehen (Abb. 353g) so hoch wie breit. Scheitel beim ♂ 2,5–2,6×, beim ♀ 2,67× so breit wie das Auge, am inneren Augenrande ein gelbbrauner Fleck. Fühler gelb, 2. Glied etwas länger, als der Kopf breit ist. Pronotum schmaler als der Kopf, undeutlich gerunzelt. Halbdecken 1,5× so breit wie der Kopf, in der Regel verkürzt und mit schmalem Membranrest an der Innenseite (Abb. 354c), bisweilen aber auch voll entwickelt und das Ende des Abdomens ein wenig überragend. Vorder- und Mittelbeine einfarbig weißgelb. Hinterschenkel schwarz, an der Spitze schmal gelblich (Abb. 352d). Dornen der Schienen hell.

Länge: ♂ brach. = 1,6–2,0 mm, ♀ makr. = 3,0–3,1 mm, ♀ brach. = 2,0–2,3 mm.

Mediterrane Art. Bisher in Südfrankreich, Spanien, Marokko, Algerien, Tunesien, Italien, auf den Inseln Korsika und Sardinien sowie in Jugoslawien, Albanien, Bulgarien, Griechenland, der Türkei und Syrien gefunden. Die Art lebt an Clematis und Carduncellus. Imagines von Mai bis August. Überwintert als Ei. 1 Generation im Jahre.

6. **Halticus saltator** (GEOFFROY), 1785

Etwas größer, oval. Schwarz, glänzend, mit sehr feiner, heller Behaarung. Kopf gelb, von vorn gesehen (Abb. 353b) so hoch wie breit. Scheitel beim ♂ 2,5×, beim ♀ 2,67× so breit wie das Auge. Tylus (Abb. 351c) nur wenig vorstehend und kaum halb so breit wie das Auge. Fühler gelb; 2. Glied 1,33× so lang, wie der Kopf breit ist; Glied 3 und 4 gebräunt. Pronotum gerunzelt. Halbdecken oft verkürzt, mit schmalem Membranrest an der Innenseite, seltener voll entwickelt. Hinterschenkel schwarz, Spitze gelblich. Schienen gelb, ihre Dornen hell.

Länge: ♂ makr. = 2,5 mm, ♂ brach. = 2,0–2,2 mm, ♀ makr. = 2,7 mm, ♀ brach. = 2,4–2,6 mm.

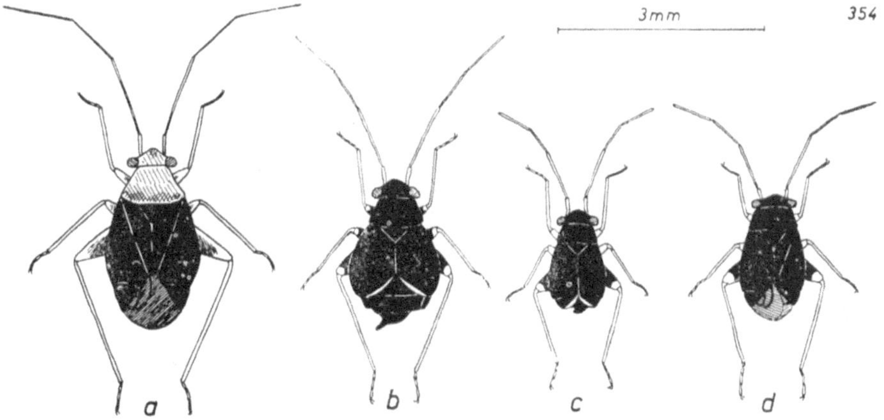

Abb. 354: *Halticus*, Männchen
a: *H. luteicollis* Pz. — b: *H. apterus* L. — c: *H. macrocephalus* Fieb. — d: *H. pusillus* H.-S.

Die Art lebt an Kräutern und saugt die Säfte der Pflanzen. Sie hat stellenweise Schäden an Gemüse und Zierpflanzen angerichtet (Gurken, Calendula, Althea). Die Stiche der Tiere rufen Verkrüppelungen der Blätter hervor. Imagines von Juni bis September. Überwintert als Ei.

Verbreitungsgebiet sind Mittel- und Südeuropa. Im Mittelmeerraum in ganz Südeuropa.

7. **Halticus apterus** (LINNÉ), 1761 (Abb. 354b)

Etwas größer. Schwarz, glänzend. Kopf schwarz, Scheitel beim ♂ 3,0×, beim ♀ 3,2× so breit wie das Auge, am inneren Augenrande ein gelbbrauner Fleck. Tylus nur wenig vorstehend (Abb. 351b). Von vorn gesehen (Abb. 353h) ist der Kopf etwa so hoch wie breit. Fühler gelblich; 2. Glied 1,2× so lang, wie der Kopf breit ist. Pronotum fast glatt. Brachypter (Abb. 354b), selten makropter. Hinterschenkel schwarz (Abb. 352e), an der Spitze gelblich. Schienen gelblich, mit hellen Dornen.

Länge: ♂ makr. = 3,0–3,2 mm, ♂ brach. = 2,0–2,3 mm, ♀ makr. = 2,6–3,3 mm, ♀ brach. = 2,2–2,6 mm.

Die Art lebt an Kräutern (Ononis, Vicia) und am Boden unter Pflanzenpolstern an trockenen, sandigen Orten. Imagines von Juni bis August. Überwintert als Ei. 1 Generation im Jahre.

Eurosibirische Art. Im Mittelmeerraum in Südeuropa, Algerien und der Türkei.

8. **Halticus major** E. WAGNER, 1951 (Abb. 350a)

Nachr. naturw. Mus. Aschaffenbg., Bd. 33, S. 69.

Groß, oval. Schwarz, glänzend, fein hell behaart. Kopf schwarz, von vorn gesehen (Abb. 353d) breiter als hoch. Scheitel beim ♂ 3,6×, beim ♀ 3,67× so breit wie das

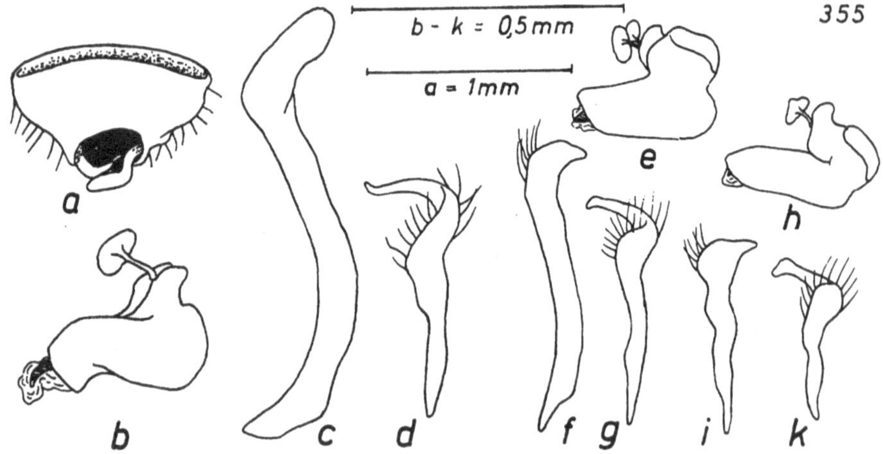

Abb. 355: *Halticus* Hhn., Genitalien des Männchens
a—d: *H. luteicollis* Pz. — e—g: *H. major* E. Wagn. — h—k: *H. pusillus* H.-S.
a: Genitalsegment von oben — b, e, h: Penis von rechts — c, f, i: rechtes Paramer von oben — d, g, k: linkes Paramer von oben

Auge. Tylus (Abb. 351f) wenig vorstehend. Fühler gelblich rotbraun; 2. Glied beim ♂ 1,08×, beim ♀ 1,0× so lang, wie der Kopf breit ist. Makropter. Hinterschenkel (Abb. 352b) lang, an der Spitze bis ein Viertel der Länge gelbbraun.

Rechtes Paramer (Abb. 355f) lang und schlank, Apikalteil nach unten gekrümmt. Linkes Paramer (Abb. 355g) ebenfalls lang, Hypophysis nach unten gekrümmt, ihr Arm schlank. Penis (Abb. 355e) schuhförmig.

Länge: ♂ = 2,3–2,8 mm, ♀ = 2,5–3,1 mm.

Die Art lebt an sonnigen Orten auf trockenem Boden an Kräutern. Imagines von Mai bis August. Überwintert als Ei.

Verbreitungsgebiet Europa. Im Mittelmeerraum in Südfrankreich, Italien und Bulgarien.

9. **Halticus pusillus** (HERRICH-SCHÄFFER), 1835 (Abb. 354d)

E. WAGNER, l. c.

Der vorigen Art ähnlich, aber kleiner. Scheitel beim ♂ (Abb. 353c) 4,3×, beim ♀ fast 5× so breit wie das ungewöhnlich kleine Auge. Hinterschenkel (Abb. 352c) kleiner, kürzer, die helle Färbung bedeckt etwa ein Drittel der Länge des Schenkels. 2. Fühlerglied beim ♂ 1,0×, beim ♀ 0,9× so lang, wie der Kopf breit ist. Makropter.

Rechtes Paramer (Abb. 355i) weit kleiner und der Apikalteil verhältnismäßig breiter. Linkes Paramer ebenfalls kleiner, Hypophysis größer, ihr Arm dicker. Penis (Abb. 355h) kleiner und schlanker.

Die Art lebt an trockenen, warmen Orten an Galium (G. verum L.) und am Boden unter den Pflanzen. Imagines von Juni bis August. Überwintert als Ei.

Eurosibirische Art. Im Mittelmeerraum in Spanien, Frankreich, Italien und auf der Balkanhalbinsel (Jugoslawien, Albanien, Bulgarien).

10. **Halticus henschi** REUTER, 1888

Der vorigen Art ähnlich, in Gestalt, Färbung und Größe übereinstimmend. Kopf schwarz, breiter als hoch. Tylus nur wenig vorstehend. Scheitel etwa 4× so breit wie das Auge. Fühler gelblich, 2. Glied länger, als das Pronotum breit ist. Pronotum dicht punktartig gerunzelt. Makropter. Beine gelb, Hinterschenkel etwas über das basale Drittel hinaus schwarz (Abb. 352h). Dornen der Schienen hell, 3. Tarsenglied braun.

Länge: ♂ = 1,8–2,0 mm, ♀ = 2,1–2,4 mm.

Bisher nur in Illyrien (Görz) gefunden.

70. Gattung **HALTICIDEA** REUTER, 1901

Typus-Art: *H. punctulata* REUT.

Der vorigen Gattung recht ähnlich (Abb. 350c), unterscheidet sich vor allem durch kürzere Fühler, die beim ♂ ein wenig länger, beim ♀ deutlich kürzer sind als das Tier. Kopf kurz und geneigt (Abb. 356, b+e). Seitlich gesehen ist die Stirn gewölbt. Auge die Vorderecken des Pronotum umfassend. Zügel nicht gewölbt. Fühlerwurzel weit vom Auge entfernt. Halbdecken verkürzt. Beine kurz. Schenkel schwarz, die Spitze gelblich. Hinterschenkel verdickt. Genitalien des Männchens denen von *Halticus* HAHN ähnlich.

Die Gattung enthält 2 Arten, von denen eine im Mittelmeerraum vorkommt.

Bestimmungsschlüssel

für die Arten von *Halticidea* REUT.

1 (2) Stirn stark gewölbt, im unteren Teil mit langen weißen Haaren (Abb. 356b). 1. Fühlerglied (Abb. 356a) keulenförmig, innen mit langen weißen Haaren; 2. Glied (Abb. 356c) gelbbraun, nahe der Basis mit schwarzem Ring. Die im O des europäischen Teils der Sowjetunion und Kasachstan lebende **H. punctulata** REUT.

2 (1) Stirn weit flacher (Abb. 356e), ohne weiße Haare. 1. Fühlerglied (Abb. 356f) nur mit schwarzen Borsten, schlanker; 2. Glied ganz schwarz, bisweilen vor der Spitze breit dunkelbraun (♀). **H. decalvata** S. 14

Halticidea decalvata SEIDENSTÜCKER, 1962 (Abb. 350c)

Reichenbachia, Bd. 1, S. 134—136; *H. punctulata* SEID. nec REUTER 1958, Rev. Fac. Sci. Univ. Istanbul, Serie B., Bd. 23, S. 120—121.

Breit oval, schwarz glänzend, kahl. Kopf etwas breiter als das Pronotum (Abb. 350c).

Scheitel beim ♂ (Abb. 356d) 3,2×, beim ♀ 3,7× so breit wie das Auge. Augen stark vorstehend. Fühlerwurzel weit vom Auge entfernt. Fühler schwarz (Abb. 356f); 2. Glied 0,85× so lang, wie der Kopf breit ist, bisweilen in der Apikalhälfte

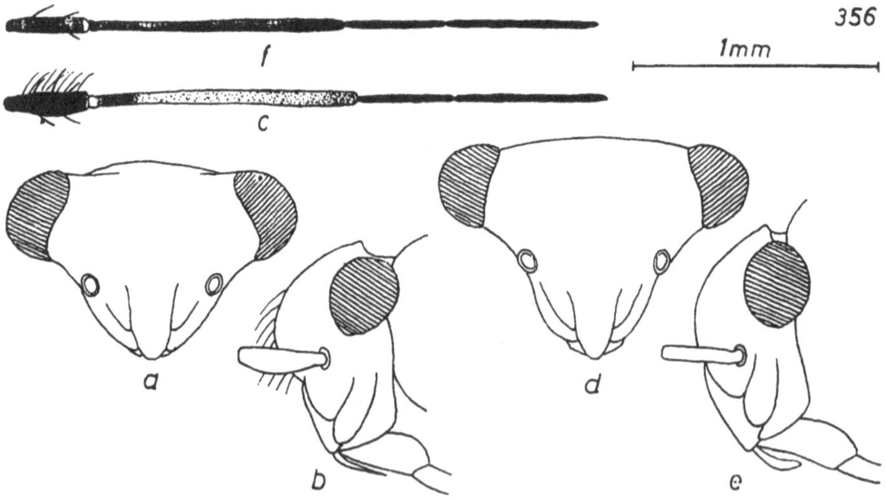

Abb. 356: *Halticidea* Reut., Männchen
a—c: *H. punctulata* Reut. — d—f: *H. decalvata* Seid.
a+d: Kopf von vorn — b+e: Kopf von links — c+f: Fühler

teilweise dunkelbraun; 4. Glied länger als das 3., schwarz. Pronotum und Scutellum querrunzelig. Halbdecken grob punktiert, verkürzt, ohne erkennbare Einteilung. Schenkel schwarz, ihre Spitze gelblich. Dornen der Schienen schwarz.

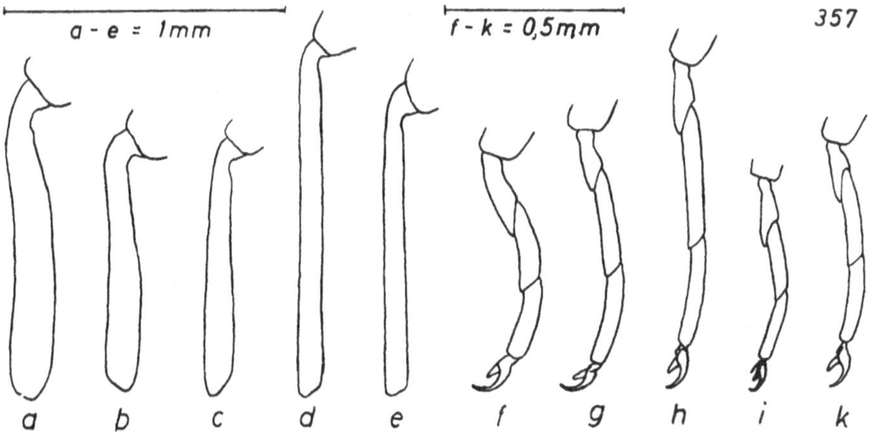

Abb. 357: *Laboparia*, Vorderschiene und Hinterfuß
a: *Euryopicoris nitidus* M.-D. — b: *Anapus longicornis* Jak. — c: *Schoenocoris flavomarginatus* Costa — d+g: *Dimorphocoris schmidti* Fieb. — e: *Orthocephalus saltator* Hhn. — f: *Strongylocoris erythroleptus* Costa — h: *Orthocephalus proserpinae* Mls. — i: *Oraniella saltans* Reut. — k: *Anapus kirschbaumi* Stål
a—e: Vorderschiene des ♂ — f: Hinterfuß des ♂

Länge: ♂ = 2,3–2,5 mm, ♀ = 3,1–3,4 mm.

Die Art lebt an Kräutern. Imagines im Mai.

Bisher nur in der Türkei (Ankara, Ulukischla) gefunden.

3. Gattungsreihe **Laboparia** REUTER, 1883

Kleine bis mittelgroße Arten. Makropter und lang-oval oder brachypter und oval. Bei vielen Gattungen ist das ♂ makropter und das ♀ brachypter oder dimorph. Behaarung oft zweifach. Membran, wenn vorhanden, mit 2 Zellen. Kopf kurz und geneigt. Auge oft vorstehend oder gestielt. Fühler kürzer, das 3. Glied meistens länger als das 4. Abdomen an der Basis nicht eingeschnürt. Beine kurz, Hinterschenkel bisweilen verdickt. Genitalien wie bei voriger Gattungsreihe, aber das linke Paramer oft mit einem Höcker über der Hypophysis.

Die Gattungsreihe ist im Mittelmeerraum mit 12 Gattungen vertreten.

Bestimmungsschlüssel
für die Gattungen der *Laboparia* REUT.

1 (2) 2. Glied der Hintertarsen nicht länger als das 1. (Abb. 357f). Scheitel hinten kantig, das Pronotum berührend oder teilweise überdeckend (Abb. 358e), dadurch ist auch der Nacken unsichtbar. Hinterrand des Pronotum breit gerundet, die Basis des Scutellum überdeckend.
71. Gattung **Strongylocoris** S. 18

2 (1) 2. Glied der Hintertarsen 1,2–2,0× so lang wie das 1. (Abb. 357, g–k), selten etwa so lang wie das 1., dann berührt der Scheitel nicht das Pronotum und der Nacken ist sichtbar.

3 (26) 2. Glied der Hintertarsen 1,2–2,0× so lang wie das 1. (Abb. 357, g–k).

4 (9) Kopf von vorn gesehen (Abb. 359, a+b) mindestens 1,2× so breit wie hoch. Scheitel einfarbig schwarz, am inneren Augenrand kein gelber Fleck. 2. Fühlerglied des ♀ kürzer, als der Kopf breit ist.

5 (6) Scheitel beim ♂ mindestens 3×, beim ♀ mindestens 3,5× so breit wie das Auge, bei der f. macr. hinten scharfkantig, vor der Kante in ganzer Breite schüsselförmig vertieft (Abb. 358c). Kopf des ♂ 0,7–0,8× so breit wie das Pronotum. Bei der f. brach. (♀) sind die Halbdecken mindestens 1,8× so breit wie der Kopf. 72. Gattung **Piezocranum** S. 28

6 (5) Scheitel beim ♂ 2,0–2,5× (Abb. 358d), beim ♀ 3,0× so breit wie das Auge, ohne schüsselartige Grube. Kopf des ♂ etwa so breit wie das Pronotum, selten schmaler, dann ist die Membran behaart. Halbdecken der f. brach. 1,3–1,5× so breit wie der Kopf, selten breiter, dann sind sie dicht und lang behaart.

7 (8) Membran der f. macr. dicht mit feinen Haaren bedeckt. Kopf des ♂ schmaler als das Pronotum. Halbdecken der f. brach. mehr als 1,5× so breit wie der Kopf. 73. Gattung **Dasyscytus** S. 30

8 (7) Membran kahl. Kopf des ♂ so breit oder fast so breit wie das Pronotum. Halbdecken der f. brach. höchstens 1,5× so breit wie der Kopf. 74. Gattung **Pachytomella** S. 32

9 (4) Kopf von vorn gesehen 1,0–1,1× so breit wie hoch (Abb. 359, d+e), selten breiter (Abb. 359c), dann hat der Scheitel am inneren Augenrand einen gelben Fleck.

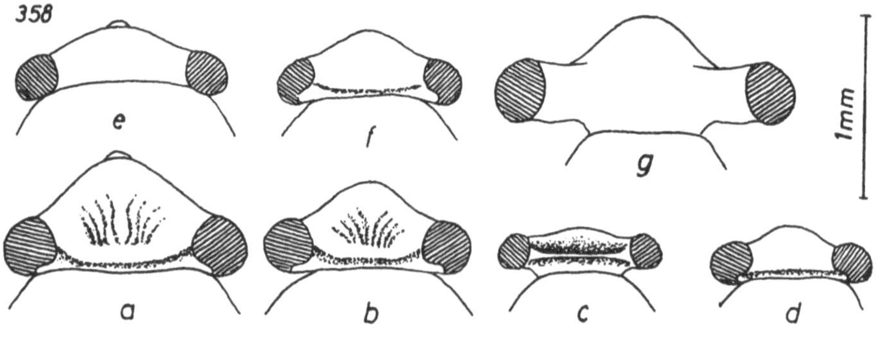

Abb. 358: *Laboparia*, Kopf des Männchens von oben

a: *Euryopicoris nitidus* M.-D. — b: *Platyporus dorsalis* Reut. — c: *Piezocranum simulans* Horv. — d: *Pachytomella passerinii* Costa — e: *Strongylocoris niger* H.-S. — f: *Plagiotylus maculatus* Scott — g: *Labops sahlbergi* Fall.

10 (13) Scheitel am inneren Augenrand ohne gelben Fleck, dafür aber oft in einiger Entfernung vom Auge mit rundem, kleinem braunem Fleck. Kopf oft etwa so hoch wie breit. 2. Fühlerglied gegen die Spitze bald verdickt, bald stabförmig.

11 (12) Rostrum höchstens die Mittelhüften erreichend. ♂ lang, fast parallelseitig.
76. Gattung **Orthocephalus** S. 41

12 (11) Rostrum die Mitte des Bauches erreichend. Männchen oval.
75. Gattung **Oraniella** S. 38

13 (10) Scheitel am Augenrand mit gelbem Fleck. 2. Fühlerglied in der Regel zylindrisch, selten verdickt, dann ist der Kopf (Abb. 359c) 1,4× so breit wie hoch.

14 (17) 4. Fühlerglied länger als das 3. Hinterrand des Scheitels in der Mitte weiter nach hinten gelegen als an den Seiten (Abb. 358, a+b). Stirn mit strahlenartig nach vorn divergierenden Falten. Vorderschienen abgeflacht, bei seitlicher Betrachtung breiter (Abb. 357, a+b).

15 (16) Körper gewölbt. Vorderschienen viel dicker als die übrigen (Abb. 357a). Halbdecken der f. brach. nur 2 bis 3 Tergite freilassend (Abb. 384a).
77. Gattung **Euryopicoris** S. 51

16 (15) Körper abgeflacht. Vorderschienen nicht dicker als die übrigen. Halbdecken der f. brach. 5 bis 6 Tergite freilassend (Abb. 385, a+b).
78. Gattung **Platyporus** S 53

17 (14) 4. Fühlerglied kürzer als das 3. Hinterrand des Scheitels gerade, selten gebogen (Abb. 358f).

18 (19) Körper abgeflacht. Abdomen oval, viel breiter als das Pronotum (wie Abb. 385a+e). Kopf von vorn gesehen (Abb. 359d) so hoch wie breit.
Die in den Gebieten nördlich des Schwarzen Meeres und Turkestan lebende
Gattung **Scirtelellus** REUT.

19 (18) Körper gewölbt. Abdomen nur selten oval, dann ist der Kopf niedriger als breit.

20 (21) 2. Fühlerglied beim ♂ gegen die Spitze verdickt (Abb. 359i), beim ♀ walzenförmig, kürzer, als der Kopf breit ist. 1. Fühlerglied mit aufrechten Borsten besetzt. 79. Gattung **Schoenocoris** S. 54

21 (20) 2. Fühlerglied stabförmig.

22 (23) Vorderschienen (Abb. 357b) leicht gekrümmt, an der Spitze abgeflacht und verbreitert. 1. Fühlerglied und Schenkel mit langen Dornen. 2. Glied der Hintertarsen (Abb. 357k) fast doppelt so lang wie das 1.
80. Gattung **Anapus** S. 55

23 (22) Vorderschienen gerade, distal kaum dicker. 1. Fühlerglied mit Borsten.

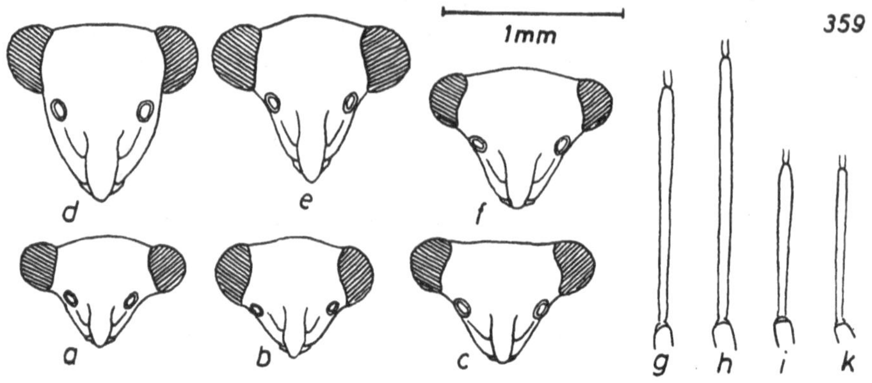

Abb. 359: *Laboparia*, Kopf und 2. Fühlerglied

a: *Pachytomella passerinii* Costa — b: *Piezocranum simulans* Horv. — c+i: *Schoenocoris flavomarginatus* Costa — d: *Scirtelellus gudali* Kir. — e: *Orthocephalus bivittatus* Fieb. — f: *Anapus kirschbaumi* Stål — g: *Orthocephalus saltator* Hhn. — h: *Dimorphocoris putoni* Reut. — k: *Oraniella tibialis* Reut.

a—f: Kopf von vorn — g—k: 2. Fühlerglied des ♂

24 (25) Pronotum kurz, etwa so lang wie das 1. Fühlerglied. Hinterrand des Scheitels gerade oder fast gerade. ♂ makropter, seltener brachypter, ♀ brachypter. 81. Gattung **Dimorphocoris** S. 57

25 (24) Pronotum viel länger als das 1. Fühlerglied. Hinterrand des Scheitels leicht gebogen (Abb. 358f). 82. Gattung **Plagiotylus** S. 100

26 (3) 2. Glied der Hintertarsen nicht länger als das 1. Augen auf langen Stielen (Abb. 358g).

Die in Nordosteuropa und Sibirien lebende Gattung **Labops** BURM.

Die Gattung *Hyoidea* REUT. gehört zu den *Orthotylinae* van DUZ. Die Gattung *Misilla* HORV. gehört zu den *Phylinae* DGL. et SC. und ist mit *Tragiscocoris* FIEB. identisch. Die Gattung *Smicromerus* REUT. ist mit *Oraniella* REUT. identisch.

71. Gattung **STRONGYLOCORIS** BLANCHARD, 1840

Typus-Art: *St. leucocephalus* L.

E. WAGNER 1956, Proc. Ent. Soc. Wash., Bd. 58, S. 277—281.

Breit bis länglich-ovale Arten; bei manchen von ihnen ist das ♂ erheblich länger und schlanker als das ♀ (Abb. 362). Körper gewölbt. Cuneus und Membran oft steil abfallend. Kopf sehr kurz und breit (Abb. 361, a, b, e). Scheitel hinten kantig und mit dieser Kante den Vorderrand des Pronotum berührend oder überdeckend. Auge seitlich gesehen höher als lang. Fühler kurz, weniger als halb so lang wie das Tier; 2. Glied zylindrisch, 3. Glied länger als das 4. Beine sehr kurz. An den Hintertarsen (Abb. 357f) ist das 1. Glied fast so lang wie das 2. Genitalien des ♂ denen der vorhergehenden Gattungen ähnlich.

Die Gattung enthält 13 Arten und kommt nur in der Paläarktis vor. Die nearktischen Arten, die bisher zur Gattung gerechnet wurden, gehören in die Gattung *Slaterocoris* E. WAGN. Im Mittelmeerraum kommen alle 13 Arten vor.

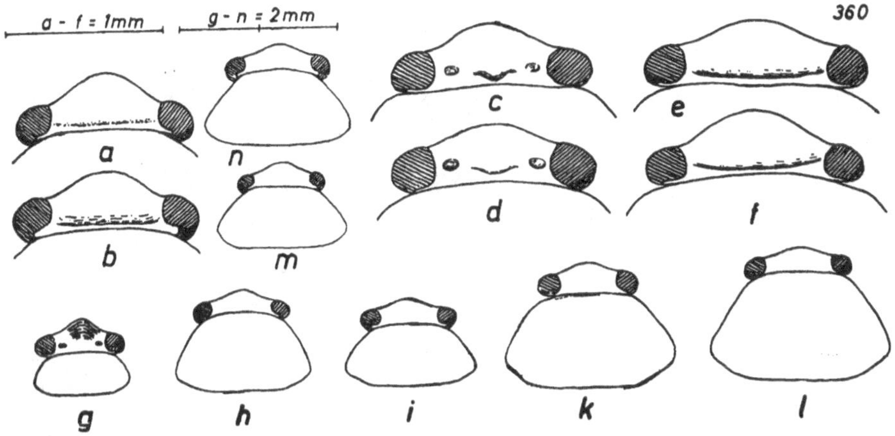

Abb. 360: *Strongylocoris*, Kopf und Pronotum

a+m: *St. tranzi* E. Wagn. — b+h: *St. leucocephalus* L. — c, d, k: *St. oberthuri* Reut. — c, f, l: *St. obscurus* Rmb. — g: *St. cicadifrons* Costa — i: *St. luridus* Fall. — n: *St. seabrai* K. Schm. — a—f: Kopf von oben (a, b, c, e: ♂, d+f: ♀) — d—n: Kopf und Pronotum von oben (g—m: ♂, n: ♀)

Bestimmungsschlüssel
für die Arten von *Strongylocoris* BLANCH.

1 (6) Beine, Oberseite und Fühler einfarbig schwarz. Oberseite oft mit bläulichem Schimmer.

2 (3) Scheitel (Abb. 361e) beim ♂ 1,70–1,75×, beim ♀ 2,4× so breit wie das Auge. 2. Fühlerglied länger, als der Scheitel breit ist (Abb. 362, a+b).
1. **St. coerulescens** S. 21

3 (2) Scheitel (Abb. 361, a+b) beim ♂ mindestens 2,4×, beim ♀ mindestens 3,8× so breit wie das Auge. 2. Fühlerglied kürzer, als der Scheitel breit ist (Abb. 362, c–f), selten beim ♂ länger (*St. atrocoeruleus* FIEB.).

4 (5) Scheitel (Abb. 361a) beim ♂ 2,4×, beim ♀ 3,8× so breit wie das Auge. 2. Fühlerglied beim ♂ 1,4×, beim ♀ 0,8× so lang, wie der Scheitel breit ist (Abb. 361c). 2. **St. atrocoeruleus** S. 21

5 (4) Scheitel (Abb. 361b) beim ♂ 3,3×, beim ♀ 4,0× so breit wie das Auge. 2. Fühlerglied (Abb. 361d) beim ♂ 0,96×, beim ♀ 0,64× so lang, wie der Scheitel breit ist. 3. **St. niger** S. 22

6 (1) Beine ganz oder teilweise gelbbraun oder rot, oft sind auch der Kopf, das Pronotum und die Halbdecken ganz oder teilweise gelbbraun oder rot.

7 (8) Kopf fast so breit wie das Pronotum (Abb. 360g). Stirn mit dunklen Querlinien. 4. **St. cicadifrons** S. 23

8 (7) Pronotum erheblich breiter als der Kopf (Abb. 360, h–n). Stirn ohne Querlinien.

361

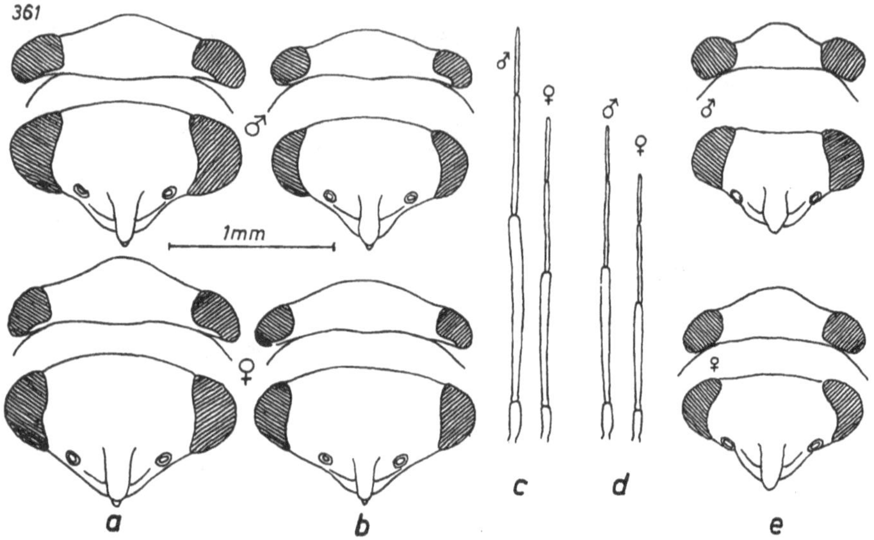

Abb. 361: *Strongylocoris*, Kopf und Fühler
a+c: *St. atrocoeruleus* Fieb. — b+d: *St. niger* H.-S. — e: *St. coerulescens* Ldbg.
a, b, e: Kopf von oben und von vorn — c+d: Fühler

9 (12) Pronotum und Halbdecken schwarz (Abb. 364a), selten ist der innere Teil des Corium etwas aufgehellt.

10 (11) Beine einfarbig gelb. Kopf in der Regel gelbbraun oder rotbraun. Haare der Oberseite kürzer, als die Schiene dick ist. 5. **St. leucocephalus** S. 23

11 (10) Schenkel schwarz mit gelber Spitze, Schienen gelbbraun. Kopf schwarz. Die Haare der Oberseite mindestens so lang, wie die Schiene dick ist. 6. **St. franzi** S. 24

12 (9) Pronotum, Scutellum und Halbdecken ganz oder zum Teil gelbbraun, gelb oder rot.

13 (16) Behaarung der Halbdecken aufrecht und hell, länger, als die Schienen dick sind. Hell gefärbte Teile leuchtend rot.

14 (15) Kopf und Pronotum teilweise dunkelbraun oder schwarz (Abb. 364b). 7. **St. erythroleptus** S. 24

15 (14) Kopf und Pronotum einfarbig rot (Abb. 364c). 8. **St. amabilis** S. 24

16 (13) Behaarung der Halbdecken deutlich kürzer, als die Schienen dick sind. Hell gefärbte Teile in der Regel gelbbraun.

17 (24) Scutellum deutlich quergerunzelt.

18 (21) Pronotum klein (Abb. 360, i, m, n), kürzer, als der Kopf breit ist. Kleinere Arten (Abb. 364d, 366b).

19 (20) Pronotum einfarbig gelbbraun. 1. Tarsenglied hell. **9. St. luridus** S. 25

20 (19) Pronotum mit 2 dunklen Längsbinden (Abb. 364d), die hinten durch eine undeutliche Querbinde verbunden sind. Seiten- und Hinterrand stets schmal hell. Spitzen der Schienen und Tarsen schwarz. **10. St. seabrai** S. 26

21 (18) Pronotum groß (Abb. 360, k+l), länger, als der Kopf breit ist. Große, breite Arten (Abb. 366, c+d).

22 (23) Kopf schmaler (Abb. 360k), Scheitel beim ♂ 2,4–2,6×, beim ♀ 2,8–3,0× so breit wie das Auge. Cuneus stets hell. **11. St. oberthuri** S. 26

23 (22) Kopf breit (Abb. 360l), Scheitel beim ♂ 3,0×, beim ♀ 3,3–3,5× so breit wie das Auge. Pronotum braun oder ockergelb, bisweilen mit schattenartigem Längsstreif neben dem Seitenrande. Cuneus oft dunkel. **12. obscurus** S. 27

24 (17) Scutellum mit Punktgruben. Sonst wie *St. obscurus* RMB. **13. St. nigritarsus** S. 28

Strongylocoris solidus SEID., 1971 (Nachr.bl. Bayr. Ent., Bd. 20, S. 38–40) gehört nicht in die Gattung *Strongylocoris* BLANCH. Dafür sprechen die Gestalt, die Kopfform, die Länge der Glieder der Hintertarsen u. a. Da die Art nach einem einzelnen ♀ beschrieben wurde, wird sich ihre systematische Stellung erst klären lassen, wenn auch das ♂ vorliegt.

1. **Strongylocoris coerulescens** LINDBERG, 1926 (Abb. 362, a+b)

Soc. Sci. Fenn. Comm. Biol., Bd. 7, Nr. 14, S. 45—46.

Einfarbig schwarz mit bläulichem Schimmer. Gestalt beim ♂ länglich, beim ♀ oval. Kopf kurz (Abb. 361e). Scheitel beim ♂ 1,70–1,75×, beim ♀ 2,3–2,4× so breit wie das Auge. Fühler (Abb. 362, a+b) schlank, ihr 2. Glied beim ♂ 1,9×, beim ♀ 1,2× so lang, wie der Scheitel breit ist. Membran rauchbraun, Adern schwarz. Behaarung der Oberseite kurz, fein und schwarz.

Länge: ♂ = 4,0–4,2 mm, ♀ = 3,2–3,4 mm.

Bisher nur in Marokko (Tanger) von LINDBERG gefangen. Imagines waren im April vorhanden.

2. **Strongylocoris atrocoeruleus** (FIEBER), 1864 (Abb. 362, c+d)

E. WAGNER 1951, Mitt. Münch. Ent. Ges., Bd. 41, S. 241.

Größer und robuster, aber von gleicher Gestalt. Das ♂ länger und schlanker als das ♀. Schwarz mit bläulichem Schimmer, der aber weniger kräftig ist als bei voriger Art. Kopf kurz (Abb. 361a), Scheitel beim ♂ 2,4×, beim ♀ 3,8× so breit wie das kleinere Auge. Fühler (Abb. 361c) kurz, ihr 2. Glied beim ♂ 1,4×, beim

♀ 0,8× so lang, wie der Scheitel breit ist und beim ♂ 1,0×, beim ♀ 0,9× so lang wie das 3. und 4. zusammen.

Rechtes Paramer (Abb. 363a) mit ovalem Apikalteil und sehr langem Stiel. Linkes Paramer (Abb. 363a) groß, Sinneshöcker vorstehend, Arm der Hypophysis gekrümmt, Hypophysis undeutlich.

Länge: ♂ = 4,1–5,0 mm, ♀ = 3,5–4,2 mm.

Die Art lebt in gebirgigen Gegenden an trockenen Hängen auf Peucedanum (P. officinale L.). Imagines von Juni bis August. Überwintert als Ei.

Verbreitungsgebiet Mittel- und Westeuropa. Im Mittelmeerraum in Marokko, Spanien, Südfrankreich, Italien und auf Sardinien.

362

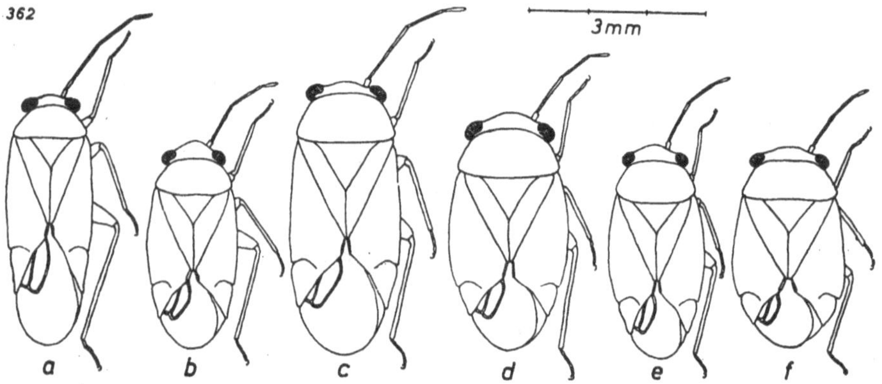

Abb. 362: *Strongylocoris* Blanch.
a: *St. coerulescens* Ldbg., ♂ — b: id., ♀ — c: *St. atrocoeruleus* Fieb., ♂ — d: id., ♀ — e: *St. niger* H.-S., ♂ — f: id., ♀

3. **Strongylocoris niger** (HERRICH-SCHÄFFER), 1835 (Abb. 362, e+f)

Syn.: *Euryopicoris reuteri* JAKOVLEFF, 1879, KIRITSCHENKO 1913, Rev. russe d'Ent., 3—4; E. WAGNER 1951, l. c.

Schwarz, glänzend, selten mit bläulichem Schimmer. Gestalt kürzer, das ♂ kaum schlanker als das ♀. Behaarung kurz, fein und schwarz. Kopf (Abb. 361b) kleiner, Scheitel beim ♂ 3,3×, beim ♀ 4,0× so breit wie das Auge. Fühler (Abb. 361d) kürzer und bei ♂ und ♀ fast gleich lang; 2. Glied beim ♂ 0,96×, beim ♀ 0,64× so lang, wie der Scheitel breit ist und kürzer als das 3. und 4. zusammen.

Rechtes Paramer (Abb. 363b) kleiner, Apikalteil fast rautenförmig, mit kleiner, gekrümmter Spitze. Linkes Paramer (Abb. 363b) schlanker, Sinneshöcker kaum vorstehend, Arm der Hypophysis gewunden, außen mit kleinen Zähnen.

Länge: ♂ = 3,4–3,7 mm, ♀ = 3,5–3,9 mm.

Die Art bevorzugt feuchtere Biotope (feuchte Wiesen) und lebt an Peucedanum (P. palustre L., P. oreoselinum L.). Imagines im Juni und Juli. Überwintert als Ei.

Verbreitungsgebiet sind das östliche Mitteleuropa, Osteuropa und Vorderasien. Im Mittelmeerraum in Bulgarien, Jugoslawien, der Türkei und Syrien.

4. **Strongylocoris cicadifrons** COSTA, 1852 (Abb. 366a)

Schwarzbraun bis schwarz, mit feiner, kurzer, heller Behaarung. ♀ kürzer als das ♂ und mehr oval. Kopf gelblich, Stirn mit 6 braunen Querlinien (Abb. 360g), die in der Mitte unterbrochen sind. Scheitel beim ♂ 2,5×, beim ♀ 3,0× so breit wie das Auge. Fühler (Abb. 366a) kurz, 2. Glied etwas länger, als der Scheitel breit ist und kürzer als das 3. und 4. zusammen. Pronotum kaum breiter als der Kopf (Abb 360g), sehr kurz, Seiten- und Hinterrand gelblich. Scutellum schwarz. Halbdecken bisweilen gelb gezeichnet (var. *coqueberti* STICH.) oder rotgelb (var. *testacea* STICH.). Beine rotgelb oder -braun. Dornen der Schienen schwarz.

Länge: ♂ = 4,3–4,8 mm, ♀ = 3,1–4,0 mm.

Die Art lebt an Cistus (PERRIER, REMANE) und Asphodelus (REY). Imagines im Mai und Juni. Überwintert als Ei.

Mediterrane Art, sowohl in Südeuropa als auch in Nordafrika weit verbreitet, auch in Syrien gefunden.

5. **Strongylocoris leucocephalus** (LINNÉ), 1758 (Abb. 364a)

Schwarz, glänzend, Behaarung der Halbdecken fein, kürzer, als die Schienen dick sind. Kopf gelbbraun bis braun oder rotbraun, kurz und breit (Abb. 360h). Scheitel beim ♂ 3,25×, beim ♀ 3,4× so breit wie das Auge. Fühler schwarz, das 1. Glied gelbbraun; 2. Glied etwas länger, als der Scheitel breit ist. Pronotum, Scutellum und Halbdecken einfarbig schwarz. Rechtes Paramer (Abb. 363c) kleiner, Apikalteil oval, mit kleiner Spitze. Linkes Paramer (Abb. 363c) sehr schlank, Arm der Hypophysis gekrümmt, außen mit vorspringender Ecke, Hypophysis klein und gekrümmt, Sinneshöcker flach.

Länge: ♂ = 3,0–4,0 mm, ♀ = 3,2–4,7 mm.

363

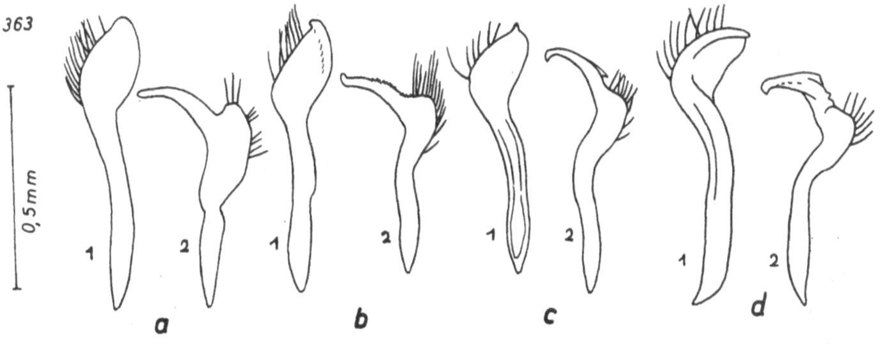

Abb. 363: *Strongylocoris*, Parameren
a: *St. atrocoeruleus* Fieb. — b: *St. niger* H.-S. — c: *St. leucocephalus* L. — d: *St. tranzi* E. Wagn.
1 = rechtes, 2 = linkes Paramer

Variation: Die ssp. *steganoides* SHLBG. ist kleiner, das ♂ 2,8–3,5 mm, das ♀ 3,0–3,6 mm lang, der Kopf ist etwas dunkler gefärbt, bisweilen schwarz (var. *sibirica* REUT.), bisweilen sind auch die Schenkel im basalen Teil schwarz (var. *alpina* STROBL).

Die Art lebt an Campanulaarten. Imagines im Juni und Juli. Überwintert als Ei.

Holopaläarktische Art. Im Mittelmeerraum in ganz Südeuropa, in Kleinasien, Marokko und Algerien. Die ssp. *steganoides* SHLBG. wurde in Südfrankreich (Pyrénées-orientales) gefunden.

6. **Strongylocoris franzi** E. WAGNER, 1955

Nachr. naturw. Mus. Aschaffenbg., 47, S. 31—36; E. WAGNER 1968, Nachr.bl. Bay. Ent., 17: 67—68.

Klein, größtenteils schwarz, oberseits mit langer, aufrechter, heller Behaarung, die auf den Halbdecken etwa so lang ist, wie die Schienen dick sind. Kopf (Abb. 360m) kurz und stark geneigt. Scheitel (♂) 3,5× so breit wie das Auge. Fühler schwarzbraun, 2. Glied 1,1× so lang, wie der Scheitel breit ist, an der Basis schmal hell. Pronotum 1,5× so breit wie der Kopf, aber kürzer, als der Kopf breit ist. Halbdecken schwarz, innerer Teil des Corium neben dem Clavus etwas aufgehellt.

Genitalsegment des ♂ kurz und breit. Rechtes Paramer (Abb. 363d) mit großem Apikalteil, dessen Außenseite stark gekrümmt ist. Linkes Paramer (Abb. 363d) schlank, Arm der Hypophysis in der Mitte mit einem Absatz, Sinneshöcker gerundet.

Länge: ♂ = 3,8 mm, ♀ unbekannt.

Die Art wurde bisher nur in Nordspanien (Sierra de Ancares, Lugi) gefangen.

7. **Strongylocoris erythroleptus** COSTA, 1852 (Abb. 364b)

Breit-oval. Schwarz oder schwarzbraun, mit roter Zeichnung. Behaarung der Halbdecken hell, aufrecht, länger, als die Schienen dick sind. Kopf rotbraun, seine Mitte oft schwarz. Fühler schwarz, 1. Glied rot; 2. Glied länger, als der Scheitel breit ist. Pronotum schwarz mit roten Rändern. Scutellum rot, die Spitze mehr oder weniger ausgedehnt schwarz. Cuneus und der Außenrand des Corium rot. Membran rauchbraun, Adern braun. Oberseite fein und dicht punktiert, Scutellum querrunzelig. Beine rot oder gelbrot, Dornen der Schienen schwarz, Tarsen schwarz.

Länge: ♂ = 4,0–4,6 mm, ♀ = 4,2–5,0 mm.

Die Art lebt im Gebirge auf sonnigen Flächen an Kräutern (Nepeta calamintha CLAIRV.). Imagines im Juni und Juli. Überwintert als Ei.

Westmediterrane Art, bisher in Südfrankreich, Italien und Jugoslawien gefunden.

8. **Strongylocoris amabilis** (DOUGLAS et SCOTT), 1868 (Abb. 364c)

E. WAGNER 1943, Mitt. Dtsch. Ent. Ges., Bd. 12, S. 9.

Größer und breiter. Schwarz und rot gefärbt. Punktierung der Oberseite etwas feiner und weniger dicht. Behaarung der Halbdecken braun, aufrecht und etwas länger, als die Schienen dick sind. Kopf und Pronotum, in der Regel auch das Scutellum einfarbig rot, selten ist das letztere schwarz (var. *nigroscutellatus* E. WAGN.). Halbdecken schwarz, das Exocorium und der Cuneus rot. Membran schwarzbraun, Adern schwarz. Abdomen beim ♀ schwarz, die Legescheide rot;

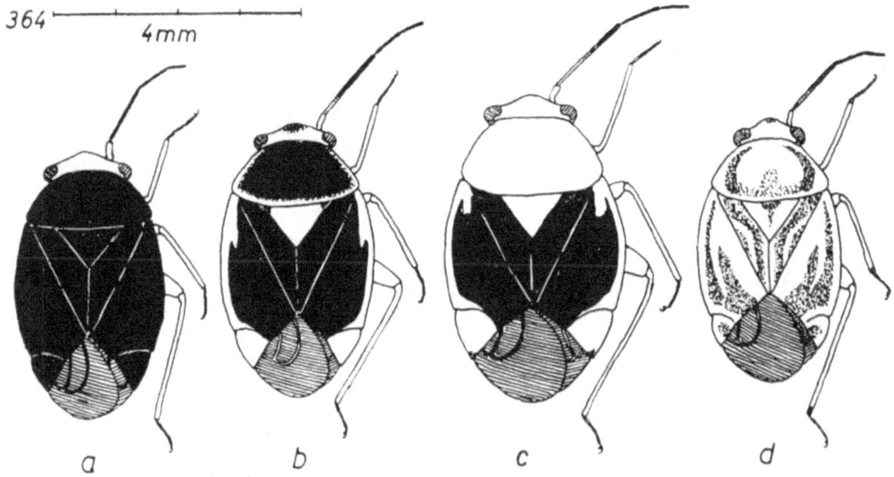

Abb. 364: *Strongylocoris*, Männchen
a: *St. leucocephalus leucocephalus* L. — b: *St. erythroleptus* Costa — c: *St. amabilis* Dgl. et Sc. — d: *St. seabrai* K. Schm.

beim ♂ rot, an den Seiten schwarz. Unterseite der Brust rot. Fühler schwarz, das 1. Glied und der basale Teil des 2. gelbbraun bis rot, 2. Glied viel länger, als der Scheitel breit ist und fast so lang, wie der Kopf breit ist.

Länge: ♂ = 4,5–5,0 mm, ♀ = 5,0–5,7 mm.

Bisher nur in Syrien, Israel und Ägypten gefunden.

9. **Strongylocoris luridus** (FALLÉN), 1807 (Abb. 366b)

Kleiner. Einfarbig ockergelb bis braun, selten mit rötlichen Tönen. Kopf (Abb. 360i) kurz und breit. Scheitel beim ♂ 3,0×, beim ♀ 3,4× so breit wie das Auge. Fühler schwarz, Spitze des 1. und Mitte des 2. Gliedes oft gelbbraun. Corium in der Mitte oft mit dunklem Fleck. Behaarung der Halbdecken kürzer, als die Schienen dick sind. Punktierung fein und dicht. 2. Fühlerglied kürzer, als der Scheitel breit ist. Pronotum (Abb. 360i) klein, kürzer, als der Kopf breit ist. Beine gelblich, Dornen der Schienen schwarz, Tarsen schwarz, das 1. Glied gelblich.

Rechtes Paramer (Abb. 365a) kurz und kräftig, Apikalteil oval, mit dicker, gekrümmter Spitze. Linkes Paramer (Abb. 365a) schlank, Arm der Hypophysis gedreht, in der Mitte plötzlich verdickt. Sinneshöcker flach.

Länge: ♂ = 3,2–3,5 mm, ♀ = 3,7–4,1 mm.

Die Art lebt auf trockenem, sandigem Boden an Jasione montana L. Imagines im Juni und Juli. Überwintert als Ei.

Verbreitungsgebiet Europa mit Ausnahme des Nordens und des Südostens. Im Mittelmeerraum in Italien, Südfrankreich, Portugal, Marokko und auf der Insel Korsika.

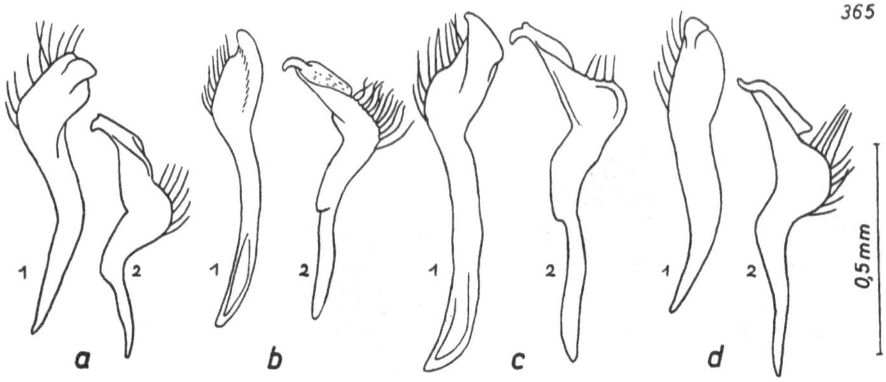

Abb. 365: *Strongylocoris*, Parameren

a: *St. luridus* Fall. — b: *St. oberthuri* Reut. — c: *St. obscurus* Rmb. — d: *St. seabrai* K. Schm.

1 = rechtes, 2 = linkes Paramer

10. **Strongylocoris seabrai** K. SCHMIDT, 1939 (Abb. 364d)

Mem. Est. Mus. Zool. Univ. Coimbra, Ser. 1, Nr. 113, S. 1—7; E. WAGNER 1968, Nachr.bl. Bayr. Ent., 17, S. 65—67.

Kurz-oval, Behaarung bräunlichgelb. Kopf (Abb. 360n) kurz, Scheitel 2,60–2,65× so breit wie das Auge. Fühler dunkelbraun, das 3. und 4. Glied fast schwarz; 2. Glied 1,27× so lang, wie der Scheitel breit ist. Pronotum jederseits neben dem Seitenrand mit dunklem Längsstreif, der hinten durch eine dunkle, unscharfe Querbinde verbunden ist. Hinterrand schmal gelblich. Scutellum an der Basis mit dunklem Fleck, von dem aus eine mehr oder weniger deutliche Längsbinde nach hinten verläuft. Clavus dunkel, die Ränder und die Ader größtenteils hell. Corium zwischen den Adern dunkel. Mitte des Cuneus dunkel. Membran braun, Adern hell. Unterseite hell. Beine hellgelb, Spitze der Schienen und die Tarsen schwarz.

Rechtes Paramer (Abb. 365d) kurz und kräftig, Apikalteil lang und schmal, mit kurzer, dicker Hypophysis. Linkes Paramer (Abb. 365d) kräftig, Hypophysis schlank und nach oben gekrümmt, ihr Arm in der Mitte mit vorstehender Ecke. Sinneshöcker groß und gerundet.

Länge: ♂ = 4,0–4,15 mm, ♀ = 4,4–4,5 mm.

Bisher nur in Portugal (Amarante) und Spanien (Sierra Nevada, Sierra de Ancares) gefunden.

11. **Strongylocoris oberthuri** REUTER, 1905 (Abb. 366d)

E. WAGNER, 1956, Vie et milieu, Bd. 7, S. 101 (spec. prop.).

Dunkelbraun oder schwarz, mit ockergelber Zeichnung. Behaarung fein, kurz und hell, auf den Halbdecken kürzer, als die Schienen dick sind. Kopf (Abb. 360, c, d, k) kleiner, schwarz mit hellen Rändern. Scheitel beim ♂ 2,4–2,6×, beim ♀ 2,8–3,0×

so breit wie das Auge. Fühler schwarz, 2. Glied etwa so lang, wie der Kopf breit ist. Pronotum (Abb. 360k) sehr groß, länger, als der Kopf breit ist; schwarz, Seiten- und Hinterrand schmal hell. Scutellum hell, mit schwarzem Basalfleck und schwarzem Mittelstreif. Clavus schwarz oder schwarzbraun. Corium dunkel, Basis, Außenrand und ein kurzer Streif nahe der Basis hell. Cuneus einfarbig hell. Beine gelbbraun, die Tarsen und die Basis der Schenkel schwarz.

Rechtes Paramer (Abb. 365b) schlank, Apikalteil distal mit stumpfer, rückwärts gekrümmter Spitze. Linkes Paramer (Abb. 365b) schlank, Sinneshöcker nicht vorstehend, Hypophysis gekrümmt, ihr Arm im Apikalteil dick, leicht gedreht.

Länge: ♂ = 4,9–5,1 mm, ♀ = 5,3–5,7 mm.

Die Art lebt an Jasione montana L. Imagines im Juli und August.

Bisher nur in Südfrankreich (Mont Canigou in den Pyrénées-orientales) gefunden.

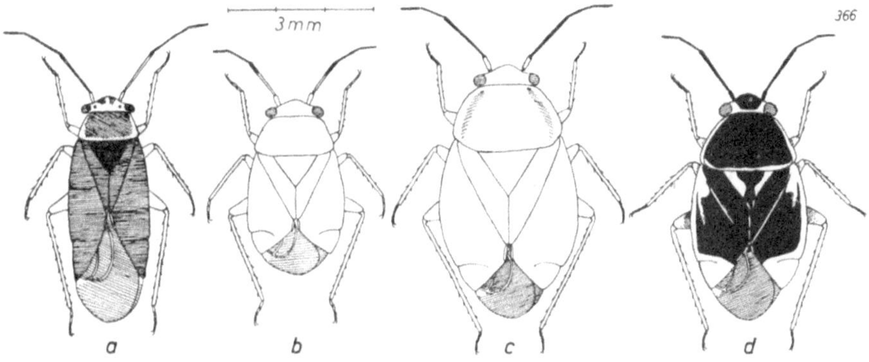

Abb. 366: *Strongylocoris*, Männchen

a: *St. cicadifrons* Costa — b: *St. luridus* Fall. — c: *St. obscurus* Rmb. — d: *St. oberthuri* Reut.

12. **Strongylocoris obscurus** (RAMBUR), 1842 (Abb. 366c)

Groß, breit-oval. Einfarbig ockergelb bis gelbbraun. Behaarung fein, kurz, dicht und hell, auf den Halbdecken weit kürzer, als die Schienen dick sind. Kopf (Abb. 360, e, f, l) breiter, Scheitel beim ♂ 3,0×, beim ♀ 3,3–3,5× so breit wie das Auge. Fühler schwarz, Glied 1 und der basale Teil von Glied 2 oft gelblich; 2. Glied 1,2× so lang, wie der Scheitel breit ist. Pronotum sehr groß (Abb. 360l), viel länger, als der Kopf breit ist, neben dem Seitenrande bisweilen ein bräunlicher Längsstreif, Mitte des Cuneus bisweilen dunkel.

Rechtes Paramer (Abb. 365c) groß, Apikalteil viereckig, mit vorstehendem, dreieckigem, beilförmigem Anhang. Linkes Paramer (Abb. 365c) groß und schlank, Hypophysis gekrümmt, über ihr ein Höcker. Sinneshöcker konvex.

Länge: ♂ = 5,1–5,4 mm, ♀ = 5,5–6,0 mm.

Die Art lebt nach PERRIER gleichfalls an Jasione montana L. Imagines im Juni und Juli. Überwintert als Ei.

Westmediterrane Art, bisher aus Italien, Südfrankreich, von der Pyrenäenhalbinsel und den Inseln Sizilien, Sardinien und Korsika sowie aus Marokko gemeldet.

13. **Strongylocoris nigritarsus** (COSTA), 1860

Dem Verfasser unbekannt. Unterscheidet sich nach COSTA von der vorhergehenden Art nur dadurch, daß sich auf dem Scutellum Punktgruben befinden.

Länge: ♂, ♀ = 5,45 mm.

Bisher nur in Süditalien (Calabrien) auf feuchten Wiesen gefunden. Seit 100 Jahren nicht wieder gefunden.

72. Gattung **PIEZOCRANUM** HORVATH 1877

Typus-Art: *P. simulans* HORV.
Syn.: Lamprella REUT., 1891

367

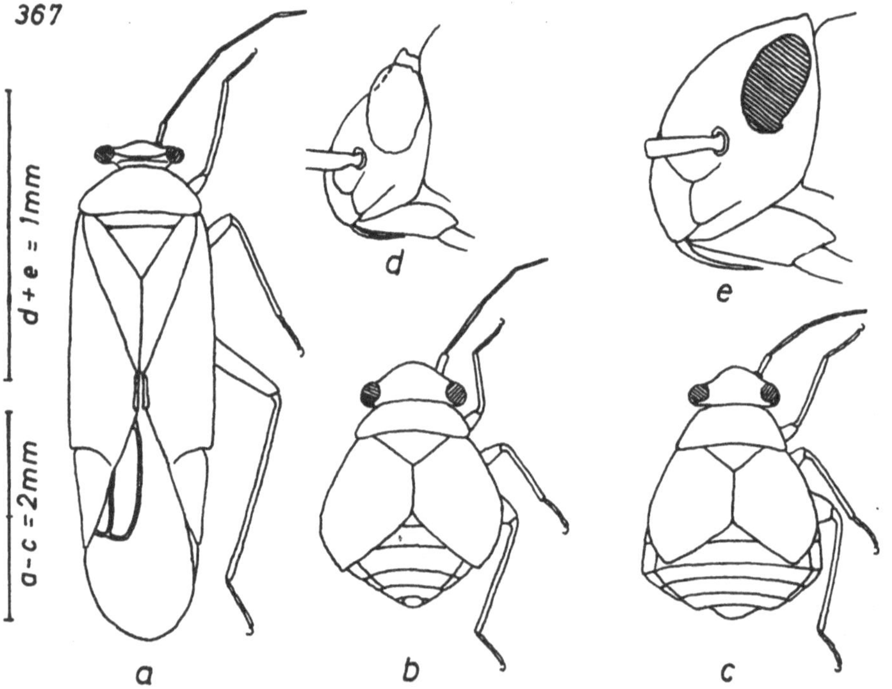

Abb. 367: *Piezocranum* Horv.
a, b, d: *P. simulans* Horv. — c+e: *P. seminulum* Horv.
a: Männchen — b+c: Weibchen — d: Kopf des ♂ von links — e: Kopf des ♀ von links

Männchen lang und fast parallelseitig (Abb. 367a), Weibchen oval, bald brachypter (Abb. 367, b+c), bald makropter. Scheitel beim ♂ (bei *P. corvinum* PUT. auch beim ♀) hinten scharfkantig (Abb. 368, b, d, h), davor bilden Scheitel und Stirn in ganzer Breite eine schüsselförmige Grube. Beim brachypteren ♀ fehlt diese Grube; Stirn dann gewölbt (Abb. 367e). Beim brachypteren ♀ sind die Halbdecken zusammen mindestens 1,8× so breit wie der Kopf (Abb. 367, b+c). Scheitel bei ♂ und ♀ mindestens 3× so breit wie das Auge. Fühler kurz und schlank.

Die Gattung enthält 3 Arten, die alle im Mittelmeerraum vorkommen.

Bestimmungsschlüssel
für die Arten von *Piezocranum* HORV.

1 (4) Kleinere Arten. Fühlergrube vom Auge um weniger als ihren Durchmesser entfernt (Abb. 368, e, g, i). Scheitel bei Betrachtung von vorn gewölbt (Abb. 368, e, g, i). ♂ makropter, ♀ brachypter.

2 (3) Scheitel beim ♂ 3,0×, beim ♀ 3,5–4,0× so breit wie das Auge (Abb. 368, f+h). 1. **P. simulans** S. 29

3 (2) Scheitel beim ♀ 3,0× so breit wie das Auge (Abb. 368k), ♂ unbekannt. 2. **P. seminulum** S. 29

4 (1) Größer. Fühlergrube vom Auge fast um das Doppelte ihres Durchmessers entfernt. Scheitel bei Betrachtung von vorn eben (Abb. 368, a+b). ♂ und ♀ makropter. 3. **P. corvinum** S. 30

1. **Piezocranum simulans** HORVATH, 1877 (Abb. 367, a+b)

Schwarz, mit feiner, gelber Behaarung. Dimorph, das ♂ makropter und langgestreckt (Abb. 367a). Scheitel scharfkantig, davor eine schüsselförmige Grube (Abb. 367d, 368h). Das ♀ (Abb. 367b) breit oval, brachypter, Halbdecken etwa 2× so breit wie der Kopf. Scheitel gerandet, Stirn gewölbt (Abb. 367e), Halbdecken ohne Cuneus oder Membran, das 5. Sternit erreichend. Scheitel beim ♂ 3,0×, beim ♀ 3,5–4,0× so breit wie das Auge. 2. Fühlerglied beim ♂ länger, als der Kopf breit ist, beim ♀ 0,67× so lang. Pronotum kurz und sehr breit (Abb. 367, a+b).

Länge: ♂ = 4,5–4,9 mm, ♀ brach. = 2,4–2,8 mm.

Im Mittelmeerraum bisher nur in Südfrankreich, Jugoslawien, Bulgarien und Rumänien gefunden.

2. **Piezocranum seminulum** HORVATH, 1898 (Abb. 367c)

Bisher nur das Weibchen bekannt. Dieses ist der vorigen Art sehr ähnlich. Der Kopf (Abb. 368, i+k) ist schmaler und der Scheitel nur 3,0× so breit wie das Auge. Fühler (Abb. 367c) kürzer, das 2. Glied kaum 0,5× so lang, wie der Kopf breit ist und kürzer als das 3. und 4. zusammen. Pronotum 1,1× so breit wie der Kopf, etwas länger als bei voriger Art. Im hinteren Teil querrunzelig. Halbdecken punktiert, zusammen 1,8× so breit wie der Kopf.

Länge: ♀ brach. = 2,25–2,30 mm, ♂ unbekannt.

Bisher nur in Spanien und Algerien gefunden.

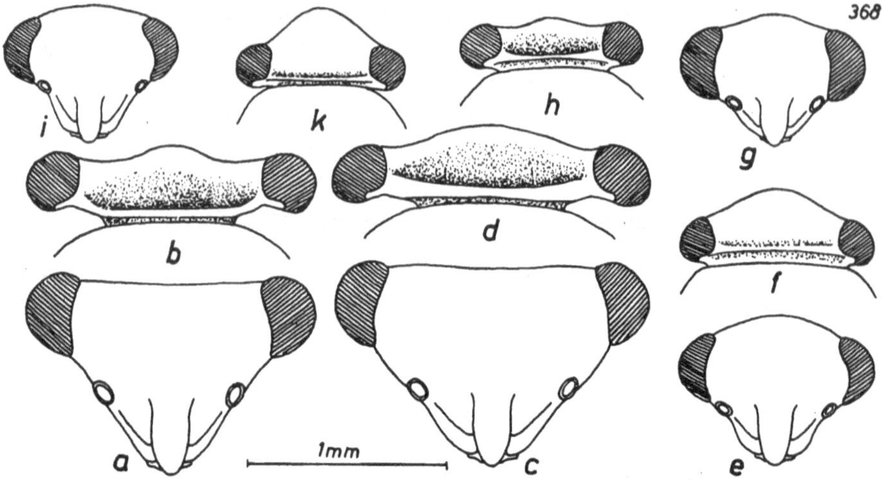

Abb. 368: *Piezocranum*, Kopf

a+b: *P. corvinum* Put., ♂ — c+d: id., ♀ — e+f: *P. simulans* Horv., ♀ — g+h: id., ♂ — i+k: *P. seminulum* Horv., ♀
a, c, g, i: von vorn — b, d, f, h, k: von oben

3. **Piezocranum corvinum** PUTON, 1895

Schwarz, glänzend, weit größer als die vorangehenden Arten. Beide Geschlechter makropter, das ♂ lang und fast parallelseitig, das ♀ kurz oval. Behaarung dicht und hell. Kopf sehr kurz und sehr breit (Abb. 368, a–d). Scheitel scharfkantig, vor ihm bei ♂ und ♀ eine schüsselförmige Grube, welche die ganze Breite von Scheitel und Stirn einnimmt. Von vorn gesehen (Abb. 368, a+c) erscheint der Scheitel fast eben, die Fühlergrube ist vom Auge fast um das Doppelte ihres Durchmessers entfernt. Scheitel beim ♂ 3,2×, beim ♀ 3,5× so breit wie das Auge. Fühler schwarz, lang und schlank, das 2. Glied beim ♂ 1,15×, beim ♀ 0,8× so lang, wie der Kopf breit ist und kürzer als das 3. und 4. zusammen. Beine einfarbig schwarz. Hinterschenkel schlank.

Länge: ♂ = 5,3–5,5 mm, ♀ = 4,5–4,7 mm.

Bisher nur in der Türkei und in Syrien gefunden.

73. Gattung **DASYSCYTUS** FIEBER, 1864

Typus-Art: *D. sordidus* FIEB.

Syn.: *Kilicanata* SEIDENSTÜCKER 1956, Rev. Fac. Sci. Univ. Istanbul, Ser. B, Bd. 21, S. 67—70; E. WAGNER 1960, Mitt. Dtsch. Ent. Ges., Bd. 19, S. 98—101.

Klein, dimorph. Schwarz, dicht mit verhältnismäßig langen, weißen Haaren bedeckt. Scheitel hinten scharfkantig (Abb. 369e). Fühler schwarz, oft teilweise gelb, etwa halb so lang wie das Tier, das 2. Glied kürzer, als der Kopf breit ist. Beine schlank, gelbbraun bis braun. Weibchen oft brachypter und oval, Halbdecken zusammen 1,8× so breit wie der Kopf (Abb. 369b), oft makropter (Abb. 369c). An den Hintertarsen (Abb. 369f) ist das 2. Glied 1,2× so lang wie das 1., aber nur 0,9× so lang wie das 3. Membran der f. macr. mit kurzen schrägstehenden Haaren. Die Vesika des Penis besteht aus membranösen, dicht mit kleinen Zähnen besetzten Lappen.

Die Gattung enthält nur 1 Art.

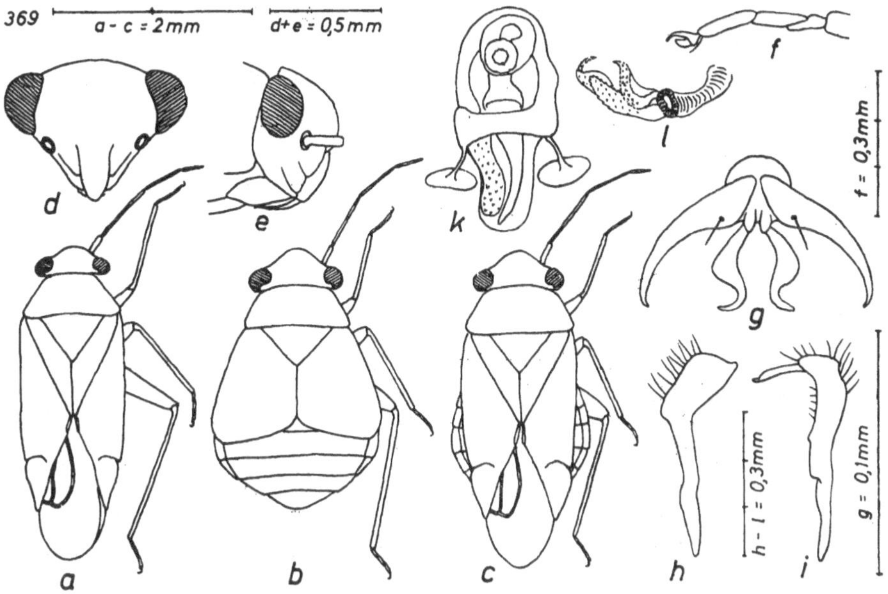

Abb. 369: *Dasyscytus sordidus* Fieb.

a: Männchen — b: Weibchen brach. — c: Weibchen makr. — d: Kopf des ♀ von vorn — e: derselbe von rechts — f: Hinterfuß des ♂ — g: Klauen desselben von innen — h: rechtes Paramer von oben — i: linkes Paramer von oben — k: Penis von oben — l: Vesika von rechts

Dasyscytus sordidus FIEBER, 1864 (Abb. 369, a–c)

Syn.: *Pachytomella frontosa* (HORVATH) 1898; *Kilicanata pilifera* SEIDENSTÜCKER 1956, l. c.; *Pachytomella aenescens* REUTER 1900; E. WAGNER 1960, Mitt. Dtsch. Ent. Ges., Bd. 19, S. 98—101; id. 1958, ib., Bd. 17, S. 72—74 (♀).

Männchen makropter (Abb. 369a); Weibchen bald brachypter, bald makropter (Abb. 369, b+c). Schwarz, schwach glänzend. Oberseite dicht mit etwas längeren, weißlichen Haaren bedeckt, die Membran mit feinen, kurzen, dunklen Haaren dicht bedeckt. Kopf kurz, Scheitel beim ♂ 2,3×, beim ♀ 2,55–2,60× so breit wie das

Auge. Von vorn gesehen (Abb. 369d) ist der Kopf 1,3× so breit wie hoch, Fühlerwurzel etwas von der unteren Augenecke entfernt. Stirn (Abb. 369e) gewölbt, vom Tylus durch eine Einkerbung getrennt. Fühler schwarz, das 2. Glied in der Mitte bisweilen gelbbraun, beim ♂ 0,8×, beim ♀ 0,6× so lang, wie der Scheitel breit ist. Pronotum kurz und breit, trapezförmig. Halbdecken beim ♂ bisweilen bräunlich, beim brachypteren ♀ ohne Cuneus oder Membran. Abdomen beim ♂ schlank, beim ♀ breit oval und bei der f. macr. die Halbdecken nach außen überragend.

Rechtes Paramer (Abb. 369h) klein, Apikalteil eckig, mit kleiner, stumpfer Hypophysis. Linkes Paramer (Abb. 369i) fast rechtwinklig gebogen, Sinneshöcker hoch, distal gekrümmt. Arm der Hypophysis dünn. Penis (Abb. 369k) länglich, Anhänge der Vesika (Abb. 369l) mit kleinen Zähnen besetzt.

Länge: ♂ makr. = 3,2–3,5 mm, ♀ makr. = 3,3–3,5 mm, ♀ brach. = 2,5–3,0 mm.

Die Art lebt an den Rändern von Gräben und Gewässern in der Ufervegetation. Imagines im April und Mai.

Mediterrane Art, fast in allen Teilen des Mittelmeerraumes gefunden. Sie fehlt bisher in Syrien, Ägypten, Italien und Südfrankreich.

74. Gattung **PACHYTOMELLA REUTER, 1891**

Typus-Art: *P. passerinii* COSTA

Dimorph, das ♂ makropter oder brachypter, das ♀ bisher nur brachypter. In der Regel schwarz gefärbt, selten sind die Halbdecken teilweise hell (Abb. 371, a+b). Kopf von vorn gesehen (Abb. 371, e+f) viel breiter als hoch. Scheitel hinten kantig, seltener gerandet. Die Augen sind leicht nach hinten gerichtet (Abb. 371, c+d) und berühren die Vorderecken des Pronotum. Stirn gewölbt. Scheitel beim ♂ 2,0–2,5×, beim ♀ etwa 3× so breit wie das Auge. Fühler in der Regel schwarz, etwa halb so lang wie das Tier. Membran kahl. Bei der f. brach. haben die Halbdecken weder Cuneus noch Membranrest. Beine kurz, Hinterschenkel beim ♀ verdickt. 2. Glied der Hintertarsen 1,5–2,0× so lang wie das 1.

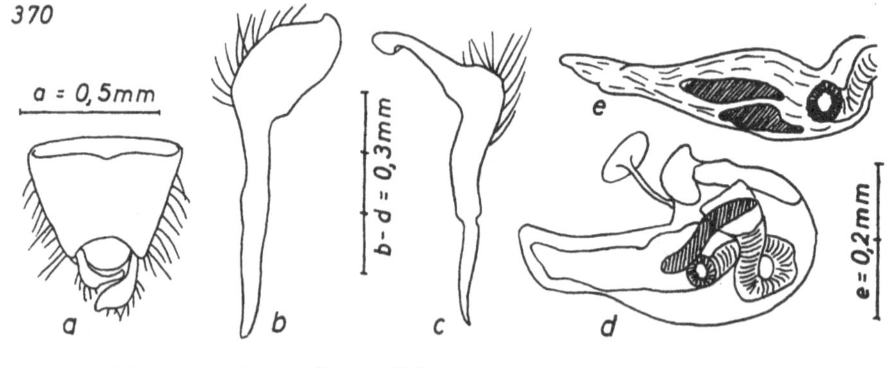

Abb. 370: *Pachytomella parallela* M.-D., Genitalien des Männchens
a: Genitalsegment von oben — b: rechtes Paramer von oben — c: linkes Paramer von oben — d: Penis von rechts — e: Vesika von rechts

Genitalsegment des ♂ (Abb. 370a) trapezförmig, breiter als lang, mit langen Haaren. Rechtes Paramer (Abb. 370b) kurz, mit ovalem Apikalteil. Linkes Paramer (Abb. 370c) im stumpfen Winkel gebogen, Sinneshöcker rund. Penis (Abb. 370d) klein und fast gerade. Anhänge der Vesika (Abb. 370e) ohne Zähnchen.

Die Gattung enthält 6 Arten, die sämtlich im Mittelmeerraum vorkommen.

Bestimmungsschlüssel
für die Arten von *Pachytomella* REUT.

1 (2) Halbdecken zweifarbig, gelbgrau (♂) oder rotgelb (♀) mit schwarzen Rändern (Abb. 371, a+b). 1. **P. alutacea** S. 33

2 (1) Halbdecken einfarbig, schwarz oder schwarzbraun.

3 (4) 1. Fühlerglied (Abb. 372, e+f) und Beine hellgelb, bisweilen die Schienen zum Teil schwarz. Selten ist auch das 1. Fühlerglied schwarz sowie die Mittel- und Hinterbeine. Vorderschenkel stets gelbbraun. 2. **P. phoenicea** S. 34

4 (3) Beine größtenteils schwarz, ebenso das 1. Fühlerglied.

5 (8) ♂ stets makropter und mindestens 2,7 mm lang. ♀ stets brachypter und mindestens 2,2 mm lang.

6 (7) 3. Fühlerglied beim ♂ 0,55–0,60×, beim ♀ 0,67–0,70× so lang wie das 2. Beine schwarz, zuweilen die äußerste Spitze der Schenkel gelbbraun. ♂ kaum größer als ♀ (Abb. 373, a+b). 3. **P. passerinii** S. 36

7 (6) 3. Fühlerglied beim ♂ 0,8–0,9×, beim ♀ 1,0× so lang wie das 2. Spitze der Schenkel breit gelblich, beim ♀ außerdem die Schienen. ♂ weit länger als ♀ (Abb. 373, c+d). 4. **P. parallela** S. 36

8 (5) ♂ und ♀ brachypter. ♂ höchstens 1,75 mm, bisweilen makropter und bis 2,7 mm, ♀ höchstens 2,0 mm lang.

9 (10) 2. Fühlerglied beim ♂ länger, als der Scheitel breit ist (Abb. 374c), 3. Glied beim ♂ 0,75×, beim ♀ 0,83× so lang wie das 2. 5. **P. doriai** S. 37

10 (9) 2. Fühlerglied beim ♂ kürzer, als der Scheitel breit ist (Abb. 374, a+b), 3. Glied beim ♂ 0,45×, beim ♀ 0,50× so lang wie das 2. 6. **P. cursitans** S. 38

Pachytomella frontasa HORV. ist identisch mit *Dasyscytus sordidus* FIEB. S. 31

1. **Pachytomella alutacea** (PUTON) 1874 (Abb. 371, a+b)

E. WAGNER 1957, Beitr. z. Ent., Bd. 7, S. 541—43 (♂).

Männchen: Schwarz, mit feiner gelbbrauner Behaarung. Makropter. Halbdecken gelblich graubraun, das Abdomen weit überragend. Kopf (Abb. 371c) kurz und breit. Scheitel 2,15× so breit wie das Auge, am Hinterrand mit wulstigem Kiel, davor 3 Grübchen. Kopf von vorn gesehen (Abb. 371e) breiter als hoch. Fühler schwarz, 2. Glied 1,1× so lang, wie der Kopf breit ist. Pronotum (Abb. 371c) trapezförmig, breiter als der Kopf, im hinteren Teil quergerunzelt. Innenrand und Kommissur des Clavus schwarz. Außenrand des Corium schmal, derjenige des Cuneus breit schwarz. Schenkel schwarz, ihre Spitze gelbbraun, Schienen schwarzbraun, die Basis hell.

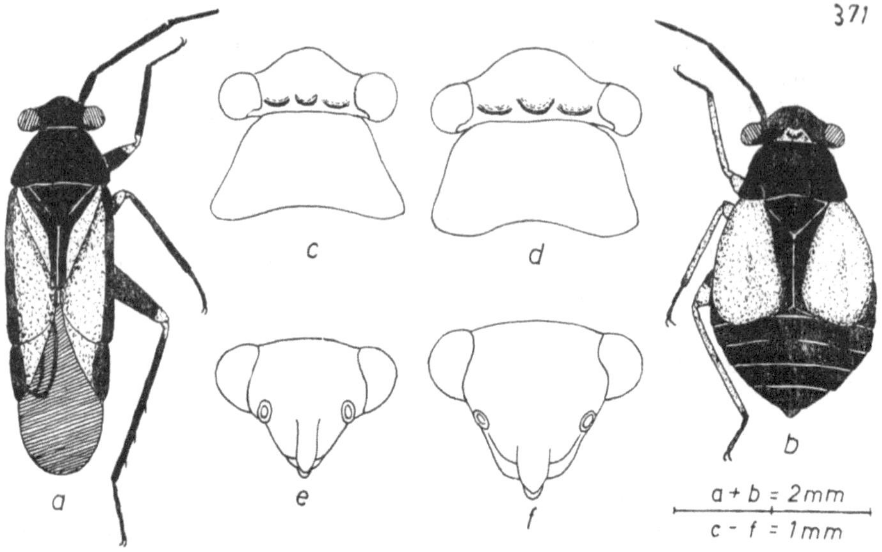

Abb. 371: *Pachytomella alutacea* Put.
a: Männchen — b: Weibchen — c: Kopf und Pronotum des ♂ von oben — d: dasselbe vom ♀ — e: Kopf des ♂ von vorn — f: dasselbe vom ♀

Weibchen: Oval, brachypter (Abb. 371b). Halbdecken ohne Cuneus und Membran, größtenteils gelbbraun bis rotbraun. Kopf (Abb. 371d) wie beim ♂, Scheitel 2,8× so breit wie das Auge. Kopf von vorn gesehen (Abb. 371f) 0,83× so hoch wie breit. Fühler schwarz, 2. Glied wenig länger, als der Scheitel breit ist und 0,7× so lang, wie der Kopf breit ist. Pronotum (Abb. 371d) trapezförmig, etwa so breit wie der Kopf. Innenrand der Halbdecken breit schwarz. Schienen gelbbraun. Sonst wie ♂.

Länge: ♂ = 3,6–3,7 mm, ♀ = 3,0–3,1 mm.

Die Art lebt in höheren Gebirgen am Boden unter Pflanzenpolstern (Thymus u. a.). Imagines im Juli. Bisher nur in den Sierren Südspaniens in 1800–2300 m Höhe.

2. **Pachytomella phoenicea** (HORVATH), 1884 (Abb. 372, a+b)

Männchen: Sehr klein und schlank (Abb. 372a). Beine und Fühler verhältnismäßig lang. Schwarz, mit grauer Behaarung. 1. Fühlerglied, oft auch das 2., hellgelb (Abb. 372, e+f), das 1. oft an der Basis dunkel. Beine hellgelb, Basis und Spitze der Schienen oft schwarz. Tarsen distal schwarz. Kopf (Abb. 372c) 1,45× so breit wie hoch, Scheitel 2,0× so breit wie das Auge, hinten kantig. Fühler schlank (Abb. 372e), 2. Glied 0,94× so lang, wie der Kopf breit ist. Pronotum 0,93× so breit wie der Kopf. Auch die Halbdecken nicht breiter als der Kopf. Beine deutlich länger als bei den übrigen Arten, in der Regel hellgelb. Tarsen sehr schlank. An den Hintertarsen (Abb. 372g) ist das 2. Glied 1,5–1,6× so lang wie das 1. und 1,1–1,2× so lang wie das 3.

Weibchen: Oval, brachypter (Abb. 372b). Färbung und Behaarung wie beim ♂. Kopf (Abb. 372d) breiter und größer, 1,67× so breit wie hoch. Scheitel 2,5× so breit wie das Auge, Fühler kürzer, 2. Glied 0,55× so lang, wie der Kopf breit ist und so lang, wie der Scheitel breit ist. Pronotum (Abb. 372b) fast rechteckig, 0,88× so breit wie der Kopf. Beine wie beim ♂.

Länge: ♂ = 2,7–2,8 mm, ♀ = 2,5–2,7 mm.

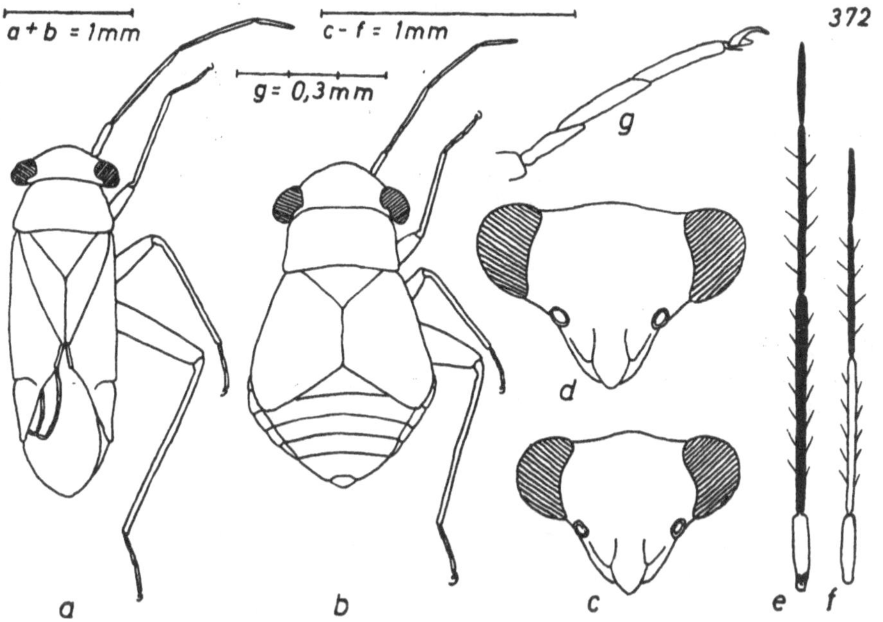

Abb. 372: *Pachytomella phoenicea* Horv.
a: Männchen — b: Weibchen — c: Kopf des ♂ von vorn — d: Kopf des ♀ von vorn — e: Fühler des ♂ — f: Fühler des ♀ — g: Hinterfuß des ♂

Variation:

a (d) 1. Fühlerglied hellgelb, an der Basis oft dunkel (Abb. 372e).

b (c) 2. Fühlerglied gelb, Spitze oft schwarz (Abb. 372f). Schienen gelb, Spitze schwarz, oft auch die Basis der Hinterschienen. ♂, ♀. var. typica

c (b) 2. Fühlerglied schwarz (Abb. 372e). Hinterschienen schwarz. ♂, ♀. var. **antennalis** REUT.

d (a) Fühler schwarz, auch das 1. Glied. Schenkel hell.

e (f) Vorderschienen hell, Basis und Spitze schwarz. Hinterschienen schwarz. var. **nigricornis** REUT.

f (e) Alle Schienen schwarz, Vorderschenkel hell, Spitze braun. Hinterschenkel schwarz mit Ausnahme der Basis und oft auch einer Binde vor der Spitze. ♀. var. **pedalis** REUT.

Die Art wurde bisher in der Türkei, in Syrien und Israel gefunden.

3. **Pachytomella passerinii** (COSTA), 1841 (Abb. 373, a+b)

Syn.: *P. rugicollis* (LUCAS), 1849, sec. PUTON 1899, Cat. Hem., S. 67.

Männchen: Makropter, klein, fast parallelseitig (Abb. 373a). Behaarung braun, fein und anliegend. Scheitel 2,0× so breit wie das Auge, hinten mit einer Kante. Fühler schwarz, 2. Glied 1,0× so lang, wie der Kopf breit ist; 3. Glied 0,55–0,60× so lang wie das 2. Pronotum nicht breiter als der Kopf. Beine schwarz, nur die äußerste Spitze der Schenkel bisweilen gelbbraun.

Weibchen: Brachypter, fast ebenso groß wie das ♂ (Abb. 373b). Oval. Färbung und Behaarung wie beim ♂. Scheitel 2,5× so breit wie das Auge. Fühler schwarz, 2. Glied 0,5× so lang, wie der Kopf breit ist; 3. Glied 0,85–0,90× so lang wie das 2. Pronotum (Abb. 373b) schmaler als der Kopf. Beide Halbdecken zusammen 1,3× so breit wie der Kopf. Sonst wie ♂.

Länge: ♂ = 2,7–3,1 mm, ♀ = 2,2–2,6 mm.

Die Art lebt an trockenen Orten an Thapsia garganica L. Imagines von Mai bis August. Überwintert als Ei.

Mediterrane Art, die den größten Teil des Mittelmeerraumes bewohnt und auch auf den Makaronesischen Inseln vorkommt. Aus Ägypten und Libyen noch nicht gemeldet.

373

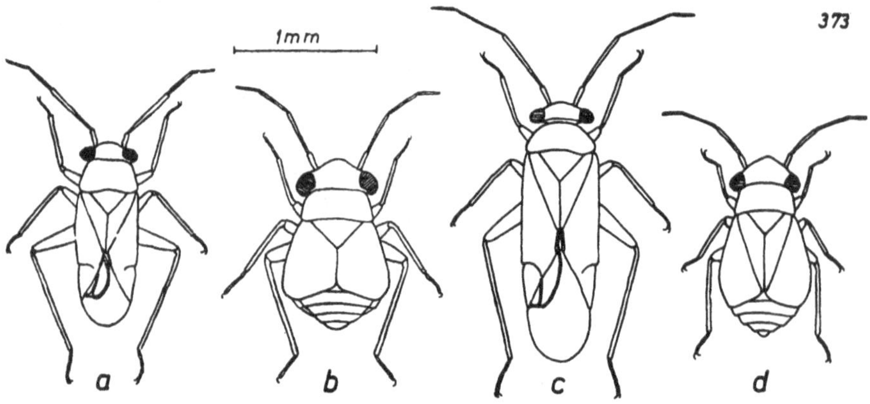

Abb. 373: *Pachytomella* Reut.
a: *P. passerinii* Costa, ♂ — b: id., ♀ — c: *P. parallela* M.-D., ♂ — d: id., ♀

4. **Pachytomella parallela** (MEYER-DÜR), 1843 (Abb. 373, c+d)

Der vorigen Art sehr ähnlich, aber das ♂ wesentlich länger als das ♀ (Abb. 373, a+b). Die Spitzen der Schenkel stets breit gelbbraun. Scheitel beim ♂ mehr als 2×, beim ♀ fast 3× so breit wie das Auge. Fühler etwas länger, 2. Glied beim ♂ 1,1×, beim ♀ 0,5× so lang, wie der Kopf breit ist; 3. Glied beim ♂ 0,8–0,9×, beim ♀ 1,0× so lang wie das 2. Glied. Pronotum beim ♂ 1,0×, beim ♀ 0,85–0,90× so breit wie der Kopf. Halbdecken zusammen nur 1,1–1,2× so breit wie der Kopf. Hinterschenkel beim ♀ kurz und leicht verdickt.

Genitalsegment des ♂ (Abb. 370a) trapezförmig, kurz und breit. Rechtes Paramer (Abb. 370b) kurz, Apikalteil groß und oval, distal mit einem Höcker. Linkes Paramer (Abb. 370c) schlank, Hypophysis dick und stumpf, ihr Arm schlank, Sinneshöcker nur wenig vorstehend. Penis (Abb. 370d) birnenförmig. Vesika (Abb. 370e) mit 2 Spikula, die Anhänge ohne Zähnchen.
Länge: ♂ makr. = 3,2–3,8 mm, ♀ brach. = 2,2–2,4 mm.

Die Art lebt im Gebirge auf Grasflächen an Potentilla. Imagines von Juni bis August. Überwintert als Ei.

Europäische Art. Im Mittelmeerraum in ganz Südeuropa, Algerien und auf der Insel Kreta gefunden.

5. **Pachytomella doriai** (REUTER), 1884 (Abb. 374c)

E. WAGNER, 1972, Mitt. Dtsch. Ent. Ges.

Brachypter, klein und oval, selten auch makropter und länglich-oval. Schwarz, glänzend, mit feiner, grauer Behaarung. Kopf kurz. Scheitel beim ♂ 2,6–2,8×, beim ♀ etwa 3× so breit wie das Auge, hinten kantig, an den Seiten davor ein Grübchen. Fühler schlank, 3. Glied beim ♂ 0,75×, beim ♀ 0,83× so lang wie das 2. Pronotum sehr kurz, trapezförmig und so breit oder etwas breiter als der Kopf. Beine schwarz, Spitzen der Schenkel in der Regel braun, Schienen bald schwarz (♂), bald braun mit schwarzen Spitzen (♀). Tarsen schwarz.

Rechtes Paramer im Apikalteil stumpfwinklig gebogen, distal verbreitert und mit kurzer, feiner Spitze. Linkes Paramer fast rechtwinklig gebogen, Arm der Hypophysis fast gerade, überall gleich dick.
Länge: ♂ brach. = 1,9–2,0 mm, ♂ makr. = 2,75 mm, ♀ brach. = 2,0–2,25 mm, ♀ makr. (nach Reuter) = 3 mm.

Die Art lebt an Plantago albicans L. Imagines im Mai.

Bisher in Spanien, Marokko, Algerien und Tunesien gefunden.

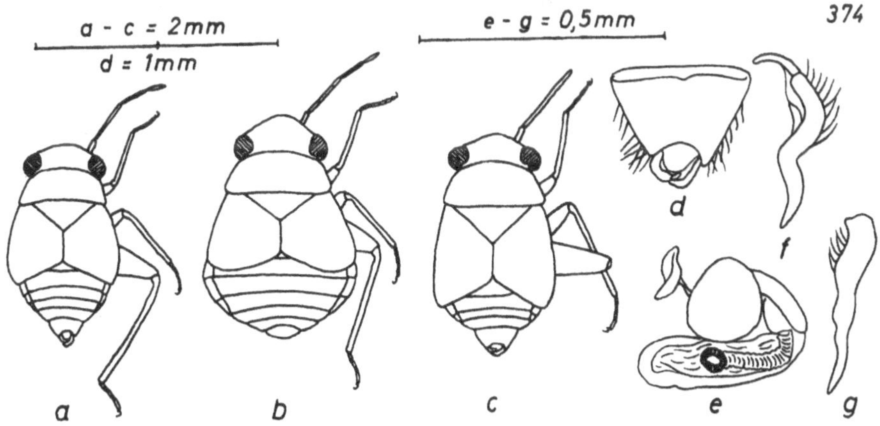

Abb. 374: *Pachytomella cursitans* Reut. und *doriai* Reut.
a, b, d, e, f, g: *P. cursitans* Reut. — c: *P. doriai* Reut.
a+c: Männchen — b: Weibchen — d: Genitalsegment des ♂ von oben — e: Penis von rechts — f: linkes Paramer von oben — g: rechtes Paramer von oben

6. **Pachytomella cursitans** REUTER, 1905 (Abb. 374, a+b)

Der vorigen Art sehr ähnlich, aber etwas kleiner und mit kürzeren Extremitäten. Beide Geschlechter brachypter. Behaarung etwas kürzer. Scheitel beim ♂ 2,9×, beim ♀ 3,1× so breit wie das Auge. Fühler schlank, 3. Glied beim ♂ 0,45×, beim ♀ 0,50–0,55× so lang wie das 2. Pronotum sehr kurz und 1,05–1,10× so breit wie der Kopf. Halbdecken sehr kurz, das 4. Tergit erreichend, ohne Cuneus oder Membran. Beine schwarz, Spitzen der Schenkel etwas aufgehellt.

Genitalsegment des ♂ (Abb. 374d) kurz, trapezförmig, mit langen Haaren. Apikalteil des rechten Paramers (Abb. 374g) lang und schmal, mit nach außen gebogener Spitze. Linkes Paramer (Abb. 374f) schlank, S-förmig gekrümmt, Sinneshöcker hoch und schmal, Hypophysis nicht erkennbar, Arm schlank und gekrümmt. Penis (Abb. 374e) klein und gerade.

Länge: ♂ brach. = 1,5–1,6 mm, ♀ brach. = 2,0 mm.

Bisher nur in Spanien gefunden. Lebensweise nicht bekannt.

75. Gattung **ORANIELLA** REUTER, 1894

Typus-Art: *O. tibialis* REUT.
Syn.: *Smicromerus* REUTER 1901, CARVALHO 1952, An. Acad. Bras. Sci., Bd. 24, S. 74.

Klein und oval (Abb. 375), schwarz mit weißen, glänzenden Schuppenhaaren und schwarzen gewöhnlichen Haaren. ♂ makropter, ♀ brachypter. Kopf geneigt, Stirn

375

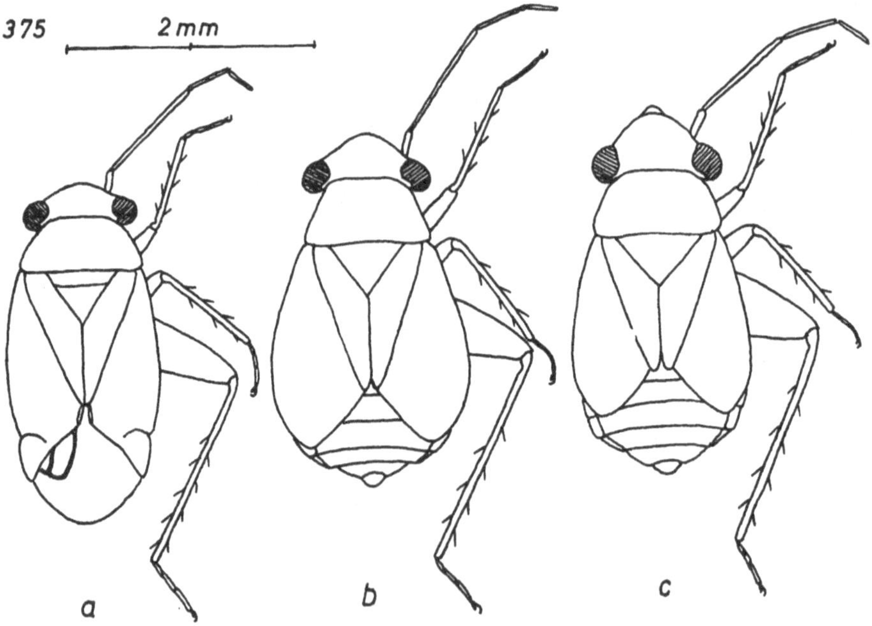

Abb. 375: *Oraniella* Reut.
a: *O. tibialis* Reut., ♂ — b: id., ♀ — c: *O. saltans* Reut., ♀

gewölbt (Abb. 376d), Scheitel hinten stumpfkantig. Am Augenrand kein gelber Fleck, sondern etwas vom Auge entfernt ein runder, brauner Punkt. Augen die Vorderecken des Pronotum umfassend. Von vorn gesehen (Abb. 376, a–c) ist der Kopf fast so hcch wie breit. 2. Fühlerglied (Abb. 376, e–g) gegen die Spitze leicht verdickt. Beim brachypteren ♀ ist der Clavus deutlich, aber weder Cuneus noch Membran erkennbar. An den Hintertarsen (Abb. 376, h+i) ist das 2. Glied 1,2–1,8× so lang wie das 1. Das Rostrum reicht weit über die Hinterhüften hinaus und erreicht die Mitte des Bauches.

Die Gattung enthält 3 Arten, die im Mittelmeerraum leben.

Bestimmungsschlüssel
für die Arten von *Oraniella* REUT.

1 (4) 2. Fühlerglied und Schienen gelbbraun bis rotbraun, ersteres beim ♂ bisweilen nur an der Basis hell.

2 (3) Scheitel beim ♂ 2,5×, beim ♀ 2,4× so breit wie das Auge (Abb. 376, a+b). 2. Glied der Hintertarsen 1,8× so lang wie das 1. (Abb. 376h).
1. **O. tibialis** S. 39

3 (2) Scheitel beim ♂ 2,33×, beim ♀ 3,0× so breit wie das Auge (Abb. 376c). 2. Glied der Hintertarsen (Abb. 376i) 1,3× so lang wie das 1.
2. **O. saltans** S. 40

4 (1) Fühler und Schienen schwarz. 3. **O. tristis** S. 40

1. **Oraniella tibialis** REUTER, 1894 (Abb. 375, a+b)

Klein, oval, gewölbt. ♂ makropter, aber von gleicher Gestalt wie das brachyptere ♀. Schwarz, 2. Fühlerglied und Schienen gelbbraun. Kopf kurz, Scheitel beim ♂ 2,5×, beim ♀ 2,4× so breit wie das Auge. Fühlerwurzel unter dem Auge gelegen (Abb. 376, a+b) und etwa um ihren Durchmesser von ihm entfernt. Fühler (Abb. 376, e+f) mehr als halb so lang wie das Tier. 1. Glied schwarz, das 2. beim ♀ gelbbraun, beim ♂ nur im basalen Teile gelbbraun, gegen die Spitze allmählich dunkler werdend, beim ♂ 0,9×, beim ♀ 0,95× so lang, wie der Kopf breit ist und länger als das 3. und 4. zusammen. Pronotum trapezförmig (Abb. 375, a+b), beim ♂ 1,08×, beim ♀ 0,95× so breit wie der Kopf. Halbdecken beim ♂ voll entwickelt, Außenrand des Corium gebogen, Membran kurz. Beim ♀ sind sie verkürzt, haben weder Cuneus noch Membran, aber einen deutlich abgegrenzten Clavus. An den Hintertarsen (Abb. 376h) ist das 2. Glied 1,8× so lang wie das 1. Hinterschenkel auch beim ♂ stark verdickt.

Länge: ♂ makr. = 2,75 mm, ♀ brach. = 2,8 mm.

Die Art lebt auf Kurzrasen. Imagines im Mai.

Bisher nur aus Algerien und Marokko gemeldet.

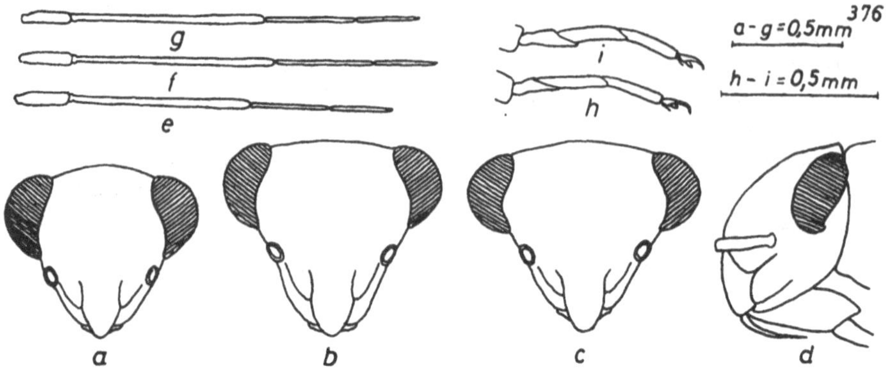

Abb. 376: *Oraniella* Reut.

a, e, h: O. *tibialis* Reut., ♂ — b+f: id., ♀ — c, d, g, i: O. *saltans* Reut., ♀
a—c: Kopf von vorn — d: Kopf von links — e—g: Fühler — h+i: Hinterfuß

2. **Oraniella saltans** (REUTER), 1901 (Abb. 375c)

Smicromerus saltans REUTER 1901; *Oraniella* id., CARVALHO 1952, l. c.

Etwas länger und schlanker, dicht mit weißen Schuppenhaaren bedeckt und dadurch grau erscheinend; außerdem mit glatten schwarzen Haaren. Kopf etwas länger, Scheitel beim ♂ 2,33×, beim ♀ 3,0× so breit wie das Auge. Fühler schwarz, 2. Glied beim ♀ gelbbraun mit dunkler Spitze, beim ♂ schwarz, an der Basis breit hell, beim ♂ so lang, beim ♀ 0,95× so lang, wie der Kopf breit ist (Abb. 376g) und länger als das 3. und 4. zusammen. Pronotum trapezförmig, beim ♂ breiter, beim ♀ 0,94× so breit wie der Kopf. Halbdecken wie bei voriger Art. Schenkel schwarz. Hinterschenkel bei ♂ und ♀ stark verdickt. Schienen gelbbraun, die Spitze schmal schwarz, Dornen schwarz. An den Hintertarsen (Abb. 376i) ist das 2. Glied 1,3× so lang wie das 1. Sonst wie vorige Art.

Länge: ♂ makr. = 2,25 mm, ♀ brach. = 2,4–3,05 mm.

Die Art wurde bisher nur von SAHLBERG in Algerien (Clairfontaine) gefunden.

3. **Oraniella tristis** REUTER, 1894

Diese Art ist dem Verfasser unbekannt. Sie unterscheidet sich nach REUTER von *O. tibialis* REUT. dadurch, daß alle Teile, auch Fühler und Beine, schwarz sind. REUTER spricht dabei den Verdacht aus, daß es sich um das ♀ zu *O. tibialis* handeln könne.

Länge: ♀ brach. = 2,4 mm, ♂ unbekannt.

Bisher nur in Algerien (Tenit-el-Haad) gefunden.

76. Gattung **ORTHOCEPHALUS** FIEBER, 1858

Typus-Art: *O. brevis* PZ.

Männchen stets makropter, länglich, in der Regel parallelseitig (Abb. 380a), Weibchen dimorph (Abb. 380, b+c), häufiger brachypter und oval, bisweilen auch makropter und länglich-oval. Kopf stark geneigt, oft fast senkrecht, von vorn gesehen (Abb. 383, d–f) fast so hoch wie breit. Innerer Augenrand stets schwarz, aber etwas vom Auge entfernt ein runder, brauner Fleck. 2. Fühlerglied gegen die Spitze mehr oder weniger stark verdickt (Abb. 378); 1. Glied mit einigen schwarzen Borsten; 4. Glied kürzer als das 3. Das Rostrum ragt nie über die Hinterhüften hinaus. An den Hintertarsen ist das 2. Glied etwa doppelt so lang wie das 1.

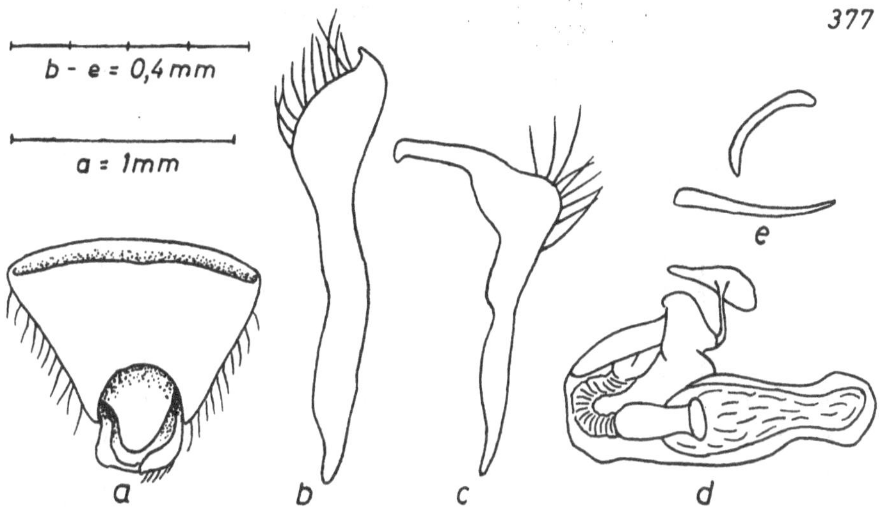

Abb. 377: *Orthocephalus*, Genitalien des Männchens
a—d: *O. proserpinae* Mls. — e: *O. ferrarii* Reut.
a: Genitalsegment von oben — b: rechtes Paramer von oben — c: linkes Paramer von oben — d: Penis von links — e: Spikula von oben

Genitalsegment des ♂ (Abb. 377a) kegelförmig, lang behaart. Rechtes Paramer (Abb. 377b) löffelförmig, Apikalteil oval, oft mit einer Spitze. Linkes Paramer (Abb. 377c) stumpfwinklig gebogen, Sinneshöcker rund, Hypophysis gekrümmt. Penis (Abb. 377d) gerade, Anhänge der Vesika membranös, in der Regel mit 2 Spikula (Abb. 377e).

Die Gattung enthält etwa 20 Arten, von denen 18 in der Paläarktis leben. 13 davon kommen im Mittelmeerraum vor.

Bestimmungsschlüssel
für die Arten von *Orthocephalus* FIEB.

1 (10) Beine einfarbig schwarz.

2 (5) 3. Fühlerglied höchstens 0,5× so lang wie das 2. (Abb. 378, a+b). Behaarung der Oberseite fein und kurz, selten mit einzelnen Schuppenhaaren. Vorderseite der Hinterschenkel ohne lange Borsten.

3 (4) 2. Fühlerglied distal stark verdickt (Abb. 378a). Kopf des ♂ sehr klein (Abb. 379a). Halbdecken der f. brach. (♀) mit deutlicher Incisur zwischen Corium und Cuneus. Behaarung grau. 1. **O. brevis** S. 44

4 (3) 2. Fühlerglied distal nicht verdickt (Abb. 378b). Kopf des ♂ 0,67× so breit wie das Pronotum (Abb. 379c). Halbdecken der f. brach. (♀) ohne Incisur, Behaarung schwarz. 2. **O. proserpinae** S. 44

5 (2) 3. Fühlerglied etwa 0,75× so lang wie das 2. (Abb. 378, c+d). Oberseite mit kräftigen, langen, schwarzen Haaren und mit hellen Schuppenhaaren.

6 (7) Corium an der Clavusnaht mit gelblichem Längsstreif. Fühler mit kurzen, schrägstehenden Haaren. 2. Fühlerglied gegen die Spitze kräftig verdickt (Abb. 378c). 3. **O. coriaceus** S. 45

7 (6) Corium einfarbig schwarz. Fühler mit langen, abstehenden Haaren, 2. Glied distal nicht verdickt (Abb. 378d).

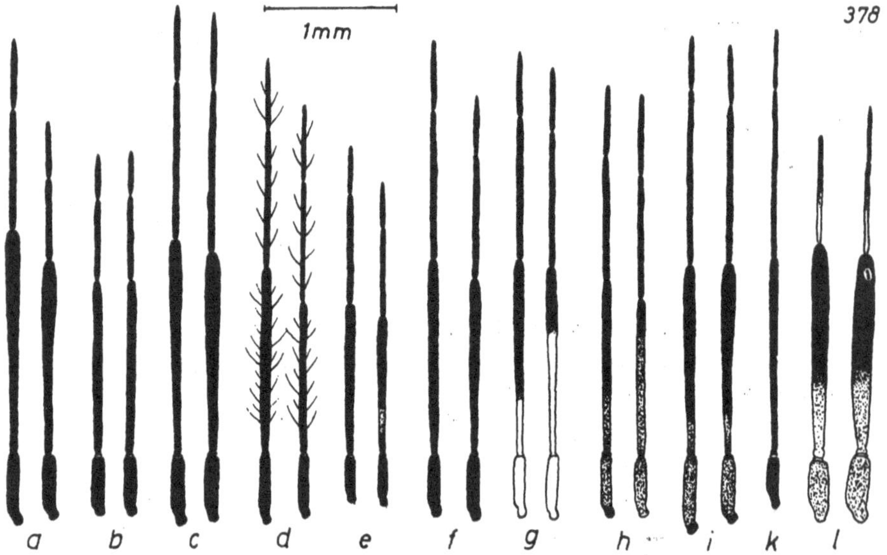

Abb. 378: *Orthocephalus*, Fühler

a: *O. brevis* Pz. — b: *O. proserpinae* Mls. — c: *O. coriaceus* F. — d: *O. melas* Seid. — e: *O. parvulus* Reut. — f: *O. saltator* Hhn. — g: *O. tenuicornis* Mls. — h: *O. bivittatus* Reut. — i: *O. vittipennis* H.-S. — k: *O. setrensis* Reut. — l: *O. championi* Saund. Links: ♂ — rechts: ♀ — k: nur ♂

8 (9) Scheitel beim ♂ 1,9–2,2×, beim ♀ 2,9–3,2× so breit wie das Auge.
4. O. **melas** S. 45

9 (8) Scheitel beim ♂ 2,8×, beim ♀ 3,9× so breit wie das Auge.
Der in Transkaspien lebende **O. styx** REUT.

10 (1) Beine zum Teil (vor allem die Schienen) gelbbraun oder gelblich-rot bis -grau.

11 (12) Körper und Beine mit langen, abstehenden, grauen Haaren, die an den Schienen mindestens so lang sind wie die Dornen.
5. **O. rhyparopus** S. 46

12 (11) Haare der Schienen anliegend oder schrägstehend, viel kürzer als die Dornen.

13 (26) 1. und 2. Fühlerglied nicht auffallend dick, das 2. in seiner Mitte nur etwa 2× so dick wie das 3. und nicht wesentlich dicker als die Vorderschiene (Abb. 378, e–k).

14 (21) Halbdecken einfarbig schwarz. Schenkel schwarz. 2. Fühlerglied 0,95–1,1× so lang wie das 3. und 4. zusammen (Abb. 378, e–g).

15 (16) 1. Fühlerglied und der basale Teil des 2. hell gelblich (Abb. 378g), das 2. Glied distal verdickt. Gestalt des ♂ breiter (Abb. 382b).
6. **O. tenuicornis** S. 47

16 (15) Fühler schwarz (Abb. 378, e+f), 2. Glied bisweilen etwas aufgehellt, an der Spitze kaum dicker als an der Basis. Gestalt des ♂ schlanker (Abb. 382a).

17 (18) Hinterschienen ganz schwarz oder fast schwarz. Schuppenhaare weißlich. Scheitel beim ♂ 1,67×, beim ♀ 2,0–2,1× so breit wie das Auge.
7. **O. ferrarii** S. 48

18 (17) Alle Schienen zum großen Teil gelbbraun.

19 (20) Länge des ♂ 4,5–5,5 mm, des ♀ 3,5–5,0 mm. Scheitel beim ♂ 1,65–1,75×, beim ♀ 2,0× so breit wie das Auge. 8. **O. saltator** S. 48

20 (19) Länge des ♂ 4,25–4,75 mm, des ♀ 3,0–3,5 mm. Scheitel beim ♂ 2,0×, beim ♀ 2,25–2,30× so breit wie das Auge. 9. **O. parvulus** S. 49

21 (14) Halbdecken beim ♂ größtenteils hell (Abb. 382, c+d), beim ♀ im basalen Teil der Corium-Clavusnaht ein gelblicher Längsstreif (Abb. 381d). 2. Fühlerglied 0,8–0,9× so lang wie das 3. und 4. zusammen.

22 (23) 2. Fühlerglied zylindrisch (Abb. 378h), distal nicht dicker als an der Basis. 10. **O. bivittatus** S. 49

23 (22) 2. Fühlerglied gegen die Spitze verdickt (Abb. 378, i+k).

24 (25) 1. Fühlerglied beim ♂ 0,95× so lang, wie der Scheitel breit ist. Halbdecken beim ♀ (brach. und makr.) an der Basis der Corium-Clavus-Naht mit gelbem Streif (Abb. 381d). Schuppenhaare wenig dicht sitzend. 2. Fühlerglied an der Spitze 2× so dick wie an der Basis (Abb. 378i).
11. **O. vittipennis** S. 49

25 (24) 1. Fühlerglied des ♂ nur 0,67× so lang, wie der Scheitel breit ist, 2. Glied an der Spitze nur 1,5× so dick wie an der Basis. Corium des ♀ (brach.) an der Basis, im Innenwinkel und am Außenrand gelbbraun. Schuppenhaare sehr dicht sitzend. 12. **O. sefrensis** S. 50

26 (13) 1. und 2. Fühlerglied ungewöhnlich dick (Abb. 378l), das 2. in seiner Mitte mindestens 3× so dick wie das 3. und fast 2× so dick wie die Schienen. 13. **O. championi** S. 51

1. **Orthocephalus brevis** (PANZER), 1798 (Abb. 379, a+b)

Die größte Art der Gattung, unterscheidet sich von den übrigen durch die feine, graue, anliegende Behaarung der Oberseite. ♂ weit größer als ♀. Schwarz, sehr selten sind die Schienen schwarzbraun. Kopf des ♂ kaum halb so breit wie das Pronotum (Abb. 379a), Scheitel beim ♂ 2,2×, beim ♀ 2,5× so breit wie das Auge. Fühler (Abb. 378a) schwarz, 2. Glied gegen die Spitze verdickt, fast so lang, wie das Pronotum breit ist und 1,2× (♂) bis 1,3× (♀) so lang wie das 3. und 4. zusammen; 3. Glied höchstens halb so lang wie das 2. Die Halbdecken der f. brach. (♀) haben zwischen Corium und Cuneus eine deutliche Incisur (Abb. 379b). ♂ stets makropter, ♀ in der Regel brachypter, sehr selten makropter.

Länge: ♂ makr. = 6,7–7,8 mm, ♀ makr. = 7,5 mm, ♀ brach. = 4,2–4,8 mm.

Die Art lebt an Campanula rapunculoides L., vor allem im Gebirge. Imagines im Juni und Juli. Überwintert als Ei.

Eurosibirische Art. Im Mittelmeerraum in Südfrankreich, Italien, auf der Balkanhalbinsel und in der Türkei.

379

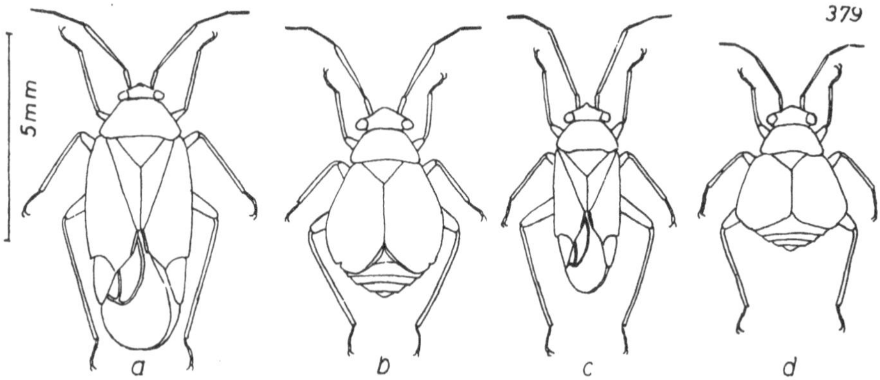

Abb. 379: *Orthocephalus* Fieb.
a: *O. brevis* Pz., ♂ — b: id., ♀ — c: *O. proserpinae* Mls., ♂ — d: id., ♀

2. **Orthocephylus proserpinae** (MULSANT et REY), 1852 (Abb. 379, c+d)

Syn.: *O. coracinus* PUTON 1874; REUTER 1890, Rev. d'Ent. Caën, Bd. 9, S. 253.

Gestalt kleiner, vor allem des ♂, das zwar kaum länger, aber viel schlanker ist als das ♀. Schwarz, glänzend, Behaarung schwarz. Pronotum und Halbdecken gerunzelt. Kopf bei ♂ und ♀ 0,65–0,70× so breit wie das Pronotum. Scheitel beim ♂

2,0×, beim ♀ 2,8× so breit wie das Auge. Fühler (Abb. 378b) schwarz, 2. Glied stabförmig, an der Spitze nicht dicker als an der Basis, beim ♂ 1,1×, beim ♀ 0,75× so lang, wie das Pronotum breit ist und 1,35× so lang wie das 3. und 4. zusammen; 3. Glied nur 0,48× so lang wie das 2. Halbdecken der f. brach. (Abb. 379d) ohne Incisur, ohne Cuneus und Membran.

Genitalsegment des ♂ (Abb. 377a) kegelförmig, mit langen Haaren. Rechtes Paramer (Abb. 377b) groß, Apikalteil oval, Hypophysis spitz. Linkes Paramer (Abb. 377c) in der Mitte fast rechtwinklig gebogen, Sinneshöcker rund, Hypophysis nach unten gekrümmt. Penis (Abb. 377d) schlank, gerade.

Länge: ♂ makr. = 4,2–5,4 mm, ♀ brach. = 3,3–4,2 mm.

Die Art lebt an Disteln (Carduus, Silybum, Scolymus). Imagines von Mai bis Juli. Überwintert als Ei.

Mediterrane Art, die sich vorwiegend an den Küsten des Mittelmeeres findet. In allen Küstenländern mit Ausnahme von Ägypten und Libyen gefunden.

3. **Orthocephalus coriaceus** (FABRICIUS), 1776 (Abb. 381a)

Syn.: O. *mutabilis* FALLÉN 1807; CARVALHO 1955, Beitr. z. Ent., Bd. 5, S. 336.

Schwarz, glänzend, die f. macr. mit einem gelben Längsstreif an der Corium-Clavus-Naht. ♂ stets makropter, ♀ dimorph, die makroptere Form im Norden und Osten Europas häufiger, im Mittelmeerraum selten. Oberseite mit kräftigen, schwarzen, aufrechten Haaren, außerdem mit goldglänzenden Schuppenhaaren. Scheitel beim ♂ 2,0×, beim ♀ 2,3–2,5× so breit wie das Auge. Fühler (Abb. 378c) schwarz, lang, 2. Glied gegen die Spitze verdickt, dort so dick wie die Vorderschiene, 0,83–0,90× so lang wie das 3. und 4. zusammen; 3. Glied 0,75× so lang wie das 2. und 2,0–2,1× so lang wie das Endglied. Halbdecken der f. brach. mit einer Incisur zwischen Corium und Cuneus.

Länge: ♂ makr. = 4,9–5,5 mm, ♀ makr. = 5,0–5,5 mm, ♀ brach. = 4,1–4,8 mm.

Die Art lebt an Tanacetum und anderen Kompositen (Achillea, Centaurea). Imagines von Juni bis August. Überwintert als Ei.

Holarktische Art. Im Mittelmeerraum in Südfrankreich, Italien und Algerien gefunden.

4. **Orthocephalus melas** SEIDENSTÜCKER, 1962 (Abb. 381b)

Reichenbachia, Bd. 1, S. 132—134.

Einfarbig schwarz, unterscheidet sich von den meisten Arten durch die langen, abstehenden Haare an den Fühlern (Abb. 378d). Glänzend, mit langen, aufrechten, schwarzen Haaren und silbernen Schuppenhaaren. ♂ makropter, 3,4× so lang wie breit, ♀ brachypter, 2,0× so lang wie breit. Scheitel hinten kantig, beim ♂ 1,9–2,2×, beim ♀ 2,9–3,2× so breit wie das Auge. Fühler (Abb. 378d) schwarz; 2. Glied stabförmig, beim ♂ 0,9×, beim ♀ 0,83× so lang wie das 3. und 4. zusam-

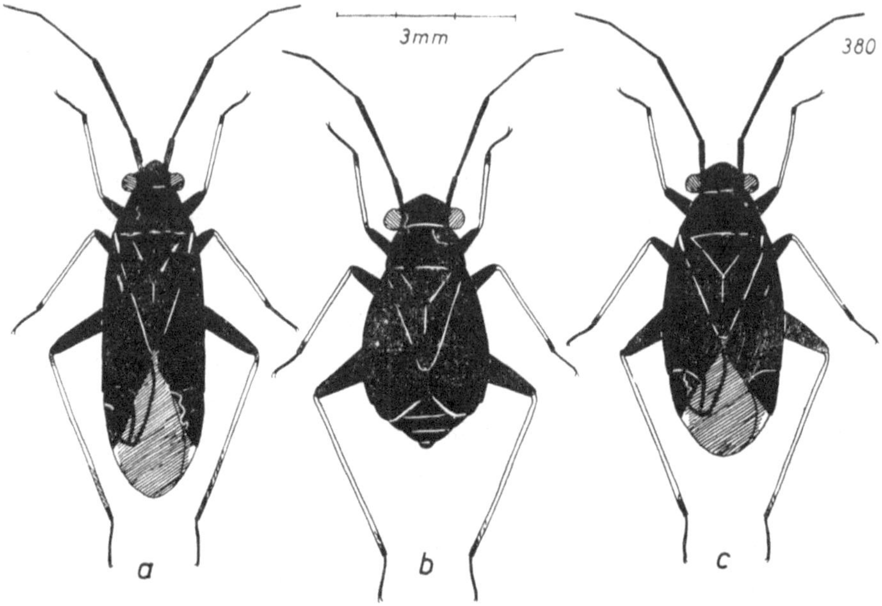

Abb. 380: *Orthocephalus saltator* Hhn.
a: Männchen makropter — b: Weibchen brachypter — c: Weibchen makropter

men; 3. Glied 0,72–0,73× so lang wie das 2. Beim ♂ (makr.) sind die Halbdecken sehr lang und überragen das Abdomen mit etwa der Hälfte ihrer Länge; beim ♀ (brach.) sind sie nicht eingeteilt, haben am Außenrand aber eine Incisur. Das Rostrum erreicht die Spitze der Mittelhüften.

Rechtes Paramer mit großem, ovalem Apikalteil, Spitze dick und nach außen gekrümmt. Linkes Paramer spitzwinklig gebogen, Sinneshöcker sehr groß und rund, Hypophysis stark zurückgekrümmt, schlank und spitz, über ihr eine kleine Spitze.

Länge: ♂ makr. = 6,3 mm, ♀ brach. = 4,7 mm.

Bisher nur in der Türkei (Ulukischla) gefunden. Die Art lebt an Centaurea. Imagines im Mai.

5. **Orthocephalus rhyparopus** FIEBER, 1864

Männchen stets makropter, Weibchen dimorph, breiter und kürzer. Schwarz. Oberseite, Fühler und Beine mit langen, aufrechten, schwarzen Haaren, die Oberseite außerdem mit gelblichen Schuppenhaaren. Scheitel beim ♂ 2,0×, beim ♀ 2,5–2,7× so breit wie das Auge. 1. Fühlerglied und der basale Teil des 2. (beim ♀ bis zwei Drittel der Länge) gelbbraun; 2. Glied etwas kürzer als das 3. und 4. zusammen. Halbdecken beim ♂ parallelseitig, das Abdomen weit überragend, vorderer Teil der Membran hell, Adern gelblich. Rostrum die Mittelhüften nicht ganz erreichend. Beine gelbbraun, mit langen, abstehenden, dunklen Haaren, die an den Schienen so lang sind wie die Dornen. Tarsen oft schwarz.

Länge: ♂ makr. = 5,5 mm, ♀ makr. = 5,0–5,5 mm, ♀ brach. = 4,5 mm.

Die Art bewohnt vor allem die Gebiete nördlich des Schwarzen Meeres, wurde aber auch in der östlichen Türkei (Dijabakir) gefunden. Imagines waren im April vorhanden.

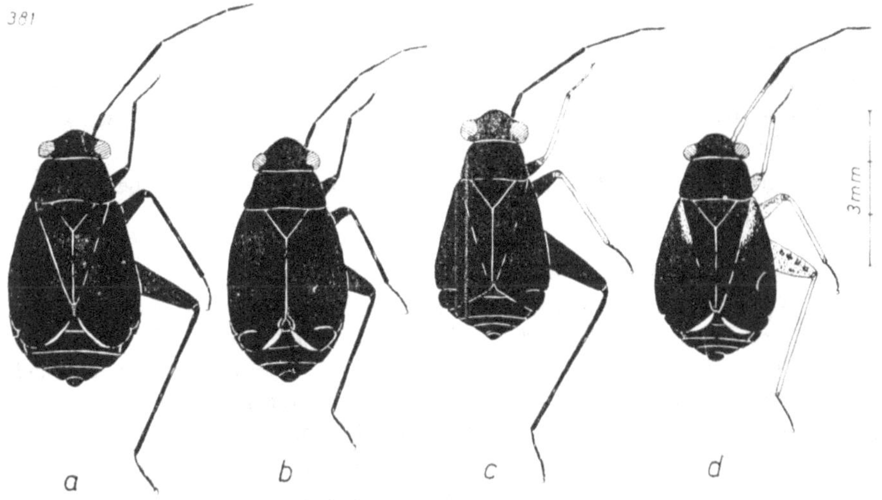

Abb. 381: *Orthocephalus*, Weibchen
a: *O. coriaceus* F. — b: *O. melas* Seid. — c: *O. ferrarii* Reut. — d: *O. vittipennis* H.-S.

6. **Orthocephalus tenuicornis** (MULSANT et REY), 1852 (Abb. 382b)

Gestalt des ♂ breiter, 2,75× so lang wie breit; ♀ nicht auffällig breit, in der Regel brachypter. Schwarz, glänzend. Oberseite mit langen, schwarzen Haaren und hellen Schuppenhaaren. Scheitel beim ♂ 2,0×, beim ♀ 2,3–2,4× so breit wie das Auge, hinten stumpfkantig. Fühler (Abb. 378g) zweifarbig, 1. Glied gelb, 2. Glied beim ♂ bis etwa ein Drittel, beim ♀ bis zwei Drittel der Länge gelb, der Rest schwarz; beide Endglieder schwarz; 2. Glied distal leicht verdickt, beim ♂ 1,52×, beim ♀ 1,14× so lang, wie der Kopf breit ist und etwa so lang wie das 3. und 4. zusammen. Pronotum und Halbdecken fast glatt, die letzteren schwach gerunzelt, bei der f. brach. am Außenrand mit deutlicher Incisur, am Innenrand mit schmalem Membranrest. Schenkel schwarz, an der Unterseite oft mit gelblichem Längsstreif, selten rotbraun (var. *fulvipes* REUT.). Schienen gelbbraun, ihre Spitze schmal schwarz. Tarsen schwarz.

Länge: ♂ makr. = 4,7–5,4 mm, ♀ makr. = 4,6–4,8 mm, ♀ brach. = 4,1–4,5 mm.

Die Art ist mediterran und wurde bisher in Südfrankreich, auf der Balkanhalbinsel, in Algerien, Tunesien, Kleinasien, Syrien und Israel gefunden.

7. **Orthocephalus ferrarii** REUTER, 1891 (Abb. 381c)

Der folgenden Art sehr ähnlich, aber etwas größer. Schuppenhaare der Oberseite weißlich. ♂ makropter und 4,4×, ♀ brachypter und 3,7× so lang, wie das Pronotum breit ist. Schwarz, glänzend. Scheitel beim ♂ 1,67×, beim ♀ 2,0–2,1× so breit wie das Auge. Fühler lang und schwarz, 2. Glied gegen die Spitze leicht verdickt, beim ♂ 1,0–1,1×, beim ♀ 1,20–1,25× so lang, wie das Pronotum breit ist und etwa so lang wie das 3. und 4. zusammen. Halbdecken des ♀ am Außenrande mit einer Incisur. Beine schwarz, Vorder- und Mittelschienen gelbbraun mit dunkler Spitze. Hinterschienen schwarz. Tarsen schwarz.

Länge: ♂ makr. = 5,2–6,0 mm, ♀ makr. = 4,5–5,1 mm, ♀ brach. = 4,1–4,7 mm

Die Art lebt an Kompositen (Centaurea u. a.). Imagines von Mai bis August. Überwintert als Ei.

Verbreitungsgebiet sind der Süden Mitteleuropas und Teile des Mittelmeerraumes. Hier in Südeuropa und Kleinasien gefunden.

8. **Orthocephalus saltator** (HAHN), 1835 (Abb. 380)

Färbung wie bei voriger Art, aber die Hinterschienen gelbbraun mit Ausnahme der Spitze. Schuppenhaare goldglänzend. Kopf schwarz. Scheitel beim ♂ 1,67–1,75×, beim ♀ 2,0× so breit wie das Auge. Fühler (Abb. 378f) lang und schwarz, 2. Glied gegen die Spitze leicht verdickt, etwa so lang wie das 3. und 4. zusammen; 3. Glied 0,75× so lang wie das 2. Halbdecken der f. brach. (♀) mit einer Incisur und saumartigem Membranrest, einfarbig schwarz, auch beim ♂. Beine schwarz, Schienen gelbbraun, an der Basis schmal, an der Spitze etwas breiter schwarz.

Rechtes Paramer mit großem, länglichem Apikalteil, die Hypophysis ein abgerundeter Höcker. Linkes Paramer winklig gebogen, Sinneshöcker rund, Hypophysis nach unten gekrümmt, über ihr ein stumpfer Höcker. Vesika des Penis mit 2 schlanken Spikula.

382

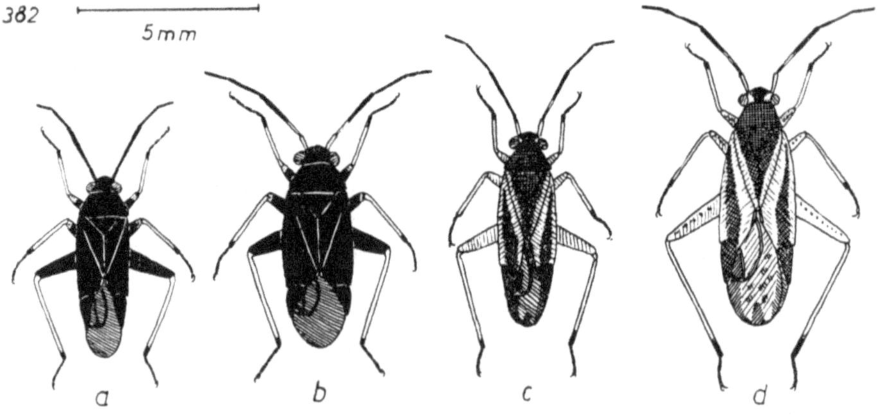

Abb. 382: *Orthocephalus*, Männchen
a: *O. parvulus* Reut. — b: *O. tenuicornis* Mls. — c: *O. bivittatus* Reut. — d: *O. vittipennis* H.-S.

Länge: ♂ makr. = 4,5–5,5 mm, ♀ makr. = 4,1–5,0 mm, ♀ brach. = 3,5–4,4 mm.
Die Art lebt an Hieracium pilosella L., seltener an anderen Kompositen. Imagines von Juni bis August. Überwintert als Ei.
Holarktische Art. Im Mittelmeerraum in Südeuropa, Kleinasien und Algerien.

9. **Orthocephalus parvulus** REUTER, 1891 (Abb. 382a)

Kleiner und schlanker als vorige Art, aber von gleicher Färbung, der basale Teil des 2. Fühlergliedes oft aufgehellt (Abb. 378e). Die Schuppenhaare sind weiß und glänzend. Scheitel beim ♂ 1,8×, beim ♀ 2,3–2,4× so breit wie das Auge. Fühler (Abb. 378e) schwarz; 2. Glied beim ♀ nahe der Basis oft aufgehellt, beim ♂ 0,93×, beim ♀ (brach.) 0,95× so lang, wie das Pronotum breit ist und etwa so lang wie das 3. und 4. zusammen; 3. Glied 0,7× so lang wie das 2. Halbdecken einfarbig schwarz. ♂ stets makropter, ♀ dimorph, die f. brach. mit einer Incisur und saumartigem Membranrest. Beine schwarz, Schienen gelbbraun, an der Basis schmal, an der Spitze etwas breiter schwarz.
Länge: ♂ makr. = 5,0 mm, ♀ makr. = 4,3 mm, ♀ brach. = 3,4–3,6 mm.
Bisher nur in der Türkei und angeblich auch in Jugoslawien gefunden.

10. **Orthocephalus bivittatus** FIEBER, 1864 (Abb. 382c)

Schwarz, glänzend. Halbdecken beim ♂ zum großen Teil gelbbraun, beim ♀ oft einfarbig schwarz. Scheitel beim ♂ 2,0–2,33×, beim ♀ 2,50–2,75× so breit wie das Auge. Fühler (Abb. 378h) schwarz, das 1. Glied und der basale Teil des 2. gelbbraun bis dunkelbraun; 2. Glied stabförmig, gegen die Spitze nicht verdickt, beim ♂ 0,9×, beim ♀ 0,8× so lang wie das 3. und 4. zusammen und beim ♂ 1,5×, beim ♀ 1,0× so lang, wie der Kopf breit ist. Beim ♂ (makr.) sind die Halbdecken gelbbraun, der innere Teil des Clavus, ein Längsstreif neben dem Außenrande des Corium und der Cuneus dunkelbraun bis schwarz, beim ♀ sind sie einfarbig schwarz. Beine gelbbraun bis braun, Spitze der Schienen und die Tarsen schwarz Schenkel oft mit dunklen Flecken. Schienen mit schwarzen Punkten.
Länge: ♂ makr. = 4,6–5,5 mm, ♀ makr. = 4,0–4,5 mm, ♀ brach. = 3,3–3,7 mm.
Die Art lebt an Kräutern (Kompositen). Imagines im Mai und Juni. Überwintert als Ei. Verbreitungsgebiet sind Südosteuropa und Vorderasien. Im Mittelmeerraum in Jugoslawien (Dalmatien, Mazedonien), Griechenland und der Türkei.

11. **Orthocephalus vittipennis** (HERRICH-SCHÄFFER), 1835 (Abb. 381d, 382d)

In der Färbung der vorigen Art ähnlich, bisweilen etwas dunkler. Gestalt größer, ♂ makropter, ♀ dimorph. Scheitel beim ♂ 1,63–1,85×, beim ♀ 2,4–2,6× so breit wie das Auge. Fühler (Abb. 378i) schwarz, 1. Glied und die Basis des 2. oft braun, 2. Glied gegen die Spitze deutlich verdickt und dort doppelt so dick wie an der Basis, beim ♂ 1,5×, beim ♀ 1,25× so lang, wie der Kopf breit ist, 0,78–0,85× so lang, wie das 3. und 4. zusammen; 3. Glied beim ♂ 0,85–0,90×, beim ♀ 0,7× so lang wie das 2.; 1. Glied beim ♂ 0,95× so lang, wie der Scheitel breit ist. Pronotum etwa 1,2× so breit wie der Kopf. Halbdecken beim ♂ größtenteils hell (Abb. 382d), bisweilen schwarz mit Ausnahme eines kurzen Längsstreifs an der Corium-Clavus-Naht (var. *decipiens* E. WAGN.), dazwischen Übergänge. Beim ♀ haben die Halbdecken den gleichen kurzen Längsstreif oder sind einfarbig schwarz. Beine gelbbraun bis braun, Schenkel im Apikalteil mit schwarzen Flecken, seltener ganz schwarz. Schienen gelbbraun bis braun, mit schwarzen Punkten, ihre Spitze schwarz.

Länge: ♂ makr. = 6,2–7,0 mm, ♀ makr. = 5,7–6,7 mm, ♀ brach. = 4,0–4,4 mm.

Die Art lebt an Chrysanthemum leucanthemum L., seltener an anderen Kompositen. Imagines im Juni und Juli. Überwintert als Ei.

Verbreitungsgebiet sind Mittel-, Ost- und Nordeuropa. Im Mittelmeerraum in Südeuropa, insbesondere auf der Balkanhalbinsel, und in der Türkei.

12. **Orthocephalus sefrensis** REUTER, 1895 (Abb. 383a)

Von gleicher Größe wie vorige Art, aber schlanker und mit schlankeren Extremitäten. Schwarz, Halbdecken bei ♂ und ♀ zum großen Teil gelbbraun, ebenso die Beine. Oberseite dicht mit anliegenden, breiten, weißen Schuppenhaaren bedeckt, außerdem mit borstenartigen, halbaufgerichteten, schwarzen Haaren. Dimorph. Kopf schwarz, Scheitel beim ♂ 2,0×, beim ♀ 2,3× so breit wie das Auge (Abb. 383d), hinten kantig. Fühler (Abb. 378k) schwarz, 1. Glied auffällig kurz, beim ♂ nur 0,67× so lang, wie der Scheitel breit ist; 2. Glied bei ♂ und ♀ gegen die Spitze leicht verdickt und dort 1,5× so dick wie an der Basis, 0,85× so lang wie das 3. und 4. zusammen, beim ♂ 1,2× so lang, wie der Kopf breit ist; 3. Glied 0,84× so lang wie das 2. Pronotum, Scutellum und innerer Teil des Clavus schwarz.

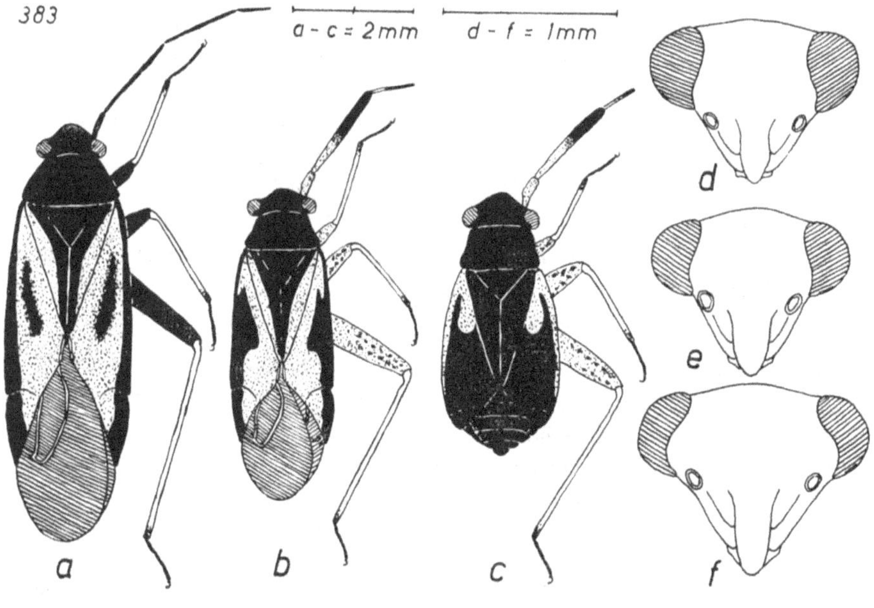

Abb. 383: *Orthocephalus sefrensis* Reut. und *championi* Saund.
a+d: *O. sefrensis* Reut. — b, c, e, f: *O. championi* Saund.
a+b: Männchen — c: Weibchen — d+e: Kopf des ♂ von vorn — f: dasselbe vom ♀

Halbdecken beim ♂ gelbbraun, ein Längsstreif im Corium und der Außenrand von Corium und Cuneus breit schwarz. Beim ♀ sind die Halbdecken dunkel, ein Längsstreif an der Basis des Corium, der Außenrand und der Innenwinkel hell. Die f. brach. am Außenrand mit einer Incisur und der hintere Innenrand mit einer saumartigen Membran. Schenkel braun bis schwarz, Schienen gelbbraun bis braun, ihre Spitze und die Tarsen schwarz.

Länge: ♂ makr. = 6,0–6,5 mm, ♀ brach. = 4,9 mm.

Die Art wurde bisher nur in Algerien (Ain Sefra, Aflou) gefunden.

13. **Orthocephalus championi** SAUNDERS, 1894 (Abb. 383, b+c)

Die Art unterscheidet sich von allen übrigen durch die ungewöhnlich dicken Fühlerglieder 1 und 2 (Abb. 378l). Schwarz, glänzend, mit gelbbrauner Zeichnung. Behaarung zweifach. Scheitel beim ♂ (Abb. 383e) 2,2×, beim ♀ (Abb. 383f) 2,33× so breit wie das Auge. Fühler (Abb. 378l) kurz, das 1. und 2. Glied stark verdickt, das 2. in seiner Mitte mindestens 3× so dick wie das 3. und fast doppelt so dick wie die Schienen, beim ♂ 1,4×, beim ♀ 1,15× so lang, wie der Kopf breit ist und viel länger als das 3. und 4. zusammen; 1. Glied ganz hell, das 2. und 3. an der Basis breit hell. Pronotum beim ♂ 1,08–1,09×, beim ♀ 0,92× so breit wie der Kopf. Halbdecken beim ♂ größtenteils hell, der Teil des Clavus innerhalb der Ader sowie der Außenrand von Corium und Cuneus dunkel, im Corium dehnt sich diese dunkle Färbung im vorderen Teil bis an die Kubitalader aus. Beim ♀ (Abb. 383c) sind die Halbdecken schwarz, nur das Corium hat einen schmalen gelben Außenrand und im basalen Teil einen Längsfleck an der Clavusnaht. Die f. brach. hat am Außenrand keine deutliche Incisur, aber der Cuneus ist nach unten abgeknickt (Fraktur), die Membran ist ein sehr schmaler Saum. Beine gelbbraun, Schenkel braun gefleckt, Schienen und Tarsen schwarz.

Länge: ♂ makr. = 4,50–4,75 mm, ♀ brach. = 3,75–4,0 mm.

Bisher nur auf der Insel Korsika (Bocognano) gefunden.

77. Gattung **EURYOPICORIS** REUTER, 1875

Typus-Art: *E. nitidus* M.-D.

Robust, Gestalt oval (Abb. 384a), in der Regel sind beide Geschlechter brachypter. Halbdecken dann weit länger als Kopf und Pronotum zusammen. Kopf kurz und geneigt, Scheitel hinten stumpfkantig, von ihm aus verläuft eine Anzahl Falten strahlenförmig in die Stirn (Abb. 358a). Hinterrand des Scheitels in der Mitte weiter nach hinten liegend als an den Seiten. Fühler kurz, das 3. Glied kürzer als das 4., das 1. Glied mit einigen Borsten. Rostrum kurz und kräftig (Abb. 384d), Glied 3 und 4 gegen ihre Verbindungsstelle verdickt. Augen klein, fast kugelig. Kopf von vorn gesehen (Abb. 384, b+c) fast so hoch wie breit. Hinterschenkel leicht verdickt. Vorderschienen dicker als die übrigen, abgeflacht und leicht gekrümmt (Abb. 357a). 2. Glied der Hintertarsen 2× so lang wie das 1.

Die Gattung enthält 2 Arten, von denen eine im Mittelmeerraum vorkommt.

Euryopicoris nitidus (MEYER-DÜR), 1843 (Abb. 384a)

E. WAGNER 1954, Notul. Ent., Bd. 34, S. 82—84.

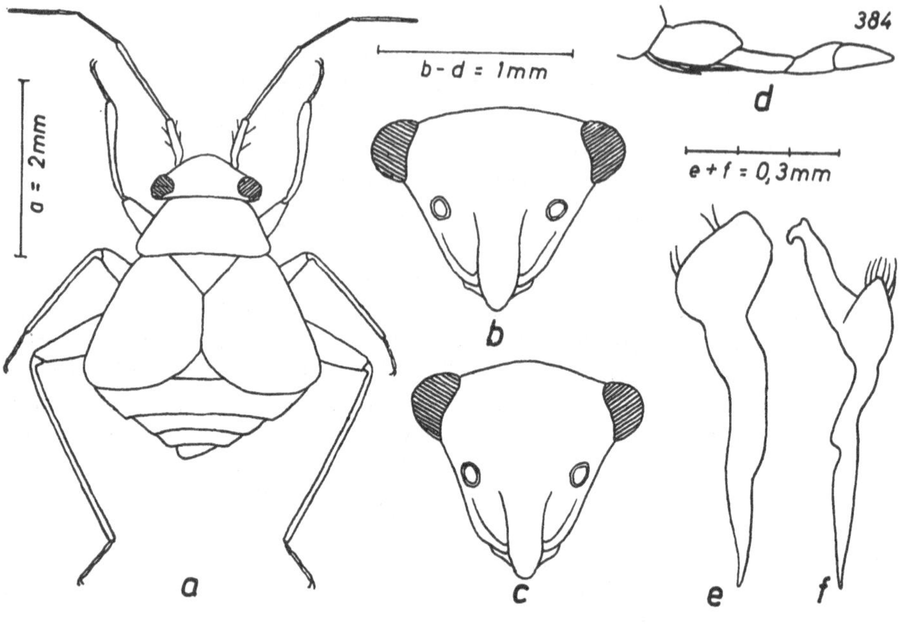

Abb. 384: *Euriopicoris nitidus* M.-D.

a: Männchen — b: Kopf des ♀ von vorn — c: dasselbe vom ♂ — d: Rostrum seitlich — e: rechtes Paramer von oben — f: linkes Paramer von oben

Schwarz, glänzend, Spitze der Schenkel oft gelbbraun. Gestalt breit-oval. Kopf (Abb. 384, b+c) etwa so hoch wie breit, Scheitel beim ♂ 2,8×, beim ♀ 2,9× so breit wie das Auge. Zügel gelb. Fühler schwarz, 2. Glied beim ♂ 0,8–0,9×, beim ♀ 0,7–0,8× so lang, wie der Kopf breit ist; 3. Glied 0,45–0,50× so lang wie das 2. und nur 0,67× so lang wie das Endglied. Pronotum trapezförmig, etwas breiter als der Kopf. Scutellum klein. Halbdecken der f. brach. nicht eingeteilt, etwa 1,5× so lang wie Kopf und Pronotum zusammen. 2. Glied des Rostrum länger als das 3., das 3. und 4. gegen ihre Verbindungsstelle verdickt (Abb. 384d).

Rechtes Paramer (Abb. 384e) kurz und kräftig, Apikalteil breit-oval, distal eckig.

Linkes Paramer (Abb. 384f) schlank, nur schwach gebogen, Sinneshöcker schulterartig, hoch und spitz. Hypophysis stark gekrümmt, über ihr ein Höcker.

Länge: ♂ makr. = 4,5 mm, ♂ brach. = 3,0–3,8 mm, ♀ brach. = 3,5–4,5 mm.

Die Art lebt auf Bergwiesen an Gräsern. Imagines von Juni bis August. Überwintert als Ei.

Eurosibirische Art. Im Mittelmeerraum in Portugal, Frankreich, Italien und auf der Balkanhalbinsel.

78. Gattung **PLATYPORUS** REUTER, 1890

Typus-Art: *P. dorsalis* REUT.

Körper oben abgeflacht, unterseits schwach gewölbt (Abb. 385e). Halbdecken verkürzt, so lang oder kürzer als Kopf und Pronotum zusammen (Abb. 385, a+b). Kopf kurz, Scheitel hinten stumpfkantig, Stirn mit strahlenförmig nach vorn auseinanderlaufenden Furchen (Abb. 358d), Hinterrand des Scheitels in der Mitte weiter nach hinten gelegen als an den Seiten. Fühler kurz, 3. Glied kürzer als das 4., das 1. mit einigen Borsten. Rostrum länger, bis zu den Hinterhüften reichend, 3. und 4. Glied gegen ihre Verbindungsstelle verdickt. Kopf von vorn gesehen (Abb. 385, c+d) fast so hoch wie breit. Augen klein und stark gerundet. Beine lang. Hinterschenkel (Abb. 385, a+b) sehr lang und dick, am Vorderrande mit schwarzen Borsten. Vorderschienen nicht dicker als die übrigen (Abb. 385, a+b), distal abgeflacht und etwas verbreitert (Abb. 385f). An den Hintertarsen (Abb. 385g) ist das 2. Glied 1,5× so lang wie das 1. und fast so lang wie das 3. Abdomen breit oval, die Halbdecken seitlich überragend, die letzten 5 Tergite unbedeckt.

Die Gattung enthält nur 1 Art, die auch im Nordosten des Mittelmeerraumes gefunden **wurde.**

385

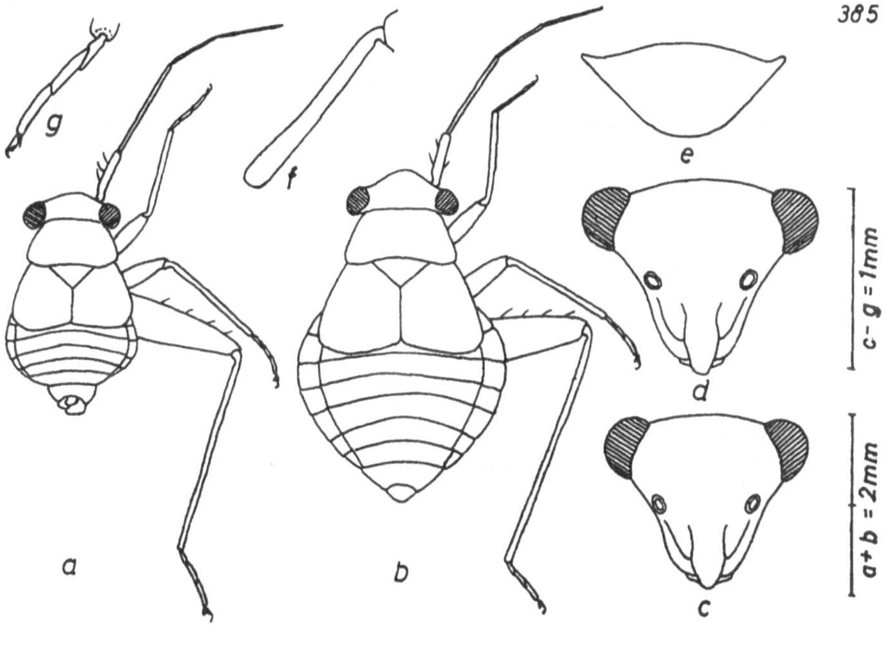

Abb. 385: *Platyporus dorsalis* Reut.

a: Männchen — b: Weibchen — c: Kopf des ♂ von vorn — d: dasselbe vom ♀ — e: schematischer Querschnitt durch das Abdomen — f: Vorderschiene — g: Hinterfuß

Platyporus dorsalis REUTER, 1890 (Abb. 385, a+b)

Schwarz, glänzend, dicht mit feinen, goldgelben, kurzen Haaren bedeckt und dadurch etwas grau erscheinend. Kopf kurz und breit. Scheitel (Abb. 385, c+d) beim ♂ 2,9×, beim ♀ 3,0× so breit wie das Auge, am inneren Augenrande ein gelber Fleck, Zügel gelb. Fühler schwarz, 2. Glied stabförmig, beim ♂ 1,0×, beim ♀ 0,75–0,80× so lang, wie der Kopf breit ist; 3. Glied 0,75× so lang wie das 2. und beim ♂ 0,86×, beim ♀ 0,73× so lang wie das 4. Glied. Pronotum kurz, etwa so breit wie der Kopf, fein quergerunzelt. Scutellum klein. Halbdecken der f. brach. sehr kurz, ihre Hinterränder eine fast gerade Linie bildend, ohne Cuneus oder Membran, kräftig gerunzelt. Rücken des Abdomens glänzend, eben (Abb. 385e). Beine lang. Schenkel schwarz, Schienen gelbbraun, an Basis und Spitze schmal schwarz, Dornen schwarz. Tarsen schwarz.

Länge: ♂ = 2,9–3,1 mm, ♀ = 3,7–3,9 mm.

Die Art lebt unter Pflanzen am Boden. Imagines im Mai.

Bisher nur in Kaukasien und der Türkei gefunden.

79. Gattung **SCHOENOCORIS** REUTER, 1891

Typus-Art: *Sch. flavomarginatus* COSTA

Dimorph, das ♂ makropter und länglich (Abb. 386a), das ♀ brachypter und länglich-oval (Abb. 386b). Fühler kürzer als das Tier. Kopf kurz und breit (Abb. 386, c+d). Scheitel am inneren Augenrand mit gelbem Fleck. Von vorn gesehen (Abb. 386e) ist der Kopf 1,4× so breit wie hoch. Hinterrand des Scheitels gerade. Stirn gewölbt. 2. Fühlerglied verdickt (Abb. 386, a+b), beim ♀ walzenförmig, beim ♂

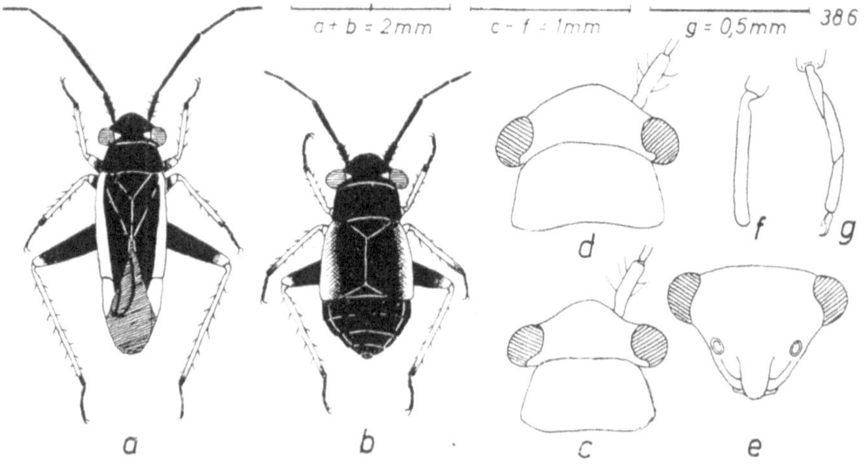

Abb. 386: *Schoenocoris flavomarginatus* Costa
a: Männchen — b: Weibchen — c: Kopf und Pronotum des ♂ von oben — d: dasselbe vom ♀ — e: Kopf des ♀ von vorn — f: Vorderschiene — g: Hinterfuß

an der Basis dünner als an der Spitze; 1. Glied mit zahlreichen Borsten. Pronotum stets schmaler als der Kopf (Abb. 386, c+d). Abdomen schmaler als die Halbdecken. Vorderschienen (Abb. 386f) nicht dicker als die übrigen, zylindrisch, gerade. An den Hintertarsen (Abb. 386g) ist das 2. Glied 1,4× so lang wie das 1. und 1,16× so lang wie das 3. Glied. Das Rostrum reicht bis zu den Hinterhüften.

Die Gattung enthält nur 1 Art, die in Südeuropa lebt.

Schoenocoris flavomarginatus (COSTA) 1841 (Abb. 386, a+b)

Schwarz, matt. Behaarung zweifach, aus anliegenden, hellen, glänzenden und halbaufgerichteten, feinen, schwarzen Haaren bestehend. Augen die Vorderecken des Pronotum berührend. Scheitel beim ♂ 2,3–2,5×, beim ♀ 2,7–2,9× so breit wie das Auge (Abb. 386, c+d). Fühler schwarz; 2. Glied beim ♂ etwas länger, beim ♀ 0,7× so lang, wie das Pronotum breit ist; 3. Glied 0,6× so lang wie das 2. und 1,3–1,4× so lang wie das 4. Glied. Pronotum trapezförmig (Abb. 386, c+d), beim ♂ 0,81×, beim ♀ 0,88× so breit wie der Kopf. Scutellum klein. Halbdecken am Außenrand breit gelb, beim ♂ voll entwickelt und das Abdomen überragend, beim ♀ verkürzt, ohne Cuneus oder Membran, 4 bis 5 Tergite freilassend. Beine kurz, Schenkel schwarz, an der Spitze oft schmal gelbbraun, Schienen gelbbraun, ihre Spitze mehr oder weniger breit schwarz, Dornen schwarz. Tarsen schwarz.

Länge: ♂ makr. = 3,0–3,4 mm, ♀ brach. = 2,4–2,8 mm.

Die Art lebt an Juncaceen. Imagines im Juli und August.

Im Mittelmeerraum in Spanien, Südfrankreich, Italien, Jugoslawien, Bulgarien, Rumänien und auf der Insel Malta.

80. Gattung **ANAPUS** STÅL, 1858

Typus-Art: *A. kirschbaumi* STÅL

Kleine ovale Arten, in der Regel brachypter, seltener makropter. 1. Fühlerglied, Vorderseite der Schenkel und Außenseite der Schienen mit langen, schwarzen Stacheln (Abb. 387a, e, k). Kopf geneigt, von vorn gesehen (Abb. 387, c+g) 1,4× so breit wie hoch. Scheitel am inneren Augenrand mit gelbem Fleck, der sehr schmal sein kann, innen daneben ein flaches Grübchen. Hinterrand stumpfkantig, fast gerade, leicht nach vorn gebogen. Auge vorstehend, aber nicht gestielt. Hinterschenkel (Abb. 387, a+k) sehr stark verdickt. Vorderschienen an der Spitze seitlich zusammengedrückt und verbreitert (Abb. 357b), leicht gekrümmt. 2. Glied der Hintertarsen (Abb. 387, b+i) mindestens 1,6× so lang wie das 1.

Die Gattung enthält 9 Arten, die vor allem Mittelasien und Sibirien bewohnen. Im Mittelmeerraum wurden 2 von ihnen gefunden.

Bestimmungsschlüssel für die Arten von *Anapus* STÅL

1 (2) Alle Schienen gelbbraun mit schwarzen Punkten, Spitze schwarz. 1. **A. kirschbaumi** S. 56

2 (1) Schienen schwarz, an der Außenseite mit gelbbraunem Längsstreif.

3 (4) Scheitel beim ♂ 2,95–3,1×, beim ♀ 3,35–3,40× so breit wie das Auge.
2. A. pachymerus S. 57

4 (3) Scheitel beim ♂ 3,5×, beim ♀ fast 4× so breit wie das Auge.
Der eurosibirische **A. longicornis** JAK. (bis Ungarn verbreitet)

1. **Anapus kirschbaumi** STÅL, 1858 (Abb. 387k)

Klein, kurz-oval, mit langen Beinen. Schwarz, dicht mit weißlichen Schuppenhaaren bedeckt, außerdem mit einzelnen, aufrechten, schwarzen Haaren. Kopf (Abb. 387h) kurz und breit. Scheitel beim ♂ 2,95–3,1×, beim ♀ 3,35–3,40× so breit wie das Auge. Von vorn gesehen (Abb. 387g) ist der Kopf 1,4× so breit wie hoch, die Fühlerwurzel liegt weit unterhalb des Auges. Fühler so lang (♂) oder etwas kürzer als das Tier (♀); 1. Glied schwarz, stark verdickt und mit langen Stacheln besetzt (Abb. 387f), 0,67× so lang, wie der Scheitel breit ist; 2. Glied stabförmig, dünn, in der Mitte breit gelbbraun, beim ♂ 0,86×, beim ♀ 0,82× so lang, wie der Kopf breit ist und so lang (♂) oder etwas kürzer (♀) als das 3. und 4. zusammen. Bei der f. brach. sind die Halbdecken nicht eingeteilt und haben weder eine Incisur

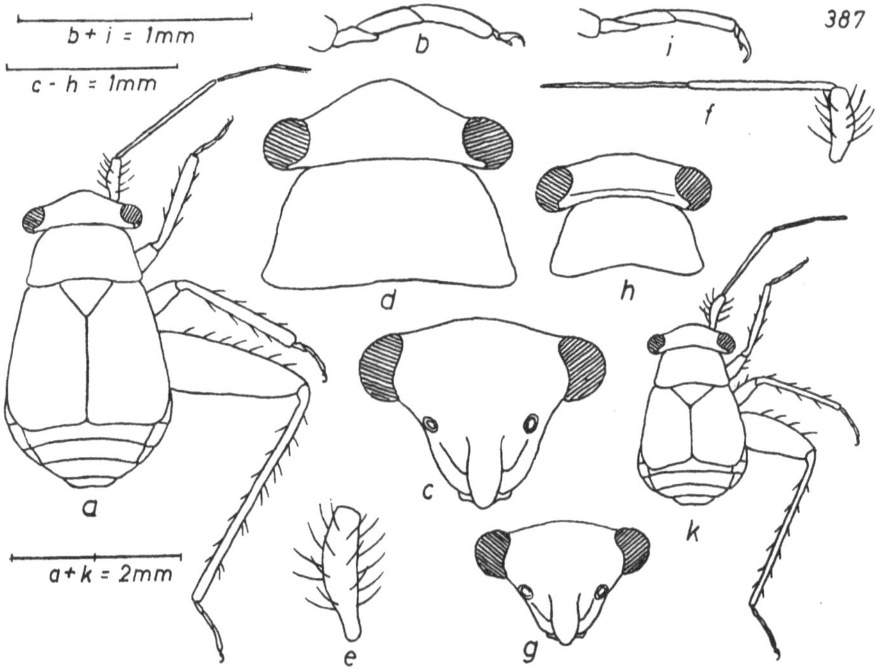

Abb. 387: *Anapus* Stål

a—e: A. *pachymerus* Reut. — f—k: A. *kirschbaumi* Stål

a+k: Männchen — b+i: Hinterfuß — c+g: Kopf des ♂ von vorn — d: Kopf und Pronotum des ♀ von oben — h: dasselbe vom ♂ — e: 1. Fühlerglied — f: Fühler des ♂

noch einen Membranrest. Bei der f. macr. ist die Membran grauweiß, ihre Adern sind braun, die kleine Zelle ist nicht zu erkennen. Beine lang, Schenkel schwarz, Vorder- und Mittelschenkel an der Spitze gelbbraun, Hinterschenkel sehr lang und dick. Vorderseite aller Schenkel mit den gleichen Stacheln wie das 1. Fühlerglied. Schienen mit Ausnahme der Spitze gelbbraun, die Dornen stehen in schwarzen Punkten. Tarsen schwarz.

Länge: ♂ brach. = 1,70–2,15 mm, ♀ brach. = 2,5–3,2 mm, ♀ makr. = 3,0 mm.

Die Art ist von den Gebieten nördlich des Schwarzen Meeres bis Sibirien verbreitet. Sie wurde auch in der Türkei (Umgeb. Ankara) gefunden.

2. **Anapus pachymerus** (REUTER), 1881 (Abb. 387a)

Weit größer. Oval. Hinterbeine sehr lang. Schwarz, mit weißlichen Schuppenhaaren. Kopf (Abb. 387, a+d) kurz und sehr breit. Scheitel beim ♂ 3,6×, beim ♀ 3,7–3,8× so breit wie das Auge. Von vorn gesehen (Abb. 387c) ist der Kopf 1,33× so breit wie hoch, die Fühlerwurzel liegt weit unterhalb des Auges. 1. Fühlerglied (Abb. 387e) in der Mitte sehr dick, mit langen Stacheln dicht besetzt, 0,83× so lang, wie der Scheitel breit ist; 2. Glied dünn stabförmig, gelbbraun, Basis und Spitze schmal schwarz; 3. und 4. Glied zusammen kürzer als das 2. Glied. Pronotum (Abb. 387, a+d) trapezförmig, beim ♂ 0,92×, beim ♀ etwa 1,0× so breit wie der Kopf. Halbdecken in der Regel verkürzt, ohne Einteilung oder Membranrest. Schenkel schwarz, am Vorderrand mit Stacheln. Hinterschenkel etwa so lang wie das Tier, stark verdickt. Schienen schwarz, an der Außenseite mit gelbbraunem Längsfleck. Alle Schienen, insbesondere die Vorder- und Mittelschienen, distal stark verdickt. Tarsen kräftig, schwarz. An den Hintertarsen (Abb. 387b) ist das 2. Glied 1,58× so lang wie das 1. und das 3. 1,16× so lang wie das 2. Abdomen des ♂ distal stark nach unten gekrümmt, so daß die Genitalöffnung von oben her nicht sichtbar ist.

Länge: ♂ brach. = 3,3–3,5 mm, ♀ brach. = 3,7–4,3 mm.

Bisher nur in Spanien (Umgeb. Madrid) gefunden.

81. Gattung **DIMORPHOCORIS** REUTER, 1891

Typus-Art: *D. gracilis* RMB.

Syn.: *Homoeocoris* de la FUENTE 1918, Bol. Soc. Aragon. Ci. Nat., Bd. 12, S. 236; SEIDENSTÜCKER 1964, Reichenbachia, Bd. 3, S. 209—221; E. WAGNER 1965, ib., Bd. 5, S. 135—156; id. 1965, ib., Bd. 6, S. 33—66.

Dimorph, das ♂ in den meisten Fällen makropter und langgestreckt, fast parallelseitig (Abb. 388), das ♀ immer brachypter und birnenförmig (Abb 392–394); bisweilen ist auch das ♂ brachypter und lang-oval (Abb. 391). Da außerdem ♂ und ♀ unterschiedlich gefärbt zu sein pflegen, ist es oft schwierig, die Zusammengehörigkeit beider zu erkennen. Kopf kurz und breit, Auge vorstehend bis gestielt. Hinterrand des Scheitels gerade. Scheitel oft am inneren Augenrande mit gelbbraunem Fleck. Fühler schlank, 1. Glied mit Borsten. Pronotum trapezförmig, in der Regel schmaler als der Kopf und auch nur wenig länger als dieser (Abb. 388–394). Halbdecken der f. macr. (♂) lang und schlank, deutlich eingeteilt. Bei der f. brach. (♂+♀) sind sie in der Regel nicht eingeteilt, bisweilen ist der Clavus zu erkennen. Abdomen des ♀ oval (Abb. 389, b+c), oft breiter als die Halbdecken. Beine kurz, Schienen zylindrisch. Behaarung zweifach, aus anliegenden, weißlichen und halbaufgerichteten, kräftigen, schwarzen Haaren bestehend.

Genitalien des ♂ recht einheitlich gebaut (Abb. 401). Rechtes Paramer sehr groß, Apikalteil oval. Linkes Paramer in der Mitte winklig gebogen, Sinneshöcker hoch und kräftig. Genitalsegment kurz, trapezförmig. Subgenitalplatte mit 2 nach hinten gerichteten Fortsätzen, die bisweilen aus der Genitalöffnung hervorragen.

Die Arten der Gattung leben an Gräsern. Eine erhebliche Zahl von ihnen lebt in der subalpinen Zone höherer Gebirge und hat oft ein nur recht kleines Verbreitungsareal. Andere Arten leben in der Ebene, vor allem auf den Grasflächen der Dünenregion des Meeresstrandes und der Halfagrassteppe Nordafrikas. Bei ihnen pflegt das Verbreitungsgebiet erheblich größer zu sein.

Die meisten der Arten leben im Mittelmeerraum und in den an ihn grenzenden Ländern. Einzelne Arten sind auch aus dem Kilimandscharogebiet und von der Insel Sachalin gemeldet worden. Die Gattung enthält 39 Arten, von denen 30 im Mittelmeerraum vorkommen.

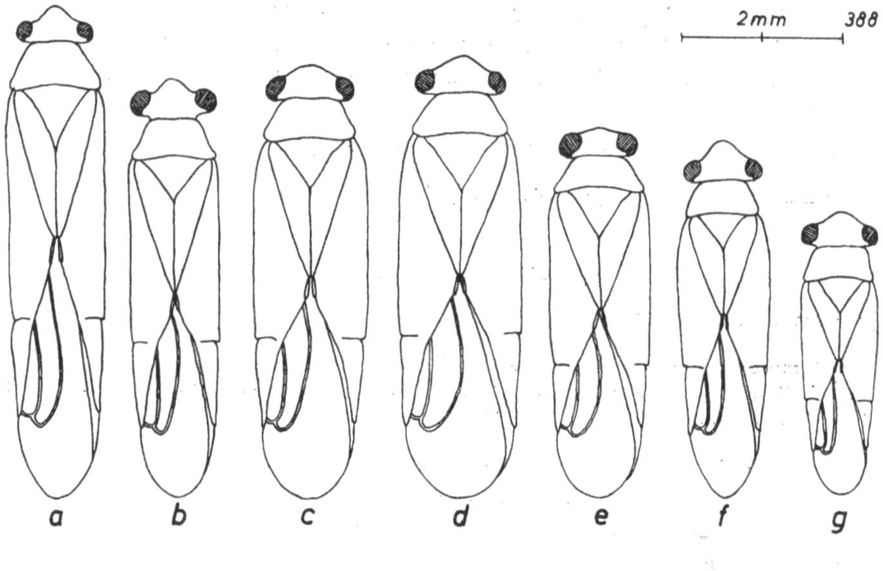

Abb. 388: *Dimorphocoris*, Gestalt des Männchens

a: *D. bleusei* Put. — b: *D. satyriscus* Scott — c: *D. schmidti* Fieb. — d: *D. robustus* E. Wagn. — e: *D. debilis* Reut. — f: *D. lurensis* E. Wagn. — g: *D. pygmaeus* E. Wagn.

Bestimmungsschlüssel

für die Arten von *Dimorphocoris* REUT. Männchen (makropter und brachypter)

1 (44) Makropter.

2 (41) Scheitel mehr als 2× so breit wie das Auge (Abb. 390, c–y). 2. Fühlerglied viel kürzer als das 3. und 4. zusammen.

3 (16) Hinterer Augenrand von den Vorderecken des Pronotum aus nach vorn verlaufend, so daß die Hinterecke des Auges weiter vorn liegt als der Vorderrand des Pronotum (Abb. 390, d–k).

4 (5) Augenstiele neben dem Auge eingeschnürt (Abb. 390k), zur Seite gerichtet. Kopf von vorn gesehen (Abb. 395d) unter der am Seitenrande gelegenen Fühlerwurzel breit und unten gerundet. 1. **D. satyriscus** S. 69

5 (4) Augenstiele nicht eingeschnürt (Abb. 390, d–i). Kopf von vorn gesehen mehr oder weniger dreieckig. Fühlerwurzel nicht am Seitenrand gelegen.

6 (9) Kopf samt Augen so breit oder breiter als das Pronotum (Abb. 390, e+f).

7 (8) Scheitel 2,45–2,60× so breit wie das Auge (Abb. 390f). 2. Fühlerglied 1,6–1,7× so lang, wie der Kopf breit ist. 4. **D. ribauti** S. 73

8 (7) Scheitel 2,7× so breit wie das Auge (Abb. 390e). 2. Fühlerglied 1,8× so lang, wie der Kopf breit ist. 6. **D. putoni** S. 75

9 (6) Pronotum deutlich breiter als der Kopf (Abb. 390, g–i).

10 (11) Kleine Art. Länge unter 4 mm.
Der im S des europäischen Teils der Sowjetunion lebende
D. albipilis KERZ.

11 (10) Größere Arten, Länge über 4 mm.

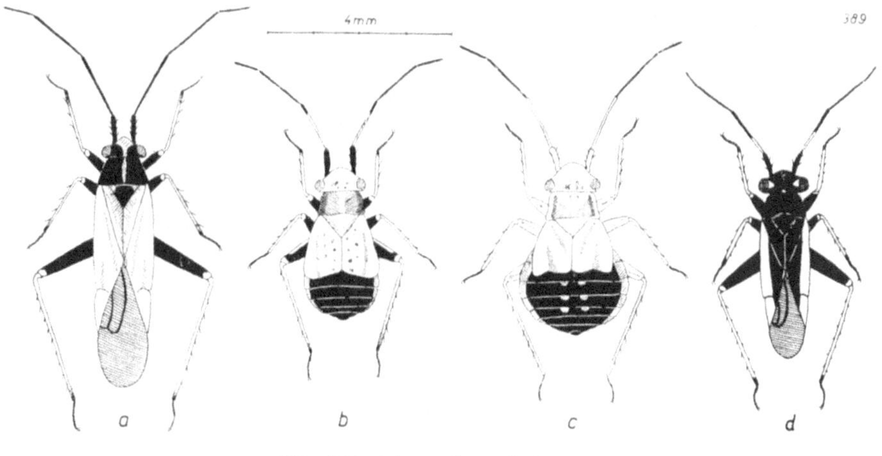

Abb. 389: *Dimorphocoris* Reut.
a: *D. schmidti* Fieb., ♂ — b: id., ♀ — c: *D. gracilis* Rmb., ♀ — d: *D. pygmaeus* E. Wagn., ♂

12 (13) Kopf sehr klein (Abb. 390i), Pronotum fast 1,2× so breit wie der Kopf. Stirn nicht vorstehend. 7. **D. lividipennis** S. 76

13 (12) Pronotum höchstens 1,15× so breit wie der Kopf. Stirn vorstehend (Abb. 390, g+h).

14 (15) Sehr groß, Länge 6,4–6,7 mm. 2. Fühlerglied 1,6–1,7× so lang, wie der Kopf breit ist (Abb. 399f). 5. **D. fuscus** S. 74

15 (14) Länge 5,4–5,6 mm. 2. Fühlerglied 2,0× so lang, wie der Kopf breit ist (Abb. 397c). 3. **D. beieri** S. 72

16 (3) Hinterrand des Auges leicht nach hinten gerichtet, so daß die hintere Augenecke weiter nach hinten liegt als der Vorderrand des Pronotum, selten liegt sie in gleicher Höhe mit ihm (Abb. 390, l–w).

17 (20) Augen sehr deutlich gestielt (Abb. 390, l+o). Kopf samt Augen 1,05–1,10× so breit wie das Pronotum. Länge über 5 mm.

18 (19) Scheitel mehr als 3× so breit wie das Auge (Abb. 390l). Von vorn gesehen (Abb. 396e) erscheint das Auge gestielt. 2. **D. tauricus** S. 70

19 (18) Scheitel weniger als 3× so breit wie das Auge (Abb. 390o). Von vorn gesehen erscheint das Auge sitzend. 10. **D. gallicus** S. 79

20 (17) Augenstiele weniger deutlich. Kopf samt Augen schmaler oder etwa so breit wie das Pronotum (Abb. 390, p–u); selten ist das Pronotum 1,15× so breit wie der Kopf (Abb. 390v), dann beträgt die Länge unter 4,7 mm.

21 (32) Länge über 4,9 mm.

22 (25) Gestalt sehr lang und schlank (Abb. 388, a+b), mindestens 5,6× so lang, wie das Pronotum breit ist. Scheitel höchstens 2,7× so breit wie das Auge (Abb. 390c+m).

23 (24) Augen bei Betrachtung von vorn sitzend (Abb. 403b). 2. Fühlerglied 1,6–2,0× so lang, wie der Kopf breit ist. 8. **D. bleusei** S. 77

24 (23) Augen bei Betrachtung von vorn deutlich gestielt (Abb. 403f) und nach oben gerichtet. 2. Fühlerglied 1,3× so lang, wie der Kopf breit ist. 9. **D. remanei** S. 78

25 (22) Gestalt robuster, höchstens 5× so lang, wie das Pronotum breit ist (Abb. 388, c+d). Scheitel mindestens 2,9× so breit wie das Auge.

26 (29) 2. Fühlerglied mindestens 1,5× so lang, wie der Kopf breit ist.

27 (28) Scheitel etwa 3× so breit wie das Auge (Abb. 390n). Gestalt 5× so lang, wie das Pronotum breit ist (Abb. 388c).

27a (27b) Gestalt 5× so lang wie die Pronotumbreite (Abb. 388c). 2. Fühlerglied 1,5× so lang wie die Kopfbreite. 11. **D. schmidti** S. 80

27b (27a) Gestalt 5,4× so lang wie die Pronotumbreite. 2. Fühlerglied 1,4× so lang wie die Kopfbreite. 11a. **D. tomasii** S. 81

Abb. 390: *Dimorphocoris*, Kopf und Pronotum des ♂ von oben
a: *D. debilis* Reut. — b: *D. mariae* Linnav. — c: *D. remanei* E. Wagn. — d: *D. albipilis* Kerz. — e: *D. putoni* Reut. — f: *D. ribauti* E. Wagn. — g: *D. fuscus* Joak. — h: *D. beieri* E. Wagn. — i: *D. lividipennis* Reut. — k: *D. satyriscus* Scott — l: *D. tauricus* Horv. — m: *D. bleusei* Put. — n: *D. schmidti* Fieb. — o: *D. gallicus* E. Wagn. — p: *D. gracilis* Rmb. — q: *D. mutatus* Seid. — r: *D. robustus* E. Wagn. — s: *D. distylus* Seid. — t: *D. pygmaeus* E. Wagn. — u: *D. lurensis* E. Wagn. — v: *D. cilix* Seid. — w: *D. toros* Seid. — x: *D. saulii* E. Wagn. — y: *D. marginellus* Put.

28 (27) Scheitel 3,5× so breit wie das Auge (Abb. 390r). Gestalt 4,2× so lang, wie das Pronotum breit ist (Abb. 388d). 12. D. **robustus** S. 81

29 (26) 2. Fühlerglied höchstens 1,2× so lang, wie der Kopf breit ist.

30 (31) Aus der Genitalöffnung ragen 2 lange Fortsätze hervor, von denen der rechte dem rechten Paramer ähnelt. 13. D. **distylus** S. 83

31 (30) Diese Fortsätze sind schlank und ganz anders geformt als die Parameren. 14. D. **toros** S. 84

32 (21) Länge unter 4 mm, selten bis 4,7 mm (*D. lurensis* E. WAGN.), dann ist das 2. Fühlerglied an der Basis breit hell.

33 (34) 2. Fühlerglied so lang, wie der Kopf breit ist (Abb. 389d). 15. D. **pygmaeus** S. 84

34 (33) 2. Fühlerglied mindestens 1,25× so lang, wie der Kopf breit ist.

35 (38) Scheitel mindestens 2,9× so breit wie das Auge (Abb. 390, u+v).

36 (37) 2. Fühlerglied an der Basis breit hell. Länge 4,5–4,7 mm. Schienen ohne dunkle Punkte. 16. D. **lurensis** S. 86

37 (36) 2. Fühlerglied einfarbig schwarz. Länge 3,9–4,5 mm. Schienen mit dunklen Punkten. 17. D. **cilix** S. 86

38 (35) Scheitel höchstens 2,5× so breit wie das Auge (Abb. 390, p+q).

39 (40) Hinterrand des Scheitels ohne Kante. 1. Fühlerglied länger, als der Scheitel breit ist, 2. Glied 1,25× so breit wie der Kopf. 18. D. **mutatus** S. 87

40 (39) Hinterrand des Scheitels mit feiner Kante. 1. Fühlerglied kürzer, als der Scheitel breit ist, 2. Glied 1,5× so lang, wie der Kopf breit ist. 19. D. **gracilis** S. 88

41 (2) Scheitel 1,5–1,7× so breit wie das Auge.

42 (43) Scheitel 1,6–1,7× so breit wie das Auge (Abb. 390a). Länge 4,0–4,2 mm. 20. D. **debilis** S. 88

43 (42) Scheitel 1,5× so breit wie das Auge (Abb. 390b). Länge 4,60–4,65 mm. 21. D. **mariae** S. 89

44 (1) Brachypter.

45 (56) Körper schwarz oder dunkelbraun. 2. Fühlerglied höchstens 1,5× so lang wie das 3. Halbdecken zweifarbig.

46 (47) Die Hinterränder beider Halbdecken bilden zusammen eine gerade Linie über dem Hinterrand des 3. Tergits (Abb. 391b). Die breiteste Stelle der Halbdecken liegt am Ende. 25. D. **sauli** S. 93

47 (46) Die Hinterränder beider Halbdecken stoßen in der Mitte in einem stumpfen Winkel zusammen (Abb. 391, a, c, d, e, h), die breiteste Stelle der Halbdecken ist der Mitte genähert.

48 (49) Freier Teil des Abdomens etwa so lang wie Kopf, Pronotum und Halbdecken zusammen (Abb. 391a), letztere erreichen das 2. Tergit. 26. D. **marginellus** S. 94

49 (48) Freier Teil des Abdomens kürzer als diese Teile zusammen. Die Halbdecken erreichen mindestens das 3. Tergit.

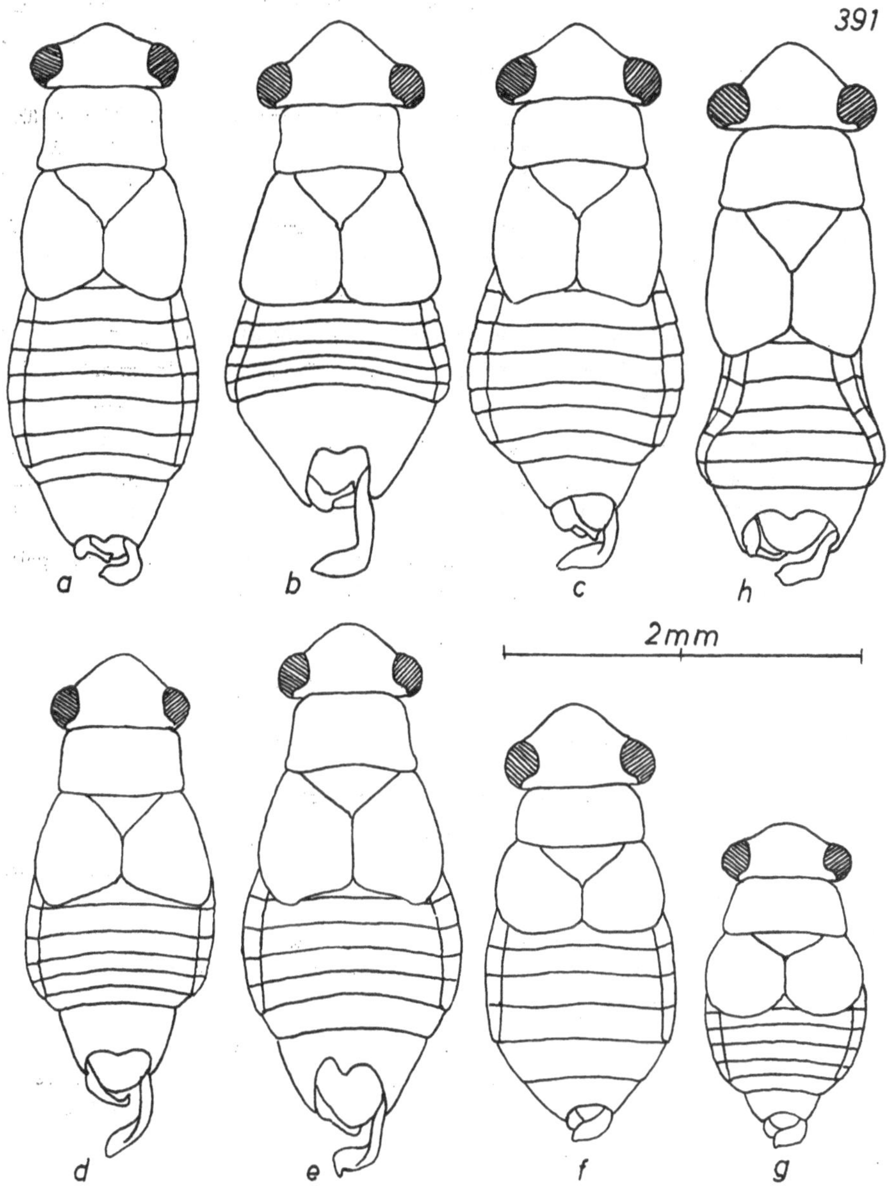

Abb. 391: *Dimorphocoris*, Gestalt des Männchens
a: *D. marginellus* Put. — b: *D. saulii* E. Wagn. — c: *D. punctiger* Horv. — d: *D. lateralis* Reut. — e: *D. eckerleini* E. Wagn. — f: *D. tuatayae* E. Wagn. — g: *D. tristis* Fieb. — h: *D. longiceps* E. Wagn.

50 (51) Scheitel 3× so breit wie das Auge (Abb. 391d). Pronotum rechteckig, 0,9× so breit wie der Kopf. Schienen ohne Punkte. 27. **D. lateralis** S. 95

51 (50) Scheitel höchstens 2,75× so breit wie das Auge (Abb. 391, c, e, h). Pronotum trapezförmig, höchstens 0,85× so breit wie der Kopf, Seiten leicht geschweift. Schienen in der Regel mit dunklen Punkten.

52 (53) Rechtes Paramer mit kräftiger, rückwärts gekrümmter Spitze (Abb. 418h). Genitalsegment an der Basis so breit oder breiter als der Kopf (Abb. 391e). 2. Fühlerglied 1,2× so lang, wie der Kopf breit ist. 28. **D. eckerleini** S. 97

53 (52) Rechtes Paramer mit kleiner, nicht zurückgekrümmter Spitze (Abb. 418, e, f, k). Genitalsegment an der Basis schmaler als der Kopf, selten breiter, dann ist das 2. Fühlerglied 1,0× so lang, wie der Kopf breit ist.

54 (55) Rücken des Abdomens braun, mit dunklen Längsstreifen. 2. Fühlerglied 1,45× so lang, wie der Kopf breit ist (Abb. 391c). Genitalsegment an der Basis schmaler als der Kopf. 29. **D. punctiger** S. 97

55 (54) Rücken des Abdomens schwarz, auf den Tergiten 4 bis 7 je 2 helle Flecke. 2. Fühlerglied so lang, wie der Kopf breit ist. Genitalsegment an der Basis etwa so breit wie der Kopf (Abb. 391 h). 30. **D. longiceps** S. 99

56 (45) 2. Fühlerglied etwa 2,5× so lang wie das 3. Körper gelbweiß bis gelbbraun, Halbdecken einfarbig, Schenkel bisweilen schwarz.

57 (58) Länge 2,45–2,55 mm. Stirn vorgewölbt (Abb. 391f). 22. **D. tuatayae** S. 90

58 (57) Länge 1,7–1,9 mm. Stirn nicht vorstehend (Abb. 391g). 23. **D. tristis** S. 91

Das Männchen von *D. argaeicus* HOB. ist bisher unbekannt.

Weibchen (stets brachypter)

1 (24) Die Halbdecken sind stark verkürzt und reichen bis zum 2. oder 3. Tergit (Abb. 392), selten greifen sie etwas auf das 4. Tergit über. Kommissur etwa so lang wie das Pronotum.

2 (9) Gestalt schlank, mindestens 2,25× so lang wie breit (Abb. 392, a–d). Abdomen höchstens 1,4× so breit wie der Kopf. Die zugehörigen Männchen sind makropter.

3 (4) Kopf von vorn gesehen (Abb. 395c) bei den Fühlerwurzeln stark verengt, unter denselben fast parallelseitig und distal abgerundet. Augen leicht gestielt (Abb. 392a). 1. **D. satyriscus** S. 69

4 (3) Kopf von vorn gesehen (Abb. 398, d+h) dreieckig.

5 (6) Abdomen oval, in der Mitte am breitesten (Abb. 392c). Halbdecken hinten spitz, die Spitze liegt nahe der Mitte des Abdomens. 4. **D. ribauti** S. 73

6 (5) Abdomen langgestreckt, die breiteste Stelle liegt am 6. oder 7. Tergit (Abb. 392, b+d), die Spitze liegt dem Außenrand näher.

7 (8) 1. Fühlerglied hell, 2. Glied 1,1× so lang, wie der Kopf breit ist.
5. **D. fuscus** S. 74

8 (7) 1. Fühlerglied schwarz, 2. Glied 1,2–1,4× so lang, wie der Kopf breit ist.
8. **D. bleusei** S. 77

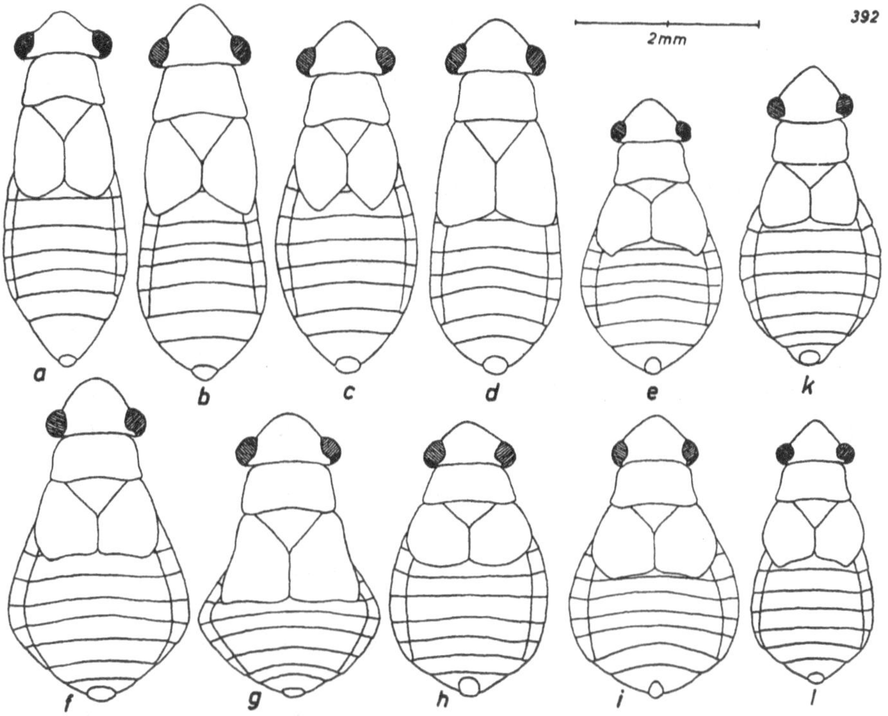

Abb. 392: *Dimorphocoris*, Gestalt des Weibchens

a: *D. satyriscus* Scott — b: *D. fuscus* Joak. — c: *D. ribauti* E. Wagn. — d: *D. bleusei* Put. — e: *D. eckerleini* E. Wagn. — f: *D. punctiger* Horv. — g: *D. marginellus* Put. — h: *D. tuatayae* E. Wagn. — i: *D. lateralis* Reut. — k: *D. saulii* E. Wagn. — l: *D. longiceps* E. Wagn.

9 (2) Gestalt weniger als 2× so lang wie breit (Abb. 392, e–l). Abdomen etwa doppelt so breit wie der Kopf. Die zugehörigen Männchen sind brachypter.

10 (21) 3. Fühlerglied mindestens 0,67× so lang wie das 2. Hinterrand der Halbdecken meistens geschweift (Abb. 392, e–g, i–l).

11 (12) Seitenrand der Halbdecken geschweift, die breiteste Stelle liegt unmittelbar vor dem Hinterrand (Abb. 392g). 26. **D. marginellus** S. 94

12 (11) Seiten der Halbdecken gerundet, die breiteste Stelle liegt näher zur Mitte (Abb. 392, e, f, i, k, l).

13 (14) Die Hinterränder beider Halbdecken bilden eine fast gerade Linie, nicht geschweift (Abb. 392k). 25. **D. sauli** S. 93

14 (13) Hinterränder der Halbdecken in der Mitte einen stumpfen Winkel bildend oder deutlich geschweift.

15 (16) Scheitel 3,35× so breit wie das Auge, Stirn stark gewölbt (Abb. 392f). 2. Fühlerglied 0,91× so lang, wie der Kopf breit ist (Abb. 418d). 29. **D. punctiger** S. 97

16 (15) Scheitel 2,68–3,2× so breit wie das Auge. 2. Fühlerglied so lang oder kürzer, als der Kopf breit ist (Abb. 418, e, f, l).

17 (20) Länge 3,3–3,7 mm. Schenkel schwarz.

18 (19) 2. Fühlerglied so lang, wie der Kopf breit ist (Abb. 418e). Scheitel 3,0–3,2× so breit wie das Auge. Kopf breiter als hoch (Abb. 417h). 27. **D. lateralis** S. 95

19 (18) 2. Fühlerglied 1,3× so lang, wie der Kopf breit ist (Abb. 418l). Scheitel 2,68× so breit wie das Auge. Kopf so hoch wie breit (Abb. 417q). 30. **D. longiceps** S. 99

20 (17) Länge 3 mm. Schenkel gelbbraun. 2. Fühlerglied 1,1× so lang, wie der Kopf breit ist (Abb. 418f). 28. **D. eckerleini** S. 97

21 (10) 3. Fühlerglied höchstens 0,4× so lang wie das 2. Hinterrand der Halbdecken gerundet (Abb. 392h).

22 (23) Scheitel 2,3× so breit wie das Auge (Abb. 392h). 2. Fühlerglied 1,45× so lang, wie der Kopf breit ist. 22. **D. tuatayae** S. 90

23 (22) Scheitel 1,9× so breit wie das Auge. 2. Fühlerglied 1,3× so lang, wie der Kopf breit ist. 23. **D. tristis** S. 91

24 (1) Die Halbdecken reichen bis zum 5. Tergit (Abb. 393+394), seltener nur bis zur hinteren Hälfte des 4. Tergits. Kommissur länger als das Pronotum.

25 (28) Auge sehr groß, Scheitel 2,1–2,3× so breit wie das Auge (Abb. 393, c+d).

26 (27) Kleiner (Abb. 393d). Kopf kleiner (Abb. 411h). 1,3× so breit wie hoch. 20. **D. debilis** S. 88

27 (26) Größer (Abb. 393c). Kopf (Abb. 411d) 1,2× so breit wie hoch. 21. **D. mariae** S. 89

28 (25) Auge kleiner, Scheitel mindestens 3× so breit wie das Auge (Abb. 394).

29 (30) Auge deutlich gestielt (Abb. 394a). Die Halbdecken erreichen das 6. Tergit, und das Connexivum ist schwarz. 2. **D. tauricus** S. 70

30 (29) Auge nicht gestielt, selten undeutlich gestielt, dann reichen die Halbdecken nur bis zur basalen Hälfte des 5. Tergits, und das Connexivum ist braun.

31 (54) Abdomen 1,0–1,1× so breit wie die Halbdecken (Abb. 394).

32 (39) Die Halbdecken reichen nur bis zur basalen Hälfte des 5. Tergites (Abb. 394, b–d), daher sind 5 Tergite unbedeckt.

393

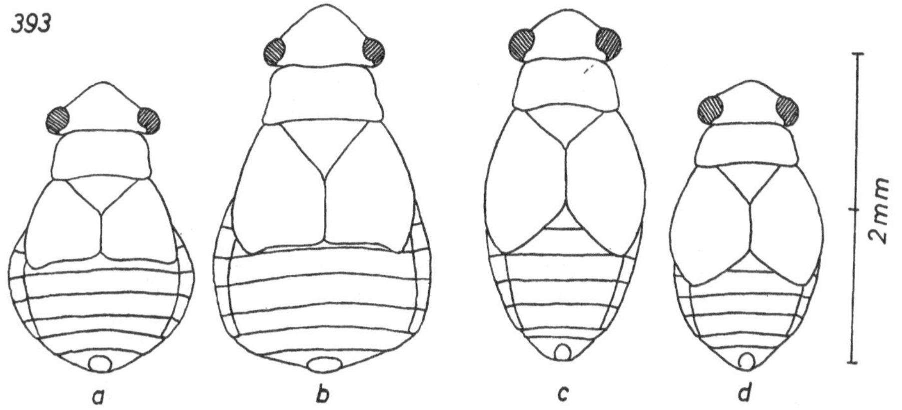

Abb. 393: *Dimorphocoris*, Gestalt des Weibchens
a: *D. mutatus* Seid. — b: *D. gracilis* Rmb. — c: *D. mariae* Linnav. — d: *D. debilis* Reut.

33 (34) Gestalt länglich oval (Abb. 394d). Scheitel 4,5× so breit wie das Auge. Rücken des Abdomens gelbbraun. **24. D. argaeicus** S. 92

34 (33) Gestalt birnenförmig (Abb. 394, b+c), Scheitel 4× so breit wie das Auge.

35 (36) Gestalt breit (Abb. 394c). Abdomen kaum breiter als die Halbdecken, einzelne Halbdecke 1,2× so breit wie der Scheitel. Connexivum schwarz. **6. D. putoni** S. 75

36 (35) Schlanker, Abdomen deutlich breiter als die Halbdecken (Abb. 394, b+k), einzelne Halbdecke weniger als 1,1× so breit wie der Scheitel. Connexivum gelbbraun.

37 (38) Scheitel 3,1× so breit wie das Auge (Abb. 394b). 2. Fühlerglied 0,9× so lang, wie der Kopf breit ist. Länge 3,3–3,6 mm. **9. D. remanei** S. 78

38 (37) Scheitel 3,5–3,6× so breit wie das Auge (Abb. 394k). 2. Fühlerglied 0,75× so lang, wie der Kopf breit ist. Länge 2,75–2,95 mm. **16. D. lurensis** S. 86

39 (32) Die Halbdecken reichen bis über die Mitte des 5. Tergits hinaus (Abb. 394, e–i, l–n), oft das 6. Tergit erreichend, daher sind nur 4 Tergite frei, bisweilen dazu ein Teil des 5.

40 (45) Kleinere Arten, Länge nicht über 3,2 mm, im Mittel 3 mm.

41 (42) Rücken des Abdomens einschließlich des Connexivum hell gelbbraun (Abb. 394e). Scheitel 4,3× so breit wie das Auge.
Der in den Gebieten nördlich des Schwarzen Meeres lebende **D. albipilis** KERZ.

42 (41) Rücken des Abdomens einschließlich des Connexivum schwarz.

43 (44) Scheitel 3,4–3,5× so breit wie das Auge (Abb. 394l). **15. D. pygmaeus** S. 84

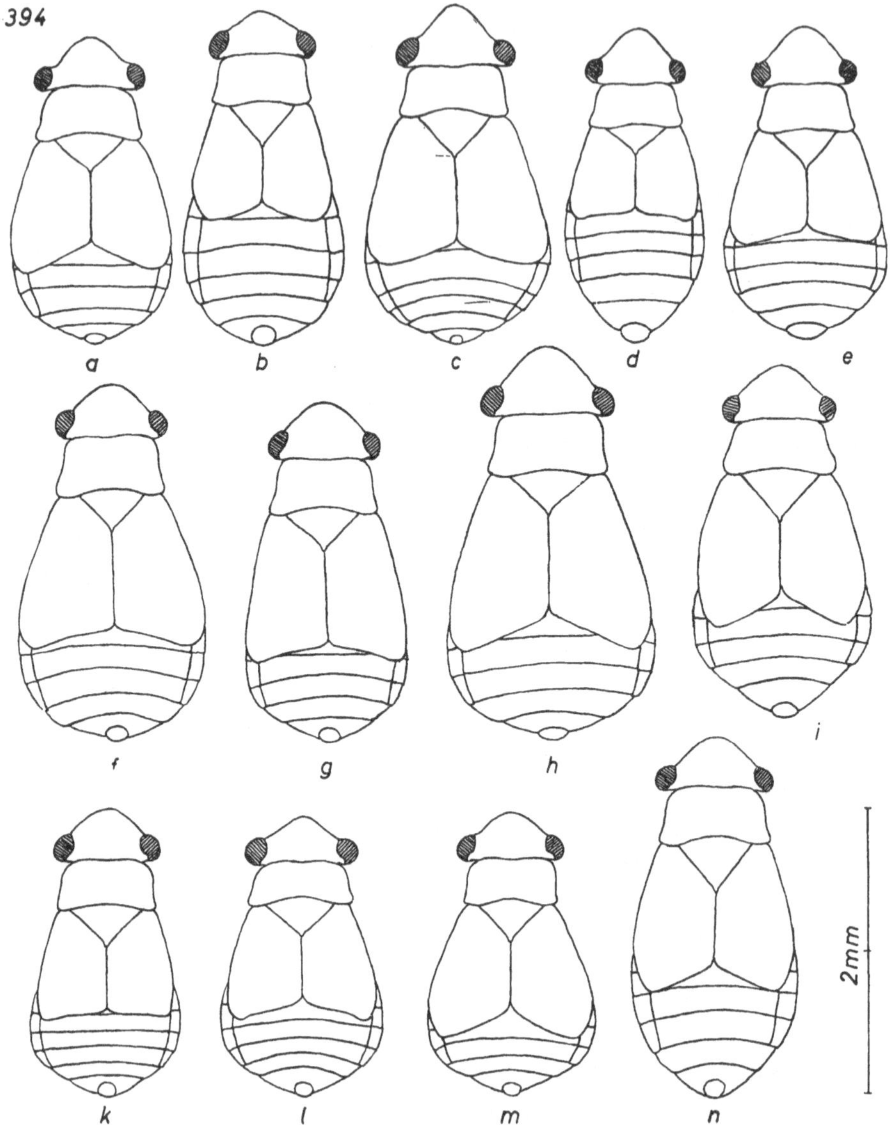

Abb. 394: *Dimorphocoris*, Gestalt des Weibchens

a: *D. tauricus* Horv. — b: *D. remanei* E. Wagn. — c: *D. putoni* Reut. — d: *D. argaeicus* Hob. — e: *D. albipilis* Kerz. — f: *D. schmidti* Fieb. — g: *D. gallicus* E. Wagn. — h: *D. robustus* E. Wagn. — i: *D. distylus* Seid. — k: *D. lurensis* E. Wagn. — l: *D. pygmaeus* E. Wagn. — m: *D. cilix* Seid. — n: *D. toros* Seid.

44 (43) Scheitel 4,0× so breit wie das Auge (Abb. 394m). 17. **D. cilix** S. 86

45 (40) Größere Arten, Länge über 3,3 mm, im Mittel 3,5 mm und darüber.

46 (49) Scheitel 3,4–3,7× so breit wie das Auge. Abdomen nicht breiter als die Halbdecken (Abb. 394, f+g).

47 (48) 2. Fühlerglied 0,9× so lang wie die Kopfbreite. Scheitel im Mittel 3,1–3,45× so breit wie das Auge. Halbdecken den Hinterrand des 5. Tergites nicht erreichend (Abb. 406c).

47a (47c) Größer und breiter. Augen sitzend. Abdomen etwas schmaler als die Halbdecken. 11. **D. schmidti** S. 80

47c (47a) Etwas kleiner und schlanker. Augen leicht gestielt. Abdomen etwas breiter als die Halbdecken. 11a. **D. tomasii** S. 81

48 (47) 2. Fühlerglied 0,8× so lang wie die Kopfbreite. Scheitel 3,7× so breit wie das Auge. Halbdecken den Hinterrand des 5. Tergits überragend. 10. **D. gallicus** S. 79

49 (46) Scheitel mindestens 4× so breit wie das Auge. Abdomen etwas breiter als die Halbdecken (Abb. 394, h, i, n).

50 (51) Scheitel 4,0× so breit wie das Auge (Abb. 394n). Connexivum schwarz. 14. **D. toros** S. 84

51 (50) Scheitel 4,3–4,4× so breit wie das Auge (Abb. 394, h+i). Connexivum braun, bisweilen dunkel gefleckt.

52 (53) 2. Fühlerglied nur 0,75× so lang, wie der Kopf breit ist. 13. **D. distylus** S. 83

53 (52) 2. Fühlerglied 0,9× so lang, wie der Kopf breit ist. 12. **D. robustus** S. 81

54 (31) Abdomen sehr breit (Abb. 393, a+b), etwa 1,2× so breit wie die Halbdecken.

55 (56) Kleinere Art (Abb. 393a), Länge 2,3–3,0 mm. Pronotum einfarbig schwarz. 18. **D. mutatus** S. 87

56 (55) Größere Art (Abb. 393b), Länge 3,2–3,4 mm. Pronotum in der Regel gelbbraun, schwarz gezeichnet, zum mindesten mit heller Mittellinie oder Teilen einer solchen. 19. **D. gracilis** S. 88

Die Weibchen von *D. lividipennis* REUT. und *D. beieri* E. WAGN. sind bisher unbekannt.

1. **Dimorphocoris satyriscus** (SCOTT) 1870 (Abb. 395a)

E. WAGNER 1965, Reichenbachia, Bd. 5, S. 143—145; id. 1965, ib., Bd. 6, S. 40—41.

Männchen: Sehr lang und schlank, fast 5× so lang, wie das Pronotum breit ist. Schwarz mit gelbbrauner Zeichnung. Auge gestielt (Abb. 395d), die Stiele zur Seite und nach oben gerichtet. Scheitel 2,5× so breit wie das Auge. Von vorn gesehen (Abb. 395d) ist der Kopf unter den Augen stark verengt, die Fühlerwurzeln sitzen auf deutlichen Stielen. Unter ihnen sind die Kopfseiten parallel, distal ist der Kopf breit gerundet. Fühler schwarz, 2. Glied viel kürzer als das 3. und 4. zusammen.

Weibchen: Sehr schlank (Abb. 395a), 4,5× so lang, wie das Pronotum breit ist. Schwarz mit gelber Zeichnung. Connexivum und Unterseite gelbbraun. Beine hell

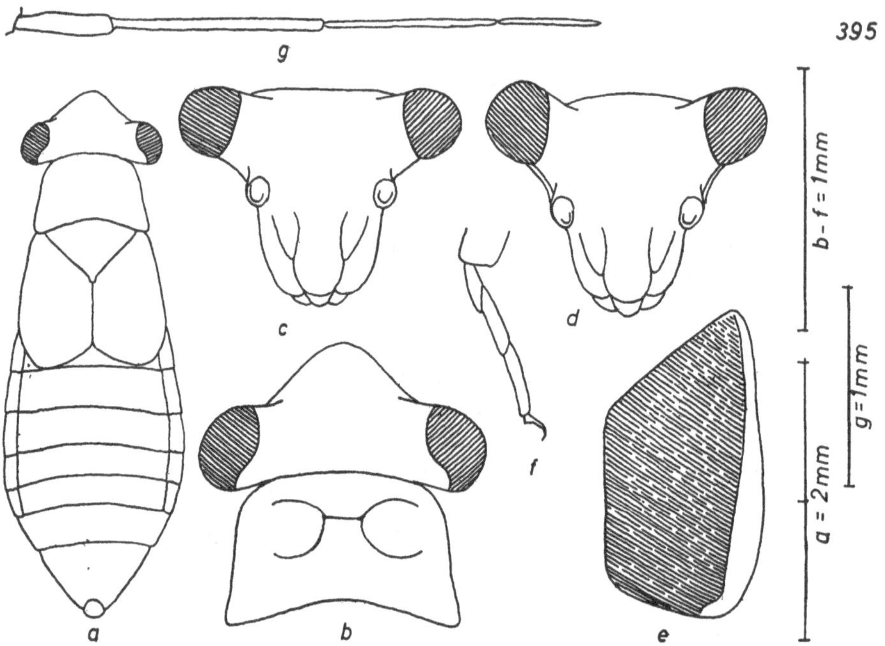

Abb. 395: *Dimorphocoris satyriscus* Scott
a: Gestalt des ♀ — b: Kopf und Pronotum des ♀ von oben — c: Kopf des ♀ von vorn — d: dasselbe vom ♂ — e: rechte Halbdecke des ♀ — f: Hinterfuß des ♀ — g: Fühler des ♀

gelblich, Schenkel und Schienen mit feinen, dunklen Punkten. Kopf wie beim ♂ geformt (Abb. 395c), Auge gestielt, Scheitel 2,9× so breit wie das Auge. 2. Fühlerglied 1,04× so lang, wie der Kopf breit ist (Abb. 395g). Pronotum 0,83× so breit wie der Kopf. Halbdecken (Abb. 395e) schwärzlich, Außenrand breit hell, Kommissur etwa so lang wie das Pronotum. Abdomen etwas breiter als die Halbdecken. 2. Glied der Hintertarsen (Abb. 395f) 1,4× so lang wie das 1.

Länge: ♂ = 5,3 mm, ♀ = 3,9 mm.

Bisher nur in Spanien (Südhang der Sierra Nevada) gefunden.

2. **Dimorphocoris tauricus** (HORVATH), 1880 (Abb. 396, a+b)

SEIDENSTÜCKER 1964, Reichenbachia, Bd. 1, S. 21—34; E. WAGNER 1965, ib., Bd. 6, S. 33—35.

Männchen: 5,2× so lang, wie das Pronotum breit ist. Schwarz, Kopf hell mit schwarzer Zeichnung. Halbdecken gelbgrau. Augen gestielt (Abb. 396, c+e), die Stiele zur Seite gerichtet. Scheitel 3,2–3,3× so breit wie das Auge. Von vorn gesehen (Abb. 396e) ist der Kopf dreieckig. Fühler (Abb. 396g) schwarz, 2. Glied 1,2× so lang, wie der Kopf breit ist. Pronotum schwarz, 0,9× so breit wie der Kopf. Halbdecken parallelseitig.

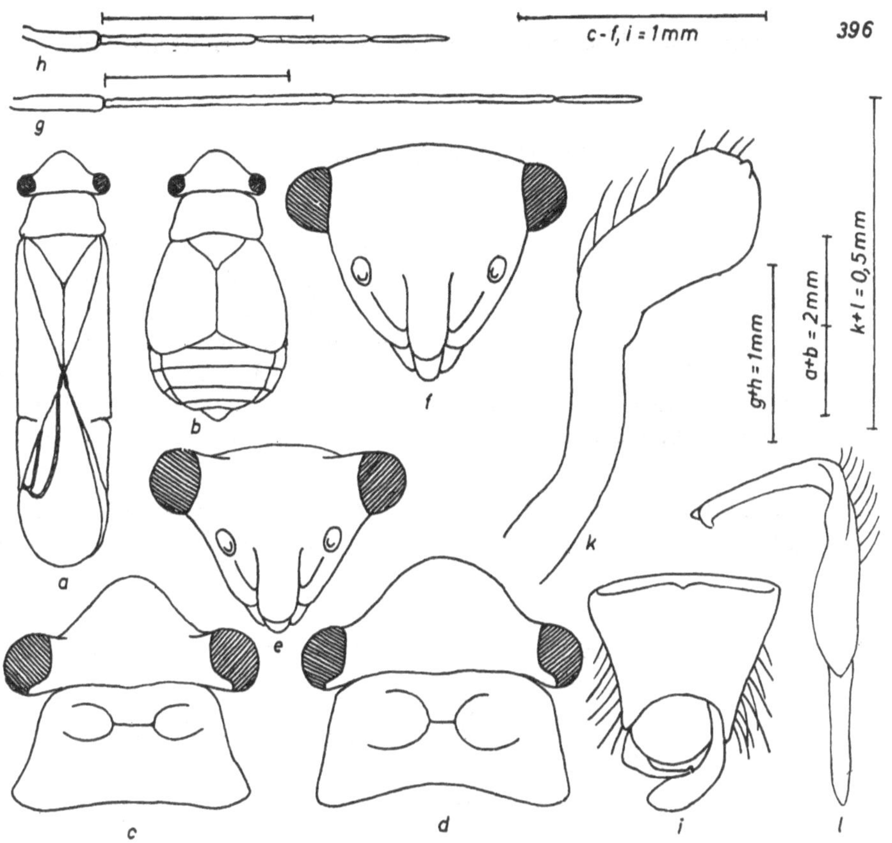

Abb. 396: *Dimorphocoris tauricus* Horv.
a: Gestalt des ♂ — b: Gestalt des ♀ — c: Kopf und Pronotum des ♂ von oben — d: dasselbe vom ♀ — e: Kopf des ♂ von vorn — f: dasselbe vom ♀ — g: Fühler des ♂ — h: Fühler des ♀ — i: Genitalsegment des ♂ von oben — k: rechtes Paramer von oben — l: linkes Paramer von oben
Der Strich bei g und h gibt die Breite des Kopfes an.

Genitalsegment des ♂ (Abb. 396i) klein, mit langen Haaren. Rechtes Paramer (Abb. 396k) sehr groß, Apikalteil lang, mit geschweiften Seiten und kleiner, zahnartiger Hypophysis. Linkes Paramer (Abb. 396l) im spitzen Winkel gebogen, Sinneshöcker hoch und flach, Hypophysis gekrümmt, über ihr ein Höcker.

Weibchen: Birnenförmig (Abb. 396b). Scheitel 4,4–4,5× so breit wie das Auge. Von oben gesehen (Abb. 396d) sind die Augen leicht gestielt. Stirn gewölbt. Fühler (Abb. 396h) gelbbraun, distal schwarz; 2. Glied 0,8× so lang, wie der Kopf breit ist. Pronotum 0,9× so breit wie der Kopf. Halbdecken bis zur Basis des 5. Tergits reichend, so breit wie das Abdomen. Kommissur länger als der Kopf. Hinterränder gerade, in der Mitte einen stumpfen Winkel bildend.

Länge: ♂ = 5,1–5,3 mm, ♀ = 2,9–3,1 mm.

Verbreitungsgebiet im N des Schwarzen Meeres. Im Mittelmeerraum nicht sicher nachgewiesen.

3. **Dimorphocoris beieri** E. WAGNER, 1965 (Abb. 397c)

Reichenbachia, Bd. 6, S. 38—40.

Männchen: sehr schlank, 5× so lang, wie das Pronotum breit ist. Hell lehmgelb, zum Teil bräunlich verdunkelt. Connexivum immer hell gelbbraun. Kopf von vorn gesehen (Abb. 397a) dreieckig, Augen kurz gestielt, leicht nach oben und nach vorn gerichtet (Abb. 397b). Scheitel 2,4× so breit wie das Auge. Stirn kegelförmig vorstehend. Fühler (Abb. 397g) schwarz, lang und dünn, 2. Glied 2× so lang, wie der Kopf breit ist. Pronotum 1,15× so breit wie der Kopf. Halbdecken das Abdomen mit fast einem Drittel ihrer Länge überragend. Das Rostrum reicht fast bis zur Spitze der Hinterhüften.

Genitalsegment des ♂ (Abb. 397d) klein und schmal, Behaarung sehr lang. Rechtes Paramer (Abb. 397e) sehr lang, Apikalteil lang-oval, distal leicht eingekerbt. Linkes

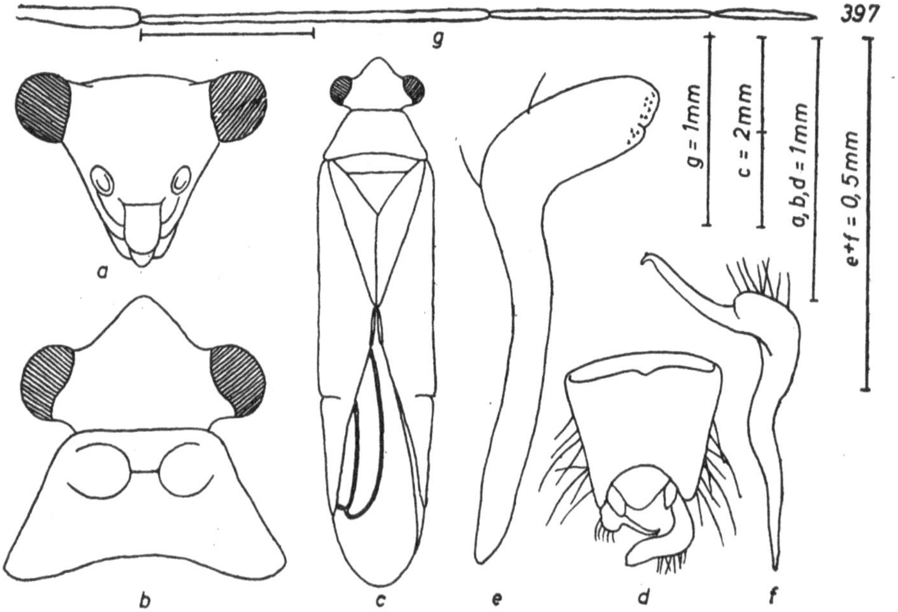

Abb. 397: *Dimorphocoris beieri* E. Wagn., ♂

a: Kopf von vorn — b: Kopf und Pronotum von oben — c: Gestalt — d: Genitalsegment von oben — e: rechtes Paramer von oben — f: linkes Paramer von oben — g: Fühler Der Strich unter dem 2. Fühlerglied gibt die Breite des Kopfes an.

Paramer kleiner, sehr schlank (Abb. 397f), nur wenig gebogen, Sinneshöcker hoch und rund. Hypophysis sehr klein und gekrümmt, über ihr ein Höcker.

Länge: ♂ = 5,4–5,6 mm, ♀ unbekannt.

Bisher nur in Jugoslawien (Durmitor in 2400 m Höhe) gefunden.

4. Dimorphocoris ribauti E. WAGNER, 1954 (Abb. 399, d+e)

Rev. Franc. Ent., Bd. 21, S. 219—223; *D. fuscus* JOSIFOV, nec JOAKIMOFF 1961, Fragm. Balcan. Mus. Maced. Sci. Nat., Bd. 4, S. 24; *D. fuscus* SEIDENSTÜCKER nec JOAKIMOFF 1964, Reichenbachia, Bd. 3, S. 209—221; *D. ribauti* E. WAGNER 1965, ib., Bd. 5, S. 139—143.

Männchen: Lang und schlank (Abb. 399d), 5,2× so lang, wie das Pronotum breit ist. Schwarz, gelb gezeichnet, auch der Kopf. Scheitel 2,45–2,60× so breit wie das Auge (Abb. 398e). Letzteres leicht gestielt und etwas nach vorn und oben gerichtet. Kopf von vorn gesehen (Abb. 398f) dreieckig. Fühler schwarz, schlank (Abb. 400b), 2. Glied 1,6–1,7× so lang, wie der Kopf breit ist und 1,25× so lang wie das 3. Glied. Pronotum etwas breiter als der Kopf. Halbdecken gelblich, Clavus mit braunem Längsstreif. Schenkel schwarzbraun, Spitze hell. Schienen mit langen, schwarzen Dornen. Das Rostrum erreicht die Spitze der Mittelhüften.

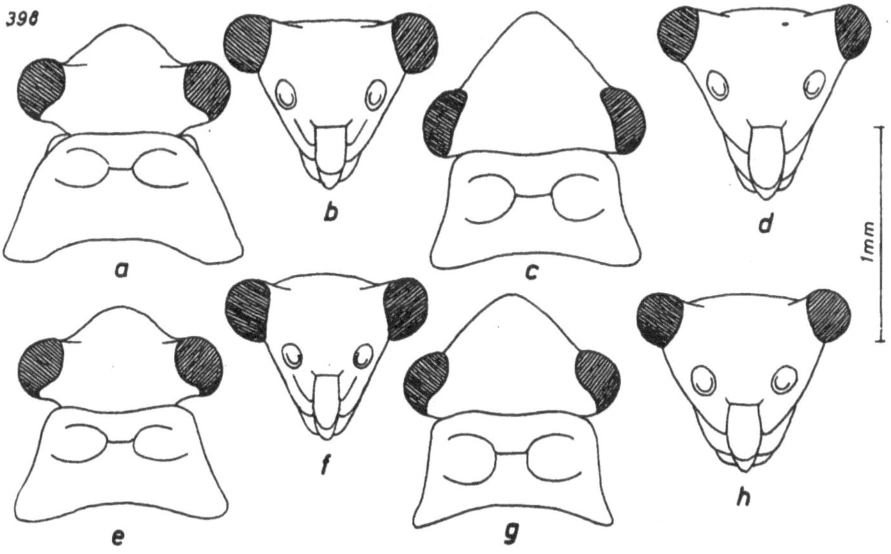

Abb. 398: *Dimorphocoris fuscus* Joak. und *ribauti* E. Wagn.

a—d: *D. fuscus* Joak. — e—h: *D. ribauti* E. Wagn.

a+e: Kopf und Pronotum des ♂ von oben — c+g: dasselbe vom ♀ — b+f: Kopf des ♂ von vorn — d+h: dasselbe vom ♀

Genitalsegment fast rechteckig, lang behaart (Abb. 401b). Rechtes Paramer (Abb. 401d) mit länglich-ovalem Apikalteil. Linkes Paramer (Abb. 401f) im stumpfen Winkel gebogen, Hypophysis groß, mit hohem Höcker.

Weibchen: Länglich-oval (Abb. 399e), 4,4× so lang, wie das Pronotum breit ist. Gelbgrau, mit bräunlichen Längsstreifen. Kopf von vorn gesehen (Abb. 398h) 1,2× so breit wie hoch. Scheitel 2,75× so breit wie das Auge. Fühler gelbbraun (Abb. 400f), 2. Glied etwas kürzer, als der Kopf breit ist; 3. Glied 0,8–0,9× so lang wie das 2. Halbdecken bis zum 3. Tergit reichend, hinten spitz, die Spitze liegt etwa in der Mitte der Halbdecke. Diese (Abb. 401h) mit zahlreichen, feinen Haaren bedeckt. Unterseite und Beine hell.

Länge: ♂ = 5,3–5,5 mm, ♀ = 3,7–3,75 mm.

Bisher nur in Südfrankreich (Hautes-Pyrénées) gefangen. Imagines waren im August vorhanden.

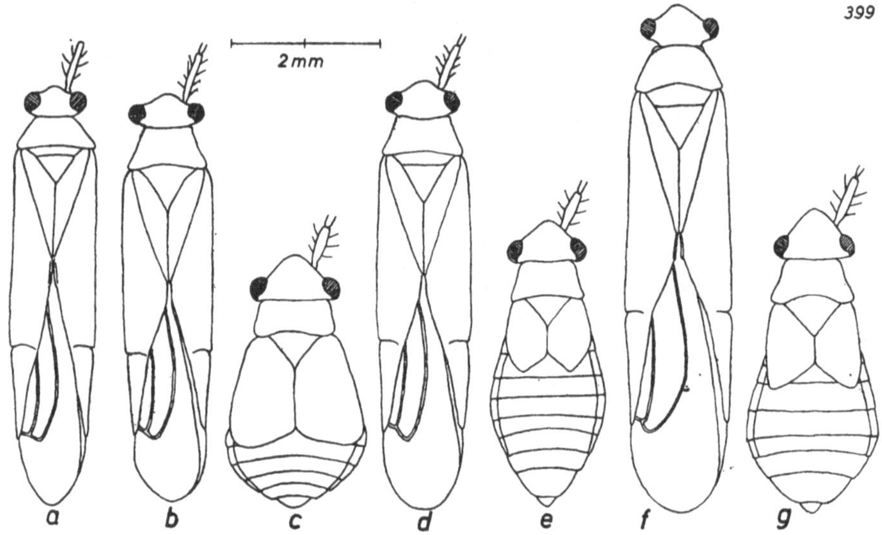

Abb. 399: *Dimorphocoris*, Gestalt

a: *D. lividipennis* Reut., ♂ — b: *D. putoni* Reut., ♂ — c: id., ♀ — d: *D. ribauti* E. Wagn., ♂ — e: id., ♀ — f: *D. fuscus* Joak., ♂ — g: id., ♀

5. **Dimorphocoris fuscus** JOAKIMOFF, 1909 (Abb. 399, f+g)

Sborn. Nar. Umotv. Sofia, Bd. 25, S. 16; *D. fuscus* JOSIFOV 1961, pro parte, Fragm. Balcan. Mus. Maced. Sci. Nat., Bd. 4, S. 24; *D. fuscus* SEIDENSTÜCKER 1964, pro parte, Reichenbachia, Bd. 3, S. 209—221; *D. fuscus* JOAK., E. WAGNER 1965, Reichenbachia Bd. 5, S. 139—143.

Männchen: Der vorigen Art ähnlich, aber weit länger (Abb. 399f). Scheitel 2,8–2,9× so breit wie das Auge (Abb. 398, a+b). Fühler (Abb. 400a) sehr lang, 2. Glied 2× so lang, wie der Kopf breit ist und 1,5× so lang wie das 3. Glied.

Genitalsegment (Abb. 401a) größer. Rechtes Paramer (Abb. 401c) länger, Apikalteil mit abgerundeter Ecke. Linkes Paramer (Abb. 401e) länger, schlanker, weniger stark gebogen, Hypophysis kleiner.

Weibchen: Ebenfalls der vorigen Art ähnlich (Abb. 399g), aber mehr birnenförmig, 3,6× so lang, wie das Pronotum breit ist. Kopf (Abb. 398d) höher, 1,1× so breit wie hoch. Scheitel 3,45× so breit wie das kleinere Auge. Stirn stärker vorstehend (Abb. 398c). Fühler gelbbraun, länger (Abb. 400e); 2. Glied 1,1× so lang, wie der Kopf breit ist und 1,0× so lang wie das 3. Glied. Halbdecken (Abb. 399g, 401g) das 4. Tergit erreichend, ihre Spitze ist der Außenseite genähert. Die Behaarung der Halbdecke besteht aus wenigen, sehr kräftigen Haaren.

Länge: ♂ = 6,4–6,7 mm, ♀ = 3,9–4,1 mm.

Die Art wurde bisher nur in Bulgarien (Witoscha und Rila-Gebirge) gefunden.

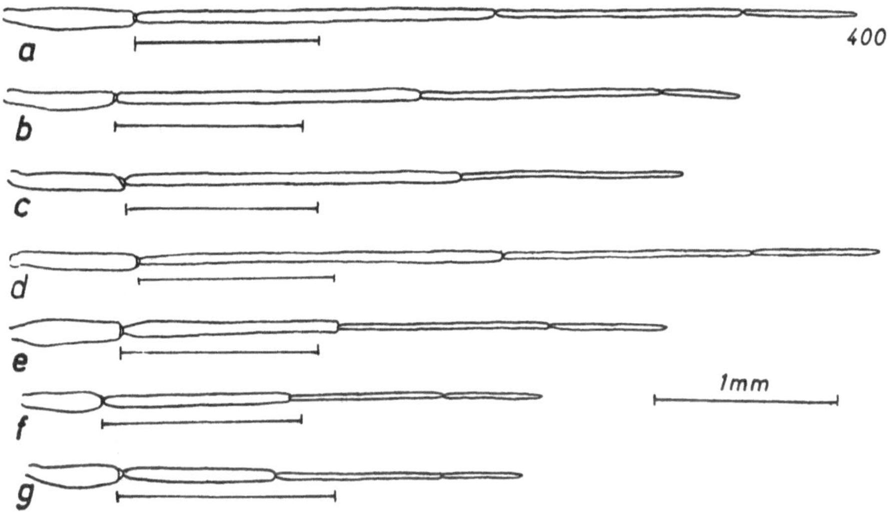

Abb. 400: *Dimorphocoris*, Fühler

a+e: *D. fuscus* Joak. — b+f: *D. ribauti* E. Wagn. — c+g: *D. putoni* Reut. — d: *D. lividipennis* Reut.
a—d: ♂ — e—g: ♀

6. **Dimorphocoris putoni** (REUTER), 1882 (Abb. 399, b+c)

SEIDENSTÜCKER 1964, l. c.; E. WAGNER 1965, Reichenbachia, Bd. 5, S. 145—148.

Männchen: Gestalt (Abb. 399b) schlank, etwas mehr als 4× so lang wie breit. Schwarz mit gelbbrauner Zeichnung. Scheitel (Abb. 402, a+b) 2,7× so breit wie das gestielte, leicht nach vorn und oben gerichtete Auge. Fühler (Abb. 400c) schwarz; 2. Glied 1,8× so lang, wie der Kopf breit ist. Pronotum (Abb. 402b) etwa so breit wie der Kopf. Das Rostrum reicht bis zur Basis der Hinterhüften. Halbdecken gelbgrau.

Genitalsegment (Abb. 402f) nach hinten nur wenig verjüngt. Apikalteil des rechten Paramers (Abb. 402g) lang oval, außen einige Borsten. Linkes Paramer (Abb. 402h) fast gerade, Sinneshöcker groß und rund, Hypophysis groß, ihr Arm lang.

Weibchen: Birnenförmig (Abb. 399c), wesentlich breiter als bei den vorhergehenden Arten. Pronotum, Scutellum und Halbdecken mit unregelmäßig verteilten, kleinen, aber ungleich großen, braunen Flecken. Scheitel (Abb. 402, c+d) 4× so breit wie das Auge. Fühler gelbbraun; 2. Glied 0,70–0,75× so lang, wie der Kopf breit ist (Abb. 400g); 3. Glied 1,1× so lang wie das 2. Pronotum schmaler als der Kopf (Abb. 402d). Halbdecken etwa so breit wie das Abdomen (Abb. 399c), bis zum 3. Tergit reichend, ihre Hinterränder in der Mitte einen stumpfen Winkel bildend. Beine gelbbraun, Schienen oft mit sehr kleinen, dunklen Punkten.

Länge: ♂ = 5,3 mm, ♀ = 3,3–3,6 mm.

Im Mittelmeerraum nur in Südfrankreich (Andorra, Pyrenäen) gefangen.

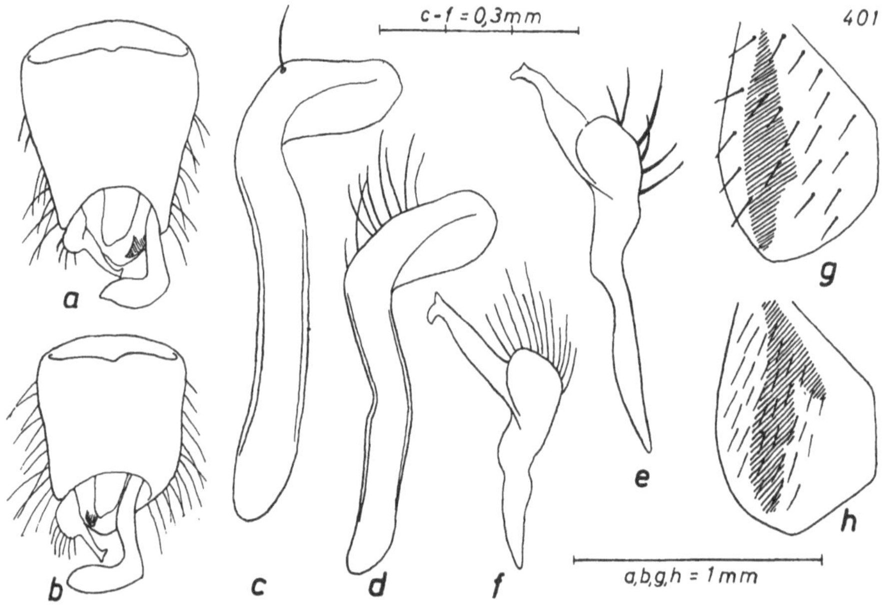

Abb. 401: *Dimorphocoris*, Genitalien des ♂ und Halbdecke des ♀
a, c, e, g: *D. fuscus* Joak. — b, d, f, h: *D. ribauti* E. Wagn.
a+b: Genitalsegment von oben — c+d: rechtes Paramer von oben — e+f: linkes Paramer von oben — g+h: linke Halbdecke des ♀

7. **Dimorphocoris lividipennis** REUTER, 1903 (Abb. 399a)

E. WAGNER 1965, Reichenbachia, Bd. 5, S. 144—145.

Männchen: Gestalt sehr schlank, 5,2× so lang, wie das Pronotum breit ist. Kopf sehr klein (Abb. 399a), schmaler als das Pronotum. Scheitel 2,3× so breit wie das kleine, kurz gestielte, nach vorn und oben gerichtete Auge. Fühler schwarz, sehr lang (Abb. 400d); 2. Glied 1,9× so lang, wie der Kopf breit ist und 1,5× so lang wie das 3. Glied. Pronotum klein, trapezförmig. Halbdecken blaßgrau, sehr lang.

Länge: ♂ = 5,55 mm, ♀ unbekannt.

Bisher nur einmal in Zentralspanien gefunden.

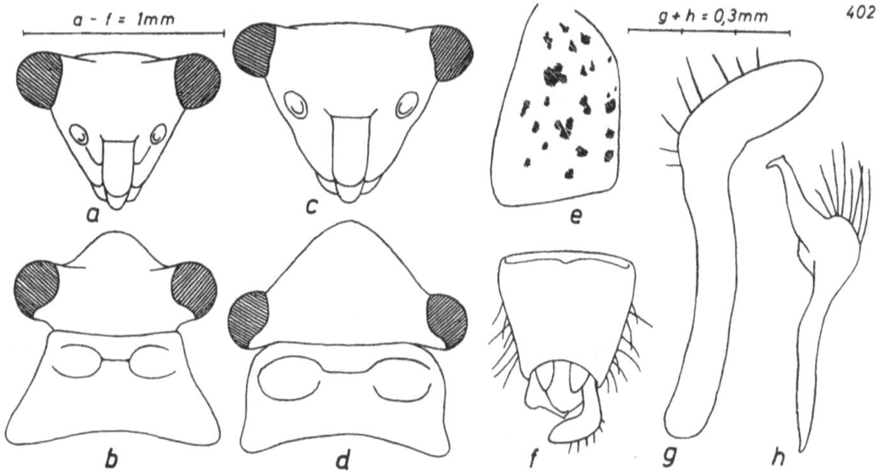

Abb. 402: *Dimorphocoris putoni* Reut.

a: Kopf des ♂ von vorn — c: dasselbe vom ♀ — b: Kopf und Pronotum des ♂ von oben — d: dasselbe vom ♀ — e: linke Halbdecke des ♀ — f: Genitalsegment des ♂ von oben — g: rechtes Paramer von oben — h: linkes Paramer von oben

8. **Dimorphocoris bleusei** PUTON, 1898 (Abb. 403, a+b)

Syn.: *D. bergevini* LINDBERG 1956, Notul. Ent., Bd. 36, S. 53—64; E. WAGNER 1965, Reichenbachia, Bd. 5, S. 149—152; id. 1965, ib., Bd. 6, S. 35—36.

Männchen: Gestalt sehr lang und schlank, 4,8× so lang wie breit. Schwarz. Kopf hell gelbbraun. Scheitel (Abb. 404, a+b) 3,0× so breit wie das sitzende Auge. Fühler (Abb. 403i) sehr lang und dünn; 2. Glied 2× so lang, wie der Kopf breit ist und 1,1× so lang wie das 3. Hinterecken des Pronotum spitz, den Kopf nach außen überragend, Seiten geschweift. Halbdecken gelbgrau, Clavus teilweise dunkel. Das Rostrum erreicht die Spitze der Hinterhüften.

Genitalsegment dicker als die vorhergehenden Segmente. Apikalteil des rechten Paramers (Abb. 403l) lang-oval, außen mit einer Borstenreihe, Hypophysis klein und spitz. Linkes Paramer (Abb. 403m) schwach gekrümmt, schlank, Hypophysis klein.

Weibchen: Schlank (Abb. 403b). Hell gelbbraun, Scheitel mit 2 schwarzen Flecken, 3,6–3,7× so breit wie das Auge (Abb. 404, c+d). Fühler schwarz, auffallend lang (Abb. 403k), 2. Glied 1,3× so lang, wie der Kopf breit ist und wenig kürzer als das 3. Pronotum 0,9× so breit wie der Kopf. Halbdecken so breit wie das Abdomen, bis zur Mitte des 3. Tergits reichend, Hinterränder gerade, in der Mitte einen stumpfen Winkel bildend. Mitte der Halbdecken schwarz (Abb. 403e), Seiten- und Innenrand hell. Rücken des Abdomens schwarz, bisweilen aufgehellt und dann mit runden, schwarzen Flecken dicht bedeckt. Connexivum und Unterseite hell. Beine gelbbraun. Schienen mit dunklen Punkten.

Länge: ♂ = 6,1–6,3 mm, ♀ = 3,5–4,25 mm.

Die Art lebt in der Halfagrassteppe Nordafrikas an Stipa tenacissima L. Imagines im April und Mai.

Bisher in Libyen und Algerien gefunden.

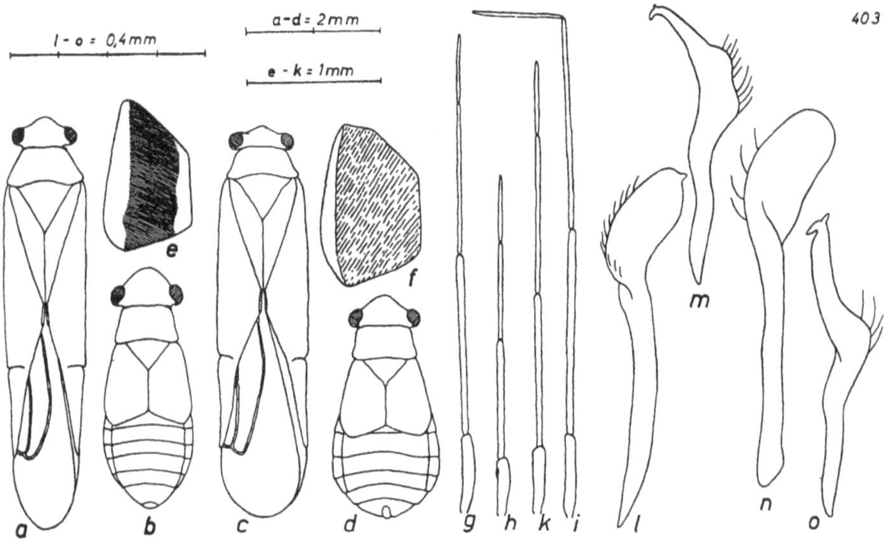

Abb. 403: *Dimorphocoris bleusei* Put. und *remanei* E. Wagn.

a, b, e, i—m: *D. bleusei* Put. — c, d, f—h, n—o: *D. remanei* E. Wagn.
a+c: Gestalt des ♂ — b+d: Gestalt des ♀ — e+f: linke Halbdecke des ♀ — g+i: Fühler des ♂ — h+k: Fühler des ♀ — l+n: rechtes Paramer von oben — m+o: linkes Paramer von oben

9. **Dimorphocoris remanei** E. WAGNER, 1965 (Abb. 403, c+d)

Reichenbachia, Bd. 6, S. 36—38.

Männchen: Schlank (Abb. 403c), 5,6× so lang, wie das Pronotum breit ist. Schwarz, gelb gezeichnet. Scheitel 2,5× so breit wie das gestielte Auge (Abb. 404, e+f). Fühler schwarz (Abb. 403g), 2. Glied 1,3× so lang, wie der Kopf breit ist und 1,2× so lang wie das 3. Glied. Pronotum geringfügig breiter als der Kopf, trapezförmig, Seiten geschweift. Halbdecken dunkelbraun, Außenrand von Corium und Cuneus weißgelb. Beine schwarz, Schienen gelbbraun, ohne Punkte.

Genitalsegment trapezförmig. Apikalteil des rechten Paramers (Abb. 403n) sehr groß, lang-oval, außen einige Borsten. Linkes Paramer (Abb. 403o) lang und schlank, fast gerade, Hypophysis groß, stark nach unten gebogen.

Weibchen: Schlank-birnenförmig (Abb. 403d). Gelbbraun. Scheitel mit 2 schwarzen Flecken, 3,1× so breit wie das Auge. Fühler kurz und schwarz (Abb. 403h), 2. Glied zum Teil gelbbraun, 0,9× so lang, wie der Kopf breit ist und 1,25× so lang wie das 3. Glied. Pronotum 0,9× so breit wie der Kopf. Halbdecken schwarzgrau (Abb. 403f), nur der Außenrand hell, Hinterränder gerade, in der Mitte einen stumpfen Winkel bildend, bis zur Basis des 5. Tergits reichend. Abdomen etwas breiter als die Halbdecken. Rücken einfarbig schwarz, Connexivum gelbbraun. Beine hell.

Länge: ♂ = 5,8–6,0 mm, ♀ = 3,3–3,5 mm.

Bisher nur aus Südspanien (Sierra Nevada). Imagines im Juni.

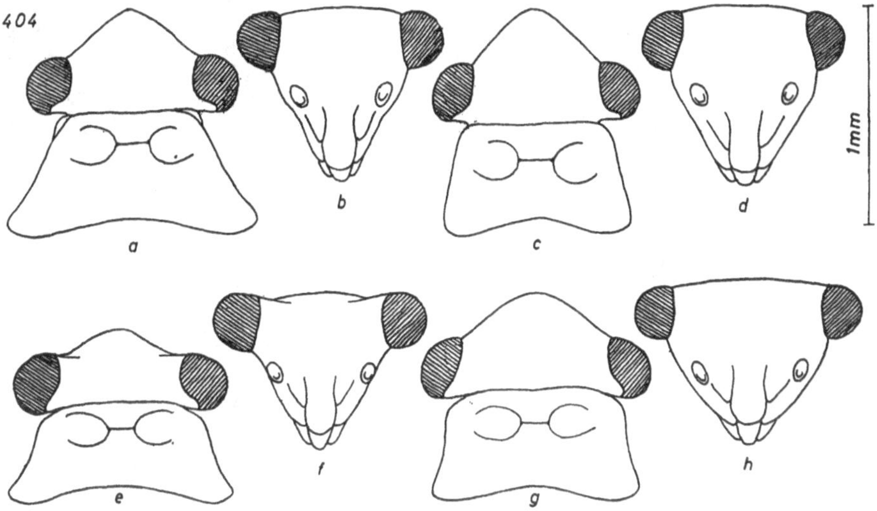

Abb. 404: *Dimorphocoris bleusei* Put. und *remanei* E. Wagn.

a—d: *D. bleusei* Put. — e—h: *D. remanei* E. Wagn.
a+e: Kopf und Pronotum des ♂ von oben — c+g: dasselbe vom ♀ — b+f: Kopf des ♂ von vorn — d+h: dasselbe vom ♀

10. **Dimorphocoris gallicus** E. WAGNER, 1965 (Abb. 406, a+d)

Reichenbachia, Bd. 6, S. 45—47.

Männchen: Gestalt etwas breiter (Abb. 406a), 4,4× so lang wie breit. Schwarz, gelb gezeichnet. Kopf sehr breit (Abb. 405a). Scheitel 3,0× so breit wie das kurz gestielte Auge. Fühler schwarz, schlank, 2. Glied 1,6× so lang, wie der Kopf breit ist und 1,06× so lang wie das 3. Glied. Pronotum trapezförmig (Abb. 405a), 0,9× so breit wie der Kopf. Halbdecken schmutzig gelbweiß. Beine schwarz, Schienen mit Ausnahme der Enden gelbbraun, mit winzigen, dunklen Punkten.

Rechtes Paramer (Abb. 406e) mit sehr kurzem Schaft, Apikalteil breit oval, gerundet. Linkes Paramer (Abb. 406g) klein, winklig gebogen, Hypophysis schlank, mit kleinem Höcker.

Weibchen: Birnenförmig (Abb. 406d). Gelbbraun. Kopf (Abb. 405, c+d) sehr groß. Scheitel 3,7× so breit wie das Auge. Fühler schwarz, das 2. Glied gelbbraun, 0,8× so lang, wie der Kopf breit ist und etwa so lang wie das 3. Glied. Pronotum 0,85× so breit wie der Kopf. Die Halbdecken reichen bis zur Basis des 6. Tergits, Kommissur mehr als 2× so lang wie das Pronotum. Abdomen etwas breiter als die Halbdecken.

Länge: ♂ = 5,7–5,9 mm, ♀ = 3,3–3,4 mm.

Die Art wurde in Südfrankreich (Alpes-maritimes) gefunden.

405

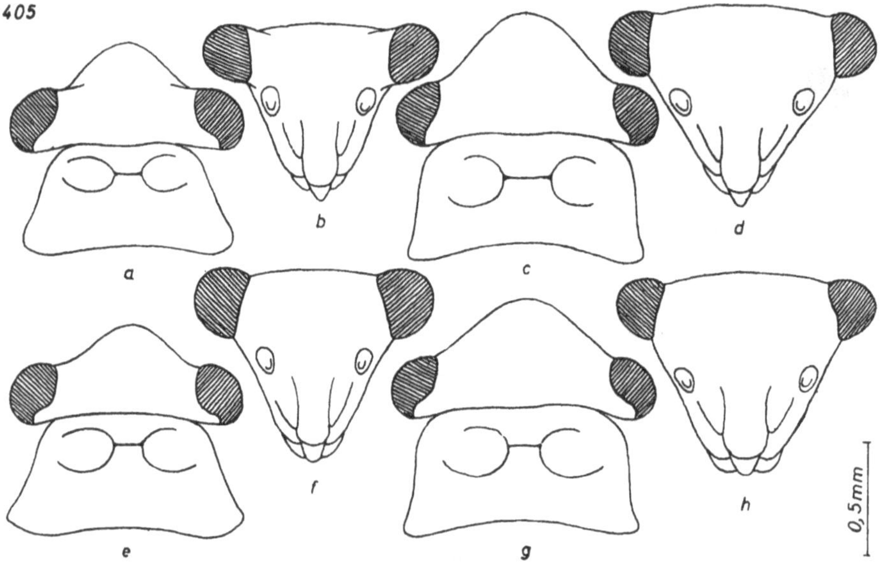

Abb. 405: *Dimorphocoris schmidti* Fieb. und *gallicus* E. Wagn.
a—d: *D. gallicus* E. Wagn. — e—h: *D. schmidti* Fieb.
a+e: Kopf und Pronotum des ♂ von oben — c+g: dasselbe vom ♀ — b+f: Kopf des ♂ von vorn — d+h: dasselbe vom ♀

11. **Dimorphocoris schmidti** (FIEBER), 1858 (Abb. 406, b+c)

E. WAGNER 1965, Reichenbachia, Bd. 6, S. 44—45.

Männchen: Groß und verhältnismäßig breit, nur 3,7× so lang wie breit. Schwarz, gelb gezeichnet. Kopf (Abb. 405, e+f) sehr breit. Scheitel fast 3× so breit wie das kaum gestielte Auge. Fühler schwarz, lang; 2. Glied 1,5× so lang, wie der Kopf breit ist und so lang wie das 3. Glied. Pronotum etwa so breit wie der Kopf. Halbdecken erheblich breiter als das Pronotum, schwärzlich, Außenrand von Corium und Cuneus weißgelb. Schienen mit kleinen schwarzen Punkten.

Rechtes Paramer (Abb. 406f) mit sehr kurzem Schaft, Apikalteil fast rautenförmig. Linkes Paramer (Abb. 406h) groß, fast gerade, Sinneshöcker rund, Hypophysis kräftig.

Weibchen: Birnenförmig, robuster (Abb. 406c). Gelbbraun, schwarz gefleckt (Abb. 389b). Kopf sehr groß (Abb. 405, g+h), Scheitel 3,45× so breit wie das Auge. Fühler kürzer, 2. Glied 0,9× so lang, wie der Kopf breit ist und kaum länger als das 3. Glied. Pronotum (Abb. 405g) 0,9× so breit wie der Kopf, Seiten geschweift. Halbdecken bis zur hinteren Hälfte des 5. Tergits reichend, ihre Hinterränder leicht geschweift, eine fast gerade Linie bildend. Abdomen etwas schmaler als die Halbdecken. Rücken schwarz, Connexivum gelbbraun.

Länge: ♂ = 5,7–5,9 mm, ♀ = 3,7–4,1 mm.

Die Art bewohnt die Ostalpen. Die Meldung aus Norditalien bezieht sich auf *D. tomasii* TAM. und diejenige aus Südfrankreich vermutlich auf *D. gallicus* E. WAGN.

11a. **Dimorphocoris tomasii** TAMANINI, 1971

Studi Trentini Sci. Nat., Bd. 48 (2), S. 500—511

Männchen: Etwas kleiner und schlanker, 4,3× so lang wie breit. Schwarz, gelb gezeichnet. Scheitel 3,1× so breit wie das Auge. Fühler schwarz; 2. Glied 1,4× so lang wie die Kopfbreite und etwas kürzer als das 3. Glied. Pronotum etwa so breit wie der Kopf. Halbdecken 1,2× so breit wie das Pronotum. Über Kopf, Pronotum und Scutellum zieht sich eine mehrfach unterbrochene gelbe Mittellinie. Schienen gelb.

Oberer Rand der Genitalöffnung mit fast dreieckiger Einbuchtung. Linkes Paramer in der Mitte etwas stärker gebogen.

Weibchen: Birnenförmig, etwa doppelt so lang wie breit. Gelbbraun bis braun. Kopf und Pronotum schwarz gefleckt. Kopf groß. Fühler schwarz; das 2. Glied gelbbraun, 0,9× so lang wie die Kopfbreite; das 3. Glied kaum länger als das 2. Pronotum etwa so breit wie der Kopf. Seiten vor den Hinterecken eingebuchtet. Halbdecken mit einzelnen schwarzen Flecken, den Hinterrand des 5. Tergits nicht erreichend. Abdomen etwas breiter als die Halbdecken; Rücken schwarz, Connexivum gelbbraun. Schienen gelbbraun.

Länge: ♂ = 4,7–6,0 mm, ♀ = 3,2–4,0 mm.

Die Art lebt an Stipa und anderen Gräsern. Imagines im August. Bisher nur in Italien (Camonische Alpen) von TAMANINI gefunden.

12. **Dimorphocoris robustus** E. WAGNER, 1957 (Abb. 407, a–d)

Dtsch. Ent. Zeit., Bd. 6, S. 223—227; E. WAGNER 1966, Reichenbachia, Bd. 8, S. 71—74; ssp. *abutilon* E. WAGNER 1966, ib. Bd. 8, S. 73—74.

Männchen: Gestalt groß und breit, 3,5× so lang wie breit. Schwarz, mit gelbbrauner Zeichnung. Kopf sehr breit (Abb. 407e), Scheitel 3,2–3,3× so breit wie das Auge.

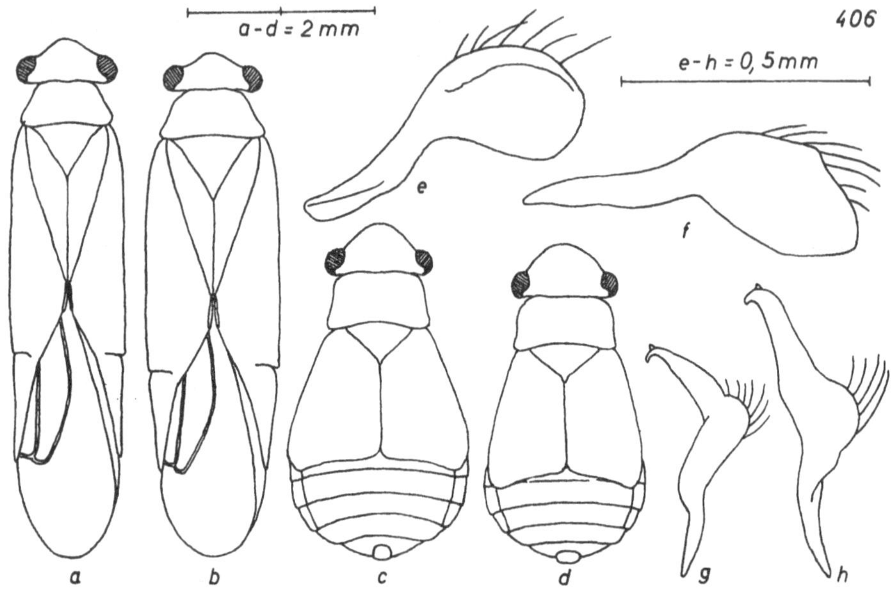

Abb. 406: *Dimorphocoris schmidti* Fieb. und *gallicus* E. Wagn.

a, d, e, g: *D. gallicus* E. Wagn. — b, c, f, h: *D. schmidti* Fieb.
a+b: Gestalt des ♂ — c+d: Gestalt des ♀ — e+f: rechtes Paramer von oben — g+h: linkes Paramer von oben

Fühler schwarz, schlank; 2. Glied 1,5× so lang, wie der Kopf breit ist und 1,25× so lang wie das 3. Glied. Pronotum trapezförmig, 1,05–1,10× so breit wie der Kopf. Über Kopf, Pronotum und Scutellum zieht sich eine schmale, bisweilen unterbrochene, gelbe Mittellinie. Halbdecken breiter als das Pronotum, schwarz, Außenrand von Corium und Cuneus breit weißgelb. Schienen mit schwarzen Dornen.

Genitalsegment (Abb. 407h) groß, Genitalöffnung fast bis zur Basis reichend. Rechtes Paramer (Abb. 407l) groß, Apikalteil distal breit und rund. Linkes Paramer (Abb. 407m) schwach gebogen. Sinneshöcker rund, kaum vorstehend. Arm der Hypophysis gleichmäßig verjüngt, Hypophysis spitz, der Höcker sehr klein.

Weibchen: Gestalt birnenförmig (Abb. 407c). Braun mit dunklen Flecken. Scheitel 4,3× so breit wie das Auge. Fühler schlank, 2. Glied 0,9× so lang, wie der Kopf breit ist. Pronotum fast rechteckig, 0,9× so breit wie der Kopf. Halbdecken etwas schmaler als das Abdomen, bis auf die Basis des 6. Tergits reichend, Hinterränder gerade, in der Mitte einen stumpfen Winkel bildend.

Länge: ♂ = 5,3–6,0 mm, ♀ = 3,6–4,0 mm.

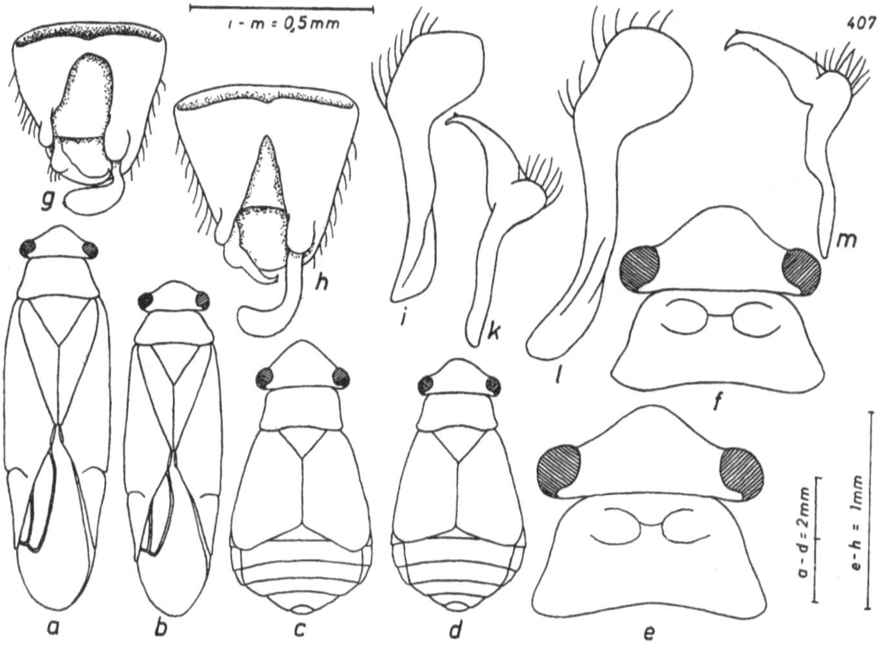

Abb. 407: *Dimorphocoris robustus* E. Wagn.
a, c, e, h, l, m: *D. robustus robustus* E. Wagn. — b, d, f, g, i, k: *D. robustus abutilon* E. Wagn.
a+b: Gestalt des ♂ — c+d: Gestalt des ♀ — e+f: Kopf und Pronotum des ♂ von oben — g+h: Genitalsegment von oben — i+l: rechtes Paramer von oben — k+m: linkes Paramer von oben

Dimorphocoris robustus abutilon E. WAGNER, 1966 (Abb. 407, b+d).

Kleiner, aber von ähnlicher Gestalt und Färbung. Beim ♂ ist der Scheitel (Abb. 407f) 3,5×, beim ♀ 4,6–4,7× so breit wie das Auge. 2. Fühlerglied beim ♂ 1,22×, beim ♀ 0,85× so lang, wie der Kopf breit ist. Pronotum beim ♂ (Abb. 407b) kürzer, beim ♀ (Abb. 407d) mit stärker geschweiften Seiten.

Genitalien des ♂ kleiner. Rechtes Paramer (Abb. 407i) mit kürzerem Schaft, Apikalteil distal fast eckig. Linkes Paramer (Abb. 407k) mit kürzerem, stärker verjüngtem Hypophysisarm.

Länge: ♂ = 4,8–5,0 mm, ♀ = 3,3–3,5 mm.

Sowohl die Nominatrasse als auch die Subspecies *abutilon* E. WAGN. leben in Südfrankreich, erstere in den Hautes-Pyrénées und Haute Garonne, letztere in den Pyrénées-orientales.

13. **Dimorphocoris distylus** SEIDENSTÜCKER, 1964

Reichenbachia, Bd. 3, S. 219—221.

Männchen: Makropter, lang und schlank, etwa 4,7× so lang, wie das Pronotum breit ist. Scheitel 3,2× so breit wie das Auge (Abb. 390s). Fühler schwarz, lang;

2. Glied etwa so lang, wie das Pronotum breit ist. Pronotum trapezförmig, 1,1× so breit wie der Kopf, einfarbig schwarz. Scutellum schwarz. Halbdecken mit weißgelbem Außenrand.

Genitalsegment am unteren Rande mit 2 Fortsätzen von ungleicher Gestalt, von denen der rechte viel länger ist und eine Gestalt aufweist, die derjenigen des rechten Paramers ähnlich ist. Letzteres mit ovalem Apikalteil. Linkes Paramer stark gebogen, Hypophysis schlank.

Weibchen: Birnenförmig, gelbbraun. Scheitel etwa 4× so breit wie das Auge. Fühler gelbbraun; 2. Glied 0,75× so lang, wie das Pronotum breit ist; 3. und 4. Glied dunkel. Pronotum gelbbraun. Halbdecken bis zur Basis des 6. Tergits reichend (Abb. 394i), ihre Hinterränder gerade, in der Mitte einen stumpfen Winkel bildend. Abdomen breiter als die Halbdecken. Rücken schwarz. Connexivum gelbbraun.

Länge: ♂ = 4,9–5,4 mm, ♀ = 3,3–3,5 mm.

Die Art wurde bisher nur in der Türkei (Umg. Ankara) gefunden.

14. **Dimorphocoris toros** SEIDENSTÜCKER, 1962

Reichenbachia, Bd. 1, S. 25—28.

Männchen: Langgestreckt, makropter. Kopf schwarz. Scheitel 3× so breit wie das Auge (Abb. 390w). Fühler schwarz; 2. Glied 1,3× so lang, wie das Pronotum breit ist. Pronotum trapezförmig, so breit wie der Kopf, einfarbig schwarz. Halbdecken schwärzlich, Außenrand von Corium und Cuneus breit weißgelb. Schenkel schwarz, Schienen gelbbraun, mit kleinen schwarzen Punkten.

Genitalsegment am unteren Rande mit 2 etwa gleich langen schlanken Fortsätzen. Apikalteil des rechten Paramers 2,5× so lang wie breit.

Weibchen: Oval, 3,1× so lang, wie das Pronotum breit ist (Abb. 394n). Gelbbraun, Kopf schwarz gefleckt. Scheitel 4× so breit wie das Auge. Fühler gelbbraun, distal schwarzbraun; 2. Glied 0,8× so lang, wie das Pronotum breit ist. Pronotum 0,91× so breit wie der Kopf, gelbbraun, oft schwarz gezeichnet. Halbdecken (Abb. 394n) bis zum 5. Tergit reichend, die Hinterränder bilden in der Mitte einen stumpfen Winkel.

Länge: ♂ makr. = 5,0–5,6 mm, ♀ brach. = 3,3–3,7 mm.

Die Art wurde bisher nur in der Türkei (Taurus) gefunden.

15. **Dimorphocoris pygmaeus** E. WAGNER, 1955 (Abb. 389d)

Beitr. Ent., Bd. 5, S. 338.

Männchen: Klein, makropter, 4,0–4,4× so lang, wie das Pronotum breit ist. Schwarz, schwach glänzend. Kopf sehr kurz (Abb. 408a), Scheitel 2,8× so breit wie das Auge. Fühler schwarz, 2. Glied kaum länger, als der Kopf breit ist; 3. Glied 0,85–0,90× so lang wie das 2. Glied. Pronotum 0,87× so breit wie der Kopf (Abb. 408a), Seiten geschweift. Halbdecken schwarz, Außenrand von Corium und Cuneus breit weißgelb. Schenkel schwarz, Spitze gelb. Schienen gelbbraun, mit sehr kleinen, dunklen Punkten.

Genitalsegment klein, mit langen Haaren. Rechtes Paramer (Abb. 408e) mit sehr großem Apikalteil und sehr kurzem Schaft. Linkes Paramer (Abb. 408g) winklig gebogen, Hypophysis klein.

Weibchen: Brachypter, oval (Abb. 394l). Schwarzbraun bis schwarz, an den Seiten aufgehellt. Stirn etwas vorstehend (Abb. 408c), Scheitel 3,45× so breit wie das Auge. Fühler schwarz; 2. Glied gelbbraun, 1,1× so lang, wie der Scheitel breit ist. Halbdecken bis zur Mitte des 5. Tergits reichend. Abdomen breiter als die Halbdecken. Beine wie beim ♂, aber kürzer.

Länge: ♂ makr. = 3,55–3,90 mm, ♀ brach. = 2,7–3,0 mm.

Bisher nur in Südfrankreich (Pyrénées-orientales) gefunden. Imagines im Juni auf Bergwiesen in 600 m Höhe an Gräsern.

408

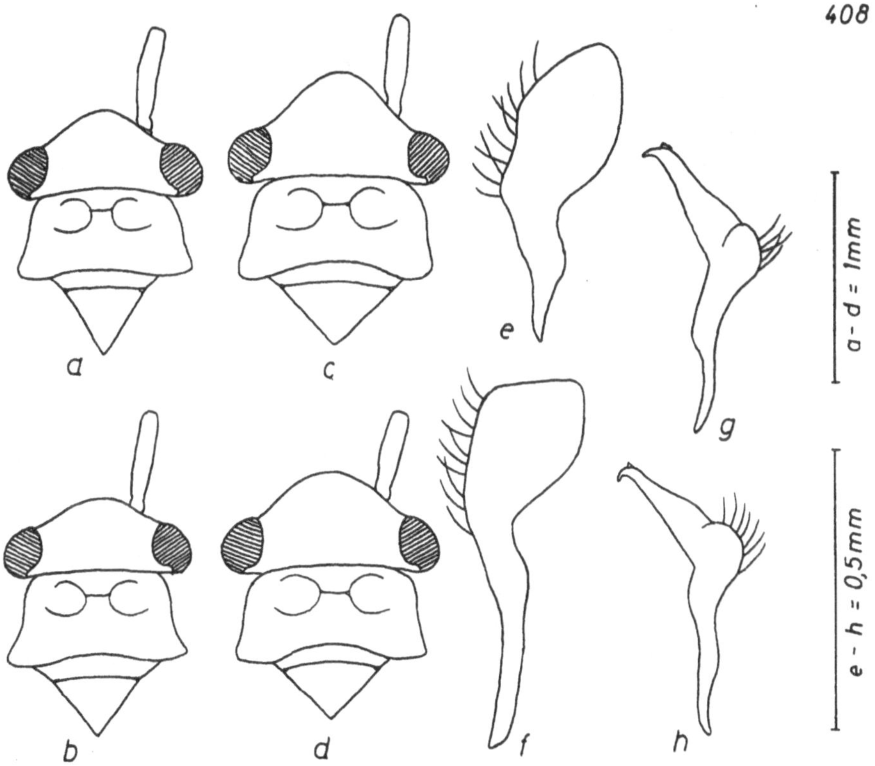

Abb. 408: *Dimorphocoris pygmaeus* E. Wagn. und *lurensis* E. Wagn.

a, c, e, g: *D. pygmaeus* E. Wagn. — b, d, f, h: *D. lurensis* E. Wagn.
a+b: Kopf und Pronotum des ♂ von oben — c+d: dasselbe vom ♀ — e+f: rechtes Paramer von oben — g+h: linkes Paramer von oben

16. **Dimorphocoris lurensis** E. WAGNER, 1957 (Abb. 388f, 394k)
Dtsch. Ent. Zeit., Bd. 4, S. 223.

Männchen: Größer als vorige Art (Abb. 388f), aber von gleicher Gestalt und Färbung, 5× so lang, wie das Pronotum breit ist. Schwarz. Kopf zum Teil gelblich, Scheitel 2,9× so breit wie das Auge (Abb. 408b). Fühler schwarz, 2. Glied an der Basis gelbbraun, 1,25–1,30× so lang, wie der Kopf breit ist; 3. Glied 0,9× so lang wie das 2. Glied. Pronotum schmaler als der Kopf, Seiten geschweift. Halbdecken das Abdomen mit etwa der Hälfte ihrer Länge überragend. Beine schwarz, Schienen gelbbraun, ohne Punkte.

Genitalsegment klein. Rechtes Paramer (Abb. 408f) mit etwas längerem Schaft, Apikalteil groß, fast rautenförmig, außen mit langen Borsten. Linkes Paramer (Abb. 408h) klein, winklig gebogen, Sinneshöcker rund.

Weibchen: Oval (Abb. 394k), 3× so lang, wie das Pronotum breit ist. Kopf größer als beim ♂ (Abb. 408d), Scheitel 3,5–3,6× so breit wie das Auge. Fühler kürzer, gelbbraun, distal schwarz, 2. Glied 0,8× so lang, wie der Kopf breit ist; 3. Glied 0,93× so lang wie das 2. Glied. Pronotum nach hinten nur wenig verbreitert (Abb. 408d), 0,87× so breit wie der Kopf, Seiten geschweift. Halbdecken bis zur Basis des 5. Tergits reichend, Hinterränder leicht geschweift. Rücken des Abdomens schwarz, Connexivum braun.

Länge: ♂ makr. = 4,5–4,7 mm, ♀ brach. = 2,75–2,95 mm.

Bisher nur in Südfrankreich (Basses-Alpes) gefunden. Imagines im August auf Bergwiesen im Grase.

17. **Dimorphocoris cilix** SEIDENSTÜCKER, 1962 (Abb. 394m)
Reichenbachia, Bd. 1, S. 23–25.

Männchen: Makropter, langgestreckt, 4,5× so lang, wie das Pronotum breit ist. Schwarz mit gelbbrauner Zeichnung. Kopf (Abb. 390v) breit, Scheitel 3× so breit wie das Auge. Fühler schwarz; 2. Glied 1,3× so lang, wie das Pronotum breit ist; 3. Glied 0,9× so lang wie das 2. Glied. Pronotum so breit wie der Kopf. Halbdecken wie bei voriger Art. Beine schwarz, Spitzen der Schenkel hell. Schienen gelbbraun, mit kleinen, schwarzen Punkten.

Genitalöffnung am unteren Rande mit 2 gleich langen, schlanken Fortsätzen. Apikalteil des rechten Paramers fast rechteckig, mehr als 2× so lang wie breit. Hypophysis des linken Paramers kurz und dick.

Weibchen: Birnenförmig (Abb. 394n), 3,1× so lang, wie das Pronotum breit ist. Gelbbraun, Scheitel 4× so breit wie das Auge. Fühler gelbbraun, distal schwarz; 2. Glied 0,8× so lang, wie das Pronotum breit ist; 3. Glied etwa so lang wie das 2. Pronotum gelbbraun, schmaler als der Kopf. Halbdecken bis zum 5. Tergit reichend. Rücken des Abdomens einschließlich Connexivum schwarz. Beine gelbbraun, Schenkel gefleckt, Schienen mit kleinen dunklen Punkten.

Länge: ♂ makr. = 3,9–4,5 mm, ♀ brach. = 2,9–3,2 mm.

Die Art lebt auf Bergwiesen an Gräsern. Imagines im Mai. Bisher nur in der Türkei (Taurus) gefangen.

18. **Dimorphocoris mutatus** SEIDENSTÜCKER, 1964 (Abb. 409, c+d)

Reichenbachia, Bd. 3, S. 215—219; Syn.: *D. putoni* E. WAGNER nec REUT. 1943, ♀, Mitt. Dtsch. Ent. Ges., Bd. 12, S. 15.

Männchen: Makropter, langgestreckt, etwa 4,2× so lang, wie das Pronotum breit ist. Schwarz, gelbbraun gezeichnet. Kopf kurz, Scheitel 2,0× so breit wie das Auge, Hinterrand stumpfkantig. Fühler (Abb. 409g) schwarz, das 1. Glied an beiden Enden, das 2. in der Basalhälfte gelbbraun; 2. Glied 1,4× so lang, wie der Kopf breit ist; 3. Glied 0,7× so lang wie das 2. Pronotum schwarz, Seiten geschweift. Halbdecken gelbgrau, Clavus mit Ausnahme der Mitte dunkel. Corium mit dunklem Längsstreif. Schenkel schwarz, Spitzen hell. Schienen gelbbraun, ohne Punkte. Rechtes Paramer (Abb. 409l) schlank, Apikalteil oval, mit dem Schaft in gleicher Richtung. Linkes Paramer (Abb. 409m) gekrümmt, Sinneshöcker klein und hoch. Hypophysis kurz und gerade.

Weibchen: Brachypter, birnenförmig (Abb. 409d). Gelbbraun, schwarz gezeichnet. Kopf kurz, Scheitel 2,8–2,9× so breit wie das Auge. Fühler (Abb. 409h) gelbbraun, die Apikalhälfte schwarz; 2. Glied 0,82× so lang, wie der Kopf breit ist;

409

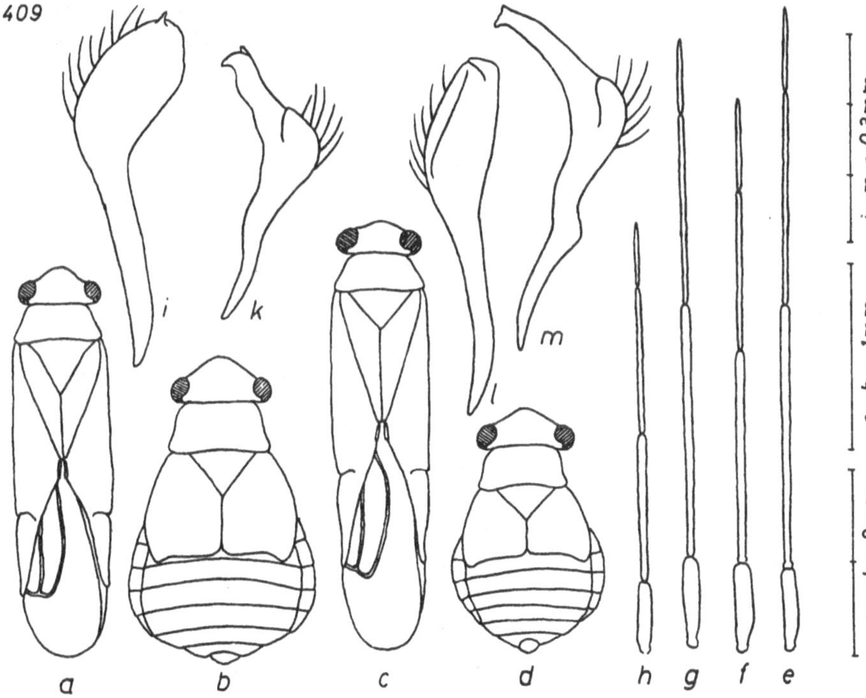

Abb. 409: *Dimorphocoris gracilis* Rmb. und *mutatus* Seid.
a, b, e, f, i, k: *D. gracilis* Rmb. — c, d, g, h, l, m: *D. mutatus* Seid.
a+c: Gestalt des ♂ — b+d: Gestalt des ♀ — e+g: Fühler des ♂ — f+h: Fühler des ♀ — i+l: rechtes Paramer von oben — k+m: linkes Paramer von oben

3. Glied nur wenig kürzer als das 2. Pronotum etwas schmaler als der Kopf, einfarbig schwarz. Halbdecken viel schmaler als das Abdomen, bis zur Basis des 4. Tergits reichend, Hinterränder geschweift. Rücken des Abdomens schwarz, Connexivum gelbbraun.

Länge: ♂ makr. = 3,7–4,5 mm, ♀ brach. = 2,3–3,0 mm.

Die Art bewohnt Süditalien, Sizilien und Malta.

19. **Dimorphocoris gracilis** (RAMBUR), 1842 (Abb. 409, a+b)

SEIDENSTÜCKER 1964, Reichenbachia, Bd. 3, S. 215—219.

Männchen: Der vorigen Art sehr ähnlich, aber Pronotum mit hellem Längsstreif. Kopf etwas länger, Scheitel 2,2–2,5× so breit wie das Auge. Fühler (Abb. 409e) schwarz; 2. Glied 1,6–1,7× so lang, wie der Kopf breit ist; 3. Glied 0,8× so lang wie das 2. Halbdecken gelbgrau, Clavus dunkel. Beine wie bei voriger Art.

Rechtes Paramer (Abb. 409i) stumpfwinklig gekrümmt, Apikalteil breit oval, mit kleiner Spitze. Linkes Paramer (Abb. 409k) kürzer, robuster, winklig gebogen, Hypophysis kräftig, leicht gekrümmt.

Weibchen: Größer, birnenförmig (Abb. 409b). Gelbbraun. Kopf deutlich länger. Scheitel 3,3–3,5× so breit wie das Auge. Fühler (Abb. 409f) länger, gelbbraun, von der Spitze des 2. Gliedes ab schwarz; 2. Glied nur wenig kürzer, als der Kopf breit ist und 1,3× so lang wie das 3. Glied. Pronotum gelbbraun, schwarz gefleckt, ein Mittelstreif stets hell. Halbdecken viel schmaler als das Abdomen (Abb. 389c), das 4. Tergit erreichend, Hinterrand geschweift. Rücken des Abdomens schwarz, jederseits der Mitte auf jedem Segment ein runder, brauner Fleck, Connexivum braun.

Länge: ♂ makr. = 4,3–5,0 mm, ♀ brach. = 3,0–3,75 mm.

Die Art bewohnt nur den Westen des Mittelmeerraumes, ostwärts bis Algerien und Südfrankreich.

20. **Dimorphocoris debilis** (REUTER), 1880 (Abb. 410, c+d)

E. WAGNER 1965, Reichenbachia, Bd. 6, S. 42—44.

Männchen: Makropter. Gelbbraun, braun gefleckt, auch die Unterseite. Etwas kürzer und breiter als folgende Art, 3,7–4,0× so lang, wie das Pronotum breit ist. Kopf kurz (Abb. 411e), Scheitel 1,6–1,7× so breit wie das große Auge, Kopf von vorn gesehen (Abb. 411f) 1,4× so breit wie hoch. Fühler hell; 2. Glied 1,4× so lang, wie der Kopf breit ist und etwa so lang wie das 3. Glied. Pronotum breiter als der Kopf.

Rechtes Paramer (Abb. 410l) mit schlankerem Apikalteil, der eine kleine Spitze trägt. Linkes Paramer (Abb. 410m) lang und schlank, winklig gebogen, Sinneshöcker schmal, vorstehend, fast spitz. Arm der Hypophysis in der Mitte verdickt, Hypophysis dick, zurückgebogen. Genitalsegment (Abb. 410h) trapezförmig, lang behaart.

Weibchen: Oval (Abb. 410d). Kopf etwas länger (Abb. 411g), Scheitel 2,1–2,3× so breit wie das Auge. Kopf von vorn gesehen (Abb. 411h) fast 1,3× so breit wie hoch. Fühler kürzer als beim ♂. Pronotum (Abb. 411g) sehr kurz, aber fast so breit wie der Kopf. Halbdecken (Abb. 410f) braun gefleckt, bis zur Mitte des 5. Tergits reichend, hinten spitz gerundet, Hinterränder in der Mitte einen stumpfen Winkel bildend.

Länge: ♂ makr. = 4,0–4,2 mm, ♀ brach. = 2,6–3,0 mm.

Die Art bewohnt fast den ganzen Mittelmeerraum (Türkei, Griechenland, ganz Nordafrika, Italien, Sizilien und Südfrankreich).

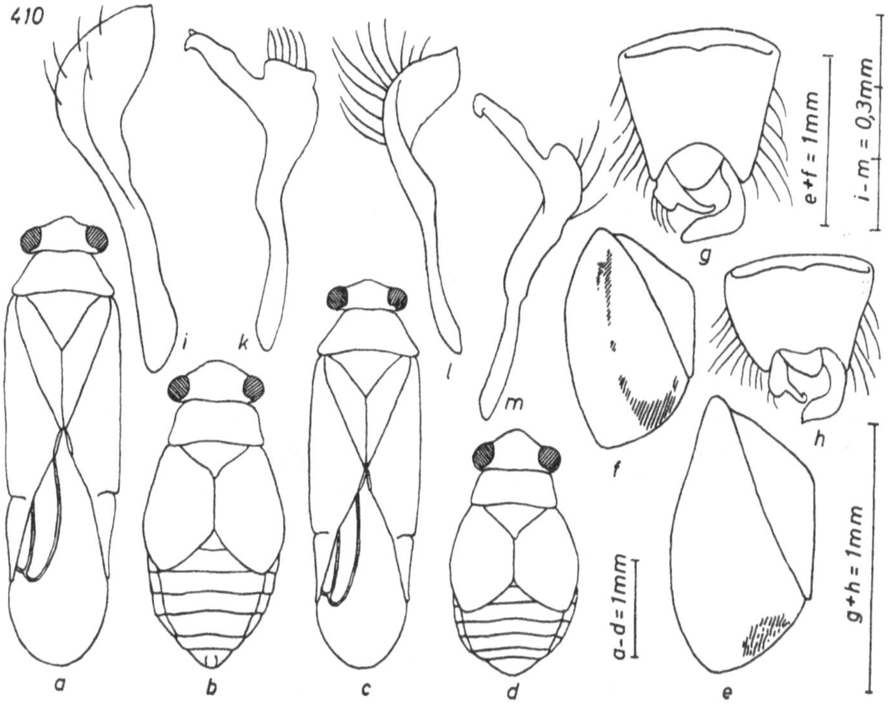

Abb. 410: *Dimorphocoris mariae* Linnav. und *debilis* Reut.
a, b, e, g, i, k: *D. mariae* Linnav. — c, d, f, h, l, m: *D. debilis* Reut.
a+c: Gestalt des ♂ — b+d: Gestalt des ♀ — e+f: linke Halbdecke des ♀ — g+h: Genitalsegment des ♂ von oben — i+l: rechtes Paramer von oben — k+m: linkes Paramer von oben

21. **Dimorphocoris mariae** LINNAVUORI 1952 (Abb. 410, a+b)

Ann. Ent. Fenn., Bd. 18, S. 188—190; id., 1961, Ann. Zool. Soc. Vanamo, Bd. 22, S. 10; E. WAGNER 1965, Reichenbachia, Bd. 6, S. 33—66.

Männchen: Etwas größer (Abb. 410a), 4,2× so lang, wie das Pronotum breit ist. Scheitel (Abb. 411, a+b) nur 1,5× so breit wie das noch größere Auge. Kopf von vorn gesehen (Abb. 411b) 1,2× so breit wie hoch. Fühler und Pronotum wie bei voriger Art.

Genitalsegment (Abb. 410g) deutlich etwas länger. Rechtes Paramer (Abb. 410i) größer, Apikalteil breiter und mehr oval, weniger dicht behaart. Linkes Paramer (Abb. 410k) robuster, Sinneshöcker viereckig vorstehend, Arm der Hypophysis in der Mitte verdickt, Hypophysis gekrümmt, über ihr ein deutlicher Höcker.

Weibchen: Weit größer, oval (Abb. 410b), heller gefärbt, Halbdecken (Abb. 410e) fast ungefleckt. Scheitel 2,10–2,25× so breit wie das Auge. Kopf von vorn gesehen (Abb. 411d) 1,2× so breit wie hoch. Seiten des Pronotum geschweift (Abb. 411c), Hinterrand fast so breit wie der Kopf. Fühler wie bei voriger Art. Halbdecken bis zur Basis des 5. Tergits reichend, ihre Hinterränder in der Mitte einen fast rechten Winkel bildend. Sonst wie vorige Art.

Länge: ♂ makr. = 4,60–4,65 mm, ♀ brach. = 3,4–3,6 mm.

Ostmediterrane Art, aus Israel beschrieben und später in Tunesien und Algerien gefunden.

411

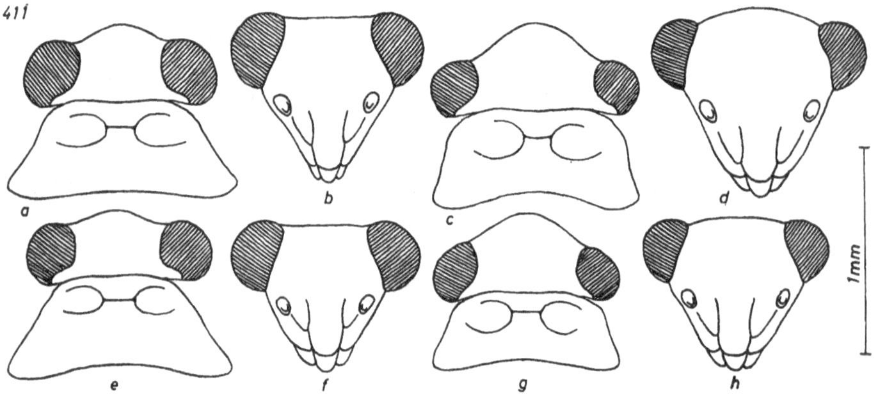

Abb. 411: *Dimorphocoris mariae* Linnav. und *debilis* Reut.
a—d: *D. mariae* Linnav. — e—h: *D. debilis* Reut.
a+e: Kopf und Pronotum des ♂ von oben — c+g: dasselbe vom ♀ — b+f: Kopf des ♂ von vorn — d+h: dasselbe vom ♀

22. **Dimorphocoris tuatayae** E. WAGNER, 1965 (Abb. 413, a+b)

Reichenbachia, Bd. 4, S. 49—51, Notul. Ent., Bd. 48, S. 105.

Beide Geschlechter brachypter. Oval, ♂ viel kleiner als ♀. Gelbbraun bis rötlichbraun. Behaarung zweifach. Oberseite beim ♂ braun gefleckt. Kopf lang (Abb. 412, e+g), Scheitel beim ♂ 2,0×, beim ♀ 2,35× so breit wie das Auge. Kopf von vorn gesehen (Abb. 412, f+h) beim ♂ 1,3×, beim ♀ 1,2× so breit wie hoch. Fühler hell, 2. Glied beim ♂ 1,5×, beim ♀ 1,45× so lang, wie der Kopf breit ist und viel länger als das 3. und 4. zusammen, das 3. nur 0,4× so lang wie das 2. Glied. Pronotum sehr kurz, beim ♂ fast rechteckig, beim ♀ trapezförmig (Abb. 412, e+g), 0,9× so breit wie der Kopf. Die Halbdecken reichen beim ♂ bis zur Mitte des 4., beim ♀ bis zur Mitte des 3. Tergits, ihre Hinterränder verlaufen quer und sind leicht gerundet. Beine hell, Schenkel mit braunen oder rotbraunen Flecken, Schienen mit schwarzen Dornen, aber ohne dunkle Punkte.

Genitalsegment des ♂ (Abb. 413e) fast so lang wie dick. Rechtes Paramer (Abb. 413g) sehr groß, Apikalteil fast so breit wie lang, distal mit großem Höcker. Linkes

Paramer (Abb. 413h) mit auffallend großem, fast viereckigem Sinneshöcker, Arm der Hypophysis kurz und kräftig, unterseits mit kleinem Höcker. Hypophysis klein und gekrümmt.

Länge: ♂ brach. = 2,45–2,55 mm ♀ brach. = 2,9–3,1 mm.

Bisher nur in Marokko (Rabat) gefunden. Imagines waren im Mai vorhanden.

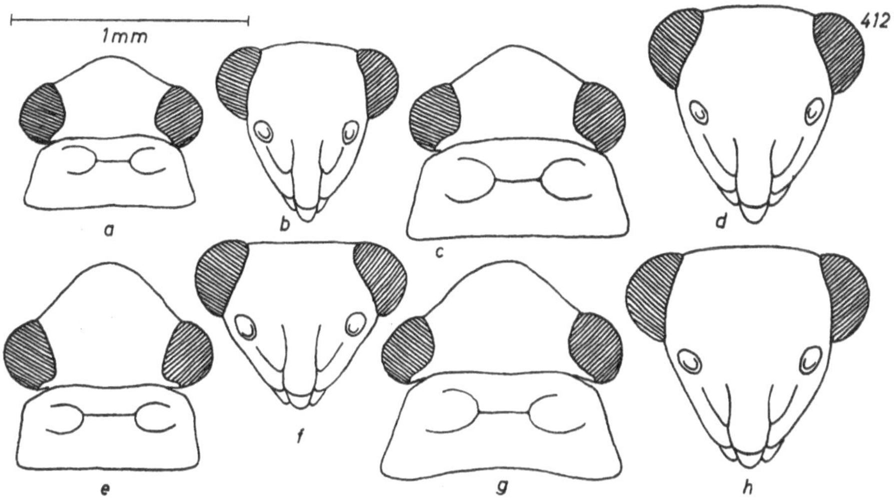

Abb. 412: *Dimorphocoris tristis* Fieb. und *tuatayae* E. Wagn.

a—d: *D. tristis* Fieb. — e—h: *D. tuatayae* E. Wagn.
a+e: Kopf und Pronotum des ♂ von oben — c+g: dasselbe vom ♀ — b+f: Kopf des ♂ von vorn — d+h: dasselbe vom ♀

23. **Dimorphocoris tristis** (FIEBER), 1861 (Abb. 413, c+d)

E. WAGNER 1965, Reichenbachia, Bd. 6, S. 48—49.

Kleiner und meistens heller gefärbt, ♂ und ♀ brachypter, ersteres auf Kopf, Pronotum und Scutellum mit dunklen Flecken. Kopf kurz (Abb. 412, a+c), Scheitel bei ♂ + ♀ 1,90–1,95× so breit wie das Auge. Kopf von vorn gesehen (Abb. 412, b+d) schmal, beim ♂ nur geringfügig breiter als hoch, beim ♀ so breit wie hoch. Fühler gelbbraun, die Endglieder oft schwärzlich; 2. Glied beim ♂ 1,55–1,60×, beim ♀ 1,2× so lang wie der Kopf breit ist und länger als das 3. und 4. zusammen; 3. Glied 0,35–0,40× so lang wie das 2. Pronotum (Abb. 412, a+c) sehr kurz, beim ♂ 0,9×, beim ♀ 1,0× so breit wie der Kopf. Halbdecken bis zur Mitte des 4. Tergits reichend, Außen- und Hinterrand stark gerundet, Kommissur nicht länger als das Pronotum. Abdomen 1,0× (♂) oder 1,5× (♀) so breit wie die Halbdecken (Abb. 413, c+d). Unterseite hell. Beine gelbbraun, Schenkel beim ♂ oft verdunkelt. Schienen mit schwarzen Dornen, aber ohne Punkte.

Genitalsegment des ♂ (Abb. 413f) fast kegelförmig, breiter als lang. Rechtes Paramer (Abb. 413i) kleiner, Apikalteil oval, ohne Höcker. Linkes Paramer (Abb. 413k) schlank, Sinneshöcker schmal und hoch, Arm der Hypophysis kräftig, gerade, gleichmäßig verjüngt, Hypophysis gekrümmt, ohne Höcker.

Länge: ♂ brach. = 1,7 – 1,9 mm, ♀ brach. = 2,7 – 2,9 mm.

Mediterrane Art. Bisher in Spanien, Portugal, Griechenland und der Türkei gefunden. Auch aus Algerien gemeldet.

413

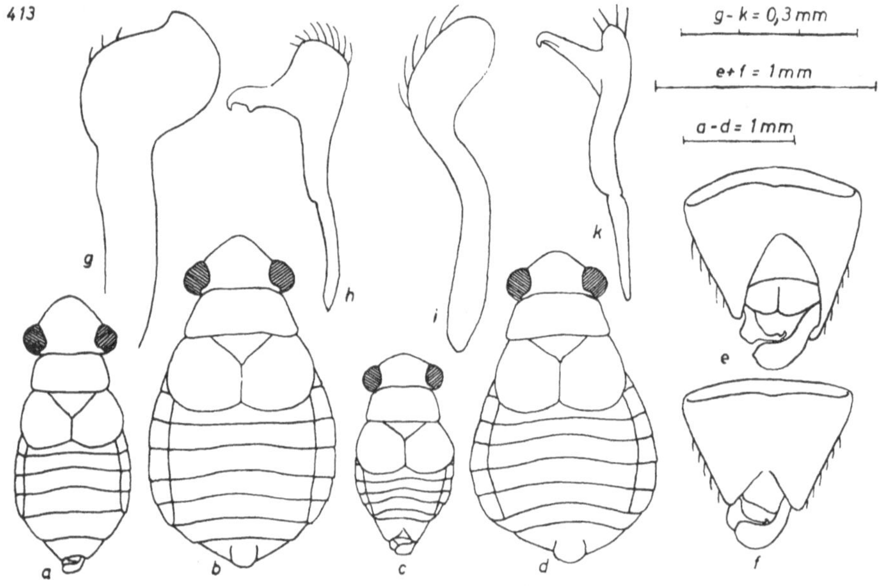

Abb. 413: *Dimorphocoris tuatayae* E. Wagn. und *tristis* Fieb.
a, b, e, g, h: *D. tuatayae* E. Wagn. — c, d, f, i, k: *D. tristis* Fieb.
a+c: Gestalt des ♂ — b+d: Gestalt des ♀ — e+f: Genitalsegment des ♂ von oben — g+i: rechtes Paramer von oben — h+k: linkes Paramer von oben

24. **Dimorphocoris argaeicus** HOBERLANDT, 1956 (Abb. 414a)

Act. Ent. Mus. Nat. Prag., Suppl. 3, S. 37—40; E. WAGNER 1965, Reichenbachia, Bd. 6, S. 47—48.

Weibchen: Gestalt länglich-oval, 2,4× so lang wie breit. Hell ockergelb, Oberseite mit Ausnahme der Halbdecken mit feinen, schwarzbraunen Punkten und einzelnen größeren Flecken. Kopf (Abb. 414c) breiter als hoch. Scheitel 4,5× so breit wie das kleine Auge. Stirn stark stumpfkegelig vorstehend (Abb. 414, b+d). Fühler kurz (Abb. 414f); 1. Glied 0,6× so lang, wie der Scheitel breit ist; 2. Glied 0,7× so lang, wie der Kopf breit ist. Pronotum fast rechteckig, 0,92× so breit wie der Kopf (Abb. 414b), Seiten fast gerade. Halbdecken (Abb. 414e) ockergelb, mit Spuren einer dunklen Längsbinde, bis zum 5. Tergit reichend, Hinterränder fast gerade, in der

Mitte einen sehr stumpfen Winkel bildend. Kommissur länger als das Pronotum. Abdomen oval, etwas breiter als die Halbdecken. Schenkel mit dunklen Flecken. Schienen mit feinen, schwarzen Dornen, ohne Punkte. Tarsen schwarz.

Länge: ♀ brach. = 3,0–3,1 mm, ♂ unbekannt.

Bisher nur einmal in der Türkei (Erdschias-Dagh) gefunden.

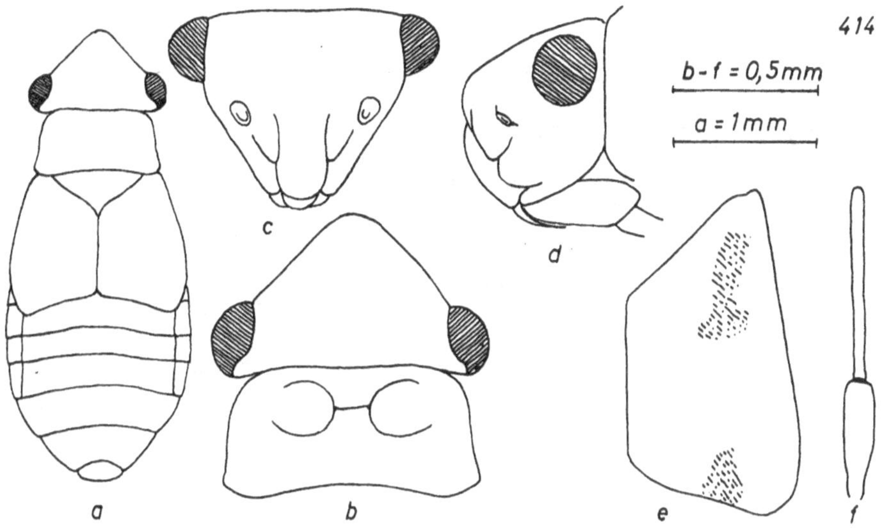

Abb. 414: *Dimorphocoris argaeicus* Hob., ♀

a: Gestalt — b: Kopf und Pronotum von oben — c: Kopf von vorn — d: Kopf von links — e: rechte Halbdecke — f: 1. und 2. Fühlerglied

25. **Dimorphocoris saulii** E. WAGNER, 1965 (Abb. 415, a+b)

Reichenbachia, Bd. 5, S. 155.

Brachypter, schwarz mit gelber Zeichnung. Oval. Kopf gelbbraun, im hinteren Teil schwarz. Über Kopf, Pronotum und Scutellum zieht sich eine helle Mittellinie. Scheitel 3,0–3,1× (♂, ♀) so breit wie das Auge. Fühler (Abb. 415, e+f) schlank; 1. Glied 0,8× so lang, wie der Scheitel breit ist; 2. Glied beim ♂ 1,3×, beim ♀ 1,0× so lang, wie der Kopf breit ist; 3. Glied 0,75–0,82× so lang wie das 2. Pronotum (Abb. 415, a+b) fast rechteckig, Hinterecken etwas vorstehend, beim ♂ 0,8×, beim ♀ 0,9× so breit wie der Kopf. Halbdecken stark verkürzt, bis zum Hinterrand des 3. Tergits reichend, ihre Hinterränder bilden eine gerade Querlinie; Außenrand breit, Innenrand schmal gelb (Abb. 415g). Abdomen breiter als die Halbdecken. Rücken des Abdomens schwarz, beim ♀ beiderseits der Mitte eine Reihe undeutlicher, runder, gelbbrauner Flecke. Connexivum gelbbraun, beim ♀ in der Mitte jedes Segments ein runder, brauner Fleck. Beine schwarz, Schienen gelb, mit schwarzen Dornen, aber ohne dunkle Punkte.

Genitalsegment des ♂ (Abb. 415h) sehr kurz, aber breiter als der Kopf, Vorderrand der Genitalöffnung in der Mitte mit dreieckigem Vorsprung. Rechtes Paramer (Abb. 415h) mit längerem Schaft, Apikalteil lang, distal abgerundet.

Länge: ♂ brach. = 2,9–3,1 mm, ♀ brach. = 3,0–3,4 mm.

Bisher nur in Venetien (Triest) gefunden. Imagines waren im Juni und Juli vorhanden.

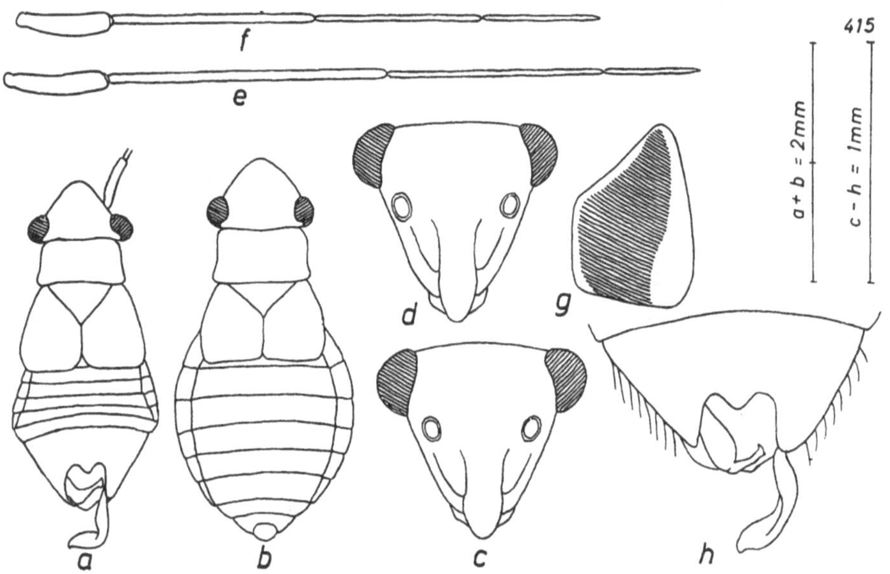

Abb. 415: *Dimorphocoris sculii* E. Wagn.

a: Gestalt des ♂ — b: Gestalt des ♀ — c: Kopf des ♂ von vorn — d: dasselbe vom ♀ — e: Fühler des ♂ — f: Fühler des ♀ — g: rechte Halbdecke des ♀ — h: Genitalsegment des ♂ von oben

26. **Dimorphocoris marginellus** (PUTON), 1887 (Abb. 416, a+b)

E. WAGNER 1965, Reichenbachia, Bd. 5, S. 152—154 (♂).

Brachypter. Schwarz mit gelber Zeichnung. Gestalt beim ♂ lang-oval, beim ♀ breit birnenförmig. Kopf kurz, Scheitel beim ♂ 2,45×, beim ♀ 3,3× so breit wie das Auge. Kopf von vorn gesehen (Abb. 416, c+d) beim ♂ 1,14×, beim ♀ 1,2× so breit wie hoch. Fühler (Abb. 416, e+f) schlank, 2. Glied beim ♂ 1,8×, beim ♀ 0,67× so lang, wie der Kopf breit ist. Pronotum und Scutellum schwarz, beim ♂ mit verkürztem, schmalem, gelbem Mittelstreif. Halbdecken schwarz. Außenrand breit gelb, beim ♀ auch der Innenrand schmal gelb (Abb. 416g), sie reichen beim ♂ bis zum 3., beim ♀ bis zum 4. Tergit, Hinter- und Seitenrand beim ♀ geschweift, Abdomen breiter als die Halbdecken (Abb. 416, a+b), Rücken schwarz, Connexivum gelbbraun, vordere Hälfte aller Segmente schwarz. Schenkel schwarz, Schienen gelbbraun, mit schwarzen Dornen, beim ♂ auch mit schwarzen Punkten. Tarsen schwarz.

Genitalsegment des ♂ (Abb. 416h) klein, schmaler als der Kopf, vorderer Rand der Genitalöffnung mit dreieckigem Vorsprung. Rechtes Paramer mit kurzem Schaft, Apikalteil mit kleiner Spitze. Linkes Paramer sehr klein, winklig gebogen.

Länge: ♂ brach. = 3,1 mm, ♀ brach. = 3,0 mm.

Bisher nur in Marokko (Mahadid, Oulmes) gefunden.

416

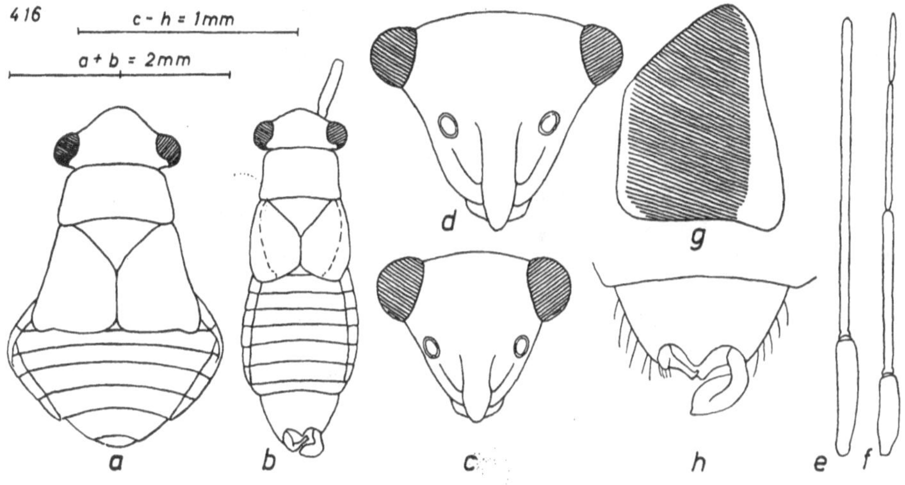

Abb. 416: *Dimorphocoris marginellus* Put.

a: Gestalt des ♀ — b: Gestalt des ♂ — c: Kopf des ♂ von vorn — d: Kopf des ♀ von vorn — e: Fühler des ♂ — f: Fühler des ♀ — g: rechte Halbdecke des ♀ — h: Genitalsegment des ♂ von oben

27. **Dimorphocoris lateralis** REUTER, 1901 (Abb. 391d, 392i)

E. WAGNER 1965, Reichenbachia, Bd. 6, S. 53—55.

Brachypter, das ♂ länglich-oval, das ♀ birnenförmig. Färbung wechselnd, in der Regel überwiegend schwarz oder schwarzbraun. Pronotum und Scutellum mit heller Mittellinie, die auf dem Pronotum stark verbreitert sein kann. Kopf verhältnismäßig lang (Abb. 417, e+g), Stirn gewölbt, Scheitel beim ♂ 2,5×, beim ♀ 3,0× so breit wie das Auge. Kopf von vorn gesehen (Abb. 417, f+h) dreieckig, 1,15–1,20× so breit wie hoch. Fühler gelbbraun, die Endglieder dunkel, schlank (Abb. 418, b+e), 1. Glied beim ♂ 1,25×, beim ♀ 0,8× so lang, wie der Scheitel breit ist; 2. Glied beim ♂ 1,5×, beim ♀ 1,0× so lang, wie der Kopf breit ist; 3. Glied beim ♂ 0,86×, beim ♀ 0,75× so lang wie das 2. Pronotum beim ♂ rechteckig und 0,9×, beim ♀ trapezförmig und 0,95× so breit wie der Kopf (Abb. 417, e+g). Halbdecken (Abb. 418h) am Seitenrand breit hell, im übrigen schwarz (♂) oder schwarzbraun (♀), ihr Hinterrand schwach geschweift, in der Mitte einen sehr flachen Winkel bildend, bis zum Hinterrand des 3. Tergits reichend. Abdomen beim ♂ (Abb. 391d) etwas breiter, beim ♀ (Abb. 392i) fast so breit wie die Halbdecken. Rücken bald schwarzbraun, bald gelbbraun mit 2 nebeneinanderliegenden, hellen Längsbinden, die oft in einzelne Flecke aufgelöst sind oder auch fehlen. Connexivum gelbbraun, bisweilen dunkel gefleckt. Schenkel braun bis schwarz, Spitze hell.

417

Abb. 417: *Dimorphocoris punctiger*-Gruppe
a—d: *D. punctiger* Horv. — e—h: *D. lateralis* Reut. — i—m: *D. eckerleini* E. Wagn. — n—q: *D. longiceps* E. Wagn.
a, e, i, n: Kopf und Pronotum des ♂ von oben — c, g, l, p: dasselbe vom ♀ — b, f, k, o: Kopf des ♂ von vorn — d, h, m, q: dasselbe vom ♀

Schienen gelbbraun mit feinen, schwarzen Dornen, ohne Punkte. Tarsen und Spitze der Schienen schwarz.

Genitalsegment des ♂ (Abb. 419b) groß, vorderer Rand der Genitalöffnung in der Mitte mit einem Buckel. Rechtes Paramer (Abb. 419f) mit langem Schaft, Apikalteil lang und schmal, Hypophysis klein, leicht rückwärts gekrümmt. Linkes Paramer (Abb. 419g) schlank, winklig gebogen, über der Hypophysis ein Höcker.

Länge: ♂ brach. = 2,35–2,60 mm, ♀ brach. = 3,3–3,7 mm.

Von der Insel Kreta (Canea) beschrieben und neuerdings von ECKERLEIN in Libyen (Cyrenaika, Djebel Akhbar) gefangen. Imagines waren im Mai vorhanden. Die Art lebt an Gräsern.

28. **Dimorphocoris eckerleini** E. WAGNER, 1965 (Abb. 391e, 392e)

Reichenbachia, Bd. 6, S. 55—57.

Brachypter, das ♂ länglich-oval und 3,6×, das ♀ breiter und 3,75× so lang, wie das Pronotum breit ist. Färbung wie bei voriger Art, zwischen Schwarz und Braun wechselnd. Kopf (Abb. 417, i+l) dreieckig, Scheitel beim ♂ 2,75×, beim ♀ 3,0× so breit wie das Auge. Kopf von vorn gesehen (Abb. 417, k+m) 1,1× so breit wie hoch, beim ♀ größer als beim ♂. Fühlerwurzel weit unter dem Auge gelegen. Fühler (Abb. 418, c+f) beim ♂ schwarzbraun bis braun, beim ♀ gelbbraun; 1. Glied beim ♂ 0,95×, beim ♀ 0,8× so lang, wie der Scheitel breit ist; 2. Glied beim ♂ 1,2×, beim ♀ 1,1× so lang, wie der Kopf breit ist; 3. Glied 0,75–0,78× so lang wie das 2. Pronotum (Abb. 417, i+l) beim ♂ rechteckig und 0,93×, beim ♀ trapezförmig und 0,9× so breit wie der Kopf. Halbdecken beim ♂ dunkel mit hellen Seiten, beim ♀ (Abb. 418i) hell mit dunklem Längsfleck; sie reichen bis zur Basis des 4. Tergits, ihre Hinterränder geschweift, im inneren Teil schräg verlaufend (Abb. 391e, 392e). Rücken des Abdomens bald schwarz, bald braun, oft mit 2 hellen Mittelstreifen, die stark verbreitert sein können. Connexivum heller als das Abdomen. Schenkel beim ♂ schwarz mit heller Spitze, beim ♀ gelbbraun. Schienen gelbbraun, bisweilen mit feinen, schwarzen Punkten.

Genitalsegment des ♂ (Abb. 419c) groß, vorderer Rand der Genitalöffnung mit vorstehender Ecke. Schaft des rechten Paramers (Abb. 419h) sehr kräftig, Apikalteil beilförmig, distal mit kräftiger, rückwärts gekrümmter Spitze. Linkes Paramer (Abb. 419i) winklig gebogen, Sinneshöcker rund, Hypophysis klein und spitz, ohne Höcker.

Länge: ♂ brach. = 2,7–2,8 mm, ♀ brach. = 3,0 mm.

Bisher nur in Tripolitanien gefunden.

29. **Dimorphocoris punctiger** (HORVATH), 1881 (Abb. 391c, 392f)

E. WAGNER 1965, Reichenbachia, Bd. 6, S. 51—53.

Brachypter, das ♂ länglich-oval und 2,95×, das ♀ birnenförmig und 1,7× so lang wie breit. Kopf beim ♂ kurz, beim ♀ lang (Abb. 417, a+c). Scheitel beim ♂ 2,2–2,3×, beim ♀ 3,35× so breit wie das Auge. Kopf von vorn gesehen (Abb. 417, b+d) 1,15–1,20× so breit wie hoch. Fühlerwurzel weit unter dem Auge gelegen.

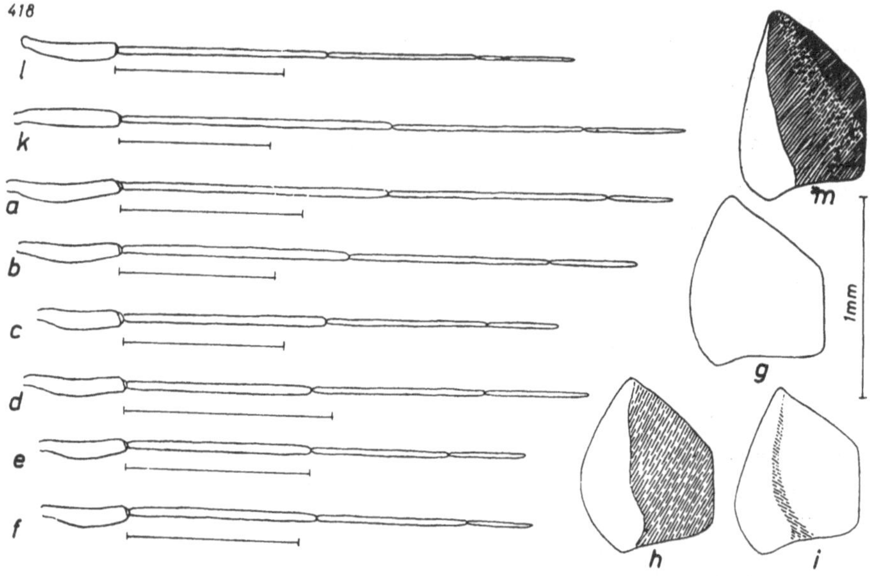

Abb. 418: *Dimorphocoris punctiger*-Gruppe

a, d, g: *D. punctiger* Horv. — b, e, h: *D. lateralis* Reut. — c, f, i: *D. eckerleini* E. Wagn. — k, l, m: *D. longiceps* E. Wagn.
a, b, c, k: Fühler des ♂ — d, e, f, l: Fühler des ♀ — g, h, i, m: linke Halbdecke des ♀
Der Strich unter dem 2. Fühlerglied gibt die Breite des Kopfes an.

Fühler (Abb. 418, a+d) lang und schlank, beim ♀ braun; 1. Glied beim ♂ 1,28×, beim ♀ 0,82× so lang, wie der Scheitel breit ist; 2. Glied beim ♂ 1,45×, beim ♀ 0,9× so lang, wie der Kopf breit ist; das 3. 0,86–0,87× so lang wie das 2. Glied. Über Kopf, Pronotum und Scutellum zieht sich ein heller Mittelstreif von wechselnder Breite. Pronotum fast rechteckig, 0,86–0,90× so breit wie der Kopf. Halbdecken beim ♂ dunkelbraun, die Seiten breit heller, beim ♀ (Abb. 418g) ziemlich gleichmäßig braun, ihre Hinterränder liegen über dem basalen Teil des 3. Tergits und bilden einen sehr flachen Winkel. Abdomen beim ♂ kaum breiter, beim ♀ 1,5× so breit wie die Halbdecken, Rücken braun, undeutlich gefleckt, Connexivum beim ♂ hell, beim ♀ gleichfarben. Schenkel beim ♂ schwarz, beim ♀ braun, distal dunkel gefleckt. Schienen gelbbraun, mit schwarzen Dornen und kleinen dunklen Punkten.

Genitalsegment des ♂ (Abb. 419a) klein, vorderer Rand der Genitalöffnung ohne Vorsprung. Rechtes Paramer (Abb. 419e) mit langem Schaft, Apikalteil eckig, Außenkante distal mit einem Höcker, Vorderkante mit kleiner Spitze.

Länge: ♂ brach. = 2,9–3,0 mm, ♀ brach. = 3,5–3,6 mm.

Ostmediterrane Art. Bisher in Syrien gefunden.

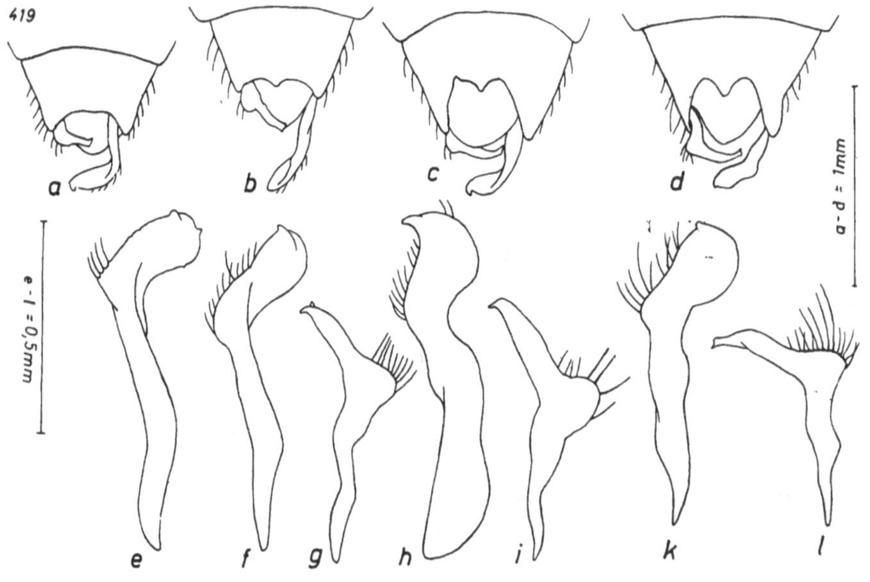

Abb. 419: *Dimorphocoris punctiger*-Gruppe, Genitalien des ♂

a+e: *D. punctiger* Horv. — b, f, g: *D. lateralis* Reut. — c, h, i: *D. eckerleini* E. Wagn. — d, k, l: *D. longiceps* E. Wagn.

a—d: Genitalsegment von oben — e, f, h, k: rechtes Paramer von oben — g, i, l: linkes Paramer von oben

30. **Dimorphocoris longiceps** E. WAGNER, 1968 (Abb. 391h, 392l)

Notul. Ent., Bd. 48, S. 105—106.

Brachypter, langgestreckt (♂) bis birnenförmig (♀), 4,0× so lang, wie das Pronotum breit ist. ♂ schwarz mit gelbbrauner Zeichnung, ♀ braun mit hellerer Zeichnung. Kopf hell, mit dunkler Zeichnung, lang, Stirn gewölbt (Abb. 417, n+p). Scheitel beim ♂ 2,52×, beim ♀ 2,68× so breit wie das Auge. Kopf von vorn gesehen lang und schmal (Abb. 417, o+q), so hoch wie breit. Fühlerwurzel weit unter dem Auge gelegen. Fühler (Abb. 418, k+l) schlank, 1. Glied 1,05× (♀) oder 1,3× (♂) so lang, wie der Scheitel breit ist; 2. Glied beim ♂ 2,08×, beim ♀ 1,4× so lang, wie das Pronotum breit ist; 3. Glied beim ♂ 0,7×, beim ♀ 0,8× so lang wie das 2., beim ♀ ist das 2. Glied mit Ausnahme der Spitze braun, beim ♂ schwarz, seine Basis schmal weißlich. Oberseite beim ♂ schwarz, über Pronotum und Scutellum zieht sich ein gelber Mittelstreif, Seiten des Pronotum und der Halbdecken schmal gelb. Beim ♀ ist die Oberseite gelbbraun bis braun, das Abdomen schwarzbraun, das Pronotum hat jederseits neben dem hellen Rande einen dunklen Längsfleck. Halbdecken (Abb. 418m) außen breit hell. Connexivum bei ♂+♀ gelbbraun, auf jedem Segment ein brauner Fleck. Mitte des Abdomens beim ♂ mit 2, beim ♀ mit 3 Längsreihen runder, heller Flecke. Beim ♀ bilden die Hinterränder der Halbdecken in der Mitte einen stumpfen Winkel, beim ♂ sind sie geschweift. Sie reichen bis zum 3. Tergit. Schenkel schwarz, Schienen gelbgrau, mit schwarzen Dornen und schwarzen Punkten, an Basis und Spitze schwarz, Tarsen schwarz.

Genitalsegment des ♂ (Abb. 419d) groß, fast so breit wie der Kopf. Vorderrand der Genitalöffnung mit vorspringender Ecke, am rechten Rande ein Fortsatz. Rechtes Paramer (Abb. 419k) robust, Apikalfortsatz beilförmig, mit kleiner, stumpfer Hypophysis. Linkes Paramer (Abb. 419l) schlank, fast rechtwinklig gebogen, Hypophysis klein und spitz.

Länge: ♂ brach. = 2,9–3,0 mm, ♀ brach. = 3,5 mm.

Bisher nur in Marokko (Forêt de Marmora) gefunden.

82. Gattung **PLAGIOTYLUS** SCOTT, 1874

Typus-Art: *P. maculatus* SCOTT

Dimorph, das ♂ stets makropter, von länglicher Gestalt, das ♀ brachypter und oval (Abb. 422). Glänzend, mit in der Regel kräftigen, langen, schwarzen Haaren bedeckt. Kopf stark geneigt, zwischen Stirn und Tylus eine deutliche Einkerbung (Abb. 420a). Hinterrand des Scheitels kantig, gekrümmt (Abb. 421), an den Seiten nach vorn vorgezogen. Fühler kurz, 1. Glied viel kürzer als das Pronotum (Abb. 421); 2. Glied stabförmig, dünn. Basis des Scutellum frei. Halbdecken beim ♂ das Abdomen überragend, beim ♀ verkürzt, ohne Einteilung und ohne Membranrest (Abb. 422, f–k). Schienen mit kräftigen, schwarzen Dornen. An den Hintertarsen (Abb. 420c) ist das 2. Glied etwa doppelt so lang wie das 1. und länger als das 3.

Genitalsegment des ♂ (Abb. 420b) kegelförmig, Genitalöffnung groß. Linkes Paramer (Abb. 420, f+g) winklig gebogen, Sinneshöcker groß, rund und mit langen Haaren. Arm der Hypophysis dick und gerade, Hypophysis sehr klein und gekrümmt. Rechtes Paramer (Abb. 420e) löffelförmig. Penis (Abb. 420d) kurz und dick, Vesika nur mit membranösen Anhängen, von denen einige mit Zähnen besetzt sind.

Die Verbreitung der Gattung ist auf den Mittelmeerraum beschränkt. Sie enthält 7 Arten.

Bestimmungsschlüssel
für die Arten von *Plagiotylus* SCOTT
Männchen (makropter)

1 (2) Auge groß (Abb. 421a), Scheitel 1,25–1,33× so breit wie das Auge. 1. **P. sahlbergi** S. 102

2 (1) Auge kleiner (Abb. 421, b–d). Scheitel mindestens 2× so breit wie das Auge.

3 (6) Gestalt sehr lang (Abb. 421Aa, 422b), 3,5–4,1× so lang wie breit. Kopf klein. Pronotum 1,45–1,55× so breit wie der Kopf.

4 (5) Behaarung zweifach, schwarz und hell. Scheitel 2,0× so breit wie das Auge. Länge 6,5–7,0 mm. 2. **P. dispar** S. 103

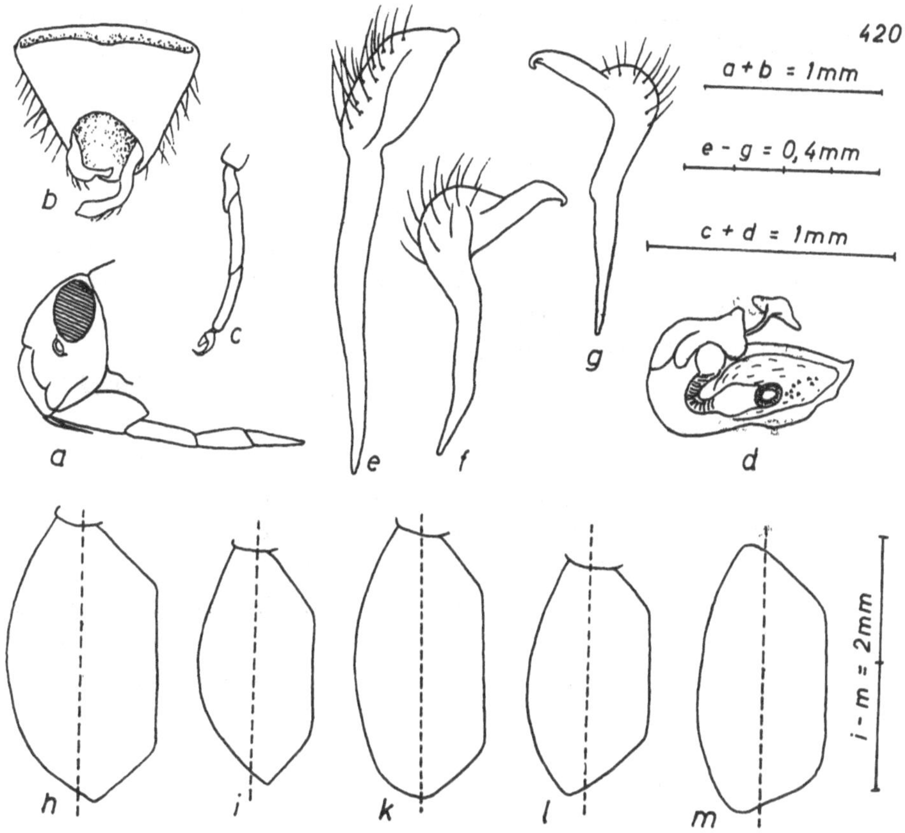

Abb. 420: *Plagiotylus* Scott
a—g, k: *P. maculatus* Scott — h: *P. dispar* Reut. — i: *P. sahlbergi* Reut. — l: *P. zorzii* Tam. — m: *P. ruffoi* Tam.
a: Kopf des ♂ von links — b: Genitalsegment des ♂ von oben — c: Hinterfuß — d: Penis von links — e: rechtes Paramer von oben — f+g: linkes Paramer in verschiedenen Stellungen — h—m: linke Halbdecke des ♀

5 (4) Behaarung einfach, lang und schwarz. Scheitel 1,8–1,9× so breit wie das Auge. Länge 5,4–5,6 mm. 3. **P. ellisorum** S. 104

6 (3) Gestalt breiter und kürzer, höchstens 3,28× so lang wie breit (Abb. 422, c–e). Kopf größer (Abb. 421, c, d, i, k), Pronotum höchstens 1,33× so breit wie der Kopf.

7 (8) 1. Fühlerglied, Kopf, Pronotum und Scutellum einfarbig hell (Abb. 422c). 4. **P. maculatus** S. 105

8 (7) 1. Fühlerglied, Kopf und Pronotum dunkel gezeichnet (Abb. 422, d+i).

9 (12) Scheitel 1,94× so breit wie das Auge. Hinterer Teil des Pronotum meistens hell (Abb. 421, d+i).

10 (11) Größer, Länge 5,5 mm. Pronotum 1,88× so breit wie lang (Abb. 421i). 5. **P. bolivari** S. 106

11 (10) Kleiner, Länge höchstens 5,3 mm. Pronotum 2,1–2,2× so breit wie lang (Abb. 421d). 6. **P. zorzii** S. 106

12 (9) Scheitel 2,3× so breit wie das Auge (Abb. 421k). Pronotum auch im hinteren Teil schwarz. 7. **P. ruffoi** S. 107

Weibchen (brachypter)

1 (4) Die Spitze der Halbdecke liegt der Mitte des Tieres näher. Sie liegt innerhalb einer gedachten Linie, die parallel zur Längsachse des Tieres in der Mitte zwischen Kommissur und der breitesten Stelle des Außenrandes verläuft (Abb. 420, h+i, 422, f+g).

2 (3) Auge groß (Abb. 421e), Scheitel 2,35× so breit wie das Auge. 1. **P. sahlbergi** S. 102

3 (2) Auge kleiner (Abb. 421f), Scheitel 2,66× so breit wie das Auge. 2. **P. dispar** S. 103

4 (1) Die Spitze der Halbdecke liegt der Außenseite des Tieres näher. Sie liegt außerhalb der gedachten Linie (Abb. 420, l+m) oder auf derselben (Abb. 420k), im letzteren Falle ist sie stark abgerundet.

5 (6) Die Spitze der Halbdecke liegt in der Mitte (auf der gedachten Linie) und ist abgerundet (Abb. 420k). 1. Fühlerglied hell. 4. **P. maculatus** S. 105

6 (5) Die Spitze der Halbdecke liegt außerhalb der gedachten Linie (Abb. 420, l+m). 1. Fühlerglied schwarz gezeichnet (Abb. 421, h+l).

7 (8) Scheitel 2,5–2,6× so breit wie das Auge. Pronotum 1,12× so breit wie der Kopf. (Abb. 421h). 6. **P. zorzii** S. 106

8 (7) Scheitel 3,15–3,20× so breit wie das Auge (Abb. 421l), Pronotum 1,04× so breit wie der Kopf. 7. **P. ruffoi** S. 107

Das ♀ von *P. bolivari* REUT. und *P. ellisorum* E. WAGN. ist bisher unbekannt, *P. asniensis* E. WAGN. gehört in die Gattung *Pachylopidea* E. WAGN. (S. 172).

1. **Plagiotylus sahlbergi** REUTER, 1901 (Abb. 422, a+f)

Die Art unterscheidet sich von den übrigen durch das auffallend große Auge (Abb. 421, a+e). Hell grünlich, oberseits mit schwarzen und weißlichen Haaren. Dimorph. Scheitel beim ♂ 1,25–1,33×, beim ♀ 2,30–2,35× so breit wie das Auge. Fühler hell. 1. Glied beim ♂ etwas länger, beim ♀ 0,75× so lang, wie der Scheitel breit ist; 2. Glied beim ♂ 1,0×, beim ♀ etwas kürzer, als das Pronotum breit ist und bei beiden etwas länger als das 3. und 4. zusammen. Halbdecken beim ♂ (Abb. 422a) lang und schmal, das Abdomen überragend, beim ♀ (Abb. 422f) ohne Einteilung, die Hinterecke der Halbdecke liegt der Mitte des Tieres näher (Abb. 420f) und ist spitz.

Länge: ♂ makr. = 5,5–6,0 mm, ♀ brach. = 3,8–4,0 mm.

Bisher nur in Algerien (Clairfontaine), Tunesien und Libyen (Djebel Nefoussa) gefangen. Imagines waren im April vorhanden.

2. **Plagiotylus dispar** REUTER, 1899 (Abb. 422, b+g)

Bei dieser Art ist das ♂ auffallend lang und schlank (Abb. 422b). Hellgrün, beim ♂ sind die Halbdecken oft rötlich getönt. Oberseits mit schwarzen und hellen Haaren. Kopf auffallend klein (Abb. 422b). Scheitel beim ♂ 2,0×, beim ♀ 2,66× so breit wie das Auge. Fühler grünlich, 1. Glied hell, beim ♂ etwa 1,0×, beim ♀ 0,75× so lang, wie der Scheitel breit ist; 2. Glied bei ♂+♀ etwa 1,1× so lang, wie das Pronotum breit ist und etwa so lang wie das 3. und 4. zusammen. Pronotum beim ♂ 1,55×, beim ♀ 1,15× so breit wie der Kopf (Abb. 421, b+f). Halbdecken des ♂ sehr lang und parallelseitig, Membran dunkel gefleckt. Halbdecken des ♀ verkürzt (Abb .422g), Hinterecke spitz, der Mitte genähert (Abb. 420h).

Länge: ♂ makr. = 6,5–6,7 mm, ♀ brach. = 4,0–4,6 mm.

Die Art wurde aus Israel (Jericho) beschrieben und später von SEIDENSTÜCKER in der Türkei (Gaziantep) gefangen. Imagines im Mai.

421

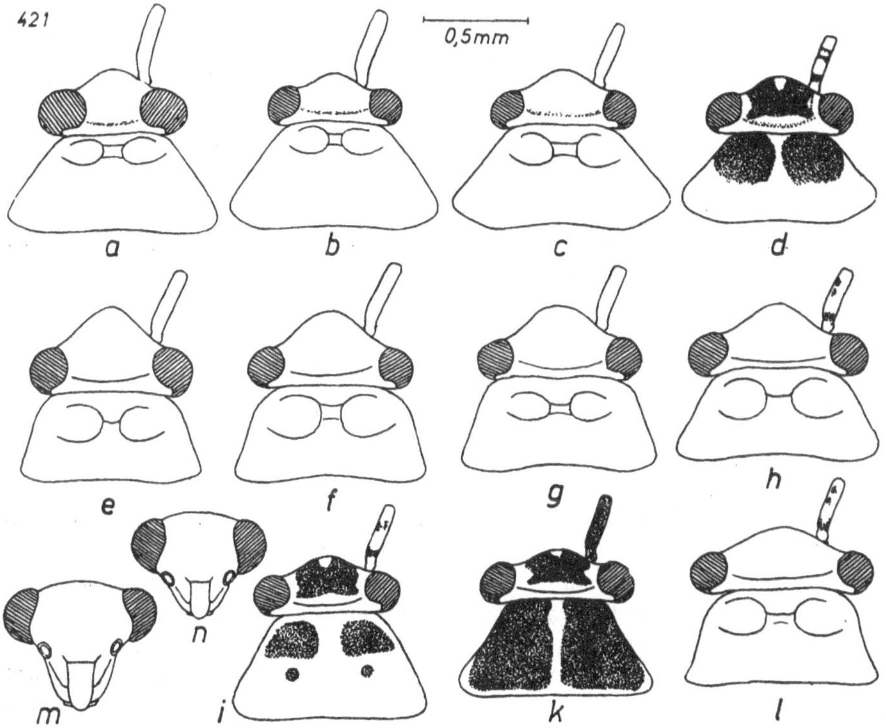

Abb. 421: *Plagiotylus*, Kopf, Pronotum und 1. Fühlerglied

a+e: *P. sahlbergi* Reut. — b, f, n: *P. dispar* Reut. — c, g, m: *P. maculatus* Scott — d+h: *P. zorzii* Tam. — i: *P. boliari* Reut. — k+l: *P. ruffoi* Tam.

a, b, c, d, i, k: Kopf, Pronotum und 1. Fühlerglied des ♂ von oben — e, f, g, h, l: dasselbe vom ♀ — m+n: Kopf des ♂ von vorn

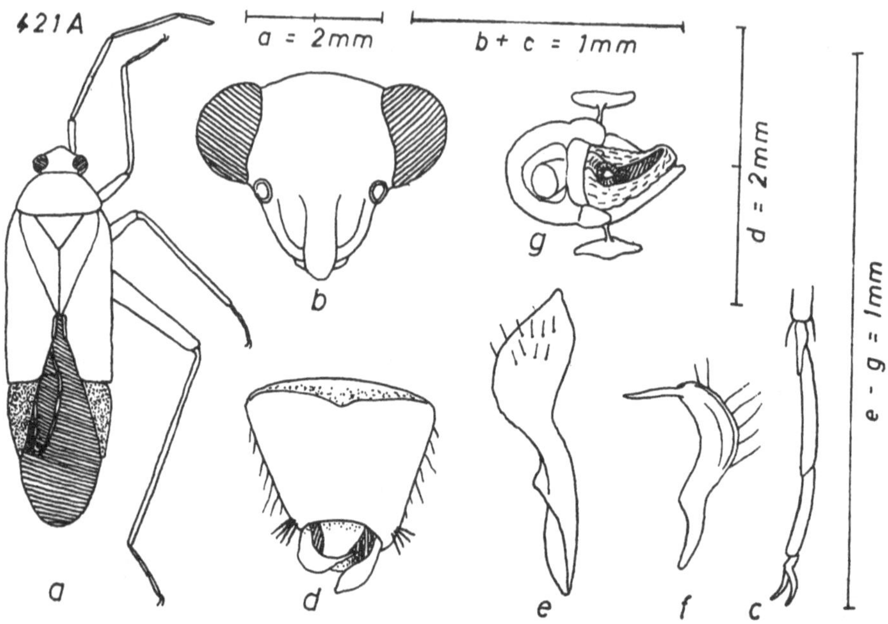

Abb. 421A: *Plagiotylus ellisorum* E. Wagn., Männchen

a: Gestalt — b: Kopf von vorn — c: Hinterfuß — d: Genitalsegment von oben — e: rechtes Paramer von oben — f: linkes Paramer von oben — g: Penis von oben

3. **Plagiotylus ellisorum** E. WAGNER, 1971 (Abb. 421A)

Beaufortia, Bd. 19 (245), S. 29—30

Männchen: Länglich, fast parallelseitig. Gelbgrün bis grün. Behaarung lang, schwarz und halbaufgerichtet. Glänzend. Kopf stark geneigt, von vorn gesehen (Abb. 421Ab) 1,26× so breit wie hoch, einfarbig gelbgrün. Scheitel 1,8–1,9× so breit wie das Auge. Fühler hell, Apikalteil schwärzlich; 2. Glied fast 1,1× so lang wie die Pronotumbreite. Pronotum lebhaft grün, 1,45× so breit wie der Kopf. Scutellum gelbgrün, ebenso Clavus und Corium. Cuneus karminrot, die rote Färbung greift oft etwas auf den hinteren Teil des Corium über. Membran rauchgrau, ungefleckt. Das Rostrum erreicht die Hinterhüften. Beine gelbgrün, Schenkel ungezeichnet. Dornen der Schienen schwarz. 3. Glied der Hintertarsen weit kürzer als das 2. (Abb. 421Ac).

Genitalsegment des ♂ (Abb. 421Ad) trapezförmig, jederseits der Genitalöffnung ein Büschel schwarzer Borsten. Rechtes Paramer löffelförmig. Linkes Paramer (Abb. 421Af) gekrümmt, außen behaart, Hypophysis lang und gerade.

Länge: ♂ = 5,4–5,6 mm, ♀ unbekannt.

Bisher nur in Griechenland (Insel Rhodos) von ELLIS gefunden.

4. **Plagiotylus maculatus** SCOTT, 1874 (Abb. 422, c+h)

Einfarbig hellgrün, glänzend. Oberseite mit sehr kräftigen, halbaufgerichteten, schwarzen und anliegenden weißlichen Haaren. Dimorph. Membran des ♂ (makr.) grau mit runden braunen Flecken. Scheitel beim ♂ 2,4–2,5×, beim ♀ 2,6–2,7× so breit wie das Auge. 2. Fühlerglied kaum länger, als das Pronotum breit ist und ein wenig kürzer als das 3. und 4. zusammen. Pronotum (Abb. 421, c+g) beim ♂ 1,5×, beim ♀ 1,1–1,2× so breit wie der Kopf. Halbdecken beim ♂ (Abb. 422c) lang, aber Außenrand etwas gerundet; beim ♀ verkürzt, ohne Einteilung (Abb. 422h), ihre Hinterecke abgerundet, etwa in der Mitte der Halbdecke liegend (Abb. 420k). An den Hintertarsen (Abb. 420c) ist das 2. Glied 2× so lang wie das 1. und 1,3× so lang wie das 3. Das Rostrum (Abb. 420a) reicht bis zu den Mittelhüften.

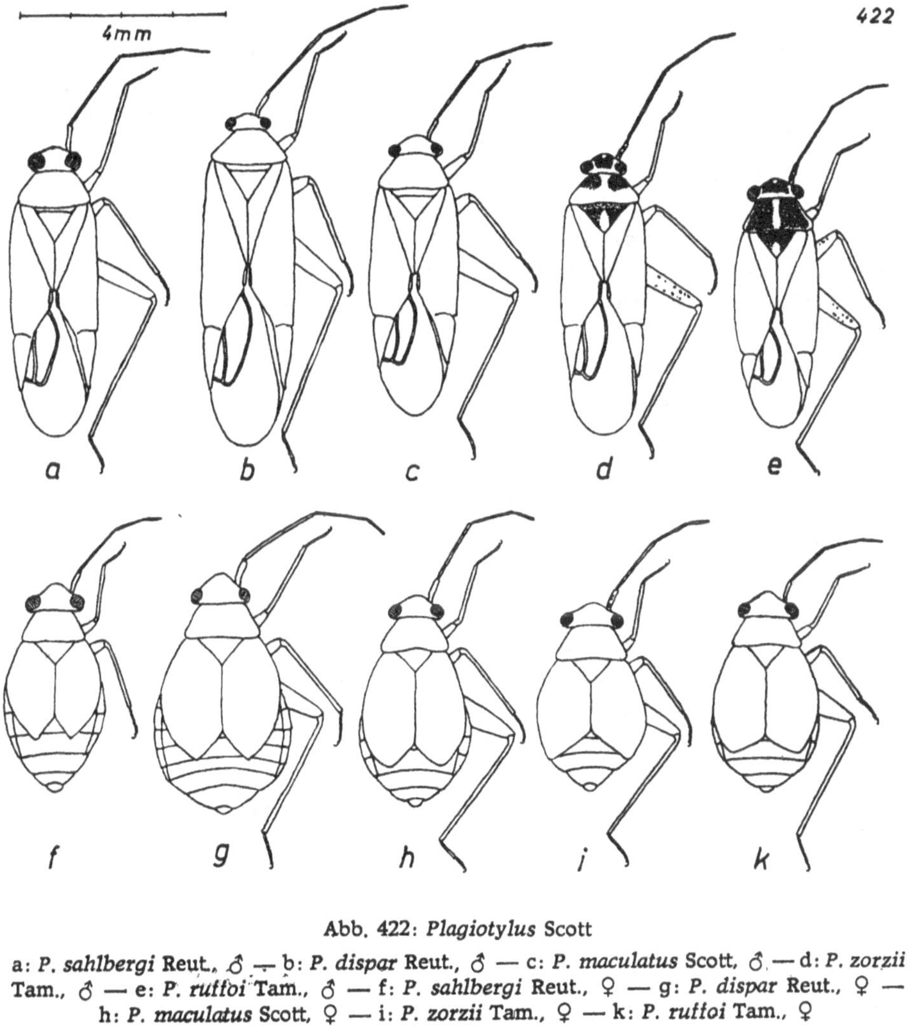

Abb. 422: *Plagiotylus* Scott

a: *P. sahlbergi* Reut., ♂ — b: *P. dispar* Reut., ♂ — c: *P. maculatus* Scott, ♂ — d: *P. zorzii* Tam., ♂ — e: *P. ruffoi* Tam., ♂ — f: *P. sahlbergi* Reut., ♀ — g: *P. dispar* Reut., ♀ — h: *P. maculatus* Scott, ♀ — i: *P. zorzii* Tam., ♀ — k: *P. ruffoi* Tam., ♀

Genitalsegment des ♂ (Abb. 420b) kegelförmig, so lang wie die übrigen Segmente zusammen, mit langen Haaren. Rechtes Paramer (Abb. 420e) mit langem Schaft, Apikalteil oval, Hypophysis kurz und dick. Linkes Paramer (Abb. 420, f+g) winklig gebogen, Sinneshöcker groß und vorstehend, Hypophysis klein und gekrümmt.

Länge: ♂ makr. = 5,0–5,4 mm, ♀ brach. = 3,3–3,6 mm.

P. maculatus SCOTT lebt an Teucrium chamaedrys L. auf trockenen, sonnigen Flächen. Imagines im Juni und Juli. Überwintert als Ei. 1 Generation im Jahre.

Bisher nur in Südfrankreich (Basses-Alpes, Tarn) gefunden. Die Meldungen aus anderen Ländern (Italien, Österreich) sind nach TAMANINI (1960) unwahrscheinlich.

5. **Plagiotylus bolivari** (REUTER), 1880

Männchen: Makropter. Schmutzig graugelb (nach REUTER rötlich), im Leben vermutlich grün gewesen. Schwarz gezeichnet. Oberseits mit feinen schwarzen und hellen Haaren. Kopf schwarz, Hinterrand und innerer Augenrand sowie ein Fleck in der Mitte der Stirn gelbbraun (Abb. 421i). Scheitel fast 2× so breit wie das Auge. Fühler braun, 1. Glied schwarz gezeichnet, 0,88× so lang, wie der Scheitel breit ist; 2. Glied so lang, wie das Pronotum breit ist und so lang wie das 3. und 4. zusammen. Pronotum 1,3× so breit wie der Kopf und 1,88× so breit wie lang, im vorderen Teil 2 große, schwarze Flecke (Abb. 421i). Scutellum schwarz, an der Spitze ein ovaler, gelbbrauner Fleck. Halbdecken sehr lang, das Abdomen mit der Hälfte ihrer Länge überragend. Membran graubraun. Beine gelbbraun, Schenkel mit dunklen Punkten.

Länge: ♂ makr. = 5,2 mm, ♀ unbekannt.

Von der Art wurde bisher nur einmal 1 ♂ in Spanien von BOLIVAR gefangen. Der Fundort ist unbekannt.

6. **Plagiotylus zorzii** TAMANINI, 1955 (Abb. 422, e+k)

Mem. Mus. Civ. Stor. Nat. Verona, Bd. 5, S. 31—38.

Das ♂ der vorigen Art sehr ähnlich und mit der gleichen schwarzen Zeichnung (Abb. 421d); auch die Größenverhältnisse weitgehend übereinstimmend, das Pronotum jedoch deutlich kürzer. Scheitel beim ♂ 2,2–2,3×, beim ♀ 2,83–3,1× so breit wie das Auge. 1. Fühlerglied beim ♂ 0,82, beim ♀ 0,55–0,60× so lang, wie der Scheitel breit ist; 2. Glied beim ♂ 1,05×, beim ♀ 0,8× so lang, wie das Pronotum breit ist und beim ♂ etwa so lang, beim ♀ weit kürzer als das 3. und 4. zusammen. Pronotum beim ♂ 1,3× so breit wie der Kopf und 1,10–1,15× so breit wie lang (Abb. 421d), beim ♀ 1,1× so breit wie der Kopf (Abb. 421h). Kopf, Pronotum und Scutellum beim ♀ hell. Halbdecken des ♂ kürzer als bei voriger Art; beim ♀ verkürzt, ohne Einteilung, Hinterecke weiter nach außen gelegen (Abb. 420l); oft ist die Halbdecke mit kleinen, schwarzen Flecken zerstreut bedeckt.

Länge: ♂ makr. = 5,0–5,38 mm, ♀ brach. = 3,1–3,8 mm.

Die Art lebt an Globularia sp. und wurde bisher nur in Mittelitalien (Monte Veletta) gefunden.

7. **Plagiotylus ruffoi** TAMANINI, 1960 (Abb. 422, e+k)

Mem. Mus. Civ. Stor. Nat. Verona, Bd. 8, S. 79—88.

Der vorigen Art ebenfalls ähnlich, unterscheidet sich jedoch durch breiteren Kopf, größere Augen, längeres 1. und kürzeres 2. Fühlerglied, längeres Pronotum, längere schwarze und mehr gelbliche helle Behaarung sowie durch dunklere Färbung beim ♂. Scheitel beim ♂ 2,0×, beim ♀ 2,6–2,9× so breit wie das größere Auge. 1. Fühlerglied beim ♂ 0,9×, beim ♀ 0,62–0,66× so lang, wie der Scheitel breit ist; 2. Glied beim ♂ 0,94–0,98×, beim ♀ 0,65–0,80× so lang, wie das Pronotum breit ist und beim ♂ nur geringfügig kürzer, beim ♀ 0,7–0,8× so lang wie das 3. und 4. zusammen. Pronotum beim ♂ 1,25×, beim ♀ 1,10–1,15× so breit wie der Kopf. Halbdecken beim ♂ verhältnismäßig breiter und dunkler als bei voriger Art; beim ♀ (Abb. 420m) wie bei voriger Art.

Länge: ♂ makr. = 4,38–5,0 mm, ♀ brach. = 3,26–3,92 mm.

Die Art lebt an Astragalus siculus nebrodensis PRESL. in 1200–1890 m Höhe. Imagines waren im Juli vorhanden.

Bisher nur auf der Insel Sizilien (Valle Madonie, Monte Carbonaria) gefunden.

2. Stamm **CHOROSOMELLINI nov. trib.**

Langgestreckte Arten mit sehr langen Fühlern und Beinen, äußerlich an die *Stenodemini* erinnernd. Färbung hellgrün. Kopf seitlich gesehen (Abb. 348k) länger als hoch, Auge vom Vorderrand des Pronotum weit entfernt. Stirn kegelförmig über den Tylus vorstehend. 1. Fühlerglied länger als Kopf und Pronotum zusammen. 1. Glied der Hintertarsen länger als jedes der beiden anderen (Abb. 423b). Arolien mit den Spitzen gegeneinander geneigt (Abb. 423c).

Der Stamm enthält nur 1 Gattung.

83. Gattung **CHOROSOMELLA** HORVATH, 1906

Typus-Art: *Ch. jakovlefti* HORV.

REUTER 1910, Act. Soc. Sci. Fenn., Bd. 37, S. 148; KIRITSCHENKO 1951, Heteropteren der UdSSR; 125; CARVALHO 1952, An. Acad. Brasil. Ci., Bd. 24, S. 83; KERZHNER 1962, Rev. d'Ent. USSR., Bd. 41, S. 385.

Die Gattung hat ihren Platz im System mehrfach gewechselt. Sie war ursprünglich in der Unterfamilie *Mirinae* s. str. bei den *Stenodemini* CHINA untergebracht. Dann wurde sie von REUTER (1910) zu den *Orthotylinae* van DUZ., (trib. *Orthotylini* s. str.) gestellt. Ihm folgen OSHANIN (1910) und KIRITSCHENKO (1951). Aber dann stellte sie CARVALHO (1952) wieder zu den *Stenodemini*. Als letzter befaßte sich KERZHNER (1962) mit der Gattung und ordnete sie bei den *Halticini* KIRK. ein.

Entscheidend muß hier der Bau der Genitalien sein. Der Penis (Abb. 423d) hat eine membranöse Vesika, in der sich ein Spikulum befindet, ist also vom *Mirinae*-Typ. Da die Arolien die für die *Halticinae* KIRK. charakteristische Gestalt haben (Abb. 423c), gibt es keine andere Möglichkeit, als sie in dieser Unterfamilie unterzubringen. Das auffallend lange 1. Glied der Hintertarsen und die langgestreckte Gestalt haben demgegenüber nur geringes Gewicht.

Die Gattung enthält 2 Arten, von denen die eine in Turkestan lebt, während die andere den Süden der UdSSR bewohnt und auch in der Türkei gefunden wurde.

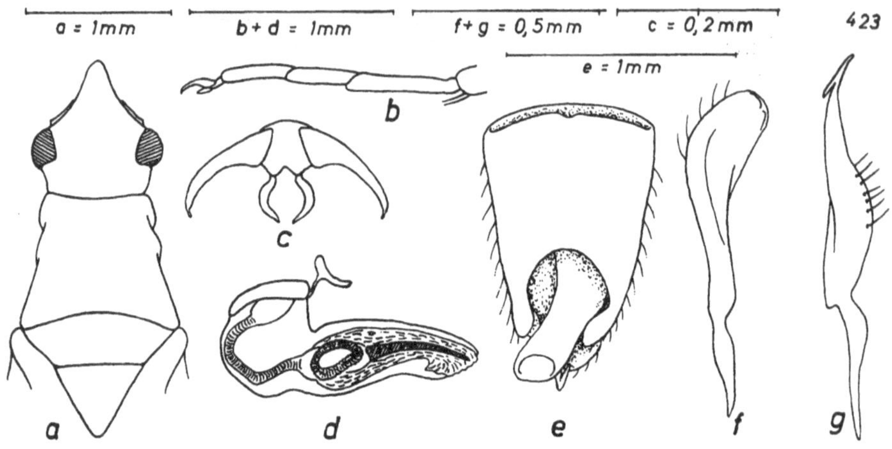

Abb. 423: *Chorosomella jakovletti* Horv., Männchen

a: vorderer Teil — b: Hinterfuß — c: Klauen von innen — d: Penis von links — e: Genitalsegment von oben — f: rechtes Paramer von oben — g: linkes Paramer von oben

Chorosomella jakovleffi HORVATH, 1906

Gestalt langgestreckt, das ♂ 7,2×, das ♀ 7,9× so lang, wie das Pronotum breit ist. Hellgrün oder gelbgrün, ungezeichnet. Oberseite fast kahl, nur mit äußerst feinen, kurzen, hellen Haaren zerstreut bedeckt. ♂ makropter, ♀ brachypter. Kopf (Abb. 423a) fünfeckig, Stirn nach vorn in einen kegelförmigen Fortsatz verlängert. Scheitel beim ♂ 2,5×, beim ♀ 3,25× so breit wie das kleine Auge. Letzteres vom Vorderrande des Pronotum um etwa seine Breite entfernt. Scheitel ungerandet. Seitlich gesehen (Abb. 348k) ist der Kopf vorgestreckt und länger als hoch, der Tylus gekrümmt. Fühler länger als das Tier; 1. Glied etwa so dick wie die Vorderschenkel und etwa 2× so lang, wie das Pronotum breit ist; 2. Glied kräftig, gegen die Spitze leicht verjüngt, 0,85–0,90× so lang wie das 1.; 3. Glied 1,1–1,2× so lang wie das 1., das 4. Glied kurz. Über Kopf, Pronotum und Scutellum zieht sich eine weißliche, glatte Mittellinie. Scutellum an seiner Basis so breit (♂) oder fast so breit (♀) wie das Pronotum. Basis der Halbdecken beim ♂ das Pronotum seitlich überragend (Abb. 423a), die Halbdecken erreichen das 7. Tergit. Beim ♀ sind sie stark verkürzt und reichen nur bis zur Mitte des 3. Tergits, die Membran sitzt nur an der Innenseite. Das Rostrum (Abb. 348k) erreicht die Mittelhüften, seine Endglieder sind gegen ihre Verbindungsstelle erweitert. Beine sehr lang und schlank. Schienen mit schwarzen Borsten und feinen Dornen, die weit kürzer sind, als die Schiene dick ist. An den Hintertarsen (Abb. 423b) ist das 1. Glied 1,55× so lang wie das 2. und das 3. 1,05× so lang wie das 2. Klauen (Abb. 423c) leicht gekrümmt, schlank, Arolien gekrümmt, ihre Spitzen konvergierend.

Genitalsegment des ♂ (Abb. 423e) länger als dick. Genitalöffnung groß, beiderseits mit abgerundetem Fortsatz. Rechtes Paramer (Abb. 423f) löffelförmig, Apikalteil länglich-oval, distal mit feiner, nach innen umgelegter Spitze. Linkes Paramer (Abb. 423g) sehr lang und schlank. Hypophysis schlank, spitz, fast anliegend, über ihr eine lange, schlanke Spitze. Sinneshöcker nicht vorstehend. Penis (Abb. 423d) schlank, fast gerade. Vesika aus membranösen Anhängen bestehend, in denen ein schlankes Spikulum sitzt.

Länge: ♂ makr. = 7,6–7,8 mm, ♀ brach. = 9,5–9,8 mm.

Die Art lebt an hochwüchsigen Gräsern. Imagines im Juni.

Bisher nur auf der Krim und in der Türkei (Gölbasi) gefunden.

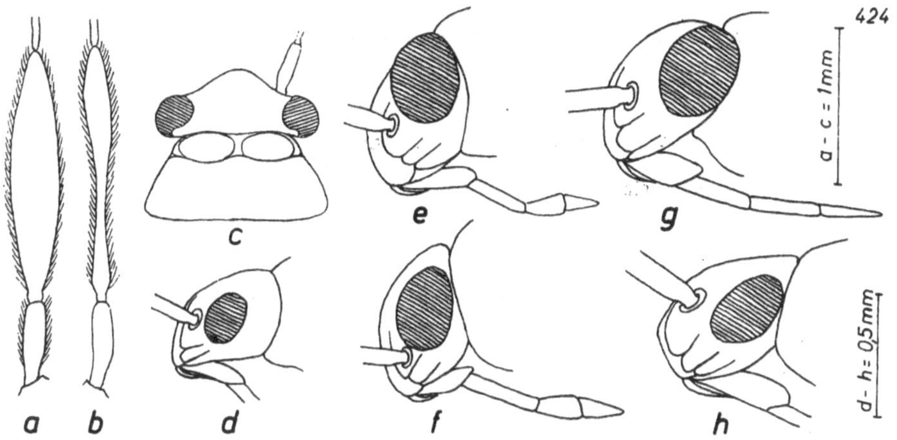

Abb. 424: *Orthotylinae* van Duz.

a+b: *Heterotoma meriopterum* Scop., ♂ — c: *Pachylopidea asniensis* E. Wagn., ♂ — d: *Malacocoris chlorizans* Pz., ♂ — e: *Brachynotocoris puncticornis* Reut., ♂ — f: *Pachylops bicolor* Scott, ♂ — g: *Fieberocapsus flaveolus* Reut., ♂ — h: *Platycranus metriorrhynchus* Reut., ♂

a: Fühler von der Seite — b: Fühler von oben — c: Kopf und Pronotum von oben d—h: Kopf von links

6. Unterfamilie ORTHOTYLINAE van DUZEE, 1916

Syn.: *Cyllecorinae* OSH., 1912; *Heterotominae* REUT., 1910.

Kleine bis mittelgroße Arten. Gestalt und Färbung sehr unterschiedlich, aber überwiegend schlank und hellgrün. Kopf leicht geneigt, seltener senkrecht oder vorgestreckt. Scheitel hinten nicht konkav, aber oft gerandet oder kielartig. Seitlich gesehen (Abb. 424, d–h) ist der Abstand des Auges von der Tylusspitze kleiner als derjenige des unteren Augenrandes vom Scheitel oder als die Höhe des Auges, wenn dieses den Scheitel überragt. 1. Glied des Rostrum weniger als 2× so dick wie das 1. Fühlerglied. Schienen nur selten mit dunklen Punkten, wenn solche vorhanden sind, ist ihre Größe gering. Arolien (Abb. 19d) hautartig, im basalen Teil divergierend, im apikalen Teil gegeneinander geneigt, ihre Spitzen oft leicht nach außen gebogen. Pseudarolien klein oder fehlend, nie borstenförmig.

Genitalien des ♂ vom *Orthotylinae*-Typ (siehe S. 1!), von denen aller übrigen Unterfamilien stark abweichend. Penis birnförmig, oft länglich. Theka in ganzer Länge kräftig chitinisiert (Abb. 347b). Vesika ohne membranöse Anhänge, nur mit 2 Chitinbändern, die oft verzweigt sind und gezähnte Ränder haben, bisweilen aber auch unverzweigt und glatt sind (Abb. 451). Parameren sehr vielgestaltig, es gibt sehr einfache Formen neben stark differenzierten. Ihre Form ist für viele Arten so charakteristisch, daß die Art bereits an einem Paramer erkannt werden kann.

Zu den *Orthotylinae* van DUZ. wurden bisher auch die *Halticinae* KIRK. und die *Pilophorinae* DGL. et SC. gestellt. Sie werden hier als gesonderte Unterfamilien betrachtet (siehe S. 1–2).

Eine Unterteilung der Unterfamilie dürfte unzweckmäßig sein.

Bestimmungsschlüssel
für die Gattungen der *Orthotylinae* van DUZ.

1 (4) 2. Fühlerglied stark verbreitert, spindelförmig und abgeflacht (Abb. 424, a+b).

2 (3) Kopf von oben gesehen (Abb. 425b) breiter als lang. Beine hell. Pronotum viel breiter als der Kopf (Abb. 425b). 84. Gattung **Heterotoma** S. 115

3 (2) Kopf etwa so lang wie breit (Abb. 425a). Beine, auch die Schienen, schwarz. Pronotum kaum breiter als der Kopf (Abb. 425a). 85. Gattung **Excentricus** S. 120

4 (1) 2. Fühlerglied nur selten verdickt, dann völlig rund, nicht abgeplattet.

5 (10) Augen vom Vorderrand des Pronotum um mindestens ihre Breite entfernt (Abb. 426, a–d).

425

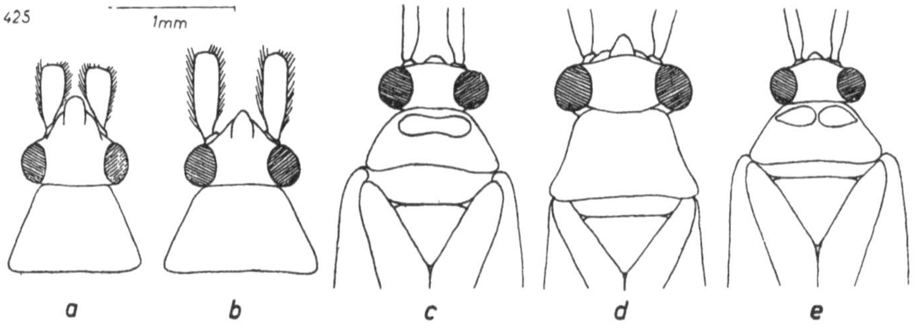

Abb. 425: *Orthotylinae*, vorderer Teil des Weibchens

a: *Excentricus planicornis* H.-S. — b: *Heterotoma meriopterum* Scop. — c: *Brachynotocoris puncticornis* Reut. — d: *Platycranus erberi* Fieb. — e: *Reuteria marqueti* Put.

6 (7) 1. Fühlerglied viel länger, als der Kopf breit ist (Abb. 426a). Schlanke Tiere mit sehr langen Fühlern und Beinen (Abb. 462a). Pronotum hinter den Schwielen mit einer Querfurche. 94. Gattung **Aetorhinella** S. 165

7 (6) 1. Fühlerglied kürzer, als der Kopf breit ist (Abb. 426, b–d). Fühler und Beine normal (Abb. 462, b+c). Pronotum ohne Querfurche.

8 (9) Stirn weiter nach vorn reichend als die Augen (Abb. 426d). Tylus von oben her sichtbar. Pronotum die Basis des Scutellum und der Halbdecken bedeckend, Scutellum daher schmaler als das Pronotum (Abb. 460c). 92. Gattung **Malacocoris** S. 161

9 (8) Stirn nicht oder kaum weiter nach vorn reichend als die Augen. Tylus von oben her nicht sichtbar (Abb. 426, b+c). Pronotum die Basis des Scutellum und der Halbdecken nicht bedeckend, Scutellum daher so breit wie das Pronotum (Abb. 462, b+c). 93. Gattung **Zanchius** S. 163

10 (5) Augen den Vorderrand des Pronotum berührend oder fast berührend (Abb. 424, e–h).

11 (14) Basis des Scutellum frei, so breit wie das Pronotum, Basis der Halbdecken außerhalb der Hinterecken des Pronotum gelegen (Abb. 425, c+e). Scutellum länger als das Pronotum.

12 (13) 3. Fühlerglied so lang oder etwas länger als das 2., letzteres einfarbig hell; 1. Glied auf der Unterseite oft mit kleinem schwarzem Punkt. 3. und 4. Glied des Rostrum oft gegen ihre Verbindungsstelle verdickt (Abb. 424e). Scheitel eben. 90. Gattung **Brachynotocoris** S. 156

13 (12) 3. Fühlerglied 0,6× so lang wie das 2., letzteres nahe der Basis mit schwarzem Ring; 1. Glied mit 2 schwarzen Längsstreifen (Abb. 460b). Rostrum schlank, gleichmäßig verjüngt. Scheitel gewölbt. 91. Gattung **Reuteria** S. 160

14 (11) Basis des Scutellum und der Halbdecken bedeckt, Scutellum daher schmaler als das Pronotum; die Basis der Halbdecken überragt das Pronotum seitlich nicht oder nur geringfügig (Abb. 425d).

15 (16) Oberseite mit schwarzen Schuppenhaaren. 97. Gattung **Pachylopidea** S. 172

16 (15) Oberseite mit weißlichen Schuppenhaaren oder ohne solche.

17 (24) 3. und 4. Glied des Rostrum gegen ihre Verbindungsstelle verdickt (Abb. 424f) und zusammen höchstens 1,2× so lang wie das 2.

18 (19) Kopf kaum geneigt, seitlich gesehen (Abb. 424h) länger als hoch. Tylus im basalen Teil stark gekrümmt. 89. Gattung **Platycranus** S. 143

19 (18) Kopf geneigt. Stirn und Tylus eine gemeinsame Rundung bildend (Abb. 424, f+g).

20 (21) 2. Glied der Hintertarsen (Abb. 426e) so lang oder länger als das 3. Grundfarbe grün. Das Rostrum reicht in der Regel nicht über die Vorderhüften hinaus, selten ist es länger, dann hat die Membran runde graue Flecke. 96. Gattung **Pachylops** S. 167

426

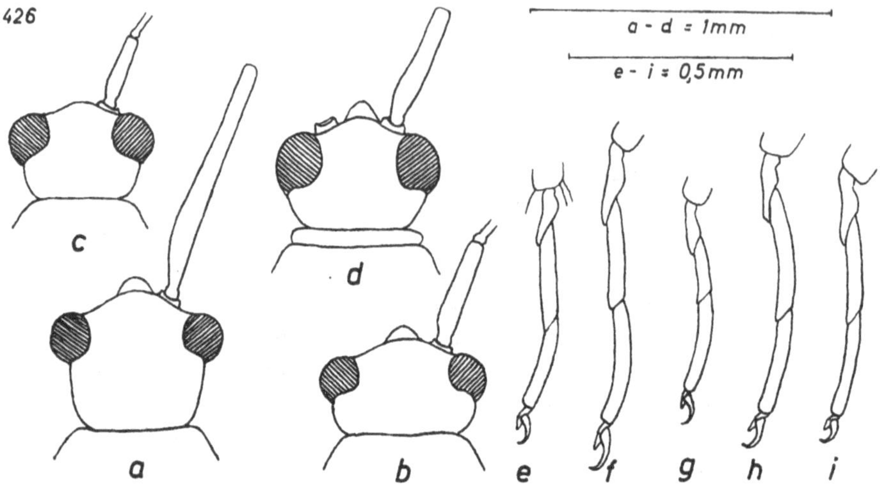

Abb. 426: *Orthotylinae*, Kopf und Hinterfuß des Weibchens

a: *Aetorhinella parviceps* Noual. — b: *Malacocoris chlorizans* Pz. — c: *Zanchius alatanus* Hob. — d: *Zanchius breviceps* E. Wagn. — e: *Pachylops bicolor* Scott — f: *Hyoidea kerzhneri* Hob. — g: *Parahypsitylus nevadensis* E. Wagn. — h: *Mecomma ambulans* Fall. — i: *Fieberocapsus flaveolus* Reut.

a—d: Kopf und 1. Fühlerglied von oben — e—i: Hinterfuß

21 (20) 2. Glied der Hintertarsen (Abb. 426, f+g) kürzer als das 3. Grundfarbe braun, grau oder schwarz. Das Rostrum überragt die Vorderhüften. Membran anders.

22 (23) Schienen schwarz mit schwarzen Dornen. Schenkel hell gelbbraun.
98. Gattung **Parahypsitylus** S. 174

23 (22) Schienen gelb bis braun, mit hellen Dornen. Schenkel nie heller als die Schienen. 88. Gattung **Hyoidea** S. 138

24 (17) 3. und 4. Glied des Rostrum gegen ihre Verbindungsstelle nicht verdickt (Abb. 424g), jedes von ihnen etwa so lang wie das 2.

25 (34) Pronotum hinter den Schwielen mit deutlicher Querfurche (Abb. 427), die den Seitenrand erreicht.

26 (27) 3. Fühlerglied etwa so lang wie das 2. Die Schwielen des Pronotum stoßen in der Mitte aneinander (Abb. 427g) und bilden eine gemeinsame Querwulst. Unterseits grün. 106. Gattung **Blepharidopterus** S. 289

27 (26) 3. Fühlerglied viel kürzer als das 2. Unterseite nicht grün.

28 (31) Hinterhüften deutlich voneinander getrennt. ♂ und ♀ makropter. Kopf und Pronotum gelb, oft schwarz, dann findet sich am Hinterrande des Scheitels ein gelber Querstreif.

427

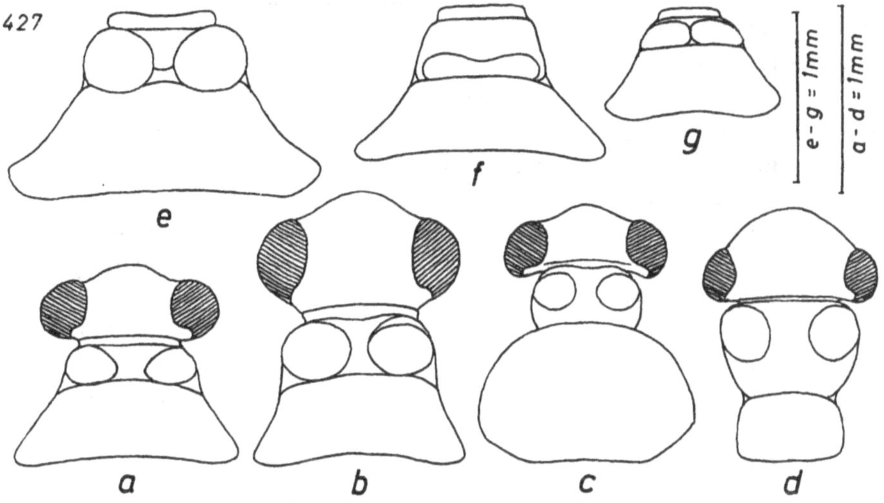

Abb. 427: *Orthotylinae*, Kopf und Pronotum

a: *Globiceps flavomaculatus* F., ♂ — b: id., ♀ — c: *Laurinia fugax* Reut., ♂ — d: id., ♀ — e: *Dryophilocoris flavoquadrimaculatus* Deg., ♂ — f: *Cyllocoris histrionicus* L., ♂ — g: *Blepharidopterus angulatus* Fall., ♂
a—d: Kopf und Pronotum von oben — e—g: Pronotum von oben

29 (30) Kopf kaum breiter als der vordere Abschnitt des Pronotum. Schwielen des Pronotum sehr groß, konvex, gerundet, voneinander getrennt (Abb. 427e). Hinterrand des Scheitels mit gelbem Kiel.
107. Gattung **Dryophilocoris** S. 294

30 (29) Kopf etwa 1,33× so breit wie der vordere Abschnitt des Pronotum. Schwielen querliegend, weniger deutlich (Abb. 427f). Scheitel nicht gekielt und nicht gelb. 108. Gattung **Cyllocoris** S. 298

31 (28) Die Hinterhüften stoßen aneinander. ♂ makropter, ♀ oft brachypter. Kopf und Pronotum einfarbig schwarz.

32 (33) Halbdecken des ♂ nie mit mehr als 2 hellen Querbinden. Hinterer Abschnitt des Pronotum nicht auffällig gewölbt (Abb. 427a). Pronotum des ♀ im hinteren Teil breiter als im vorderen (Abb. 427b).
104. Gattung **Globiceps** S. 261

33 (32) Halbdecken beim ♂ mit 3 weißlichen Querbinden. Hinterer Abschnitt des Pronotum auffällig gewölbt (Abb. 427c). Pronotum des ♀ im hinteren Teil schmaler als im vorderen (Abb. 427d). 105. Gattung **Laurinia** S. 289

34 (25) Pronotum ohne deutliche Querfurche, selten mit undeutlicher Querfurche, die aber den Seitenrand nicht erreicht.

35 (46) Kopf, Pronotum und Scutellum schwarz.

36 (37) Schwielen des Pronotum stark konvex. 2. Fühlerglied viel länger als das 3. und 4. zusammen. 104. Gattung **Globiceps** S. 261

37 (36) Schwielen des Pronotum schwach gewölbt. 2. Fühlerglied kürzer oder kaum länger als das 3. und 4. zusammen.

38 (41) Scheitel neben dem Auge jederseits mit ovalem Grübchen (Abb. 428, a+b), selten ist dies Grübchen undeutlich, dann ist das Tier einheitlich schwarz mit Ausnahme der Schienen, die gelbbraun sind.

39 (40) Kopf ungewöhnlich breit (Abb. 428a), fast so breit wie das Pronotum; von vorn gesehen (Abb. 445, f–h) mehr als 1,5× so breit wie hoch. Auge leicht gestielt. Hinterrand des Scheitels mit kräftigem Kiel. 87. Gattung **Hyoidellus** S. 136

40 (39) Pronotum mindestens 1,5× so breit wie der Kopf (Abb. 428b). Auge nicht gestielt. 86. Gattung **Heterocordylus** S. 122

41 (38) Scheitel neben dem Auge ohne Grübchen.

42 (43) 3. Fühlerglied weniger als 0,67× so lang wie das 2. 99. Gattung **Orthotylus** S. 176

428

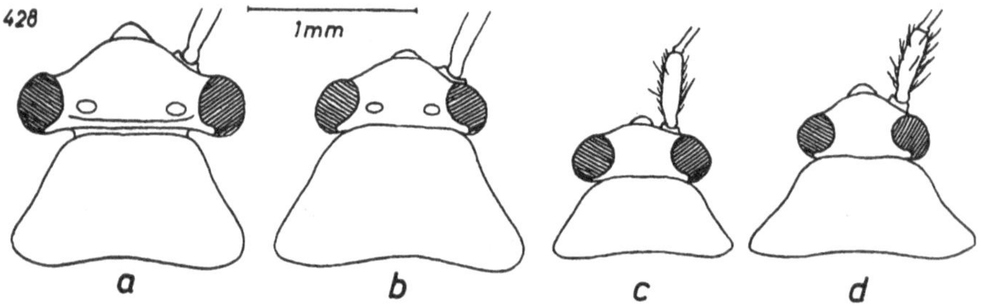

Abb. 428: *Orthotylinae*, Kopf und Pronotum des ♂ von oben
a: *Hyoidellus laticeps* E. Wagn. — b: *Heterocordylus tumidicornis* H.-S. — c: *Canariocoris punctatus* Noual. — d: *Pseudoloxops coccinea* M.-D.

43 (42) 3. Fühlerglied etwa so lang wie das 2.

44 (45) 2. Glied der Hintertarsen 1,33× so lang wie das 3. (Abb. 426h). Seiten des Pronotum im vorderen Teil gerandet. 103. Gattung **Mecomma** S. 259

45 (44) 2. Glied der Hintertarsen etwa so lang wie das 3. Seiten des Pronotum auch im vorderen Teil ungerandet. 102. Gattung **Cyrtorrhinus** S. 258

46 (35) Kopf, Pronotum und Scutellum hell.

47 (48) Einfarbig hellgelb. Beide Geschlechter in der Regel brachypter, ohne Cuneus oder Membran. Hinterrand des Scheitels ungerandet. Zügel deutlich. 101. Gattung **Fieberocapsus** S. 257

48 (47) Meistens grün oder rot gefärbt, selten einfarbig gelb, dann makropter. Bei brachypteren Formen sind Cuneus und Membran zu erkennen. Zügel undeutlich. Hinterrand des Scheitels oft gerandet.

49 (50) 3. und 4. Fühlerglied zusammen länger oder kaum kürzer als das 2.
99. Gattung **Orthotylus** S. 176

50 (49) 3. und 4. Fühlerglied zusammen 0,5–0,6× so lang wie das 2., letzteres etwa 3× so lang wie das 3.

51 (52) Kopf klein, nur etwa halb so breit wie das Pronotum (Abb. 428d). Halbdecken mit zahlreichen kleinen Buckeln bedeckt, die rot gefärbt sind. Genitalsegment des ♂ ohne ventralen Mittelfortsatz.
95. Gattung **Pseudoloxops** S. 167

52 (51) Kopf mindestens 0,75× so breit wie das Pronotum. Halbdecken eben. Genitalsegment des ♂ am ventralen Rande der Öffnung mit nach hinten gerichtetem Fortsatz. 100. Gattung **Canariocoris** S. 251

Die Gattung *Amixia* REUT. gehört zu den *Phylinae* und ist identisch mit *Orthonotus* STEPH. Die Gattung *Kilicanata* SEID. gehört zu den *Halticinae* und ist identisch mit *Dasyscytus* FIEB. Die Gattung *Omocoris* LDBG. gehört zu den *Phylinae.*

84. Gattung **HETEROTOMA** LEPELETIER et SERVILLE, 1825

Typus-Art: *H. meriopterum* SCOP.

Syn.: *Capsus* CHINA, nec F., 1943, Gen. names British insects, 8, Hem. 266; *Acroderrhis* BERGR. 1914, Wien. Ent. Zeitg., Bd. 33, S. 179; E. WAGNER, 1968, Notulae Ent., Bd. 48, S. 179—186.

Gestalt spindelförmig (Abb. 429a), meistens schwarz gefärbt. 2. Fühlerglied verbreitert und abgeflacht, spindelförmig, im basalen Teil mit einer Verdickung (Abb. 424, a+b); 1. Glied sehr dick; 3. und 4. Glied schlank, im basalen Teil hell. Das 1. und 2. Fühlerglied tragen lange, kräftige, abgeflachte Haare (Abb. 429f), die gegen beide Enden verjüngt sind, sehr dicht stehen und dadurch das Glied dicker erscheinen lassen. Die Behaarung des Körpers (Abb. 429g) ist kürzer, fein und hell. Außerdem sind anliegende, weißliche Schuppenhaare vorhanden. Kopf breiter als lang (Abb. 425b), 1. Fühlerglied länger, als der Scheitel breit ist. Pronotum 1,8–2,0× so breit wie lang und breiter als der Kopf. Membran hinter den Zellen mit kräftiger chitinisiertem Streifen, der in Richtung der Längsachse des Flügels zum Hinterrand verläuft und dort oft eine vorstehende, zahnartige Ecke hervorruft. Der außerhalb dieser Zone liegende Teil der Membran fällt oft zur Seite hin ab. Beine hellgelb, im Leben hellgrün, Apikalhälfte der Schenkel und Basis der Schienen oft grau bis schwarz. An den Hintertarsen ist das 2. Glied so lang oder etwas länger als das 3. und jedes von ihnen länger als das 1. (Abb. 429d). Rostrum (Abb. 429c) schlank, gegen die Spitze gleichmäßig verjüngt.

Rechtes Paramer (Abb. 431, a–d) schlank, gekrümmt, distal mit 2 Fortsätzen, Innenseite in der Mitte mit einigen Zähnen. Linkes Paramer (Abb. 431, e–h) distal verbreitert, fast dreieckig, Hypophysis klein, nach unten gekrümmt.

Die Gattung *Heterotoma* LEP. et SERV. bewohnt den Westen der Paläarktis und Teile der Nearktis. Sie enthält 5 Arten, die alle im Mittelmeerraum vorkommen.

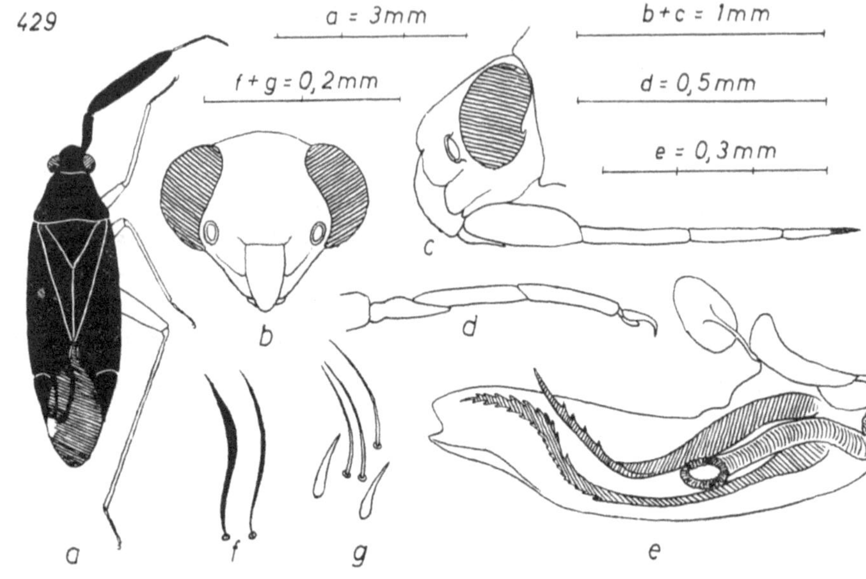

Abb. 429: *Heterotoma meriopterum* Scop., Männchen
a: Gestalt — b: Kopf von vorn — c: Kopf und Rostrum von links — d: Hinterfuß — e: Penis von rechts — f: Haare des Fühlers — g: Haare der Oberseite

Bestimmungsschlüssel
für die Arten von *Heterotoma* LEP. et SERV.

1 (8) Scutellum und Halbdecken einfarbig schwarz oder schwarzrot, nur die Membran oft teilweise grauweiß.

2 (3) 3. Fühlerglied ungewöhnlich kurz (Abb. 430, a–d), nur 0,15–0,22× so lang wie das 2. und deutlich kürzer als das 4. 1. **H. dalmatinum** S. 117

3 (2) 3. Fühlerglied 0,28–0,40× so lang wie das 2. (Abb. 430, e–k) und länger oder so lang wie das 4.

4 (5) 2. Fühlerglied sehr schlank, beim ♂ 5,4×, beim ♀ 5,0× so lang wie breit (Abb. 430, e+f). Beine stets einfarbig hell. 2. **H. meriopterum** S. 118

5 (4) 2. Fühlerglied (Abb. 430, g–k) kürzer, 3,25–4,5× so lang wie breit. Apikalteil der Schenkel und Basis der Schienen oft grau oder schwarz.

6 (7) Apikalhälfte der Schenkel und Basis der Schienen grau bis schwarz. Schuppenhaare der Oberseite (Abb. 431i) kürzer und breiter. Apikalfortsätze des rechten Paramers von ungleicher Länge (Abb. 431c).
3. **H. diversipes** S. 119

7 (6) Beine hell, Basis der Schienen oft mit schmalem, dunklem Ring. Apikalfortsätze des rechten Paramers etwa gleich lang (Abb. 431d).
4. **H. dentipenne** S. 120

8 (1) Clavus, Corium und Cuneus gelbbraun, Adern schwarz. Scutellum mit 3 weißen Strichen, die einen Winkel bilden. **5. H. acinaciforme** S. 120

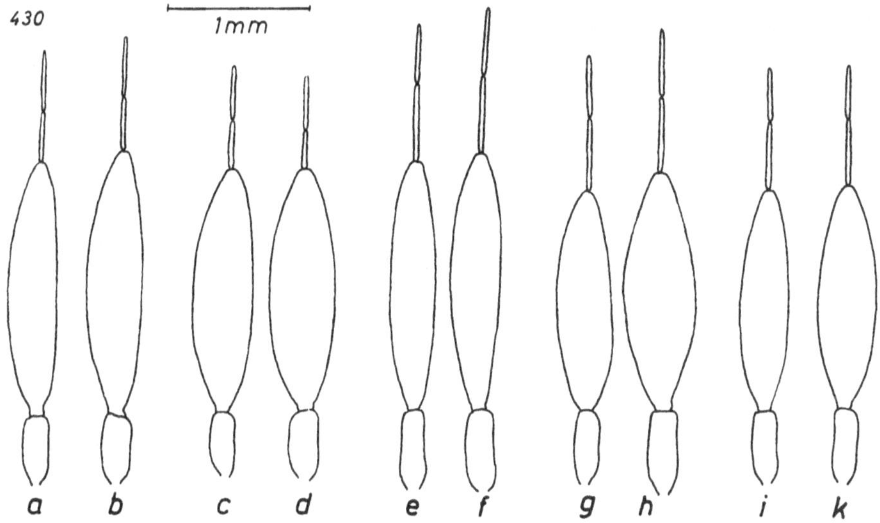

Abb. 430: *Heterotoma*, Fühler

a: *H. dalmatinum* E. Wagn. var. *tamaninii* E. Wagn. — b: id., ♀ — c: *H. dalmatinum* E. Wagn., ♂ — d: id., ♀ — e: *H. meriopterum* Scop., ♂ — f: id., ♀ — g: *H. diversipes* Put., ♂ — h: id., ♀ — i: *H. dentipenne* Bergr., ♂ — k: id., ♀

1. **Heterotoma dalmatinum** (E. WAGNER), 1950

Capsus id. E. WAGNER 1950, Wien. Ent. Rdsch., Bd. 2, S. 135—141; *H. meriopterum* TAM., nec. SCOP., 1962, Atti Acad. Roveret. Ag., Bd. 2, S. 135—141; *H. dalmatinum* E. WAGNER et H. WEBER, 1964, Faune de France, Bd. 67, S. 306; E. WAGNER 1963, Notul. Ent., Bd. 48, S. 179—186.

Oberseite einfarbig schwarz. Beine einfarbig hellgelb oder -grün. Glänzend, mit feiner, heller Behaarung und weißlichen Schuppenhaaren. Kopf kurz, Scheitel beim ♂ 1,75×, beim ♀ 1,8–1,9× so breit wie das Auge. 1. Fühlerglied (Abb. 430, a–d) dick und etwa so lang wie der Kopf; 2. Glied abgeflacht spindelförmig, von wechselnder Breite; 1. und 2. Glied mit sehr langen, abgeflachten, abstehenden, schwarzen Haaren (wie Abb. 429f); 3. Glied kurz, nur 0,15–0,22× so lang wie das 2. und deutlich kürzer als das 4., im basalen Teil breit hell; 4. Glied 1,15–1,30× so lang wie das 3., an der Basis schmal hell.

Rechtes Paramer (Abb. 431a) gekrümmt, innen mit 2 kräftigen Zähnen, der aufrechte Apikalfortsatz deutlich kürzer als der seitliche. Linkes Paramer (Abb. 431e) dreieckig, außen ein kurzer, gezähnter Höcker. Hypophysis kurz und gekrümmt. Chitinbänder der Vesika distal fast gerade.

Länge: ♂, ♀ = 4,3–5,2 mm.

Variation:

a (b) 2. Fühlerglied (Abb. 430, c+d) beim ♂ 3,95–4,0×, beim ♀ 3,5–3,6× so lang wie breit. var. typica

b (a) 2. Fühlerglied (Abb. 430, a+b) beim ♂ 5,0×, beim ♀ 4,5× so lang wie breit. var. **tamaninii** E. WAGN.

Die Art ist von NO-Italien bis in die Türkei verbreitet, die var. typica findet sich nur in Dalmatien.

431

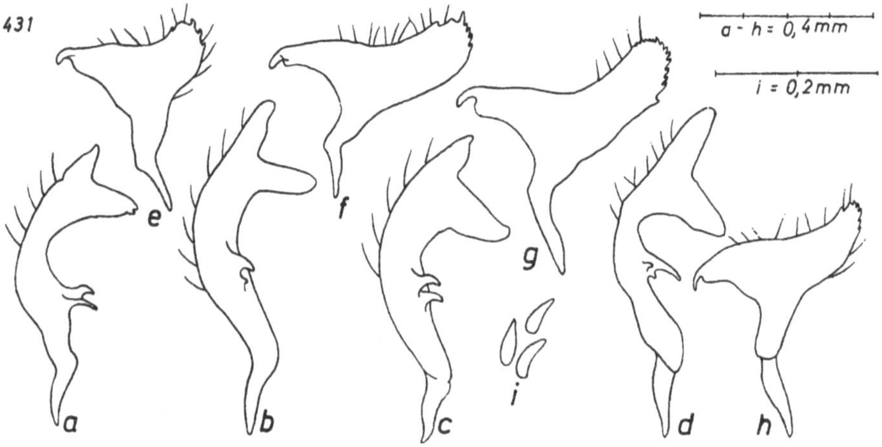

Abb. 431: *Heterotoma*, Parameren und Schuppenhaare
a+e: *H. dalmatinum* E. Wagn. — b+f: *H. meriopterum* Scop. — c, g, i: *H. diversipes* Put. — d+h: *H. dentipenne* Bergr.
a—d: rechtes Paramer — e—h: linkes Paramer — i: Schuppenhaare der Oberseite

2. **Heterotoma meriopterum** (SCOPOLI), 1763 (Abb. 429a)

H. planicornis PALL., TAMANINI 1962, l. c.; E. WAGNER et WEBER 1964, l. c.; E. WAGNER 1968, Notul. Ent., Bd. 48, S. 179—186.

Gestalt und Färbung wie bei voriger Art. Scheitel beim ♂ 1,4–1,5×, beim ♀ 1,60–1,65× so breit wie das Auge (Abb. 429b). 1. Fühlerglied (Abb. 430, e+f) dick, so lang wie der Kopf; 2. Glied lang und schmal, beim ♂ 5,4×, beim ♀ 5,0× so lang wie breit; 3. Glied 0,30–0,33× so lang wie das 2. und 1,15–1,30× so lang wie das 4., beide Endglieder dünn, im basalen Teil weißlich. Membran schwarz, bisweilen am Hinterrande mit vorstehender Ecke (Abb. 432b).

Rechtes Paramer (Abb. 431b) etwas größer als bei voriger Art, aber von ähnlicher Gestalt mit Ausnahme der Apikalfortsätze, die etwa gleich lang sind. Linkes Paramer (Abb. 431f) außen mit längerem, leicht gekrümmtem Fortsatz, Arm der Hypophysis länger. Chitinbänder der Vesika (Abb. 429e) schlank, nicht verzweigt.

Länge: ♂ = 4,6–5,4 mm, ♀ = 4,7–5,5 mm.

Die Art lebt an mancherlei Pflanzen (Kräutern und Holzgewächsen), insbesondere an Ruderalstellen. Sie ernährt sich hauptsächlich von kleinen Insekten, selten auch von Pflanzensäften. Imagines von Juli bis Oktober. Überwintert als Ei. Jährlich 1 Generation.

Holarktische Art. Im Mittelmeerraum in ganz Südeuropa (vermutlich jedoch oft mit *H. dalmatinum* verwechselt), auch aus Algerien gemeldet, doch könnte es sich dabei um *H. dentipenne* BERGR. handeln.

3. **Heterotoma diversipes** PUTON, 1876

E. WAGNER 1968, Notul. Ent., Bd. 48, S. 179—186.

Gestalt und Färbung wie bei den vorhergehenden Arten, aber die Apikalhälfte der Schenkel und die Basis der Schienen grau bis schwarz. Oberseite mit feinen hellen Haaren, gröberen, längeren schwarzen Haaren und grauen Schuppenhaaren, die deutlich kürzer und breiter sind (Abb. 431i) und das Tier mehr grau erscheinen lassen. Scheitel beim ♂ 1,45×, beim ♀ 1,67× so breit wie das Auge. 2. Fühlerglied (Abb. 430g) sehr breit, besonders beim ♀ (Abb. 430h), etwas kürzer und beim ♂ 4,1×, beim ♀ 3,3–3,6× so lang wie breit; 3. Glied schlank, 0,30–0,33× so lang wie das 2. und 1,05–1,15× so lang wie das 4., die Endglieder im basalen Teil hell. Membran schwärzlich, weißlich gefleckt, am Hinterrande oft ein vorstehender Zahn (Abb. 432, c+d). 1. Tarsenglied grau, das 2. gelblich, das 3. schwarz. Rechtes Paramer (Abb. 431,c) gekrümmt, innen 2 kräftige Zähne, der obere Apikalfortsatz nur etwa halb so lang wie der seitliche. Linkes Paramer (Abb. 431g) außen mit langem, abgerundetem Fortsatz, Hypophysis lang und gekrümmt. Chitinbänder der Vesika im apikalen Teil etwas stärker gewunden.

Länge: ♂ = 4,7–5,3 mm, ♀ = 4,6–5,2 mm.

Westmediterrane Art. Von der Insel Korsika beschrieben und in Südfrankreich und auf den Inseln Sardinien und Capraia gefunden.

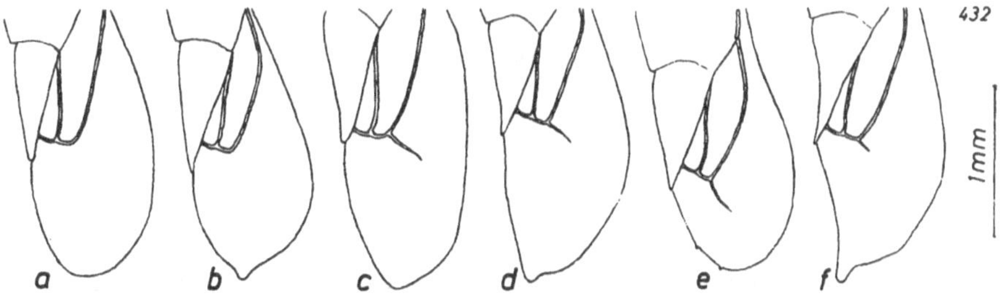

Abb. 432: *Heterotoma*, Gestalt der Membran

a: *H. meriopterum* Scop., ♂ aus Hamburg — b: id., ♀ aus dem Nahetal — c: *H. diversipes* Put., ♂ von Korsika — d: id., ♀ aus Banyuls — e: *H. dentipenne* Bergr., ♀ aus Tunis — f: id., Typus

4. **Heterotoma dentipenne** (BERGROTH), 1914

Acroderrhis dentipennis BERGR. 1914, Wien. Ent. Zeitg., Bd. 33, S. 179; E. WAGNER 1968, Notul. Ent., Bd. 48, S. 179—186.

Gestalt und Färbung, auch die Behaarung wie bei *H. meriopterum* SCOP., Kopf kurz, Scheitel beim ♂ 1,4×, beim ♀ 1,8–1,9× so breit wie das Auge. 1. Fühlerglied etwas schlanker; 2. Glied (Abb. 430, i+k) beim ♂ 4,5–4,7×, beim ♀ 3,6–3,8× so lang wie breit; 3. Glied beim ♂ 0,29–0,32×, beim ♀ 0,30–0,35× so lang wie das 2. und so lang oder etwas länger als das 4., zuweilen die Glieder 1 und 2 schwarzrot. Membran (Abb. 432, e+f) in der Regel mit zahnartigem Vorsprung, der bisweilen stark rückgebildet ist, dazwischen Übergänge. Beine hell, Schienen an der Basis (Knie) oft mit schmalem, dunklem Ring, 3. Tarsenglied dunkel.

Rechtes Paramer (Abb. 431d) gekrümmt, in der Mitte schlank und mit kräftigem Zahn, daneben mehrere kleine, die beiden Apikalfortsätze etwa gleich lang und gleich dick, einen sehr stumpfen Winkel bildend. Linkes Paramer (Abb. 431h) kleiner, äußerer Fortsatz lang und fast spitz. Chitinbänder der Vesika schlank, fast gleichmäßig gekrümmt.

Länge: ♂ = 4,7–5,1 mm, ♀ = 5,0–5,3 mm.

Die Art lebt in Nordafrika (Tunesien bis Marokko). Die Tiere, die LINDBERG (1930) unter dem Namen *H. meriopterum* SCOP. aus Marokko meldete, gehören hierher. Imagines im Mai und Juni.

5. **Heterotoma acinaciforme** (O. G. COSTA), 1839

Diese Art ist dem Verfasser unbekannt. Auch REUTER (1883) hat sie nicht gesehen. Sie ist auch seit 130 Jahren nicht wieder gemeldet worden. Die folgenden Angaben sind der Beschreibung COSTAs entnommen.

Fühlerglieder 1 und 2 messerartig gekrümmt, die Endglieder viel dünner. Scutellum mit 3 weißen Strichen, die einen Winkel bilden. Halbdecken gelbbraun, Adern schwarz. Membran mit weißem Fleck. Beine hellgelb. Rostrum gelb. Körper schwarz. Länge weniger als 5 mm. Vielleicht handelt es sich hier um ein verfärbtes Exemplar einer anderen Art.

Bisher nur in Süditalien (Calabrien) gefunden.

85. Gattung **EXCENTRICUS** REUTER, 1878

Typus-Art: *E. planicornis* H.-S.
Syn.: *Platytomatocoris* REUTER, 1884, *Platytomocoris* auct., nach CARVALHO 1952, An. Acad. Brasil. Ci., Bd. 24, S. 78.

Dimorph, das ♂ (Abb. 433a) länglich-oval und makropter, das ♀ (Abb. 433b) pseudobrachypter und im hinteren Teil am breitesten. Oberseite mit langen, krausen, hellen Haaren. Kopf von oben gesehen (Abb. 425a) etwa so lang wie breit, die Augen berühren den Vorderrand des Pronotum. 1. Fühlerglied verkehrt kegelförmig (Abb. 433c); 2. Glied abgeflacht spindelförmig; 3. und 4. Glied schlank, stabförmig. Pronotum lang und schmal, etwa 1,5× so breit wie lang, trapezförmig, nur wenig breiter als der Kopf. Beine schwarz, auch die Schienen. Rostrum lang, gegen die Spitze allmählich verjüngt. Parameren (Abb. 433, d+e) bizarr geformt. Chitinbänder der Vesika (Abb. 433f) verzweigt, ihre Ränder gezähnt.

Die Gattung enthält 2 Arten, von denen eine in der neotropischen Region lebt, während die andere in der Paläarktis von Sibirien bis Spanien verbreitet ist und auch im Mittelmeerraum gefunden wurde.

433

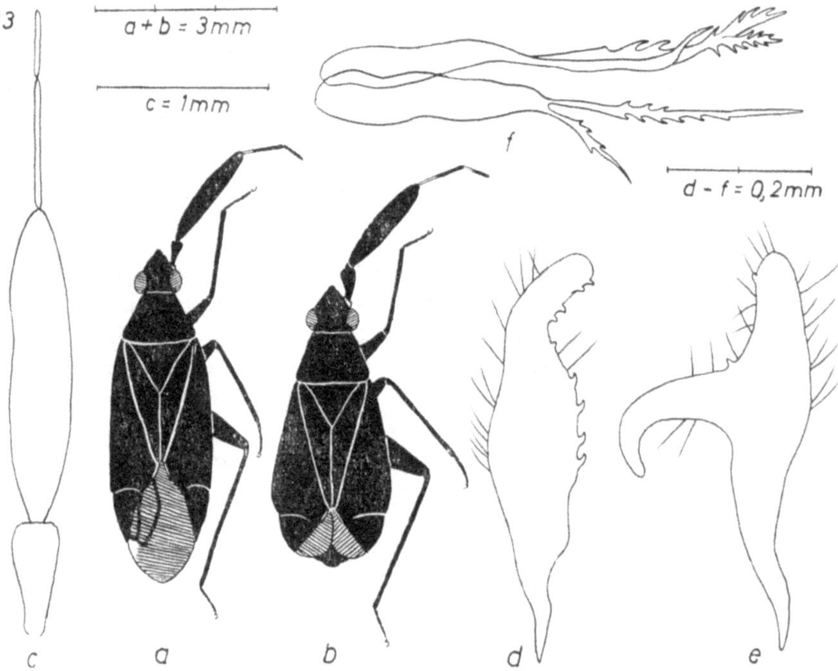

Abb. 433: *Excentricus planicornis* H.-S.
a: ♂ — b: ♀ — c: Fühler des ♂ — d: rechtes Paramer von oben — e: linkes Paramer von oben — f: Chitinbänder der Vesika von links

Excentricus planicornis (HERRICH-SCHÄFFER), 1836 (Abb. 433, a+b)

Schwarz, glänzend, mit langen, krausen, hellen Haaren. Kopf dreieckig. Scheitel etwa 2× so breit wie das Auge. 1. Fühlerglied groß, nach vorn kegelförmig verdickt (Abb. 433c); 2. Glied fast 2× so lang, wie der Kopf breit ist, 1. und 2. Glied mit abstehenden, schwarzen, abgeflachten Haaren, die denen von *Heterotoma* LEP. et SERV. ähnlich, aber kürzer und dünner sind; 3. Glied 0,40–0,45× so lang wie das 2., an der Basis breit hell; 4. Glied etwa halb so lang wie das 3., an der Basis schmal hell. Pronotum lang und schmal (Abb. 425a), die Basis des Scutellum und der Halbdecken bedeckend. Halbdecken beim ♂ (Abb. 433a) voll entwickelt und das Abdomen weit überragend; beim ♀ verkürzt, bis ans Ende des Abdomens reichend (Abb. 433b), Cuneus und Membran verkürzt. Das Rostrum erreicht die Hinterhüften. Beine schlank, schwarz, Hinterschenkel leicht verdickt, insbesondere beim ♀.

Rechtes Paramer (Abb. 433d) schlank, gerade, Innenseite mit Zähnen besetzt, distal stumpf, abgerundet. Linkes Paramer (Abb. 433e) lang und schlank, an der Innenseite in der Mitte ein rechtwinklig angesetzter Arm, der eine kräftige, stark gekrümmte Spitze (Hypophysis) trägt. Chitinbänder der Vesika (Abb. 433f) verzweigt, ihre Ränder mit kräftigen Zähnen.

Länge: ♂ makr. = 4,6–4,8 mm, ♀ pseudobrach. = 4,4–4,7 mm.

Die Art bewohnt große Teile Europas und Nordasiens. Im Mittelmeerraum in Südfrankreich, Spanien, Marokko, der Türkei und Bulgarien. Sie lebt an Cytisus radiatus SCOP. und verwandten Arten. Imagines im Juli. Überwintert als Ei.

86. Gattung HETEROCORDYLUS FIEBER, 1858

Typus-Art: *H. tumidicornis* H.-S.

Gestalt robust, das ♂ länglich bis länglich-oval, das ♀ breiter oval (Abb. 434, a–d). Schwarz oder schwarzgrau, oft mit weißen oder grauen Schuppenhaaren. Kopf kurz und breit, aber weit schmaler als das Pronotum. Scheitel hinten kielartig gerandet, jederseits neben dem Auge ein ovales Grübchen (Abb. 428b). Augen den Vorderrand des Pronotum berührend. Fühler in der Regel schwarz, zum mindesten teilweise schwarz. 2. Glied oft verdickt, spindel- oder keulenförmig, aber nie abgeflacht. Pronotum ohne Querfurche, den Vorderrand von Scutellum und Halbdecken überdeckend. Beine kurz und kräftig. Rostrum schlank, das 3. und 4. Glied nicht verdickt. Chitinbänder der Vesika (Abb. 434d) stets verzweigt, ihre Ränder gezähnt.

Die Gattung enthält 18 Arten, von denen 16 in der Paläarktis leben. Sie zerfällt in 2 Untergattungen.

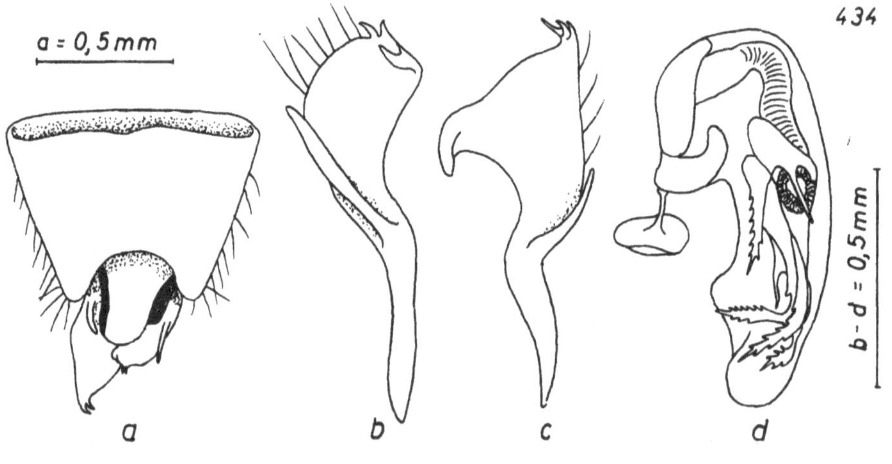

Abb. 434: *Bothrocranum erythrophthalmum* Hhn., Genitalien des ♂
a: Genitalsegment von oben — b: rechtes Paramer von oben — c: linkes Paramer von oben — d: Penis von rechts

Bestimmungsschlüssel
für die Untergattungen von *Heterocordylus* FIEB.

1 (2) 1. Fühlerglied und Beine gelbrot. Oberseite stark kohleartig glänzend.
1. Untergattung **Bothrocranum** S. 123

2 (1) 1. Fühlerglied meistens schwarz, Beine zum mindesten teilweise schwarz. Oberseite matt. 2. Untergattung **Heterocordylus** S. 126

1. Untergattung **Bothrocranum** REUTER, 1876

Typus-Art: *H. erythrophthalmus* HHN.
E. WAGNER 1952, Tierw. Deutschl., Bd. 41, S. 112.

Verhältnismäßig schlanke Arten (Abb. 435, a–f) mit kohleartigem Glanz, vor allem auf Kopf und Pronotum. 1. Fühlerglied und die Beine mit Ausnahme der Tarsen rotgelb, seltener rotbraun. Rechtes Paramer (Abb. 434b) an der Basis des Apikalteils mit langem, geradem Dorn. Linkes Paramer (Abb. 434c) an der Basis des Apikalteils mit einem langen, leicht gekrümmten Dorn.

Die Untergattung enthält 3 Arten, die alle im Mittelmeerraum vorkommen.

Bestimmungsschlüssel
für die Arten von *Bothrocranum* REUT.

1 (4) Das Rostrum reicht mindestens bis zum Ende der Mittelbrust. Letztere nicht auffällig lang. Scheitel beim ♂ 2,1–2,5×, beim ♀ 2,45–2,8× so breit wie das Auge.

2 (3) Scheitel beim ♂ 2,2–2,4×, beim ♀ 2,5–2,8× so breit wie das Auge. 2. Fühlerglied beim ♂ 1,25×, beim ♀ 1,16× so lang, wie der Kopf breit ist.
1. **H. (B). erythrophthalmus** S. 123

3 (2) Scheitel beim ♂ 2,1×, beim ♀ 2,5× so breit wie das Auge. 2. Fühlerglied beim ♂ 0,95×, beim ♀ 0,83× so lang, wie der Kopf breit ist.
2. **H. (B.) carbonellus** S. 125

4 (1) Das Rostrum überragt kaum die Vorderhüften (Abb. 436g), Vorderbrust auffällig groß. Scheitel beim ♂ höchstens 2× so breit wie das Auge.
3. **H. (B.) pectoralis** S. 126

1. **Heterocordylus (Bothrocranum) erythrophthalmus** (HAHN), 1831 (Abb. 435a)

ssp. *rhamni* E. WAGNER, 1955, Mitt. dtsch. Ent. Ges., Bd. 14 (3), S. 8—9.

Das ♂ länglich, das ♀ länglich-oval. Die Behaarung der Oberseite besteht aus feinen, hellen Haaren und anliegenden, grauweißen Schuppenhaaren. Scheitel kielartig gerandet (Abb. 436, a+b), beim ♂ 2,2–2,3×, beim ♀ 2,6–2,8× so breit wie das rotbraune Auge. Fühler schwarz, das 1. Glied gelbrot, beim ♂ 0,6×, beim ♀ 0,5× so lang, wie der Scheitel breit ist; 2. Glied (Abb. 435e) gegen die Spitze nur leicht verdickt, beim ♀ im basalen Teil oft rotbraun, 0,80–0,83× so lang, wie das Pronotum breit ist; 3. und 4. Glied kurz, dünn und schwarz. Pronotum (Abb. 436, a+b) trapezförmig, doppelt so breit wie lang. Beine kurz, gelbrot, Spitze der Schienen und die Tarsen schwarz. Das Rostrum reicht bis ans Ende der Mittelbrust.

Genitalsegment des ♂ (Abb. 434a) kurz und breit, trapezförmig, doppelt so breit wie lang. Rechtes Paramer (Abb. 434b) löffelförmig, an der Basis des Apikalteils ein langer, gerader Dorn, an der Spitze 3 Zähne. Linkes Paramer (Abb. 434c) distal dreieckig verbreitert, an der Basis ein langer, leicht gekrümmter Dorn, an der Spitze 3 kleine Zähne. Hypophysis dick, abwärts gekrümmt. Chitinbänder der Vesika (Abb. 434d) verzweigt, ihre Ränder mit kräftigen Zähnen.

Länge: ♂ = 4,9–5,9 mm, ♀ = 4,5–5,0 mm.

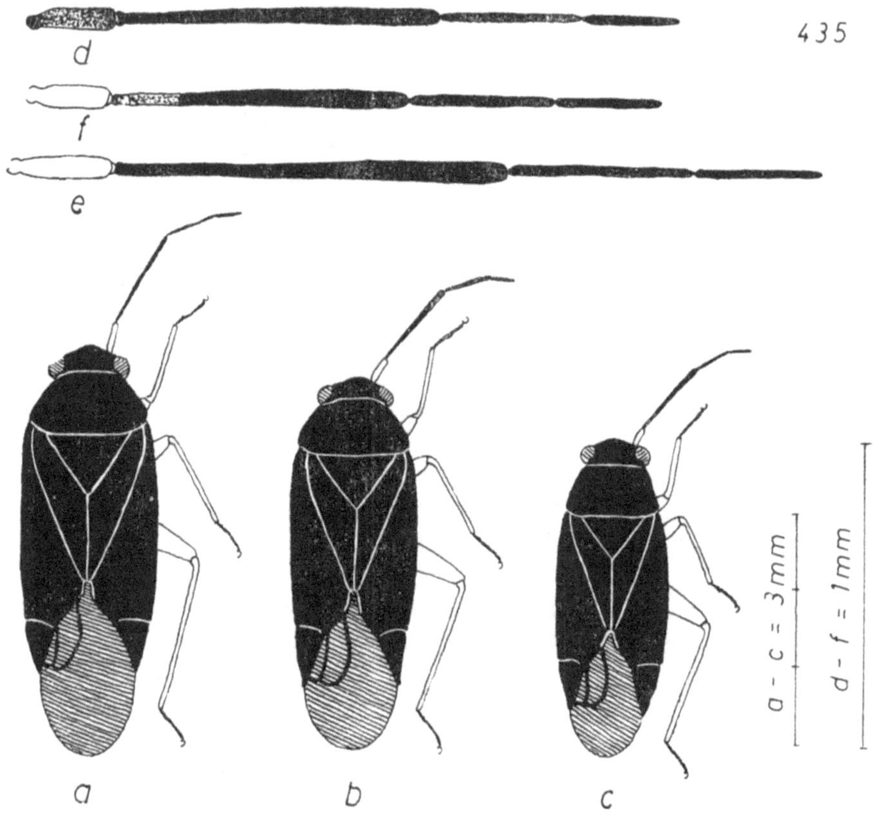

Abb. 435: *Bothrocranum,* Gestalt und Fühler des Männchens
a+e: *H. (B.) erythrophthalmus erythrophthalmus* Hhn. — b+d: *H. (B.) erythrophthalmus rhamni* E. Wagn. — c+f: *H. (B.) carbonellus* Seid.

H. (Bothrocranum) erythrophthalmus rhamni E. WAGNER, 1955 (Abb. 435b)

Von kleinerer Gestalt, Behaarung dichter. Beine und 1. Fühlerglied (Abb. 435d) dunkel rotbraun. 2. Fühlerglied 0,63–0,76× so lang, wie das Pronotum breit ist. Scheitel beim ♂ 1,4×, beim ♀ 2,45–2,50× so breit wie das Auge (Abb. 436, e+f). Genitalsegment des ♂ sehr kurz. Beide Parameren sowie deren Basaldornen kürzer, die apikalen Zähne des linken Paramers undeutlich. Chitinbänder der Vesika länger und schlanker.

Länge: ♂ = 4,4–4,9 mm, ♀ = 4,5–5,0 mm.

Die Art lebt an Rhamnus cathartica L. Imagines von Mai bis Juli. Überwintert als Ei. 1 Generation im Jahre.

Im Mittelmeerraum in Südfrankreich, auf der Balkanhalbinsel, in der Türkei und in Syrien. Die ssp. *rhamni* E. WAGN. nur in Dalmatien.

2. **Heterocordylus (Bothrocranum) carbonellus** SEIDENSTÜCKER, 1956 (Abb. 435c)
Rev. Fac. Sci. Univ. Istanbul, Serie B, Bd. 21, S. 231—235.

Gestalt kleiner, Behaarung dichter, die Schuppenhaare weiß. Scheitel beim ♂ 2,1×, beim ♀ 2,5× so breit wie das Auge. Fühler kürzer, 1. Glied 0,5–0,6× so lang, wie der Scheitel breit ist; 2. Glied beim ♂ 0,95×, beim ♀ 0,83× so lang, wie der Kopf breit ist, im basalen Teil beim ♂ schmal rotbraun, beim ♀ oft bis zur Mitte gelbrot. Pronotum (Abb. 436, c+d) nur 1,8× so breit wie lang. Beine wie bei voriger Art. Das Rostrum erreicht die Spitze der Mittelhüften.

Rechtes Paramer ähnlich wie bei voriger Art, aber der basale Dorn kurz und gekrümmt, distal 7 kleine Zähne. Linkes Paramer viel schlanker, Arm der Hypophysis länger, der Basaldorn fehlt. Chitinbänder der Vesika schlanker, die Zähne kleiner.

Länge: ♂ = 3,8–4,6 mm, ♀ = 3,4–4,0 mm.

Die Art lebt nach SEIDENSTÜCKER an Rhamnus punctata BOISS. Imagines im April und Mai.

Bisher nur in der Türkei (Mersin, Posanti) und Israel gefangen.

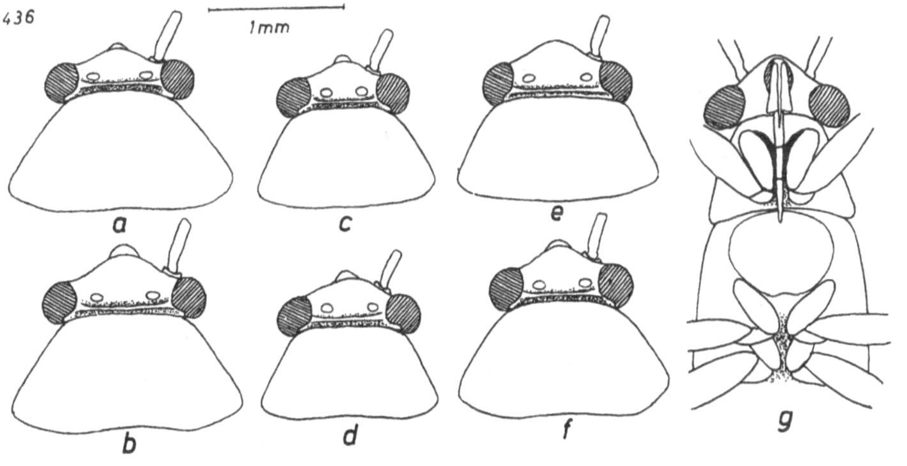

Abb. 436: *Bothrocranum*, Kopf, Pronotum und Unterseite
a: H. (B.) *erythrophthalmus erythrophthalmus* Hhn., ♂ — b: id., ♀ — c: *H. (H.) carbonellus* Seid., ♂ — d: id., ♀ — e: *H. (B.) erythrophthalmus rhamni* E. Wagn., ♀ — f: id., ♂ — g: *H. (B.) pectoralis* E. Wagn., ♂
a—f: Kopf, Pronotum und 1. Fühlerglied — g: Unterseite von Kopf und Thorax

3. **Heterocordylus (Bothrocranum) pectoralis** E. WAGNER, 1943

Mitt. dtsch. Ent. Ges., Bd. 12, S. 8.

Männchen: Länglich, parallelseitig, fast 4× so lang wie breit. Oberseite mit silberglänzenden Schuppenhaaren. Kopf kurz, Scheitel fast 2× so breit wie das rotbraune, schwarz gefleckte Auge. Fühler schlank, schwarz; 1. Glied gelbrot, etwas mehr als halb so lang, wie der Scheitel breit ist; 2. Glied an der Basis schmal rotbraun, gegen die Spitze deutlich verdickt, 0,8× so lang, wie das Pronotum breit ist. Pronotum 1,33× so breit wie der Kopf. Beine gelbrot, Hüften schwarzbraun, Tarsen braun. Das Rostrum überragt die Vorderhüften nur wenig. Mittelbrust (Abb. 436g) auffallend groß, dadurch, sind die Vorderhüften weit von den Mittelhüften entfernt. Länge: ♂ = 4,9 mm, ♀ unbekannt.

Bisher nur einmal in Ägypten (Alexandria) von Joannis gefunden.

2. Untergattung **Heterocordylus** s. str.

Breiter, vor allem das ♀ oft oval. Oberseite matt. Fühler und Beine schwarz, zum mindesten teilweise. Selten sind die Fühler rotbraun, dann ist das 2. Glied stark keulenartig verdickt. Parameren an der Basis des Apikalteils nicht mit langen, geraden Dornen (Abb. 440+441).

Die Untergattung ist im Mittelmeerraum durch 11 Arten vertreten.

Bestimmungsschlüssel

für die Arten von *Heterocordylus* s. str.

1 (4) Pronotum (Abb. 437a) 1,50–1,75× so breit wie lang, seine Seiten deutlich geschweift.

2 (3) Fühler und Beine schwarz. 2. Fühlerglied 0,90–0,93× so lang, wie das Pronotum breit ist. Pronotum beim ♂ 1,25–1,35×, beim ♀ 1,43–1,54× so breit wie lang (Abb. 439, a+b). 4. **H. (H.) tumidicornis** S. 128

3 (2) Fühler rotbraun, Beine gelb- bis rotbraun. 2. Fühlerglied 0,85–0,87× so lang, wie das Pronotum breit ist. Pronotum beim ♂ 1,54–1,63, beim ♀ 1,67–1,75× so breit wie lang (Abb. 439, b+h). 5. **H. (H.) flavipes** S. 129

4 (1) Seiten des Pronotum nicht geschweift, Pronotum mindestens 2× so breit wie lang.

5 (14) Schienen völlig schwarz.

6 (7) 2. Fühlerglied (Abb. 437c) bei ♂ und ♀ stabförmig, schlank, mindestens 18× so lang wie dick. 6. **H. (H.) leptocerus** S. 130

7 (6) 2. Fühlerglied (Abb. 437, d–g) beim ♀ keulenförmig oder spindelförmig, beim ♂ stabförmig, aber höchstens 12× so lang wie dick.

8 (9) Die beiden Endglieder der Fühler zusammen etwa so lang wie das 2., letzteres beim ♀ keulenförmig (Abb. 437g). Kleinere Art, Länge 3,5–4,0 mm. 7. **H. (H.) farinosus** S. 130

9 (8) Die beiden Endglieder zusammen höchstens 0,75× so lang wie das 2. (Abb. 437, d–f). Größere Arten, Länge 4,0–5,3 mm, selten kleiner, dann ist das 2. Fühlerglied beim ♀ spindelförmig (Abb. 437f).

437

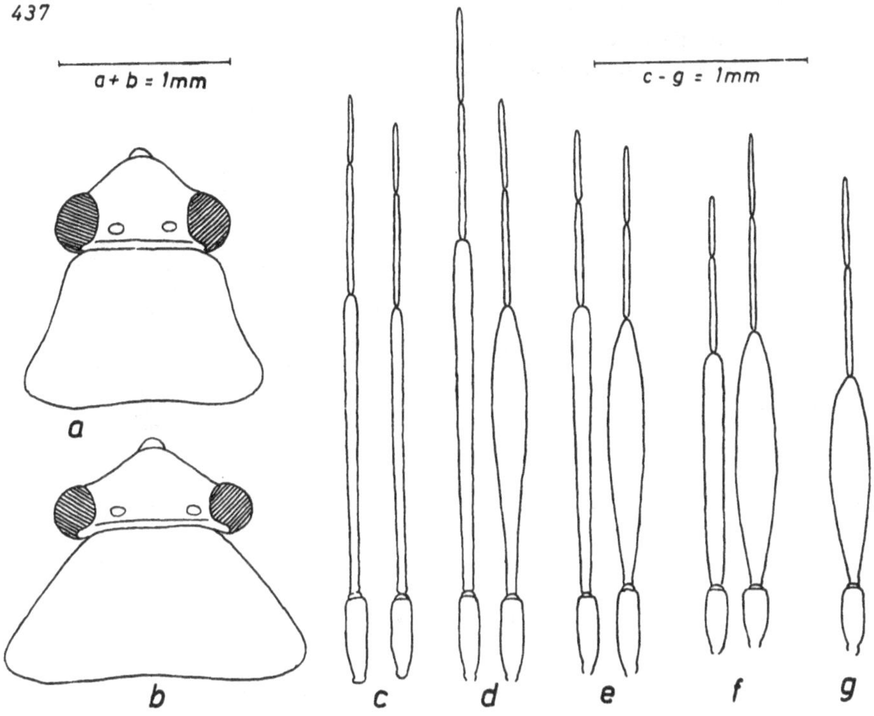

Abb. 437: *Heterocordylus* s. str.
a: *H. (H.) tumidicornis* H.-S. — b: *H. (H.) tibialis* Hhn. — c: *H. (H.) leptocerus* Kb. — d: *H. (H.) cytisi* Jos. — e: *H. (H.) genistae* Scop. — f: *H. (H.) parvulus* Reut. — g: *H. (H.) farinosus* Horv.
a+b: Kopf und Pronotum von oben — c—g: Fühler (links ♂, rechts ♀)

10 (13) Länge des Tieres 4,0–5,3 mm. 2. Fühlerglied (Abb. 437, d+e) beim ♀ keulenförmig, etwa 7× so lang wie dick, beim ♂ von der Basis gegen die Spitze allmählich verdickt.

11 (12) 2. Fühlerglied (Abb. 437e) beim ♂ 3,66×, beim ♀ 3,35× so lang wie das 1., beim ♀ im basalen Teil dicker als bei folgender Art. Scheitel beim ♂ (Abb. 439e) 2,1–2,3×, beim ♀ 2,6–2,8× so breit wie das Auge. Linkes Paramer (Abb. 441f) mit 2 schlanken Fortsätzen. 8. **H. (H.) genistae** S. 131

12 (11) 2. Fühlerglied (Abb. 437d) beim ♂ 3,82×, beim ♀ 3,53× so lang wie das 1., beim ♀ im basalen Teil schlanker. Scheitel beim ♂ (Abb. 442a) 2,1–2,2×, beim ♀ 2,3–2,5× so breit wie das Auge (Abb. 442b). Linkes Paramer (Abb. 441d) dreieckig, Fortsätze kurz. 9. **H. (H.) cytisi** S. 131

13 (10) 2. Fühlerglied (Abb. 437f) beim ♀ spindelförmig, weniger als 5× so lang wie dick, beim ♂ überall etwa gleich dick, bereits an der Basis verdickt. Länge des Tieres 3,2–3,5 mm. 10. **H. (H.) parvulus** S. 132

14 (5) Schienen gelbbraun oder rotbraun, an Basis und Spitze oft schwarz.

15 (16) 2. Fühlerglied beim ♀ stark spindelförmig verdickt (Abb. 438a), beim ♂ stabförmig, gegen die Spitze leicht verdickt, nur 16× so lang wie dick.
11. **H. (H.) montanus** S. 133

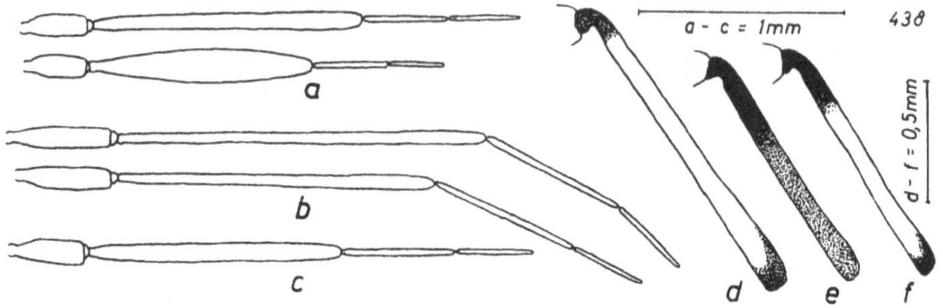

Abb. 438: *Heterocordylus* s. str., Fühler und Mittelschiene
a+f: *H. (H.) montanus* Ldbg. — b+d: *H. (H.) tibialis* Hhn. — c+e: *H. (B.) pectoralis* E. Wagn.
a—c: Fühler (oben ♂, unten ♀, c nur ♀) — d—f: Mittelschiene

16 (15) 2. Fühlerglied bei ♂ und ♀ stabförmig, beim ♀ bisweilen linear verdickt (Abb. 438, b+c).

17 (18) 2. Fühlerglied beim ♀ verdickt, nur 13× so lang wie dick (Abb. 438c).
12. **H. (H.) pedestris** S. 134

18 (17) 2. Fühlerglied bei ♂ und ♀ schlank, stabförmig (Abb. 438b).

19 (20) Schienen an Basis und Spitze schwarz (Abb. 438d). Fühler schwarz. Länge des ♂ 4,7–5,5 mm, des ♀ 4,4–4,8 mm. 13. **H. (H.) tibialis** S. 134

20 (19) Schienen einfarbig gelbbraun, Spitze der Schenkel gelbbraun. Beim ♀ sind die Fühlerglieder 1 und 2 aufgehellt. Länge des ♂ 3,9 mm, des ♀ 3,7 mm.
14. **H. (H.) benardi** S. 135

4. **Heterocordylus (Heterocordylus) tumidicornis** (HERRICH-SCHÄFFER), 1836

E. WAGNER 1953, Ann. Naturh. Mus. Wien, Bd. 59, S. 296—300.

Schwarz, matt, mit grauen Schuppenhaaren und hellen Haaren. Gestalt länglich-oval. Kopf kurz (Abb. 439, a+b), Scheitel beim ♂ 2,0×, beim ♀ 2,4× so breit wie das Auge. 2. Fühlerglied (Abb. 439, c+d) bei ♂ und ♀ stark keulenförmig verdickt, etwas kürzer, als das Pronotum breit ist und viel länger als das 3. und 4. zusammen, das 3. im mittleren Teil oft braun. Pronotum beim ♂ 1,25–1,35×, beim ♀ 1,43–1,54× so breit wie lang. Das Rostrum reicht bis zu den Mittelhüften. Beine einfarbig schwarz.

Genitalsegment des ♂ sehr kurz und breit. Rechtes Paramer (Abb. 440c) mit fast viereckigem Apikalteil, außen mit 1 großen und mehreren kleineren Zähnen. Linkes Paramer (Abb. 440d) mit sehr langer, abwärts gekrümmter Hypophysis, distal mehrere schlanke Zähne.

439

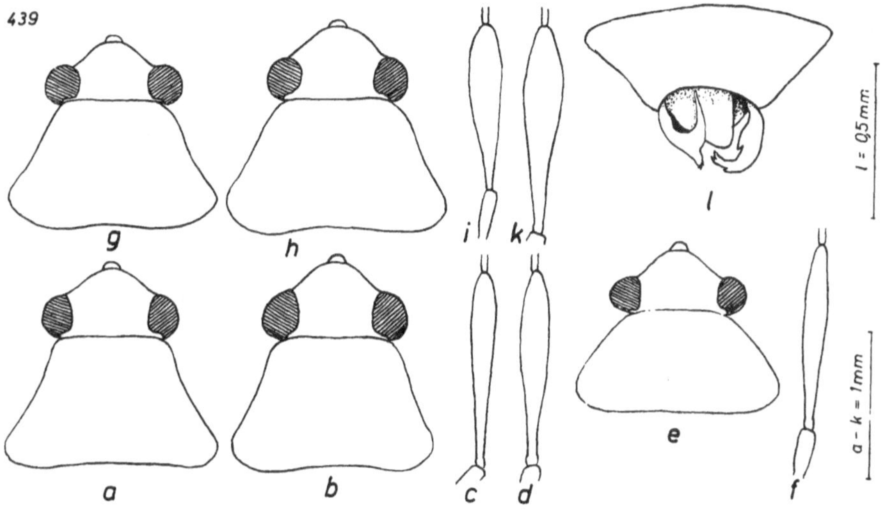

Abb. 439: *Heterocordylus* s. str.
a—d: *H. (H.) tumidicornis* H.-S. — e+f: *H. (H.) genistae* Scop. — g—l: *H. (H.) flavipes* E. Wagn.
a+g: Kopf und Pronotum des ♂ von oben — b, e, h: dasselbe vom ♀ — c+i: 2. Fühlerglied des ♂ — d, f, k: dasselbe vom ♀ — l: Genitalsegment des ♂ von oben

Länge: ♂ = 4,3–4,5 mm, ♀ = 4,2–4,8 mm.

H. tumidicornis H.-S. lebt an Prunus (P. spinosa L.) und ernährt sich von kleinen Insekten. Imagines im Juli und August. Überwintert als Ei.

Verbreitungsgebiet sind Mitteleuropa und Teile des Mittelmeerraumes. Hier wurde die Art in ganz Südeuropa und Algerien gefunden.

5. **Heterocordylus (Heterocordylus) flavipes** E. WAGNER, 1952

Ann. Naturhist. Mus. Wien, Bd. 59, S. 296—300.

Schwarz, Schuppenhaare der Oberseite weiß. Scheitel (Abb. 439, g+h) beim ♂ 1,8×, beim ♀ 2,1× so breit wie das Auge. Fühler rotbraun, 2. Glied (Abb. 439, i+k) bei ♂ und ♀ stark verdickt, an Basis und Spitze dunkel, 0,85–0,87× so lang, wie das Pronotum breit ist, die beiden Endglieder rotbraun. Pronotum beim ♂ 1,54–1,67×, beim ♀ 1,67–1,75× so breit wie der Kopf, Seiten stark geschweift. Das Rostrum reicht bis zu den Mittelhüften. Unterseite weiß behaart. Beine gelb- bis rotbraun.

Genitalsegment des ♂ (Abb. 439l) sehr kurz und breit. Rechtes Paramer (Abb. 440a) dreieckig, außen mit langem Fortsatz, Hypophysis stark abwärts gebogen. Linkes Paramer (Abb. 440b) ähnlich wie bei voriger Art, Hypophysis noch länger und schlanker. Chitinbänder der Vesika stark gezähnt.

Länge: ♂ = 4,10–4,25 mm, ♀ = 4,12 mm.

Bisher nur in Italien (Camerate bei Rom) gefunden.

440

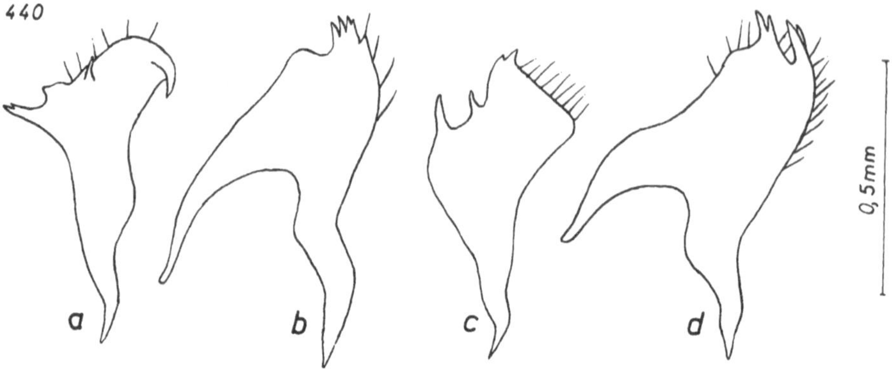

Abb. 440: *Heterocordylus* s. str., Parameren
a+b: *H. (H.) flavipes* E. Wagn. — c+d: *H. (H.) tumidicornis* H.-S.
a+c = rechtes, b+d = linkes Paramer

6. **Heterocordylus (Heterocordylus) leptocerus** (KIRSCHBAUM), 1856

Schwarz, matt, Schuppenhaare der Oberseite weißlich. ♂ länglich, ♀ länglich-oval. Kopf kurz. Scheitel beim ♂ 2,25×, beim ♀ mehr als 2,5× so breit wie das Auge. Fühler schwarz, 2. Glied (Abb. 437c) bei ♂ und ♀ stabförmig, etwa so lang, wie das Pronotum breit ist und 18–20× so lang wie dick; 3. und 4. Glied zusammen viel kürzer als das 2. Beine schwarz.

Rechtes Paramer (Abb. 441a) distal weniger stark verdickt und mit 3 nach innen gekrümmten Spitzen. Linkes Paramer (Abb. 441b) fast rhombenförmig, Hypophysis gerade, an der Spitze drei Zähne, außen ein gezähnter Fortsatz. Chitinbänder der Vesika stark gezähnt.

Länge: ♂ = 4,2–4,8 mm, ♀ = 4,0–4,3 mm.

Die Art lebt an Sarothamnus, Genista und Cytisus und ernährt sich von kleinen Insekten. Imagines von Juni bis August. Überwintert als Ei.

Europäische Art. Im Mittelmeerraum in Südfrankreich, Italien, Jugoslawien, Bulgarien und Rumänien.

7. **Heterocordylus (Heterocordylus) farinosus** HORVATH, 1887

Schwarz, matt, mit weißlichen Schuppenhaaren und feinem, hellem Haarflaum. Gestalt klein, mehr oder weniger oval. Kopf kurz. Scheitel beim ♂ 1,75×, beim ♀ (Abb. 442g) 2,4× so breit wie das Auge. Fühler schwarz; 2. Glied beim ♂ stabförmig, gegen die Spitze allmählich dicker werdend, etwa 12× so lang wie dick, beim ♀ stark keulenförmig verdickt, verhältnismäßig kurz, etwa so lang wie das 3. und 4. zusammen (Abb. 437g) und 0,75× so lang, wie das Pronotum breit ist. Pronotum etwa 2× so breit wie der Kopf. Membran dunkel rauchbraun, Adern schwarzbraun. Beine schwarz, mit feinen, hellen Haaren. Das Rostrum erreicht die Hinterhüften.

Länge: ♂ = 3,5 mm, ♀ = 3,3–3,5 mm.

Die Art bewohnt die Ostalpen, Illyrien und Dalmatien.

441

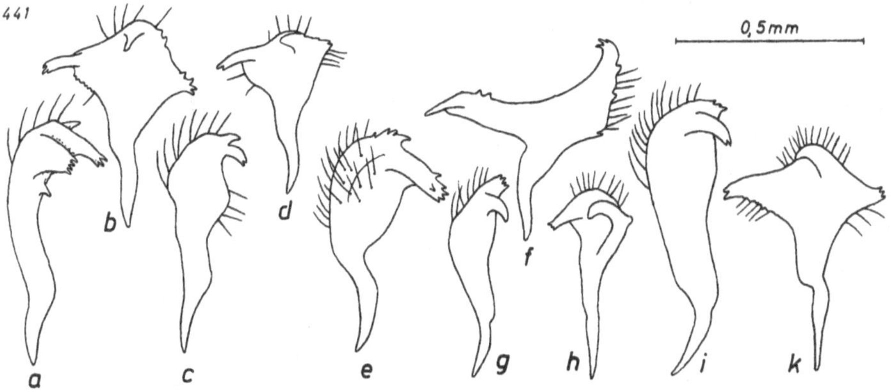

Abb. 441: *Heterocordylus* s. str., Parameren
a+b: *H. (H.) leptocerus* Kb. — c+d: *H. (H.) cytisi* Jos. — e+f: *H. (H.) genistae* Scop. — g+h: *H. (H.) benardi* Horv. — i+k: *H. (H.) tibialis* Hhn.
a, c, e, g, i = rechtes, b, d, f, h, k = linkes Paramer

8. **Heterocordylus (Heterocordylus) genistae** (SCOPOLI), 1763

Schwarz, matt, Schuppenhaare der Oberseite weißgelb. ♂ länglich-oval, ♀ oval. Scheitel beim ♂ 2,1–2,3×, beim ♀ 2,6–2,8× so breit wie das Auge. Fühler schwarz (Abb. 437e); 2. Glied beim ♂ schlank, gegen die Spitze etwas verdickt, etwa 12× so lang wie dick und 3,66× so lang wie das 1.; beim ♀ keulenartig verdickt, im basalen Teil kräftig, 3,35× so lang wie das 1. und 7× so lang wie dick, beim ♂ 1,0×, beim ♀ 0,9× so lang, wie das Pronotum breit ist. Letzteres 2× so breit wie der Kopf. Beine schwarz.

Rechtes Paramer (Abb. 441e) distal verdickt, mit 2 nach innen gekrümmten Spitzen. Linkes Paramer (Abb. 441f) mit 2 langen, schlanken Fortsätzen, Hypophysis kurz und gerade.

Länge: ♂ = 4,5–4,7 mm, ♀ = 3,8–4,3 mm.

Die Art lebt an Genista, Sarothamnus und Cytisus und ernährt sich von kleinen Insekten. Imagines von Juni bis August. Überwintert als Ei.

Das Verbreitungsgebiet ist Europa. Die Art kommt daher im Mittelmeerraum auf den drei südlichen Halbinseln vor.

9. **Heterocordylus (Heterocordylus) cytisi** JOSIFOV, 1958

Fragm. balcan. Mus. Maced. Sci. Nat., Bd. 2, S. 83—89.

Das ♂ 2,1–2,4×, das ♀ 1,9–2,0× so lang wie breit. Mit weißlichen Haaren und ebensolchen Schuppenhaaren. Scheitel (Abb. 442, a+b) beim ♂ 2,1–2,2×, beim ♀

2,3–2,5× so breit wie das Auge. Fühler schwarz, (Abb. 437d) beim ♂ stabförmig, sehr lang und gegen die Spitze leicht verdickt, beim ♀ keulenförmig verdickt; 4. Glied dunkelbraun. Pronotum etwa 2× so breit wie der Kopf. Beine schwarz. Das Rostrum erreicht die Spitze der Hinterhüften.

Rechtes Paramer (Abb. 441c) klein, distal kopfartig verdickt, mit 2 nach innen gekrümmten Spitzen. Linkes Paramer (Abb. 441d) dreieckig, Hypophysis lang, distal zweispitzig. Chitinbänder der Vesika etwas schwächer gezähnt.

Länge: ♂ = 4,5–4,8 mm, ♀ = 4,2–4,6 mm.

Die Art lebt an Cytisus supinus L. Imagines waren im Mai vorhanden.

Bisher nur in Bulgarien (Petrič) gefunden.

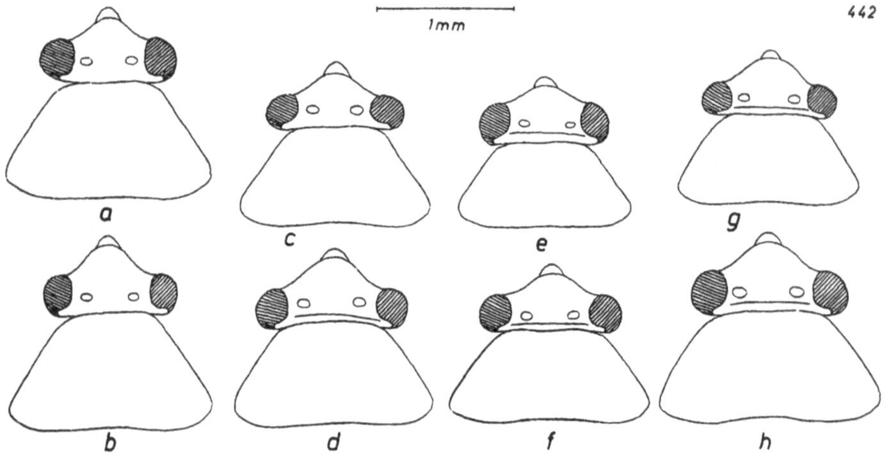

Abb. 442: *Heterocordylus* s. str., Kopf und Pronotum
a: *H. (H.) cytisi* Jos., ♂ — b: id., ♀ — c: *H. (H.) montanus* Ldbg., ♂ — d: id., ♀ — e: *H. (H.) benardi* Horv., ♂ — f: id., ♀ — g: *H. (H.) farinosus* Horv., ♀ — h: *H. (H.) pedestris* E. Wagn., ♀

10. **Heterocordylus (Heterocordylus) parvulus** REUTER, 1881

Kleiner und mehr oval. Schwarz, matt, Schuppenhaare der Oberseite weißlich. Scheitel beim ♂ fast 2,0×, beim ♀ 2,5× so breit wie das Auge. Fühler schwarz (Abb. 437f); 1. Glied dick, weniger als halb so lang, wie der Kopf breit ist; 2. Glied beim ♂ zylindrisch, in ganzer Länge verdickt; beim ♀ spindelförmig, die dickste Stelle liegt etwa in der Mitte, 6 bis 7× so lang wie dick und viel länger als das 3. und 4. zusammen. Pronotum 2,33× so breit wie lang. Beine schwarz.

Die Art lebt an Sarothamnus und Ulex europaeus L. und ernährt sich von kleinen Insekten (Aphiden). Imagines im Juni und Juli. Überwintert als Ei.

Westmediterrane Art, bisher in Portugal, Spanien, Südfrankreich, Italien und dem westlichen Nordafrika (Marokko, Algerien, Tunesien) gefunden.

11. **Heterocordylus (Heterocordylus) montanus** LINDBERG, 1934

Soc. Sci. Fenn. Comm. Biol., Bd. 4, Nr. 12, S. 14—16; E. WAGNER 1957, Beitr. z. Ent., Bd. 7, S. 539—541 (♀).

Mittelgroß, ♂ länglich-oval, ♀ oval. Schwarz, schwach glänzend bis matt, Schuppenhaare der Oberseite weißlich. Kopf (Abb. 442, c+d) kurz und sehr breit. Scheitel beim ♂ 2,1–2,2×, beim ♀ 2,8–2,9× so breit wie das Auge. Fühler schwarz (Abb. 438a); 2. Glied beim ♂ stabförmig, in ganzer Länge leicht verdickt, beim ♀ spindelförmig, etwa 7× so lang wie dick und 0,7× so lang, wie das Pronotum breit ist, bei ♂ und ♀ viel länger als das 3. und 4. zusammen. Pronotum (Abb. 442, c+d) etwa

443

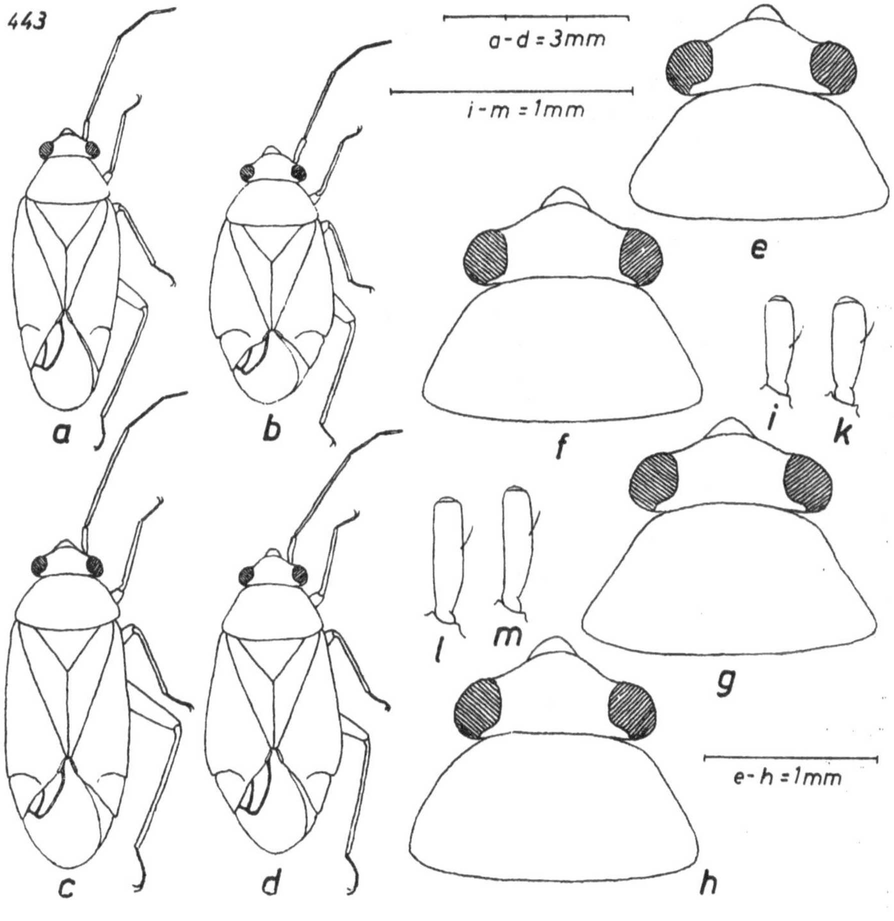

Abb. 443: *Heterocordylus tibialis* Hhn.

a, b, e, f, i, k: *H. tibialis mediterraneus* E. Wagn. — c, d, g, h, l, m: *H. tibialis tibialis* Hhn.

a+c: ♂ — b+d: ♀ — e+g: Kopf und Pronotum des ♂ von oben — f+h: dasselbe vom ♀ — i+l: 1. Fühlerglied des ♂ — k+m: dasselbe vom ♀

2× so breit wie lang. Beine schwarz, Schienen gelbrot, an der Basis breit schwarz, an der Spitze schmal schwarz (Abb. 438f). Das Rostrum erreicht die Mittelhüften.

Länge: ♂ = 4,2–4,7 mm, ♀ = 4,0–4,2 mm.

Die Art lebt an Genista baetica. Imagines im Juni und Juli. Bisher nur in Südspanien in der Sierra Nevada (Mt. Veleta) in 1800 bis 2500 m Höhe gefunden.

12. **Heterocordylus (Heterocordylus) pedestris** E. WAGNER, 1958
Bull. Soc. Sci. Nat. Maroc, Bd. 38, S. 78—80.

Weibchen: Gestalt oval, robust, 2,5× so lang, wie das Pronotum breit ist. Oberseite dicht mit weißen Schuppenhaaren bedeckt und dadurch grau erscheinend. Kopf kurz und sehr breit (Abb. 442h). Scheitel (♀) 2,5× so breit wie das Auge. Fühler schwarz (Abb. 438c); 2. Glied (♀) zylindrisch, in ganzer Länge gleichmäßig verdickt und etwa 12× so lang wie dick, 0,7× so lang, wie das Pronotum breit ist. Pronotum kurz und breit, mehr als doppelt so breit wie lang und 1,5× so breit wie der Kopf. Beine schwarz, Spitze der Schenkel braun. Schienen an der Basis breit schwarz, die Apikalhälfte – oder etwas mehr – braun, die Spitze hell.

Länge: ♀ = 4,5–4,8 mm, ♂ unbekannt.

Bisher nur in Marokko (Mittlerer Atlas) in 800 m Höhe gefunden. Imagines (♀) waren im August vorhanden.

13. **Heterocordylus (Heterocordylus) tibialis** (HAHN), 1831 (Abb. 443, c+d)
ssp. *mediterraneus* E. WAGNER 1967, Reichenb., Bd. 8, S. 159—162.

Schwarz, matt, Oberseite mit weißlichen Schuppenhaaren. Außenrand des Corium an der Basis schmal bräunlich. ♂ etwas länger als ♀ (Abb. 443, c+d). Kopf kurz. Scheitel beim ♂ 2,0–2,1×, beim ♀ 2,5× so breit wie das Auge (Abb. 443, g+h). Fühler schwarz (Abb. 438b); 1. Glied 4,1× so lang wie dick (Abb. 443, l+m); 2. Glied bei ♂ und ♀ schlank, stabförmig, beim ♂ 1,15×, beim ♀ 0,86× so lang, wie das Pronotum breit ist und 1,6× so lang wie das 3. und 4. zusammen. Pronotum (Abb. 443, g+h) mehr als doppelt so breit wie lang. Unterseite mit weißlichen Haaren. Das Rostrum erreicht die Mittelhüften. Beine schwarz, Schienen rotgelb (Abb. 438d), an Basis und Spitze dunkelbraun bis schwarz.

Genitalsegment des ♂ kegelförmig. Rechtes Paramer (Abb. 441i) groß, keulenförmig, an der Spitze mit zwei gekrümmten Fortsätzen. Linkes Paramer (Abb. 441k) dreieckig, jederseits mit einem Fortsatz, dessen Spitze gezähnt ist, Hypophysis in der Mitte sitzend, kurz, kräftig und gekrümmt. Chitinbänder der Vesika breit, mit kräftigen Zähnen (Abb. 347b).

Länge: ♂ = 5,0–5,3 mm, ♀ = 4,8–5,1 mm.

H. (Heterocordylus) tibialis mediterraneus E. WAGNER, 1967 (Abb. 443, a+b)

Kleiner und etwas schlanker. Scheitel (Abb. 443, e+f) beim ♂ 2,1–2,2×, beim ♀ 2,6–3,0× so breit wie das Auge. 1. Fühlerglied (Abb. 443, i+k) kürzer und 2,8× (♀) bis 3,0× (♂) so lang wie dick; 2. Glied beim ♂ 1,1×, beim ♀ 0,8× so lang, wie das Pronotum breit ist.

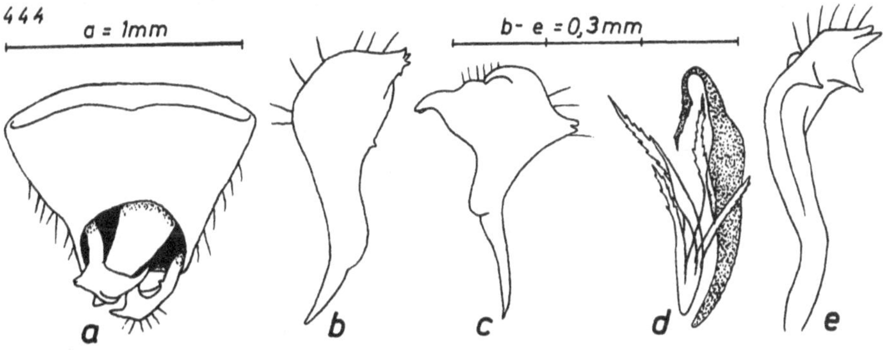

Abb. 444: *Heterocordylus* (s. str.) *tibialis mediterraneus* E. Wagn., Genitalien des Männchens
a: Genitalsegment des ♂ von oben — b+e: rechtes Paramer in verschiedenen Stellungen — c: linkes Paramer von oben — d: Chitinbänder der Vesika von links

Genitalsegment des ♂ (Abb. 444a) kegelförmig, etwas kleiner als bei der Nominatrasse. Rechtes Paramer (Abb. 444b) kürzer und distal stärker verdickt, die Fortsätze kürzer. Linkes Paramer (Abb. 444c) ebenfalls kleiner, distal weniger stark verbreitert, die Fortsätze kürzer, Chitinbänder der Vesika (Abb. 444d) schlanker, ihre Zähne feiner und anliegend.

Länge: ♂ = 4,5–4,7 mm, ♀ = 4,4–4,9 mm.

H. tibialis HHN. lebt an Sarothamnusarten (S. scoparius L.) und ernährt sich von kleinen Insekten und Pflanzensäften. Imagines von Mai bis September.

Die Nominatrasse bewohnt Europa und Teile des nördlichen Mittelmeerraumes. *H. tibialis mediterraneus* E. WAGN. wurde bisher auf den Kanarischen Inseln, in Nordafrika (Tunesien bis Marokko) und auf den Inseln Korsika und Zypern gefunden, dürfte aber weiter verbreitet sein.

14. **Heterocordylus (Heterocordylus) benardi** HORVATH 1914

Bull. Soc. Ent. Fr., S. 89; E. WAGNER 1965, Boll. Soc. Ent. Ital., Bd. 94, S. 19—22; id. 1967, Reichenb., Bd. 8, S. 159—162.

Kleiner, aber von ähnlicher Gestalt. Schwarz, matt, mit weißlichen Schuppenhaaren. Kopf kurz (Abb. 442, e+f). Scheitel beim ♂ 2,3×, beim ♀ 2,6× so breit wie das Auge. Fühler schwarz, beim ♀ oft teilweise braun, 2. Glied bei ♂ und ♀ stabförmig, gegen die Spitze nur leicht verdickt und etwa so lang, wie das Pronotum breit ist und 1,6× so lang wie das 3. und 4. zusammen. Beine schwarz, Spitzen der Schenkel und die Schienen in ganzer Länge rotbraun bis gelbbraun.

Rechtes Paramer (Abb. 441g) klein, distal nur schwach verdickt, mit zwei Fortsätzen, von denen nur der untere nach innen gekrümmt ist. Linkes Paramer (Abb. 441h) gleichfalls klein, distal kaum verbreitert, der innere Fortsatz etwas länger, Hypophysis stark gekrümmt, dick. Chitinbänder der Vesika breit, ihre Ränder mit kräftigen Zähnen.

Länge: ♂ = 3,9 mm, ♀ = 3,7 mm.

Die Art wurde bisher nur auf der Insel Korsika in 1057–1464 m Höhe in steppenartigem Gelände gefunden. Imagines waren im Juni vorhanden.

445

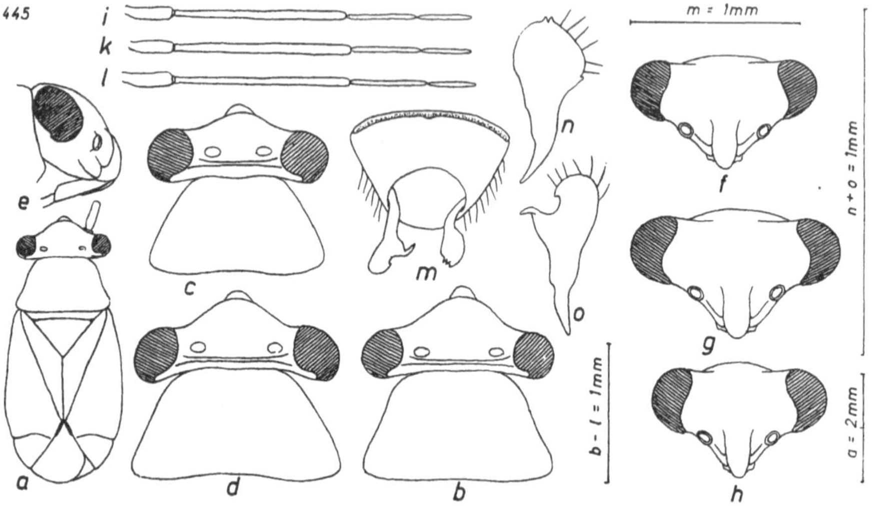

Abb. 445: *Hyoidellus* E. Wagn.
a, b, e, f, i: *H. laticeps* E. Wagn. — übrige: *H. verticatus* E. Wagn.
a: ♀ — b+d: Kopf und Pronotum des ♀ von oben — c: dasselbe vom ♂ — e: Kopf des ♀ von rechts — f+g: Kopf des ♀ von vorn — h: dasselbe vom ♂ — i+l: Fühler des ♀ — k: Fühler des ♂ — m: Genitalsegment des ♂ von oben — n: rechtes Paramer von oben — o: linkes Paramer von oben

87. Gattung **HYOIDELLUS** E. WAGNER, 1968

Typus-Art: *H. verticatus* E. WAGN.
Reichenb., Bd. 10, S. 221—224.

Beide Geschlechter oval. Schwarz, matt, Oberseite mit weißlichen Schuppenhaaren bedeckt. Kopf (Abb. 445, a–d) sehr breit, bei ♂ und ♀ etwa so breit wie das Pronotum. Auge leicht gestielt und zur Seite gerichtet. Scheitel stark kielartig gerandet und mit 2 ovalen Grübchen vor diesem Rande. Von vorn gesehen (Abb. 445, f–h) ist der Kopf 1,5× so breit wie hoch und unter den Augen stumpfwinklig. Seitlich gesehen (Abb. 445e) ist er länger als hoch, Stirn und Tylus gehen ineinander über. Die Fühlerwurzel liegt weit vom Auge entfernt etwa in der Mitte zwischen Augenrand und Tylus. Fühler (Abb. 445, i–l) schlank, ihr 2. Glied stabförmig und nur geringfügig verdickt, viel länger als das 3. und 4. zusammen. Pronotum (Abb. 445, b–d) trapezförmig, die Basis des Scutellum und der Halbdecken bedeckend (Abb. 445a). Beine kurz und kräftig. Genitalien denen der Gattung *Heterocordylus* ähnlich.

Die Gattung enthält 2 Arten, die beide im Mittelmeerraum leben.

Bestimmungsschlüssel
für die Arten von *Hyoidellus* E. WAGN.

1 (2) Pronotumseiten geschweift (Abb. 445a, 445Aa). 2. Fühlerglied beim ♂ schwarz, beim ♀ größtenteils gelbbraun. Scheitel beim ♂ 2,1–2,3×, beim ♀ 2,5× so breit wie das Auge (445b, 445Ab). 1. **H. laticeps** S. 137

2 (1) Pronotumseiten gerundet (Abb. 445, c+d). 2. Fühlerglied schwarz, seltener schwarzbraun. Scheitel beim ♂ 2,0×, beim ♀ 2,3× so breit wie das Auge. 2. **H. verticatus** S. 138

445A

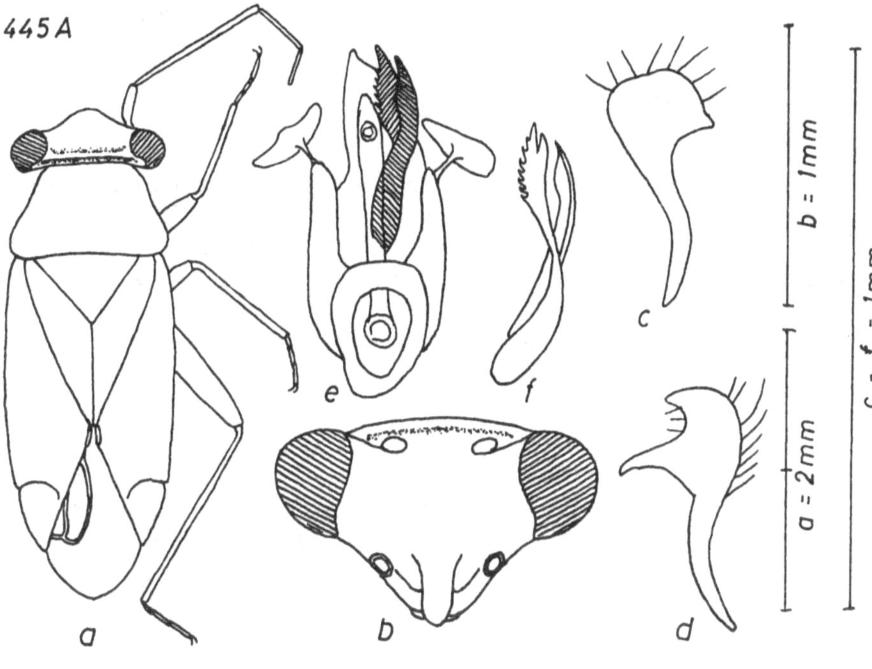

Abb. 445A: *Hyoidellus laticeps* E. Wagn., Männchen
a: Gestalt — b: Kopf von vorn — c: rechtes Paramer von oben — d: linkes Paramer von oben — e: Penis von oben — f: Chitinbänder der Vesika von links

1. Hyoidellus laticeps (E. WAGNER), 1958 (Abb. 445a, 445Aa)

Heterocordylus id., E. WAGNER 1958, Atti Soc. Ital. Sci. Nat., Bd. 97, S. 199—201; *Hyoidellus* id., E. WAGNER 1968, Reichenb., Bd. 10, S. 221—224; id. 1971, Beaufortia, Bd. 19, S. 30—32.

Oval, Schuppenhaare der Oberseite weißgelb. Kopf (Abb. 445b, 445Ab) kurz, Auge leicht gestielt. Scheitel beim ♂ 2,1–2,3×, beim ♀ 2,5× so breit wie das Auge. Fühler (Abb. 445i, 445Aa) schlank, 1. Glied etwas mehr als halb so lang, wie der Scheitel breit ist, an der Spitze gelbbraun; 2. Glied stabförmig, beim ♂ 1,0×, beim ♀ 0,9× so lang, wie der Kopf breit ist, beim ♀ gelbbraun, die Spitze schmal schwarz; 3. und 4. Glied schwarz, zusammen viel kürzer als das 2. Seiten des Pronotum deutlich eingebuchtet (Abb. 445, a+b, 445Aa). Halbdecken verkürzt (Abb. 445a, 445Aa). Membran beim ♂ den Cuneus mit einem Drittel ihrer Länge überragend, beim ♀ an der Innenseite des Cuneus sitzend. Schenkel schwarz, ihre Spitze gelbbraun. Schienen beim ♂ distal schwarz, beim ♀ einfarbig gelbbraun.

Genitalsegment des ♂ kurz und breit. Rechtes Paramer (Abb. 445Ac) distal kopfartig verdickt. Linkes Paramer (Abb. 445Ad) distal gekrümmt, spitz, an der Innenseite ein kegelförmiger Fortsatz, der die Hypophysis trägt. Chitinbänder der Vesika (Abb. 445Af) unverzweigt und nur stellenweise gezähnt.

Länge: ♀ = 4,0–4,5 mm, ♂ = 3,65–3,80 mm.

Die Art wurde bisher nur auf der Insel Rhodos gefunden. Imagines waren im April vorhanden.

2. **Hyoidellus verticatus** E. WAGNER, 1968

Reichenb., Bd. 10, S. 222—224.

Länglich-oval, das ♂ 3,3×, das ♀ 2,9× so lang, wie das Pronotum breit ist. Beide Geschlechter makropter. Kopf kurz und sehr breit (Abb. 445, c+d). Scheitel beim ♂ 2,0×, beim ♀ 2,3× so breit wie das Auge. Von vorn gesehen (Abb. 445, g+h) ist der Kopf mehr als 1,5× so breit wie hoch. Fühler schwarz (Abb. 445, k+l), das 2. Glied beim ♀ im basalen Teil bisweilen braun, beim ♂ 1,0×, beim ♀ 0,87× so lang, wie der Kopf breit ist und viel länger als das 3. und 4. zusammen. Pronotum (Abb. 445, c+d) trapezförmig, Seiten gerundet. Membran schwarz, Adern schwarz. Schienen schwarzbraun, Basis und Spitze schwarz.

Genitalsegment des ♂ (Abb. 445m) kurz und breit, Genitalöffnung groß. Rechtes Paramer (Abb. 445n) keulenförmig, an der Innenseite mehrere Zähne und Höcker. Linkes Paramer (Abb. 445o) mit dickem, gerundetem Apikalteil, Hypophysis kurz und spitz, auf einem dicken Arm sitzend. Chitinbänder der Vesika breit, das dorsale lang, verzweigt, die Ränder gezähnt.

Länge: ♂, ♀ = 4,5 mm.

Die Art wurde bisher nur auf der Insel Zypern (Lania, Yermasoyia-Flußebene) gefunden. Imagines im April und Mai.

88. Gattung **HYOIDEA** REUTER, 1876

Typus-Art: *H. notaticeps* REUT.

CARVALHO 1952, An. Acad. Brasil. Ci., Bd. 24, S. 77; HOBERLANDT 1963, Act. Faun. Ent. Mus. Nat. Prag., Bd. 9, S. 261—280.

Gestalt länglich, fast parallelseitig (Abb. 446), makropter und pseudobrachypter. Ober- und Unterseite mit hellen Schuppenhaaren. Kopf geneigt, breiter als lang (Abb. 447). Scheitel hinten kielartig gerandet, davor jederseits ein ovaler, schwarzer Fleck. Stirn mit schwarzen Querlinien, die in der Mitte unterbrochen sind und oft zu 2 schwarzen Flecken zusammenfließen. Fühler schwarz, das 2. Glied oft zum großen Teil gelbbraun, etwas länger, als das Pronotum breit ist. Letzteres nur wenig breiter als der Kopf, Seiten und Hinterrand geschweift. Scutellum klein, Basis bedeckt. Halbdecken von wechselnder Länge, Adern oft etwas erhaben. Beine kurz, Schenkel meistens schwarz, Schienen gelbbraun mit sehr feinen, braunen Dornen. An den Hintertarsen (Abb. 426f) ist das 3. Glied länger als das 2. und dieses wiederum länger als das 1. Das Rostrum reicht bis zu den Mittelhüften, die beiden Endglieder sind kurz und gegen ihre Verbindungsstelle leicht verdickt.

Genitalsegment des ♂ schief trapezförmig, Genitalöffnung kurz und breit. Die Parameren haben Ähnlichkeit mit denen mancher *Orthotylus*-Arten; das linke (Abb. 448, b, e, h) trägt an seiner Außenseite 1 bis 3 gezähnte Fortsätze; das rechte (Abb. 448, a, d, g) ist distal umgebogen und mit Zähnen besetzt, oft hat es einen Fortsatz. Penis schlank und fast gerade. Die Vesika besteht aus 2 unverzweigten Chitinbändern (Abb. 448, c, f, i), deren Ränder im apikalen Teil einige Zähne tragen. Die Gattung enthält 4 Arten, von denen 3 im Mittelmeerraum vorkommen und eine an dessen Grenzen lebt. Ihre Trennung ist schwierig, für eine sichere Unterscheidung eignet sich am besten der Bau der Genitalien des Männchens.

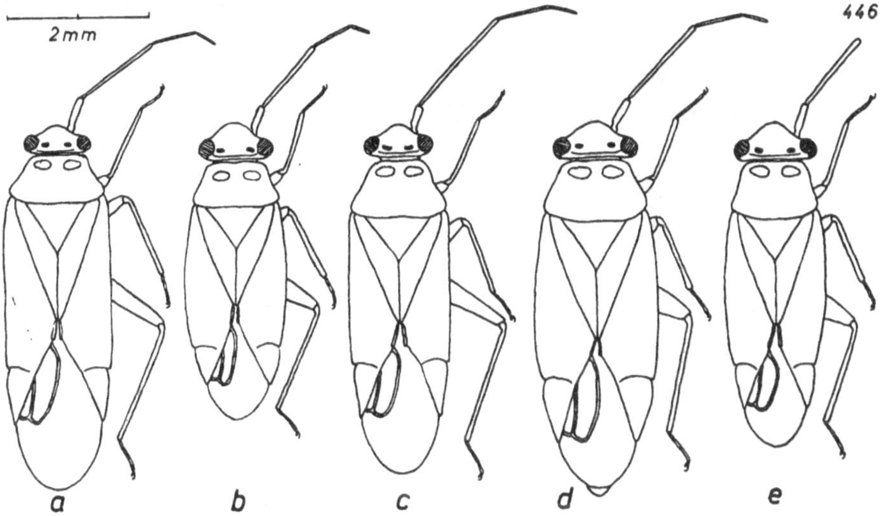

Abb. 446: *Hyoidea* Reut.
a: *H. kerzhneri* Hob., ♂ — b: id., ♀ — c: *H. lindbergi* Hob., ♂ — d: id., ♀ — e: *H. horvathi* Mont., ♀

Bestimmungsschlüssel
für die Arten von *Hyoidea* REUT.

1 (2) Linkes Paramer (Abb. 448e) an der Außenseite mit 1 gezähnten Fortsatz. Pronotum (Abb. 447a) verhältnismäßig kurz und breit, beim ♂ 1,3–1,4×, beim ♀ fast 1,2× so breit wie der Kopf. 1. Fühlerglied beim ♂ 0,75–0,80×, beim ♀ 0,63–0,80× so lang, wie der Scheitel breit ist.

1. **H. kerzhneri** S. 141

2 (1) Linkes Paramer (Abb. 448, b+h) an der Außenseite mit 2 oder 3 gezähnten Fortsätzen. Pronotum (Abb. 447, b–d) verhältnismäßig länger, oft beim ♂ nur 1,2×, beim ♀ nur 1,12–1,20× so breit wie der Kopf.

3 (4) Linkes Paramer (Abb. 448h) in der Mitte verbreitert und dort mit 2 oder 3 kräftigen Fortsätzen. Rechtes Paramer (Abb. 448g) mit überhängender Spitze. Klein, Länge 3,7–4,4 mm.
Die von Turkestan bis in die Tschechoslowakei verbreitete **H. notaticeps** REUT.

4 (3) Linkes Paramer überall etwa von gleicher Dicke, in der Mitte winklig gebogen und dort außen mit 2 schlanken Fortsätzen, deren einer bisweilen sehr kurz ist (Abb. 448b).

5 (6) ♀ ungewöhnlich groß, größer als das ♂ (Abb. 446d), Länge des ♂ 4,7–4,9 mm, des ♀ 4,9–5,3 mm. Pronotum, Scutellum und Halbdecken dicht mit kleinen dunkelbraunen Punkten bedeckt. Rechtes Paramer (Abb. 448k) distal mit nach innen gekrümmter, gezähnter Spitze. Linkes Paramer (Abb. 448l) sehr schlank. 2. **H. lindbergi** S. 141

6 (5) ♀ nicht ungewöhnlich groß (Abb. 446e), Länge des ♂ 4,5–4,7 mm, des ♀ 4,3–4,6 mm. Oberseite ohne auffällige Punkte. Rechtes Paramer distal mit umgebogenem, gezähntem Rand. Linkes Paramer (Abb. 448b) weit robuster. 3. **H. horvathi** S. 142

447

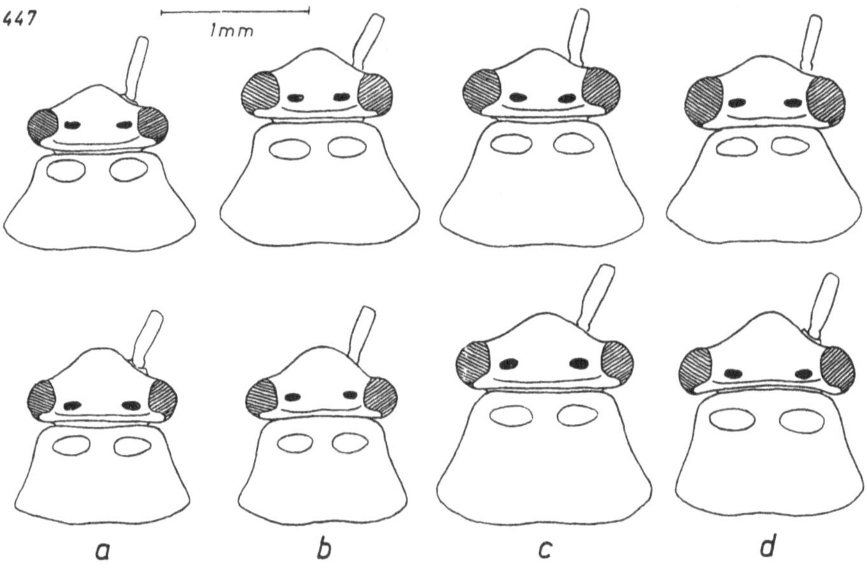

Abb. 447: *Hyoidea*, Kopf, Pronotum und 1. Fühlerglied
a: *H. kerzhneri* Hob. — b: *H. notaticeps* Reut. — c: *H. horvathi* Mont. — d: *H. lindbergi* Hob.
Obere Reihe: ♂ — untere Reihe: ♀

1. **Hyoidea kerzhneri** HOBERLANDT, 1963 (Abb. 446, a+b)
Act. Faun. Ent. Mus. Nat. Prag., Bd. 9, S. 264—267.

Männchen langgestreckt, parallelseitig, 3,5–4,2× so lang wie breit, gelbgrau bis schwarzgrau; Weibchen kürzer, lang-oval, 3,1–3,3× so lang wie breit und heller, gelbbraun bis braun. Kopf (Abb. 447a) kurz und breit. Scheitel beim ♂ 2,50–2,75×, beim ♀ 3,5–4,1× so breit wie das Auge. 1. Fühlerglied schwarz oder schwarzbraun, beim ♂ 0,75–0,80×, beim ♀ 0,6–0,8× so lang, wie der Scheitel breit ist; 2. Glied stabförmig, beim ♂ 1,2×, beim ♀ 0,8–0,9× so lang, wie das Pronotum breit ist und länger als das 3. und 4. zusammen. Pronotum (Abb. 447a) kurz und breit, etwa 2× so breit wie lang und beim ♂ 1,3–1,4×, beim ♀ 1,2× so breit wie der Kopf. Halbdecken beim ♂ (makr.) das Abdomen weit überragend, beim ♀ (pseudobrach.) die Spitze desselben erreichend oder fast erreichend. Beine kurz, beim ♀ (Abb. 446b) kräftiger als beim ♂ (Abb. 446a). Schenkel braun bis schwarzbraun, Schienen gelbbraun.

Genitalsegment des ♂ schief, sehr kurz und breit. Rechtes Paramer (Abb. 448d) klein, schlank, in der Mitte nicht verbreitert, distal gekrümmt und mit einem langen, abwärts gerichteten Fortsatz. Linkes Paramer (Abb. 448e) klein und schlank, überall etwa gleich dick, außen mit einem schlanken, gekrümmten Fortsatz. Chitinbänder der Vesika (Abb. 448f) kurz, kräftig, nur distal mit einigen schwachen Zähnen.

Länge: ♂ = 4,6–5,8 mm, ♀ = 3,8–5,0 mm.

Die Art lebt an Ephedra distachya. Imagines im Mai und Juni. In Kasachstan, Daghestan, der südlichen Ukraine und in der Türkei (Tarsus, Adana, Ankara) gefunden.

2. **Hyoidea lindbergi** HOBERLANDT, 1963 (Abb. 446, c+d)
l. c., S. 267—270.

Männchen kürzer und breiter, 3,1–3,2× so lang wie breit; Weibchen weit größer und 3,2–3,3× so lang wie breit. Färbung ähnlich voriger Art, aber Pronotum, Scutellum und Halbdecken dicht mit feinen, braunen, etwas erhabenen Punkten bedeckt. Kopf (Abb. 447d) kürzer und breiter. Scheitel beim ♂ 2,45×, beim ♀ 3,3× so breit wie das Auge. Fühler braun bis schwarzbraun; 1. Glied beim ♂ 0,67×, beim ♀ 0,63× so lang, wie der Scheitel breit ist; 2. Glied stabförmig, beim ♀ distal leicht verdickt, beim ♂ 1,4×, beim ♀ 1,0× so lang, wie das Pronotum breit ist und länger als das 3. und 4. zusammen. Pronotum (Abb. 447d) länger, beim ♂ 1,6×, beim ♀ 1,8× so breit wie lang und 1,15–1,20× so breit wie der Kopf; Seiten deutlich geschweift, Schwielen schwarz. Halbdecken wie bei voriger Art. Beine beim ♀ kräftiger als beim ♂.

Rechtes Paramer (Abb. 448k) keulenförmig, distal in einem stark gezähnten, nach innen gekrümmten Fortsatz endend. Linkes Paramer (Abb. 448l) sehr schlank, Hypophysis stark nach unten gekrümmt, außen ein langer, kaum gezähnter Fortsatz. Der proximale Fortsatz ist kurz und trägt nur wenige Zähne. Er sitzt an der

Innenseite. Chitinbänder der Vesika (Abb. 448m) auffallend lang und schlank, fast ohne Zähne.

Länge: ♂ = 4,7 – 4,9 mm, ♀ = 4,9 – 5,3 mm.

Die Art lebt an Ephedra cossoni. Imagines im Mai und Juni. Bisher nur in Marokko im Großen Atlas (Reraia-Tal bei Asni) gefunden.

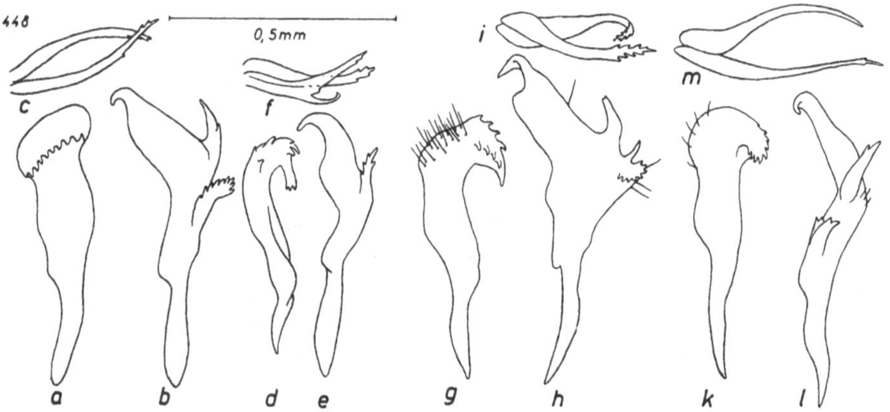

Abb. 448: *Hyoidea*, Genitalien des Männchens
a—c: *H. horvathi* Mont. — d—f: *H. kerzhneri* Hob. — g—i: *H. notaticeps* Reut. — k—m: *H. lindbergi* Hob.
a, d, g, k: rechtes Paramer von oben — b, e, h, l: linkes Paramer von oben — c, f, i, m: Chitinbänder der Vesika von links

3. **Hyoidea horvathi** MONTANDON, 1890 (Abb. 446e)
HOBERLANDT 1963, l. c., S. 270—273.

Der vorigen Art sehr ähnlich, aber ♂ und ♀ etwa von gleicher Größe. Oberseite ohne auffällige Punktierung. Kopf (Abb. 447c) kurz und breit. Scheitel beim ♂ 2,75×, beim ♀ fast 4× so breit wie das Auge. Fühler beim ♂ schwarzbraun, beim ♀ braun; 1. Glied beim ♂ 0,67×, beim ♀ 0,57× so lang, wie der Scheitel breit ist; 2. Glied stabförmig, beim ♂ 1,3×, beim ♀ 1,0× so lang, wie das Pronotum breit ist. Pronotum wie bei voriger Art.

Genitalsegment des ♂ etwas länger. Rechtes Paramer (Abb. 448a) größer, distal verbreitert, abgestutzt, der Rand umgebogen und mit vielen Zähnen besetzt. Linkes Paramer (Abb. 448b) winklig gebogen, außen mit 2 kräftigen, gezähnten Fortsätzen, Hypophysis weniger stark gekrümmt. Chitinbänder der Vesika (Abb. 448c) kürzer, distal einige deutliche Zähne.

Länge: ♂ = 4,5 – 4,7 mm, ♀ = 4,3 – 4,6 mm.

Die Art wurde sowohl in Algerien (Oran) als auch in Marokko gefunden.

89. Gattung **PLATYCRANUS** FIEBER, 1870

Typus-Art: *P. erberi* FIEB.
E. WAGNER 1956, in GULDE, Wanz. Mitteleur., Heft 11, S. 421—426; id. 1951, Ent. Ber., deel 13, S. 363—366; id. 1955, Rev. Fr. Ent., Bd. 22, S. 127—133.

Langgestreckt, das ♂ parallelseitig, das ♀ oft oval (Abb. 449). Kopf samt Augen so breit oder fast so breit wie das Pronotum. Kopf vorgestreckt, fast waagerecht, sein oberer Rand bei seitlicher Betrachtung (Abb. 424h) länger als der untere. Tylus stark gekrümmt, rückwärts gerichtet. Fühler oft länger als das Tier (Abb. 449). Rostrum kurz, höchstens die Mittelhüften erreichend oder etwas überragend, 3. und 4. Glied zusammen kaum länger als das 2., gegen ihre Verbindungsstelle erweitert. Pronotum die Basis des Scutellum und der Halbdecken überdeckend. Schulterecken der Halbdecken seitlich die Hinterecken des Pronotum kaum überragend. Oberseite, insbesondere Kopf und Pronotum, mit silberglänzenden Haaren. Beine lang, an den Hintertarsen sind das 2. und 3. Glied etwa gleich lang.

Genitalsegment des ♂ klein, kegelförmig. Linkes Paramer (Abb. 451) sichelförmig. Rechtes Paramer (Abb. 451) schlank, leicht gekrümmt. Chitinbänder der Vesika einfach, unverzweigt und ungezähnt.

Die Arten leben an Papilionaceen (Sarothamnus, Genista, Spartium). Die Gattung zerfällt in 2 Untergattungen.

Bestimmungsschlüssel
für die Untergattungen von *Platycranus* FIEB.

1 (2) Das Rostrum ragt nur wenig über die Vorderhüften hinaus. Scheitel beim ♂ 0,9–1,9×, beim ♀ 2,1–2,5× so breit wie das Auge.
1. Untergattung **Platycranus** S. 143

2 (1) Das Rostrum erreicht oder überragt die Mittelhüften. Scheitel beim ♂ 2,2–2,6×, beim ♀ mehr als 2,8× so breit wie das Auge.
2. Untergattung **Genistocapsus** S. 149

1. Untergattung **Platycranus** s. str.

Große, schlanke Arten (Abb. 449, a–d), auch das ♀ langgestreckt. 1. Fühlerglied so lang (♀) oder länger (♂), als der Scheitel breit ist. Scheitel beim ♂ 0,9–1,9×, beim ♀ 2,2–2,5× so breit wie das Auge. Färbung hell- bis dunkelgrün, nach dem Tode oft gelb.

Die Untergattung bewohnt nur den Mittelmeerraum und die Makaronesischen Inseln. Sie enthält 6 Arten.

Bestimmungsschlüssel
für die Arten von *Platycranus* s. str.

1 (6) 2. Fühlerglied 1,40–1,75× so lang, wie der Kopf breit ist.

2 (3) Scheitel beim ♂ 0,9×, beim ♀ 2,12–2,18× so breit wie das Auge (Abb. 450, a+b), letzteres groß und gewölbt, beim ♂ die ganze Kopfseite bedekkend.
1. **P. (P.) eckerleini** S. 144

3 (2) Auge kleiner, Scheitel beim ♂ 1,05–1,2×, beim ♀ 2,0–2,4× so breit wie das Auge (Abb. 450, c–f). Letzteres bedeckt nie die ganze Kopfseite.

4 (5) 2. Fühlerglied 1,45–1,50× so lang, wie der Kopf breit ist. Gestalt breiter (Abb. 450, c+d). 2. **P. (P.) putoni** S. 145

5 (4) 2. Fühlerglied 1,75× so lang, wie der Kopf breit ist. Gestalt weit schlanker (Abb. 450, e+f). 3. **P. (P.) lindbergi** S. 145

6 (1) 2. Fühlerglied 1,9–2,0× so lang, wie der Kopf breit ist (Abb. 449, a+b).

7 (8) Scheitel beim ♂ 1,0×, beim ♀ 2,2× so breit wie das Auge. Kopf nur 0,80 –0,86× so breit wie das Pronotum (Abb. 450, i+k). 4. **P. (P.) hartigi** S. 147

8 (7) Scheitel beim ♂ 1,4–1,9×, beim ♀ 2,2–2,4× so breit wie das Auge. Kopf so breit oder breiter als das Pronotum (Abb. 450, g, h, l, m).

9 (10) Kopf deutlich breiter als das Pronotum (Abb. 450, g+h). Scheitel beim ♂ 1,4×, beim ♀ 2,2× so breit wie das Auge. 5. **P. (P.) michalki** S. 148

10 (9) Kopf so breit wie das Pronotum (Abb. 450, l+m). Scheitel beim ♂ 1,9×, beim ♀ 2,4× so breit wie das Auge. 6. **P. (P.) erberi** S. 148

1. **Platycranus (Platycranus) eckerleini** E. WAGNER, 1962

Boll. Soc. Ent. Ital., Bd. 92, S. 49—50.

Gestalt verhältnismäßig breit, das ♂ 4,4×, das ♀ 4,3× so lang, wie das Pronotum breit ist. Blaßgrün, nach dem Tode gelblich. Oberseite mit feinen, gelblichen Haaren,

449

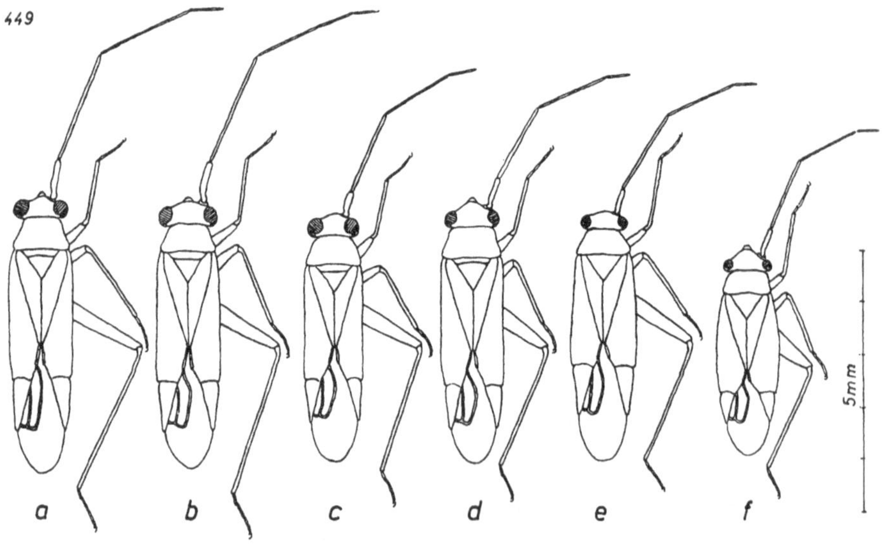

Abb. 449: *Platycranus* Fieb.
a: *P. (P.) erberi* Fieb., ♂ — b: id., ♀ — c: *P. (P.) putoni* Reut., ♂ — d: id., ♀ — e: *P. (G.) metriorrhynchus* Reut., ♂ — f: id., ♀

im vorderen Teil außerdem silberglänzende Schuppenhaare. Kopf (Abb. 450, a+b) etwas schmaler als das Pronotum. Scheitel beim ♂ 0,9–1,0×, beim ♀ 2,12–2,18× so breit wie das Auge, das beim ♂ die ganze Kopfseite bedeckt und den Scheitel nach oben überragt. Fühler kräftig, 1. Glied beim ♂ 0,5×, beim ♀ 0,6× so lang, wie der Kopf breit ist; 2. Glied 1,50–1,55× so lang, wie das Pronotum breit ist; 3. Glied 0,8× (♀) bis 0,9× (♂) so lang wie das 2. Pronotum trapezförmig, beim ♂ stärker verbreitert als beim ♀ (Abb. 450, a+b). Scutellum groß. Das Rostrum überragt kaum die Vorderhüften.

Rechtes Paramer (Abb. 451f) einfach, leicht gekrümmt. Linkes Paramer (Abb. 451m) sichelförmig, Hypophysis leicht nach oben gekrümmt. Sinneshöcker klein, aber deutlich. Chitinbänder der Vesika einfach, unverzweigt, distal mit feiner, gekrümmter Spitze.

Länge: ♂ = 5,15–5,40 mm, ♀ = 4,55–5,15 mm.

Die Art lebt an Retama retam. Imagines im April und Mai. Bisher nur in Libyen (10 km S Tripolis) gefangen.

2. **Platycranus (Platycranus) putoni** REUTER, 1879 (Abb. 449, c+d)

E. WAGNER 1943, Mitt. dtsch. Ent. Ges., Bd. 12, S. 10; id. 1954, Soc. Sci. Fenn. Comm. Biol., Bd. 14, Nr. 2, S. 10—11; id. 1962, Boll. Soc. Ent. Ital., Bd. 92, S. 49—50.

Etwas kleiner und schlanker, im Leben grün gefärbt. Auge kleiner und auch beim ♂ nicht die ganze Kopfseite bedeckend. Scheitel (Abb. 450, c+d) beim ♂ 1,05×, beim ♀ 2,1× so breit wie das Auge. Fühler (Abb. 449, c+d) schlanker; 1. Glied beim ♂ 0,6×, beim ♀ 0,67× so lang, wie der Kopf breit ist; 2. Glied 1,40–1,47× so lang, wie der Kopf breit ist und kürzer als das 3. und 4. zusammen. Pronotum trapezförmig (Abb. 450, c+d), 1,1× so breit wie der Kopf. Halbdecken parallelseitig. Das Rostrum überragt kaum die Vorderhüften. Membran hell.

Rechtes Paramer (Abb. 451e) größer und robuster, distal stärker gekrümmt. Linkes Paramer (Abb. 451l) robust, Hypophysis dick, gerade und zugespitzt, an der Innenseite eine mit Zähnchen bedeckte Fläche. Chitinband der Vesika (Abb. 451r) sehr lang und schlank, gerade, distal ohne Spitze.

Länge: ♂ = 4,6–5,2 mm, ♀ = 4,2–4,7 mm.

Die Art lebt an Spartium. Imagines von April bis Juni. Das Verbreitungsgebiet liegt in Nordafrika (Marokko, Algerien, Tunesien, Ägypten) und Vorderasien (Israel, Jordanien, Syrien).

3. **Platycranus (Platycranus) lindbergi** E. WAGNER, 1954

Soc. Sci. Fenn. Comm. Biol., Bd. 14, Nr. 2, S. 10—11.

Weit schlanker als die vorhergehenden Arten, das ♂ 5,1×, das ♀ 5,0× so lang, wie das Pronotum breit ist. Grün, mit silberglänzenden Haaren. Scheitel (Abb. 450, e+f) beim ♂ 1,2×, beim ♀ 2,4× so breit wie das verhältnismäßig kleine Auge. Fühler schlank, 1. Glied beim ♂ 0,7×, beim ♀ 0,83× so lang, wie der Kopf breit ist; 2. Glied 1,75× so lang, wie der Kopf breit ist. Pronotum beim ♂ 1,1×, beim ♀ 1,2× so breit wie der Kopf. Halbdecken lang und schmal, das Pronotum nach außen nicht überragend. Membran grau, Adern gelblich. Das Rostrum überragt die Vorderhüften ein wenig.

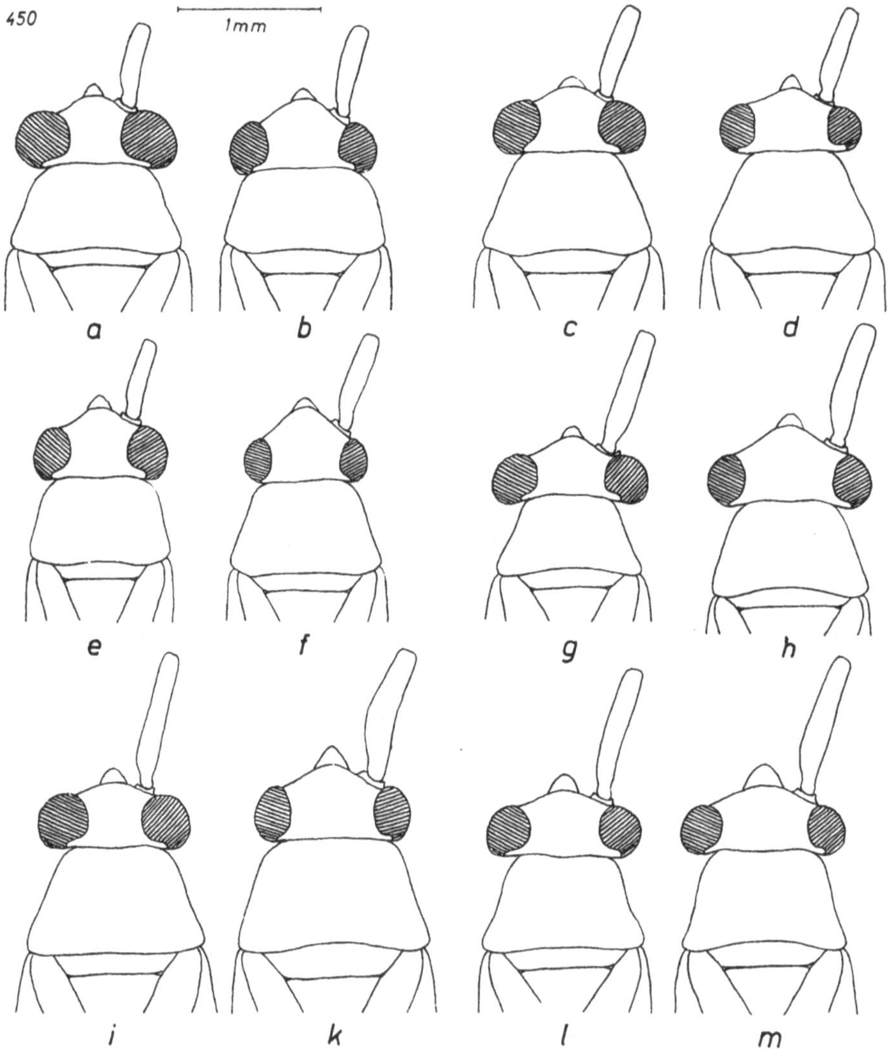

Abb. 450: *Platycranus* s. str., vorderer Teil des Körpers

a: *P. (P.) eckerleini* E. Wagn., ♂ — b: id., ♀ — c: *P. (P.) putoni* Reut., ♂ — d: id., ♀ — e: *P. (P.) lindbergi* E. Wagn., ♂ — f: id., ♀ — g: *P. (P.) michalki* E. Wagn., ♂ — h: id., ♀ — i: *P. (P.) hartigi* E. Wagn., ♂ — k: id., ♀ — l: *P. (P.) erberi* Fieb., ♂ — m: id., ♀

Rechtes Paramer (Abb. 451d) klein und etwas kräftiger, Hypophysis kurz. Linkes Paramer (Abb. 451k) klein, aber sehr robust und stark gekrümmt, Hypophysis leicht nach unten gebogen, innen eine mit kleinen Zähnen bedeckte Fläche. Chitinband der Vesika (Abb. 451q) kurz, distal verbreitert und mit kräftiger Spitze.

Länge: ♂ = 4,7–5,2 mm, ♀ = 5,0 mm.

Bisher nur auf den Kanarischen Inseln (Teneriffa) gefunden.

4. **Platycranus (Platycranus) hartigi** E. WAGNER, 1951

Ent. Ber., Bd. 13, S. 363—366.

Die größte Art der Gattung. Langgestreckt, parallelseitig. Grün, Kopf oft ockergelb. Scheitel beim ♂ 1,0×, beim ♀ 2,2× so breit wie das Auge (Abb. 450, i+k). Fühler sehr lang, braun, 1. Glied 0,67× so lang, wie der Kopf breit ist; 2. Glied auffallend lang, 2,1–2,3× so lang, wie der Kopf breit ist; 3. Glied etwa 0,77× so lang wie das 2. Pronotum nach hinten stärker verbreitert (Abb. 450, i+k) und beim ♂

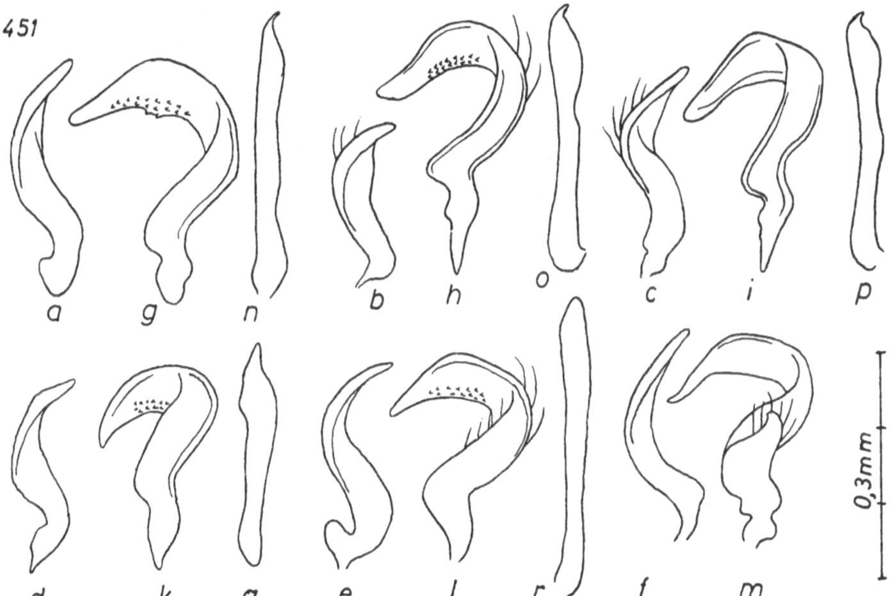

Abb. 451: *Platycranus* s. str., Genitalien des Männchens

a, g, n: *P. (P.) hartigi* E. Wagn. — b, h, o: *P. (P.) erberi* Fieb. — c, i, p: *P. (P.) michalki* E. Wagn. — d, k, q: *P. (P.) lindbergi* E. Wagn. — e, l, r: *P. (P.) putoni* Reut. — f+m: *P. (P.) eckerleini* E. Wagn.

a—f: rechtes Paramer von oben — g—m: linkes Paramer von oben — n—r: Chitinband der Vesika

1,17×, beim ♀ 1,20× so breit wie der Kopf. Scutellum teilweise ockergelb. Halbdecken graugrün, Membran grau, Adern gelb. Das Rostrum überragt die Vorderhüften ein wenig.

Rechtes Paramer (Abb. 451a) groß, schlank, spitz und schwach gekrümmt. Linkes Paramer (Abb. 451g) groß, schwächer gekrümmt, Hypophysis stumpf und gerade, innen eine mit kleinen Zähnen bedeckte Fläche. Chitinband der Vesika (Abb. 451n) lang, schlank, gerade, distal mit sehr feiner, leicht gekrümmter Spitze.

Länge: ♂ = 6,4–7,1 mm, ♀ = 6,4 mm.

Die Art lebt an Genista aetnea und wurde bisher nur auf der Insel Sizilien (Mte. Aetna) in 900–1700 m Höhe gefunden.

5. **Platycranus (Platycranus) michalki** E. WAGNER, 1951

Ent. Ber., Bd. 13, S. 363—366.

Schlank, parallelseitig. Grün oder gelbgrün, im vorderen Teil mit silberglänzenden Haaren. Kopf gelblich. Scheitel (Abb. 450, g+h) beim ♂ 1,4×, beim ♀ 2,2× so breit wie das Auge. Fühler rötlichbraun, 1. Glied 0,85–0,90× so lang, wie der Kopf breit ist; 2. Glied etwa 2× so lang, wie der Kopf breit ist; 3. Glied 0,87× (♀) bis 0,97× (♂) so lang wie das 2. Pronotum trapezförmig, nur 0,93× (♂) bis 0,95× (♀) so breit wie der Kopf, Schwielen oft dunkelbraun. Halbdecken grün. Rücken des Abdomens schwarz.

Rechtes Paramer (Abb. 451c) kräftig, stark gekrümmt, distal spitz und außen behaart. Linkes Paramer (Abb. 451i) stark gekrümmt, Hypophysis verdickt, distal abgerundet. Chitinband der Vesika (Abb. 451p) lang und gerade, distal mit kurzer, gekrümmter Spitze.

Länge: ♂ = 4,9–5,4 mm, ♀ = 4,9–5,7 mm.

Die Art wurde bisher in Süditalien (Neapel, Calabrien) und auf der Insel Sizilien (in tieferen Lagen) gefunden.

6. **Platycranus (Platycranus) erberi** FIEBER, 1870 (Abb. 449, a+b)

Schlank, ♂ und ♀ parallelseitig (Abb. 449, a+b). Grün, Kopf oft gelblich, Pronotum und Scutellum dunkelbraun. Scheitel (Abb. 450, e+f) beim ♂ 1,9×, beim ♀ 2,3× so breit wie das auffallend kleine Auge. Kopf so breit (♂) oder etwas schmaler (♀) als das Pronotum. Fühler schlank, 2. Glied 1,9–2,0× so lang, wie der Kopf breit ist; 3. Glied 0,83× (♀) bis 0,90× (♂) so lang wie das 2. Pronotum nach hinten nur wenig verbreitert. Halbdecken grün bis weißgrün, Membran grau, Adern braun. Das Rostrum reicht ein wenig über die Vorderhüften hinaus.

Rechtes Paramer (Abb. 451b) kurz und dick, stark gekrümmt. Linkes Paramer (Abb. 451h) stark und gleichmäßig gekrümmt, Hypophysis dick, leicht nach außen gekrümmt, innen eine mit kleinen Zähnchen bedeckte Fläche. Chitinband der Vesika (Abb. 451o) lang und gerade, distal eine feine, gekrümmte Spitze.

Länge: ♂ = 4,5–5,4 mm, ♀ = 5,0–5,5 mm.

Die Art lebt an Spartium junceum L. und Genista radiata SCOP. Imagines von Juni bis September.

Westmediterrane Art, bisher in Südeuropa von Portugal bis Griechenland gefunden.

2. Untergattung **Genistocapsus** E. WAGNER, 1957

Typus-Art: *P. metriorrhynchus* REUT.

In GULDE: Die Wanzen Mitteleuropas, Heft 9, S. 424; E. WAGNER 1963, Boll. Soc. Ent. Ital., Bd. 93, S. 130.

Gestalt kleiner, das ♀ deutlich kürzer und verhältnismäßig breiter als das ♂ (Abb. 454), mehr oval. Auge weit kleiner, Scheitel beim ♂ mindestens 2,2×, beim ♀ mindestens 2,8× so breit wie das Auge (Abb. 452). Das Rostrum reicht mindestens bis zu den Mittelhüften. Pronotum nach hinten stärker verbreitert. 1. Fühlerglied kurz, oft nur halb so lang, wie der Scheitel breit ist. Färbung grün oder gelb, bisweilen mit lebhafter, schwarzer Zeichnung.

Die Untergattung bewohnt gleichfalls den Mittelmeerraum und die Makaronesischen Inseln. Sie enthält 7 Arten.

452

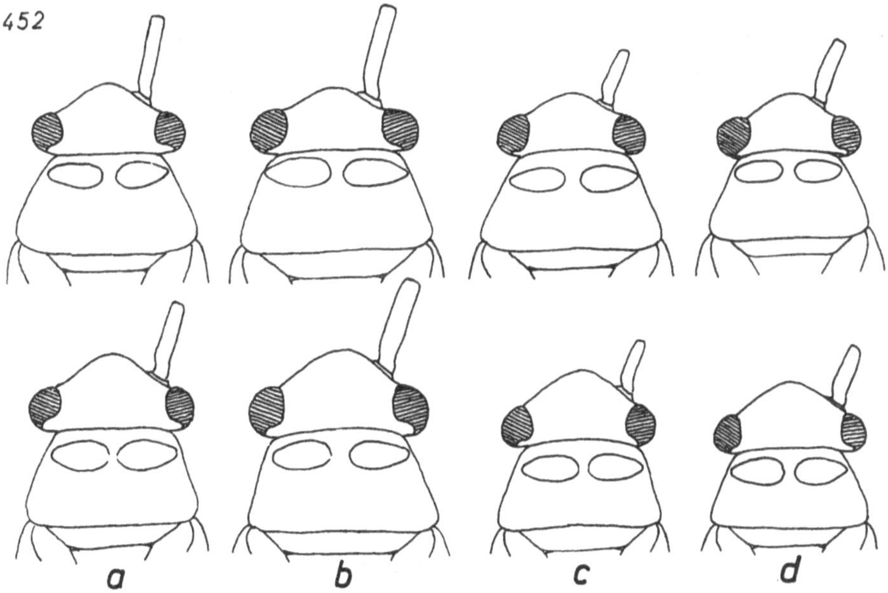

Abb. 452: *Genistocapsus*, Kopf, Pronotum und 1. Fühlerglied

a: *P. (G.) metriorrhynchus* Reut. — b: *P. (G.) longicornis* E. Wagn. — c: *P. (G.) remanei* E. Wagn. — d: *P. (G.) minutus* E. Wagn.

Oben: ♂ — unten: ♀

Bestimmungsschlüssel

für die Arten von *Genistocapsus* E. WAGN.

1 (4) Oberseite weißlichgelb bis ockergelb, mit lebhafter schwarzer Zeichnung. 1. Fühlerglied schwarz (Abb. 453, a, b, k).

2 (3) 1. Fühlerglied hell behaart, beim ♂ 0,75×, beim ♀ 0,67× so lang, wie der Scheitel breit ist. Pronotum deutlich etwas breiter als der Kopf (Abb. 453, c+d). 7. **P. (G.) pictus** S. 151

3 (2) 1. Fühlerglied mit schwarzen Haaren.

3a (3b) Haare des 1. Fühlergliedes lang und borstig. Scheitel beim ♂ 1,9–2,0×, beim ♀ 2,1× so breit wie das Auge. Kopf breiter als das Pronotum. Länge 3,5–3,7 mm. 8. **P. (G.) genistae** S. 152

3b (3a) Haare des 1. Fühlergliedes kurz und fein. Scheitel beim ♂ 2,1×, beim ♀ 2,5× so breit wie das Auge. Kopf so breit (♂) oder breiter als das Pronotum. Länge 2,9–3,45 mm. 8a. **P. (G.) bicolor** S. 152

4 (1) Oberseite grün oder graugrün, 1. Fühlerglied stets hell. Scutellum und Pronotum bisweilen etwas verdunkelt, aber nicht schwarz.

5 (8) Fühler lang, 1. Glied beim ♂ 0,9–1,0×, beim ♀ 0,7–0,9× so lang, wie der Scheitel breit ist (Abb. 452, a+b).

6 (7) 2. Fühlerglied beim ♂ 1,7×, beim ♀ 1,56× so lang, wie das Pronotum breit ist; 1. Glied beim ♂ fast 1,0×, beim ♀ 0,85× so lang, wie der Scheitel breit ist (Abb. 452b). 9. **P. (G.) longicornis** S. 153

7 (6) 2. Fühlerglied beim ♂ 1,35×, beim ♀ 1,17× so lang, wie das Pronotum breit ist; 1. Glied beim ♂ 0,9×, beim ♀ 0,73× so lang, wie der Scheitel breit ist (Abb. 452a). 10. **P. (G.) metriorrhynchus** S. 153

8 (5) Fühler kürzer, 1. Glied beim ♂ 0,60–0,75×, beim ♀ 0,50–0,65× so lang, wie der Scheitel breit ist (Abb. 452, c+d).

9 (10) Fühler zum großen Teil dunkel, 1. Glied beim ♂ 0,60–0,65×, beim ♀ 0,50–0,55× so lang, wie der Scheitel breit ist (Abb. 452c). Länge: ♂ = 4,1–4,6 mm, ♀ = 3,3–4,0 mm. 11. **P. (G.) remanei** S. 155

10 (9) Fühler hell, 1. Glied beim ♂ 0,70–0,75×, beim ♀ 0,60–0,65× so lang, wie der Scheitel breit ist (Abb. 452d). Länge: ♂ = 3,8–4,2 mm, ♀ = 3,5–4,1 mm.

11 (12) 2. Fühlerglied beim ♂ 1,25–1,30×, beim ♀ 1,15–1,18× so lang, wie das Pronotum breit ist. Gestalt breiter (Abb. 454, g+h), das ♂ 4,0×, das ♀ 3,8× so lang, wie das Pronotum breit ist. In Südspanien. 12. **P. (G.) minutus** S. 155

12 (11) 2. Fühlerglied beim ♂ 1,12–1,18×, beim ♀ 1,05–1,10× so lang, wie das Pronotum breit ist. Gestalt schlanker (Abb. 454, i+k), das ♂ 4,5×, das ♀ 4,0–4,2× so lang, wie das Pronotum breit ist. In der Türkei. 13. **P. (G.) orientalis** S. 156

7. **Platycranus (Genistocapsus) pictus** E. WAGNER, 1963 (Abb. 453, a+b)

Boll. Soc. Ent. Ital., Bd. 93, S. 128—130.

Von kleiner, schlanker Gestalt, das ♂ 4,5×, das ♀ 4,1× so lang, wie das Pronotum breit ist. Hell ockergelb, mit lebhafter schwarzer oder schwarzgrauer Zeichnung (Abb. 453, a+b), die beim ♀ weniger ausgedehnt ist als beim ♂. Kopf etwas schmaler als das Pronotum. Scheitel beim ♂ 2,4×, beim ♀ 2,85× so breit wie das Auge. 1. Fühlerglied dick, schwarz, mit heller Behaarung; beim ♂ 0,75×, beim ♀ 0,67× so lang, wie der Scheitel breit ist; 2. Glied dünn, beim ♂ 1,22×, beim ♀ 1,1× so lang, wie das Pronotum breit ist. Seiten des Pronotum deutlich geschweift (Abb. 453, c+d). Scutellum einfarbig schwarz. Halbdecken im inneren Teil schwarz. Membran dunkel mit Ausnahme der kleinen Zelle und eines Fleckes hinter den Zellen. Das Rostrum erreicht die Mittelhüften.

Genitalsegment des ♂ (Abb. 453e) klein, kegelförmig, mit langen, hellen Haaren. Rechtes Paramer (Abb. 453f) leicht gekrümmt, distal stumpf. Linkes Paramer (Abb. 453g) stark gekrümmt, fast eckig, Hypophysis schlank und gerade. Chitinband der Vesika (Abb. 453h) schlank, distal mit feiner, gekrümmter Spitze.

Länge: ♂ = 4,33–4,35 mm; ♀ = 4,15–4,25 mm.

Bisher nur auf der Insel Korsika an Calycotome viscosa von PÉRICART gefunden. Imagines im Juni.

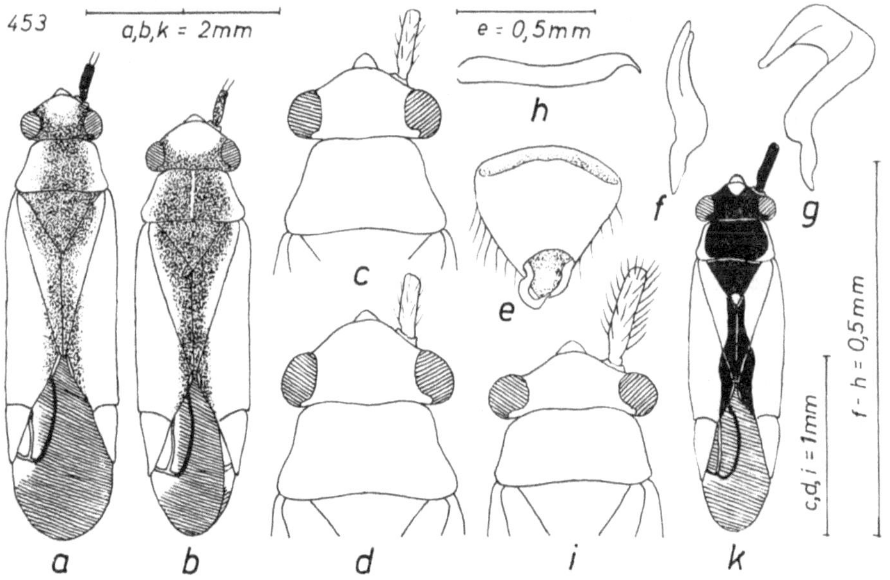

Abb. 453: *Genistocapsus pictus* E. Wagn. und *genistae* Ldbg.
a—h: *P. (G.) pictus* E. Wagn. — i+k: *P. (G.) genistae* Ldbg.
a: ♂ — b+k: ♀ — c: Kopf, Pronotum und 1. Fühlerglied des ♂ — d+i: dasselbe vom ♀ — e: Genitalsegment des ♂ von oben — f: rechtes Paramer von oben — g: linkes Paramer von oben — h: Chitinband der Vesika von rechts

8. **Platycranus (Genistocapsus) genistae** LINDBERG, 1948 (Abb. 453k)

Soc. Sci. Fenn. Comm. Biol., Bd. 10, Nr. 7, S. 49—50.

Kleiner, von gleicher Gestalt, aber die schwarze Zeichnung intensiver. Augen rötlich, Scheitel beim ♂ nicht ganz 2×, beim ♀ 2,1× so breit wie das Auge. 1. Fühlerglied (Abb. 453i) dick, schwarz, mit langen, schwarzen, borstenartigen Haaren, 2. Glied 1,15♂ so lang, wie das Pronotum breit ist. Seiten des Pronotum fast gerade. Kopf breiter als das Pronotum. Scutellum schwarz, die Spitze hell. Innerer Teil von Clavus und Corium schwarz (Abb. 453k). Membran schwärzlich, mit schwarzen Adern. Beine gelb, Spitze des 3. Tarsengliedes und Klauen schwarz. Das Rostrum reicht bis zu den Mittelhüften.

Länge: ♂ = 3,7 mm, ♀ = 3,5 mm.

Bisher nur auf der Insel Zypern an Genista sphacelata von LINDBERG gefunden. Imagines im Juni.

8a. **Platycranus (Genistocapsus) bicolor** E. Wagner, 1974

Nachr. bl. Bayr. Ent., Bd.

Noch kleiner, das ♂ 4×, das ♀ 3,7× so lang wie die Pronotumbreite. Hell ockergelb; Kopf, Pronotum, Scutellum und 1. Fühlerglied schwarz oder zum großen Teil schwarz. Behaarung weißgelb, dazwischen auch schwarze Haare. Kopf so breit (♂) oder etwas breiter (♀) als das Pronotum. Scheitel beim ♂ 2,1×, beim ♀ 2,5× so breit wie das Auge. 1. Fühlerglied schwarz, mit feinen schwarzen Haaren, 1,0× (♂) oder 0,75× (♀) so lang wie die Scheitelbreite; 2. Glied dünn, hell, beim ♂ 1,25×, beim ♀ 0,97× so lang wie die Kopfbreite (Abb. 453A, a+b). Pronotum schwarz, mit hellem Mittelstreif und hellen Seiten. Scutellum ebenfalls mit hellem Mittelstreif. Clavus an der Kommissur verdunkelt, Corium im Innenwinkel etwas verdunkelt.

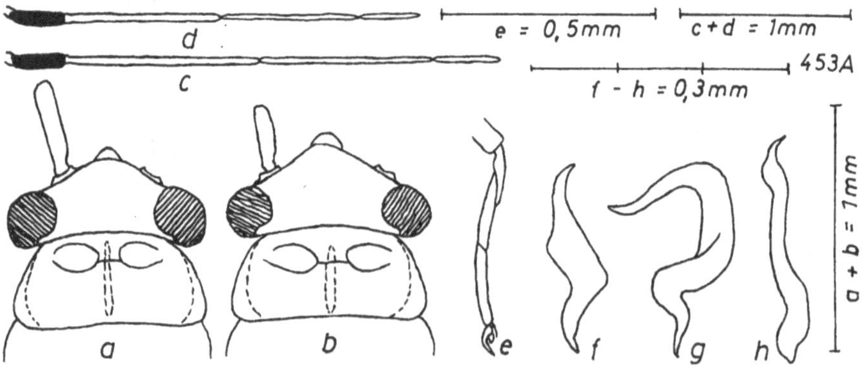

Abb. 453A: *Platycranus bicolor* E. Wagn.

a = Kopf und Pronotum des ♂, b = dasselbe vom ♀, c = Fühler des ♂, d = Fühler des ♀, e = Hinterfuß, f = rechtes Paramer von oben, g = linkes Paramer von oben, h = Spikulum der Vesika.

Das Rostrum erreicht die Mittelhüften. An den Hintertarsen (Abb. 453A, e) ist das 3. Glied das längste.

Rechtes Paramer (Abb. 453A, f) außen mit einem Höcker. Linkes Paramer (Abb. 453A, g) stark gekrümmt, Hypophysis schlank, nach außen gekrümmt. Spikulum der Vesika (Abb. 453A, h) schlank, mit mehreren Krümmungen, distal mit feiner, gekrümmter Spitze.

Länge: ♂ = 3,45 mm, ♀ = 2,9 mm.

Die Art lebt an Genista. Imagines im Juni. Bisher nur auf der Insel Rhodos (Petaloudes) gefunden.

9. **Platycranus (Genistocapsus) longicornis** E. WAGNER, 1955 (Abb. 454, a+b)

Rev. Fr. Ent., Bd. 22, S. 127.

Die größte Art der Untergattung, schlank, das ♂ 5,2× so lang, wie das Pronotum breit ist (Abb. 454d), das ♀ etwas breiter, lang-oval und 4,2× so lang, wie das Pronotum breit ist (Abb. 454c). Dunkelgrün, mit anliegenden, silberglänzenden und halbaufgerichteten schwarzen Haaren. Scheitel (Abb. 452b) beim ♂ 2,4×, beim ♀ 3,15× so breit wie das Auge. Fühler sehr lang, dunkel; 1. Glied beim ♂ 1,0×, beim ♀ 0,85× so lang, wie der Scheitel breit ist; 2. Glied stabförmig, beim ♂ 1,7×, beim ♀ 1,56× so lang, wie das Pronotum breit ist; 3. Glied beim ♂ 1,0×, beim ♀ 0,9× so lang wie das 2. Pronotum trapezförmig, beim ♂ 1,1×, beim ♀ 1,0–1,05× so breit wie der Kopf (Abb. 452b). Das Rostrum erreicht die Spitze der Mittelhüften. Spitze der Schienen und Tarsen schwärzlich.

Genitalsegment des ♂ (Abb. 455l) sehr groß, mit langen Haaren. Rechtes Paramer (Abb. 455b) kräftig, leicht gekrümmt. Linkes Paramer (Abb. 455e) groß, robust, stark gekrümmt, Hypophysis mit feiner, nach innen umgebogener Spitze. Chitinband der Vesika (Abb. 455h) kurz und breit, distal mit kurzer Spitze.

Länge: ♂ = 5,5–6,0 mm, ♀ = 4,4–5,1 mm.

Die Art lebt an Genista purgans G. G. in Höhen von 1600–2000 m. Imagines im August und September. Überwintert als Ei.

Bisher nur in Südfrankreich (Pyrenäen) gefunden.

10. **Platycranus (Genistocapsus) metriorrhynchus** REUTER, 1883 (Abb. 454, a+b), E. WAGNER 1955, Rev. Fr. Ent., Bd. 22, S. 127—128.

Von ähnlicher Gestalt, etwas kleiner und heller gefärbt, das ♂ 3,8–4,1×, das ♀ 3,5–3,6× so lang, wie das Pronotum breit ist (Abb. 454, a+b). Scheitel beim ♂ 2,6×, beim ♀ 3,4× so breit wie das Auge. Fühler hell, 1. Glied beim ♂ 0,9×, beim ♀ 0,70–0,75× so lang, wie der Scheitel breit ist (Abb. 452a); 2. Glied beim ♂

454

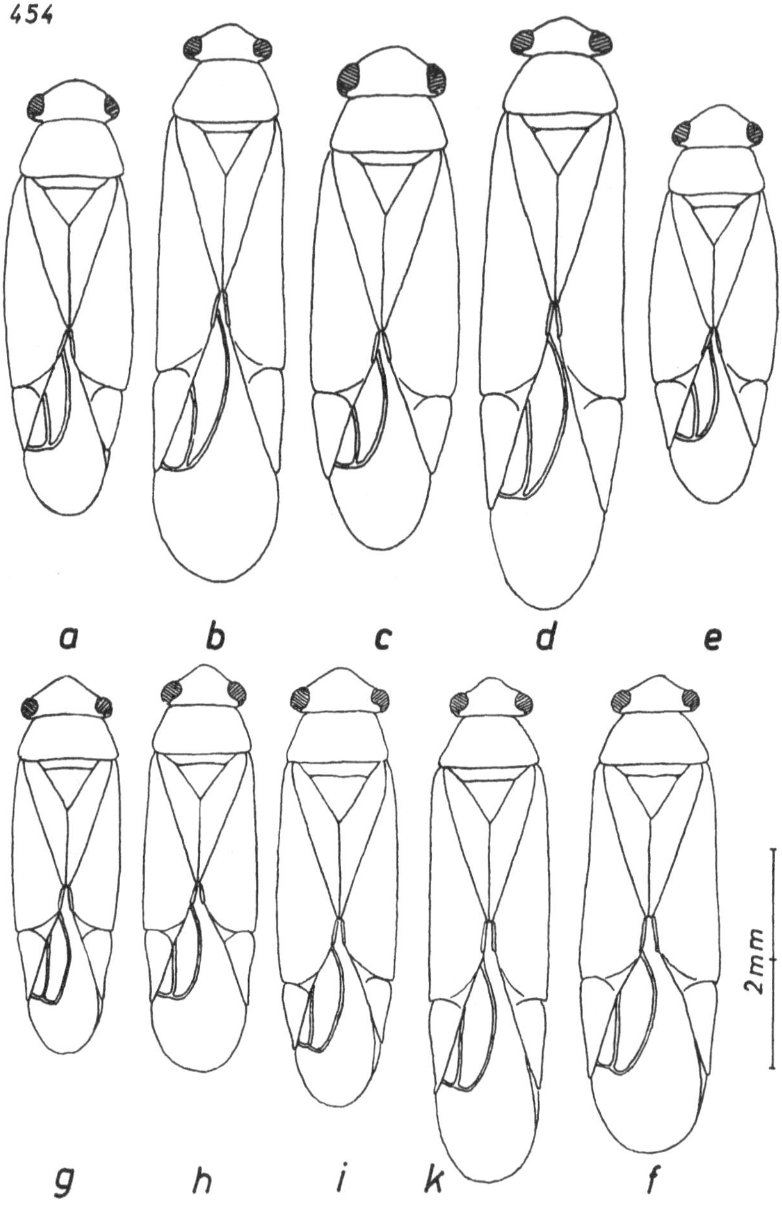

Abb. 454: *Genistocapsus*, Gestalt

a: *P. (G.) metriorrhynchus* Reut., ♀ — b: id., ♂ — c: *P. (G.) longicornis* E. Wagn., ♀ — d: id., ♂ — e: *P. (G.) remanei* E. Wagn., ♀ — f: id., ♂ — g: *P. (G.) minutus* E. Wagn., ♀ — h: id., ♂ — i: *P. (G.) orientalis* Linnav., ♀ — k: id., ♂

1,35×, beim ♀ 1,17× so lang, wie das Pronotum breit ist; 3. Glied nur 0,75–0,80× so lang wie das 2. Pronotum beim ♂ etwas breiter, beim ♀ so breit wie der Kopf. Genitalsegment des ♂ (Abb. 455k) kleiner, Behaarung kürzer. Rechtes Paramer (Abb. 455a) länger und schlanker. Linkes Paramer (Abb. 455d) schlanker, die Spitze der Hypophysis nach außen gekrümmt. Chitinband der Vesika (Abb. 455g) etwas schlanker, seine Spitze lang und dünn.

Länge: ♂ = 5,1–5,3 mm, ♀ = 4,2–4,5 mm.

Die Art lebt an Genista radiata SCOP. und an Sarothamnus. Imagines von Juni bis August. Überwintert als Ei.

Das Verbreitungsgebiet der Art sind vor allem der Süden des Alpenmassivs von Südfrankreich bis Jugoslawien und die Gebirge der Balkanhalbinsel.

11. **Platycranus (Genistocapsus) remanei** E. WAGNER, 1955 (Abb. 454, e+f)

Rev. Fr. Ent., Bd. 22, S. 128—130.

Grün, der vordere Teil des Tieres oft gelb. Wesentlich kleiner und verhältnismäßig breiter, das ♂ 4,2–4,3×, das ♀ mehr oval und 3,9× so lang, wie das Pronotum breit ist (Abb. 454, e+f). Scheitel beim ♂ 2,2×, beim ♀ 3,1× so breit wie das Auge (Abb. 452c). Fühler kürzer, 1. Glied beim ♂ 0,6×, beim ♀ 0,50–0,55× so lang, wie der Scheitel breit ist; 2. Glied stabförmig, beim ♂ 1,20–1,25×, beim ♀ 1,15–1,20× so lang, wie das Pronotum breit ist; 3. Glied beim ♂ 0,9×, beim ♀ 0,81× so lang wie das 2. Pronotum (Abb. 452c) trapezförmig, beim ♂ 1,2×, beim ♀ 1,1× so breit wie der Kopf. Membran schwarzgrau, Adern gelb. Das Rostrum reicht bis zu den Mittelhüften. Spitze der Schienen und die Tarsen dunkelbraun bis schwarz.

Genitalsegment des ♂ (Abb. 455m) noch etwas kleiner als bei voriger Art. Rechtes Paramer (Abb. 455c) sehr klein, nur schwach gekrümmt. Linkes Paramer (Abb. 455f) ebenfalls klein, aber robust und stark gekrümmt, Spitze der Hypophysis sehr dick. Chitinband der Vesika (Abb. 455i) länger, leicht gekrümmt und mit sehr langer, dünner, fast gerader Spitze.

Länge: ♂ = 4,1–4,6 mm, ♀ = 3,3–4,0 mm.

Die Art lebt an Genista. Imagines von Juni bis September. Sie wurde bisher nur in Südfrankreich (Provence) und Nordspanien (Catalonien) gefunden.

12. **Platycranus (Genistocapsus) minutus** E. WAGNER, 1955 (Abb. 454, g+h)

Rev. Fr. Ent., Bd. 22, S. 130—131.

Die kleinste Art der Gattung. ♂ und ♀ 4,0× so lang, wie das Pronotum breit ist, das ♂ mehr länglich, das ♀ mehr oval. Grundfarbe grünlich. Scheitel beim ♂ 2,3–2,4×, beim ♀ 3,2–3,3× so breit wie das Auge (Abb. 452d). Fühler kurz, 1. Glied beim ♂ 0,75×, beim ♀ 0,63× so lang, wie der Scheitel breit ist; 2. Glied stabförmig, beim ♂ 1,25–1,30×, beim ♀ 1,15–1,18× so lang, wie das Pronotum breit ist; 3. Glied nur 0,70–0,75× so lang wie das 2., Spitzen des 3. und 4. Gliedes dunkel. Pronotum trapezförmig, beim ♂ 1,10–1,15×, beim ♀ 1,10× so breit wie der Kopf

(Abb. 452d). Membran hell rauchgrau, Adern gelbgrün. Das Rostrum erreicht kaum die Mittelhüften. Beine hell grünlich, nur die Spitze der Tarsen schwarz.

Genitalsegment des ♂ (Abb. 455g) sehr klein, kurz und breit, Seiten gerundet. Rechtes Paramer (Abb. 455d) lang und schlank, etwas stärker gekrümmt, distal mit gekrümmter Spitze. Linkes Paramer (Abb. 455h) robust, größer, Hypophysis in eine gekrümmte Spitze auslaufend. Chitinband der Vesika (Abb. 455m) klein, distal mit langer, dünner, gekrümmter Spitze.

Länge: ♂ = 3,8–4,2 mm, ♀ = 3,5–4,1 mm.

Die Art lebt an Genista baetica. Imagines von Juli bis September. Überwintert als Ei.

Bisher nur in den höheren Gebirgen Südspaniens (Sierra Nevada, Sierra Morena) gefunden.

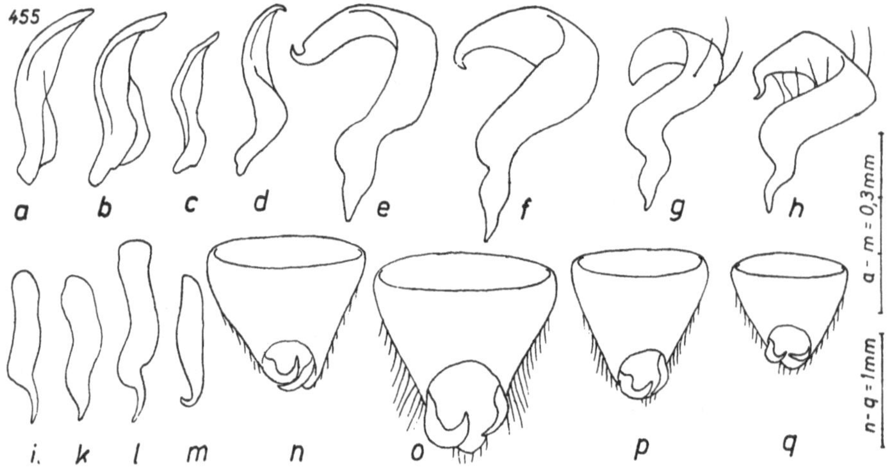

Abb. 455: *Genistocapsus*, Genitalien des Männchens

a, e, i, n: *P. (G.) metriorrhynchus* Reut. — b, f, k, o: *P. (G.) longicornis* E. Wagn. — c, g, l, p: *P. (G.) remanei* E. Wagn. — d, h, m, q: *P. (G.) minutus* E. Wagn.
a—d: rechtes Paramer von oben — e—h: linkes Paramer von oben — i—m: Chitinband der Vesika — n—q: Genitalsegment von oben

13. **Platycranus (Genistocapsus) orientalis** LINNAVUORI, 1965

Act. Ent. Fenn., Bd. 21, S. 55—56.

Sehr schlank (Abb. 454, i+k), das ♂ 4,5×, das ♀ 4,0–4,2× so lang, wie das Pronotum breit ist. Grundfarbe grün, Kopf, Schwielen des Pronotum und Basis des Scutellum leuchtend gelb. Scheitel beim ♂ 2,4–2,5×, beim ♀ 3,0–3,2× so breit wie das Auge. Fühler kurz, 1. Glied beim ♂ 0,70–0,73×, beim ♀ 0,60–0,65× so lang, wie der Scheitel breit ist; 2. Glied stabförmig, beim ♂ 1,12–1,18×, beim ♀ 1,05× so lang, wie das Pronotum breit ist. Pronotum trapezförmig, (Abb. 454, i+k), beim ♂ 1,2×, beim ♀ 1,1× so breit wie der Kopf. Membran hellgrau, Adern bräunlich. Beine hellgelb. Das Rostrum reicht bis zu den Mittelhüften.

Länge: ♂ = 4,5–4,7 mm, ♀ = 3,3–4,0 mm.

Die Art lebt an Genista. Imagines im August.

Bisher nur in der Türkei (Hirfenli) von LINNAVUORI gefunden.

90. Gattung **BRACHYNOTOCORIS** REUTER, 1880

Typus-Art: *B. puncticornis* REUT.

Schlanke, fast parallelseitige, hellgrüne Arten, oft teilweise gelb. Fühler und Beine sehr lang. 1. Fühlerglied unterseits vor der Spitze mit schwarzem Punkt, der bisweilen fehlt. Kopf kurz und geneigt. Scheitel eben (Abb. 457). Zügel bisweilen stark gewölbt. Pronotum sehr klein, die Basis von Scutellum und Halbdecken freilassend. Basis der Halbdecken seitlich weit über die Hinterecken des Pronotum hinausragend (Abb. 456). Scutellum so breit wie das Pronotum. Behaarung lang und hell. Beine hell. Schienen mit hellen Dornen. 2. Glied des Rostrum länger als das 3. oder 4., die beiden Endglieder meistens gegen ihre Verbindungsstelle verdickt (Abb. 424e).

Parameren (Abb. 458) von bizarrer Gestalt. Penis klein und einfach. Chitinbänder der Vesika schwach verzweigt, ihre Ränder mit einigen Zähnen.

Die Gattung bewohnt nur den Westen der Paläarktis und dort vor allem den Mittelmeerraum. Es gibt bisher fünf Arten, von denen vier im Mittelmeerraum vorkommen.

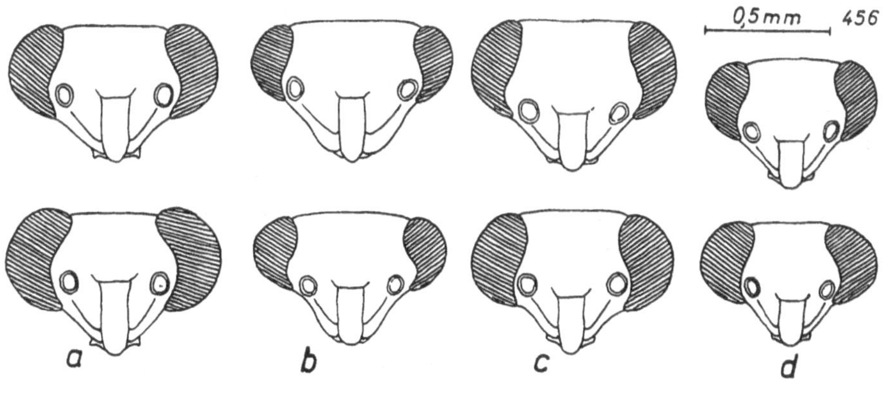

Abb. 456: *Brachynotocoris*, Kopf von vorn
a: *B. puncticornis* Reut. — b: *B. viticinus* Seid. — c: *B. parvinotum* Ldbg. — d: *B. cyprius* E. Wagn.
Unten: ♂ — oben: ♀

Bestimmungsschlüssel

für die Arten von *Brachynotocoris* REUT.

1 (6) Scheitel beim ♂ 1,25–1,40×, beim ♀ 1,75–2,10× so breit wie das Auge (Abb. 456, a, c, d).

2 (5) 1. Fühlerglied mindestens 1,5× so lang, wie der Scheitel breit ist (Abb. 456, a+c).

3 (4) Scheitel beim ♂ 1,25×, beim ♀ 1,75–1,80× so breit wie das große Auge (Abb. 456a). Pronotum nach hinten stark verbreitert und dort fast doppelt so breit wie am Vorderrand (Abb. 456a). 1. **B. puncticornis** S. 158

4 (3) Scheitel beim ♂ 1,4×, beim ♀ 2,05× so breit wie das Auge. Pronotum am Hinterrand nur 1,7–1,8× so breit wie am Vorderrand (Abb. 456c). 2. **B. parvinotum** S. 159

5 (2) 1. Fühlerglied 1,0–1,1× so lang, wie der Scheitel breit ist (Abb. 456d). 3. **B. cyprius** S. 160

6 (1) Scheitel beim ♂ 2,4×, beim ♀ fast 3× so breit wie das Auge (Abb. 456b). 1. Fühlerglied nur wenig länger, als der Scheitel breit ist (Abb. 456b). 4. **B. viticinus** S. 161

1. **Brachynotocoris puncticornis** REUTER, 1880 (Abb. 460a)

SEIDENSTÜCKER 1954, Beitr. z. Ent., Bd. 4, S. 78; E. WAGNER 1958, Bull. Sci. Nat. Phys. Maroc, Bd. 38, S. 80—81.

Die größte Art der Gattung. Grün, oft teilweise gelblich. Scheitel beim ♂ 1,25–1,30×, beim ♀ 1,75–1,80× so breit wie das große Auge (Abb. 456a). Fühler sehr lang, mit feiner, brauner Behaarung; 1. Glied 1,60–1,65× so lang, wie der Scheitel breit ist, unterseits vor der Spitze mit dunklem Punkt; 2. Glied etwa 1,25× so lang wie der Hinterrand des Pronotum; 3. Glied etwas länger als das 2. (Abb. 460a), die Endglieder dunkel. Pronotum klein, am Hinterrand beim ♂ mehr als doppelt, beim ♀ fast doppelt so breit wie am Vorderrand. Ränder des Corium oft gelb. Membran grau, Adern grün. Das Rostrum ragt nur wenig über die Vorderhüften hinaus.

Rechtes Paramer (Abb. 458a, links) keulenförmig, distal verbreitert und außen mit kräftigem Zahn. Linkes Paramer (Abb. 458a, rechts) gekrümmt, außen ein kräftiger, spitzer Fortsatz, Hypophysis kurz und dick, aber spitz.

Länge: ♂ = 4,3–4,5 mm, ♀ = 4,6–4,8 mm.

Mediterrane Art, die auch den Süden Mitteleuropas bewohnt. Im Mittelmeerraum von Portugal bis Syrien verbreitet. Ältere Meldungen könnten sich aber auch auf eine der folgenden Arten beziehen.

Die Art lebt an Fraxinus excelsior L. Imagines von Juli bis September. Überwintert als Ei.

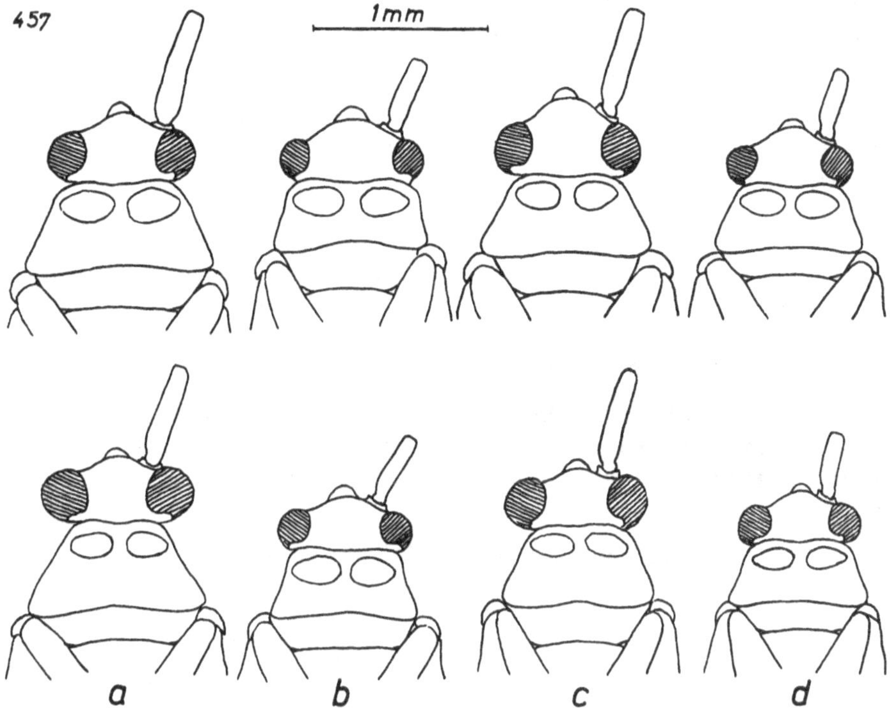

Abb. 457: *Brachynotocoris*, vorderer Teil von oben
a: *B. puncticornis* Reut. — b: *B. viticinus* Seid. — c: *B. parvinotum* Ldbg. — d: *B. cyprius* E. Wagn.
Unten: ♂ — oben: ♀

2. **Brachynotocoris parvinotum** (LINDBERG), 1940

Orthotylus parvinotum LINDBERG 1940, Soc. Sci. Fenn. Comm. Biol., Bd. 7, Nr. 14, S. 40—41; SEIDENSTÜCKER 1954, Beitr. z. Ent., Bd. 4, S. 78—84; E. WAGNER 1958, Bull. Soc. Sci. Nat. Phys., Bd. 38, S. 80—81.

Der vorigen Art sehr ähnlich, aber etwas kleiner. Scheitel (Abb. 456c) beim ♂ 1,4×, beim ♀ 2,05× so breit wie das Auge. Pronotum (Abb. 456c) nach hinten weniger stark verbreitert und dort nur 1,65–1,75× so breit wie am Vorderrand. 1. Fühlerglied etwa 1,5× so lang, wie der Scheitel breit ist (Abb. 456c); 2. Glied 1,2–1,3× so lang, wie das Pronotum breit ist. Rostrum bis zur Mitte der Mittelbrust reichend, 3. und 4. Glied gegen ihre Verbindungsstelle nicht erweitert. Sonst wie vorige Art. Rechtes Paramer (Abb. 458c, links) kleiner, der Zahn an der Außenseite kräftiger, leicht nach außen gekrümmt. Linkes Paramer (Abb. 458c, rechts) außen an der Krümmungsstelle ohne Fortsatz, Hypophysis stumpfer.

Die Art lebt an Fraxinus oxyphylla, wurde aber auch an Quercus gefunden. Imagines von Juni bis September. Überwintert als Ei.

Westmediterrane Art. Bisher in Spanien und Marokko gefunden.

3. **Brachynotocoris cyprius** E. WAGNER, 1960

Notul. Ent., Bd. 40, S. 115—116; LINNAVUORI 1965, Act. Ent. Fenn., Bd. 21, S. 182 (Subspec. *inermis* n. ssp.)

Die kleinste Art der Gattung, das ♂ 4,75×, das ♀ 4,2× so lang, wie das Pronotum breit ist. Hellgrün, glänzend, mit langen, hellen Haaren. Nur die Spitze des 4. Gliedes des Rostrum schwarz. Scheitel beim ♂ 1,38×, beim ♀ 2,1× so breit wie das Auge (Abb. 456d). 1. Fühlerglied beim ♂ 1,1×, beim ♀ 1,0× so lang, wie der Scheitel breit ist; 2. Glied stabförmig, 1,5× so lang, wie der Kopf breit ist; 3. Glied 1,05× so lang wie das 2., beide Endglieder gelbbraun. Pronotum am Hinterrande nur 1,4× so breit wie am Vorderrande (Abb. 456d). Corium durchscheinend, Membran grau, Adern grün. Das Rostrum erreicht fast die Mittelhüften, 3. und 4. Glied gegen ihre Verbindungsstelle verdickt.

Rechtes Paramer (Abb. 458d, links) klein, Apikalteil fast eckig, mit zwei großen Zähnen. Linkes Paramer (Abb. 458d, rechts) distal stark verbreitert, außen ein runder Höcker mit einigen kleinen Zähnen, Hypophysis abgerundet, mit einigen kleinen Zähnen.

Länge: ♂ = 3,2–3,5 mm, ♀ = 3,7–3,8 mm.

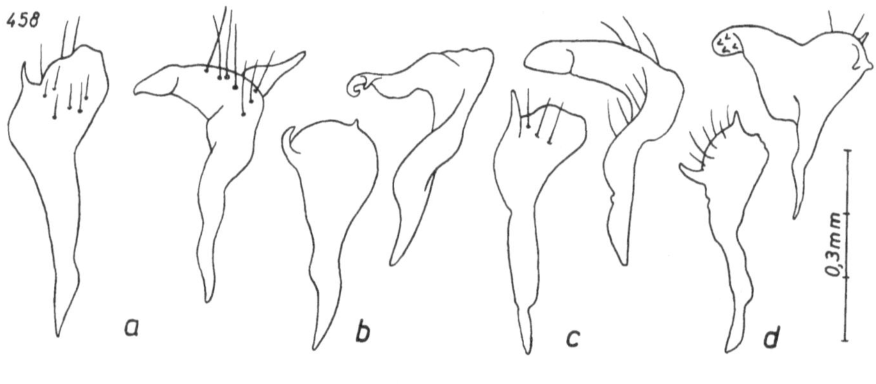

Abb. 458: *Brachynotocoris*, Parameren
a: *B. puncticornis* Reut. — b: *B. viticinus* Seid. — c: *B. parvinotum* Ldbg. — d: *B. cyprius* E. Wagn.
Links: rechtes Paramer — rechts: linkes Paramer

Brachynotocoris cyprius inermis LINNAVUORI, 1965

Diese Rasse unterscheidet sich von der Nominatrasse nur dadurch, daß beide Parameren weniger Zähne aufweisen. Jedoch scheint es sich hier um ein abnormes ♂ zu handeln, da Exemplare aus Tunesien diesen Unterschied nicht zeigen.

Die Art wurde von Zypern beschrieben, aber neuerdings in Libyen und Tunesien an Olea europaea L. gefangen.

4. **Brachynotocoris viticinus** SEIDENSTÜCKER, 1954

Beitr. z. Ent., Bd. 4, S. 82—84.

Länglich, das ♂ 3,4×, das ♀ 3,1× so lang wie breit. Hellgrün, glänzend, mit hellen Haaren. Scheitel eben, beim ♂ 2,4×, beim ♀ fast 3× so breit wie das Auge (Abb. 456b). Zügel breit, wulstig vorstehend. Rostrum bis zur Mittelbrust reichend, die Endglieder gegen ihre Verbindungsstelle nicht verdickt. Fühler schlank; 1. Glied nur wenig länger, als der Scheitel breit ist; 3. Glied 1,1× so lang wie das 2. Das Pronotum ist hinten nur 1,33× so breit wie am Vorderrand (Abb. 456b). Corium außen fast durchscheinend, Membran grau, Adern und Zellen grün.

Rechtes Paramer (Abb. 458b, links) keulenförmig, Apikalteil breit und rund, mit kleiner Spitze, außen ein längerer Zahn. Linkes Paramer (Abb. 458b, rechts) stark, fast spitzwinklig gebogen, Hypophysis mit zwei eine Zange bildenden Zähnen.

Länge: ♂ = 4,31 mm, ♀ = 4,4 mm.

Die Art lebt an Vitex agnus castus L. Imagines wurden im Mai gefangen.

Bisher in Syrien (Hama) und Israel gefunden.

91. Gattung **REUTERIA** PUTON, 1875

Typus-Art: *R. marqueti* PUT.

Mit der vorigen Gattung in der Ausbildung des Pronotum und der Basis der Halbdecken übereinstimmend (Abb. 425e). Augen den Vorderrand des Pronotum berührend. Scheitel gewölbt (Abb. 459a). Fühler (Abb. 459c) weißlichgelb, 1. und 2. Glied schwarz gezeichnet; das 3. Glied viel kürzer als das 2. Pronotum kaum länger als der Kopf. Rostrum schlank, gegen die Spitze allmählich verjüngt. Parameren

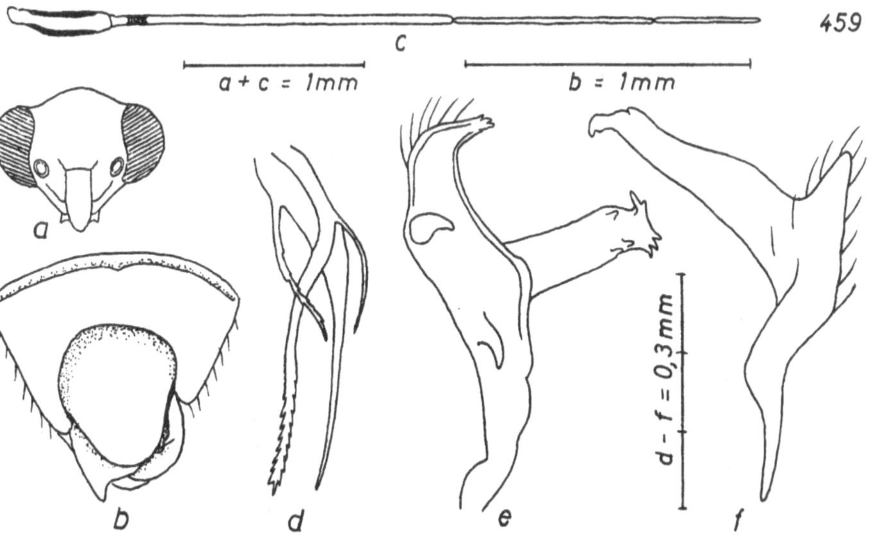

Abb. 459: *Reuteria marqueti* Put., Männchen

a: Kopf von vorn — b: Genitalsegment von oben — c: Fühler von oben — d: Chitinbänder der Vesika von rechts — e: rechtes Paramer von oben — f: linkes Paramer von oben

(Abb. 459, e+f) bizarr geformt, vor allem das rechte. Chitinbänder der Vesika (Abb. 459d) wenig verzweigt, die Ränder nur teilweise gezähnt.

Die Gattung enthält zehn Arten; von ihnen leben sechs in der Nearktis und vier in der Paläarktis. Nur eine davon kommt im Mittelmeerraum vor.

Reuteria marqueti PUTON, 1875 (Abb. 460b)

R. irrorata auct., nec SAY; *R. marqueti* PUT. nach WAGNER et WEBER 1964, Faune de France, Bd. 67, S. 297.

Lang-oval, ♂ und ♀ von gleicher Gestalt (Abb. 460b). Weißlich, mit smaragdgrünen Flecken und krausen, weißen Haaren. Kopf gelblichweiß. Scheitel ungerandet, beim ♂ 2,0×, beim ♀ 2,33× so breit wie das Auge (Abb. 459a). Fühler weißlichgelb, 1. Glied außen und innen mit schwarzem Längsstreif (Abb. 459c), 0,67× so lang, wie der Kopf breit ist; 2. Glied nahe der Basis mit schwarzem Ring, fast 1,5× so lang, wie das Pronotum breit ist; 3. Glied 0,6× so lang wie das 2., beide Endglieder braun. Scutellum länger als das Pronotum. Halbdecken weißlich mit smaragdgrünen runden Flecken. Außenecke des Corium und Spitze des Cuneus mit dunkelgrünem Punkt. Membran milchweiß, mit rauchgrauem Fleck hinter den Zellen. Adern grün, neben der Krümmungsstelle der Kubitalader ein schwarzer Streif. Schenkel grün gefleckt, Schienen an der Basis mit schwarzem Fleck.

Genitalsegment des ♂ (Abb. 459b) kurz und sehr breit, Genitalöffnung groß. Rechtes Paramer (Abb. 459e) bizarr geformt, mit großem, rechtwinklig angesetztem Fortsatz an der Innenseite und zahlreichen Zähnen. Linkes Paramer (Abb. 459f) schlank, stumpfwinklig gebogen, außen ein kegelförmiger Höcker, Hypophysis klein. Chitinbänder der Vesika (Abb. 459d) wenig verzweigt und nur stellenweise gezähnt.

Länge: ♂ = 4,0–4,2 mm, ♀ = 4,2–4,4 mm.

Die Art lebt an Laubhölzern (Ulmus, Tilia, Quercus, Rubus). Imagines im Juli und August. Überwintert als Ei.

Verbreitungsgebiet Mittel- und Südeuropa. Im Mittelmeerraum nur auf den drei südlichen Halbinseln.

92. Gattung **MALACOCORIS** FIEBER, 1858

Typus-Art: *M. chlorizans* PZ.

Langgestreckt, mit langen Fühlern und Beinen (Abb. 460c). Sehr zart. Blaßgrün mit grünen Flecken, die bisweilen fehlen. Kopf klein, von oben gesehen fünfeckig. Augen vom Vorderrand des Pronotum um etwa ihre Breite entfernt. Pronotum klein, aber auf die Basis des Scutellum und der Halbdecken etwas übergreifend. Scutellum infolgedessen schmaler als das Pronotum. Halbdecken sehr dünn und durchscheinend. Rostrum schlank, gegen die Spitze gleichmäßig verjüngt. Genitalien des ♂ (Abb. 461, a–d) sehr einfach gebaut. Chitinbänder der Vesika unverzweigt und ohne Zähne.

Die Gattung enthält zwei Arten, von denen eine auch im Mittelmeerraum vorkommt.

460

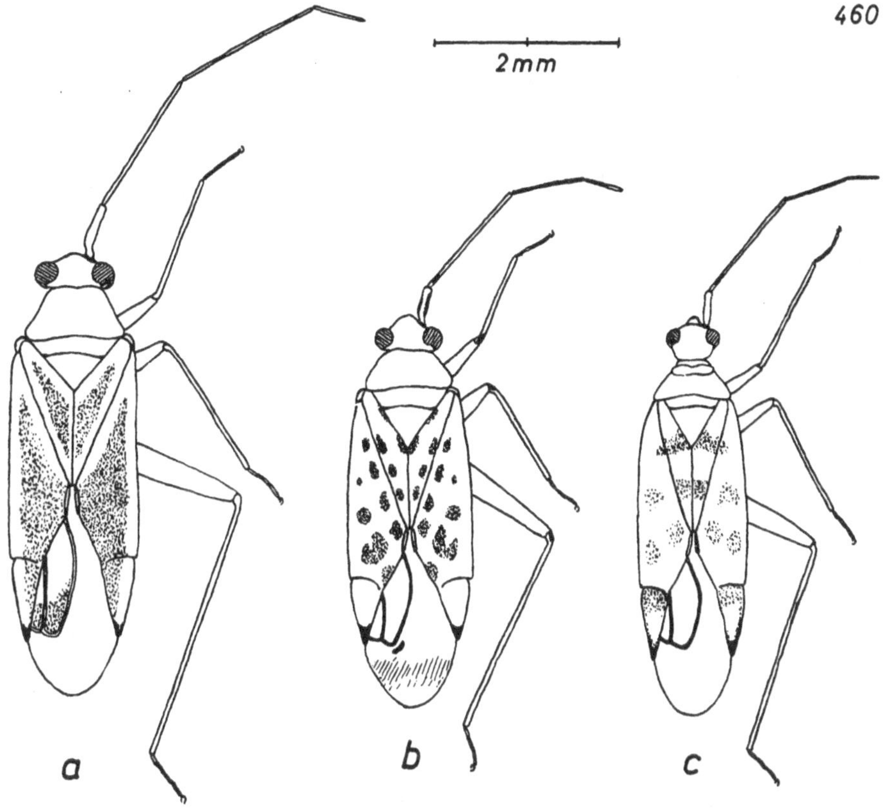

Abb. 460: *Orthotylinae*, Männchen

a: *Brachynotocoris puncticornis* Reut. — b: *Reuteria marqueti* Put. — c: *Malacocoris chlorizans* Pz.

Malacocoris chlorizans (PANZER), 1794 (Abb. 460c)

Schmal, langgestreckt. Hellgrün, nach dem Tode oft gelblich. Behaarung fein und weißlich. Kopfseiten hinter dem Auge gerundet. Scheitel beim ♂ 2,0×, beim ♀ 2,5× so breit wie das Auge, gewölbt. Fühler hell, 1. Glied unterseits mit schwarzem Längsstrich, etwas länger als der Scheitel breit ist; 2. Glied nahe der Basis mit schwarzem Ring, etwa 1,5× so lang, wie das Pronotum breit ist; 3. Glied viel kürzer als das 2., das länger ist als die beiden Endglieder zusammen. Pronotum trapezförmig, 1,5–1,6× so breit wie der Kopf. Beine einfarbig hell. Das Rostrum ist schlank und reicht etwas über die Hinterhüften hinaus, das 3. und 4. Glied sind gegen ihre Verbindungsstelle nicht verdickt.

Rechtes Paramer (Abb. 461b) keulenförmig, distal mit zwei Spitzen. Linkes Paramer (Abb. 461c) stark, fast rechtwinklig gekrümmt, nach oben buckelartig erweitert, Hypophysis stark gekrümmt. Penis (Abb. 461a) schlank und gerade. Chitinbänder der Vesika stark gebogen, aber weder verzweigt noch gezähnt (Abb. 461d).

Länge: ♂ = 3,8–4,2 mm, ♀ = 3,9–4,3 mm.

Variation: Bisweilen sind die Halbdecken einfarbig smaragdgrün (var. *smaragdinus* FIEB.), bisweilen sind die Flecken der Halbdecken gelblich (var. *sulphureipennis* WESTH.).

Die Art lebt an Laubhölzern (Corylus, Salix, Alnus, Malus) und ernährt sich sowohl von Pflanzensäften als auch von kleinen Insekten. Imagines von Juli bis September. Überwintert als Ei.

Das Verbreitungsgebiet umfaßt vor allem Europa. Im Mittelmeerraum in ganz Südeuropa und Algerien gefunden.

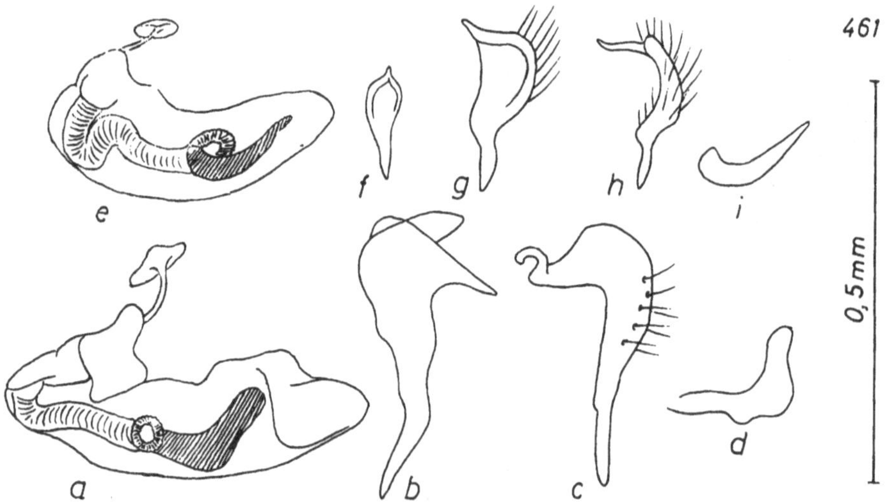

Abb. 461: *Malacocoris* und *Zanchius*, Genitalien des Männchens
a—d: *Malacocoris chlorizans* Pz. — e—i: *Zanchius breviceps* E. Wagn.
a+e: Penis von links — b+f: rechtes Paramer von oben — c+h: linkes Paramer von oben — g: dasselbe von innen — d+i: Chitinbänder der Vesika von links

93. Gattung **ZANCHIUS DISTANT, 1904**

Typus-Art: *Z. annulatus* DIST.

Syn.: *Poppiella* BERGR. 1911, Ann. Soc. Ent. Belg., Bd. 55, S. 188; *Zonodores* DIST. 1909, Ann. Mag. Nat. Hist., Bd. 8, S. 522; *Habrocoris* E. WAGN. 1951, Bull. Soc. Fouad I Ent., Bd. 35, S. 153—155.

Klein, hellgrün, nach dem Tode oft gelb. Schlank (Abb. 462, b+c), Fühler und Beine lang. Kopf kurz, Augen vom Vorderrand des Pronotum etwa um ihre Breite entfernt. Vor den Augen ist der Kopf abgeflacht, die Stirn überragt die Augen nicht nach vorn. 1. Fühlerglied viel kürzer, als der Kopf breit ist. Pronotum klein, die Basis von Scutellum und Halbdecken nicht überdeckend. Scutellum daher etwa so breit wie das Pronotum. Vorderecken der Halbdecken daher das Pronotum seitlich weit überragend. Halbdecken durchscheinend. Das Rostrum erreicht oder überragt die Hinterhüften. Das rechte Paramer (Abb. 461f) ist klein und blattartig dünn. Das linke Paramer (Abb. 461, g+h) hat eine lange, schlanke Hypophysis. Chitinbänder der Vesika (Abb. 461i) klein, unverzweigt und ungezähnt.

Die Gattung enthält neun Arten, die vor allem die orientalische Region bewohnen. Im Mittelmeerraum kommen zwei von ihnen vor.

Bestimmungsschlüssel
für die Arten von *Zanchius* DIST.

1 (2) Fühler mit roten Ringen. 2. Fühlerglied 1,33× so lang, wie das Pronotum breit ist. 1. **Z. alatanus** S. 165

2 (1) Fühler einfarbig hell. 2. Fühlerglied 1,8× (♀) bis 2,0 (♂) so lang, wie das Pronotum breit ist. 2. **Z. breviceps** S. 165

1. **Zanchius alatanus** HOBERLANDT, 1955 (Abb. 462b)

Act. Ent. Mus. Nat. Prag., Suppl. 3, S. 45—48.

Klein, schlank. Hellgrün, Halbdecken mit weißlicher Zeichnung und Fühler mit roten Ringen. Behaarung hell. Kopf vorn flach, Stirn nicht über die Augen hinausragend. Scheitel 2,0–2,4× so breit wie das Auge. Fühler hellgelb; 1. Glied unterseits mit rotem Fleck, vor der Spitze ein roter Querstreif; 2. Glied mit drei roten Ringen (Abb. 462b), beim ♂ 1,5×, beim ♀ 1,33× so lang, wie das Pronotum breit ist; 3. Glied 0,75× so lang wie das 2., in der Mitte und an der Spitze mit rotem Ring. Pronotum trapezförmig. Halbdecken viel weiter nach außen reichend als die Hinterecken des Pronotum, fast parallelseitig und das Abdomen weit überragend. Rostrum schlank, gegen die Spitze allmählich verjüngt, die Spitze der Hinterhüften überragend. Die Genitalien des ♂ sind denen der folgenden Art sehr ähnlich.

Länge: ♂ = 2,70–3,25 mm, ♀ = 2,85–3,42 mm.

Die Art lebt in Obstkulturen. Imagines im August.

Bisher nur in der Türkei (Alata, Adana, Karates, Abacilar) von HOBERLANDT gefunden.

2. **Zanchius breviceps** (E. WAGNER), 1951 (Abb. 462c)

Habrocoris breviceps E. WAGNER, 1951, Bull. Soc. Fouad I. Ent., Bd. 35, S. 153—155.

Etwas größer und schlanker, ♂ und ♀ fast 4× so lang wie breit. Scheitel 2,4–2,5× so breit wie das Auge. Fühler hell, das 2. Glied an der Spitze etwas angedunkelt, beim ♂ 2,0×, beim ♀ 1,8× so lang, wie das Pronotum breit ist. Pronotum mit schmalem Halsring, sehr kurz und die Basis des Scutellum und der Halbdecken freilassend. Scutellum daher fast so breit wie das Pronotum. Basis der Halbdecken nach außen vorstehend. Halbdecken durchscheinend. Exocorium hinter der Mitte und an der Spitze oft mit kleinem, grünem Fleck. Membran hell, Adern hellgrün, außerhalb der großen Zelle – nahe deren Spitze – ein dunkelgrüner Streif (Abb. 462c). Das Rostrum reicht bis zu den Hinterhüften.

Rechtes Paramer (Abb. 461f) klein und oval, Hypophysis klein. Linkes Paramer (Abb. 461, g+h) gekrümmt, mit langer, schlanker Hypophysis. Penis (Abb. 461e) schlank, leicht gekrümmt. Chitinbänder der Vesika (Abb. 461i) gekrümmt, unverzweigt und ungezähnt.

Länge: ♂ = 3,3–3,6 mm, ♀ = 3,4–3,7 mm.

Bisher nur in Ägypten (Cairo, Meadi, Saft) an Pflanzen (Baumwolle?) gefangen. Imagines von Mai bis August.

462

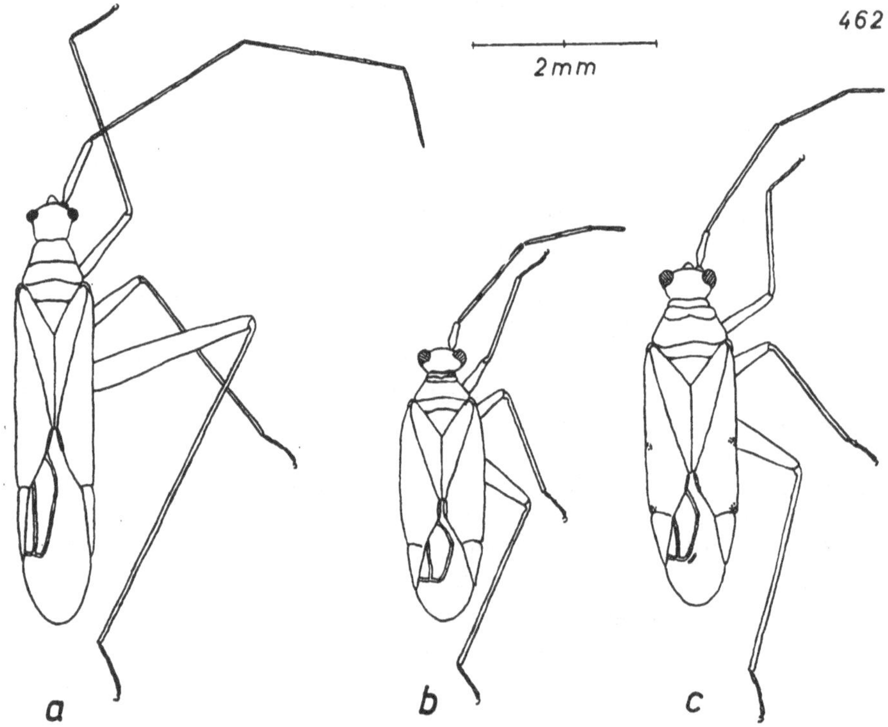

Abb. 462: *Aethorinella* und *Zanchius*, Weibchen

a: *Aethorinella parviceps* Noualh. — b: *Zanchius alatanus* Hob. — c: *Zanchius breviceps* E. Wagn.

94. Gattung AETORHINELLA NOUALHIER, 1893

Typus-Art: *A. parviceps* NOUALH.

Sehr schlanke, zarte Tiere mit ungewöhnlich langen Fühlern und Beinen (Abb. 462a). Behaarung hell. Kopf fünfeckig (Abb. 426a). Augen sehr klein und um etwa das Doppelte ihrer Breite vom Vorderrand des Pronotum entfernt. Fühler etwas länger als das Tier, das 1. Glied länger, als der Kopf breit ist. Pronotum trapezförmig. Basis des Scutellum und der Halbdecken frei. Scutellum daher etwa so breit wie das Pronotum. Basis der Halbdecken die Hinterecken des Pronotum nach außen weit überragend. Halbdecken fast parallelseitig, das Abdomen weit überragend. Beine sehr lang, Hinterschiene 0,80–0,83× so lang wie das Tier.

Die Gattung enthält nur eine Art, die auf den Makaronesischen Inseln lebt.

Aetorhinella parviceps NOUALHIER, 1893 (Abb. 462a)

LINDBERG 1953, Soc. Sci. Fenn. Comm. Biol., Bd. 14, Nr. 1, S. 126.

Sehr zart. Hellgrün, nach dem Tode gelblich. Sehr schlank, 5,2–5,4× so lang wie breit. Kopf hinter den Augen stark verlängert (Abb. 426a), vor denselben sehr kurz, seitlich gesehen etwa doppelt so lang wie hoch. Fühler sehr lang, 1. Glied 1,3 –1,5× so lang wie der Kopf breit ist; 2. Glied dünn, stabförmig, 3× so lang, wie das Pronotum breit ist; 3. Glied 0,9× so lang wie das 2. und noch dünner; 4. Glied weniger als halb so lang wie das 3. Pronotum trapezförmig, hinter den Schwielen mit einer Querfurche, etwa 1,5× so breit wie lang. Scutellum etwa 1,2× so lang wie das Pronotum. Kommissur des Clavus so lang wie Pronotum und Scutellum zusammen.

Länge: ♂, ♀ = 4,0–4,6 mm.

Die Art wurde von LINDBERG (l. c.) in Lorbeerwäldern an Virburnum rugosum gefunden. Imagines von Januar bis August.

Bisher nur auf den Kanarischen Inseln (La Palma, La Gomera, Teneriffa, Gran Canaria) gefunden.

95. Gattung PSEUDOLOXOPS KIRKALDY, 1905

Typus-Art: *P. coccinea* M.-D.

Syn.: *Aretas* DISTANT 1909, Ann. Mag. Nat. Hist., Bd. 4, S. 450.

Von breiterer Gestalt (Abb. 463a) als die vorhergehenden Gattungen. Gelb, dicht mit roter Zeichnung bedeckt, die auf den Halbdecken aus kleinen roten Punkten besteht, die leicht erhaben sind. Kopf klein, nur etwa halb so breit wie das Pronotum (Abb. 463a). Augen den Vorderrand des Pronotum berührend, nicht vorstehend. Scheitel gerandet. Fühler dünn, die beiden Endglieder zusammen nur 0,57× so lang wie das 2. Glied. Pronotum ohne Querfurche, die Basis des Scutellum und der Halbdecken ein wenig überdeckend. Scutellum daher schmaler als das Pronotum. Beine kräftig. Tarsen kurz. Rostrum schlank, gegen die Spitze gleichmäßig verjüngt. Genitalsegment des ♂ groß. Penis lang und gerade (Abb. 463d). Rechtes Paramer (Abb. 463e) beilförmig, linkes Paramer (Abb. 463f) gekrümmt.

Die Gattung enthält 15 Arten, die vor allem die orientalische und australische Region bewohnen. In der Paläarktis kommt nur eine Art vor, die auch im Mittelmeerraum angetroffen wurde.

Pseudoloxops coccinea (MEYER-DÜR), 1843 (Abb. 463a)

Ockergelb, rot gefleckt, die rote Zeichnung, von wechselnder Ausdehnung. Glänzend, mit feiner, heller Behaarung. Scheitel (Abb. 463, b+c) beim ♂ 2,0×, beim ♀ 2,2–2,4× so breit wie das rote oder braune Auge. Fühler gelblich, zum Teil rot; 1. Glied dicht mit langen, abstehenden Haaren besetzt (Abb. 428d), etwa so lang wie der Scheitel breit ist, im basalen Teil rot; 2. Glied schlank, stabförmig, 1,4× so

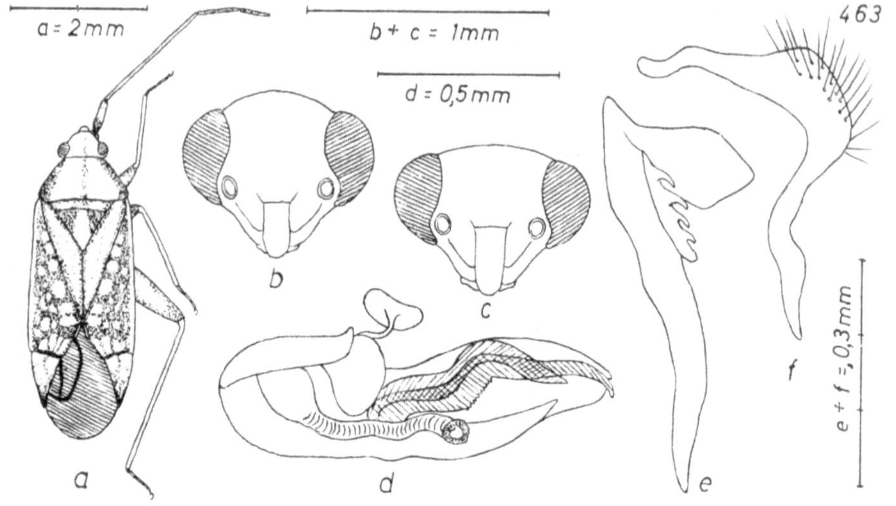

Abb. 463: *Pseudoloxops coccinea* M.-D.
a: Männchen — b: Kopf des ♂ von vorn — c: Kopf des ♀ von vorn — d: Penis von links — e: rechtes Paramer von oben — f: linkes Paramer von oben

lang, wie das Pronotum breit ist; 3. und 4. Glied rot, dünn und sehr kurz. Pronotum in der Regel mit drei roten Längsbinden, fast doppelt so breit wie der Kopf. Scutellum rot, die Mitte breit hell. Clavus mit roten Rändern. Corium und Cuneus dicht mit roten Punkten bedeckt, die zahlreiche runde Flecke freilassen. Membran grau, Adern rot. Beine gelb, Apikalteil der Schenkel rot. Das Rostrum reicht bis zu den Mittelhüften.

Rechtes Paramer (Abb. 463e) beilförmig, im Innenwinkel eine mit Zähnen bedeckte Platte. Linkes Paramer (Abb. 463f) schlank, gekrümmt, an der Krümmungsstelle buckelartig verdickt. Hypophysis stumpf, ihr Arm gewunden. Vesika des Penis (Abb. 463d) mit zwei großen Chitinbändern, die unverzweigt sind und von denen das ventrale in der Mitte eine Anzahl kleiner Zähne aufweist.

Länge: ♂ = 4,2–4,5 mm, ♀ = 4,3–4,5 mm.

Die Art lebt an Fraxinusarten. Imagines von Juni bis August. Überwintert als Ei.

Verbreitungsgebiet vor allem Mittel- und Südeuropa. Im Mittelmeergebiet in Südeuropa, Algerien und Marokko.

96. Gattung **PACHYLOPS** FIEBER, 1858

Typus-Art: *P. bicolor* DGL. et SC.

Syn.: *Hypsitylus* FIEBER 1861, Eur. Hem. S. 286.

In Gestalt und Färbung einigen Arten der Gattung *Orthotylus* sehr ähnlich, insbesondere den Arten der Untergattung *Neopachylops* E. WAGN., mit denen sie auch Ähnlichkeit im Bau der Genitalien des ♂ aufweist. Länglich bis länglich-oval. Augen das Pronotum berührend. Kopf gewölbt. Fühler kürzer als der Körper. Hinterrand des Pronotum leicht eingebogen (Abb. 464, a+b, 466, a+b), die Basis des Scutellum und der Halbdecken bedeckend. Scutellum daher schmaler als das Pronotum (Abb. 466, a+b). Behaarung aus anliegenden, hellen, glänzenden Haaren und halbaufgerichteten Haaren, die bald schwarz, bald hell sind, bestehend. Das Rostrum ist kurz, sein 3. und 4. Glied sind gegen ihre Verbindungsstelle erweitert und zusammen kaum länger als das 2. Glied. Parameren (Abb. 464, c, d, f, g, 466, e+f) kurz, das linke stark gekrümmt. Chitinbänder der Vesika (Abb. 464, e+h, 466g) kurz, breit und nur wenig verzweigt, ihre Ränder oft gezähnt.

Die Gattung ist nur in der Paläarktis verbreitet und enthält 4 Arten, die sämtlich im Mittelmeerraum vorkommen.

464

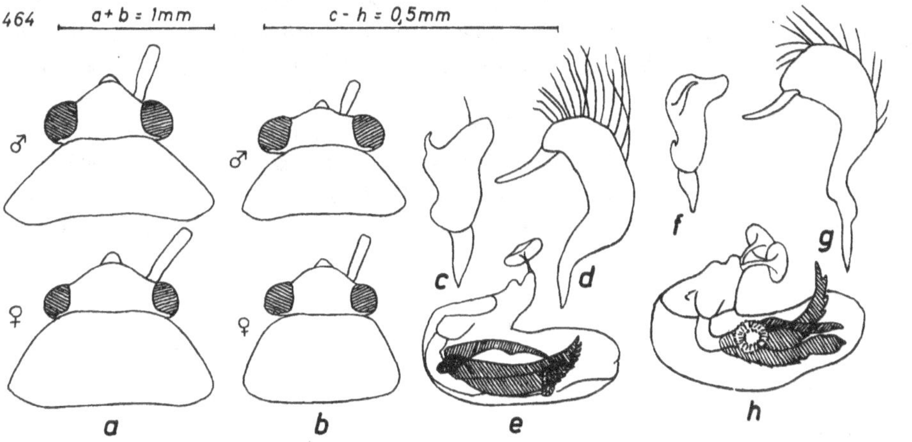

Abb. 464: *Pachylops* Fieb.
a, c, d, e: *P. prasinus* Fieb. — b, f, g, h: *P. bicolor* Dgl. et Sc.
a+b: Kopf, Pronotum und 1. Fühlerglied von oben — c+f: rechtes Paramer von oben — d+g: linkes Paramer von oben — e+h: Penis von links

Bestimmungsschlüssel
für die Arten von *Pachylops* FIEB.

1 (6) Membran grau, gleichmäßig gefärbt, ohne runde Flecken. Halbdecken ohne Punkte. Länge über 3,5 mm.

2 (3) Die halbaufgerichteten Haare sind hellgelblich, selten hellbräunlich. Pronotum beim ♂ 1,6×, beim ♀ 1,5× so breit wie der Kopf (Abb. 464a).
1. **P. prasinus** S. 170

3 (2) Die halbaufgerichteten Haare sind schwarz.

4 (5) Scheitel beim ♂ 2,0×, beim ♀ 2,3–2,5× so breit wie das Auge. 2. Fühlerglied beim ♂ kaum länger, beim ♀ etwas kürzer, als das Pronotum breit ist.
2. **P. bicolor** S. 170

5 (4) Scheitel beim ♂ 1,25–1,30×, beim ♀ 2,1× so breit wie das Auge. 2. Fühlerglied beim ♂ 1,2×, beim ♀ 1,05× so lang, wie das Pronotum breit ist.
3. **P. major** S. 171

6 (1) Membran weißlich, mit runden grauen Flecken. Halbdecken oft, beim ♂ immer mit kleinen, runden, grauen Punkten dicht bedeckt (Abb. 466a).
4. **P. fieberi** S. 172

1. **Pachylops prasinus** (FIEBER), 1861

Blaßgrün bis grün. Glänzend, alle Haare der Oberseite weißgelb, seltener die halbaufgerichteten gelbbraun. Kopf und Schwielen des Pronotum oft gelb. Scheitel beim ♂ 2×, beim ♀ fast 3× so breit wie das Auge (Abb. 464a). 1. Fühlerglied 0,40–0,45× so lang, wie der Kopf breit ist; 2. Glied beim ♂ viel länger, beim ♀ etwas kürzer, als das Pronotum breit ist; 3. Glied nur wenig kürzer als das 2., beide Endglieder etwas dunkler. Pronotum beim ♂ 1,6×, beim ♀ 1,5× so breit wie der Kopf. Membran grau, Adern grün. Beine grünlich oder gelblich.

Rechtes Paramer (Abb. 464c) kurz und breit, distal verbreitert, außen ein kräftiger, gekrümmter Zahn. Linkes Paramer (Abb. 464d) stark gekrümmt, außen sehr lang behaart. Hypophysis sehr lang und schlank. Chitinbänder der Vesika (Abb. 464e) kurz und breit, das ventrale hat an der Spitze gezähnte Ränder und ist leicht verzweigt.

Länge: ♂ = 4,7–4,8 mm, ♀ = 4,3–4,7 mm.

Die Art lebt im Garrigengebiet des Mittelmeerraumes an Daphne gnidium L. Imagines von April bis August.

Westmediterrane Art, bisher in Portugal, Spanien, Südfrankreich, Italien, Marokko und Algerien gefunden.

2. **Pachylops bicolor** (DOUGLAS et SCOTT), 1877

Graugrün bis olivgrün. Die halbaufgerichteten Haare der Oberseite schwarz. Halbdecken weniger stark glänzend, oft mit bräunlichem Mittelstreif. ♂ länglich, ♀ oval. Scheitel beim ♂ 2,0×, beim ♀ 2,3–2,5× so breit wie das Auge (Abb. 464b). 1. Fühlerglied 0,35× so lang, wie der Kopf breit ist; 2. Glied beim ♂ etwas länger, beim ♀ etwas kürzer, als das Pronotum breit ist und kaum länger als das 3. Glied, beide Endglieder dunkel. Pronotum beim ♂ 1,30–1,35×, beim ♀ 1,25–1,30× so breit wie der Kopf (Abb. 464b). Membran schwärzlich, Adern braun oder grau. Das Rostrum erreicht die Mittelhüften.

Rechtes Paramer (Abb. 464f) kleiner, der Zahn an der Außenseite länger und schlanker. Linkes Paramer (Abb. 464g) demjenigen der vorigen Art sehr ähnlich, distal etwas dicker. Chitinbänder der Vesika (Abb. 464h) breiter, die Zähne gröber.

Länge: ♂ = 4,2–4,4 mm, ♀ = 3,5–3,8 mm.

Die Art lebt an Ulex europaeus L. und Genista (Sarothamnus?). Imagines von Juli bis Oktober. Überwintert als Ei. Jährlich eine Generation.

Atlantische Art. Nur im Westen Europas. Im Mittelmeerraum in Südfrankreich (Gironde, Haute Garonne, Gard, Basses Alpes).

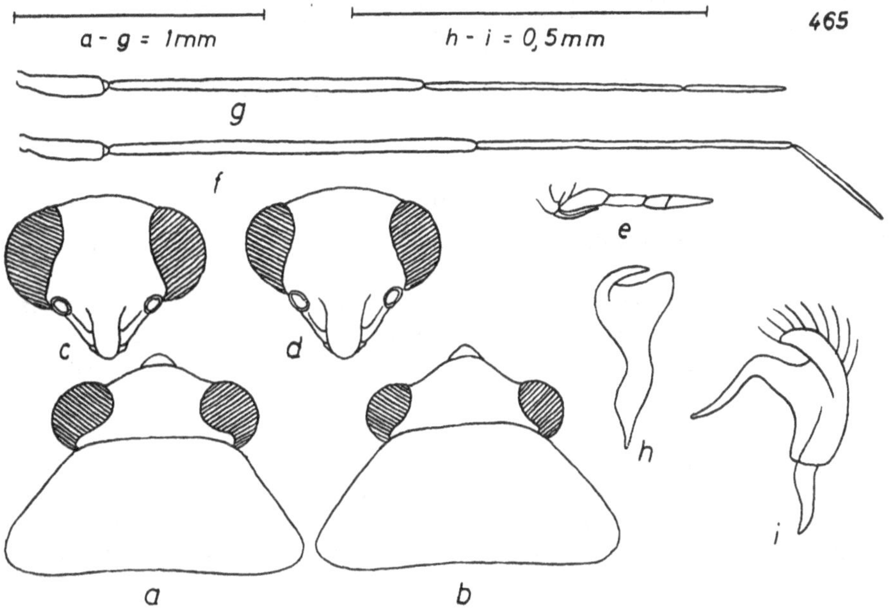

Abb. 465: *Pachylops major* E. Wagn.
a: Kopf, Pronotum und 1. Fühlerglied des ♂ — b: dasselbe vom ♀ — c: Kopf des ♂ von vorn — d: dasselbe vom ♀ — e: Rostrum des ♂ — f: Fühler des ♂ — g: Fühler des ♀ — h: rechtes Paramer von oben — i: linkes Paramer von oben

3. **Pachylops major** E. WAGNER, 1969 (Abb. 465)

Notul. Ent., Bd. 49, S. 103—104.

Etwas größer, das ♂ 3,1×, das ♀ 3,1–3,5× so lang, wie das Pronotum breit ist. Olivgrün bis gelbgrün. Oberseite mit halbaufgerichteten, schwarzen Haaren, die sehr dicht stehen, und darunter einigen feinen, weißen Haaren. Scheitel (Abb. 465, c+d) beim ♂ 1,25–1,30×, beim ♀ 2,1× so breit wie das Auge. 2. Fühlerglied (Abb. 465, f+g) beim ♂ 1,2×, beim ♀ 1,05× so lang, wie das Pronotum breit ist und kaum länger als das 3.Glied. Pronotum (Abb. 465, a+b) bei ♂ und ♀ 1,5× so breit wie der Kopf. Membran schwarz, Adern graugelb. Rostrum (Abb. 465e) kurz, nur wenig über die Vorderhüften hinausreichend.

Rechtes Paramer (Abb. 465h) klein, beilförmig, Hypophysis lang und leicht gekrümmt. Linkes Paramer (Abb. 465i) gekrümmt, Hypophysis weit unter der Spitze entspringend, so lang wie der Paramerenkörper und stark geschwungen.

Länge: ♂ = 4,4–4,6 mm, ♀ = 4,0–4,25 mm.

P. major E. WAGN. lebt an Genista spec. Imagines im Mai.

Bisher nur in Algerien (Ain Tellout) von ECKERLEIN gefangen.

4. **Pachylops fieberi** (FREY-GESSNER), 1864

Orthotylus fieberi FR.-GSSN, 1864; *Pachylops punctipes* REUTER, 1895, LINDBERG 1953, Soc. Sci. Fenn. Comm. Biol., Bd. 14, Nr. 1, S. 133—134; E. WAGNER, 1968, Notul. Ent., Bd. 48, S. 187—190.

Diese Art ist ein Rassenkreis (polytypoid). Im Mittelmeerraum kommt nur 1 Rasse vor:

Pachylops fieberi punctipes REUTER, 1895 (Abb. 466, a+b)

Kleiner, hellgrün. Halbdecken beim ♂ oft dicht mit feinen grauen Punkten bedeckt; beim ♀ in der Regel ohne Punkte. Membran bei ♂ und ♀ weißlich, mit runden, grauen Flecken (Abb. 466, a+b). Oberseite mit Gruppen von weißlichen, glänzenden, anliegenden Schuppenhaaren und längeren, halbaufgerichteten Haaren, die teils braun, teils weißlich sind. Kopf gelblich, kurz (Abb. 466, c+d). Scheitel beim ♂ 2,15–2,20×, beim ♀ 2,5× so breit wie das Auge. Fühler weißlichgelb, 1. Glied beim ♂ 0,9×, beim ♀ 0,75× so lang, wie der Scheitel breit ist; 2. Glied beim ♂ 1,25×, beim ♀ 1,0× so lang, wie das Pronotum breit ist; 3. Glied beim ♂ 0,81×, beim ♀ 0,83× so lang wie das 2. Glied. Pronotum grün, trapezförmig (Abb. 466, c+d), beim ♂ 1,4×, beim ♀ 1,2× so breit wie der Kopf, Schwielen deutlich. Scutellum grün, seine Basis gelb. Halbdecken beim ♂ voll entwickelt, beim ♀ oft

466

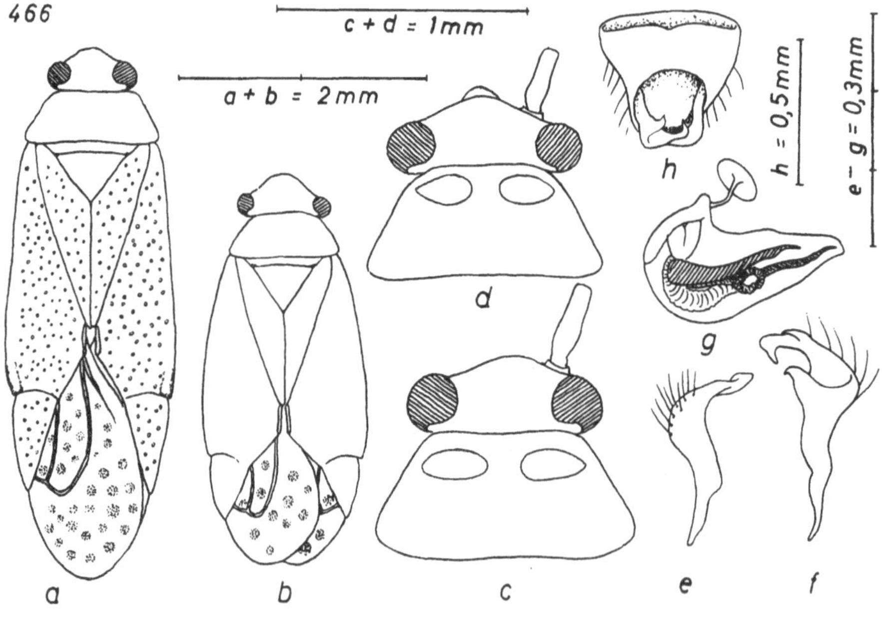

Abb. 466: *Pachylops fieberi punctipes* Reut.

a: Männchen — b: Weibchen — c: Kopf, Pronotum und 1. Fühlerglied des ♂ von oben — d: dasselbe vom ♀ — e: rechtes Paramer von oben — f: linkes Paramer von oben — g: Penis von links — h: Genitalsegment des ♂ von oben etwas verkürzt (Abb. 466, a+b). Das Rostrum überragt die Vorderhüften ein wenig. Beine gelblich, Hinterschenkel beim ♀ etwas verdickt. An den Hintertarsen ist das 2. Glied etwas länger als das 3.

Genitalsegment des ♂ (Abb. 466b) kegelförmig, etwa so lang wie dick. Rechtes Paramer (Abb. 466e) gekrümmt, Hypophysis schlank, ihr Arm distal verjüngt. Linkes Paramer (Abb. 466f) zangenförmig, Hypophysis stark gekrümmt. Sinneshöcker mit kurzer, gekrümmter Spitze. Penis (Abb. 466g) sehr einfach gebaut, birnenförmig. Chitinbänder der Vesika einfach und unverzweigt, ihre Ränder glatt.

Länge: 3,9–4,3 mm, ♀ = 3,2–3,7 mm.

Pachylops fieberi fieberi (FREY-GESSNER), 1864

E. WAGNER, 1968, Notul. Ent., Bd. 48, S. 187—190.

Diese Rasse lebt im Süden des europäischen Teils der Sowjetunion (Sarepta, Krim), Transkaspien und Turkestan. Sie ist größer, das ♂ 5,0–5,5 mm, das ♀ 4,8–5,2 mm lang. Letzteres ist makropter. Scheitel beim ♂ 1,54×, beim ♀ 2,2× so breit wie das Auge. 1. Fühlerglied beim ♂ 1,25×, beim ♀ 0,9× so lang, wie der Scheitel breit ist. Im übrigen stimmen beide Rassen überein. Auch im Bau der Genitalien des ♂ fanden sich keine Unterschiede.

Saharosindische Art. Die Subspecies *punctipes* REUT. ist von den Kanarischen Inseln durch das eremische Nordafrika bis Israel, Ägypten und Arabien verbreitet, die Subspecies *fieberi* FR.-GSSN. nur in Südosteuropa und den Ländern nördlich des Kaspischen Meeres.

97. Gattung **PACHYLOPIDEA** E. WAGNER, 1968

Notul. Ent. Bd. 48, S. 103—105.

Gestalt lang und schlank (Abb. 467, a+b), das ♂ makropter, das ♀ kürzer und pseudobrachypter. Oberseite mit langen gelben Haaren und anliegenden, schwarzen Schuppenhaaren (Abb. 467m), die kleine Gruppen bilden und dadurch wie schwarze Punkte wirken. Scheitel gerandet. Schwielen des Pronotum (Abb. 467, c+d) stark gewölbt, insbesondere beim ♂. Pronotum die Basis von Scutellum und Halbdecken überdeckend. Scutellum daher schmaler als das Pronotum. Rostrum schlank, die Hinterhüften erreichend, gegen die Spitze gleichmäßig verjüngt. An den Hintertarsen ist das 2. Glied 1,4–1,5× so lang wie das 1. und kürzer als das 3. Glied.

Die Gattung enthält bisher nur eine Art, die in Nordafrika lebt.

Pachylopidea asniensis (E. WAGNER), 1963 (Abb. 467, a+b)

Plagiotylus id. E. WAGNER, 1963, Notul. Ent., Bd. 42, S. 138—139.

Dimorph, das ♂ (Abb. 467a) makropter und 4,5×, das ♀ pseudobrachypter (Abb. 467b) und 3,67× so lang, wie das Pronotum breit ist. Rotbraun, ohne dunkle Zeichnung. Oberseite, Fühler und Beine mit fast senkrecht stehenden, hellen Haaren. Auf Pronotum und Halbdecken anliegende, schwarze Schuppenhaare, die kleine Grüppchen bilden. Scheitel hinten gekielt, beim ♂ 2,1×, beim ♀ 2,9× so breit wie das Auge (Abb. 467, c+d). Von vorn gesehen (Abb. 467, e+f) ist der Kopf breiter als hoch und unter den Augen stumpfwinklig. Fühler gelbbraun, 1. Glied rot bis dunkelbraun, 0,3× so lang, wie der Kopf breit ist (Abb. 467, c+d); 2. Glied stabförmig, beim ♂ 1,3×, beim ♀ 1,06× so lang, wie das Pronotum breit ist; 3. Glied etwas mehr als halb so lang wie das 2. Glied. Pronotum beim ♂ 1,05×, beim ♀ 1,0× so breit wie der Kopf (Abb. 467, c+d), trapezförmig, viel breiter als lang. Beim ♀ (Abb. 467b) sind Cuneus und Membran verkürzt.

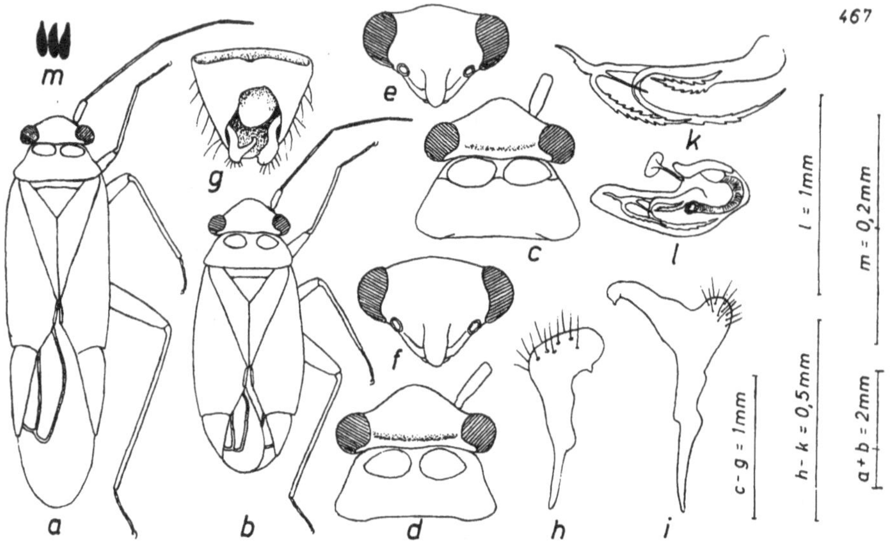

Abb. 467: *Pachylopidea asniensis* E. Wagn.

a: Männchen — b: Weibchen — c: Kopf, Pronotum und 1. Fühlerglied des ♂ von oben — d: dasselbe vom ♀ — e: Kopf des ♂ von vorn — f: Kopf des ♀ von vorn — g: Genitalsegment des ♂ von oben — h: rechtes Paramer von oben — i: linkes Paramer von oben — k: Chitinbänder der Vesika von rechts — l: Penis von rechts — m: Schuppenhaare der Oberseite

Genitalsegment des ♂ (Abb. 467g) trapezförmig, mit langen, abstehenden Haaren. Rechtes Paramer (Abb. 467h) distal stark verbreitert, außen mit langen Haaren. Linkes Paramer (Abb. 467i) in der Mitte winklig gebogen, Sinneshöcker groß und rund, Hypophysis am Ende eines langen, geraden Armes sitzend. Penis (Abb. 467l) lang, schlank, wenig gekrümmt. Chitinbänder der Vesika schlank, verzweigt, mit gezähnten Rändern.

Länge: ♂ makr. = 4,8–5,0 mm, ♀ pseudobrach. = 3,7–4,2 mm.

Bisher nur in Marokko (Hoher Atlas, Asni) in 1200 m Höhe von LINDBERG gefangen. Imagines waren im März vorhanden.

98. Gattung **PARAHYPSITYLUS** E. WAGNER, 1957

Typus-Art: *P. nevadensis* E. WAGN.

Sitz.ber. österr. Akad. Wiss., Abt. 1, 166, Bd. 5, S. 219—222.

Klein, Gestalt länglich. Kopf kurz, schmaler als das Pronotum (Abb. 468a), seitlich gesehen (Abb. 468c) etwas höher als lang. Stirn stark gewölbt, Tylus stark gekrümmt, leicht vorstehend. Fühlerwurzel neben der unteren Augenecke (Abb. 468b). Scheitel gerandet. Auge groß, das Pronotum berührend. Pronotum trapezförmig, die Basis des Pronotum und der Halbdecken bedeckend. Schenkel in der Regel gelbbraun, Schienen schwarz, mit schwarzen Dornen. An den Hintertarsen (Abb. 468d) ist das 2. Glied 1,25× so lang wie das 1. und 0,75× so lang wie das 3. Glied. Rostrum (Abb. 468c) kurz, 2. und 3. Glied gegen ihre Verbindungsstelle verdickt. Genitalsegment des ♂ (Abb. 468e) kurz, schief trapezförmig. Penis mit Chitinbändern (Abb. 468i), die wenig verzweigt sind und deren Ränder nur wenige Zähne tragen.

Die Gattung enthält nur eine Art, die in Spanien lebt.

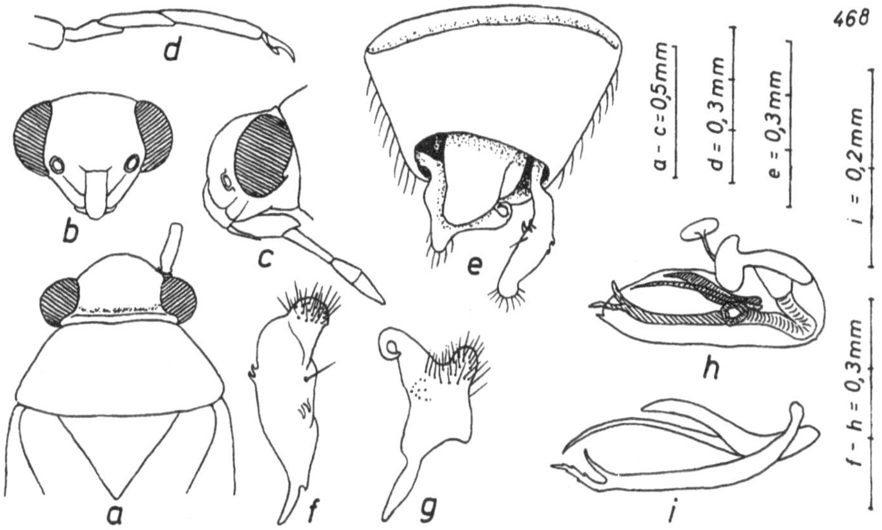

Abb. 468: *Parahypsitylus nevadensis* E. Wagn., Männchen

a: vorderer Teil von oben — b: Kopf von vorn — c: Kopf und Rostrum von links — d: Hinterfuß — e: Genitalsegment von oben — f: rechtes Paramer von oben — g: linkes Paramer von oben — h: Penis von rechts — i: Chitinbänder der Vesika von rechts

Parahypsitylus nevadensis E. WAGNER, 1957

L. c., S. 219—222.

Kennzeichnend für diese Art sind die hellgelben Hüften und Schenkel und die schwarzen Schienen und Tarsen. Gestalt länglich, das ♂ 3,5×, das ♀ 3,2× so lang, wie das Pronotum breit ist. Oberseite mit schwarzen, halbaufgerichteten Haaren.

Kopf (Abb. 468a) kurz, schwarz, beim ♀ mit gelbbraunem Scheitel. Letzterer kielartig gerandet und beim ♂ 1,9×, beim ♀ 2,10–2,15× so breit wie das große Auge. Fühler schwarz, 1. Glied 0,6–0,7× so lang, wie der Scheitel breit ist; 2. Glied beim ♂ 1,17×, beim ♀ 1,03× so lang, wie das Pronotum breit ist; 3. Glied kaum halb so lang wie das 2. und 1,6× so lang wie das 4. Glied. Pronotum, Scutellum und Halbdecken beim ♂ schwarzbraun bis schwarz, beim ♀ gelbbraun. Membran dunkelgrau, Adern schwarz. Hüften und Schenkel gelbbraun, Schienen und Tarsen schwarz. Das Rostrum reicht bis zu den Mittelhüften.

Genitalsegment des ♂ (Abb. 468e) kurz und breit, Genitalöffnung schief. Rechtes Paramer (Abb. 468f) keulenförmig, distal kopfartig, außen mit 2 Zähnen, innen eine kräftige Borste. Kopfartiger Teil dicht behaart. Linkes Paramer (Abb. 468g) breit, fast viereckig, außen ein dicht behaarter Höcker, innen eine Gruppe kleiner Zähne, Hypophysis stark gekrümmt. Penis lang und gerade (Abb. 468h). Vesika des Penis (Abb. 468i) mit 2 Chitinbändern, deren Ränder nur teilweise und schwach gezähnt sind.

Länge: ♂ = 2,90–2,95 mm, ♀ = 2,55–2,75 mm.

Die Art lebt an Juniperus sabina L., seltener an J. nana WILLD. Imagines im Juli und August.

Bisher nur in der Sierra Nevada in Südspanien am Nordhang des Mt. Veleta in 2550–2600 m Höhe gefunden.

99. Gattung **ORTHOTYLUS** FIEBER, 1858

Typus-Art: *O. nassatus* F.

KNIGHT 1941, Ill. Nat. Hist. Surv. Bull., Bd. 22, S. 82; SOUTHWOOD, 1953, Trans. Roy. Ent. Soc. London, 104 (11), S. 415; E. WAGNER, 1942, Mitt. dtsch. Ent. Ges., Bd. 11, S. 68; CARVALHO 1955, An. Acad. Brasil. Ci., Bd. 24 (1), S. 78; id. 1958, Arq. Mus. Mac. Rio de Janeiro, Bd. 47, S. 95—119.

Artenreiche Gattung. Gestalt länglich bis oval, das ♀ in der Regel kürzer und breiter als das ♂. Kopf geneigt, von vorn gesehen (Abb. 470g) breiter als hoch. Stirn gewölbt. Scheitel hinten gerandet (Ausnahme Untergattung *Litocoris* FIEB.). Augen groß, den Vorderrand des Pronotum in der Regel berührend (Ausnahme Untergattung *Neomecomma* SOUTHW., Abb. 473, f+g). Fühler lang und schlank. Pronotum ohne Querfurche und mit in der Regel undeutlichen Schwielen, die Basis von Scutellum und Halbdecken überdeckend. Scutellum daher schmaler als das Pronotum. Beine in der Regel schlank; nur selten sind die Hinterschenkel etwas verdickt.

Parameren für jede Art von charakteristischer Gestalt und daher von hoher taxonomischer Bedeutung. Sie kommen von sehr einfachen (Abb. 469, e+f) bis zu sehr komplizierten Formen (Abb. 469, a+b) vor. Vesika des Penis mit 2 Chitinbändern, die oft stark verzweigt sind und gezähnte Ränder aufweisen (Abb. 469c), oft aber auch sehr einfach, unverzweigt und ungezähnt sind (Abb. 469g).

Beim ♀ hat die Hinterwand der Bursa copulatrix eine taxonomisch wichtige Struktur, die K-Struktur (Abb. 469, d, h, i). Sie ist bisweilen sehr einfach gebaut (Abb. 469h), bisweilen aber auch in 2 Lappen von wechselnder Gestalt geteilt (Abb. 469, d+i). Ihre Oberfläche ist in der Regel mit kleinen Zähnen und feinen Haaren bedeckt. Auch diese K-Struktur hat bei jeder Art eine für diese charakteristische Form und Struktur.

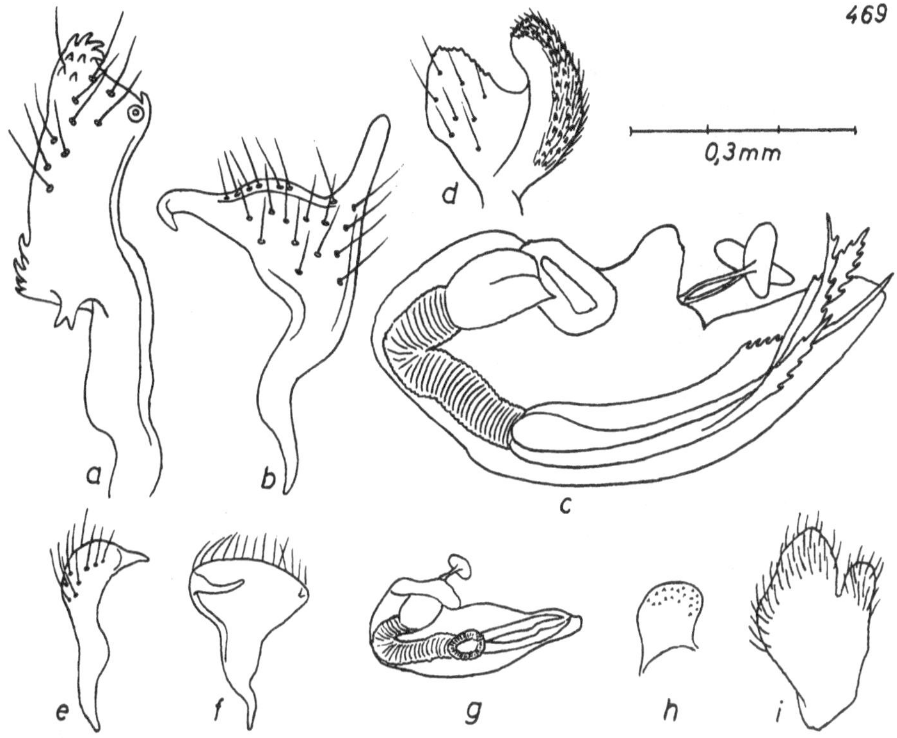

Abb. 469: *Orthotylus*, Genitalien

a—d: O. (s. str.) *sicilianus* E. Wagn. — e—g: O. *(Melanotrichus) contrarius* E. Wagn. — h: O. *(Melanotrichus) moncreaffi* Dgl. et Sc. — i: O. *(Pinocapsus) fuscescens* Kb. a+e: rechtes Paramer von oben — b+f: linkes Paramer von oben — c+g: Penis von links — d, h, i: K-Struktur der Hinterwand der Bursa copulatrix des ♀

Die Einteilung der Gattung ist trotz der starken Differenzierung der Arten sehr schwierig. KNIGHT (1927) hat versucht, sie in 2 Gattungen, *Orthotylus* FIEB. und *Melanotrichus* REUT., zu teilen. Aber diese Teilung läßt sich für die paläarktischen Arten nicht durchführen, weil sich eine große Anzahl von Übergangsformen und Abweichungen findet. Wir betrachten *Orthotylus* FIEB. daher heute als Großgattung und teilen diese in 6 Untergattungen ein. Als Kriterium für diese Einteilung wird in erster Linie die Behaarung der Oberseite benutzt. In der Regel sind 2 unterschiedliche Haartypen vorhanden, die sich in den meisten Fällen auch noch durch die Färbung unterscheiden (Abb. 470). In vielen Fällen sind die anliegenden Haare schuppenförmig, hell und glänzend (Abb. 470, f–i).

Die Gattung ist über die ganze Erde verbreitet und enthält über 150 Arten. In der Paläarktis kommen davon etwa 90 vor, davon sind im Mittelmeerraum 67 gefunden.

Bestimmungsschlüssel
für die Untergattungen von *Orthotylus* FIEB.

1 (4) Alle halbaufgerichteten Haare der Oberseite weißlich oder weißgelb, anliegende Haare fehlen oder sind bräunlich.

2 (3) Scutellum einfarbig, hell oder dunkel. Augen den Vorderecken des Pronotum genähert. 3. Untergattung **Orthotylus** S. 184

3 (2) Scutellum zweifarbig (Abb. 473a) orangegelb oder gelblich mit dunklem bis schwarzem Mittelstreif. Augen von den Vorderecken des Pronotum etwas entfernt. 2. Untergattung **Neomecomma** S. 182

4 (1) Halbaufgerichtete Haare der Oberseite schwarz oder braun (Abb. 470, d–h), selten sind sie hell, dann sind unter ihnen deutlich unterscheidbare Schuppenhaare vorhanden.

5 (6) Scheitel völlig ungerandet. Das Rostrum überragt die Hinterhüften weit. Behaarung einfach, nur aus halbaufgerichteten Haaren bestehend, die in der Regel schwarz sind (Abb. 470e). 6. Untergattung **Litocoris** S. 243

6 (5) Scheitel gerandet. Behaarung zweifach, in der Regel sind auch helle anliegende, oft schuppenförmige Haare vorhanden (Abb. 470, d, f, g, h, i).

7 (8) Genitalien des ♂ sehr einfach gebaut. Linkes Paramer (Abb. 469f) dreieckig, die Hypophysis sitzt an der inneren Ecke und ist gegen die Mitte des Paramerenkörpers gerichtet. Penis (Abb. 469g) klein, birnenförmig. Chitinbänder der Vesika klein, unverzweigt und ungezähnt. 5. Untergattung **Melanotrichus** S. 220

8 (7) Genitalien größer und komplizierter. Linkes Paramer anders gebaut. Hypophysis vom Paramerenkörper fort gerichtet. Penis länger und schlanker.

9 (10) Halbaufgerichtete Haare braun, anliegende Haare weißlich, aber nicht schuppenförmig. Chitinbänder der Vesika ungezähnt. 1. Untergattung **Pinocapsus** S. 178

10 (9) Halbaufgerichtete Haare schwarz, seltener hell, dann sind die anliegenden Haare schuppenförmig. Chitinbänder in der Regel verzweigt und gezähnt. 4. Untergattung **Neopachylops** S. 206

1. Untergattung **Pinocapsus** SOUTHWOOD, 1953

Typus-Art: *O. fuscescens* KB.

Trans. R. Ent. Soc. London, 104 (11), S. 443; E. WAGNER 1956, in GULDE, Wanz. Mitteleur., Heft 11, S. 381.

Halbaufgerichtete Haare braun oder gelb, unter ihnen oft anliegende, weiße Haare. Chitinbänder (Abb. 472, c, f, i) unverzweigt und ungezähnt.

Die Untergattung enthält 3 Arten, die im Mittelmeerraum vorkommen.

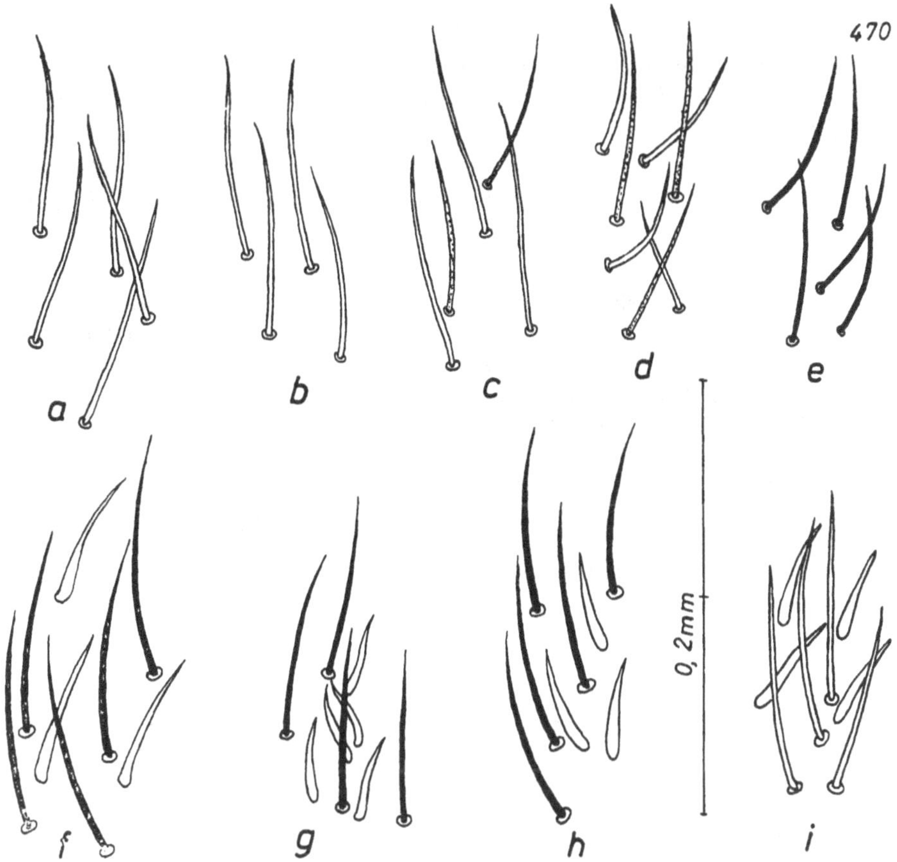

Abb. 470: *Orthotylus*, Behaarung der Oberseite
a: O. (s. str.) *flavinervis* Kb. — b: O. *(Neomecomma) bilineatus* Fall. — c: O. (s. str.) *diaphanus* Kb. — d: O. *(Pinocapsus) fuscescens* Kb. — e: O. *(Litocoris) ericetorum* Fall. — f: O. *(Neopachylops) virescens* Dgl. et Sc. — g: O. *(Melanotrichus) flavosparsus* Shlbg. — h: O. *(Melanotrichus) rubidus* Put. — i: O. *(Melanotrichus) salsolae* Reut.

Bestimmungsschlüssel
für die Arten von *Pinocapsus* SOUTHW.

1 (4) Scheitel beim ♂ etwa 1,7×, beim ♀ über 2× so breit wie das Auge (Abb. 471, b–e). Seiten des Pronotum nicht eingebuchtet.

2 (3) Behaarung der Oberseite braun, darunter anliegende, weißliche Haare (Abb. 470d). 2. Fühlerglied so lang oder länger als die Pronotumbreite.
1. **O. (P.) fuscescens** S. 180

3 (2) Haare der Oberseite lang und gelblich. 2. Fühlerglied kürzer als die Pronotumbreite.
2. **O. (P.) cupressi** S. 181

4 (1) Scheitel beim ♂ 1,25×, beim ♀ 1,5× so breit wie das Auge (Abb. 471, f+g). Seiten des Pronotum eingebuchtet.
3. **O. (P.) callitris** S. 182

1. **Orthotylus (Pinocapsus) fuscescens** (KIRSCHBAUM), 1856 (Abb. 471a)

Olivgrün bis grünlichbraun. Fühler grau. Basis des Scutellum oft orangegelb. Oberseits mit feinen, halbaufgerichteten, braunen Haaren und anliegenden, weißen Haaren. Gestalt (Abb. 471a) länglich-oval. Kopf kurz und sehr breit. Scheitel beim ♂ 1,67×, beim ♀ mehr als 2× so breit wie das Auge. 2. Fühlerglied so lang oder etwas länger als die Pronotumbreite und deutlich länger als das 3. und 4. zusammen. Hinterschiene 4× so lang wie der Fuß. Membran grau. Adern gelbgrau.

Rechtes Paramer (Abb. 472a) dreieckig, distal innen mit einer Spitze, außen 3 kräftige Zähne, an der Ecke ein kräftiger Dorn. Linkes Paramer in 2 stark divergierende Äste gegabelt; der äußere schlank und spitz, der innere in einen mit Zähnen bedeckten Kolben endend. Außen nahe der Basis ein umgebogener Fortsatz, der 2 Zähne trägt. Chitinbänder (Abb. 472c) einfach, ungezähnt. K-Struktur der Hinterwand der Bursa copulatrix des ♀ (Abb. 469i) zweilappig, fein behaart.

Länge: ♂ = 4,7–4,9 mm, ♀ = 4,3–4,7 mm.

Die Art lebt an Pinusarten. Imagines von Juni bis August. Überwintert als Ei.

Verbreitungsgebiet Nord- und Mitteleuropa. Im Mittelmeerraum nur in Jugoslawien und Griechenland.

471

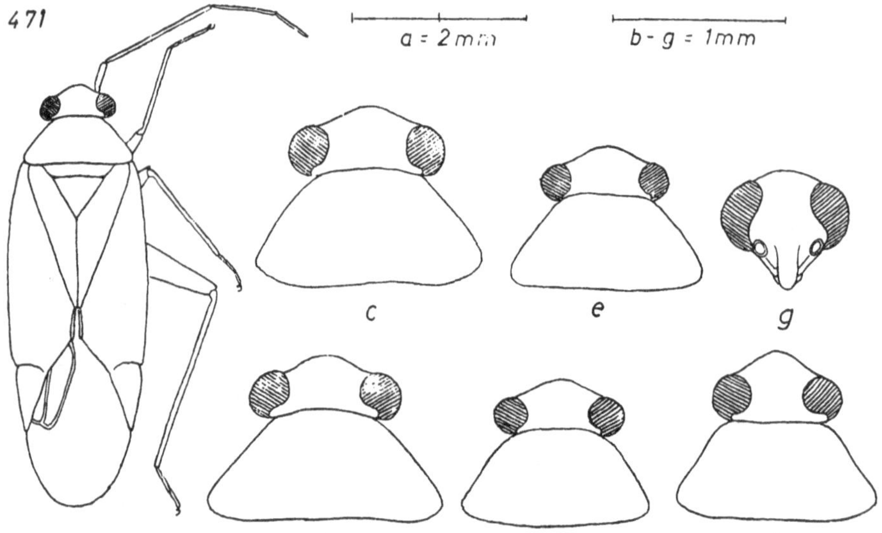

Abb. 471: *Pinocapsus* Southw.

a—c: O. *(P.) fuscescens* Kb. — d+e: O. *(P.) cupressi* Reut. — f+g: O. *(P.) callitris* Ldbg.
a: Männchen — b, d, f: Kopf und Pronotum des ♂ von oben — c+e: dasselbe vom ♀ — g: Kopf des ♂ von vorn

2. **Orthotylus (Pinocapsus) cupressi** REUTER, 1883 (Abb. 475e)

Grün, glänzend. Behaarung lang und gelblich. Scheitel beim ♂ 1,75×, beim ♀ 2,35× so breit wie das Auge. Fühler gelbgrün, das 2. Glied kürzer als die Pronotumbreite. Membran grau, Adern blaßgrün.

Genitalsegment des ♂ so lang wie die übrigen Abdominalsegmente zusammen. Rechtes Paramer (Abb. 472g) distal gekrümmt, mit 2 gezähnten Fortsätzen. Linkes Paramer (Abb. 472h) distal mit 2 Armen, die in entgegengesetzte Richtung weisen, nahe der Basis ein gezähnter Höcker. Chitinbänder der Vesika (Abb. 472i) unverzweigt und ungezähnt. K-Struktur der Bursa copulatrix des ♀ (Abb. 479e) klein, zweilappig, der äußere Lappen viel länger als der innere.

Der Bau der Genitalien des ♂ und die Lebensweise verweisen diese Art in die Untergattung *Pinocapsus* SOUTHW., obgleich die helle Behaarung für *Orthotylus* s. str. spricht.

Länge: ♂, ♀ = 3,3–3,9 mm.

Die Art lebt an Cupressus und Juniperus. Imagines im Mai und Juni. Überwintert als Ei.

Bisher nur in Frankreich gefunden. Dort auch im mediterranen Teil (Bouches-du-Rhône, Vaucluse, Pyrénées-orientales).

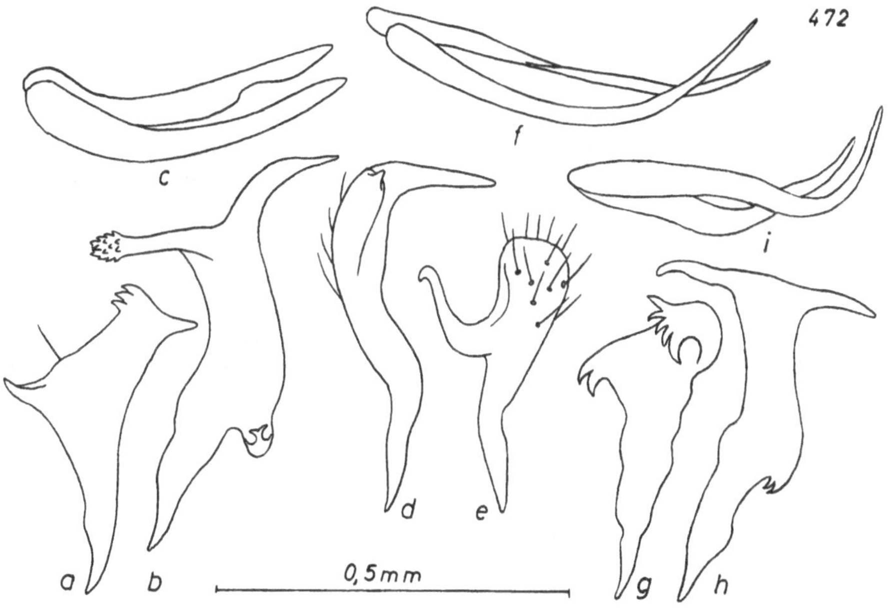

Abb. 472: *Pinocapsus*, Genitalien des Männchens

a—c: O. *(P.) fuscescens* Kb. — d—f: O. *(P.) callitris* Ldbg. — g—i: O. *(P.) cupressi* Reut. a, d, g: rechtes Paramer von oben — b, e, h: linkes Paramer von oben — c, f, i: Chitinbänder der Vesika von links

3. **Orthotylus (Pinocapsus) callitris** LINDBERG, 1940

Soc. Sci. Fenn. Comm. Biol., Bd. 7, Nr. 14, S. 41—42.

Hell gelbgrün, ohne dunkle Zeichnung. Behaarung der Oberseite braun, mit weißlichen Haaren gemischt. Gestalt langgestreckt, das ♂ parallelseitig, das ♀ fast parallelseitig. Kopf schmal und etwas länger (Abb. 471f). Scheitel beim ♂ 1,25×, beim ♀ 1,50× so breit wie das Auge, hinten gerandet. Fühler gelblich, 1. Glied kurz, so lang wie die Augenbreite; 2. Glied 1,0× (♀) bis 1,2× (♂) so lang wie die Pronotumbreite. Seiten des Pronotum (Abb. 471f) schwach eingebuchtet. Membran hellgrau, Adern gelblich. Das Rostrum erreicht die Hinterhüften.

Rechtes Paramer (Abb. 472d) schlank, Hypophysis lang und spitz, fast rechtwinklig angesetzt, neben ihrer Basis ein Höcker, der einen Zahn trägt. Linkes Paramer (Abb. 472e) keulenförmig, distal dick und lang behaart, in der Mitte der Innenseite ein langer, gekrümmter Arm, der eine kurze Hypophysis trägt. Chitinbänder der Vesika (Abb. 472f) lang und schlank, unverzweigt und ungezähnt.

Länge: ♂, ♀ = 4,0–4,2 mm.

Die Art lebt an Callitris articulata. Imagines im Mai.

Bisher nur in Marokko (Reraia-Tal, Djebel Amsitten) gefunden. Neuerdings von ECKERLEIN dort wiedergefunden.

2. Untergattung **Neomecomma** SOUTHWOOD, 1953

Typus-Art: *O. bilineatus* FALL.

Trans. R. Ent. Soc. London, 104 (11), S. 443; E. WAGNER 1956, in GULDE, Wanz. Mitteleur., Heft 11, S. 382.

Halbaufgerichtete Haare der Oberseite hell (Abb. 470b), anliegende Haare sind nicht zu erkennen. Gestalt (Abb. 473a) schlank. Hinterfläche des Kopfes konvex (Abb. 473, f+g), Augen daher von den Vorderecken des Kopfes etwas entfernt. Mitte der Oberseite mit dunkler Zeichnung. Scutellum stets zweifarbig, orangegelb bis gelblich mit dunklem Mittelfleck (Abb. 473a). Äußerer Teil der Halbdecken grau oder grünlich. Rechtes Paramer (Abb. 473b) klein, keulenförmig, linkes Paramer (Abb. 473c) sichelförmig, mit kleinem, stark gewölbtem Sinneshöcker. Chitinbänder der Vesika einfach (Abb. 473d) und unverzweigt, von unterschiedlicher Größe. K-Struktur der Hinterwand der Bursa copulatrix des ♀ (Abb. 473e) einfach, schlank und spitz.

Die Untergattung enthält nur 1 Art.

4. **Orthotylus (Neomecomma) bilineatus** (FALLÉN), 1807 (Abb. 473a)

Gelbgrau bis hellgrün, mit dunkelbrauner bis schwarzbrauner Zeichnung, die sich vor allem in der Mitte des Tieres befindet. Kopf kurz und breit (Abb. 473, f+g). Auge nach vorn gerichtet, Scheitel beim ♂ 1,0×, beim ♀ 1,60–1,65× so breit wie das Auge, hinten kielartig gerandet. Fühler schlank, größtenteils schwarz oder schwarzbraun; 2. Glied 1,3–1,4× so lang, wie das Pronotum breit ist und länger als das 3. und 4. zusammen. Pronotum mit dunklen Hinterecken, oft auch die

Schwielen dunkel. Scutellum orangegelb bis gelbgrau, mit dunklem Längsfleck. Innerer Teil von Clavus und Corium in der Regel dunkel (Abb. 473a). Membran grau, Adern schwarzbraun.

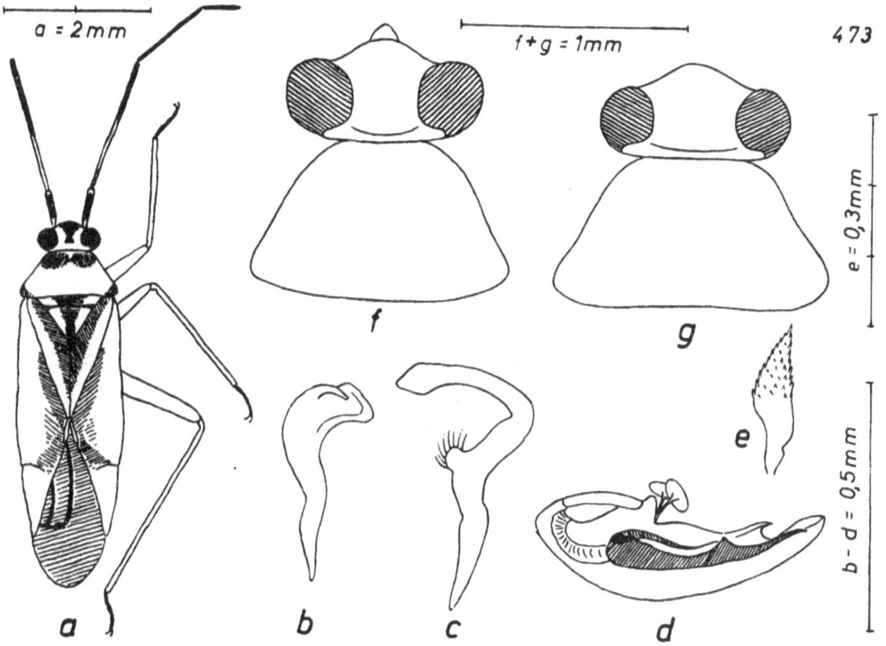

Abb. 473: *Orthotylus (Neomecomma) bilineatus* Fall.

a: Männchen — b: rechtes Paramer von oben — c: linkes Paramer von oben — d: Penis von links — e: K-Struktur der Hinterwand der Bursa copulatrix des ♀ — f: Kopf und Pronotum des ♂ von oben — g: dasselbe vom ♀

Rechtes Paramer (Abb. 473b) keulenförmig, Apikalteil gekrümmt, außen mit gekrümmtem Dorn. Linkes Paramer (Abb. 473c) sichelförmig, Hypophysis verbreitert, Sinneshöcker klein, aber konvex. Chitinbänder der Vesika (Abb. 473d) ungleich, das dorsale sehr schlank, das ventrale länger, breiter und in der Mitte mit einem Höcker. K-Struktur des ♀ (Abb. 473e) schlank, spitz und einfach, mit feinen Zähnen besetzt.

Länge: ♂ = 4,6–5,3 mm, ♀ = 4,8–5,4 mm.

Die Art lebt an Populus tremula L. Imagines von Juli bis September. Überwintert als Ei.

Das Verbreitungsgebiet der Art sind vor allem Nord-, Mittel- und Osteuropa. Im Mittelmeerraum bisher nur in Südfrankreich (Hautes Pyrénées) und Bulgarien gefunden.

3. Untergattung **Orthotylus** s. str.

Typus-Art: *O. nassatus* F.

E. WAGNER 1956, in GULDE, Wanz. Mitteleur., Heft 11, S. 384; id. 1942, Mitt. dtsch. Ent. Ges., Bd. 11, S. 68.

Behaarung der Oberseite aus halbaufgerichteten, hellen Haaren bestehend (Abb. 470a), anliegende Haare sind nur selten vorhanden und dann fein und braun (Abb. 470c). Gestalt länglich (Abb. 475), beim ♀ in der Regel etwas breiter als beim ♂. Grundfarbe in der Regel grün, es gibt aber auch dunkelbraun bis schwarz gefärbte Arten. Fühler wechselnd gefärbt, meistens jedoch hell. Scheitel hinten gerandet. Augen dem Pronotum genähert (Abb. 475). Genitalsegment des ♂ meistens groß und etwa so lang, wie die übrigen Segmente des Abdomens zusammen. Parameren von stark wechselnder Gestalt. Chitinbänder der Vesika (Abb. 478) meistens stark verzweigt und mit kräftig gezähnten Rändern. Die K-Struktur der Hinterwand der Bursa copulatrix des ♀ (Abb. 478) ist fast immer zweilappig, der innere Lappen kürzer und breiter als der äußere.

Die Arten leben an Holzgewächsen, vorwiegend an Laubhölzern, und sind in der Regel an eine oder wenige Pflanzenarten gebunden. Im Mittelmeerraum kommen 26 Arten vor, die in 5 Artengruppen eingeteilt werden. Die Bestimmung der Arten ist schwierig, wenn nach äußeren Merkmalen vorgegangen wird, aber verhältnismäßig einfach, wenn die Gestalt der Parameren beachtet wird.

Bestimmungsschlüssel
für die Artengruppen von *Orthotylus* s. str.

1 (2) Oberseite ganz oder fast ganz schwarzbraun bis schwarz.
a. **O. obscurus**-Gruppe S. 184

2 (1) Oberseite überwiegend hellgrün, grün oder gelb.

3 (4) Unter den halbaufgerichteten, hellen Haaren befinden sich vor allem im Cuneus feine, mehr anliegende, braune Haare.
e. **O. diaphanus**-Gruppe S. 202

4 (3) Alle Haare der Oberseite hell.

5 (6) Halbdecken undurchsichtig, sattgrün. Linkes Paramer (Abb. 477) mit einem geraden, schlanken, schrägsitzenden Ast. b. **O. virens**-Gruppe S. 186

6 (5) Halbdecken durchscheinend, bald hellgrün, bald weißgrün, bald weißgelb.

7 (8) Grundfarbe hell- oder weißgrün. Adern der Membran grün oder bräunlich.
c. **O. nassatus**-Gruppe S. 193

8 (7) Grundfarbe hellgelb. Adern der Membran hellgelb oder weißlich.
d. **O. tenellus**-Gruppe S. 201

a. Die *O. obscurus*-Gruppe

1 (2) Einfarbig dunkel rotbraun. Fühler gelb. 5. **O. (O.) obscurus** S. 185

2 (1) Außen- und Innenrand des Corium breit gelblich. 6. **O. (O.) psalloides** S. 185

5. **Orthotylus (Orthotylus) obscurus** REUTER, 1875

Dunkelbraun bis schwarz, frisch entwickelte Exemplare oft rötlich. Oberseite nur mit hellen, halbaufgerichteten Haaren. Kopf kurz, Scheitel beim ♂ 1,75×, beim ♀ fast 2× so breit wie das Auge. Fühler weißgelb, 1. Glied kürzer, als der Scheitel breit ist; 2. Glied etwa so lang, wie das Pronotum breit ist und so lang wie das 3. und 4. zusammen. Membran grau, Adern dunkel. Beine und Rostrum hellgelb. Schienen mit langen Dornen. Das Rostrum erreicht die Hinterhüften.

Genitalsegment des ♂ groß, so lang wie die übrigen Abdominalsegmente zusammen. Rechtes Paramer sehr einfach gebaut. Linkes Paramer kurz und dick.

Länge: ♂ = 4,0–4,5 mm, ♀ = 3,5–3,6 mm.

Die Art lebt in Gebirgsgegenden an Pinus und Picea. Imagines im Juli. Überwintert als Ei.

Europäische Art. Im Mittelmeerraum in Südfrankreich (Haute-Garonne), Rumänien und Bulgarien gefunden.

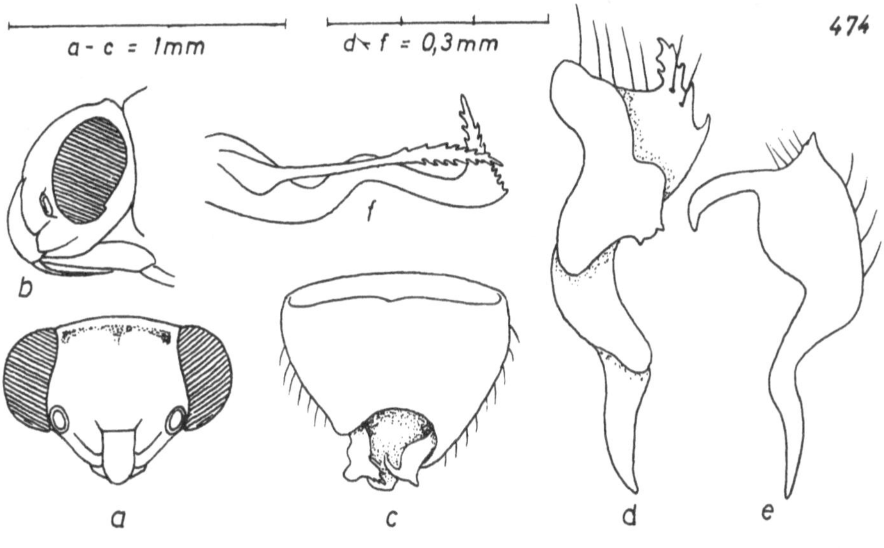

Abb. 474: *Orthotylus* (s. str.) *psalloides* E. Wagn., Männchen
a: Kopf von vorn — b: Kopf von links — c: Genitalsegment von oben — d: rechtes Paramer von oben — e: linkes Paramer von oben — f: Chitinbänder der Vesika von links

6. **Orthotylus (Orthotylus) psalloides** E. WAGNER, 1958
Bull. Soc. Hist. Nat. Afr. Nord, Bd. 38, S. 83—84.

Schwarzbraun bis schwarz. Außen- und Innenrand des Corium gelbbraun. Oberseite mit langen, halbaufgerichteten, weißlichen Haaren. Kopf kurz und breit, von vorn gesehen (Abb. 474a) 1,36× so breit wie hoch. Tylus stark gekrümmt (Abb. 474b).

Scheitel hinten kielartig gerandet, beim ♂ 2,0×, beim ♀ 3,0× so breit wie das Auge. Fühlerwurzel an der unteren Augenecke. Fühler (♀) schwarz, 1. Glied 0,56× so lang, wie der Scheitel breit ist; 2. Glied so lang, wie der Kopf breit ist. Pronotum trapezförmig. Membran braun, Adern schwarzbraun. Schenkel schwarz, Schienen beim ♂ gelb, beim ♀ schwarz. Das Rostrum reicht bis zu den Mittelhüften.

Genitalsegment des ♂ (Abb. 474c) kurz und breit. Rechtes Paramer (Abb. 474d) im Apikalteil zweiteilig, der untere (hintere) Teil mit einem langen, gezähnten, spitzen Fortsatz. Linkes Paramer (Abb. 474e) im Apikalteil mit spitzem Höcker, Hypophysis auf einem langen, schlanken Arm sitzend. Chitinbänder der Vesika (Abb. 474f) unverzweigt, gewunden und im Apikalteil gezähnt.

Länge: ♂ = 3,45 mm, ♀ = 3,8 mm.

Bisher nur in Marokko (Atlasgebirge in 2800–3100 m Höhe) gefunden. Imagines im Juli. Lebensweise unbekannt.

b. Die **O. virens**-Gruppe

1 (4) Adern der Membran leuchtend gelb, orangefarben oder rot. Länge des Tieres 4,7–6,0 mm. Außenrand des Corium grün.

2 (3) Scheitel beim ♂ 1,67×, beim ♀ mehr als 2× so breit wie das Auge. Länge beim ♂ 4,7–5,3 mm, beim ♀ 4,8–5,1 mm. Rechtes Paramer (Abb. 477b) spitz dreieckig, in der Mitte mit spitzem, gezähntem Fortsatz.
7. **O. (O.) virens** S. 188

475

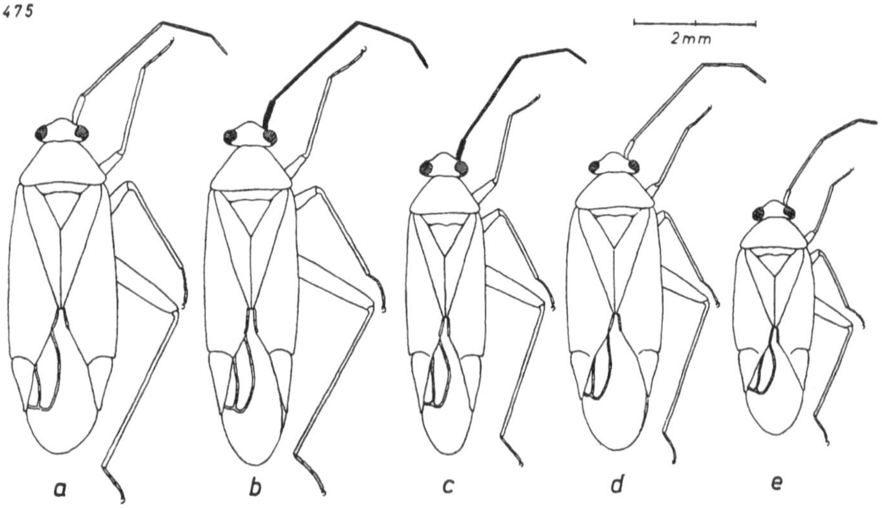

Abb. 475: *O. virens*-Gruppe, Männchen

a: *O. (O.) marginalis* Reut. — b: *O. (O.) interpositus* K. Schm. — c: *O. (O.) siuranus* E. Wagn. — d: *O. (O.) sicilianus* E. Wagn. — e: *O. (O.) cupressi* Reut.

3 (2) Scheitel beim ♂ 1,5×, beim ♀ 1,8× so breit wie das Auge. Länge des ♂ 5,5–6,0 mm, des ♀ 5,2–5,8 mm. Rechtes Paramer (Abb. 477a) mit 3 kurzen, gezähnten Fortsätzen. **8. O. (O). flavinervis** S. 189

4 (1) Adern der Membran grün, grau oder braun.

5 (8) Adern der Membran sattgrün. Länge des Tieres 5,6–7,0 mm.

6 (7) Gestalt breiter (Abb. 475a). Fühler gelbgrün, beim ♂ die Basis von Glied 1 braun. Rechtes Paramer (Abb. 477c) groß und dreieckig. **9. O. (O.) marginalis S. 189**

7 (6) Gestalt schlanker (Abb. 475b). Fühler beim ♂ schwarz oder schwarzbraun, beim ♀ Glied 1 rotbraun und die Spitze von Glied 2 dunkel. Rechtes Paramer (Abb. 477d) kleiner, löffelförmig. **10. O. (O.) interpositus** S. 190

8 (5) Adern der Membran grau, graubraun oder braun. Länge des Tieres unter 5 mm.

9 (10) Sehr schlank (Abb. 475c). Scheitel hinten kielartig gerandet. Fühler braun, beim ♂ im basalen Teil schwarz. Scheitel beim ♂ 1,4–1,5×, beim ♀ 2,1–2,2× so breit wie das Auge. Parameren siehe Abb. 477, g+n! **11. O. (O.) siuranus** S. 191

10 (9) Gestalt mehr oval (Abb. 475d). Hinterrand des Scheitels nur selten kielartig, dann ist der Scheitel beim ♂ 2,2–2,3×, beim ♀ 2,3–2,4× so breit wie das Auge. Fühler hellgelb oder -grün, seltener hellbraun.

11 (12) Länge des Tieres 3,3–3,9 mm. Scheitel beim ♂ 1,5–1,6×, beim ♀ 2,3× so breit wie das Auge. Parameren siehe Abb. 472, g–i! Der in die Untergattung *Pinocapsus* gehörende **O. cupressi** S. 181

12 (11) Länge des Tieres 4,3–5,0 mm. Scheitel beim ♂ 2,0–2,3×, beim ♀ 2,3–2,5× so breit wie das Auge.

13 (14) Scheitel am Hinterrande mit kräftigem Querkiel, beim ♂ 2,2–2,3×, beim ♀ 2,3–2,4× so breit wie das Auge. Parameren siehe Abb. 480, c+d! **12. O. (O.) stratensis** S. 192

476

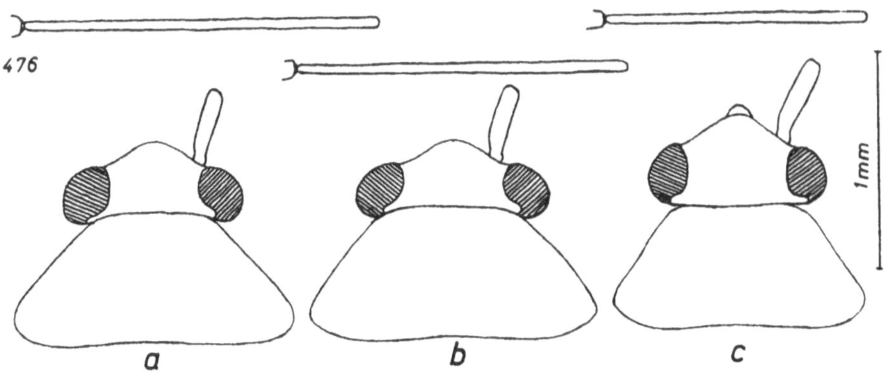

Abb. 476: O. *virens*-Gruppe, Kopf, Pronotum und 2. Fühlerglied
a: O. *(O.) sicilianus* E. Wagn., ♂ — b: id., ♀ — c: O. *(O.) paulinoi* Reut., ♀

14 (13) Scheitel beim ♂ 2,0×, beim ♀ 2,46–2,50× so breit wie das Auge, hinten gerandet oder kantig, aber ohne Kiel.

15 (16) 2. Fühlerglied sehr lang, beim ♂ 2,0×, beim ♀ 1,72× so lang, wie der Kopf breit ist (Abb. 476, a+b). 13. **O. (O.) sicilianus** S. 193

16 (15) 2. Fühlerglied beim ♂ 1,50–1,55×, beim ♀ 1,40–1,45× so lang, wie der Kopf breit ist (Abb. 476c). 14. **O. (O.) paulinoi** S. 193

7. **Orthotylus (Orthotylus) virens** (FALLÉN), 1807

Männchen und Weibchen unterschiedlich gefärbt. Beim ♂ sind in der Regel der Kopf mit Ausnahme von 2 gelben Flecken am inneren Augenrand, die Fühler größtenteils, die Schwielen des Pronotum, seltener das ganze Pronotum, und der vordere Teil des Scutellum schwarz, der Rest des Körpers grün gefärbt. Beim ♀ sind der Kopf, das Pronotum und das Scutellum gelb, der Rest grün. Membran grau, Adern gelb. Scheitel beim ♂ 1,67×, beim ♀ mehr als 2× so breit wie das Auge. 2. Fühlerglied 1,33×–1,50× so lang, wie das Pronotum breit ist und 1,33×

477

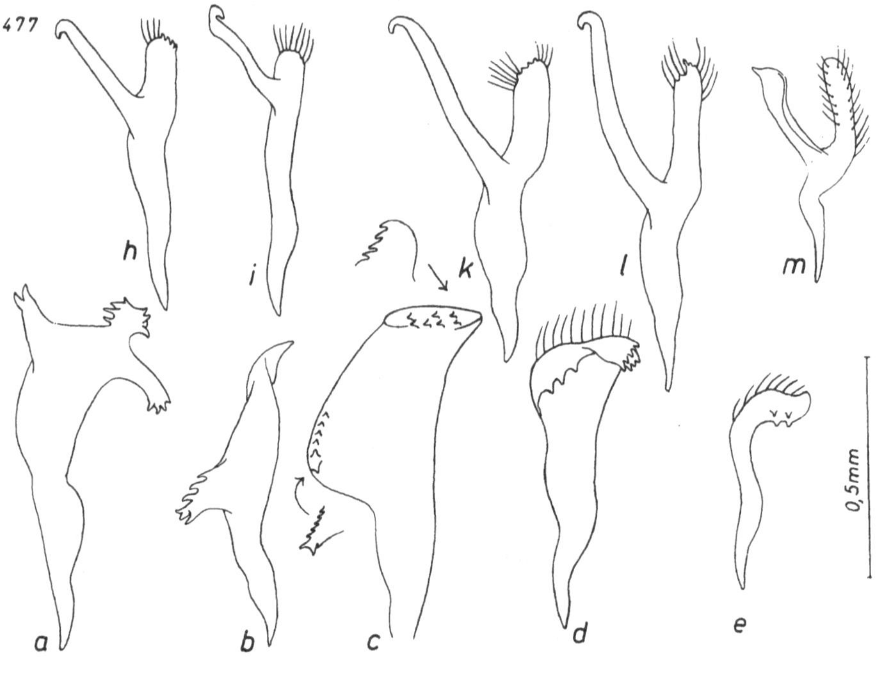

Abb. 477: O. *virens*-Gruppe, Parameren
a+h: O. *(O.) flavinervis* Kb. — b+i: O. *(O.) virens* Fall. — c+k: O. *(O.) marginalis* Reut. (daneben die beiden Ecken seitlich) — d+l: O. *(O.) interpositus* K. Schm. — e+m: O. *(O.) siuranus* E. Wagn.
a—e: rechtes Paramer von oben — h—m: linkes Paramer von oben

so lang wie das 3. und 4. zusammen. Beine grün oder gelb, Schienen mit grauen Dornen.

Rechtes Paramer (Abb. 477, b+i) spitz dreieckig, in der Mitte ein mit kräftigen Zähnen besetzter, spitzer Höcker. Linkes Paramer (Abb. 477i) schlank, der innere Ast lang, sehr hoch angesetzt, Hypophysis nach außen gekrümmt. Chitinbänder der Vesika (Abb. 478b) nur wenig verzweigt, im Apikalteil gezähnt. K-Struktur des ♀ (Abb. 479b) klein, zweilappig, zwischen beiden Lappen ein Zwischenstück.

Länge: ♂ = 4,7–5,3 mm, ♀ = 4,8–5,4 mm.

Die Art lebt an Salixarten. Imagines von Juli bis September. Überwintert als Ei.

Verbreitungsgebiet sind Nord- und Mitteleuropa. Im Mittelmeerraum nur in Rumänien und Bulgarien.

8. **Orthotylus (Orthotylus) flavinervis** (KIRSCHBAUM), 1856

Grün, glänzend. Kopf gelb, bisweilen auch die Basis des Scutellum. Membran grau, Adern gelb. Scheitel beim ♂ 1,5×, beim ♀ 1,8× so breit wie das Auge. Fühler gelbbraun, das 1. Glied beim ♂ schwarz; 2. Glied etwa 1,25× so lang, wie das Pronotum breit ist und etwa so lang wie das 3. und 4. zusammen. Beine grün.

Rechtes Paramer (Abb. 477a) mit 3 kurzen, dicken Fortsätzen, die mit kräftigen Zähnen besetzt sind. Linkes Paramer (Abb. 477h) mit langem, geradem Arm, Hypophysis nach unten gekrümmt. Chitinbänder der Vesika (Abb. 478a) breit und kräftig, wenig verzweigt, im Apikalteil gezähnt. K-Struktur des ♀ (Abb. 479a) groß, undeutlich zweilappig, der äußere Lappen viel länger als der innere.

Länge: ♂ = 5,0–5,6 mm, ♀ = 5,2–5,8 mm.

Die Art lebt an Alnus. Imagines von Juni bis August. Überwintert als Ei.

Verbreitungsgebiet Mittel- und Nordeuropa. Im Mittelmeerraum in Portugal (?), Südfrankreich, Korsika, Italien, Dalmatien, Bulgarien und Rumänien.

9. **Orthotylus (Orthotylus) marginalis** REUTER, 1884 (Abb. 475a)

Die größte Art der Untergattung, lang-oval, 4,0–4,3× so lang, wie das Pronotum breit ist. Grün, glänzend. Membran grau, Adern grün. Scheitel beim ♂ 1,5×, beim ♀ 1,9× so breit wie das Auge. Fühler hell, Basis des 1. Gliedes oft braun; 2. Glied 1,25× so lang, wie das Pronotum breit ist und etwas länger als das 3. und 4. zusammen. Außenrand des Corium oft gelb. Membran hinten breit gerundet (Abb. 475a). Beine grün.

Rechtes Paramer (Abb. 477c) sehr groß, Apikalteil verbreitert, die obere und die äußere Ecke nach innen gebogen und gezähnt. Linkes Paramer (Abb. 477k) gegabelt, der innere Ast länger als der äußere, Hypophysis nach unten gekrümmt. Chitinbänder der Vesika (Abb. 478c) stark verzweigt und gezähnt, sehr lang. K-Struktur des ♀ (Abb. 479c) zweilappig, beide Lappen etwa gleich breit, zwischen ihnen eine tiefe Einkerbung.

Länge: ♂ = 6,0–6,9 mm, ♀ = 5,8–7,0 mm.

Die Art lebt an mancherlei Laubhölzern (Salix, Malus, Alnus, Fraxinus) und ernährt sich sowohl von Pflanzensäften als auch von kleinen Insekten. Imagines von Juni bis September. Überwintert als Ei. Hier könnte es sich um 2 Generationen im Jahre handeln.

Eurosibirische Art. Im Mittelmeerraum in ganz Südeuropa und der Türkei.

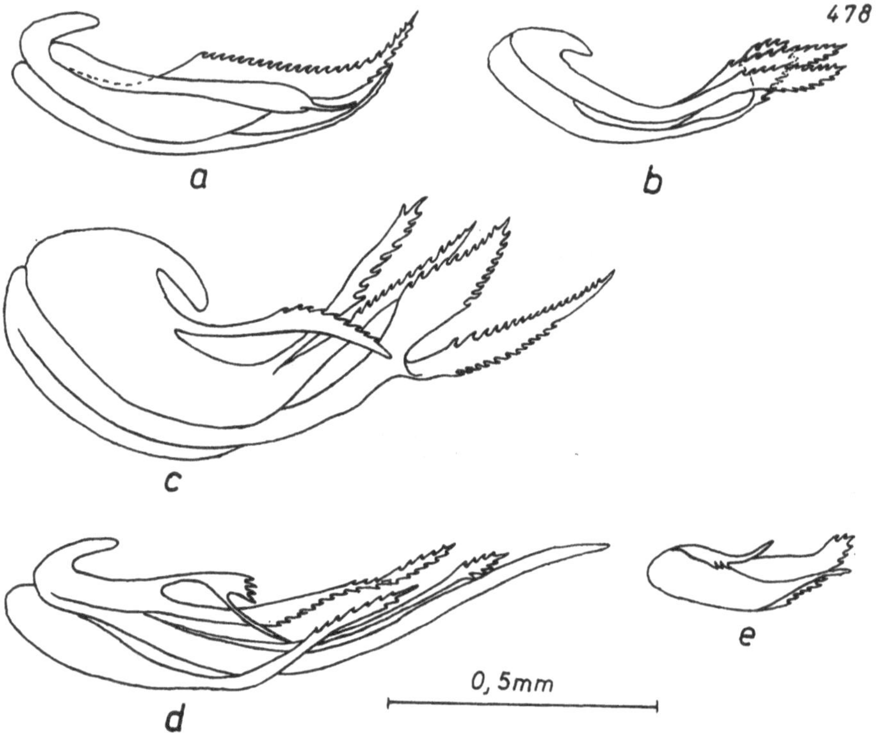

Abb. 478: O. *virens*-Gruppe, Chitinbänder der Vesika
a: O. (O.) *flavinervis* Kb. — b: O. (O.) *virens* Fall. — c: O. (O.) *marginalis* Reut. — d: O. (O.) *interpositus* K. Schm. — e: O. (O.) *siuranus* E. Wagn.

10. **Orthotylus (Orthotylus) interpositus** K. SCHMIDT, 1938 (Abb. 475b)

K. SCHMIDT in STICHEL, Ill. Best. Tab. I, S. 468; id., Mitt. dtsch. Ent. Ges., Bd. 10, S.10.

Der vorigen Art sehr ähnlich, aber schlanker (Abb. 475b). Fühler beim ♂ schwarz, beim ♀ das 1. Glied und die Spitze des 2. dunkel. Scheitel beim ♂ 1,4×, beim ♀ 1,9× so breit wie das Auge. 2. Fühlerglied 1,33–1,50× so lang, wie das Pronotum breit ist und viel länger als das 3. und 4. zusammen. Membran hinten spitz gerundet (Abb. 475b), Adern grün. Beine grün.

Rechtes Paramer (Abb. 477d) kleiner, im Apikalteil löffelförmig, Ränder mit Zähnen besetzt. Linkes Paramer (Abb. 477l) gegabelt, länger als bei voriger Art, Paramerenkörper distal gezähnt. Chitinbänder der Vesika (Abb. 478d) schlanker, aber stark verzweigt und gezähnt. K-Struktur des ♀ (Abb. 479d) zweilappig, der innere

Lappen mehr als doppelt so breit wie der äußere, zwischen beiden ein noch tieferer Einschnitt.

Länge: ♂, ♀ = 5,7 – 6,2 mm.

Die Art lebt an Salix purpurea L. und anderen Salixarten. Imagines im Juli und August. Überwintert als Ei. Fast nur in Gebirgstälern.

O. *interpositus* K. SCHM. bewohnt die Alpen und einzelne Gebirge Mitteleuropas. Im Mittelmeerraum kaum zu erwarten. Der Fund von der Rhônemündung (Südfrankreich) könnte durch Hochwasser der Rhône und ihrer Nebenflüsse dorthin gelangt sein.

479

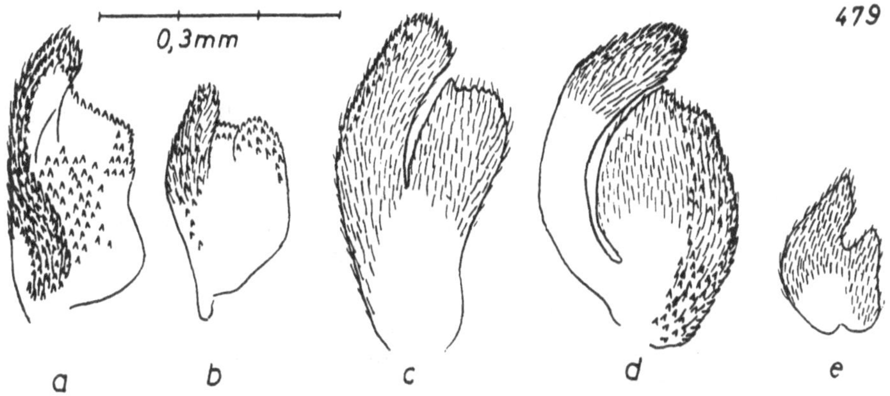

Abb. 479: O. *virens*-Gruppe, K-Struktur der Hinterwand der Bursa copulatrix des Weibchens
a: O. (O.) *flavinervis* Kb. — b: O. (O.) *virens* Fall. — c: O. (O.) *marginalis* Reut. — d: O. (O.) *interpositus* K. Schm. — e: O. (P.) *cupressi* Reut.

11. **Orthotylus (Orthotylus) siuranus** E. WAGNER, 1964 (Abb. 475c)

Mitt. dtsch. Ent. Ges., Bd. 23, S. 63—65.

Von sehr schlanker Gestalt. Grün, hell behaart. Fühler braun bis schwarz, beim ♂ sind Glied 1 und die Basis von Glied 2 stets schwarz, beim ♀ sind diese Glieder überall dunkelbraun. Beine gelb. Kopf kurz und breit, Scheitel mit kräftigem Querkiel, beim ♂ 1,4 – 1,5×, beim ♀ 2,1 – 2,2× so breit wie das kugelige Auge. 1. Fühlerglied beim ♂ 1,0×, beim ♀ 0,8× so lang wie die Scheitelbreite; 2. Glied beim ♂ 1,28×, beim ♀ 1,05× so lang wie die Pronotumbreite und 1,15 – 1,25× so lang wie das 3. und 4. zusammen. Halbdecken fast parallelseitig. Das Rostrum reicht bis zur Mitte des Mesosternum. Hinterschiene etwa 4× so lang wie der Fuß.

Rechtes Paramer (Abb. 477e) schlank, Apikalteil löffelförmig und nach innen gekrümmt. Linkes Paramer (Abb. 477m) gegabelt, beide Äste etwa gleich lang und gleich dick, Hypophysis leicht verbreitert. Chitinbänder der Vesika (Abb. 478e) kurz und breit, nur wenig verzweigt und gezähnt.

Länge: ♂ = 4,05–4,35 mm, ♀ = 4,20–4,25 mm.

Die Art lebt an Salix. Imagines im April.
Bisher nur in Spanien (Tarragona) von RIBES gefangen.

12. **Orthotylus (Orthotylus) stratensis** E. WAGNER, 1963

Reichenb., Bd. 1, S. 269—270.

Robust, das ♂ 3,5×, das ♀ 3,3× so lang wie die Pronotumbreite. Hinterrand des Scheitels gekielt. Scheitel beim ♂ 2,2–2,3×, beim ♀ 2,3–2,4× so breit wie das graue Auge (Abb. 480, a+b). Kopf von vorn gesehen (Abb. 480b) 1,25–1,30× so breit wie hoch. 2. Fühlerglied 1,2× so lang wie die Pronotumbreite und etwa 1,8–1,9× so lang wie das 3. und 4. zusammen. Pronotum kurz, trapezförmig und 1,5× so breit wie der Kopf. Außenrand des Corium leicht nach außen gebogen. Membran dunkelgrau, Adern gelbbraun bis braun. Beine gelblich. Das Rostrum erreicht die Mittelhüften.

Rechtes Paramer (Abb. 480c) gekrümmt, distal zweispitzig, beide Spitzen gezähnt. Linkes Paramer (Abb. 480d) innen mit dreieckigem, geradem Fortsatz. Chitinbänder der Vesika (Abb. 480e) schlank, verzweigt und gezähnt.

Länge: ♂ = 4,5 mm, ♀ = 4,25–4,60 mm.

Bisher nur in Griechenland (Stratos) gefunden. Imagines waren im Juni vorhanden. Wirtspflanze nicht bekannt.

480

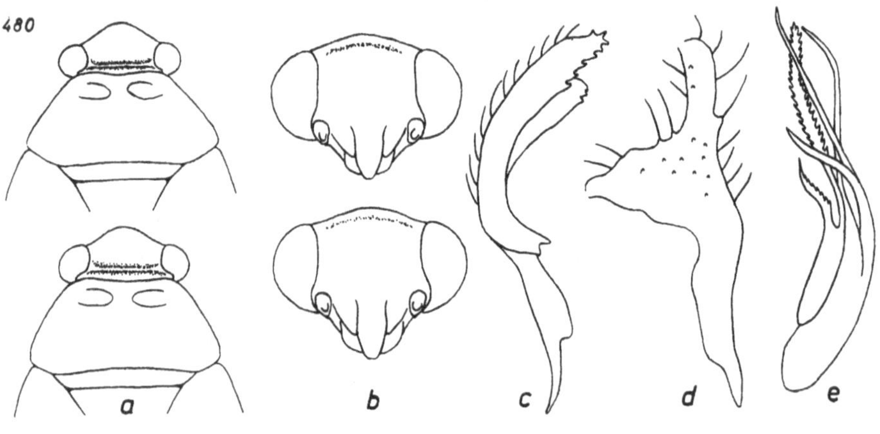

Abb. 480: *Orthotylus* (s. str.) *stratensis* E. Wagn.
a: vorderer Teil, oben ♂, unten ♀ — b: Kopf von vorn, oben ♂, unten ♀ — c: rechtes Paramer von oben — d: linkes Paramer von oben — e: Chitinbänder der Vesika von links

13. **Orthotylus (Orthotylus) sicilianus** E. WAGNER, 1954 (Abb. 475d)
Beitr. z. Ent., Bd. 4, S. 469—470.

Groß, länglich-oval, das ♂ 5,6×, das ♀ 5,4× so lang wie die Kopfbreite. Olivgrün, der Kopf gelblich. Scheitel beim ♂ 2,0×, beim ♀ 2,46× so breit wie das Auge. Fühler hellbraun; 2. Glied beim ♂ 2,0×, beim ♀ 1,72× so lang wie die Kopfbreite und beim ♂ 1,35×, beim ♀ 1,2× so lang wie die Pronotumbreite (Abb. 476, a+b) und viel länger als das 3. und 4. zusammen. Pronotum 1,5× so breit wie der Kopf. Membran grau, Adern gelblich. Beine gelb. Hinterschiene 4,8–4,9× so lang wie der Fuß. Rechtes Paramer (Abb. 469a) mit zahlreichen Zähnen und Höckern. Linkes Paramer (Abb. 469b) innen mit dreieckigem Fortsatz, Hypophysis klein und stark gekrümmt. Chitinbänder der Vesika (Abb. 469c) lang, wenig verzweigt, distal gezähnt.

Länge: ♂ = 4,7–5,0 mm, ♀ = 4,4–4,8 mm.

Bisher nur auf der Insel Sizilien (Mte. Ätna in 9–1700 m Höhe) gefunden. Imagines von Mai bis Juli.

14. **Orthotylus (Orthotylus) paulinoi** REUTER, 1885

Dem Verfasser ist nur das Weibchen bekannt. Die Angaben über das Männchen entstammen der Beschreibung REUTERS.

Grün. Behaarung weißlich. Scheitel beim ♂ 2×, beim ♀ 2,3× so breit wie das Auge. Fühler grünlich, distal dunkler; 2. Glied 1,40–1,45× so lang wie die Kopfbreite und 1,05–1,10× so lang wie die Pronotumbreite (Abb. 476c). Halbdecken grün, auch der Cuneus. Membran grau, Adern grünlich. Beine grünlich. Dornen der Schienen hell.

Länge: ♂ = 4,7 mm, ♀ = 4,0–4,3 mm.

Bisher nur in Portugal (Val Azares) gefunden.

c. Die **O. nassatus**-Gruppe

1 (4) 1. Fühlerglied 0,70–0,72× so lang wie die Kopfbreite (Abb. 481, a+b). Länge des Tieres mindestens 4,9 mm. Scheitel nur schwach gerandet.

2 (3) Das Rostrum erreicht die Mittelhüften. Scheitel beim ♂ 2,0×, beim ♀ 2,2× so breit wie das Auge. Parameren siehe Abb. 482, b+f!
15. **O. (O.) viridinervis** S. 195

3 (2) Das Rostrum überragt die Hinterhüften. Scheitel beim ♂ 1,67×, beim ♀ 3,0× so breit wie das Auge. Parameren siehe Abb. 518, c+d!
Der zur Gattung *Canariocoris* gehörende **C. viburni** S. 253

4 (1) 1. Fühlerglied höchstens 0,6× so lang wie die Kopfbreite (Abb. 481, c–h).

5 (16) Länge des Tieres 4,0–5,5 mm.

6 (11) Hinterrand des Scheitels nicht kielartig, aber stumpfkantig oder schwach gerandet (Abb. 481, c–e).

7 (8) Das Rostrum reicht bis zu den Mittelhüften. 1. Fühlerglied unterseits in der Regel mit schwarzem Längsstreif. Parameren siehe Abb. 482, a+e!
16. **O. (O.) nassatus** S. 195

8 (7) Das Rostrum erreicht die Hinterhüften. 1. Fühlerglied unterseits ohne schwarzen Längsstreif.

9 (10) 1. Fühlerglied beim ♂ (Abb. 481d) 1,2×, beim ♀ 1,10–1,15× so lang wie die Scheitelbreite. Parameren siehe Abb. 482, c+g!
17. **O. (O.) prasinus** S. 196

10 (9) 1. Fühlerglied beim ♂ (Abb. 481e) etwa so lang, beim ♀ etwas kürzer als die Scheitelbreite. Parameren siehe Abb. 484, b+h!
17a. **O. (O.) quercicola** S. 197

11 (6) Hinterrand des Scheitels kielartig (Abb. 481, f–h).

12 (15) 1. Fühlerglied (Abb. 481, f+g) 0,47–0,55× so lang wie die Kopfbreite. Das Rostrum erreicht die Hinterhüften.

13 (14) Größer, Länge beim ♂ 4,4–4,6 mm, beim ♀ 5,2–5,3 mm. Parameren siehe Abb. 482, d+h! 18. **O. (O.) ochrotrichus** S. 197

14 (13) Kleiner, das ♂ höchstens 4,0 mm, das ♀ höchstens 4,5 mm lang. Parameren siehe Abb. 484, c+i! 19. **O. (O.) aceris** S. 197

15 (12) 1. Fühlerglied (Abb. 481b) 0,30–0,35× so lang wie die Kopfbreite. Das Rostrum erreicht die Spitze der Mittelhüften. Parameren siehe Abb. 484, d+k! 20. **O. (O.) verticatus** S. 199

16 (5) Länge beim ♂ höchstens 3,8 mm, beim ♀ 3,4 mm.

17 (20) 2. Fühlerglied 0,9–1,0× so lang wie die Pronotumbreite; 1. Glied 0,37–0,40× so lang wie die Kopfbreite.

481

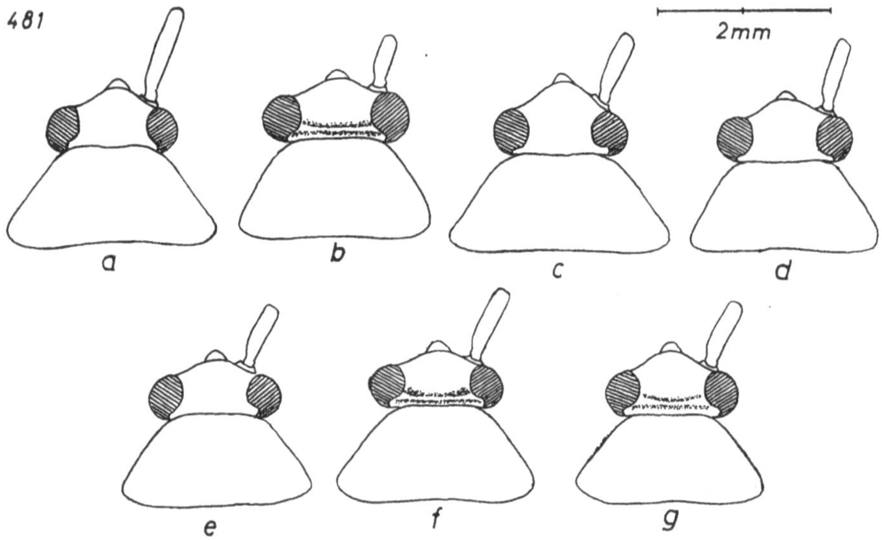

Abb. 481: O. *nassatus*-Gruppe, Kopf, Pronotum und 1. Fühlerglied von oben
a: O. *(O.) viridinervis* Kb. — b: O. *(O.) verticatus* E. Wagn. — c: O. *(O.) nassatus* F. — d: O. *(O.) prasinus* Fall. — e: O. *(O.) quercicola* Reut. — f: O. *(O.) ochrotrichus* Fieb. — g: O. *(O.) aceris* Ldbg.

18 (19) Scheitel beim ♂ 1,63×, beim ♀ 2,0× so breit wie das Auge. Parameren siehe 484, e+l! Länge ♂ = 3,55–3,8 mm, ♀ = 3,25–3,50 mm.
21. **O. (O.) troodensis** S. 200

19 (18) Scheitel beim ♂ 1,83–1,84×, beim ♀ 2,27–2,29× so breit wie das Auge. Länge ♂ = 3,1–3,2 mm, ♀ = 2,6–2,9 mm. 21a. **O. (O.) bureschi** S. 201

20 (17) 1. Fühlerglied etwa 0,5× so lang wie die Scheitelbreite; 2. Glied etwas länger als die Pronotumbreite. Parameren siehe Abb. 484, f+m!
22. **O. (O.) caprai** S. 201

15. **Orthotylus (Orthotylus) viridinervis** (KIRSCHBAUM), 1856

Hellgrün, Halbdecken durchscheinend. Gestalt lang-oval. Scheitel beim ♂ (Abb. 481a) 1,9–2,1×, beim ♀ 2,1–2,3× so breit wie das Auge, schwach gerandet. 1. Fühlerglied etwa 0,7× so lang wie die Kopfbreite; 2. Glied 1,4× so lang wie die Pronotumbreite, im basalen Teil mit langen, hellen Borsten und länger als das 3. und 4. zusammen. Membran grau, Adern grün. Das Rostrum erreicht die Mittelhüften.

Genitalsegment des ♂ so lang wie die übrigen Segmente zusammen. Rechtes Paramer (Abb. 482b) groß, an der Innenseite mit mehreren Höckern, die dicht mit Zähnen besetzt sind, im unteren Teil ein großer, gekrümmter Zahn. Linkes Paramer (Abb. 482f) winklig gebogen, distal verjüngt, Hypophysis gekrümmt. Chitinbänder der Vesika (Abb. 483a) stark verzweigt und stark gezähnt. K-Struktur der Bursa copulatrix des ♀ (Abb. 482k) zweilappig, der innere Lappen mehr als doppelt so breit wie der äußere.

Länge: ♂ = 4,9–5,6 mm, ♀ = 5,0–5,5 mm.

Die Art lebt an Ulmus und anderen Laubhölzern. Imagines im Juli und August. Überwintert als Ei.

Verbreitungsgebiet sind Europa mit Ausnahme des äußersten Nordens und Kaukasien. Im Mittelmeerraum in Südfrankreich, Algerien, Rumänien und Bulgarien.

16. **Orthotylus (Orthotylus) nassatus** (FABRICIUS), 1787

Syn.: O. *striola* KIRSCHBAUM 1856, E. WAGNER 1956, in GULDE, Wanz. Mitteleur., Heft 11, S. 428.

Weißlichgrün, Halbdecken durchscheinend. Gestalt lang-oval. Scheitel beim ♂ 1,6–1,7×, beim ♀ 2,0× so breit wie das Auge. 1. Fühlerglied unterseits mit schwarzem Längsstreif, der nur selten fehlt, 0,50–0,52× so lang wie die Kopfbreite; 2. Glied 1,2–1,3× so lang wie die Pronotumbreite und etwas länger als das 3. und 4. zusammen. Membran grau, Adern grün. Das Rostrum erreicht die Mittelhüften.

Genitalsegment des ♂ groß, so lang wie die übrigen Segmente zusammen. Rechtes Paramer (Abb. 482a) gerade, schlank, Innenseite gezähnt, im unteren Teil ein Hökker, außen vor der Spitze ein großer, gekrümmter Zahn. Linkes Paramer (Abb. 482e) groß, dreieckig, distal spitz, an der Innenseite zwei große, gekrümmte Zähne, die wie eine Zange gegeneinander geneigt sind. Chitinbänder der Vesika (Abb. 483c) lang, stark verzweigt und stark gezähnt. K-Struktur der Bursa copulatrix des ♀

(Abb. 482i) zweilappig, zwischen beiden Lappen eine breite, fast rechtwinklige Einbuchtung.

Länge: ♂, ♀ = 4,6–5,1 mm.

Die Art lebt an Laubhölzern (Tilia, Quercus, Fraxinus, Salix u. a.). Imagines von Juli bis September. Überwintert als Ei.

Europäische Art. Im Mittelmeerraum in Südfrankreich, Italien, Griechenland, Bulgarien, Rumänien und der Türkei. Angeblich auch in Algerien.

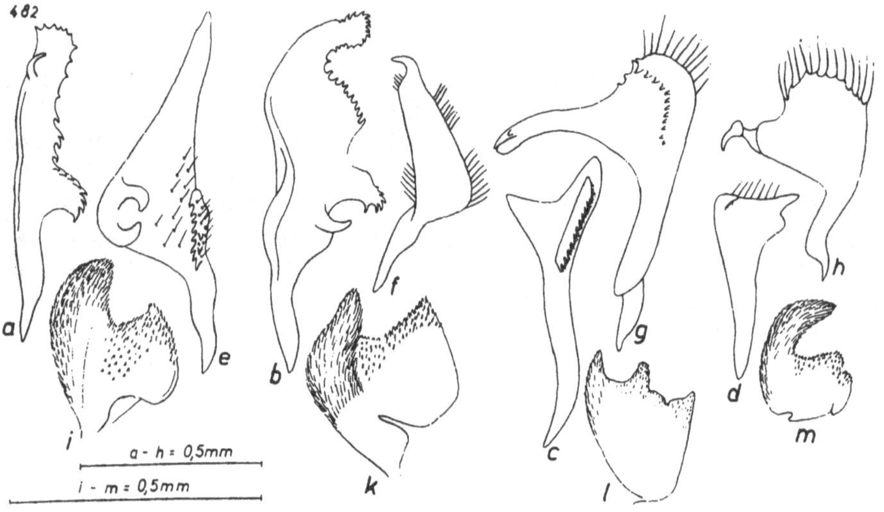

Abb. 482: O. *nassatus*-Gruppe, Genitalien

a, e, i: O. *(O.) nassatus* F. — b, f, k: O. *(O.) viridinervis* Kb. — c, g, l: O. *(O.) prasinus* Fall. — d, h, m: O. *(O.) ochrotrichus* Fieb.

a—d: rechtes Paramer von oben — e—h: linkes Paramer von oben — i—m: K-Struktur der Hinterwand der Bursa copulatrix des ♀

17. **Orthotylus (Orthotylus) prasinus** (FALLÉN), 1829

Syn. *O. scotti* REUTER, 1877, SOUTHWOOD 1953, Trans. R. Ent. Soc. London, 104 (11), S. 428.

Der vorigen Art sehr ähnlich, aber das 1. Fühlerglied stets unterseits ohne schwarzen Längsstreif. Scheitel beim ♂ (Abb. 481d) 1,9–2,1×, beim ♀ 2,1–2,3× so breit wie das Auge. 1. Fühlerglied 0,55–0,57× so lang wie die Kopfbreite; 2. Glied 1,4× so lang wie die Pronotumbreite. Adern der Membran grün. Das Rostrum erreicht die Hinterhüften.

Genitalsegment des ♂ länger als die übrigen Abdominalsegmente zusammen. Rechtes Paramer (Abb. 482c) sehr schlank, distal zweiteilig, der innere Teil mit einer gezähnten Leiste. Linkes Paramer (Abb. 482g) fast beilförmig, Hypophysis spitz, auf einem schlanken Arm sitzend. Chitinbänder der Vesika (Abb. 483e) distal breit, stark verzweigt und stark gezähnt. K-Struktur der Bursa copulatrix des ♀

(Abb. 482l) nicht zweilappig, sondern am oberen Rand mit drei kurzen Fortsätzen.
Länge: ♂, ♀ = 4,4–4,5 mm.

Die Art lebt an Laubhölzern (Ulmus, Corylus, Prunus). Imagines von Juni bis August. Überwintert als Ei.

Verbreitungsgebiet Europa mit Ausnahme des hohen Nordens. Im Mittelmeerraum in Spanien, Südfrankreich, Italien, Bulgarien und Rumänien.

17a. **Orthotylus (Orthotylus) quercicola** REUTER, 1885

In Gestalt und Färbung den vorhergehenden Arten ähnlich. 1. Fühlerglied einfarbig hell, beim ♂ 1,0×, beim ♀ 0,95× so lang wie die Scheitelbreite; 2. Glied 1,30–1,35× so lang wie die Pronotumbreite. Scheitel beim ♂ (Abb. 481e) 1,8×, beim ♀ 1,9× so breit wie das Auge, hinten ungerandet. Adern der Membran grün. Das Rostrum erreicht die Hinterhüften.

Rechtes Paramer (Abb. 482b) sichelförmig, distal spitz. Linkes Paramer (Abb. 482h) ebenfalls sichelförmig, aber der Sinneshöcker mit langem, dornartigem Fortsatz, Hypophysis etwas verbreitert. Dorsales Chitinband der Vesika (Abb. 483f) distal stark verbreitert, der apikale Rand im unteren Teil mit feinen Zähnen.

Länge: ♂ = 4,1–4,5 mm, ♀ = 4,4–4,75 mm.

Die Art lebt an Quercus.

Aus dem Wiener Becken und aus Ungarn gemeldet. Neuerdings von JOSIFOV in Bulgarien gefunden.

18. **Orthotylus (Orthotylus) ochrotrichus** FIEBER, 1864

Von gleicher Gestalt und Färbung wie vorige Art. Scheitel hinten kielartig gerandet (Abb. 481f), beim ♂ 1,9–2,0×, beim ♀ 2,1–2,3× so breit wie das Auge. 1. Fühlerglied 0,59× so lang wie die Kopfbreite; 2. Glied beim ♂ 1,5×, beim ♀ 1,4× so lang wie die Pronotumbreite. Das Rostrum reicht bis zu den Hinterhüften.

Rechtes Paramer (Abb. 482d) einfach, distal abgestutzt erscheinend, Hypophysis gerade und spitz. Linkes Paramer (Abb. 482h) distal stark verbreitert, fast viereckig, oben lang behaart, Hypophysis klein, gekrümmt, auf einem kurzen Arm sitzend. Chitinbänder der Vesika (Abb. 483d) klein, verzweigt und gezähnt. K-Struktur der Bursa copulatrix des ♀ (Abb. 482m) zweilappig, der innere Lappen breit und sehr niedrig, der äußere schlank und gekrümmt.

Länge: ♂ = 4,4–4,5 mm, ♀ = 5,2–5,3 mm.

Die Art lebt an Laubhölzern (Quercus, Ulmus u. a.). Imagines von Juli bis September.

Atlantische Art. Im Mittelmeerraum in Spanien und Marokko.

19. **Orthotylus (Orthotylus) aceris** LINDBERG, 1940

Soc. Sci. Fenn. Comm. Biol., Bd. 7, Nr. 14, S. 39—40.

Gelbgrün, mit feinen, hellen Haaren. Lang-oval, fast parallelseitig. Scheitel kielartig gerandet, beim ♂ (Abb. 481g) 2,0×, beim ♀ 2,3× so breit wie das Auge. 1. Fühlerglied (Abb. 481g) 0,51× so lang wie die Kopfbreite; 2. Glied beim ♂ 1,4×, beim ♀ 1,2× so lang wie die Pronotumbreite und 1,33× so lang wie das 3. und 4. zusam-

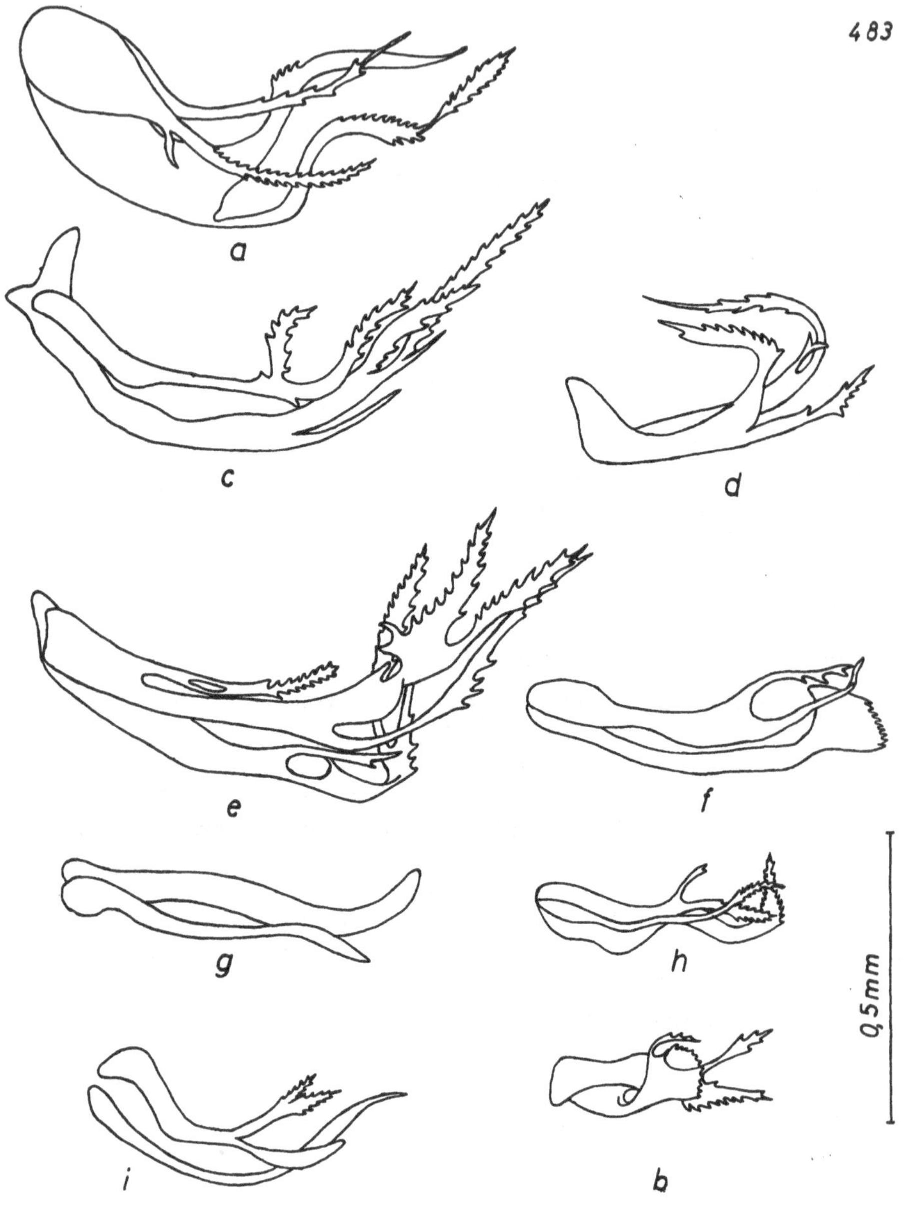

Abb. 483: O. *nassatus*-Gruppe, Chitinbänder der Vesika von links

a: O. (O.) *viridinervis* Kb. — b: O. (O.) *caprai* E. Wagn. — c: O. (O.) *nassatus* F. — d: O. (O.) *ochrotrichus* Fieb. — e: O. (O.) *prasinus* Fall. — f: O. (O.) *quercicola* Reut. — g: O. (O.) *aceris* Ldbg. — h: O. (O.) *verticatus* E. Wagn. — i: O. (O.) *troodensis* E. Wagn.

men. Membran grau, Adern braun. Das Rostrum überragt die Hinterhüften ein wenig.

Genitalsegment des ♂ dicker als die vorhergehenden und so lang wie die übrigen zusammen. Genitalöffnung am oberen Rande mit langem, distal verbreitertem Fortsatz. Rechtes Paramer (Abb. 484c) bizarr geformt. Linkes Paramer (Abb. 484i) zangenförmig, mit zwei schlanken, spitzen, parallelen Fortsätzen. Chitinbänder der Vesika (Abb. 483g) einfach, schlank und ungezähnt.

Länge: ♂ = 3,75–4,0 mm, ♀ = 4,5 mm.

Die Art lebt an Acer monsspessulanum L. Imagines im Juni.

Bisher nur in Marokko (Mittlerer Atlas, Ras-el-Ma) gefunden.

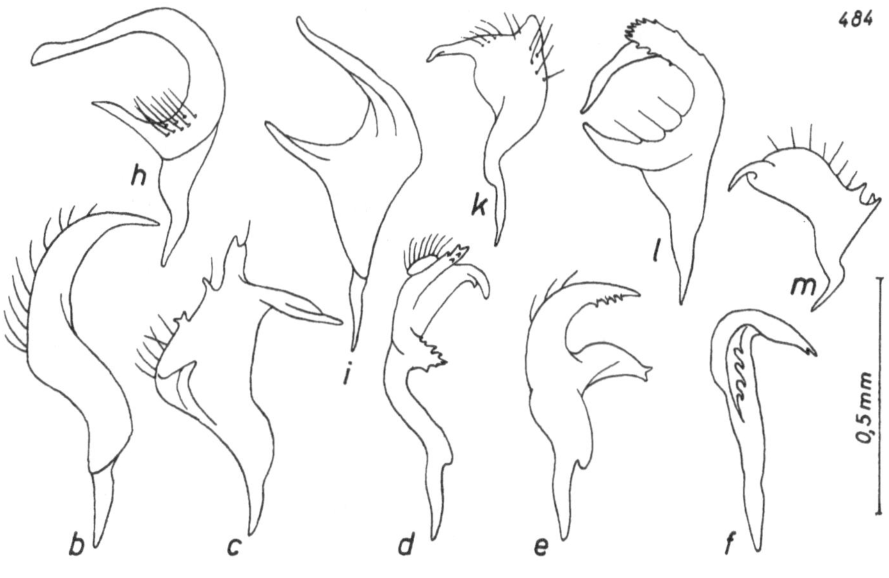

Abb. 484: O. *nassatus*-Gruppe, Parameren

b+h: O. *(O.) quercicola* Reut. — c+i: O. *(O.) aceris* Ldbg. — d+k: O. *(O.) verticatus* E. Wagn. — e+l: O. *(O.) troodensis* E. Wagn. — f+m: O. *(O.) caprai* E. Wagn. a—f: rechtes Paramer von oben — g—m: linkes Paramer von oben

20. **Orthotylus (Orthotylus) verticatus** E. WAGNER, 1958

Boll. Soc. Ent. Ital., Bd. 88, S. 84—86.

Hellgrün, schwach glänzend. Gestalt länglich, das ♂ 4,0×, das ♀ 3,6× so lang wie die Pronotumbreite. Scheitel hinten mit dickem Kiel (Abb. 481b), beim ♂ 2,1×, beim ♀ 2,6× so breit wie das graue Auge. 1. Fühlerglied sehr kurz (Abb. 481b), nur 0,30–0,35× so lang wie die Kopfbreite; 2. Glied beim ♂ 1,28×, beim ♀ 1,20× so lang wie die Pronotumbreite und länger als das 3. und 4. zusammen. Halbdecken durchscheinend. Membran grau, Adern grün. Das Rostrum erreicht die Spitze der Mittelhüften. Hinterschiene 5× so lang wie der Fuß.

Rechtes Paramer (Abb. 484d) mit mehreren gezähnten Fortsätzen. Linkes Paramer (Abb. 484k) distal sehr dick, außen ein hoher, spitzer Fortsatz. Hypophysis klein, auf einem geraden Arm sitzend. Chitinbänder der Vesika (Abb. 483h) klein, wenig verzweigt, distal gezähnt.

Länge: ♂ = 4,30–4,65 mm, ♀ = 4,0–4,5 mm.

Bisher nur in Marokko (Ras Foughal) von VIDAL gefunden. Imagines im Mai und Juni.

21. **Orthotylus (Orthotylus) troodensis** E. WAGNER, 1961 (Abb. 485a)

Notul. Ent., Bd. 40, S. 116—118.

Klein, länglich-oval (Abb. 485a), das ♂ 3,55×, das ♀ 3,25× so lang wie die Pronotumbreite. Grün bis olivgrün. Scheitel undeutlich gerandet, beim ♂ 1,63×, beim ♀ etwa 2× so breit wie das Auge (Abb. 485, b+c). Kopf von vorn gesehen (Abb. 485, d+e) 1,2× so breit wie hoch. 1. Fühlerglied 0,37–0,40× so lang wie die Kopfbreite; 2. Glied so lang wie die Pronotumbreite. Pronotum (Abb. 485, b+c) 1,50× so breit wie der Kopf. Membran grau, Adern weißlichbraun. Das Rostrum reicht bis zu den Mittelhüften.

Genitalsegment des ♂ etwa so lang wie die übrigen Abdominalsegmente zusammen. Rechtes Paramer (Abb. 484e) mit zwei gekrümmten Fortsätzen, die nach innen gekrümmt sind. Linkes Paramer (Abb. 484l) sichelförmig, Hypophysis sehr lang und spitz. Chitinbänder der Vesika (Abb. 483i) schlank, das dorsale verzweigt und distal gezähnt.

Länge: ♂ = 3,55–3,80 mm, ♀ = 3,25–3,50 mm.

Bisher nur auf der Insel Zypern (Troodos-Gebirge, Ayos Hilarion) gefunden. Imagines waren im Mai vorhanden.

485

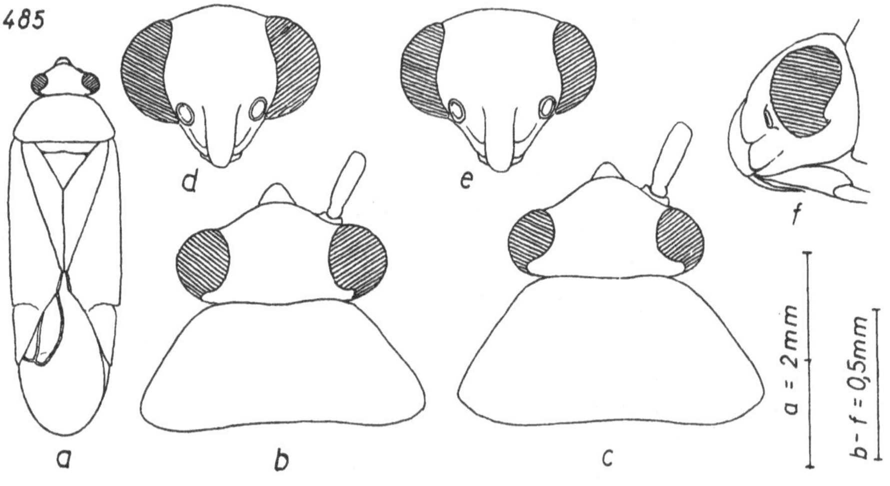

Abb. 485: *Orthotylus* (s. str.) *troodensis* E. Wagn.

a: Männchen — b: Kopf, Pronotum und 1. Fühlerglied des ♂ — c: dasselbe vom ♀ — d: Kopf des ♂ von vorn — e: dasselbe vom ♀ — f: Kopf des ♂ von links

21a. **Orthotylus (Orthotylus) bureschi** JOSIFOV, 1969

Reichenb., Bd. 12, S. 32—34.

Kleiner, mehr oval, 3,0–3,3× so lang wie die Pronotumbreite. Grün, glänzend. Scheitel beim ♂ 1,83–1,84×, beim ♀ 2,27–2,29× so breit wie das Auge. Kopf kurz, stark geneigt. 2. Fühlerglied 0,9–1,0× so lang wie die Pronotumbreite. Membran graubraun, Adern gleichfarben. Unterseite grün. Rostrum die Hinterhüften erreichend. Dornen der Schienen hell. Genitalien des ♂ ähnlich voriger Art. Linkes Paramer mit nach oben verlängertem, spitzem Paramerenkörper. Innerer Fortsatz des rechten Paramers gekrümmt.

Länge: ♂ = 3,1–3,2 mm, ♀ = 2,6–2,9 mm.

Die Art lebt an Juniperus excelsa M. B. Imagines Anfang Juni.

Bisher nur in Bulgarien (Kresna Paß) von JOSIFOV gefangen.

22. **Orthotylus (Orthotylus) caprai** E. WAGNER, 1955

Boll. Soc. Ent. Ital., Bd. 85, S. 92—93.

Männchen: klein, 3,4× so lang wie die Pronotumbreite. Lebhaft grün, Halbdecken durchscheinend. Scheitel fast 2× so breit wie das Auge. 1. Fühlerglied 0,7× so lang wie die Scheitelbreite; 2. Glied 1,05× so lang wie die Pronotumbreite und 1,4× so lang wie das 3. und 4. zusammen. Membran grau, Adern gelb. Hinterschiene 3,6× so lang wie der Fuß. Das Rostrum reicht bis zu den Mittelhüften.

Genitalsegment des ♂ kaum dicker als die übrigen Segmente. Rechtes Paramer (Abb. 484f) lang und dünn, distal stark gekrümmt, mit zwei feinen Spitzen, innen eine gezähnte Leiste. Linkes Paramer (Abb. 484m) kurz und breit, fast viereckig, Hypophysis schlank. Chitinbänder der Vesika (Abb. 483b) kurz, breit und verzweigt, distal gezähnt.

Länge: ♂ = 3,27 mm, ♀ unbekannt.

Bisher nur auf der Insel Sardinien von SERVADEI gefunden.

d. Die **O. tenellus**-Gruppe

1 (2) 2. Fühlerglied 1,50–1,55× so lang wie die Pronotumbreite; 1. Glied 0,47–0,50× so lang wie die Kopfbreite. Scheitel beim ♂ (Abb. 486b) 1,33×, beim ♀ 2,1–2,2× so breit wie das Auge. 23. **O. (O.) tenellus** S. 201

2 (1) 2. Fühlerglied 1,10–1,15× so lang wie die Pronotumbreite; 1. Glied 0,37× so lang wie die Kopfbreite. Scheitel beim ♂ 1,2x, beim ♀ 2,0× so breit wie das Auge.
Der in Südosteuropa und Turkestan lebende **O. (O.) eleagni** JAK.

23. **Orthotylus (Orthotylus) tenellus** (FALLÉN), 1829 (Abb. 486a)

Länglich-oval. Weißgelb bis gelb, nur das Auge schwarz und das 3. Tarsenglied verdunkelt. Kopf sehr kurz (Abb. 486b). Scheitel beim ♂ 1,33×, beim ♀ 2,1–2,2× so breit wie das Auge. Fühler lang, 1. Glied 0,37× so lang wie die Kopfbreite; 2. Glied (Abb. 486a) stabförmig, 1,50–1,54× so lang wie die Pronotumbreite und länger als das 3. und 4. zusammen. Halbdecken durchscheinend. Membran grau, Adern gelb. Das Rostrum überragt die Mittelhüften. Hinterschiene 5× so lang wie der Fuß.

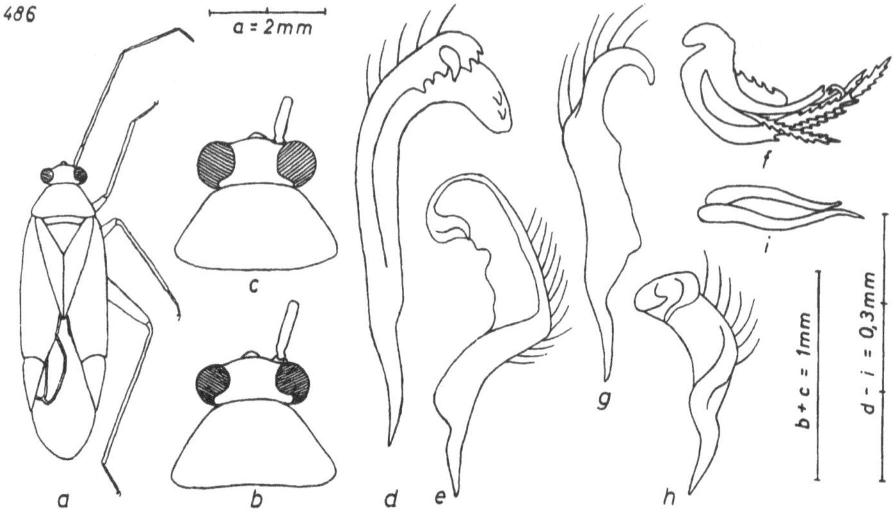

Abb. 486: *O. tenellus*-Gruppe

a, b, d, e, f: O. *(O.) tenellus* Fall. — c, g, h, i: O. *(O.) eleagni* Jak.
a: Männchen — b+c: Kopf, Pronotum und 1. Fühlerglied des ♂ von oben — d+g: rechtes Paramer von oben — e+h: linkes Paramer von oben — f+i: Chitinbänder der Vesika von links

Genitalsegment des ♂ nur so lang wie die vier vorhergehenden Segmente zusammen. Rechtes Paramer (Abb. 486d) schlank, distal gekrümmt und gezähnt, zweilappig. Linkes Paramer (Abb. 486e) in der Mitte gebogen, distal abgerundet, Hypophysis gewunden. Chitinbänder der Vesika (Abb. 486f) kurz, stark verzweigt und gezähnt. K-Struktur der Bursa copulatrix des ♀ (Abb. 492a) zweilappig, der äußere Lappen sitzt höher.

Länge: ♂ = 4,6–4,9 mm, ♀ = 4,1–4,6 mm.

Die Art lebt an Fraxinus, seltener an anderen Laubhölzern (Quercus, Corylus). Imagines von Juni bis August. Überwintert als Ei.

Verbreitungsgebiet Europa. Im Mittelmeerraum in Nordspanien, Südfrankreich, Italien, Jugoslawien und Griechenland (Lesbos) gefunden.

e. Die **O. diaphanus**-Gruppe

1 (4) Größere, schlanke Arten, Länge 3,95–4,8 mm. Scheitel hinten gekielt. 2. Fühlerglied deutlich länger als die Pronotumbreite.

2 (3) Gestalt lang-oval, Außenrand des Corium ein wenig nach außen gebogen. Scheitel beim ♂ 1,0×, beim ♀ 1,9× so breit wie das Auge. 2. Fühlerglied beim ♂ 1,5×, beim ♀ 1,2× so lang wie die Pronotumbreite. Genitalien des ♂ siehe Abb. 487, e–g! 24. **O. (O.) diaphanus** S. 203

3 (2) Gestalt etwa parallelseitig (Abb. 488a). Scheitel beim ♂ 1,1×, beim ♀ 1,9× so breit wie das Auge. 2. Fühlerglied beim ♂ 1,3×, beim ♀ 1,15× so lang wie die Pronotumbreite. Genitalien des ♂ siehe Abb. 488, k–n!
25. **O. (O.) elongatus** S. 204

4 (1) Kleiner und breiter. Länge 2,9–4,3 mm. Scheitel hinten nicht gekielt. 2. Fühlerglied etwa so lang wie die Pronotumbreite.

5 (6) Größer, Länge des ♂ 3,65–4,30 mm, des ♀ 3,5–4,0 mm. Das Rostrum reicht bis zu den Mittelhüften. Genitalien des ♂ siehe Abb. 487, l+n!
26. **O. (O.) priesneri** S. 205

6 (5) Kleiner, Länge des ♂ 2,9–3,4 mm, des ♀ 3,0–3,5 mm. Das Rostrum ragt ein wenig über die Hinterhüften hinaus. Genitalien des ♂ siehe Abb. 487, h–k!
27. **O. (O.) acaciae** S. 205

487

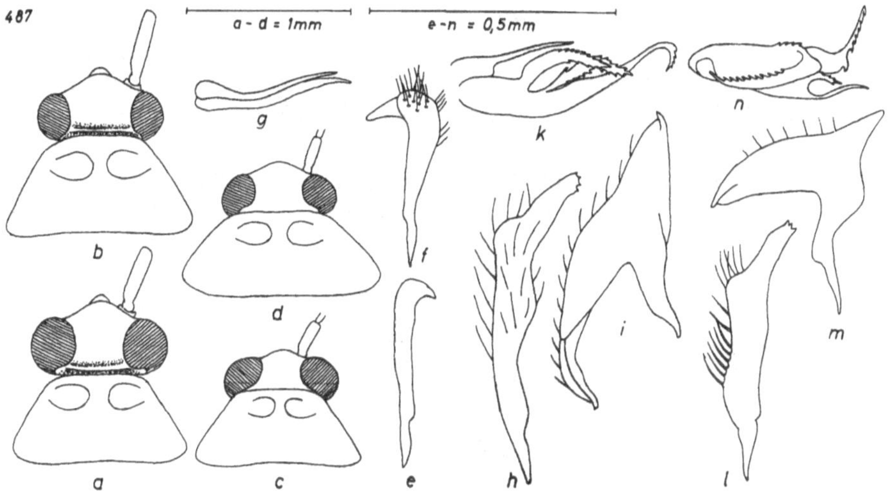

Abb. 487: O. *diaphanus*-Gruppe

a, b, e, f, g: O. *(O.) diaphanus* Kb. — c, d, h, i, k: O. *(O.) acaciae* E. Wagn. — l—n: O. *(O.) priesneri* K. Schm.

a+c: Kopf, Pronotum und 1. Fühlerglied des ♂ von oben — b+d: dasselbe vom ♀ — e, h, l: rechtes Paramer von oben — f, i, m: linkes Paramer von oben — g, k, n: Chitinbänder der Vesika von links

24. **Orthotylus (Orthotylus) diaphanus** (KIRSCHBAUM), 1856

Blaßgrün, Halbdecken durchscheinend. Oberseite mit langen, halbaufgerichteten, hellen Haaren und anliegenden, feinen, braunen Haaren, vor allem auf dem Pronotum und am Ende der Halbdecken. Scheitel hinten gekielt (Abb. 487, a+b), beim ♂ 1,0×, beim ♀ 1,9× so breit wie das Auge. Fühler beim ♂ dicker als beim ♀; 1. Glied weniger als halb so lang wie die Scheitelbreite; 2. Glied beim ♂ 1,5×, beim

♀ 1,2× so lang wie die Pronotumbreite und etwas kürzer als das 3. und 4. zusammen. Membran hellgrau, Adern grün. Das Rostrum erreicht die Mittelhüften.

Genitalsegment des ♂ klein. Rechtes Paramer (Abb. 487e) schlank, distal leicht verdickt und nach innen gekrümmt. Linkes Paramer (Abb. 487f) keulenförmig, Hypophysis groß. Chitinbänder der Vesika (Abb. 487g) einfach und ungezähnt. K-Struktur der Bursa copulatrix des ♀ (Abb. 492b) einfach, mit feinen Haaren.

Länge: ♂ = 4,0–4,6 mm, ♀ = 4,2–4,8 mm.

Die Art lebt an Salix. Imagines von Juli bis Oktober. Überwintert als Ei.

Eurosibirische Art. Im Mittelmeerraum in Südfrankreich (Bouches-du-Rhône), Korsika, Rumänien und Bulgarien.

25. **Orthotylus (Orthotylus) elongatus** E. WAGNER, 1965 (Abb. 488a)

Reichenb., Bd. 6, S. 67—69.

Scheitel mit kräftigem Kiel (Abb. 488, b+c), beim ♂ 1,1×, beim ♀ 1,9× so breit wie das Auge. Fühler beim ♂ schwarzgrau, beim ♀ bräunlich; 1. Glied etwa halb so lang wie die Kopfbreite; 2. Glied schlank, beim ♂ 1,3×, beim ♀ 1,15× so lang wie die Pronotumbreite und länger als das 3. und 4. zusammen. Membran grau, Adern gelblich. Das Rostrum reicht bis zu den Mittelhüften. Hinterschiene 6× so lang wie der Fuß.

Genitalsegment des ♂ (Abb. 488h) kurz und breit. Rechtes Paramer (Abb. 488k) an der Spitze verbreitert, dort mit zwei Spitzen. Linkes Paramer (Abb. 488l) sehr

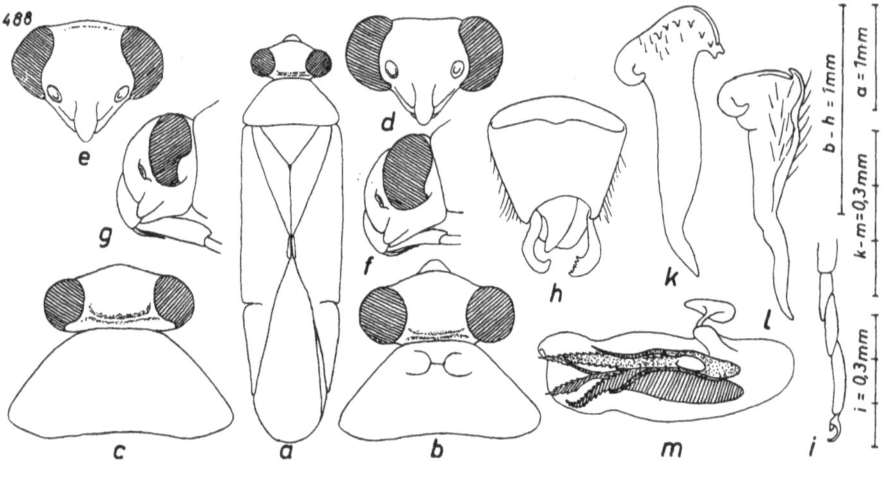

Abb. 488: *Orthotylus* (s. str.) *elongatus* E. Wagn.

a: Männchen — b: Kopf und Pronotum des ♂ von oben — c: dasselbe vom ♀ — d: Kopf des ♂ von vorn — e: dasselbe vom ♀ — f: Kopf des ♂ von links — g: dasselbe vom ♀ — h: Genitalsegment des ♂ von oben — i: Hinterfuß des ♂ — k: rechtes Paramer von oben — l: linkes Paramer von innen — m: Penis von rechts ähnlich, die äußere Spitze aufwärts gerichtet. Chitinbänder der Vesika (Abb. 488m) kurz und breit, stark verzweigt, zum Teil mit gezähnten Rändern.

Länge: ♂ = 3,95–4,0 mm, ♀ = 4,0–4,05 mm.

Bisher nur auf der Insel Zypern (Kalohorio) gefunden. Imagines waren im Mai vorhanden.

26. **Orthotylus (Orthotylus) priesneri** K. SCHMIDT, 1939

Bull. Soc. Fouad I. Ent., Bd. 9, S. 22—26.

Länglich, das ♂ fast parallelseitig, das ♀ mehr oval. Grün, im vorderen Teil und an den Rändern oft gelb, mit langen, halbaufgerichteten, weißlichen Haaren und feineren, braunen Haaren. Scheitel beim ♂ 0,77–0,85×, beim ♀ 1,28–1,30× so breit wie das Auge. Fühler grün, 2. Glied so lang oder etwas kürzer, als das Pronotum breit ist; 3. Glied 0,86–0,88× so lang wie das 2. und 2,4–2,5× so lang wie das 4. Glied. Membran grau, Adern teils grün, teils weiß bis gelbbraun. Hinterschiene 4,2× so lang wie der Fuß. Das Rostrum reicht bis zwischen die Mittelhüften.

Rechtes Paramer (Abb. 487l) lang und schlank, vor der Spitze außen ein runder Buckel, an der Spitze einige kleine Zähne. Linkes Paramer (Abb. 487m) beilförmig, äußere, obere Ecke spitz vorstehend, Hypophysis zur Seite gerichtet, kurz und fast gerade. Chitinbänder der Vesika kurz (Abb. 487n), breit, verzweigt und kräftig gezähnt.

Länge: ♂ = 3,65–4,30 mm, ♀ = 3,5–4,0 mm.

Die Art lebt nach LINNAVUORI an Acacia. Imagines waren im August vorhanden. Bisher nur in Ägypten, Libyen und Israel gefunden.

27. **Orthotylus (Orthotylus) acaciae** E. WAGNER, 1968

Reichenb., Bd. 10, S. 1—2.

Kleiner und etwas breiter. Grün, mit langen, hellen, halbaufgerichteten Haaren und im hinteren Teil mit feineren braunen Haaren darunter. Kopf stark geneigt. Scheitel ohne Kiel, beim ♂ 0,95–1,05x, beim ♀ 1,27–1,35× so breit wie das Auge (Abb. 487, c+d). Fühler grün, beim ♂ kaum dicker als beim ♀, 1. Glied (Abb. 487, c+d) 0,33× so lang, wie der Kopf breit ist; 2. Glied so lang, wie das Pronotum breit ist und kürzer als das 3. und 4. zusammen. Pronotum sehr kurz und breit (Abb. 487, c+d). Das Rostrum überragt die Hinterhüften ein wenig. Hinterschiene 4× so lang wie der Fuß.

Genitalsegment des ♂ rechteckig. Rechtes Paramer (Abb. 487h) lang und schlank, größer als bei voriger Art, aber von ähnlicher Gestalt, die Behaarung feiner und länger. Linkes Paramer (Abb. 487i) ebenfalls weit größer, spitz dreieckig, Hypophysis gegen die Basis gerichtet, lang und schlank, obere Ecke des Paramers mit schlankem Zahn. Chitinbänder der Vesika (Abb. 487k) verzweigt und gezähnt.

Länge: ♂ = 2,9–3,4 mm, ♀ = 3,0–3,5 mm.

Die Art lebt an Acacia raddiana SAVI. Imagines im April.

Bisher nur in Algerien (Abadia) von ECKERLEIN gefangen.

4. Untergattung **Neopachylops** E. WAGNER, 1956

Typus-Art: *O. concolor* KB.

E. WAGNER in GULDE, die Wanz. Mitteleur., Heft 11, S. 394.

Gestalt länglich-oval, das ♀ oft etwas kürzer und breiter als das ♂. Scheitel hinten kantig oder gerandet. Behaarung der Oberseite zweifach, aus halbaufgerichteten Haaren, die meistens schwarz sind (Ausnahme *O. adenocarpi* PERR.) und anliegenden, silberweißen, kürzeren Haaren bestehend (Abb. 470f). Das Rostrum reicht in den meisten Fällen bis zu den Mittelhüften. Hinterschiene 4–5× so lang wie der Fuß, selten kürzer (*O. membraneus* LDBG.).

Genitalsegment des ♂ etwas kleiner. Rechtes Paramer (Abb. 493, a–k) keulenförmig, an der Spitze mit ein bis zwei kurzen, dicken Fortsätzen. Linkes Paramer (Abb. 493, m–v) mit langer, schlanker Hypophysis, die auf einem mehr oder weniger langen Arm sitzt, der an der Innenseite des Paramerenkörpers nahe der Mitte zu entspringen pflegt. Chitinbänder der Vesika (Abb. 494) meistens kurz und breit, nur wenig verzweigt, ihre Ränder oft gezähnt. K-Struktur der Bursa copulatrix des ♀ (Abb. 492) bald einlappig, bald zweilappig.

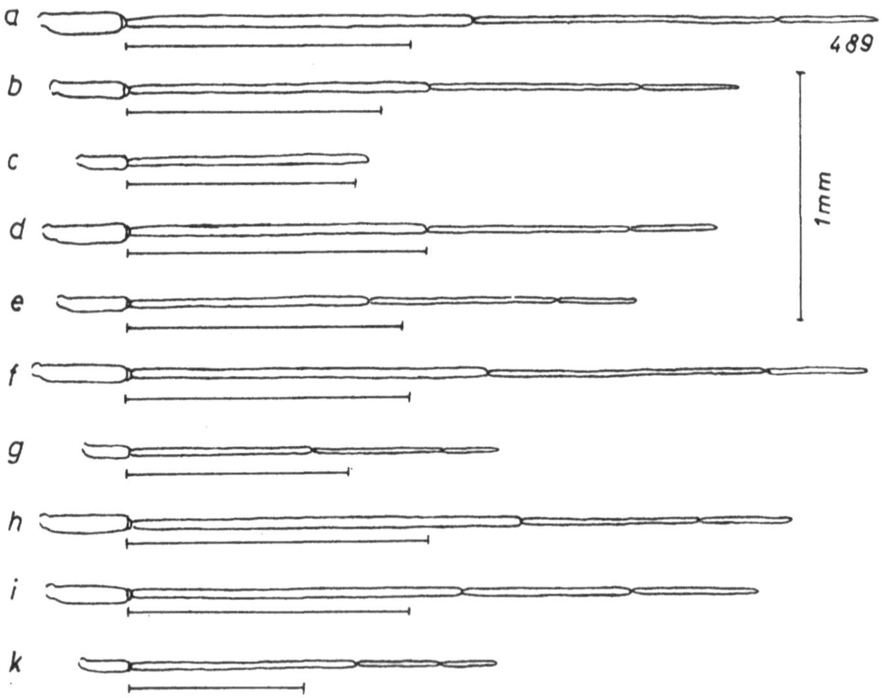

Abb. 489: *Neopachylops*, Fühler des Männchens

a: *O. (N.) virescens* Dgl. et Sc. — b: *O. (N.) griseinervis* E. Wagn. — c: *O. (N.) junipericola* Linnav. — d: *O. (N.) spartiicola* Reut. — e: *O. (N.) thymelaeae* E. Wagn. — f: *O. (N.) concolor* Kb. — g: *O. (N.) membraneus* Ldbg. — h: *O. (N.) adenocarpi* Perr. — i: *O. (N.) beieri* E. Wagn. — k: *O. (N.) hodiernus* Linnav.

Die Arten der Untergattung leben zum größten Teil an Papilionaceen (Genista und verwandten Gattungen).

Im Mittelmeerraum wurden bisher neun Arten angetroffen.

Bestimmungsschlüssel

für die Arten von *Neopachylops* E. WAGN.

1 (4) Das Rostrum reicht nur bis zu den Vorderhüften oder geringfügig darüber hinaus.

2 (3) Größer, das ♂ 4,4–4,9 mm, das ♀ 3,8–4,5 mm lang. Scheitel beim ♂ 1,5×, beim ♀ 2,6× so breit wie das Auge. Chitinbänder der Vesika (Abb. 494a) kurz und breit, Ränder gezähnt. 28. **O. (N.) virescens** S. 209

3 (2) Kleiner, das ♂ 3,65–3,95 mm, das ♀ 3,65–3,75 mm lang. Scheitel beim ♂ 1,5–1,6×, beim ♀ 2,05–2,12× so breit wie das Auge. Chitinbänder der Vesika (Abb. 494b) schlank und ungezähnt. 29. **O. (N.) griseinervis** S. 210

4 (1) Das Rostrum reicht bis zu den Mittelhüften oder darüber hinaus, selten nur bis zur Mitte der Mittelbrust, dann ist die Grundfarbe weißlichgelb.

5 (24) Länge des ♂ mindestens 2,7 mm, des ♀ mindestens 2,4 mm.

6 (11) Hinterschiene nur 3,0–3,4× so lang wie der Fuß (ohne Klauen), Länge des Tieres 2,8–3,2 mm.

7 (8) Scheitel hinten nur gerandet, nicht kielartig. Parameren siehe Abb. 493, g+s! 34. **O. (N.) membraneus** S. 213

8 (7) Scheitel hinten mit kräftigem, kielartigem Rand (Abb. 497, a–d).

9 (10) Das Rostrum überragt die Hinterhüften. Rechtes Paramer (Abb. 497f) lang und schlank, innen mit zahlreichen Zähnen. 39. **O. (N.) carinatus** S. 218

10 (9) Das Rostrum reicht bis zu den Mittelhüften. Rechtes Paramer (Abb. 498k) keulenförmig, innen mit abwärts gerichteter Hypophysis, ohne Höcker oder Zähne. 40. **O. (N.) maurus** S. 219

11 (6) Hinterschiene beim ♂ mindestens 4×, beim ♀ mindestens 3,7× so lang wie der Fuß. Länge des Tieres meistens über 3,5 mm.

12 (13) Länge beim ♂ 2,7 mm, beim ♀ 2,4 mm. Genitalien siehe Abb. 493, f+r! 30. **O. (N.) junipericola** S. 210

13 (12) Länge beim ♂ mindestens 3,3 mm, beim ♀ mindestens 2,9 mm.

14 (19) 3. Fühlerglied mindestens 0,67× so lang wie das 2., das 4. nur 0,33–0,43× so lang wie das 3. (Abb. 489, d–f).

15 (18) 2. Fühlerglied beim ♂ höchstens 1,0×, beim ♀ 0,87× so lang wie die Pronotumbreite (Abb. 489, d+e).

16 (17) 2. Fühlerglied beim ♂ (Abb. 489d) 1,0×, beim ♀ 0,87× so lang wie die Pronotumbreite. Länge 4,0–4,4 mm. Parameren siehe Abb. 493, c+o! 31. **O. (N.) spartiicola** S. 211

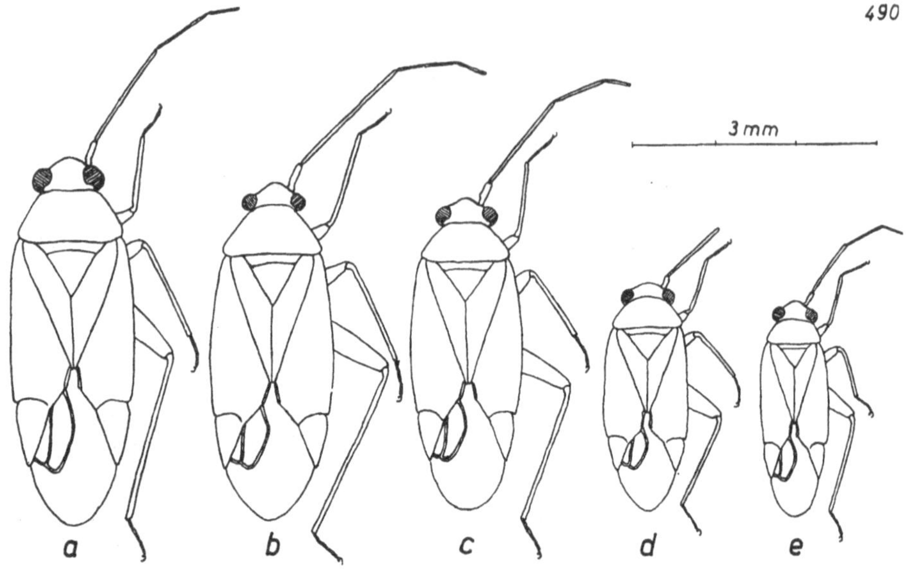

Abb. 490: *Neopachylops*, Männchen

a: *O. (N.) spartiicola* Reut. — b: *O. (N.) adenocarpi adenocarpi* Perr. — c: *O. (N.) beieri* E. Wagn. — d: *O. (N.) junipericola* Linnav. — e: *O. (N.) hodiernus* Linnav.

17 (16) 2. Fühlerglied beim ♂ (Abb. 489e) 0,89×, beim ♀ 0,75× so lang wie die Pronotumbreite. Länge des ♂ 3,5–4,0 mm, des ♀ 2,9–3,6 mm. Parameren siehe Abb. 493, d+p! 32. **O. (N.) thymelaeae** S. 211

18 (15) 2. Fühlerglied (Abb. 489f) 1,25–1,33× so lang wie die Pronotumbreite. Länge des ♂ 4,6–5,0 mm, des ♀ 3,6–4,3 mm. Parameren siehe 493, e+q! 33. **O. (N.) concolor** S. 213

19 (14) 3. Fühlerglied etwa halb so lang wie das 2. und etwa 2× so lang wie das 4. (Abb. 489, h–i).

20 (21) Scheitel beim ♂ 2,0–2,1×, beim ♀ 2,5× so breit wie das Auge, Größer, Länge des ♂ 4,4–5,0 mm, des ♀ 4,0–4,3 mm. Rechtes Paramer (Abb. 493h) innen nahe der Spitze mit einem großen, gekrümmten Zahn. 35. **O. (N.) adenocarpi** S. 214

21 (20) Scheitel beim ♂ 2,30–2,33×, beim ♀ 2,40–2,67× so breit wie das Auge. Länge des ♂ 3,5–4,1 mm, des ♀ 3,1–4,2 mm.

22 (23) Kleiner, Länge des ♂ 3,5–3,9 mm, des ♀ 3,1–3,6 mm. Das Rostrum reicht bis zu den Mittelhüften. Rechtes Paramer (Abb. 493i) mit drei etwa gleich kräftigen Spitzen. 36. **O. (N.) beieri** S. 215

23 (22) Größer, Länge des ♂ 4,0–4,1 mm, des ♀ 4,0–4,2 mm. Das Rostrum reicht bis zu den Hinterhüften. Rechtes Paramer (Abb. 496g) ohne lange Spitzen.
37. **O. (N.) cornichus** S. 216

24 (5) Länge des ♂ 2,25 mm (Abb. 489e). Das Rostrum reicht bis zu den Hinterhüften.
38. **O. (N.) hodiernus** S. 217

28. **Orthotylus (Neopachylops) virescens** (DOUGLAS et SCOTT), 1865

Länglich, das ♂ fast parallelseitig, das ♀ oval. Sattgrün, mit halbaufgerichteten, schwarzen und anliegenden, weißen Haaren (Abb. 470f). Kopf dunkel, geneigt. Scheitel gerandet, beim ♂ 1,58×, beim ♀ 2,3× so breit wie das Auge. Fühler grün, distal dunkel; 1. Glied etwa halb so lang wie die Kopfbreite; 2. Glied 1,2× so lang wie die Pronotumbreite (Abb. 489a); 3. Glied 0,9× so lang wie das 2.; das 4. 0,33× so lang wie das 3. Glied. Membran dunkel rauchbraun, Adern graubraun. Das Rostrum ragt kaum über die Vorderhüften hinaus.

Genitalsegment des ♂ kaum länger als die zwei vorhergehenden Segmente. Rechtes Paramer (Abb. 493a) distal mit zwei gleichen Spitzen. Linkes Paramer (Abb. 493m) schlank, die Hypophysis sitzt auf einem langen Arm, der etwa in der Mitte der Innenseite abzweigt. Penis klein. Chitinbänder der Vesika (Abb. 494a) kaum verzweigt und nur wenig gezähnt. K-Struktur des ♀ (Abb. 492c) ungeteilt, oval, fein behaart.

Länge: ♂ = 4,4–4,9 mm, ♂ = 3,8–4,5 mm.

Die Art lebt an Sarothamnus scoparius L. und ernährt sich von kleinen Insekten und Pflanzensäften. Imagines im Juli und August. Überwintert als Ei.

Eurosibirische Art. Im Mittelmeerraum in ganz Südeuropa. Die Meldungen aus Vorderasien und Nordafrika dürften sich auf folgende Art beziehen.

491

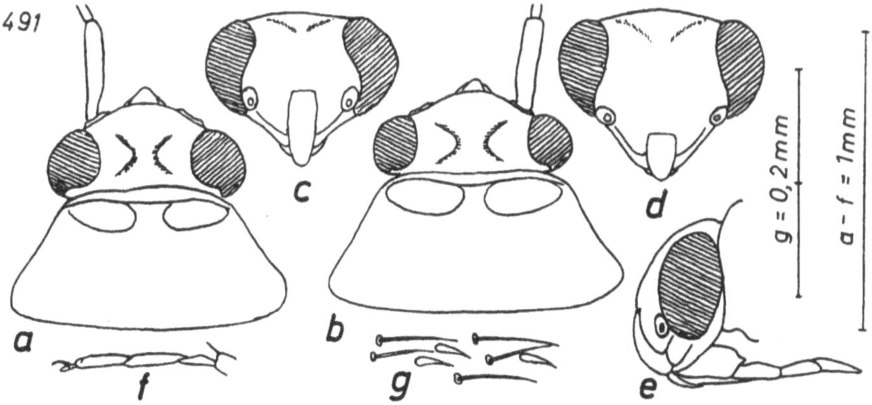

Abb. 491: *Orthotylus (Neopachylops) griseinervis* E. Wagn.
a: Kopf, Pronotum und 1. Fühlerglied des ♂ von oben — b: dasselbe vom ♀ — c: Kopf des ♂ von vorn — d: dasselbe vom ♀ — e: Kopf des ♂ von links — f: Hinterfuß des ♂ — g: Behaarung der Oberseite

29. **Orthotylus (Neopachylops) griseinervis** E. WAGNER, 1960

Notulae Ent., Bd. 40, S. 118—120.

Kleiner, aber von gleicher Gestalt, Färbung und Behaarung wie vorige Art. Scheitel beim ♂ 1,5–1,6×, beim ♀ 2,05–2,12× so breit wie das Auge. Fühler (Abb. 489b) grün oder gelblich; 1. Glied beim ♂ 1,0×, beim ♀ 0,85× so lang, wie der Scheitel breit ist; 2. Glied etwas länger, als das Pronotum breit ist; 3. Glied 0,72× so lang wie das 2. und 2,2× so lang wie das 4. Glied, die Endglieder dunkler. Membran dunkel graubraun, Adern grauweißlich. Das Rostrum erreicht die Spitze der Vorderhüften, die beiden Endglieder sind gegen ihre Verbindungsstelle geringfügig verdickt, aber jedes von ihnen etwa so lang wie das 2. Hinterschiene 4,1–4,4× so lang wie der Fuß.

Rechtes Paramer (Abb. 493b) klein, distal mit zwei ungleichen Fortsätzen. Linkes Paramer (Abb. 493n) gekrümmt, Arm der Hypophysis kürzer und stärker gekrümmt. Chitinbänder der Vesika (Abb. 494b) schlank und ungezähnt.

Länge: ♂ = 3,65–3,95 mm, ♀ = 3,65–3,75 mm.

Die Art wurde von Zypern beschrieben, später aber auch in Israel, Libyen, Tunesien und Algerien gefunden. Imagines im Mai. Lebensweise nicht bekannt.

30. **Orthotylus (Neopachylops) junipericola** LINNAVUORI, 1965 (Abb. 490d)

Act. Ent. Fenn., Bd. 21, S. 12, 27 und 54.

Klein, grün, im vorderen Teil gelb. ♂ fast parallelseitig, ♀ länglich-oval, mit halbaufgerichteten, schwarzen und anliegenden, weißen Haaren. Scheitel beim ♂ 1,8×, beim ♀ 2,2× so breit wie das Auge, deutlich gerandet. 2. Fühlerglied (Abb. 489c) etwa so lang, wie das Pronotum breit ist.

Rechtes Paramer (Abb. 493f) distal verdickt, Hypophysis breit und spitz. Linkes Paramer (Abb. 493r) an der Außenecke mit kegelförmigem Fortsatz, Hypophysis stark gekrümmt. Chitinbänder der Vesika verzweigt und gezähnt (nach LINNAVUORI).

Länge: ♂ = 2,7 mm, ♀ = 2,4 mm.

Die Art bildet nach LINNAVUORI einen Rassenkreis.

a. **O. junipericola regularis** LINNAVUORI 1965

Rechtes Paramer an der Basis mit mehreren Zähnen. Äußerer Fortsatz des linken Paramers mehr gerundet. Gestalt etwas größer. In Tunesien.

b. **O. junipericola contractulus** LINNAVUORI, 1965

Scheitel beim ♂ 1,9×, beim ♀ 2,0× so breit wie das Auge. Linkes Paramer mit dreieckig vorstehender Außenecke. Rechtes Paramer im basalen Teil mit einem Anhang, der drei Zähne trägt. In Libyen.

c. **O. junipericola terminalis** LINNAVUORI, 1965

Länge beim ♂ 2,4–2,7 mm, beim ♀ 2,1–2,3 mm. Scheitel beim ♂ 1,6×, beim ♀ 2,0× so breit wie das Auge. Rechtes Paramer gekrümmt, im basalen Teil mit zahlreichen kleinen Zähnen. Außenecke des linken Paramers fast rechteckig. Chitinbänder der Vesika kürzer und breiter. In der Türkei.

Die Art lebt an Juniperus phoenicea L. Imagines im Juli und August. Bisher aus Tunesien, Libyen und der Türkei von LINNAVUORI gemeldet.

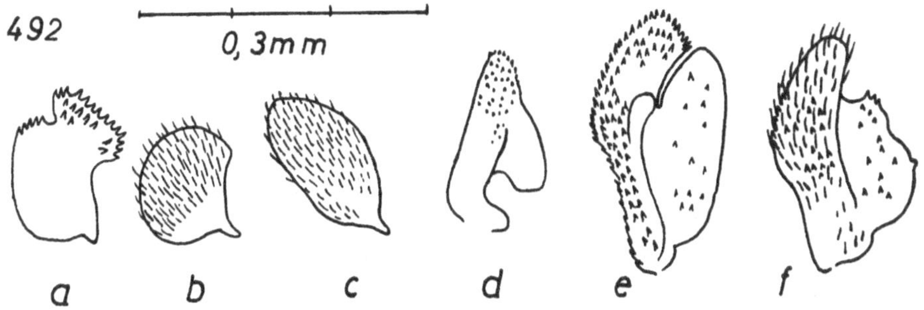

Abb. 492: K-Struktur der Hinterwand der Bursa copulatrix des ♀
a: O. *(O.) tenellus* Fall. — b: O. *(O.) diaphanus* Kb. — c: O. *(N.) virescens* Dgl. et Sc. — d: O. *(N.) concolor* Kb. — e: O. *(N.) adenocarpi adenocarpi* Perr. — f: O. *(N.) beieri* E. Wagn.

31. **Orthotylus (Neopachylops) spartiicola** REUTER, 1904 (Abb. 490a)

Syn. O. *retamae* E. WAGNER 1951, Bull. Soc. Fouad I. Ent., Bd. 35, S. 141—143.

Länglich-oval. Weißlichgelb, mit anliegenden gelblichen und halbaufgerichteten schwarzen Haaren. Scheitel scharfkantig, beim ♂ 1,5×, beim ♀ 2,0× so breit wie das Auge. Fühler gelblichbraun bis braun (Abb. 489d); 1. Glied 0,75–0,86× so lang, wie der Scheitel breit ist; 2. Glied beim ♂ 1,0×, beim ♀ 0,87× so lang, wie das Pronotum breit ist; 3. Glied 0,7× so lang wie das 2. und 2,5–2,7× so lang wie das 4. Glied. Membran hellgrau, Adern weißlichgelb. Hinterschiene etwa 4× so lang wie der Fuß. Das Rostrum reicht beim ♂ bis zur Mitte der Mittelbrust, beim ♀ erreicht es die Mittelhüften.

Genitalsegment des ♂ sehr klein. Rechtes Paramer (Abb. 493c) distal mit zwei ungleich dicken Vorsprüngen. Linkes Paramer (Abb. 493o) groß, gekrümmt, Hypophysis lang und spitz, ihr Arm kurz. Chitinbänder der Vesika (Abb. 494d) kurz und breit, nur zwei der Äste distal mit einigen Zähnen.

Länge: ♂ = 3,7–4,2 mm, ♀ = 4,0–4,4 mm.

Die Art lebt an Retama und Spartium. Imagines im März und April. Bisher nur aus Israel und Ägypten gemeldet.

32. **Orthotylus (Neopachylops) thymelaeae** E. WAGNER, 1965

Act. Faun. Ent. Mus. Nat. Prag., Bd. 11, S. 224—226.

Hellgrün bis grün, mit halbaufgerichteten schwarzen Haaren und anliegenden weißen Schuppenhaaren. Lang-oval, das ♂ 3,65–3,70×, das ♀ 3,1–3,2× so lang, wie das Pronotum breit ist. Scheitel beim ♂ 1,8×, beim ♀ 2,40–2,48× so breit wie das Auge. Fühler (Abb. 489e) grün; 2. Glied beim ♂ 0,87×, beim ♀ 0,75× so lang, wie das Pronotum breit ist; 3. Glied 0,7× (♂) bis 0,8× (♀) so lang wie das 2. und 2,2–2,3× so lang wie das 4. Glied. Membran graubraun, Adern braun. Das Rostrum erreicht die Spitze der Mittelhüften oder überragt sie ein wenig. Hinterschiene beim ♂ 4,0–4,4×, beim ♀ 3,7–4,0× so lang wie der Fuß.

493

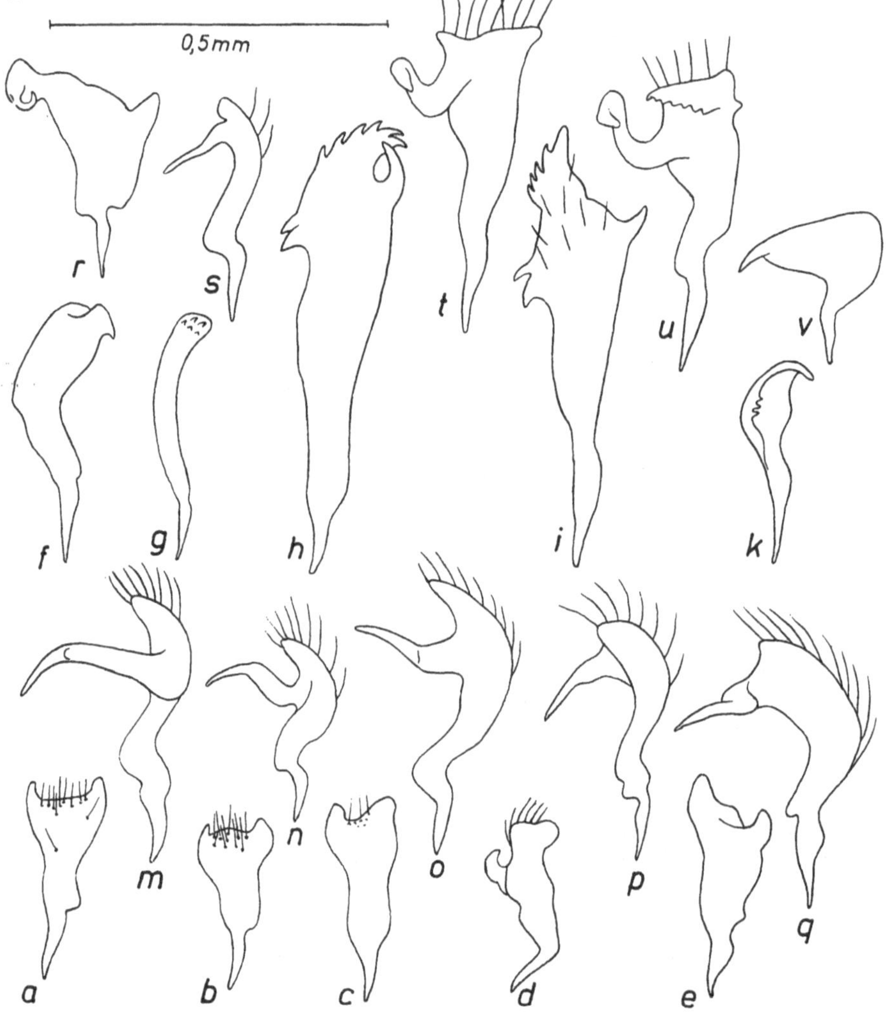

Abb. 493: *Neopachylops*, Parameren

a+m: O. *(N.) virescens* Dgl. et Sc. — b+n: O. *(N.) griseinervis* E. Wagn. — c+o: O. *(N.) spartiicola* Reut. — d+p: O. *(N.) thymelaeae* E. Wagn. — e+q: O. *(N.) concolor* Kb. — f+r: O. *(N.) junipericola* Linnav. — g+s: O. *(N.) membraneus* Ldbg. — h+t: O. *(N.) adenocarpi adenocarpi* Perr. — i+u: O. *(N.) beieri* E. Wagn. — k+v: O. *(N.) hodiernus* Linnav.

a—k: rechtes Paramer von oben — m—v: linkes Paramer von oben

Rechtes Paramer (Abb. 493d) mit mehreren Höckern und Buckeln, außen ein gekrümmter, fast spitzer Fortsatz. Linkes Paramer (Abb. 493p) schlank, leicht gekrümmt und distal etwas verdickt, der Arm der Hypophysis entspringt nahe der Spitze des Paramerenkörpers, Hypophysis spitz und fast gerade. Chitinbänder der Vesika (Abb. 494c) nicht verzweigt, aber distal stark gezähnt.

Länge: ♂ = 3,5–4,0 mm, ♀ = 2,9–3,6 mm.

Die Art lebt an Thymelaea virgata DESF. Imagines im Mai.
Bisher nur in Algerien (Aflou) von ECKERLEIN gefunden.

33. **Orthotylus (Neopachylops) concolor** (KIRSCHBAUM), 1856

Von gleicher Gestalt, Größe, Färbung und Behaarung wie *O. virescens* DGL. et SC., unterscheidet sich durch längeres Rostrum und abweichende Längenverhältnisse der Fühler. Scheitel beim ♂ 1,8×, beim ♀ 2,45× so breit wie das Auge. Fühler (Abb. 489f) lang, 2. Glied 1,25–1,33× so lang, wie das Pronotum breit ist; 3. Glied 0,80–0,85× so lang wie das 2. und 3× so lang wie das 4. Glied. Membran dunkelgrau, Adern gelbgrau. Das Rostrum erreicht die Mittelhüften. Hinterschiene etwa 4× so lang wie der Fuß.

Genitalsegment des ♂ klein, so lang wie die 2 vorhergehenden Segmente. Rechtes Paramer (Abb. 493e) distal mit 2 sehr ungleichen Fortsätzen. Linkes Paramer (Abb. 493q) distal verbreitert und gekrümmt, der Arm der Hypophysis entspringt an der oberen, inneren Ecke. Chitinbänder der Vesika (Abb. 494e) sehr breit und stark gezähnt.

Länge: ♂ = 4,6–5,0 mm, ♀ = 3,6–4,3 mm.

Die Art lebt an Sarothamnus scoparius L. Imagines im Juli und August. Überwintert als Ei.

Westeuropäische Art. Im Mittelmeerraum in Spanien, Südfrankreich, Italien und auf der Insel Korsika. Angeblich auch in Algerien.

34. **Orthotylus (Neopachylops) membraneus** LINDBERG, 1940

Soc. Sci. Fenn. Comm. Biol., Bd. 7, Nr. 14, S. 42—43.

Kleine, gelbe oder grüne Art. Mit kräftigen, schwarzen Haaren und feineren, hellen Härchen. Kopf kurz. Scheitel beim ♂ 1,5×, beim ♀ 1,65–1,70× so breit wie das Auge. Fühler gelb oder grün (Abb. 489g), 2. Glied beim ♂ 1,0×, beim ♀ 0,82× so lang, wie das Pronotum breit ist; 3. Glied 0,7× so lang wie das 2. und 2,3× so lang wie das 4. Glied. Das Rostrum reicht bis zu den Mittelhüften. Hinterschiene 3,1–3,4× so lang wie der Fuß.

Rechtes Paramer (Abb. 493g) klein, sehr schlank, einfach, distal etwas verdickt, abgerundet und mit einigen Zähnen. Linkes Paramer (Abb. 493s) klein, schlank, der Arm der Hypophysis zweigt etwas unterhalb der Spitze ab, Hypophysis lang und schlank. Chitinbänder der Vesika (Abb. 494f) kurz, breit, unverzweigt und ungezähnt.

Länge: ♂, ♀ = 3,2–3,35 mm.

Bisher nur von LINDBERG in Marokko (Reraia-Tal im Mittleren Atlas) gefunden. Imagines waren im Mai und Juni vorhanden.

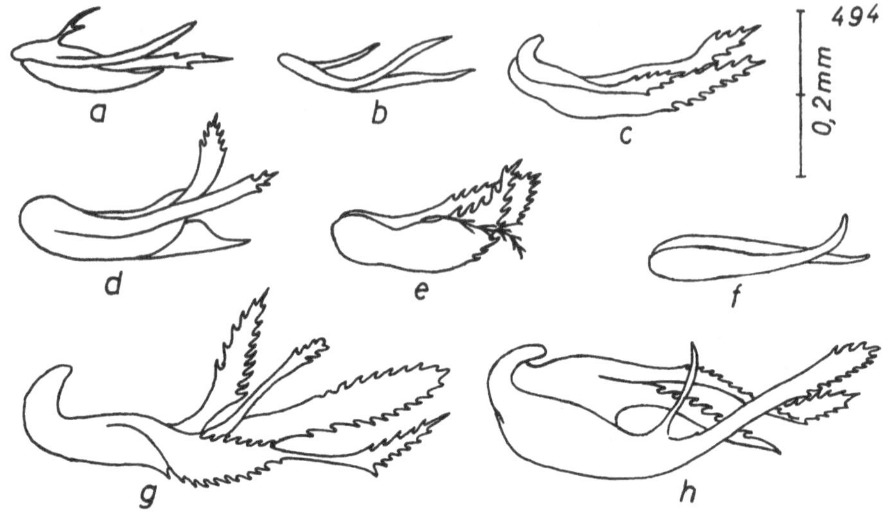

Abb. 494: *Neopachylops*, Chitinbänder der Vesika
a: *O. (N.) virescens* Dgl. et Sc. — b: *O. (N.) griseinervis* E. Wagn. — c: *O. (N.) thymelaeae* E. Wagn. — d: *O. (N.) spartiicola* Reut. — e: *O. (N.) concolor* Kb. — f: *O. (N.) membraneus* Ldbg. — g: *O. (N.) beieri* E. Wagn. — h: *O. (N.) adenocarpi adenocarpi* Perr.

35. **Orthotylus (Neopachylops) adenocarpi** (PERRIS), 1857 (Abb. 490b)

Syn. *O. obsoletus* FIEBER 1861, E. WAGNER 1955, Beitr. z. Ent., Bd. 4, S. 671; id. 1942, Mitt. dtsch. Ent. Ges., Bd. 11, S. 75; ssp. *purgantis* E. WAGNER 1957, Rev. Fr. Ent., Bd. 24, S. 288—290; ssp. *maroccanus* E. WAGNER, 1958, Boll. Soc. Ent. Ital.,Bd. 88, S. 86—87.

Größer (Abb. 490b), grün, oft teilweise gelb. Behaarung zweifach, die halbaufgerichteten Haare schwarz, bisweilen jedoch auch hell, die anliegenden Haare stets weißlich. Scheitel beim ♂ 2,0–2,1×, beim ♀ 2,4–2,5× so breit wie das Auge. Fühler (Abb. 489h) lang, das 1. Glied etwa halb so lang, wie der Kopf breit ist; 2. Glied 1,2–1,3× so lang, wie das Pronotum breit ist; 3. Glied höchstens halb so lang wie das 2. und etwas weniger als doppelt so lang wie das 4. Glied. Membran hellgrau, Adern gelbbraun. Hinterschiene fast 5× so lang wie der Fuß.

O. adenocarpi PERR. ist ein Rassenkreis, dessen Rassen sich vor allem durch den Bau der Genitalien des ♂ und durch die Lebensweise unterscheiden.

a. **O. (N.) adenocarpi adenocarpi** (PERRIS) 1857

Größer, grün, teilweise oft gelb. Halbaufgerichtete Haare meistens schwarz. Scheitel beim ♂ 2,1×, beim ♀ 2,4× so breit wie das Auge. Rechtes Paramer (Abb. 493h) keulenförmig, Apikalteil außen mit gekrümmter Kante, die mit kräftigen Zähnen besetzt ist und eine nach innen vorstehende Ecke bildet. Unter dieser Ecke ein größerer, gekrümmter, dornartiger Zahn, der nach oben gerichtet ist. Linkes Paramer (Abb. 493t) distal rechtwinklig geknickt, außen eine Ecke, obere Kante ziemlich lang und gerade, innen ein Höcker. Arm der Hypophysis stark gekrümmt. Chitinbänder der Vesika (Abb. 494h) wenig verzweigt, im Apikalteil gezähnt. K-Struktur des ♀ (Abb. 492e) zweilappig, zwischen beiden Lappen nur ein schmaler Spalt. Das Rostrum reicht bis zur Mitte der Mittelhüften.

Länge: ♂ = 4,6–5,0 mm, ♀ = 3,7–4,3 mm.

O. adenocarpi adenocarpi PERR. lebt an Sarothamnus scoparius L. und bewohnt Teile Mitteleuropas. Im Mittelmeerraum in Südfrankreich und Spanien gefunden.

b. **O. adenocarpi purgantis** E. WAGNER, 1957

Olivgrün bis bräunlichgrün. Halbaufgerichtete Haare hellbraun bis braun. Scheitel beim ♂ 2,1×, beim ♀ 2,4× so breit wie das Auge. Rechtes Paramer (Abb. 495, c+d) viel schlanker, die apikale Spitze nach oben gerichtet und der dornartige Zahn fast rechtwinklig abstehend. Linkes Paramer (Abb. 495e) an der oberen Außenecke mit spitzem Zahn, Oberkante kurz und mit Zähnen besetzt. Arm der Hypophysis länger und nur proximal gekrümmt. Chitinbänder der Vesika schlanker, die Zähne feiner. K-Struktur des ♀ zweilappig, zwischen beiden Lappen eine breite Einbuchtung. Das Rostrum erreicht die Mittelhüften.

Länge: ♂ = 4,5–4,9 mm, ♀ = 3,6–4,3 mm.

O. adenocarpi purgantis E. WAGN. lebt ausschließlich an Genista purgans G. G. in Höhen von 2200 bis 2300 m. Imagines im Juli und August. Bisher nur in Südfrankreich (Pyrénées-orientales) gefunden.

c. **O. adenocarpi maroccanus** E. WAGNER, 1958

Etwas kleiner und schlanker. Hell- bis sattgrün, oft teilweise gelb. Halbaufgerichtete Haare hell, weißlich. Scheitel beim ♂ 2,0×, beim ♀ 2,5× so breit wie das Auge, hinten kantig, beim ♂ in der Mitte gekielt. 1. Fühlerglied beim ♂ oft schwarz. 2. Glied beim ♂ länger, beim ♀ so lang, wie das Pronotum breit ist. Das Rostrum erreicht die Hinterhüften. Rechtes Paramer (Abb. 495a) kräftiger, distal nach außen gebogen, die Apikalkante daher senkrecht. Dornartiger Zahn quer zum Paramerenkörper gerichtet. Chitinbänder der Vesika kürzer und breiter. Linkes Paramer (Abb. 495b) an der oberen Außenecke mit hohem Fortsatz, Apikalteil nach innen spitz vorstehend, Arm der Hypophysis fast gerade, distal höckerig, Hypophysis weniger stark gekrümmt.

Länge: ♂ = 3,7–4,4 mm, ♀ = 3,5–4,4 mm.

Die Rasse lebt an Adenocarpus bacquei Batt. et Pit.

O. adenocarpi maroccanus E. WAGN. wurde bisher nur in Marokko (Ras Foughal, Azrou) gefunden. Imagines im Mai und Juni.

36. **Orthotylus (Neopachylops) beieri** E. WAGNER, 1942 (Abb. 490c)

Mitt. dtsch. Ent. Ges., Bd. 11, S. 75.

Kleiner, aber von gleicher Gestalt. Halbaufgerichtete Haare meistens schwarz, seltener gelbbraun. Scheitel beim ♂ 2,3×, beim ♀ 2,6× so breit wie das Auge. Fühler (Abb. 489k) schlank, 1. Glied 0,37× so lang, wie der Kopf breit ist; 2. Glied beim ♂ 1,2×, beim ♀ 1,1× so lang, wie das Pronotum breit ist; 3. Glied halb so lang wie das 2. und 1,33× so lang wie das 4. Glied. Membran hellgrau, Adern gelb. Das Rostrum reicht bis zur Spitze der Mittelhüften. Hinterschiene 4,4× so lang wie der Fuß.

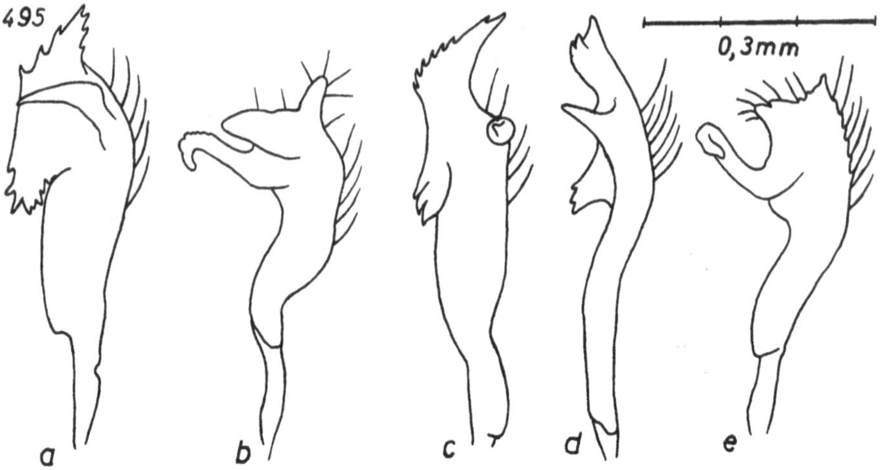

Abb. 495: *Orthotylus (Neopachylops) adenocarpi* Perr., Parameren
a+b: *O. (N.) adenocarpi maroccanus* E. Wagn. — c—e: *O. (N.) adenocarpi purgantis* E. Wagn.
a+c: rechtes Paramer von oben — d: dasselbe um 90° gedreht — b+e: linkes Paramer von oben

Rechtes Paramer (Abb. 493i) keulenförmig, Apikalteil dreieckig, an jeder Ecke ein kräftiger Zahn, außerdem mehrere kleinere Zähne am Rande. Linkes Paramer (Abb. 493u) ähnlich demjenigen der vorigen Art, aber der Arm der Hypophysis länger und die obere Kante kürzer und glatt. Chitinbänder der Vesika (Abb. 494g) breit, stark verzweigt und mit kräftigen Zähnen. K-Struktur des ♀ (Abb. 492f) zweilappig, der innere Lappen niedrig und kaum breiter als der äußere.

Länge: ♂ = 3,5–4,5 mm, ♀ = 3,1–4,2 mm.

Die Art lebt an Genista und Sarothamnus. Imagines von Juni bis August. Überwintert als Ei. Gebirgstier.

Verbreitungsgebiet ist der Südrand der Alpen von Südfrankreich (Basses-Alpes) bis Steiermark. Im Mittelmeerraum in Südfrankreich, Norditalien und auf Korsika.

37. **Orthotylus (Neopachylops) cornichus** E. WAGNER, 1969 (Abb. 496)

Notul. Ent., Bd. 49, S. 100—101.

Klein, länglich-oval, das ♂ schlanker und 3,2×, das ♀ breiter und 3,33× so lang, wie das Pronotum breit ist. ♂ hell graugrünlich bis olivgrün, ♀ gelblichgrün. Oberseite mit langen, anliegenden, weißlichen Schuppenhaaren und halbaufgerichteten, schwarzen Haaren (Abb. 496i). Scheitel (Abb. 496, e+f) beim ♂ 2,3×, beim ♀ 2,40–2,45× so breit wie das Auge, hinten gerandet. Kopf unter den Augen (Abb. 496, c+d) stumpfwinklig. Fühler hell; 2. Glied (Abb. 496, a+b) stabförmig, beim ♂ 1,48×, beim ♀ 1,2× so lang, wie das Pronotum breit ist und weit länger als das 3. und 4. zusammen. Pronotum (Abb. 496, a+b) 1,45–1,50× so breit wie der Kopf. Membran grau, Adern gelbbraun. Das Rostrum reicht bis zu den Hinterhüften. Schienen mit hellen Dornen. Hinterschiene 4,0–4,1× so lang wie der Fuß.

496

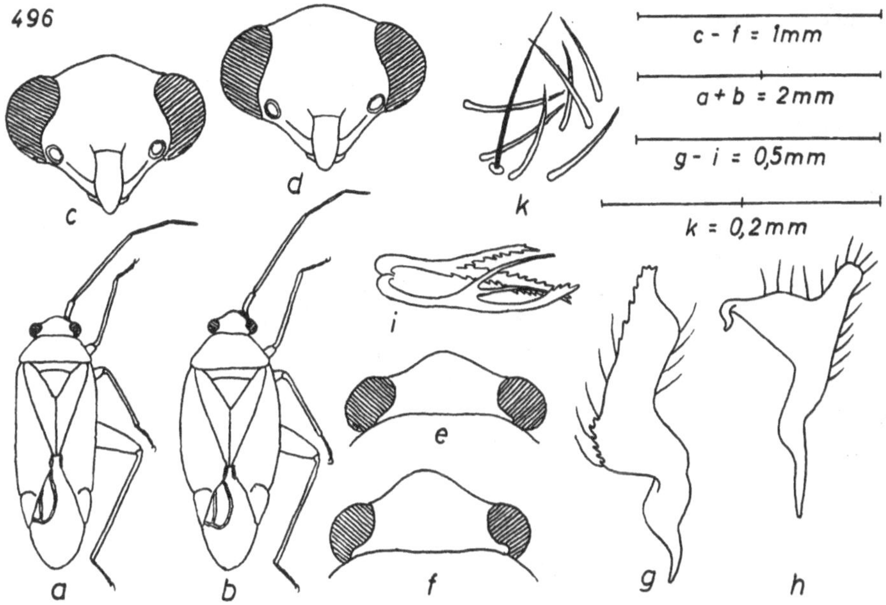

Abb. 496: *Orthotylus (Neopachylops) cornichus* E. Wagn.
a: ♂ — b: ♀ — c: Kopf des ♂ von vorn — d: dasselbe vom ♀ — e: Kopf des ♂ von oben — f: dasselbe vom ♀ — g: rechtes Paramer von oben — h: linkes Paramer von oben — i: Chitinbänder der Vesika von links — k: Behaarung der Oberseite

Rechtes Paramer (Abb. 496g) groß, gekrümmt, außen an der Basis und nahe der Spitze mit Zähnen besetzt. Linkes Paramer (Abb. 496h) dreieckig, Hypophysis klein, S-förmig gekrümmt. An der oberen, äußeren Ecke des Paramerenkörpers ein kräftiger, gerader Fortsatz. Chitinbänder der Vesika (Abb. 496i) schlank, distal verzweigt und mit gezähnten Rändern.

Länge: ♂ = 4,0–4,1 mm, ♀ = 4,0–4,2 mm.

Bisher nur in Algerien (Corniche Kabyle) von ECKERLEIN gefangen. Imagines im Mai. Die Wirtspflanze ist vermutlich eine Genistaart.

38. **Orthotylus (Neopachylops) hodiernus** LINNAVUORI, 1961 (Abb. 490e)

Ann. Zool. Soc. Vanamo, Bd. 22, Nr. 7, S. 6.

Die kleinste Art der Untergattung. Schmutzig graugrün. Halbaufgerichtete Haare lang, gelbbraun, dunkler als die anliegenden Haare. Scheitel (♂) 1,6× so breit wie das Auge. Fühler (Abb. 489l) schlank; 2. Glied länger, als das Pronotum breit ist; 3. Glied 0,4× so lang wie das 2. und 1,67× so lang wie das 4. Glied. Das Rostrum erreicht die Hinterhüften.

Rechtes Paramer (Abb. 493k) keulenförmig, am Rande mehrere Zähne. Linkes Paramer (Abb. 493v) dreieckig, Hypophysis schlank und leicht gekrümmt.

Länge: ♂ = 2,25 mm, ♀ unbekannt.

Bisher nur in Israel (Ramath Gan) und der Türkei (Gülek) gefangen. Die Art lebt an Juniperus phoenicea L. Imagines im August.

39. **Orthotylus (Neopachylops) carinatus** E. WAGNER, 1968

Notul. Ent., Bd. 48, S. 106—107.

Klein, länglich-oval, ♂ und ♀ etwa 3× so lang, wie das Pronotum breit ist. Grün, teilweise gelb. Oberseite mit schwarzen, halbaufgerichteten Haaren, darunter einige weiße Haare. Scheitel (Abb. 497, a+b) beim ♂ 1,75×, beim ♀ 2,0× so breit wie das Auge, hinten mit kräftigem Querkiel. Kopf unter den Augen (Abb. 497, c+d) kurz und stumpfwinklig. Fühler gelbbraun, 1. Glied beim ♂ 0,33×, beim ♀ 0,25–0,26× so lang, wie der Kopf breit ist; 2. Glied beim ♂ 1,0×, beim ♀ 0,82× so lang, wie das Pronotum breit ist und länger als das 3. und 4. zusammen. Pronotum beim ♂ 1,3×, beim ♀ 1,20–1,25× so breit wie der Kopf. Membran grauweißlich, Adern braun. Das Rostrum überragt die Hinterhüften. Hinterschiene 3,3× so lang wie der Fuß.

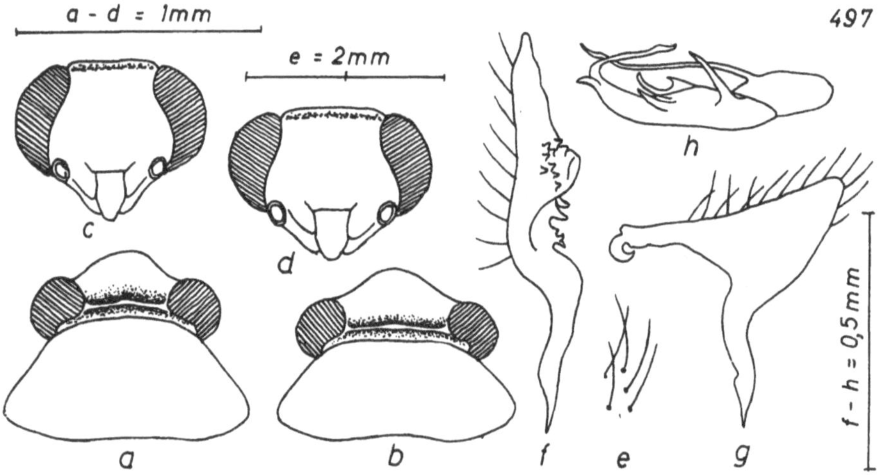

Abb. 497: *Orthotylus (Neopachylops) carinatus* E. Wagn.
a: Kopf und Pronotum des ♂ von oben — b: dasselbe vom ♀ — c: Kopf des ♂ von vorn — d: dasselbe vom ♀ — e: Behaarung der Oberseite — f: rechtes Paramer von oben — g: linkes Paramer von oben — h: Chitinbänder der Vesika von rechts

Rechtes Paramer (Abb. 497f) lang und gerade, distal spitz, an der Innenseite mit zahlreichen Zähnen, in der Mitte ein Höcker. Linkes Paramer (Abb. 497g) dreieckig, Hypophysis klein und stark gekrümmt. Chitinbänder der Vesika (Abb. 497h) stark verzweigt, aber ungezähnt.

Länge: ♂, ♀ = 2,9–3,0 mm.

Die Art lebt an Callitris articulata ENDL. Imagines im Mai.

Bisher nur in Marokko (Asni) von ECKERLEIN gefunden.

40. **Orthotylus (Neopachylops) maurus** E. WAGNER, 1969 (Abb. 498)
Notul. Ent., Bd. 49, S. 99—100.

Männchen fast parallelseitig und 3,4×, Weibchen oval und 3,2× so lang, wie das Pronotum breit ist (Abb. 498, a+b). Hellgrün, im vorderen Teil oft gelb. Oberseite mit feinen, langen, schwarzen Haaren, darunter vereinzelt feine, weißliche Haare (Abb. 498i). Scheitel beim ♂ 1,66×, beim ♀ 1,95× so breit wie das runde Auge (Abb. 498, c+d). Fühlerwurzel (Abb. 498, e+f) neben der unteren Augenecke. Fühler (Abb. 498, g+h) hell; 2. Glied beim ♂ 1,0×, beim ♀ 0,94× so lang, wie das Pronotum breit ist; 3. Glied 0,47–0,55× so lang wie das 2. Glied. Pronotum 1,2× so breit wie der Kopf. Membran schwarzgrau, Adern gelblich. Das Rostrum reicht bis zu den Mittelhüften. Hinterschiene 3,3× so lang wie der Fuß.

Rechtes Paramer (Abb. 498k) keulenförmig, Hypophysis weit unterhalb der Spitze an der Innenseite sitzend. Linkes Paramer (Abb. 498l) fast dreieckig, Hypophysis neben der inneren Spitze sitzend. Penis (Abb. 498m) klein, gerade. Chitinbänder der Vesika distal gezähnt und gegabelt.

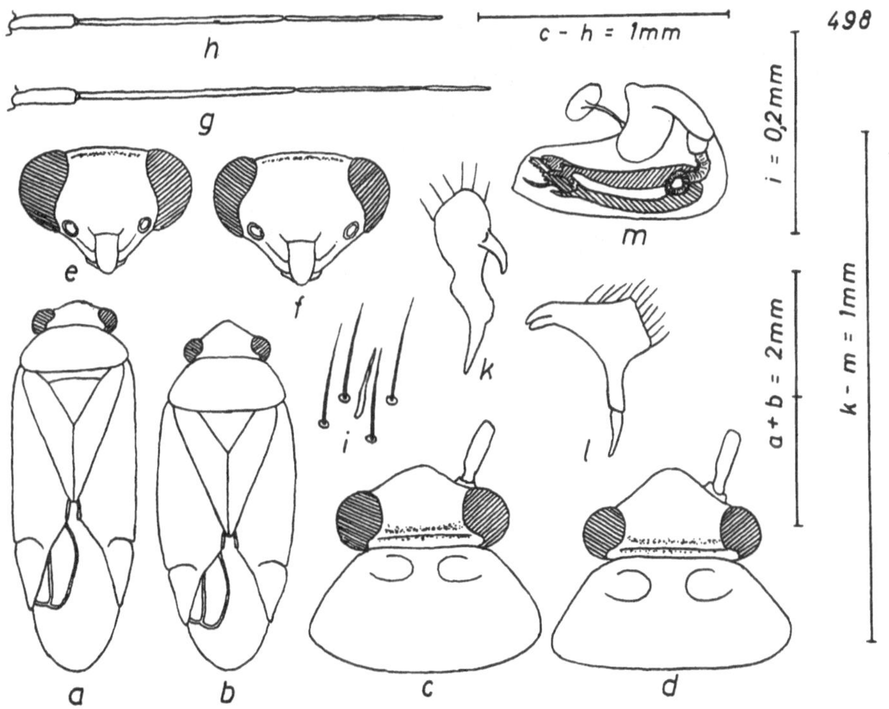

Abb. 498: *Orthotylus (Neopachylops) maurus* E. Wagn.
a: ♂ — b: ♀ — c: Kopf und Pronotum des ♂ von oben — d: dasselbe vom ♀ — e: Kopf des ♂ von vorn — f: dasselbe vom ♀ — g: Fühler des ♂ — h: Fühler des ♀ — i: Behaarung der Oberseite — k: rechtes Paramer von oben — l: linkes Paramer von oben — m: Penis von rechts

Länge: ♂ = 3,0–3,2 mm, ♀ = 2,8–2,9 mm.

O. *maurus* E. WAGN. wurde mehrfach in Marokko (Reraiatal, Berkane, Fes) gefunden. Imagines waren im Mai-Juni und im November vorhanden. Wirtspflanze unbekannt.

5. Untergattung **Melanotrichus** REUTER, 1865

Typus-Art: O. *flavosparsus* SHLBG.

Syn.: *Halocapsus* PUTON, 1878, *Allocotus* PUTON, 1874; KNIGHT 1927, Canad. Ent., Bd. 59, S. 142; SOUTHWOOD 1953, Trans. R. Ent. Soc. London, 104, (11), S. 444; E. WAGNER 1955, dtsch. Ent. Zeit., Bd. 2, S. 240; id. 1956 in GULDE, Wanz. Mitteleur., Heft 11, S. 397.

Kleine bis mittelgroße Arten von etwas breiterer, mehr ovaler Gestalt. Oberseite mit 2 Haartypen, hellen, meist weißen, anliegenden Schuppenhaaren und halbaufgerichteten, gewöhnlichen Haaren, die bald schwarz, bald hell oder braun sind. Hinterrand des Scheitels gerandet oder kantig. Beine verhältnismäßig kurz. Hinterschenkel oft verdickt, insbesondere beim ♀. Halbdecken beim ♀ oft verkürzt.

Genitalsegment des ♂ sehr klein, in der Regel trapezförmig. Rechtes Paramer (Abb. 504+508) keulenförmig (Ausnahme O. *flavosparsus*, Abb. 499a), Hypophysis oft undeutlich. Linkes Paramer (Abb. 499b) sehr einfach, dreieckig, obere Kante fast gerade. Hypophysis zahnartig, an der inneren Ecke sitzend und gegen die Mitte des Paramerenkörpers gerichtet. Die gegenüberliegende Ecke in der Regel mit kleinen Zähnen. Penis (Abb. 499c) ebenfalls sehr einfach gebaut. Chitinbänder der Vesika (Abb. 499c) unverzweigt und ungezähnt. Oberer Rand der Genitalöffnung oft mit einem oder mehreren Fortsätzen (Abb. 499d). K-Struktur der Hinterwand der Bursa copulatrix des ♀ (Abb. 509) ungeteilt, klein und einfach.

Die Arten der Untergattung leben an Chenopodiaceen und anderen Kräutern, oft an Halophyten. Im Mittelmerraum kommen 25 Arten vor.

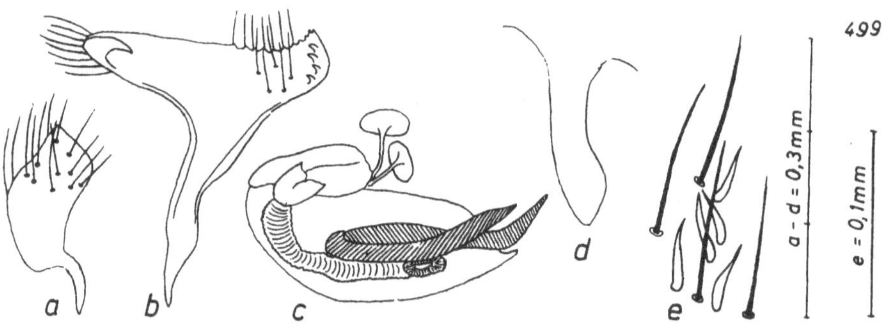

Abb. 499: *Orthotylus (Melanotrichus) flavosparsus* Shlbg.
a: rechtes Paramer von oben — b: linkes Paramer von oben — c: Penis von links — d: Fortsatz vom Vorderrande der Genitalöffnung — e: Behaarung der Oberseite

Bestimmungsschlüssel
für die Arten von *Melanotrichus* REUT.

1 (4) Oberseite zweifarbig. Kopf, Pronotum und 1. Fühlerglied schwarz, oft auch der Cuneus, der Rest der Oberseite graugrün oder graugelb.

2 (3) Das Rostrum überragt die Hinterhüften ein wenig. 2. Fühlerglied etwas kürzer, als das Pronotum breit ist. Cuneus dunkel.
41. **O. (M.) martini** S. 225

3 (2) Das Rostrum reicht bis zu den Mittelhüften. 2. Fühlerglied 1,07× so lang wie die Pronotumbreite. Cuneus zum großen Teil hell.
Der in Arabien lebende **O. (M.) nigricollis** E. WAGN.

4 (1) Anders gefärbt, die genannten Teile nicht schwarz.

5 (26) Hinterschiene mindestens 4× so lang wie der Fuß (ohne Klauen).

6 (7) Halbdecken dicht mit grauen Punkten bedeckt (Abb. 501b). Das Rostrum erreicht die Hinterhüften. 42. **O. (M.) divisus** S. 226

7 (6) Halbdecken nicht mit grauen Punkten, bisweilen mit grünen Punkten, dann reicht das Rostrum nur bis zu den Mittelhüften.

8 (15) Halbaufgerichtete Haare der Oberseite weiß, weißgelb oder hellbraun (Abb. 502, b+c). Das Rostrum erreicht die Hinterhüften.

9 (10) Spitze von Cuneus und Embolium grau oder graubraun (Abb. 501c).
43. **O. (M.) lethierryi** S. 227

10 (9) Spitze von Cuneus und Embolium nicht grau oder graubraun, diejenige des Embolium bisweilen grün.

11 (14) Scheitel beim ♂ 1,8–1,9×, beim ♀ 2,5–2,9× so breit wie das Auge (Abb. 500, a+f).

12 (13) Größer, das ♂ 3,3–4,1 mm, das ♀ 3,4–3,8 mm lang. 2. Fühlerglied 0,87–0,90× so lang wie die Pronotumbreite. Parameren siehe Abb. 504, d+m!
44. **O. (M.) hirtulus** S. 228

13 (12) Kleiner, das ♂ 2,90–2,95×, das ♀ 2,67–3,28 mm lang. 2. Fühlerglied beim ♂ 1,0×, beim ♀ 0,95× so lang wie die Pronotumbreite. Parameren siehe Abb. 504, f+o!
Der in Arabien lebende **O. (M.) arabicus** E. WAGN.

14 (11) Scheitel beim ♂ 2,9–3,0×, beim ♀ 3,0–3,2× so breit wie das Auge (Abb.
45. **O. (M.) contrarius** S. 228

15 (8) Halbaufgerichtete Haare der Oberseite schwarz oder schwarzbraun (wie Abb. 502, a+d).

16 (21) Das Rostrum reicht bis zu den Mittelhüften.

17 (18) Zellen der Membran nicht grün oder grün gefleckt, sondern von gleicher Farbe wie die übrige Membran. Scheitel beim ♂ 2,2×, beim ♀ 2,35–2,45× so breit wie das Auge (Abb. 500b). Parameren siehe Abb. 504, g+p!
46. **O. (M.) haloxyloni** S. 228

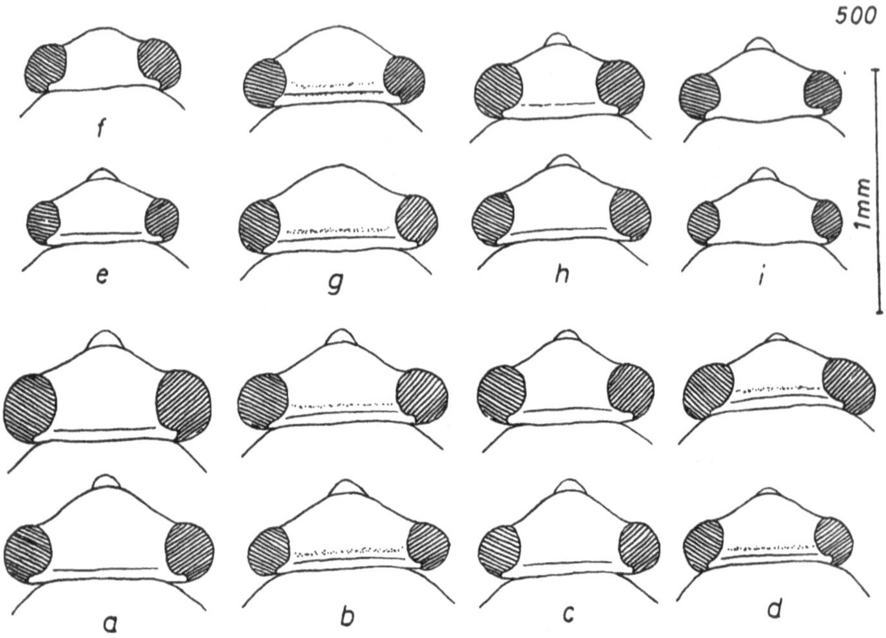

Abb. 500: *Melanotrichus,* Kopf von oben

a: *O. (M.) hirtulus* E. Wagn. — b: *O. (M.) haloxyloni* E. Wagn. — c: *O. (M.) flavosparsus* Shlbg. — d: *O. (M.) biskrensis* E. Wagn. — e: *O. (M.) contrarius* E. Wagn. (nur ♂) — f: *O. (M.) arabicus* E. Wagn. (nur ♂) — g: *O. (M.) salsolae* Reut. — h: *O. (M.) schoberiae* Reut. — i: *O. (M.) minutus* Jak.
Oben: ♂ — unten: ♀

18 (17) Zellen der Membran grün oder dicht mit kleinen grünen Flecken bedeckt. Scheitel beim ♂ 1,55×, beim ♀ 2,4–2,5× so breit wie das Auge (Abb. 500c).

19 (20) Zellen der Membran einfarbig grün, Adern grün. Parameren siehe Abb. 499, a+b! 47. **O. (M.) flavosparsus** S. 229

20 (19) Zellen der Membran dicht mit kleinen grünen Flecken bedeckt, Adern weiß. 48. **O. (M.) viridipunctatus** S. 230

21 (16) Das Rostrum reicht mindestens bis zu den Hinterhüften.

22 (25) Scheitel beim ♂ 1,4–1,8×, beim ♀ 2,4–2,8× so breit wie das Auge. Grundfarbe grün.

23 (24) Die silberweißen Schuppenhaare bilden kleine Grüppchen, die wie helle Flecke wirken. Scheitel beim ♂ 1,8×, beim ♀ 2,4× so breit wie das Auge. Länge des ♂ 3,5–4,2 mm, des ♀ 3,3–3,5 mm.
Der im Iran lebende **O. (M.) argenteopunctatus** E. WAGN.

24 (23) Die weißen Schuppenhaare bilden keine Gruppen. Scheitel beim ♂ 1,40–1,45×, beim ♀ 2,5–2,8× so breit wie das Auge (Abb. 500d). Länge des ♂ 2,8–3,2 mm, des ♀ 2,5–2,8 mm. Parameren siehe Abb. 504, h+q!
49. **O. (M.) biskrensis** S. 230

25 (22) Scheitel beim ♂ 2,3×, beim ♀ 3,67× so breit wie das Auge (Abb. 503, a+b). Grundfarbe weißgelb oder weißgrün. Parameren siehe Abb. 503, h+i!
50. **O. (M.) arthrophyti** S. 230

26 (5) Hinterschiene 2,75–3,50× so lang wie der Fuß (ohne Klauen).

27 (34) Halbaufgerichtete Haare weiß oder gelb (Abb. 502c).

501

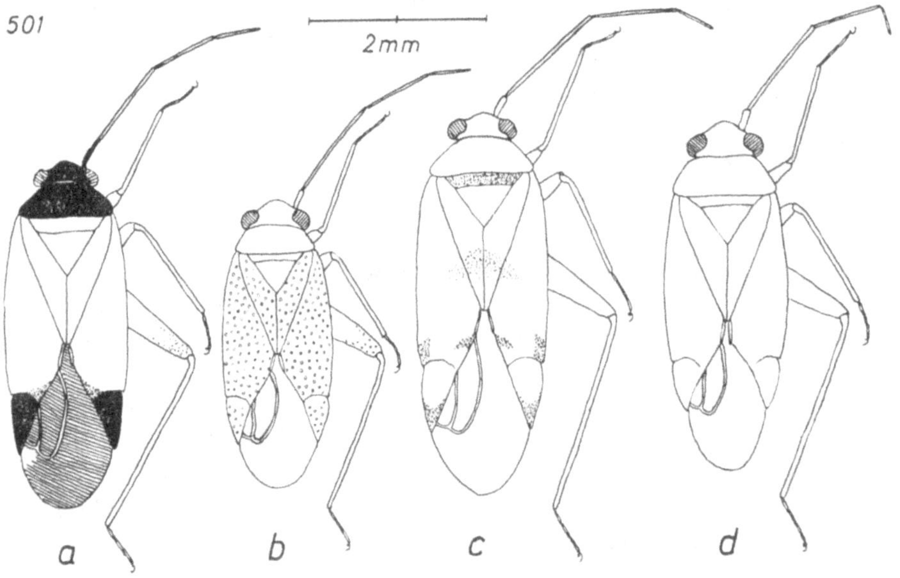

Abb. 501: *Melanotrichus*, Männchen
a: *O. (M.) martini* Put. — b: *O. (M.) divisus* Linnav. — c: *O. (M.) lethierryi* Reut. — e: *O. (M.) hirtulus* E. Wagn.

28 (29) Das Rostrum reicht bis zum 2. Abdominalsegment. Scheitel beim ♂ 2,7–2,8×, beim ♀ 2,8–2,9× so breit wie das Auge (Abb. 505, a+b). Parameren siehe Abb. 505, c+d!
51. **O. (M.) josifovi** S. 231

29 (28) Das Rostrum ragt höchstens mit der Hälfte der Länge des 4. Gliedes über die Hinterhüften hinaus. Scheitel beim ♂ 1,30–2,25×, beim ♀ 2,25–2,8× so breit wie das Auge.

30 (31) Scheitel beim ♂ 2,25–2,4×, beim ♀ 2,7–2,8× so breit wie das Auge, hinten mit kräftigem Querkiel (Abb. 500g). Parameren siehe Abb. 508, a+l!
54. **O. (M.) salsolae** S. 233

31 (30) Scheitel beim ♂ 1,3–1,6×, beim ♀ 2,25–2,7× so breit wie das große Auge.

32 (33) Kleiner, Länge des ♂ 2,25–2,70 mm, des ♀ 2,35–2,65 mm. Grün. Scheitel vor dem Hinterrande mit flacher Querfurche (Abb. 506, a+b). Parameren siehe Abb. 505, c+d! 52. O. (M.) **jordanicus** S. 232

33 (32) Größer, Länge des ♂ 3,2–3,5 mm, des ♀ 3,2–3,3 mm. Gelbbraun. Scheitel eben, hinten scharfkantig (Abb. 506A, a+b). Parameren siehe Abb. 506A, g+h! 53. O. (M.) **tantanus** S. 232

34 (27) Halbaufgerichtete Haare schwarz oder braun, zum mindesten einige von ihnen (Abb. 502, a, b, d).

35 (42) Das Rostrum reicht nicht oder nur wenig über die Mittelhüften hinaus.

36 (37) Halbaufgerichtete Haare braun, anliegende Haare fast so lang wie die halbaufgerichteten (Abb. 507h). Halbdecken beim ♀ verkürzt (Abb. 507b). Parameren siehe Abb. 503, e+f! 55. O. (M.) **dimorphus** S. 234

37 (36) Halbaufgerichtete Haare schwarz, weit länger als die anliegenden. Halbdecken beim ♀ nicht verkürzt.

38 (39) Scheitel beim ♂ 2,0–2,3×, beim ♀ 2,3–2,6× so breit wie das Auge (Abb. 500i).

38a (38b) Scheitel beim ♂ 2,3×, beim ♀ 2,6× so breit wie das Auge. Länge 2,5–3,5 mm. 56. O. (M.) **minutus** S. 235

38b (38a) Scheitel beim ♂ 2,0×, beim ♀ 2,3× so breit wie das Auge. Länge 2,7–3,1 mm. 56a. O. (M.) **dumosus** S. 235

39 (38) Scheitel beim ♂ 1,33–1,50×, beim ♀ 2,0–2,1× so breit wie das Auge. Länge 3,6–4,0 mm.

40 (41) Adern der Membran grün. 2. Fühlerglied etwa so lang wie die Pronotumbreite. Parameren siehe Abb. 508, c+n! 57. O. (M.) **schoberiae** S. 235

41 (40) Adern der Membran gelbbraun. 2. Fühlerglied 1,5× so lang wie die Pronotumbreite. 57a. O. (M.) **gracilis** S. 236

42 (35) Das Rostrum erreicht die Hinterhüften.

43 (44) Hinterschiene nur 2,7–2,8× so lang wie der Fuß. Parameren siehe Abb. 508, d+o! 58. O. (M.) **pusillus** S. 237

44 (43) Hinterschiene mindestens 3× so lang wie der Fuß (ohne Klauen).

45 (46) Oberseite rötlich, rotbraun oder graurot, nicht grün. Parameren siehe Abb. 508, e+p! 59. O. (M.) **rubidus** S. 237

46 (45) Oberseite zum mindesten teilweise grün oder gelb.

47 (50) Kopf, Pronotum, oft auch Scutellum und Cuneus rosa, orangerot oder ockergelb. Corium grün, oft mit dunkelgrünen Punkten.

48 (49) 2. Fühlerglied beim ♂ 1,0×, beim ♀ 0,82× so lang wie die Pronotumbreite. Gestalt schlanker (Abb. 510, c+d). Vorderer Teil des Tieres rosa oder orangerot. Parameren siehe Abb. 508, k+u! An Arthrocnemum. 60. O. (M.) **roseiceps** S. 238

49 (48) 2. Fühlerglied beim ♂ 1,2×, beim ♀ 1,07× so lang wie die Pronotumbreite. Gestalt breiter (Abb. 510, a+b), ♀ fast oval. An Salicornia. 61. O. (M.) **salicorniae** S. 239

50 (47) Oberseite grün, bisweilen im vorderen Teil gelb, aber Pronotum dann teilweise grün.

51 (52) ♂ makropter, ♀ pseudobrachypter, seltener makropter (Abb. 511, a–c), Außenrand des Corium im hinteren Teil stark gebogen. Halbaufgerichtete Haare braun. Parameren siehe Abb. 511, f+g!
62. **O. (M.) curvipennis** S. 239

52 (51) ♂ und ♀ makropter, Außenrand des Corium schwach, aber gleichmäßig gebogen. Halbaufgerichtete Haare schwarz.

53 (58) Hinterschiene 3,25–3,50× so lang wie der Fuß (ohne Klauen).

54 (57) Scheitel beim ♂ 2,20–2,67×, beim ♀ 3,0–3,1× so breit wie das Auge (Abb. 512, c+d, 511A, a–d). 2. Fühlerglied bei ♂ und ♀ 1,04–1,05× so lang wie die Pronotumbreite.

55 (56) Sattgrün oder hellgrün. Membran hell, Adern gelblich. Länge des ♂ 3,3 mm, des ♀ 2,5–2,6 mm. Genitalien siehe Abb. 508, f+q! In Südosteuropa.
63. **O. (M.) parvulus** S. 239

56 (55) Dunkel olivgrün. Membran dunkelgrau, Adern gleichfarben. Länge des ♂ 3,0–3,6 mm, des ♀ 3,4–3,5 mm. Genitalien siehe Abb. 511A, e–i! In Marokko.
64. **O. (M.) parvistylus** S. 240

57 (54) Scheitel beim ♂ 1,7×, beim ♀ 2,45–2,50× so breit wie das Auge (Abb. 512, a+b). 2. Fühlerglied beim ♂ 1,0×, beim ♀ 0,9× so lang wie die Pronotumbreite. Parameren siehe Abb. 508, g+r! Auf den Kanarischen Inseln.
65. **O. (M.) halophilus** S. 241

58 (53) Hinterschiene 3,0× so lang wie der Fuß (ohne Klauen).

59 (60) Anliegende Haare weiß, halbaufgerichtete Haare schwarz (Abb. 499a). Das Rostrum ragt ein wenig über die Hinterhüften hinaus. Parameren siehe Abb. 508, h+s!
66. **O. (M.) moncreaffi** S. 241

60 (59) Anliegende Haare gelb, halbaufgerichtete Haare größtenteils braun (Abb. 502b). Das Rostrum erreicht die Spitze der Hinterhüften. Parameren siehe Abb. 508, i+t!
67. **O. (M.) palustris** S. 242

41. **Orthotylus (Melanotrichus) martini** PUTON, 1887 (Abb. 501a)

E. WAGNER 1968, Notul. Ent., Bd. 48, S. 190—191.

Zweifarbig; Kopf, Pronotum, Cuneus und 1. Fühlerglied schwarz oder schwarzbraun, der Rest der Oberseite graugrün, nach dem Tode graugelb. Behaarung aus anliegenden, silberweißen Schuppenhaaren und halbaufgerichteten, schwarzen Haaren bestehend. Scheitel beim ♂ 2,25×, beim ♀ 2,5× so breit wie das Auge. Fühler hellgrün, das 1. Glied schwarz, 0,53× (♀) bis 0,60× (♂) so lang, wie der Scheitel breit ist; 2. Glied hell, beim ♂ 0,9×, beim ♀ 0,96× so lang, wie das Pronotum breit ist und länger als das 3. und 4. zusammen. Membran fast schwarz, Adern graugrün bis graugelb. Das Rostrum ragt ein wenig über die Spitze der Hinterhüften hinaus. Schenkel im Apikalteil mit dunklen Punkten. Hinterschiene 3,4× so lang wie der Fuß.

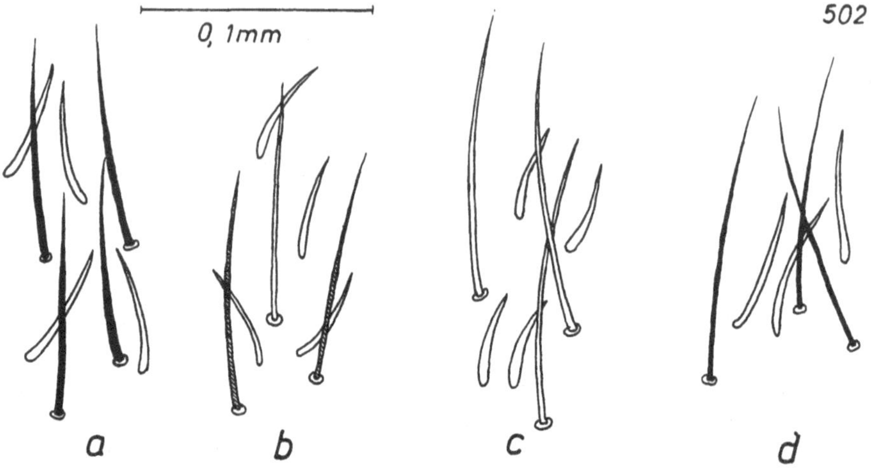

Abb. 502: *Melanotrichus*, Behaarung der Oberseite
a: O. *(M.) moncreaffi* Dgl. et Sc. — b: O. *(M.) palustris* Reut. — c: O. *(M.) hirtulus* E. Wagn. — d: O. *(M.) haloxyloni* E. Wagn.

Rechtes Paramer (Abb. 504a) in der Mitte eingeschnürt, Hypophysis groß und spitz. Linkes Paramer (Abb. 504i) dreieckig, Hypophysis lang und gekrümmt, etwa bis zur Mitte des Paramers reichend.

Länge: ♂, ♀ = 3,7 – 4,0 mm.

Die Art lebt an Suaeda fruticosa. Imagines im April und Mai.

Bisher nur aus Algerien und Tunesien bekannt.

42. **Orthotylus (Melanotrichus) divisus** LINNAVUORI, 1961 (Abb. 501b)

Ann. Zool. Soc. Vanamo, Bd. 22 (7), S. 7—8.

Weißgelb, Behaarung aus halbaufgerichteten, braunen und anliegenden, weißlichen Haaren bestehend. Scheitel beim ♂ 1,8×, beim ♀ 2,3× so breit wie das Auge. 2. Fühlerglied 1,1 – 1,2× so lang, wie das Pronotum breit ist und kürzer als das 3. und 4. zusammen. Pronotum kurz und breit (Abb. 501b). Halbdecken zum Teil grünlich, überall mit kleinen, dunklen Punkten bedeckt. Membran hellgrau, Adern grün. Das Rostrum überragt die Hinterhüften. Schienen mit feinen dunklen Punkten und hellen Dornen. Hinterschiene 4,0× so lang wie der Fuß.

Rechtes Paramer (Abb. 504b) gekrümmt, distal dick, mit 2 nach innen gerichteten Spitzen. Linkes Paramer (Abb. 504k) mit nach oben gerichteter, kurzer Hypophysis, die in der Mitte verdickt ist.

Länge: ♂ = 3,5 – 3,6 mm, ♀ = 3,3 – 3,5 mm.

Die Art lebt an Atriplex halimus. Imagines im August.

Aus Israel beschrieben und später auch in Spanien, Libyen und Tunesien gefunden.

43. **Orthotylus (Melanotrichus) lethierryi** REUTER, 1875 (Abb. 501c)

Die wesentlichen Merkmale dieser Art sind die breit dunkel gefärbte Cuneusspitze und die gleichfalls dunkle Spitze des Embolium. Außerdem findet sich am Membranrande des Corium ein weiterer grauer Fleck (Abb. 501c). Verhältnismäßig groß, das ♀ kürzer und breiter als das ♂. Scheitel beim ♂ 1,25×, beim ♀ 2,0× so breit wie das Auge, hinten scharfkantig. 2. Fühlerglied beim ♂ 1,1×, beim ♀ 1,0× so lang, wie das Pronotum breit ist und etwas kürzer als das 3. und 4. zusammen. Basis des Scutellum oft orangefarben. Cuneus im basalen Teil innen weißlich. Membran grau, Adern bräunlich. Unterseite oft grünlich. Rostrum die Spitze der Hinterhüften erreichend oder etwas überragend.

Rechtes Paramer (Abb. 504c) klein, schlank, distal nach innen gekrümmt und mit mehreren Spitzen. Linkes Paramer (Abb. 504l) klein, Apikalteil niedrig, Hypophysis lang, über die Mitte des Paramers hinausreichend, die gegenüberliegende Ecke (Sinneshöcker) mit schlanker Spitze.

Länge: ♂ = 4,0–4,5 mm, ♀ = 3,6–4,1 mm.

Bisher nur in Algerien und Tunesien gefunden.

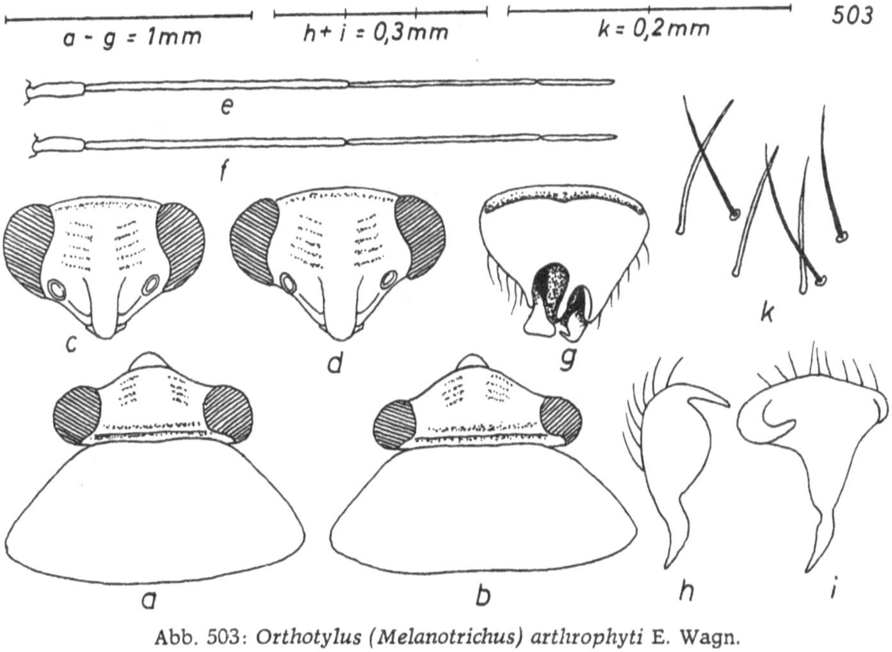

Abb. 503: *Orthotylus (Melanotrichus) arthrophyti* E. Wagn.

a: Kopf und Pronotum des ♂ von oben — b: dasselbe vom ♀ — c: Kopf des ♂ von vorn — d: dasselbe vom ♀ — e: Fühler des ♂ — f: Fühler des ♀ — g: Genitalsegment von oben — h: rechtes Paramer von oben — i: linkes Paramer von oben — k: Behaarung der Oberseite

44. **Orthotylus (Melanotrichus) hirtulus** E. WAGNER, 1951 (Abb. 498d)

Bull. Soc. Fouad I. Ent., Bd. 35, S. 157—159.

Länglich-oval, das ♀ etwas breiter als das ♂. Blaßgrün, oberseits mit krausen, hellen Haaren und anliegenden, weißen Schuppenhaaren. Scheitel beim ♂ 1,9×, beim ♀ 2,5× so breit wie das leicht vorstehende, schwarze Auge. 2. Fühlerglied 0,87–0,90× so lang, wie das Pronotum breit ist, beim ♂ etwas dicker als beim ♀ und beim ♂ 1,0×, beim ♀ 0,9× so lang wie das 3. und 4. zusammen. Membran hellgrau, Adern gelbbraun. Das Rostrum überragt die Spitze der Hinterhüften.

Rechtes Paramer (Abb. 504d) keulenförmig, mit kräftiger, seitwärts gekrümmter Hypophysis. Linkes Paramer (Abb. 504m) distal breit, Hypophysis stark gekrümmt, aber kurz.

Länge: ♂ = 3,3–4,1 mm, ♀ = 3,4–3,8 mm.

Bisher nur in Ägypten gefunden.

45. **Orthotylus (Melanotrichus) contrarius** E. WAGNER, 1953

Nachr. naturw. Mus. Aschaffenbg., Heft 40, S. 69—71.

Oval, etwa 3× so lang, wie das Pronotum breit ist. Gelbrot bis gelbbraun. Alle Haare der Oberseite hell. Scheitel beim ♂ (Abb. 500e) 2,9–3,0×, beim ♀ 3,0–3,2× so breit wie das Auge. 2. Fühlerglied 1,12–1,17× so lang, wie das Pronotum breit ist. Scutellum und Halbdecken einfarbig rotgelb. Membran hellgrau, Adern rotgelb. Das Rostrum reicht bis zu den Mittelhüften. Hinterschiene 4× so lang wie der Fuß.

Rechtes Paramer (Abb. 504e) distal verdickt, Hypophysis spitz. Linkes Paramer (Abb. 504n) gleichmäßig verbreitert, Hypophysis schlank und gekrümmt, nicht ganz bis zur Mitte des Paramers reichend.

Länge: ♂ = 2,6–3,0 mm, ♀ = 3,0–3,2 mm.

Bisher nur in Südspanien (Algeciras) von LINDBERG gefunden.

46. **Orthotylus (Melanotrichus) haloxyloni** E. WAGNER, 1956

Bull. Soc. Ent. Égypte, Bd. 40, S. 5—7.

Etwas größer, 3× so lang, wie das Pronotum breit ist. Hell weißlichgrün, mit halbaufgerichteten, braunen Haaren und silberweißen Schuppenhaaren. Scheitel beim ♂ 2×, beim ♀ 2,35–2,45× so breit wie das Auge (Abb. 500b), mit stumpfem Querkiel. Fühler hell gelbbraun, 2. Glied kürzer, als das Pronotum breit ist und etwas länger als das 3. und 4. zusammen. Das Rostrum erreicht die Mittelhüften. Hinterschiene 4,5× so lang wie der Fuß.

Rechtes Paramer (Abb. 504g) sehr lang und schlank, distal etwas dicker, Hypophysis gekrümmt und spitz. Linkes Paramer (Abb. 504p) groß, distal stärker nach außen verbreitert als nach innen. Hypophysis sehr lang, S-förmig gekrümmt.

Länge: ♂ = 3,3–3,9 mm, ♀ = 3,5–4,1 mm.

Die Art lebt an Haloxylon schweinfurthi. Imagines von September bis November. Bisher in Ägypten und Israel gefunden.

504

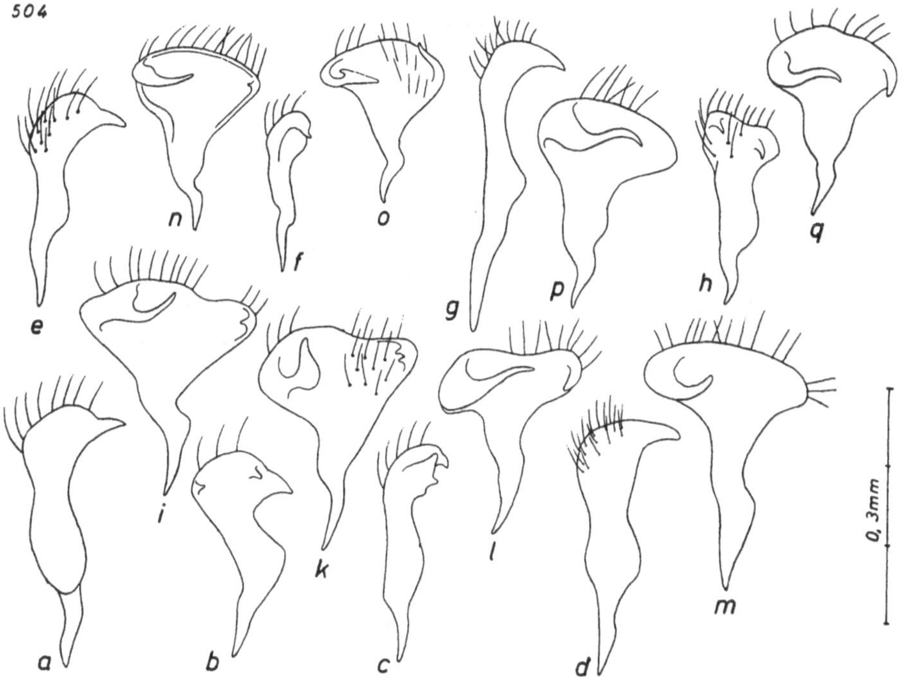

Abb. 504: *Melanotrichus,* Parameren des ♂
a+i: *O. (M.) martini* Put. — b+k: *O. (M.) divisus* Linnav. — c+l: *O. (M.) lethierryi* Reut. — d+m: *O. (M.) hirtulus* E. Wagn. — e+n: *O. (M.) contrarius* E. Wagn. — f+o: *O. (M.) arabicus* E. Wagn. — g+p: *O. (M.) haloxyloni* E. Wagn. — h+q: *O. (M.) biskrensis* E. Wagn.
a—h: rechtes Paramer von oben — i—q: linkes Paramer von oben

47. **Orthotylus (Melanotrichus) flavosparsus** (C. SAHLBERG), 1842

SLATER et WAGNER 1956, Proc. Ent. Soc. Washingt., Bd. 56, Nr. 6, S. 273.

Hellgrün bis sattgrün, halbaufgerichtete Haare schwarz (Abb. 499e). Schuppenhaare silberglänzend, oft in kleinen Gruppen angeordnet. ♂ schlanker als ♀. Scheitel beim ♂ 1,55×, beim ♀ 2,4× so breit wie das Auge (Abb. 500c). 2. Fühlerglied etwas länger, als das Pronotum breit ist und kürzer als das 3. und 4. zusammen. Halbdecken oft mit gelben Flecken. Membran grau, sowohl die Adern als auch die Zellen grün. Das Rostrum reicht bis zu den Mittelhüften. Hinterschiene 4× so lang wie der Fuß.

Rechtes Paramer (Abb. 499a) oval, blattartig, Hypophysis undeutlich. Linkes Paramer (Abb. 499b) distal sehr breit, Hypophysis sehr kurz, Sinneshöcker gezähnt. Chitinbänder der Vesika (Abb. 499c) kräftig. Oberer Rand der Genitalöffnung mit langem Fortsatz (Abb. 499d). K-Struktur des ♀ oval, mit feinen Zähnen besetzt.

Länge: ♂ = 3,7–4,2 mm, ♀ = 3,5–3,8 mm.

Die Art lebt an Chenopodiaceen. 2 Generationen im Jahre, die von Juni bis Juli und von August bis September erscheinen. Überwintert als Ei.

Paläarktische Art. Im Mittelmeerraum und auf den Makaronesischen Inseln wohl überall verbreitet, aus Ägypten, Libyen, Tunesien und Algerien noch nicht gemeldet.

48. **Orthotylus (Melanotrichus) viridipunctatus** REUTER, 1899

Diese Art ist dem Verfasser unbekannt. Beschreibung nach REUTER. Letzterer beschreibt nur das ♀.

Behaarung wie bei voriger Art. Scheitel ungerandet, etwa 2× so breit wie das Auge. Fühler gelb, 2. Glied etwas länger, als das Pronotum breit ist. Letzteres 1,33× so breit wie der Kopf. Blaßgelb, grün gezeichnet. Halbdecken überall mit kleinen, dunklen Flecken bedeckt. Membran grau, Adern weiß, Zellen heller, dicht mit dunkelgrünen Flecken bedeckt. Schienen mit hellen Dornen. Hinterschiene unterseits nahe der Basis mit 7 bis 8 dunkelgrünen Flecken, etwa 4× so lang wie der Fuß. Das Rostrum erreicht die Mittelhüften.

Länge: ♀ = 3,57 mm, ♂ unbekannt.

Bisher in Rumänien und im Süden des europäischen Teils der Sowjetunion gefunden.

49. **Orthotylus (Melanotrichus) biskrensis** E. WAGNER, 1965

Act. faun. ent. Mus. Nat. Prag., Bd. 11, S. 226—227.

Hellgrün bis grün. Halbaufgerichtete Haare lang und schwarz, Schuppenhaare silberglänzend. Oval, das ♂ 3×, das ♀ 2,8× so lang, wie das Pronotum breit ist. Scheitel beim ♂ 1,40–1,45×, beim ♀ 2,7× so breit wie das Auge (Abb. 500d), hinten mit undeutlichem Querkiel. 2. Fühlerglied beim ♂ 1,0×, beim ♀ 0,95× so lang, wie das Pronotum breit ist. Letzteres 1,6–1,7× so breit wie der Kopf. Membran grau, Adern grün. Das Rostrum erreicht die Hinterhüften. Hinterschiene 4,5–5,0× so lang wie der Fuß.

Rechtes Paramer (Abb. 504h) klein, distal verdickt, Hypophysis breit und stumpf. Linkes Paramer (Abb. 504q) gleichmäßig verbreitert, Hypophysis lang und gewunden, etwas über die Mitte des Paramers hinausreichend, an der gegenüberliegenden Ecke ein kurzer Fortsatz.

Länge: ♂ = 2,8–3,2 mm, ♀ = 2,5–2,8 mm.

Bisher nur in Algerien (Biskra) von ECKERLEIN gefangen. Imagines waren im April vorhanden. Wirtspflanze unbekannt.

50. **Orthotylus (Melanotrichus) arthrophyti** E. WAGNER, 1969 (Abb. 503)

Notul. Ent., Bd. 49, S. 102—103.

Klein, das ♂ lang-oval und 3,54×, das ♀ oval und 2,35–2,40× so lang, wie das Pronotum breit ist. Hell weißgelb bis weißgrün. Oberseite mit feinen, halbaufgerichteten, schwarzen und etwas längeren, anliegenden, weißlichen Haaren bedeckt (Abb. 503k). Scheitel beim ♂ 2,3×, beim ♀ 3,67× so breit wie das Auge (Abb. 503, a+b). Stirn mit schwachen, braunen Querlinien, die in der Mitte unterbrochen sind und bisweilen auch fehlen (Abb. 503, c+d). Fühler (Abb. 503, e+f) einfarbig hellgelb; 2. Glied 0,9× so lang, wie das Pronotum breit ist; 3. Glied 0,70–0,72× so lang wie das 2. und 2,15× so lang wie das 4. Glied. Pronotum beim ♂ 1,5×, beim

♀ 1,3× so breit wie der Kopf. Membran weißbraun, Adern weißgelb. Das Rostrum reicht bis zu den Hinterhüften. Hinterschiene 4,1× so lang wie der Fuß.

505

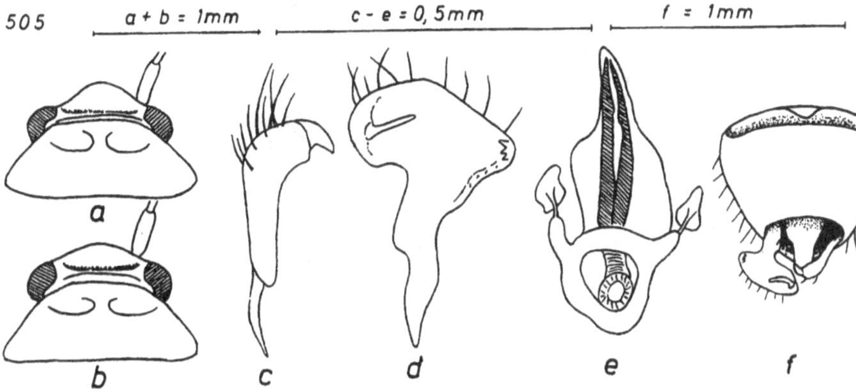

Abb. 505: *Orthotylus (Melanotrichus) josifovi* E. Wagn.
a: Kopf, Pronotum und 1. Fühlerglied des ♂ — b: dasselbe vom ♀ — c: rechtes Paramer von oben — d: linkes Paramer von oben — e: Penis von oben — f: Genitalsegment des ♂ von oben

Genitalöffnung des ♂ (Abb. 503g) am vorderen Rand rechts von der Mitte mit einem langen, geraden Fortsatz. Rechtes Paramer (Abb. 503h) in der Mitte stark verdickt, Hypophysis lang, gerade und nach innen gerichtet. Linkes Paramer (Abb. 503i) dreieckig. Hypophysis dick, stark gekrümmt, die Mitte des Paramerenkörpers nicht erreichend. Chitinbänder der Vesika unverzweigt und ungezähnt.

Länge: ♂ = 4,2–4,3 mm, ♀ = 2,8–3,0 mm.

Die Art lebt an Arthrophytum scoparium ILJIN. Imagines waren im Mai vorhanden. Bisher nur in Algerien (Atlas saharien) von ECKERLEIN gefunden.

51. **Orthotylus (Melanotrichus) josifovi** E. WAGNER, 1959

Deut. Ent. Zeit., Bd. 6, S. 145—147.

Klein, oval, das ♂ kleiner und 2,9×, das ♀ größer und 2,80–2,85× so lang, wie das Pronotum breit ist. Hellgrün. Behaarung sehr lang, auch die halbaufgerichteten Haare weißlich, Schuppenhaare sehr dünn und lang. Scheitel mit kräftigem Querkiel, beim ♂ 2,7–2,8×, beim ♀ 2,8–2,9× so breit wie das Auge (Abb. 505, a+b). Fühler gelbgrün; 2. Glied 1,1× so lang, wie das Pronotum breit ist und kürzer als das 3. und 4. zusammen. Pronotum kurz und breit (Abb. 505, a+b). Membran grau, Adern graugelblich. Das Rostrum reicht bis zum 2. Abdominalsegment. Hinterschiene 3,3–3,4× so lang wie der Fuß.

Rechtes Paramer (Abb. 505c) keulenförmig, Hypophysis abwärts gekrümmt. Linkes Paramer (Abb. 505d) mit großer, vorstehender Innenecke, Hypophysis kurz und gerade, 0,27–0,3× so lang, wie das Paramer breit ist.

Länge: ♂ = 2,3–2,7 mm, ♀ = 2,35–2,90 mm.

Bisher nur in Bulgarien (Burgas) gefunden. Imagines waren im August vorhanden. Die Art lebt an Suaeda und Salicornia.

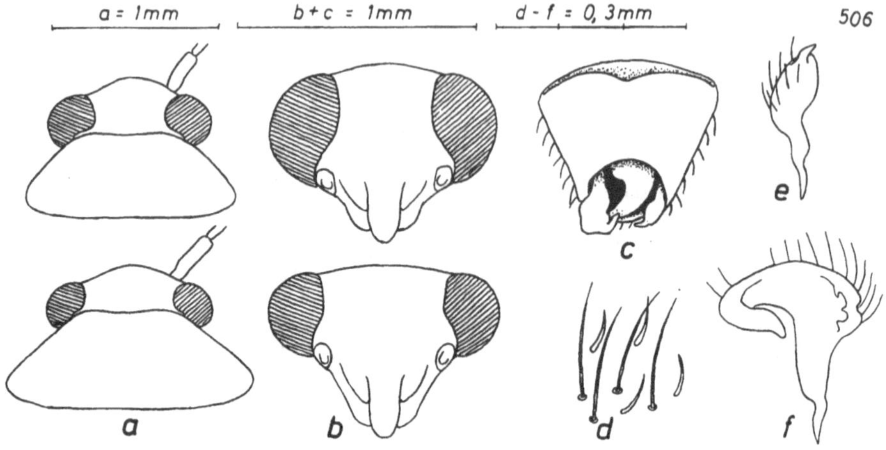

Abb. 506: *Orthotylus (Melanotrichus) jordanicus* E. Wagn.
a: Kopf, Pronotum und 1. Fühlerglied von oben (oben = ♂, unten = ♀) — b: Kopf von vorn (oben = ♂, unten = ♀) — c: Genitalsegment des ♂ von oben — d: Behaarung der Oberseite — e: rechtes Paramer von oben — f: linkes Paramer von oben

52. **Orthotylus (Melanotrichus) jordanicus** E. WAGNER, 1963

Reichenb., Bd. 1, S. 270—272.

Klein und schlank, das ♂ 3,0×, das ♀ 2,7× so lang wie die Pronotumbreite. Halbaufgerichtete Haare hell (Abb. 506d). Olivgrün bis graugrün. Scheitel beim ♂ 1,5–1,6×, beim ♀ 2,6–2,7× so breit wie das Auge (Abb. 506, a+b). Fühler gelbgrün, 2. Glied beim ♂ 1,05×, beim ♀ 0,90–0,95× so lang wie die Pronotumbreite und etwas kürzer als das 3. und 4. zusammen. Pronotum beim ♂ 1,33×, beim ♀ 1,5× so breit wie der Kopf (Abb. 506a). Das Rostrum erreicht die Spitze der Hinterhüften. Hinterschiene 3,4× so lang wie der Fuß.

Genitalsegment des ♂ (Abb. 506c) trapezförmig. Rechtes Paramer (Abb. 506e) klein, leicht gekrümmt, Hypophysis spitz. Linkes Paramer (Abb. 506f) distal verbreitert, Hypophysis lang und kräftig.

Länge: ♂ = 2,25–2,70 mm, ♀ = 2,35–2,65 mm.

Die Art lebt an Halophyten (Atriplex halimus L., Suaeda monoica Forsk. Imagines im Mai. Bisher nur in Jordanien und Israel (Jericho, Totes Meer) gefunden.

53. **Orthotylus (Melanotrichus) tantanus** E. WAGNER, 1971 (Abb. 506A)

Mitt. dtsch. Ent. Ges., Bd. 29, S. 60.

Größer, länglich-oval. Schmutzig gelbbraun. Behaarung hell. Scheitel beim ♂ 1,3×, beim ♀ 2,25× so breit wie das Auge (Abb. 506A, a–d), eben, hinten scharfkantig. Fühler hell gelbbraun, schlank (Abb. 506A, e+f); 2. Glied beim ♂ 1,0×, beim ♀ 0,9× so lang wie die Pronotumbreite. Pronotum 1,2× (♂) bis 1,3× (♀) so breit wie der Kopf. Das Rostrum überragt die Hinterhüften mit der Hälfte der Länge des 4. Gliedes. Hinterschiene 3,4–3,5× so lang wie der Fuß.

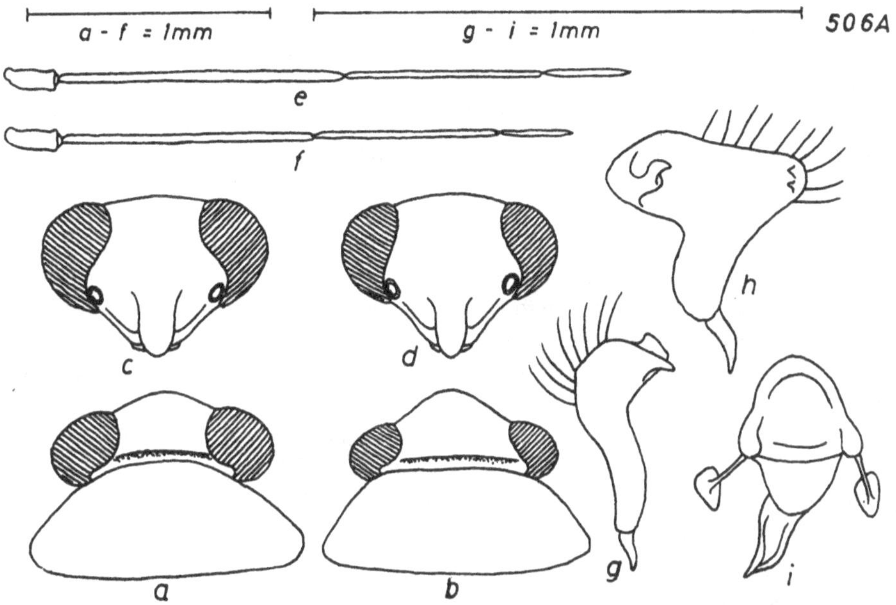

Abb. 506A: *Orthotylus (Melanotrichus) tantanus* E. Wagn.
a: Kopf und Pronotum des ♂ von oben — b: dasselbe vom ♀ — c: Kopf des ♂ von vorn — d: dasselbe vom ♀ — e: Fühler des ♂ — f: Fühler des ♀ — g: rechtes Paramer von oben — h: linkes Paramer von oben — i: Penis von oben

Genitalsegment des ♂ trapezförmig. Rechtes Paramer (Abb. 506Ag) keulenförmig, neben der Hypophysis eckig vorstehend. Linkes Paramer (Abb. 506Ah) dreieckig, innen eingebuchtet. Hypophysis kurz, dick und S-förmig. Penis siehe Abb. 506Ai!

Länge: ♂ = 3,2–3,5 mm, ♀ = 3,2–3,3 mm.

Bisher nur in Marokko (Tan-Tan) gefunden. Imagines im Mai.

54. **Orthotylus (Melanotrichus) salsolae** REUTER, 1875

E. WAGNER 1953, Ent. Bericht., Bd. 14, S. 267—270.

Klein, das ♂ etwa 3×, das ♀ 2,3× so lang wie die Pronotumbreite. Hellgrün bis gelbgrün. Halbaufgerichtete Haare gelbweiß (Abb. 470i). Scheitel beim ♂ 2,25–2,4×, beim ♀ 2,6–2,8× so breit wie das Auge. Fühler hellgrün; 2. Glied beim ♂ 1,25×, beim ♀ 1,1× so lang wie die Pronotumbreite, weit kürzer als das 3. und 4. zusammen. Membran schwarzgrau, Adern gelblich. Das Rostrum reicht bis zu den Hinterhüften. Hinterschiene 4× so lang wie der Fuß.

Rechtes Paramer (Abb. 508a) keulenförmig, distal gekrümmt, Hypophysis schlank. Linkes Paramer (Abb. 508l) gleichmäßig verbreitert, Hypophysis schlank, gekrümmt, nicht bis zur Mitte des Paramers reichend.

Länge: ♂ = 2,2–2,5 mm, ♀ = 2,3–2,6 mm.

Westmediterrane Art. Bisher in Südfrankreich, Marokko, Algerien, Tunesien und auf Sizilien und Sardinien gefunden.

55. **Orthotylus (Melanotrichus) dimorphus** E. WAGNER, 1958

Boll. Soc. Ent. Ital., Bd. 88, S. 87.

Männchen makropter, fast parallelseitig (Abb. 507a) und 3,6× so lang wie die Pronotumbreite. Weibchen pseudobrachypter, oval (Abb. 507b) und 3× so lang wie die Pronotumbreite. Halbaufgerichtete Haare (Abb. 507h) schwarz oder dunkelbraun. Hell- bis sattgrün. Scheitel (Abb. 507, c+d) etwas wulstig, beim ♂ 2,1–2,2×, beim ♀ 2,9–3,0× so breit wie das Auge. Fühler gelblich; 2. Glied beim ♂ 1,15×, beim ♀ 0,95× so lang wie die Pronotumbreite, beim ♂ 1,0×, beim ♀ 0,8× so lang wie das 3. und 4. zusammen. Membran grauweiß, Adern weiß. Beim ♀ sind Cuneus und Membran verkürzt, die Membran ragt kaum über den Cuneus hinaus (Abb. 507b). Das Rostrum reicht kaum bis zur Basis der Mittelhüften. Hinterschiene 3× so lang wie der Fuß.

Rechtes Paramer (Abb. 507e) keulenförmig, Hypophysis lang und gekrümmt. Linkes Paramer (Abb. 507f) zangenförmig, Hypophysis dick, S-förmig, Sinneshöcker deutlich nach innen gerichtet. Penis (Abb. 507g) klein und einfach gebaut.

Länge: ♂ = 2,9–3,4 mm, ♀ = 2,3–2,6 mm.

Bisher in Marokko (Rabat, Qualldia) und auf den Balearen (Ibiza) gefunden. Imagines von März bis Mai und im November.

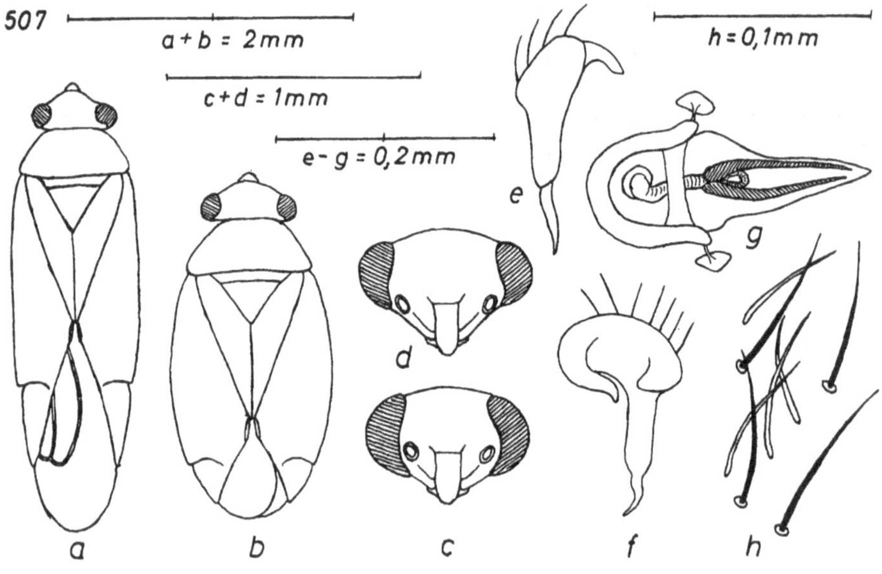

Abb. 507: *Orthotylus (Melanotrichus) dimorphus* E. Wagn.

a: ♂ — b: ♀ — c: Kopf des ♂ von vorn — d: dasselbe vom ♀ — e: rechtes Paramer von oben — f: linkes Paramer von oben — g: Penis von oben — h: Behaarung der Oberseite

56. **Orthotylus (Melanotrichus) minutus** JAKOVLEFF, 1877

E. WAGNER 1942, Mitt. dtsch. Ent. Ges., Bd. 11, S. 69—72.

Klein, das ♂ schlanker als das ♀. Grün. Halbaufgerichtete Haare schwarz. Scheitel beim ♂ 2,1×, beim ♀ 2,6–2,7× so breit wie das Auge (Abb. 500i). 2. Fühlerglied beim ♂ 1,2×, beim ♀ 1,1× so lang wie die Pronotumbreite und so lang wie das 3. und 4. zusammen. Membran grau, Adern, zum mindesten die Kubitalader, sattgrün. Das Rostrum reicht bis zu den Mittelhüften. Hinterschiene 3× so lang wie der Fuß. Rechtes Paramer (Abb. 508b) klein, distal verdickt und gekrümmt, Hypophysis S-förmig gekrümmt, an der Basis dick, distal spitz. Sinneshöcker mit Zähnen besetzt.

Länge: ♂ = 2,9–3,4 mm, ♀ = 2,6–3,0 mm.

Die Art bewohnt den Südosten Europas und Vorderasien. Im Mittelmeerraum auf der Balkanhalbinsel, in der Türkei, Syrien, Israel und Ägypten.

56a. **Orthotylus (Melanotrichus) dumosus** SEIDENSTÜCKER, 1971

Nachr.bl. Bayr. Ent., Bd. 20, S. 36—38.

Länglich-oval, das ♂ 2,8–3,1×, das ♀ 2,7× so lang wie die Pronotumbreite. Hellgrün. Scheitel beim ♂ 2,0×, beim ♀ 2,3× so breit wie das Auge. 2. Fühlerglied beim ♂ so lang, beim ♀ kürzer als die Pronotumbreite und kürzer als das 3. und 4. zusammen. Membran grau, Adern gelblichgrün. Schenkel mit braunen Punkten. Dornen der Schienen schwarz. Hinterschiene 3,2–3,3× so lang wie der Fuß. Das Rostrum überragt die Mittelhüften nur wenig.

Rechtes Paramer schlank, Hypophysis stark gekrümmt. Linkes Paramer sichelförmig, Hypophysis lang, schlank und leicht gekrümmt. In der Vesika findet sich ein unverzweigtes, distal verbreitertes und gerundetes Chitinband, dessen Rand kleine Zähne trägt.

Länge: ♂, ♀ = 2,7–3,1 mm.

Dem Verfasser unbekannt. Beschreibung nach SEIDENSTÜCKER (l. c.).

Die Art lebt an Acantholimon echinus L. Imagines Anfang Juni. Bisher nur in der Türkei (Talas) gefunden.

57. **Orthotylus (Melanotrichus) schoberiae** REUTER, 1876

E. WAGNER, 1942, Mitt. dtsch. Ent. Ges., Bd. 11, S. 68—72.

Männchen lang-oval, Weibchen etwas breiter. Blaßgrün bis grün. Halbaufgerichtete Haare schwarz oder schwarzbraun. Scheitel undeutlich gerandet, beim ♂ 1,5×, beim ♀ 2,1× so breit wie das Auge (Abb. 500h). Fühler hellgrün, 2. Glied etwa so lang, wie das Pronotum breit ist; das 3. fast so lang wie das 2. Glied. Halbdecken durchscheinend. Membran hyalin, Adern hellgrün. Hinterschiene 2,2–2,3× so lang wie der Fuß. Das Rostrum erreicht die Basis der Mittelhüften.

Rechtes Paramer (Abb. 508c) keulenförmig, Hypophysis breit abgestutzt. Linkes Paramer (Abb. 508n) dreieckig, Apikalteil zangenförmig, Hypophysis kurz, dick und S-förmig gekrümmt, Sinneshöcker vorstehend.

Länge: ♂ = 3,4–4,0 mm, ♀ = 3,3–3,8 mm.

Die Art lebt nach REUTER an Schoberia, nach JOSIFOV an Suaeda. Imagines von Juli bis September.

Südosteuropäische (pontische Art). Im Mittelmeerraum in Dalmatien und Bulgarien.

57a. **Orthotylus (Melanotrichus) gracilis** REUTER, 1900

Diese Art ist dem Verfasser unbekannt. REUTER kennt nur das ♂. Die folgenden Angaben entstammen seiner Beschreibung.

Von länglicher Gestalt, 4× so lang wie breit. Dunkelgrün. Oberseite mit langen, schwarzen Haaren. Scheitel hinten stark gerandet. 1,33× so breit wie das Auge. Das Rostrum reicht fast bis zu den Mittelhüften. 2. Fühlerglied 1,5× so lang, wie das Pronotum breit ist; das 3. Glied 0,57× so lang wie das 2. und 3× so lang wie das 4. Glied. Hinterschiene 3× so lang wie der Fuß.

Länge: ♂ = 3,8 mm. ♀ unbekannt.

Bisher nur einmal 1 ♂ in Algerien (Mte. Quarsa) von VAULOGER gefunden. Seither nicht wieder gemeldet.

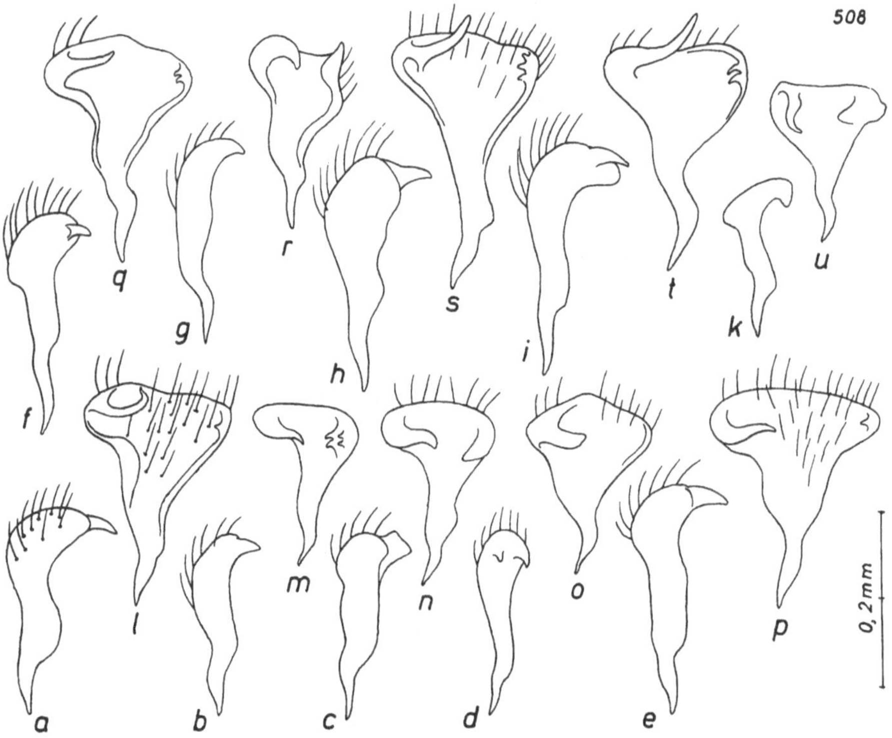

Abb. 508: *Melanotrichus*, Parameren von oben

a+l: O. *(M.) salsolae* Reut. — b+m: O. *(M.) minutus* Jak. — c+n: O. *(M.) schoberiae* Reut. — d+o: O. *(M.) pusillus* Reut. — e+p: O. *(M.) rubidus* Put. — f+q: O. *(M.) parvulus* Reut. — g+r: O. *(M.) halophilus* Ldbg. — h+s: O. *(M.) moncreaffi* Dgl. et Sc. — i+t: O. *(M.) palustris* Reut. — k+u: O. *(M.) roseiceps* E. Wagn.

a—k: rechtes Paramer — l—u: linkes Paramer

58. Orthotylus (Melanotrichus) pusillus REUTER, 1883

E. WAGNER 1956, Bull. Soc. Ent. Égypte, Bd. 40, S. 4—5.

Klein, das ♂ länglich-oval, das ♀ oval. Grün, oft zum Teil weißlichgelb. Halbaufgerichtete Haare im vorderen Teil des Tieres gelb, im hinteren bräunlich. Scheitel fein und undeutlich gerandet, beim ♂ 2,2×, beim ♀ 2,75× so breit wie das Auge. Fühler hellgelb, 2. Glied etwa so lang, wie das Pronotum breit ist und kürzer als das 3. und 4. zusammen. Membran hellgrau, durchscheinend, Adern sattgrün. Das Rostrum erreicht oder überragt die Spitze der Hinterhüften. Hinterschiene 2,75–2,80× so lang wie der Fuß.

Rechtes Paramer (Abb. 508d) klein, keulenförmig, distal mit zwei kurzen Spitzen. Linkes Paramer (Abb. 508o) dreieckig, obere Kante etwas vorgewölbt. Hypophysis kurz und dick. Sinneshöcker nicht vorstehend. Penis sehr klein und einfach.

Länge: ♂ = 2,6–3,05 mm, ♀ = 2,4–2,7 mm.

Bisher in Ägypten, Libyen und Tunesien gefunden.

59. Orthotylus (Melanotrichus) rubidus (PUTON), 1874

E. WAGNER 1942, Mitt. dtsch. Ent. Ges., Band 11, S. 68—74.

Diese Art ist an der rötlichen Färbung leicht zu erkennen. Halbaufgerichtete Haare der Oberseite schwarz und kräftig (Abb. 470h), die anliegenden silberweiß. Scheitel beim ♂ 2,0×, beim ♀ 2,4× so breit wie das Auge. Fühler rötlich, 2. Glied beim ♂ 1,2×, beim ♀ 1,05× so lang, wie das Pronotum breit ist und etwas kürzer als das 3. und 4. zusammen. Membran grau, Adern rot oder braun. Das Rostrum erreicht die Hinterhüften.

Rechtes Paramer (Abb. 508e) schlank, distal verdickt und gekrümmt, Hypophysis kräftig und spitz. Linkes Paramer (Abb. 508p) dreieckig, Seiten etwas geschweift, Hypophysis kurz, S-förmig geschwungen. K-Struktur des ♀ (Abb. 509d) fast spitz, mit feinen Haaren bedeckt.

Länge: ♂ = 2,7–3,0 mm, ♀ = 3,0–3,6 mm.

Die Art lebt an Halophyten, insbesondere an Salsola und Salicornia. Imagines von Juni bis August. Auch die Larven sind rot gefärbt.

Verbreitungsgebiet Mittel- und Südeuropa. Im Mittelmeerraum in ganz Südeuropa.

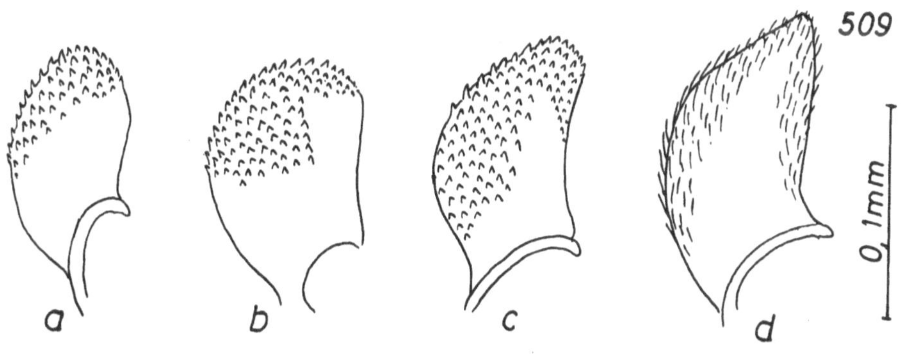

Abb. 509: K-Struktur der Hinterwand der Bursa copulatrix des ♀
a: *O. (M.) flavosparsus* Shlbg. — b: *O. (M.) moncreaffi* Dgl. et Sc. — c: *O. (M.) palustris* Reut. — d: *O. (M.) rubidus* Put.

60. **Orthotylus (Melanotrichus) roseiceps** E. WAGNER, 1968 (Abb. 510, c+d)
Reichenbach., Bd. 10, S. 2—3; id. 1968, Notul. Ent., Bd. 48, S. 191—193.

Zweifarbig. Kopf, Pronotum, Scutellum, Fühler und Beine leuchtend rosa oder orangerot, der Rest der Oberseite hellgrün. Auf den grünen Flächen finden sich feine, dunkelgrüne Punkte. Gestalt länglich-oval, bei ♂ und ♀ etwa gleich (Abb. 510, c+d). Halbaufgerichtete Haare der Oberseite fein und schwarz. Scheitel gerandet, beim ♂ 1,55×, beim ♀ 1,8× so breit wie das rotbraune, gekörnte Auge. Fühler rotgelb, 1. Glied mit hellen Borsten; 2. Glied beim ♂ 1,0×, beim ♀ 0,82× so lang, wie das Pronotum breit ist und deutlich kürzer als das 3. und 4. zusammen. Scutellum beim ♂ bisweilen im hinteren Teil grün. Beim ♀ oft auch der basale Teil des Corium rosa oder orangerot. Beim ♂ sind bisweilen der hintere Teil des Corium und der Cuneus bräunlich. Das Rostrum ragt ein wenig über die Hinterhüften hinaus. Hinterschiene 3× so lang wie der Fuß.

Rechtes Paramer (Abb. 508k) sehr klein, Apikalteil verdickt und nach innen gekrümmt, Hypophysis dick. Linkes Paramer (Abb. 508u) klein, dreieckig, Hypophysis schlank, gewunden, und abwärts gerichtet. Sinneshöcker vorstehend, nach innen gerichtet.

Länge: ♂ = 4,0 mm, ♀ = 3,2–3,4 mm.

Die Art lebt an Arthrocnemum (A. glaucum, A. indicum). Imagines im April und Mai.

Bisher nur in Algerien (Aflou) von ECKERLEIN und Tunesien (Sekha de Sidi Bou Sid) von HANNOTHIAUX gefunden.

510

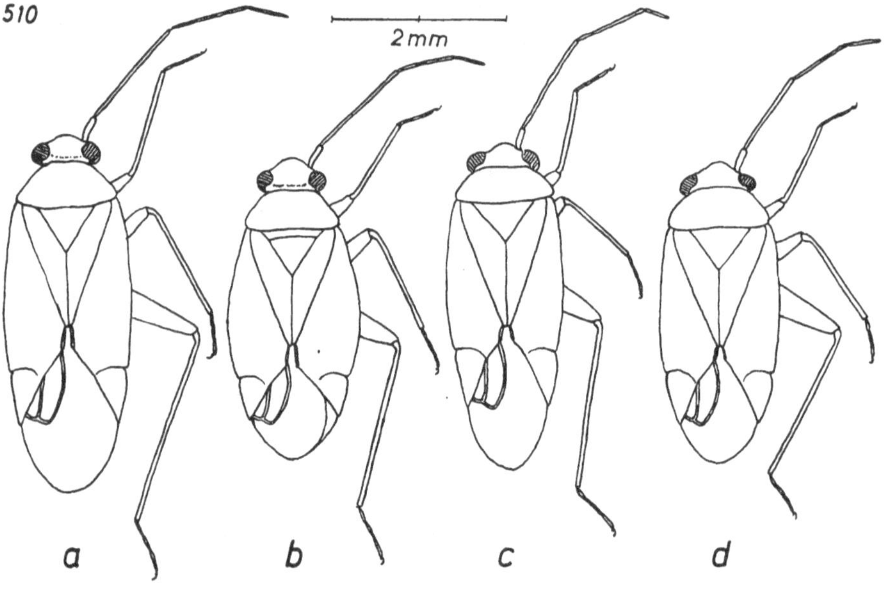

Abb. 510: *Orthotylus salicorniae* Ldbg. und *roseiceps* E. Wagn.
a: *O. (M.) salicorniae* Ldbg., ♂ — b: id., ♀ — c: *O. (M.) roseiceps* E. Wagn., ♂ — d: id., ♀

61. **Orthotylus (Melanotrichus) salicorniae** LINDBERG, 1953 (Abb. 510, a+b)

Soc. Sci. Fenn. Comm. Biol., Bd. 14, Nr. 1, S. 129—130.

Oberseite wachsgelb bis orangegelb. Corium und Clavus bisweilen grün oder teilweise grün. Halbaufgerichtete Haare schwarzbraun. Scheitel gerandet, beim ♂ 1,4–1,5×, beim ♀ 2,0–2,1× so breit wie das Auge. Fühler gelb, 1. Glied mit hellen Borsten; 2. Glied beim ♂ 1,2×, beim ♀ 1,05–1,1× so lang, wie das Pronotum breit ist. Gestalt des ♀ kürzer und breiter als diejenige des ♂ (Abb. 510, a+b). Halbdecken mit feinen grauen oder grünen Punkten bedeckt. Hinterschiene 3× so lang wie der Fuß. Das Rostrum reicht bis zu den Hinterhüften.

Rechtes Paramer distal kopfförmig, mit 2 nach innen gerichteten Vorsprüngen. Linkes Paramer dreieckig, Hypophysis kurz, im basalen Teil dick, der apikale Teil schlank und nach oben gerichtet.

Länge: ♂ = 4,0–4,1 mm, ♀ = 3,4–3,5 mm.

Die Art lebt an Salicornia fruticosa L. Imagines im März.

Bisher nur auf den Kanarischen Inseln (Fuerteventura) von LINDBERG gefunden.

62. **Orthotylus (Melanotrichus) curvipennis** REUTER, 1875 (Abb. 511, a–c)

E. WAGNER 1968, Reichenbach., Bd. 10, S. 3—4.

Dimorph, das ♂ (Abb. 511a) stets makropter, das ♀ (Abb. 511, b+c) in der Regel pseudobrachypter, selten auch makropter. Gestalt breit, die breiteste Stelle liegt in Höhe der Clavusspitze, das ♂ 2,5–2,6×, das pseudobrachyptere ♀ 1,80–1,85×, das makroptere ♀ 2,2× so lang wie breit. Hellgrün. Kopf, Fühler und Beine gelb. Halbaufgerichtete Haare lang und braun, Schuppenhaare sehr klein und weiß. Scheitel beim ♂ 2,0×, beim ♀ 2,60–2,65× so breit wie das Auge. Von vorn gesehen (Abb. 511, d+e) ist der Kopf beim ♂ 1,3×, beim ♀ 1,35–1,40× so breit wie hoch. Fühler schlank, 2. Glied beim ♂ 1,0×, beim ♀ (pseudobr.) 1,2× so lang, wie das Pronotum breit ist. Pronotum bei der f. macr. breiter als bei der f. pseudobr. Außenrand des Corium im hinteren Teil stark gekrümmt. Membran samt Adern grau. Das Rostrum reicht bis zu den Hinterhüften. Hinterschiene 3,6× so lang wie der Fuß.

Rechtes Paramer (Abb. 511f) keulenförmig, distal mit 2 nach innen gekrümmten Spitzen. Linkes Paramer (Abb. 511g) dreieckig, Hypophysis schräg abwärts gerichtet, etwa bis zur Mitte des Paramerenkörpers reichend, Sinneshöcker mit nach außen gerichteter Spitze.

Länge: ♂ makr. = 4,25–4,50 mm, ♀ pseudobr. = 3,0–3,2 mm, ♀ makr. = 4,0 mm.

Die Art lebt an Arthrocnemum glaucum, Imagines im Oktober.

Bisher in Marokko, Algerien und Tunesien gefunden.

63. **Orthotylus (Melanotrichus) parvulus** REUTER, 1879

Klein, oval, das ♂ schlanker als das ♀. Hellgrün, oft teilweise weißlichgelb. Halbaufgerichtete Haare schwarz. Scheitel (Abb. 512, c+d) beim ♂ 2,20–2,25×, beim ♀ 3,1× so breit wie das Auge, hinten gerandet. Fühler hellgrün, 2. Glied bei ♂ und ♀ 1,05× so lang wie die Pronotumbreite und etwas kürzer als das 3. und 4.

511

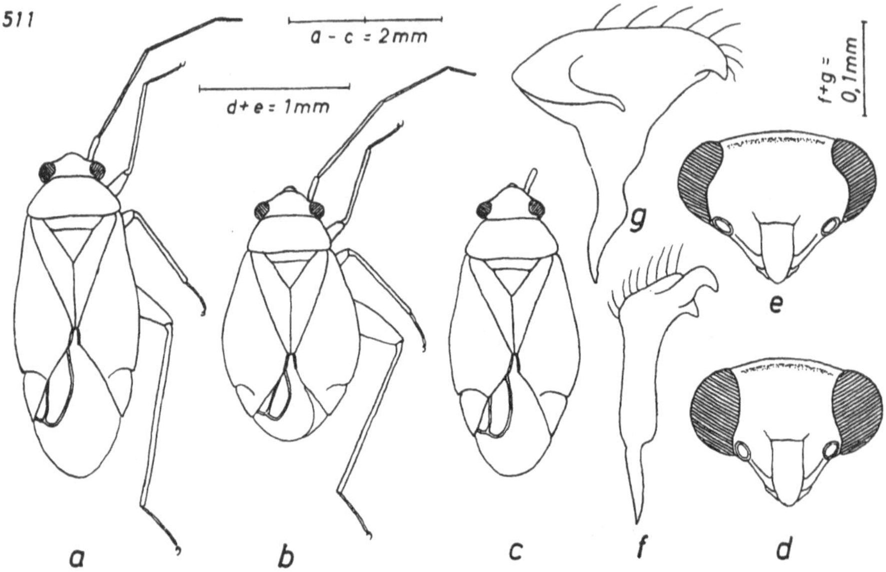

Abb. 511: *Orthotylus (Melanotrichus) curvipennis* Reut.
a: ♂ — b: ♀ pseudobrach. — c: ♀, makr. — d: Kopf des ♂ von vorn — e: dasselbe vom ♀ — f: rechtes Paramer von oben — g: linkes Paramer von oben

zusammen. Membran weißlich, durchsichtig, Adern gelblich. Das Rostrum erreicht die Spitze der Hinterhüften. Hinterschiene 3,3–3,5× so lang wie der Fuß.

Rechtes Paramer (Abb. 508f) distal kopfartig verdickt, Hypophysis kurz. Linkes Paramer (Abb. 508q) dreieckig, Hypophysis schlank, fast bis zur Mitte des Paramerenkörpers reichend.

Länge: ♂ = 3,3 mm, ♀ = 2,5–2,6 mm.

Pontische Art. Im Mittelmeerraum nur in Bulgarien gefunden.

64. **Orthotylus (Melanotrichus) parvistylus** E. WAGNER 1971
Mitt. dtsch. Ent. Ges., Bd. 30, S. 6—7.

Etwas größer, oval; dunkel olivgrün, vorderer Teil bisweilen gelblich. Halbaufgerichtete Haare fein und schwarz, Schuppenhaare weißlich. Scheitel (Abb. 511A, a–d) hinten mit kräftigem Querkiel, beim ♂ 2,67×, beim ♀ 3,0× so breit wie das Auge. Fühler dunkel, im basalen Teil heller; 2. Glied 1,04–1,05× so lang wie die Pronotumbreite und weit kürzer als das 3. und 4. zusammen. Membran dunkelgrau, Adern gleichfarben. Das Rostrum überragt die Hinterhüften ein wenig. Hinterschiene 3,25–3,30× so lang wie der Fuß.

Genitalsegment des ♂ (Abb. 511Ae) trapezförmig. Rechtes Paramer (Abb. 511A, f+g) keulenförmig. Linkes Paramer (Abb. 511Ah) distal verbreitert, Hypophysis kurz und kräftig.

Länge: ♂ = 3,0–3,6 mm, ♀ = 3,4–3,5 mm.

Bisher nur in Marokko (Asliah) gefunden.

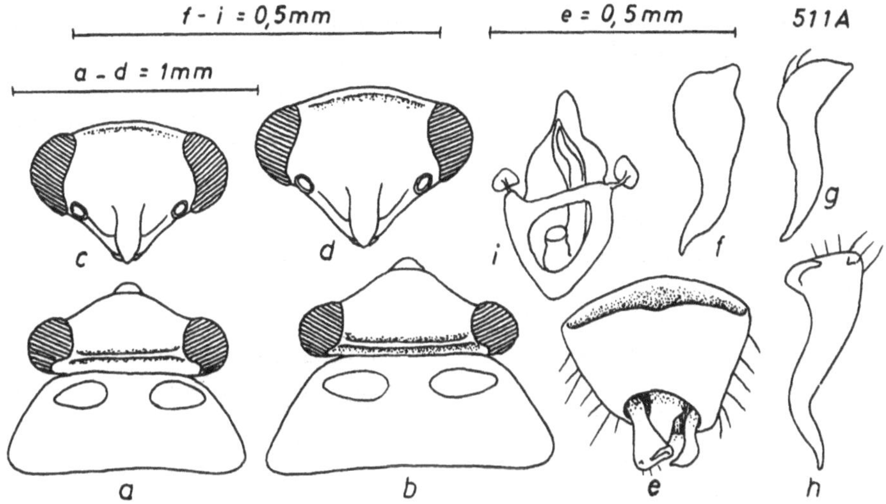

Abb. 511A: *Orthotylus (Melanotrichus) parvistylus* E. Wagn.
a: Kopf und Pronotum des ♂ von oben — b: dasselbe vom ♀ — c: Kopf des ♂ von vorn — d: dasselbe vom ♀ — e: Genitalsegment des ♂ von oben — f+g: rechtes Paramer in verschiedenen Stellungen — h: linkes Paramer von oben — i: Penis von oben

65. **Orthotylus (Melanotrichus) halophilus** LINDBERG, 1953

Soc. Sci. Fenn. Comm. Biol., Bd. 14, Nr. 1, S. 130—131.

Klein, oval, hellgrün, oft teilweise gelblich. Halbaufgerichtete Haare kräftig und schwarz, Schuppenhaare lang und dünn. Scheitel (Abb. 512, a+b) beim ♂ 1,7×, beim ♀ 2,45–2,50× so breit wie das Auge, hinten gekielt. Fühler grünlich oder gelblich, 2. Glied 0,9× (♀) bis 1,0× (♂) so lang wie die Pronotumbreite (Abb. 512, a+b) und etwa so lang wie das 3. und 4. zusammen. Membran grau, Adern grün. Das Rostrum erreicht die Hinterhüften.

Rechtes Paramer (Abb. 508g) schlank, keulenförmig, distal nach innen gekrümmt. Linkes Paramer (Abb. 508r) dreieckig, distal rinnenförmig. Hypophysis kurz, proximal dick, stark gekrümmt, distal spitz. Sinneshöcker nach oben vorstehend.

Länge: ♂ = 2,7–3,1 mm, ♀ = 1,7–2,3 mm.

Die Art lebt an Halophyten. Imagines im Februar und März.

Bisher nur auf den Kanarischen Inseln (Gran Canaria, Fuerteventura) von LINDBERG gefangen.

66. **Orthotylus (Melanotrichus) moncreaffi** (DOUGLAS et SCOTT), 1874

E. WAGNER 1942, Mitt. dtsch. Ent. Ges., Bd. 11, S. 68—74 (spec. prop.); id. 1953, Ent. Ber., Bd. 14, S. 261—270.

Länglich-oval (♂) bis oval (♀). Lebhaft grün. Halbaufgerichtete Haare kräftig und schwarz, Schuppenhaare weiß (Abb. 502a). Scheitel gerandet, beim ♂ 2,3–2,4×, beim ♀ 2,9× so breit wie das Auge. Fühler grünlich oder gelblich; 2. Glied etwa so lang wie die Pronotumbreite. Membran grau, Adern grün. Das Rostrum reicht bis zu den Hinterhüften. Hinterschiene 3× so lang wie der Fuß.

Rechtes Paramer (Abb. 508h) distal stark verdickt. Hypophysis groß und spitz. Linkes Paramer (Abb. 508s) dreieckig, Hypophysis schlank, nach oben gekrümmt und die Mitte des Paramerenkörpers nicht ganz erreichend. K-Struktur des ♀ (Abb. 509b) einfach, distal gerundet und mit feinen Zähnen besetzt.

Länge: ♂ = 2,6–3,1 mm, ♀ = 2,7–3,3 mm.

Die Art lebt an Salsola und Salicornia, seltener an anderen Halophyten (Artemisia maritima L., Aster tripolium L.) Imagines von Ende Juni bis Oktober, vermutlich 2 Generationen im Jahre. Überwintert als Ei.

Verbreitungsgebiet Mittel- und Nordeuropa. Im Mittelmeerraum in Spanien, Portugal, Südfrankreich, Griechenland und auf Korsika gefunden, außerdem aus Marokko, Algerien und Tunesien gemeldet.

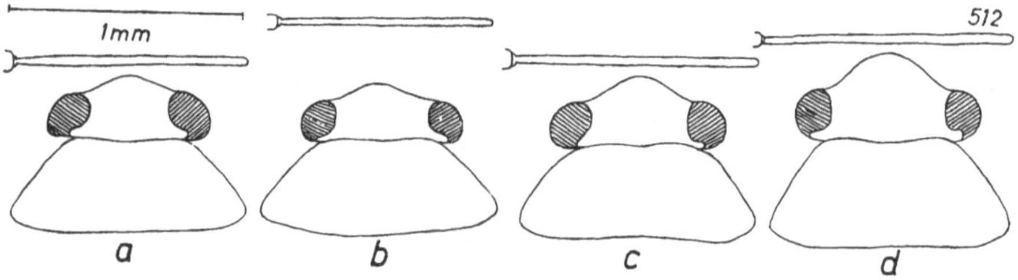

Abb. 512: *Orthotylus halophilus* Ldbg. und *parvulus* Reut.
a: *O. (M.) halophilus* Ldbg., ♂ — b: id., ♀ — c: *O. (M.) parvulus* Reut., ♂ — d: id., ♀
Kopf und Pronotum von oben, darüber 2. Fühlerglied

67. **Orthotylus (Melanotrichus) palustris** REUTER 1888

E. WAGNER 1942, Mitt. dtsch. Ent. Ges., Bd. 11, S. 63.

Etwas größer. Grün, in der Regel blasser als die vorhergehende Art. Oberseite mit anliegenden, gelblichen Schuppenhaaren und halbaufgerichteten, gewöhnlichen Haaren, die größtenteils braun, zum Teil aber auch hell sind (Abb. 502b). Scheitel beim ♂ 2,3×, beim ♀ 2,75× so breit wie das Auge, hinten kielartig gerandet. Fühler hellgrünlich oder gelblich; 2. Glied etwas länger, als das Pronotum breit ist. Letzteres 1,3× so breit wie der Kopf. Membran hellgrau, Adern gelblich. Das Rostrum reicht bis zu den Hinterhüften. Hinterschiene 3× so lang wie der Fuß.

Rechtes Paramer (Abb. 508i) distal nach innen gekrümmt, neben der Hypophysis stumpf vorstehend. Linkes Paramer (Abb. 508t) dreieckig, Hypophysis länger und über die Mitte des Paramerenkörpers hinausreichend. K-Struktur des ♀ (Abb. 509c) einfach, länglich, mit feinen Zähnen.

Länge: ♂ = 3,1–3,4 mm, ♀ = 3,2–3,6 mm.

Die Art lebt an Salicornia. Imagines von Mai bis Juli. Überwintert als Ei.

Westmediterrane Art, bisher in Spanien, Südfrankreich, auf Korsika und Sizilien, in Illyrien, Albanien und dem westlichen Nordafrika gefunden.

6. Untergattung **Litocoris** FIEBER, 1861

Typus-Art: *O. ericetorum* FALL.
Syn.: *Tichorhinus* FIEBER, 1858, n. pr.; E. WAGNER 1956, in GULDE, Wanz. Mitteleur., Heft 11, S. 463.

Scheitel hinten völlig ungerandet, ohne Kante oder Kiel. Die Behaarung der Oberseite besteht nur aus halbaufgerichteten Haaren, die meistens schwarz, bisweilen aber auch hell sind, vor allem auf dem Kopf und an den Rändern des Pronotum und der Halbdecken. Das Rostrum überragt die Hinterhüften. Scheitel 1,9× bis mehr als 2,5× so breit wie das Auge. Hinterschiene 4,3–5,0× so lang wie der Fuß.

Genitalien des ♂ denen der Untergattung *Neopachylops* E. WAGN. ähnlich. Genitalsegment (Abb. 513a) kurz und breit. Genitalöffnung am vorderen (oberen) Rande in der Mitte mit einem langen, flachen, fast geraden Fortsatz, der bis zum Hinterrand reicht. Rechtes Paramer (Abb. 513b) dreieckig, aber auffallend schwach chitinisiert, Hypophysis nur selten deutlich. Linkes Paramer (Abb. 513c) gekrümmt und außerdem querüber gewölbt, innen konkav. Hypophysis lang und gekrümmt. Ventrales Chitinband (Abb. 513d) im Apikalteil mit langen, oft fingerförmigen Fortsätzen, die variabel sind. Dorsales Chitinband (Abb. 513e) in zwei lange, peitschenartige Arme gegabelt, deren Ränder fein gezähnt sind, im basalen Teil ein kleiner Zweig, der gezähnt ist. K-Struktur der Hinterwand der Bursa copulatrix des ♀ (Abb. 517) zweilappig.

Die Arten leben, soweit bekannt, an Ericaceen. Die Untergattung wird im Mittelmeerraum durch 2 Arten vertreten.

513

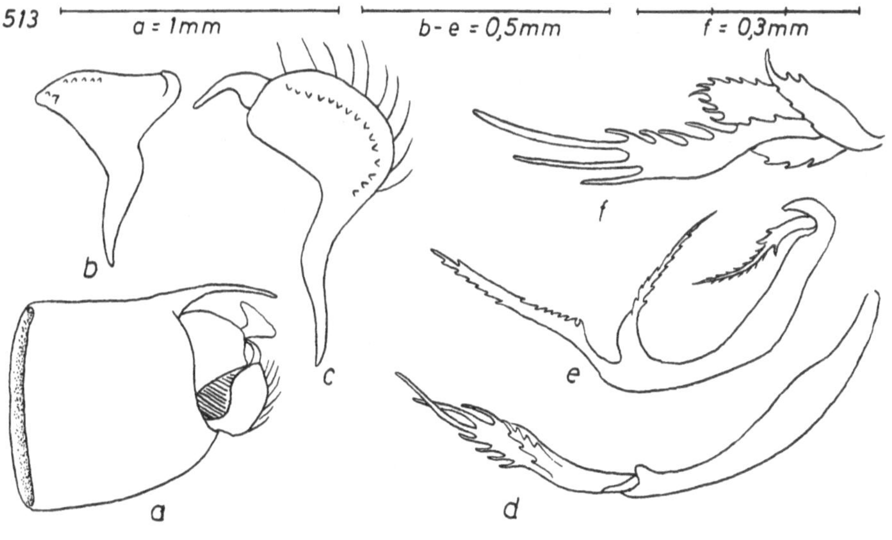

Abb. 513: *Orthotylus (Litocoris) ericetorum ericetorum* Fall.
a: Genitalsegment des ♂ von links — b: rechtes Paramer von außen — c: linkes Paramer von innen — d: ventrales Chitinband der Vesika von rechts — e: dorsales Chitinband von rechts — f: Apikalteil des ventralen Chitinbandes von oben

Bestimmungsschlüssel

für die Arten von *Litocoris* FIEB.

1 (2) Oberseite grün. Kopf, vorderer Teil des Pronotum, Scutellum und Außenrand des Corium oft gelblich oder weißlich, aber nie mit weißlichem Mittelstreif. Cuneus oft orange. Scheitel mehr als 2,5× so breit wie das Auge.
68. **O. (L.) ericetorum** S. 244

2 (1) Grün, über Kopf, Pronotum und den basalen Teil des Scutellum zieht sich ein weißlicher Mittelstreif. Scheitel beim ♂ weniger als 2× so breit wie das Auge.
69. **O. (L.) albovittatus** S. 250

68. **Orthotylus (Litocoris) ericetorum** (FALLÉN), 1807 (Abb. 514)

E. WAGNER 1946, Act. Ent. Mus. Nat. Prag., Bd. 24, S. 27; id. 1956, Boll. Soc. Ent. Ital., Bd. 86, S. 18—22; KOZISKOVA 1967, Act. ent. bohemoslov., Bd. 64, S. 17—36; E. WAGNER 1970, Reichenbach., Bd. 12, S. 203—216.

O. ericetorum FALL. ist ein Rassenkreis (polytypische Art). Die Rassen unterscheiden sich vor allem durch ihre Lebensweise und sind im allgemeinen räumlich getrennt. Die morphologischen Unterschiede sind gering.

a. **O. ericetorum ericetorum** (FALLÉN) 1807 (Abb. 514a)

Groß und schlank. Grün, die Basis des Corium, der Apikalteil des Cuneus und die Adern der Membran oft orange. Behaarung auf der Oberseite schwarz, auf der Unterseite weiß. Scheitel beim ♂ im Mittel 2,6×, beim ♀ 2,95× so breit wie das Auge. 2. Fühlerglied beim ♂ 1,3×, beim ♀ 1,4× so lang, wie das Pronotum breit ist. Hinterschiene 4,75–5,0× so lang wie der Fuß.

Rechtes Paramer (Abb. 515a) groß, dreieckig, an der rechten Ecke eine kurze, oft undeutliche Hypophysis. Linkes Paramer (Abb. 515g) groß, Hypophysis kräftig. Ventrales Chitinband der Vesika (Abb. 516a) an der Spitze mit 1 bis 3 langen, fingerförmigen Anhängen, unter denselben nicht verbreitert. Dorsales Chitinband (Abb. 516g) mit 2 gleich langen Ästen, die kürzer sind als der Basalteil. Basaler Zweig (Abb. 516n) unverzweigt, an der Basis 3 mittelgroße Zähne. K-Struktur der Bursa copulatrix des ♀ (Abb. 517a) mit 2 ungleich langen Lappen, zwischen ihnen eine schmale Einkerbung, die eckig ist.

Länge: ♂ = 3,4–4,0 mm, ♀ = 3,0–3,6 mm.

Die Nominatrasse lebt im Callunetum an Calluna vulgaris L., seltener an Erica tetralix L. Sie bewohnt Mitteleuropa mit Ausnahme Westfrankreichs, den größten Teil Nordeuropas, den Westen und den Südosten der UdSSR und Sibirien.

b. **O. ericetorum cinereae** E. WAGNER, 1956 (Abb. 514b)

Boll. Soc. ent. Ital., Bd. 86, S. 18—20; *O. ericetorum ericetorum* KOZISKOVA 1967, nec FALLÉN, l. c.; E. WAGNER 1970, l. c.

Von gleicher Größe wie die Nominatrasse, aber etwas schlanker. Grün. Behaarung unterseits weiß; oberseits schwarz, an den Seiten und im vorderen Teil weißlich. Scheitel beim ♂ im Mittel 3,3×, beim ♀ 3,6× so breit wie das sehr schmale Auge.

2. Fühlerglied beim ♂ 1,33×, beim ♀ 1,4× so lang, wie das Pronotum breit ist. Hinterschiene 5× so lang wie der Fuß.

Rechtes Paramer (Abb. 515b) etwas größer und schlanker, ohne erkennbare Hypophysis. Linkes Paramer (Abb. 515h) deutlich schlanker. Ventrales Chitinband der Vesika (Abb. 516b) kleiner, an der Spitze 2 fingerförmige Anhänge, unter denselben nicht verbreitert. Dorsales Chitinband (Abb. 516h) mit 2 Ästen, die länger sind als der Basalteil. Basaler Zweig (Abb. 516o) schlanker, unverzweigt und mit nur 1 mittelgroßen Zahn. K-Struktur der Bursa copulatrix des ♀ (Abb. 517b) mit sehr langem und breitem innerem Lappen, der äußere Lappen kürzer, aber breit und distal gerundet.

Länge: ♂ = 3,6 – 3,9 mm, ♀ = 3,1 – 3,5 mm.

O. ericetorum cinereae E. WAGN. lebt an Erica cinerea L. und bewohnt Westfrankreich von Paris bis an die Pyrenäen.

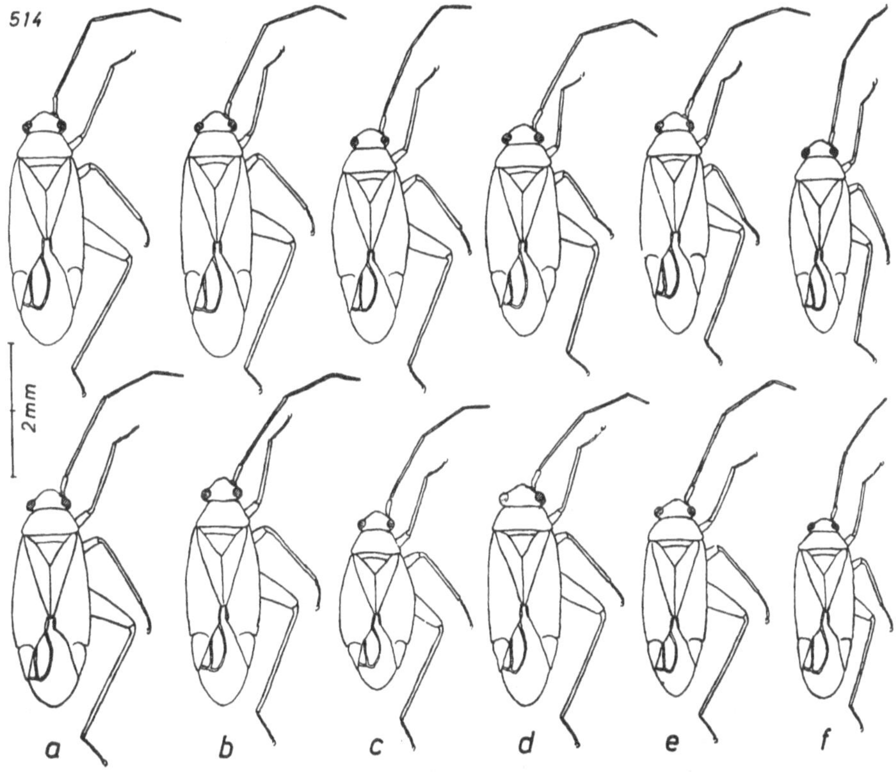

Abb. 514: *Orthotylus (Litocoris) ericetorum* Fall., Gestalt
a: *O. (L.) ericetorum ericetorum* Fall. — b: *O. (L.) ericetorum cinereae* E. Wagn. — c: *O. ericetorum carneae* E. Wagn. — d: *O. ericetorum stysi* Koz. — e: *O. ericetorum corsicensis* E. Wagn. — f: *O. (L.) ericetorum arboreae* E. Wagn.
Oben = ♂, unten = ♀

c. **O. ericetorum carneae** E. WAGNER, 1946 (Abb. 514c)

Act. Ent. Mus. Nat. Prag., Bd. 26, S. 27; KOZISKOVA 1967, l. c.; E. WAGNER 1970, l. c.

Von kleinerer, breiterer Gestalt, das ♀ weit kürzer und breiter als das ♂. Grün, oft teilweise orange. Behaarung der Oberseite schwarz, der Unterseite weiß. Scheitel im Mittel beim ♂ 3,0×, beim ♀ 3,1× so breit wie das Auge. 2. Fühlerglied beim ♂ 1,2×, beim ♀ 1,3× so lang, wie das Pronotum breit ist. Hinterschiene nur 4,33× so lang wie der Fuß.

515

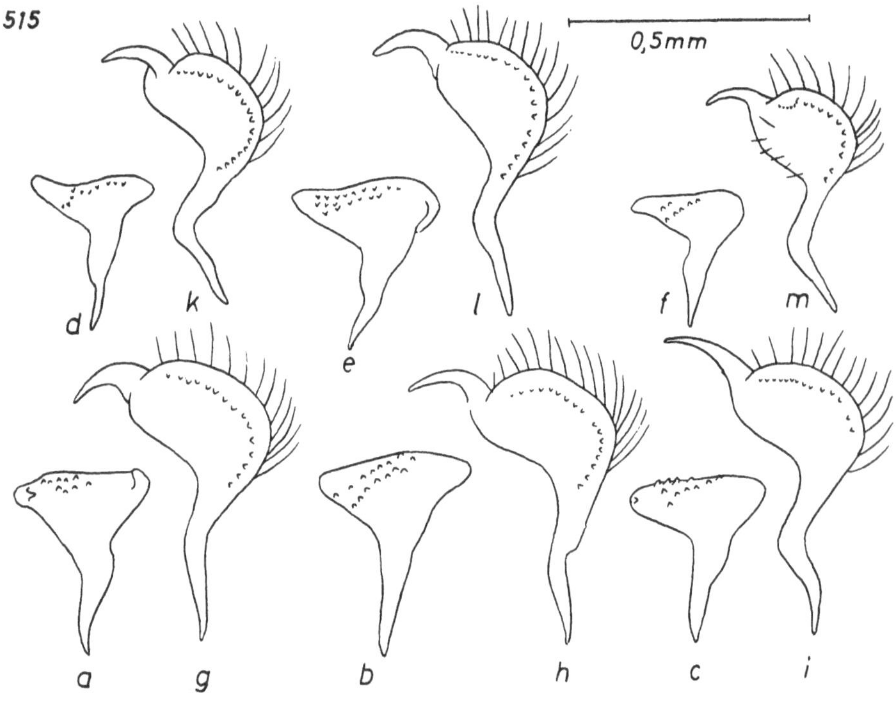

Abb. 515: *Orthotylus ericetorum* Fall., Parameren
a+g: O. *(L.) ericetorum ericetorum* Fall. — b+h: O. *(L.) ericetorum cinereae* E. Wagn. — c+i: O. *(L.) ericetorum carneae* E. Wagn. — d+k: O. *(L.) ericetorum stysi* Koz. — e+l: O. *(L.) ericetorum corsicensis* E. Wagn. — f+m: O. *(L.) ericetorum arboreae* E. Wagn.
a—f: rechtes Paramer von außen — g—m: linkes Paramer von innen

Rechtes Paramer (Abb. 515c) kleiner, die rechte Ecke weniger vorstehend und mehr abgerundet als die linke, letztere deutlich etwas vorgezogen. Linkes Paramer (Abb. 515i) etwas kleiner, Hypophysis mehr aufwärts gerichtet, sehr lang und schlank. Ventrales Chitinband der Vesika (Abb. 516c) im Apikalteil mit deutlich kürzeren fingerförmigen Anhängen. Dorsales Chitinband (Abb. 516i) kleiner, der innere Ast viel länger als der Basalteil. Basaler Zweig (Abb. 516p) unverzweigt, aber im mittleren Teil mit langem, spitzem Zahn. K-Struktur der Bursa copulatrix des ♀ (Abb. 517c) kurz und sehr breit. Einkerbung klein und gerundet.

Länge: ♂ = 3,2–3,6 mm, ♀ = 2,4–3,0 mm.

O. ericetorum carneae E. WAGN. lebt an Erica carnea L. Er bewohnt den Süden der Ostalpen und kommt dort vor allem in höheren Lagen vor (um 1000 m).

d. **O. ericetorum stysi** KOZISKOVA, 1967 (Abb. 514d)

Orthotylus stysi KOZ. 1967, Act. ent. Bohemoslov., Bd. 64, S. 17—36; *O. ericetorum stysi* KOZ., E. WAGNER 1970, l. c.

Etwas kleiner als die Nominatrasse, aber von gleicher Gestalt. Grün. Behaarung oberseits schwarz, im vorderen Teil und an den Seiten gelbweiß, unterseits weiß. Scheitel im Mittel beim ♂ 2,7×, beim ♀ 3,3× so breit wie das Auge. 2. Fühlerglied bei ♂ und ♀ 1,2× so lang, wie das Pronotum breit ist. Hinterschiene 4,2–4,4× so lang wie der Fuß.

Rechtes Paramer (Abb. 515d) weit kleiner als bei den vorhergehenden Rassen, die linke Ecke in einen stumpfen Fortsatz verlängert. Linkes Paramer (Abb. 515k) ebenfalls kleiner, Hypophysis klein und gekrümmt. Ventrales Chitinband (Abb. 516d) im Apikalteil mit kurzen spitzen Zähnen, an der Spitze ein etwas längerer Anhang. Dorsales Chitinband (Abb. 516k) mit kurzen Ästen, der gegen die Basis gerichtete Ast so lang bis etwas kürzer als der Basalteil. Basaler Zweig (Abb. 516q) gegabelt, beide Äste bisweilen von gleicher Länge. K-Struktur der Bursa copulatrix des ♀ (Abb. 517d) kurz und breit, mit tiefer, breiter, fast viereckiger Einbuchtung, der innere Lappen sehr lang, aber schmal, der äußere kurz und spitz.

Länge: ♂ = 3,2–3,3 mm, ♀ = 2,9–3,2 mm.

O. ericetorum stysi KOZ. lebt an Erica arborea L. Er bewohnt Nordostspanien.

e. **O. ericetorum corsicensis** E. WAGNER 1956 (Abb. 514e)

Boll. Soc. ent. Ital., Bd. 86, S. 20—22; KOZISKOVA 1967, l. c.; E. WAGNER 1970, l. c.

Gestalt schlank und etwas kleiner. Einfarbig grün. Behaarung der Oberseite bald einheitlich hell, bald mit braunen bis schwarzen Haaren, auf der Unterseite weißlich. Scheitel im Mittel beim ♂ 2,6×, beim ♀ 3,0× so breit wie das Auge. 2. Fühlerglied bei ♂ und ♀ 1,33–1,39× so lang, wie das Pronotum breit ist. Hinterschiene 2,3× so lang wie der Fuß.

Rechtes Paramer (Abb. 515e) groß, die linke Seite etwas verlängert und spitz, an der rechten Ecke oft eine undeutliche Hypophysis. Linkes Paramer (Abb. 515l) kurz und breit, Hypophysis gekrümmt und kräftig. Ventrales Chitinband der Vesika (Abb. 516e) kurz und kräftig, an der Spitze 4 bis 5 fingerförmige Anhänge; darunter ist das Band handartig verbreitert. Dorsales Chitinband (Abb. 516l) kleiner und schlanker, beide Äste von gleicher Länge und länger als der Basalteil. Basaler Zweig (Abb. 516r) unverzweigt, nahe der Mitte 3 größere Zähne. K-Struktur der Bursa copulatrix des ♀ (Abb. 517e) kurz, mit sehr breiter, aber flacherer und gerundeter Einbuchtung. Innerer Lappen schlank, aber weit länger als der äußere, dieser sehr kurz und etwas zugespitzt.

Länge: ♂ = 3,15–3,40 mm, ♀ = 2,8–3,1 mm.

O. ericetorum corsicensis E. WAGN. wurde bisher nur auf der Insel Korsika gefunden. Die Wirtspflanze wurde nicht ermittelt.

516

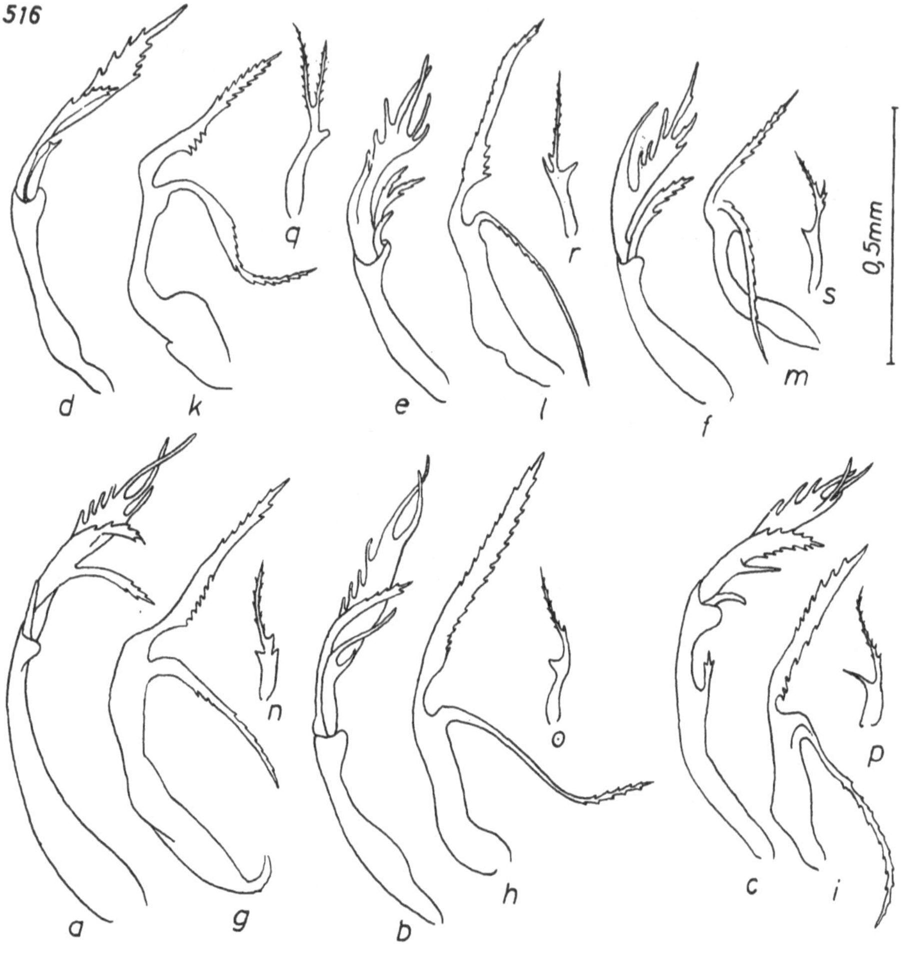

Abb. 516: O. *ericetorum* Fall., Chitinbänder der Vesika von rechts
a, g, n: O. *(L.) ericetorum ericetorum* Fall. — b, h, o: O. *(L.) ericetorum cinereae* E. Wagn. — c, i, p: O. *(L.) ericetorum carneae* E. Wagn. — d, k, q: O. *(L.) ericetorum stysi* Koz. — e, l, r: O. *(L.) ericetorum corsicensis* E. Wagn. — f, m, s: O. *(L.) ericetorum arboreae* E. Wagn.
a—f: ventrales Chitinband — g—m: dorsales Chitinband — n—s: basaler Zweig des letzteren

f. **O. ericetorum arboreae** E. WAGNER, 1969 (Abb. 514f)

Reichenbach., Bd. 12, S. 214—215.

Die kleinste Rasse und von schlanker Gestalt. Sattgrün. Kopf und vorderer Teil von Pronotum und Scutellum weißlichgelb, ebenso oft der basale Teil des Coriumaußenrandes. Behaarung oberseits lang und schwarz, im vorderen Teil und an den Seiten einige helle Haare. Scheitel beim ♂ 2,2–2,4×, beim ♀ 2,9–3,2× so breit wie das Auge. 2. Fühlerglied beim ♂ 1,25×, beim ♀ 1,17× so lang wie die Pronotumbreite. Hinterschiene beim ♂ 4,8×, beim ♀ 4,5–4,6× so lang wie der Fuß.

517

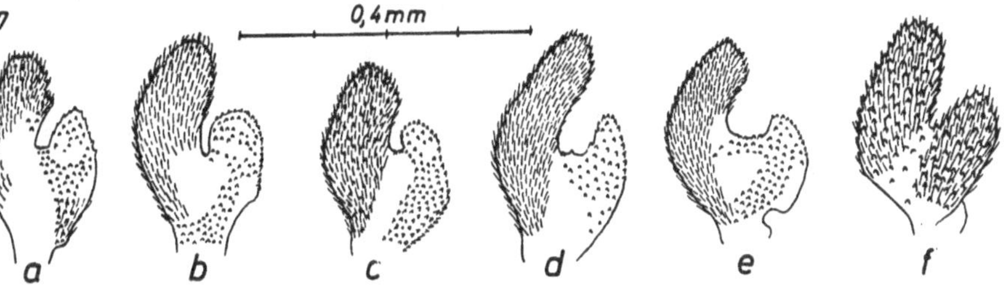

Abb. 517: Rechte K-Struktur der Hinterwand der Bursa copulatrix des ♀

a: O. *(L.) ericetorum ericetorum* Fall. — b: O. *(L.) ericetorum cinereae* E. Wagn. — c: O. *(L.) ericetorum carneae* E. Wagn. — d: O. *(L.) ericetorum stysi* Koz. — e: O. *(L.) ericetorum corsicensis* E. Wagn. — f: O. *(L.) ericetorum arboreae* E. Wagn.

Rechtes Paramer (Abb. 515f) sehr klein, die linke Ecke vorstehend und fast spitz, die rechte Ecke kurz und abgerundet. Linkes Paramer (Abb. 515m) auffallend klein, Hypophysis schlank und gekrümmt. Ventrales Chitinband der Vesika (Abb. 516f) klein, Anhänge des Apikalteiles klein und zum Teil mit Zähnen besetzt, spitz, der apikale Anhang lang, aber nicht fingerförmig, sondern gegen die Basis verjüngt. An der Ventralseite entspringt weit unter der Spitze ein langer, kräftiger Fortsatz, der weit länger ist als alle übrigen. Dorsales Chitinband (Abb. 516m) klein, die Äste ungleich lang, der gegen die Basis gerichtete ist so lang wie der Basalteil. Basaler Zweig (Abb. 516s) sehr schlank, in der Mitte ein einzelner Zahn und ein Ansatz zur Gabelung. K-Struktur der Bursa copulatrix des ♀ (Abb. 517f) robust, Behaarung und Zähne weit gröber als bei den übrigen Rassen. Beide Lappen breit und abgerundet, die Einkerbung zwischen ihnen schmal und spitz.

Länge: ♂ = 2,9–3,1 mm, ♀ = 2,7–3,0 mm.

O. ericetorum arboreae E. WAGN. lebt an Erica arborea L. Er bewohnt Algerien (Atlas saharien) und Marokko (Rif).

g. **O. ericetorum mediterraneae** E. WAGNER 1971 (Abb. 517A)

Mitt. dtsch. Ent. Ges., Bd. 19, S. 60—62.

Verhältnismäßig groß und schlank. Sattgrün. Kopf und vorderer Teil von Pronotum und Scutellum hellgelb. Behaarung oberseits schwarz, an den Seiten und unterseits hell. Scheitel beim ♂ 2,8×, beim ♀ 3,4× so breit wie das Auge (Abb. 517A, a+b). 2. Fühlerglied 1,3× so lang wie die Pronotumbreite. Hinterschiene 4,4–4,5× so lang wie der Fuß.

Rechtes Paramer (Abb. 517Ac) mit etwa gleichen Ecken, links eine Gruppe von Zähnen. Linkes Paramer (Abb. 517Ad) robust, Hypophysis gekrümmt und kräftig. Ventrales Chitinband (Abb. 517Ae) groß, distal 2 fingerförmige Anhänge, in der Mitte 2 schlanke, gezähnte Anhänge. Dorsales Chitinband (Abb. 517Af) unverzweigt, an Stelle des peitschenartigen Anhangs ein kräftiger, gekrümmter Zahn.

Basaler Zweig (Abb. 517Ag) unverzweigt, unter der Mitte 2 nebeneinander sitzende Zähne.

Länge: ♂ = 3,25–3,60 mm, ♀ = 2,8–3,8 mm.

O. ericetorum mediterraneae E. WAGN. lebt an Erica mediterranea L. Imagines im Mai.

Bisher nur in Portugal (Leiria) gefunden.

517A

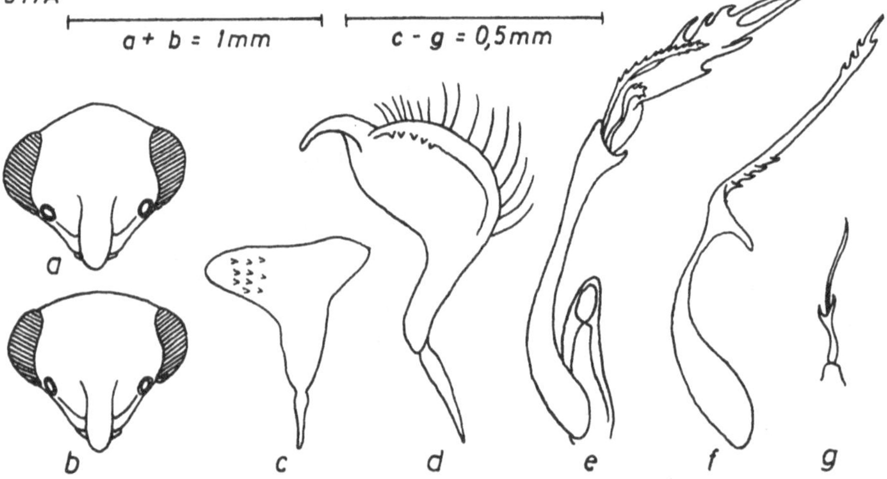

Abb. 517A: *Orthotylus ericetorum mediterraneae* E. Wagn.

a: Kopf des ♂ von vorn — b: dasselbe vom ♀ — c: rechtes Paramer von oben — d: linkes Paramer von oben —e: ventrales Chitinband von rechts — f: dorsales Chitinband von rechts — g: basaler Zweig desselben

69. **Orthotylus (Litocoris) albovittatus** REUTER, 1901

E. WAGNER 1970, Reichenbach. Bd. 12, S. 215—216.

Diese Art ist dem Verfasser unbekannt, auch REUTER kennt nur das ♂. Die folgenden Angaben entstammen seiner Beschreibung.

Grün. Behaarung der Oberseite schwarz. Über Kopf, Pronotum und Basalteil des Scutellum zieht sich ein weißlicher Mittelstreif. Scheitel (♂) etwas weniger als 2× so breit wie das Auge. 2. Fühlerglied deutlich länger als die Pronotumbreite. Dornen der Schienen fein und braun. Hinterschiene etwa 4× so lang wie der Fuß. An den Hintertarsen sind das 2. und 3. Glied gleich lang. Membran rauchgrau, Adern und Zellen grün.

Länge: ♂ = 3,75 mm, ♀ unbekannt.

Bisher nur einmal ein ♂ in Algerien (Oran) von MATTHIEU gefunden.

100. Gattung **CANARIOCORIS** LINDBERG, 1951

Typus-Art: *Orthotylus antennalis* REUT.
Soc. Sci. Fenn. Comm. Biol., Bd. 12, Nr. 9, S. 1.

Von länglicher Gestalt (Abb. 519), das ♂ oft fast parallelseitig. Färbung variabel, Oberseite meistens mit regelmäßigen dunklen Punkten, die sowohl grau bis braun als auch rot oder grün sein können. Haare der Oberseite (Abb. 518g) lang und gekrümmt, in der Regel weißlich, bisweilen auch goldglänzend oder mit dunklen Haaren gemischt. Kopf klein, 0,6–0-7× so breit wie das Pronotum. Auge gewölbt, Scheitel ungerandet. Fühler lang und dünn, das 2. Glied 1,37–1,55× so lang, wie das Pronotum breit ist und viel länger als das 3. und 4. zusammen (Abb. 519). Halbdecken lang und schmal, stets unverkürzt. Das Rostrum ragt zwischen die Hinterhüften. Schienen mit langen, dünnen Dornen, die weit länger sind, als die Schiene dick ist. An den Hintertarsen ist das 3. Glied etwa so lang wie das 1. und 2. zusammen.

Genitalsegment des ♂ (Abb. 518, a+b) groß, kegelförmig. Genitalöffnung am hinteren (ventralen) Rande mit einem Fortsatz von wechselnder Gestalt (Abb. 521, q–u). Rechtes Paramer (Abb. 518c) keulenförmig, oft mit Zähnen oder Höckern. Linkes Paramer (Abb. 518d) mit langer, mehr oder weniger schlanker Hypophysis, die oft gewunden ist (Abb. 521, f–k). Penis (Abb. 518f) schlank, gerade. Theka zuweilen mit 2 lappenförmigen Anhängen nahe der Spitze. Vesika mit 1 bis 2

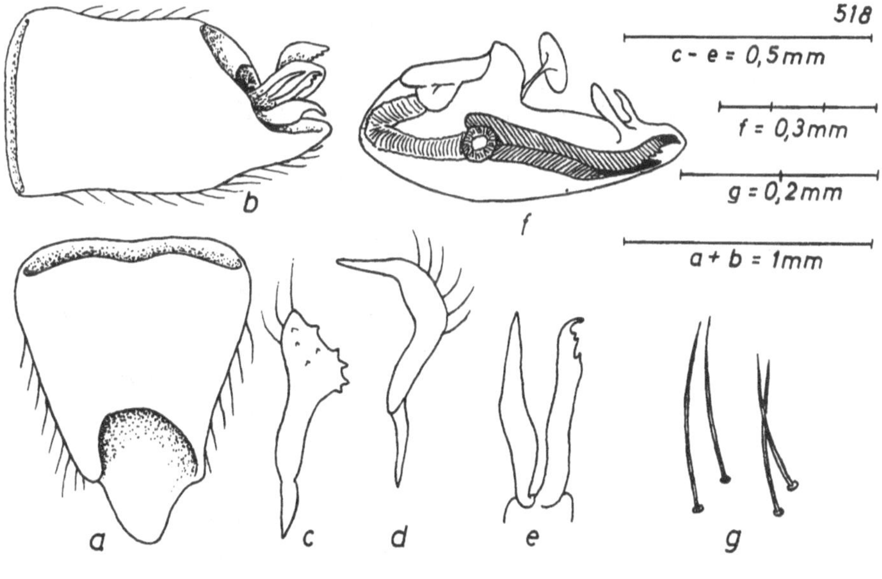

Abb. 518: *Canariocoris viburni* Ldbg., Genitalien und Behaarung
a: Genitalsegment von oben (Parameren und Penis entfernt) — b: dasselbe von links — c: rechtes Paramer von oben — d: linkes Paramer von oben — e: Chitinbänder der Vesika von rechts — f: Penis von links — g: Behaarung der Oberseite

Chitinbändern, von denen das dorsale in der Regel gegabelt ist (Abb. 521, l–p) und nur selten einige Zähne trägt. Das ventrale Band oft fehlend oder stark rückgebildet.

Die Gattung lebt nur auf den Kanarischen Inseln und ist dort mit 6 Arten vertreten.

Bestimmungsschlüssel

für die Arten von *Canariocoris* LDBG.

1 (2) Groß, Länge des ♂ 5,4–5,5 mm, des ♀ 5,0–5,2 mm. Grün, die Punkte der Halbdecken grün oder nicht zu erkennen. 1. Fühlerglied rot, 0,61–0,64× so lang, wie der Kopf breit ist. Genitalien des ♂ siehe Abb. 518!
1. **C. viburni** S. 253

2 (1) Kleiner, Länge nicht über 4,8 mm. Grundfarbe nie grün, die Punkte der Halbdecken rot, grau oder braun. 1. Fühlerglied 0,40–0,54× so lang, wie der Kopf breit ist.

3 (4) Haare der Oberseite goldglänzend, bei Betrachtung von hinten braun. Fortsatz des Genitalsegments (Abb. 521u) zungenförmig. Vesika mit 2 gleich langen Chitinbändern (Abb. 521p). 2. **C. pinicola** S. 254

4 (3) Haare der Oberseite weißlich, oft untermischt mit braunen Haaren. Vesika des Penis mit einem langen Chitinband, das dorsale fehlt oder ist stark verkürzt (Abb. 521, l–o).

5 (6) Fortsatz des Genitalsegments lang und schlank, zapfenförmig (Abb. 521s). 1. Fühlerglied 0,54× so lang, wie der Kopf breit ist; 2. Glied nur 1,4× so lang, wie das Pronotum breit ist (Abb. 519b). Genitalien des ♂ siehe Abb. 521, c, h, n, s! Auf den östlichen Inseln (Teneriffa bis Lanzarote).
3. **C. punctatus** S. 255

6 (5) Fortsatz des ♂-Genitalsegments breit, dreieckig oder zungenförmig (Abb. 521, q, r, t). 1. Fühlerglied 0,40–0,51× so lang, wie der Kopf breit ist; 2. Glied meistens 1,5× so lang, wie das Pronotum breit ist.

7 (8) 1. Fühlerglied nur 0,41–0,43× so lang, wie der Kopf breit ist (Abb. 520d). Fortsatz des ♂-Genitalsegments sehr kurz und breit (Abb. 521t). Arm des linken Paramers kurz (Abb. 521i). Nur auf Teneriffa.
4. **C. euphorbiae** S. 255

8 (7) 1. Fühlerglied etwa 0,5× so lang, wie der Kopf breit ist (Abb. 520, c+f). Fortsatz des ♂-Genitalsegments dreieckig (Abb. 521, q+r).

9 (10) Scheitel beim ♂ (Abb. 520c) 1,45–1,50×, beim ♀ 1,8–1,9× so breit wie das Auge. Grundfarbe orangegelb mit rötlicher Zeichnung. Genitalien siehe Abb. 521, b, g, m, r! Nur auf Hierro und La Gomera.
5. **C. hyperici** S. 255

10 (9) Scheitel beim ♂ (Abb. 520f) 1,75–1,80×, beim ♀ 2,0–2,1× so breit wie das Auge. Grundfarbe hellgelb, fast grünlich. Genitalien des ♂ siehe Abb. 521, a, f, l, q! Nur auf Teneriffa. 6. **C. antennalis** S. 257

1. **Canariocoris viburni** (LINDBERG), 1953 (Abb. 519a)

Orthotylus viburni LINDBERG, 1953, Soc. Sci. Fenn. Comm. Biol., Bd. 14, Nr. 1, S. 126—127.

Groß, schlank. Lebhaft grün, die Punkte der Oberseite sind lebhaft grün oder fehlen. Behaarung lang und weißlich (Abb. 518g). Scheitel beim ♂ 1,8–1,9×, beim ♀ 3,0× so breit wie das Auge, undeutlich gerandet (Abb. 520a). 1. Fühlerglied rötlich, 0,61–0,70× so lang, wie der Kopf breit ist; 2. Glied (Abb. 519a) 1,6–1,7× so lang, wie das Pronotum breit ist und etwa 2× so lang wie das 3. Membran hellgrau, Adern grün, in der großen Zelle ein schwarzer Streif, außerhalb derselben ein schwarzer Strich (Abb. 519a).

Genitalsegment des ♂ (Abb. 518, a+b) mit zungenförmigem Ventralfortsatz. Rechtes Paramer (Abb. 518c) im Apikalteil dreieckig, innen mit Zähnen besetzt. Linkes Paramer (Abb. 518d) schlank, gekrümmt, Hypophysis lang, gerade und spitz. Penis (Abb. 518f) schlank, Theka distal mit 2 Anhängen. Vesika mit 2 Chitinbändern, das dorsale hakenartig, vor der Spitze einige Zähne.

Länge: ♂ = 5,4–5,5 mm, ♀ = 5,1–5,3 mm.

519

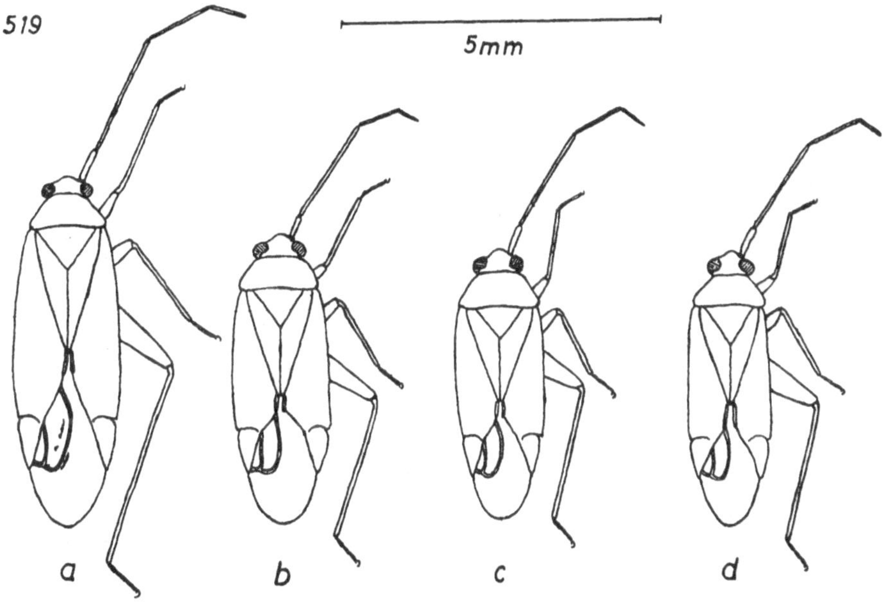

Abb. 519: *Canariocoris* Ldbg., Männchen
a: *C. viburni* Ldbg. — b: *C. punctatus* Noualh. — c: *C. antennatus* Reut. — d: *C. pinicola* Ldbg.

Die Art lebt in den Lorbeerwäldern der Kanarischen Inseln an Viburnum rugosum und anderen immergrünen Laubhölzern.

Bisher nur auf den westlichen Inseln (Gran Canaria, Teneriffa, La Gomera, Palma) gefunden.

2. **Canariocoris pinicola** (LINDBERG), 1953 (Abb. 519d)

Orthotylus id., LINDBERG 1953, Soc. Sci. Fenn. Comm. Biol., Bd. 14, Nr. 1, S. 128—129.

Kleiner, schlank, fast parallelseitig. Rotbraun oder rotgelb, Punkte der Oberseite rot. Behaarung bräunlich, bei Beleuchtung von vorn goldglänzend. Scheitel beim ♂ (Abb. 520b) 1,35–1,45×, beim ♀ 2,3× so breit wie das Auge. 1. Fühlerglied rot, 0,6× so lang, wie der Kopf breit ist; 2. Glied gelblich, 1,5× so lang, wie das Pronotum breit ist und mehr als 2× so lang wie das 3. Membran grau, Adern rot.

Genitalsegment des ♂ distal mit zungenförmigem Ventralfortsatz (Abb. 521u). Rechtes Paramer (Abb. 521e) distal kopfartig verdickt, mit zahlreichen langen Haaren, innen einige Zähne. Linkes Paramer (Abb. 521k) schwach gekrümmt, Apikalteil verdickt, Hypophysis lang und gerade. Vesika des Penis mit 2 Chitinbändern, das dorsale distal gegabelt.

Länge: ♂ = 3,6–4,1 mm, ♀ = 3,5–3,8 mm.

Die Art lebt an Pinus canariensis und wurde auf den meisten der Kanarischen Inseln gefunden.

520

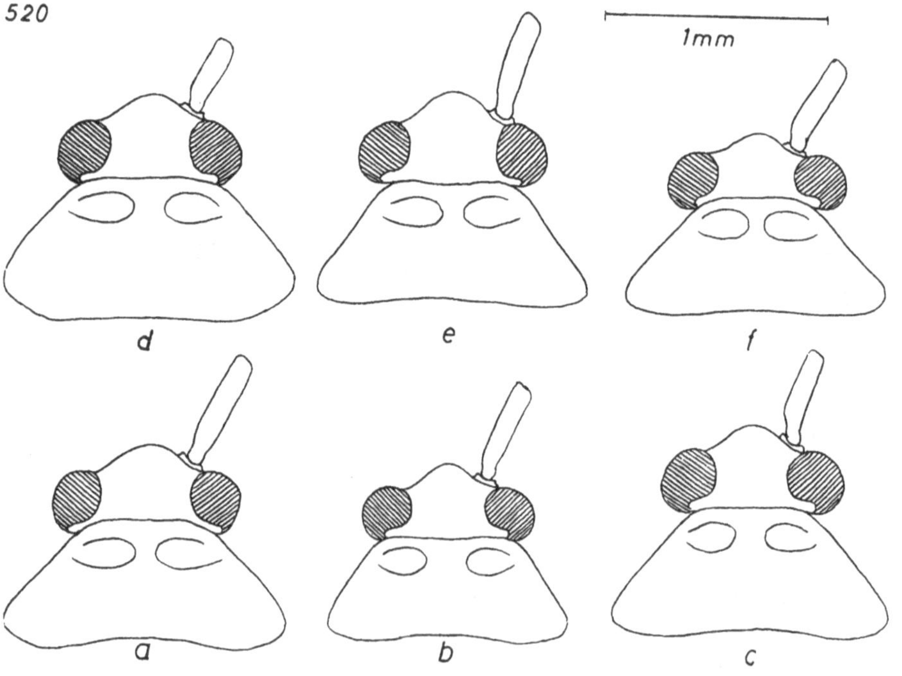

Abb. 520: *Canariocoris* Ldbg., vorderer Teil des ♂ von oben

a: *C. viburni* Ldbg. — b: *C. pinicola* Ldbg. — c: *C. hyperici* Ldbg. — d: *C. euphorbiae* Ldbg. — e: *C. punctatus* Noualh. — f: *C. antennalis* Reut.

3. **Canariocoris punctatus** (NOUALHIER), 1893 (Abb. 519b)

Orthotylus punctatus NOUALH. 1893; Syn.: *C. argyranthemi* LINDBERG, 1951, Soc. Sci. Fenn., Comm. Biol., Bd. 12, Nr. 9, S. 8—10; LINDBERG 1953, ib., Bd. 12, Nr. 1, S. 132; *C. zollikoferiae* LDBG. 1951, ib., Bd. 12, Nr. 9, S. 6—8.

Gestalt etwas breiter und mehr oval. Färbung wechselnd, Mitte der Oberseite meistens dunkel, Exocorium und Cuneus stets hell. Seiten des Pronotum oft dunkel. Behaarung weißlich, oft mit dunklen Haaren gemischt. Scheitel beim ♂ (Abb. 520e) 1,50–1,55×, beim ♀ 1,7× so breit wie das Auge. 1. Fühlerglied rot- bis dunkelbraun, 0,54× so lang, wie der Kopf breit ist; 2. Glied 1,3–1,4× so lang, wie das Pronotum breit ist und 2,2–2,3× so lang wie das 3., gelb. Membran hell- bis dunkelgrau, Adern gelbbraun. Schenkel gelb- bis dunkelbraun.

Ventralfortsatz des ♂-Genitalsegments (Abb. 521s) lang, dünn und gerade. Rechtes Paramer (Abb. 521c) distal nicht verdickt. Linkes Paramer (Abb. 521h) im Apikalteil buckelartig verbreitert, Arm der Hypophysis gekrümmt. Vesika des Penis mit 1 Chitinband (Abb. 521n), das etwa in der Mitte einen kurzen, zahnartigen Ast hat.

Länge: ♂ = 4,6–4,8 mm, ♀ = 4,5–4,7 mm.

Die Art ist polyphag und wurde bisher auf den östlichen Inseln (Gran Canaria, Teneriffa, Fuerteventura) gefunden.

4. **Canariocoris euphorbiae** LINDBERG, 1951

Soc. Sci. Fenn. Comm. Biol., Bd. 12, Nr. 9, S. 11—12.

Gestalt wie bei voriger Art. Färbung hell orangegelb. Punkte nicht erkennbar. Behaarung einheitlich weißlich. Scheitel beim ♂ (Abb. 520d) 1,4×, beim ♀ 1,75× so breit wie das dunkle Auge. 1. Fühlerglied rotgelb bis gelbbraun, nur 0,41–0,43× so lang, wie der Kopf breit ist; 2. Glied 1,5× so lang, wie das Pronotum breit ist, hellgelb. Membran hellgrau, Adern gelb. Beine hellgelb.

Ventraler Fortsatz des ♂-Genitalsegments (Abb. 521t) sehr kurz und abgerundet. Rechtes Paramer (Abb. 521d) keulenförmig. Linkes Paramer (Abb. 521i) distal verbreitert, Arm der Hypophysis kurz und gerade. Vesika des Penis mit 1 Chitinstab (Abb. 521o), der gegabelt ist; beide Äste etwa gleich lang und gerade.

Länge: ♂ = 4,3–4,7 mm, ♀ = 4,2–4,5 mm.

Die Art lebt nach LINDBERG an Euphorbia regis jubae und wurde bisher nur auf Teneriffa gefunden.

5. **Canariocoris hyperici** LINDBERG, 1951

Soc. Sci. Fenn. Comm. Biol., Bd. 12, Nr. 9, S. 4—6.

Etwas kleiner, aber von gleicher Gestalt. Färbung orangegelb bis -rot. Punkte der Oberseite rot oder fehlend. Scheitel beim ♂ (Abb. 520c) 1,45–1,50×, beim ♀ 1,8× so breit wie das Auge. 1. Fühlerglied etwa 0,5× so lang, wie der Kopf breit ist, dunkelrot; 2. Glied beim ♂ 1,5×, beim ♀ 1,36× so lang, wie das Pronotum breit ist und 2,2× so lang wie das 3., hellgelb. Kopf, Pronotum und Scutellum oft mit rotem Längsstreif. Seiten des Pronotum bisweilen rot. Membran grau, Adern gelb bis rot.

Ventraler Fortsatz des ♂-Genitalsegments (Abb. 521r) dreieckig und spitz. Rechtes Paramer (Abb. 521b) keulenförmig, distal verdickt und mit langen Haaren, die auf kleinen Höckern sitzen. Linkes Paramer (Abb. 521g) distal buckelartig verbreitert. Arm der Hypophysis lang und gekrümmt. Vesika des Penis mit 1 Chitinband, das nur an der Spitze gegabelt ist.

Länge: ♂ = 4,2–4,7 mm, ♀ = 4,0–4,4 mm.

Die Art lebt nur auf Hierro und La Gomera. Auf Hierro lebt sie an Hypericum, auf La Gomera ist sie polyphag.

521

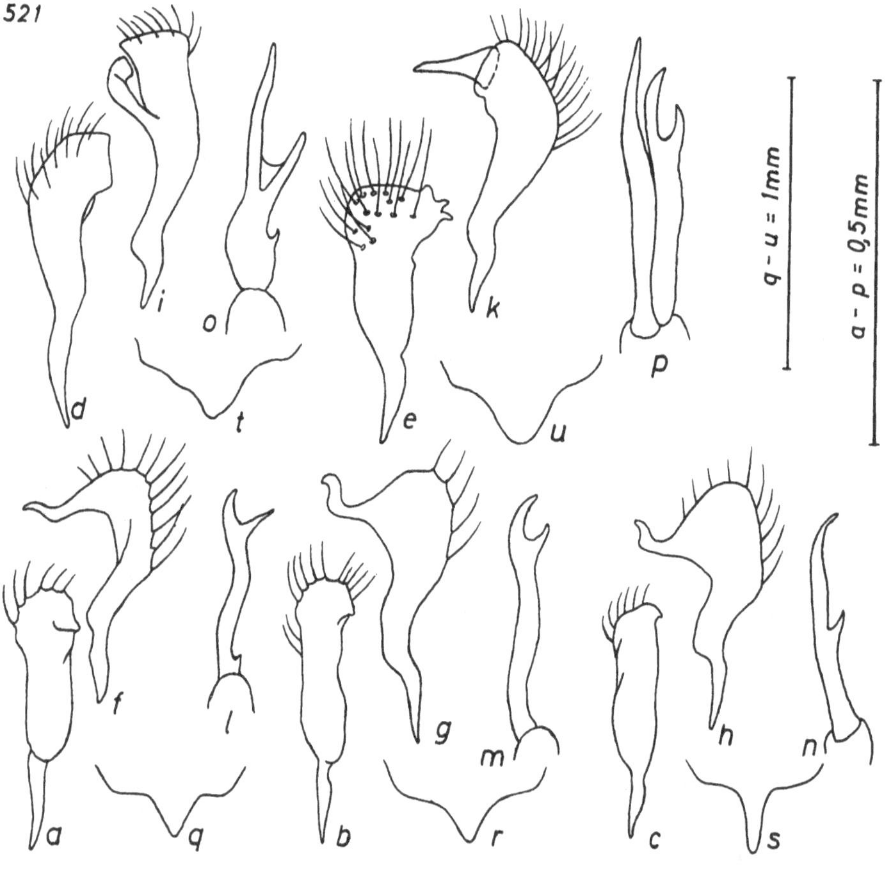

Abb. 521: *Canariocoris* Ldbg., Genitalien des Männchens

a, f, l, q: *C. antennalis* Reut. — b, g, m, r: *C. hyperici* Ldbg. — c, h, n, s: *C. punctatus* Noualh. — d, i, o, t: *C. euphorbiae* Ldbg. — e, k, p, u: *C. pinicola* Ldbg.
a—e: rechtes Paramer von oben — f—k: linkes Paramer von oben — l—p: Chitinbänder der Vesika von rechts — q—u: Fortsatz am Hinterrande der Genitalöffnung von oben

6. **Canariocoris antennalis** (REUTER), 1904 (Abb. 519c)

Orthotylus antennalis REUT., 1904; *Canariocoris* id. LINDBERG, 1951, Soc. Sci. Fenn. Comm. Biol., Bd. 12, Nr. 9, S. 3—4.

Noch etwas kleiner. Weißgelb, stellenweise grünlich. Punktierung der Oberseite undeutlich oder fehlend. Behaarung lang und weißlich, auf dem vorderen Teil des Pronotum bräunlich. Scheitel beim ♂ (Abb. 520f) 1,75–1,80×, beim ♀ 2,0–2,1× so breit wie das Auge. 1. Fühlerglied rostbraun, 0,50–0,55× so lang, wie der Kopf breit ist; 2. Glied gelb, 1,24× (♀) bis 1,45× (♂) so lang, wie das Pronotum breit ist und beim ♂ 2,7×, beim ♀ 2,3× so lang wie das 3. Membran grau, Adern gelblich. Beine gelb.

Ventraler Fortsatz des ♂-Genitalsegments (Abb. 521q) spitz dreieckig. Rechtes Paramer (Abb. 521a) distal kopfartig, mit langen Haaren, die auf kleinen Höckern sitzen. Linkes Paramer (Abb. 521f) winklig gebogen, Arm der Hypophysis sehr lang und geschweift. Vesika des Penis mit 1 Chitinband, dessen Spitze sich in 2 kurze, gerade Äste gabelt (Abb. 521l).

Länge: ♂ = 4,3–4,6 mm, ♀ = 4,0–4,4 mm.

Die Art lebt an Plocama pendula und wurde bisher nur auf Teneriffa gefunden.

101. Gattung **FIEBEROCAPSUS** CARVALHO et SOUTHWOOD, 1955

Typus-Art: *F. flaveolus* REUT.

Bol. Mus. Paraense Em. Goeldi, Bd. 11, S. 33.

Dimorph, ♂ und ♀ sowohl brachypter als auch makropter. Die f. brach. (Abb. 522a) oval. Hell gefärbt. Fühler sehr lang und schwarz, ihr 2. Glied kürzer als das 3. und 4. zusammen. Kopf kurz, Scheitel hinten ohne Rand oder Kante. Pronotum trapezförmig, ohne Querfurche. Cuneus der f. macr. breiter als lang. Oberseite mit halbaufgerichteten, hellen Haaren. Das Rostrum erreicht die Hinterhüften. An den Hintertarsen (Abb. 426i) ist das 2. Glied kaum länger als das 3. Genitalien des ♂ (Abb. 522, b–d) relativ groß.

Die Gattung enthält nur 1 Art.

Fieberocapsus flaveolus (REUTER), 1870 (Abb. 522a)

Blaßgelb bis weißgelb. Augen, Spitze des Tylus und Fühler schwarz. In der Regel brachypter, seltener (♂ + ♀) makropter. Scheitel 1,5× so breit wie das Auge. 2. Fühlerglied etwa so lang, wie das Pronotum breit ist.

Rechtes Paramer (Abb. 522b) löffelförmig, stark behaart. Linkes Paramer (Abb. 522c) fast dreieckig, Hypophysis klein und spitz. Chitinbänder der Vesika (Abb. 522d) unverzweigt, aber im Apikalteil gezähnt.

Länge: ♂ = 3,5–4,0 mm, ♀ = 3,3–3,8 mm.

Die Art lebt an sumpfigen Orten an und unter Juncaceen und Cyperaceen. Imagines von Juni bis September. Überwintert als Ei.

Nordeuropäische Art, im Mittelmeerraum noch nicht gefunden.

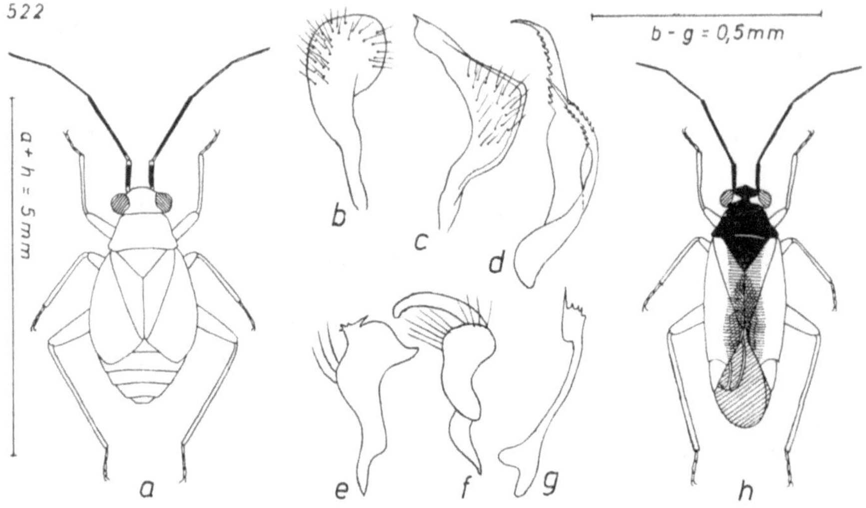

Abb. 522: *Fieberocapsus* und *Cyrtorrhinus*

a—d: *Fieberocapsus flaveolus* Reut. — e—h: *Cyrtorrhinus caricis* Fall.
a: Männchen — b+e: rechtes Paramer von oben — c+f: linkes Paramer von oben — d+g: Chitinbänder der Vesika von links — h: Weibchen

102. Gattung **CYRTORRHINUS** FIEBER, 1858

Typus-Art: *C. caricis* FALL.

CARVALHO et SOUTHWOOD 1955, Bol. Mus. Paraense Em. Goeldi, Bd. 11, S. 33.

Stets makropter, ♂ und ♀ von gleicher Gestalt. Fühler lang und schwarz. Kopf kurz und gewölbt. Zügel deutlich. Scheitel ohne Rand oder Kante. 2. Fühlerglied kürzer als das 3. und 4. zusammen. Pronotum trapezförmig, ohne Querfurche. Cuneus länger als breit. Oberseite mit halbaufgerichteten hellen Haaren. Beine kurz. An den Hintertarsen ist das 2. Glied fast so lang wie das 3. Genitalien des ♂ (Abb. 522, e–g) kleiner.

Die Gattung enthält 5 Arten, von denen nur 1 in der Paläarktis und auch im Norden des Mittelmeerraumes vorkommt.

Cyrtorrhinus caricis (FALLÉN), 1807 (Abb. 522h)

Glänzend. Kopf, Pronotum und Scutellum schwarz. Scheitel 1,65–1,75× so breit wie das Auge. Am Innenrand des letzteren ein gelber Fleck. Fühler schwarz, 2. Glied 1,16× so lang, wie das Pronotum breit ist, das 3. Glied 0,75× so lang wie das 2. Halbdecken zweifarbig, der innere Teil schwarz oder schwarzbraun, der äußere gelb oder grünlich (Abb. 522h). Membran grau, die Adern braun, beim ♂ das Abdomen überragend, beim ♀ etwas kürzer als dieses.

Rechtes Paramer (Abb. 522e) keulenförmig, Apikalteil gezähnt, Hypophysis kurz. Linkes Paramer (Abb. 522f) sichelförmig, Arm der Hypophysis lang und schlank, Sinneshöcker dick. Vesika des Penis mit einem Chitinband (Abb. 522g), das distal verbreitert und gezähnt ist.

Länge: ♂ = 3,5–4,0 mm, ♀ = 3,3–3,8 mm.

Die Art lebt auf feuchten Wiesen, an Meeresküsten und Teichrändern sowie in Mooren an Juncaceen und Cyperaceen und ernährt sich vom Saft der Pflanzen. Imagines von Juni bis September. Überwintert als Ei.

Verbreitungsgebiet Mittel- und Nordeuropa. Im Mittelmeerraum in Südfrankreich (Pyrenäen, Basses-Alpes) und Bulgarien.

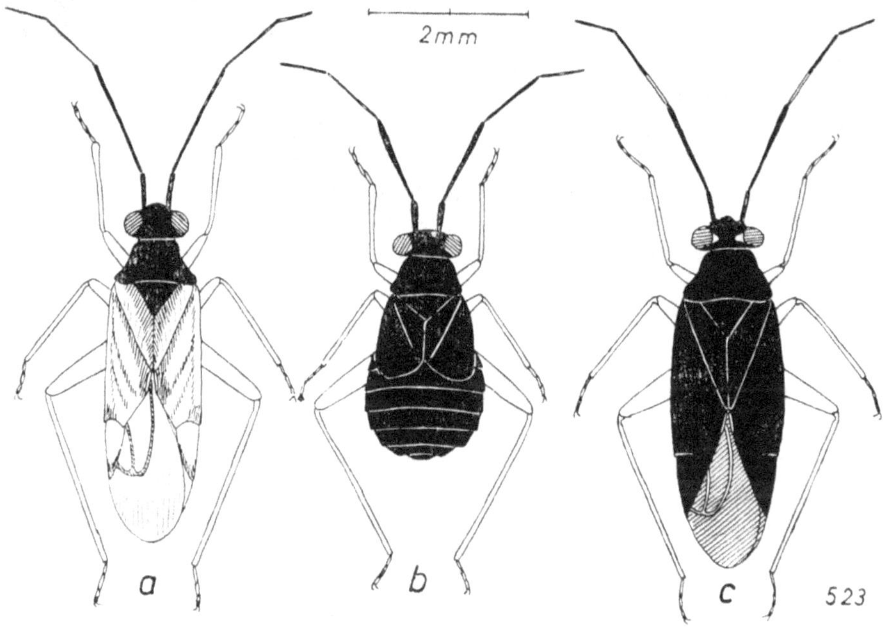

Abb. 523: *Mecomma ambulans* Fall.
a: Männchen makr. — b: Weibchen brach. — c: id., makr.

103. Gattung **MECOMMA** FIEBER, 1858

Typus-Art: *M. ambulans* FALL.

CARVALHO et SOUTHWOOD 1955, Bol. Mus. Paraense Em. Goeldi, Bd. 11, S. 33; E. WAGNER 1960, Soc. Sci. Fenn. Comm. Biol., Bd. 23, Nr. 5, S. 3—6.

Dimorph, das ♂ stets makropter (Abb. 523a), das ♀ in der Regel brachypter und oval (Abb. 523b), selten makropter und dann größer und dunkler als das ♂ (Abb. 523c). Kopf kurz und breit, stark gewölbt. Scheitel ohne Rand oder Kante. Fühler sehr lang und schlank, schwarz, 2. Glied kürzer als das 3. und 4. zusammen. Pronotum ohne Querfurche, Schwielen undeutlich. Beine hell. 2. Glied der Hintertarsen (Abb. 426h) länger als das 3. Genitalien des ♂ (Abb. 524) vom *Orthotylinae*-Typ.

Die Gattung enthält 11 Arten, von denen nur 1 in der Westpaläarktis und auch im Mittelmeerraum vorkommt.

Mecomma ambulans (FALLÉN), 1807 (Abb. 523)

Männchen: Schwarz, glänzend (Abb. 523a). Basis des 3. Fühlergliedes weißlich. Halbdecken gelbbraun, durchscheinend, die Ränder, die Adern und die Spitze des Exocorium dunkelbraun. Scheitel 1,33× so breit wie das kugelige Auge. 2. Fühlerglied 1,4× so lang, wie das Pronotum breit ist und weit kürzer als das 3. und 4. zusammen. Die Halbdecken ragen weit über das Abdomenende hinaus. Beine weißgelb.

Genitalsegment (Abb. 524a) kurz und breit. Genitalöffnung ohne Fortsätze. Rechtes Paramer (Abb. 524b) keulenförmig, Hypophysis kräftig, unter ihr ein Doppelhöcker. Linkes Paramer (Abb. 524c) schlank, stark gewunden. Chitinbänder der Vesika (Abb. 524d) einfach und unverzweigt, das dorsale an der Spitze gegabelt und mit feinen Zähnen.

Weibchen: Schwarz, die f. macr. matt, die f. brach. glänzend. Fühler und Beine wie beim ♂ (Abb. 523, b+c). Scheitel 1,5× so breit wie das Auge, hinten gekielt. 2. Fühlerglied gegen die Spitze leicht verdickt. 1,25× so lang wie das 3. Glied. Halbdecken der f. brach. ohne Cuneus oder Membran, etwa 5 Tergite freilassend. Abdomen oval. Bei der f. macr. (Abb. 523c) sind die Halbdecken entweder einfarbig schwarz oder wie beim ♂ gefärbt. Sie ragen weit über das Abdomen hinaus.

Länge: ♂ makr. = 4,4–4,7 mm, ♀ makr. = 4,0–4,8 mm, ♀ brach. = 2,3–3,0 mm.

Die Art lebt an schattigen, feuchten Orten auf Kräutern (Melampyrum, Viola, Galeopsis) und findet sich oft am Boden unter den Pflanzen. Imagines von Juni bis September. Überwintert als Ei.

Holarktische Art. Im Mittelmeerraum in Südeuropa, Algerien und Marokko.

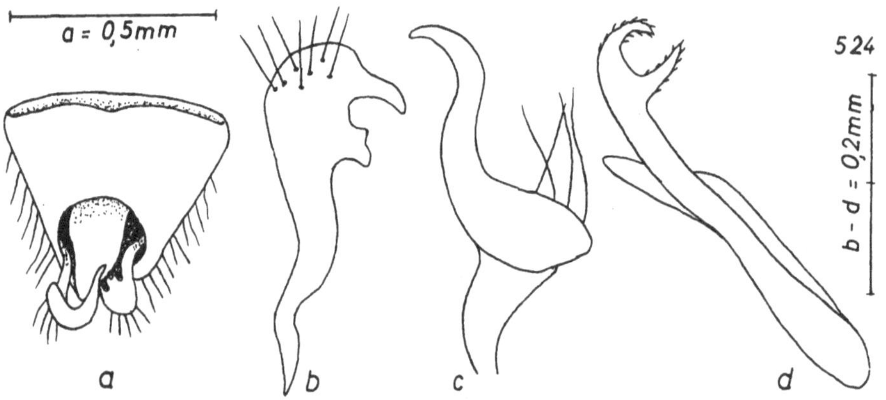

Abb. 524: *Mecomma ambulans* Fall., Genitalien des Männchens
a: Genitalsegment von oben — b: rechtes Paramer von oben — c: linkes Paramer von oben — d: Chitinbänder der Vesika seitlich

104. Gattung GLOBICEPS LEPELETIER et SERVILLE, 1825

Typus-Art: *G. sphegiformis* ROSSI

E. WAGNER 1960, Soc. Sci. Fenn. Comm. Biol., Bd. 23, Nr. 5.

Schlank, dimorph, das ♂ stets makropter (Abb. 525a), das ♀ in der Regel brachypter und länglich oval (Abb. 525b), seltener makropter und dann von ähnlicher Gestalt wie das ♂ (Abb. 525c). Schwarz oder schwarzbraun, Halbdecken mit hellen Querbinden. Kopf, Pronotum und Scutellum schwarz oder braun. Kopf gewölbt, etwa so breit wie das Pronotum, Augen vom Vorderrand des Pronotum entfernt. Fühler lang und schlank, das 2. Glied stets länger als das 3. und 4. zusammen, gegen die Spitze oft verdickt. Pronotum trapezförmig, mit geschweiften Seiten, bei der f. brach. oft glockenförmig. Schwielen konvex, vorstehend, hinter ihnen eine Querfurche, die den Seitenrand erreicht. Beine lang. 2. Glied der Hintertarsen so lang wie das 3.

Rechtes Paramer (Abb. 526, a, d, g, k) von stark wechselnder Gestalt, aber bei jeder Art konstant. Linkes Paramer (Abb. 526, b, e, h, l) ebenfalls stark wechselnd in der Gestalt, in der Regel mit mehreren Fortsätzen. Chitinbänder der Vesika verzweigt und gezähnt (Abb. 526, c, f, i, m).

Die Gattung enthält 26 Arten, von denen eine in der Nearktis, die übrigen in der Paläarktis leben. Im Mittelmeerraum kommen davon 19 vor. Sie lassen sich auf 4 Untergattungen verteilen.

525

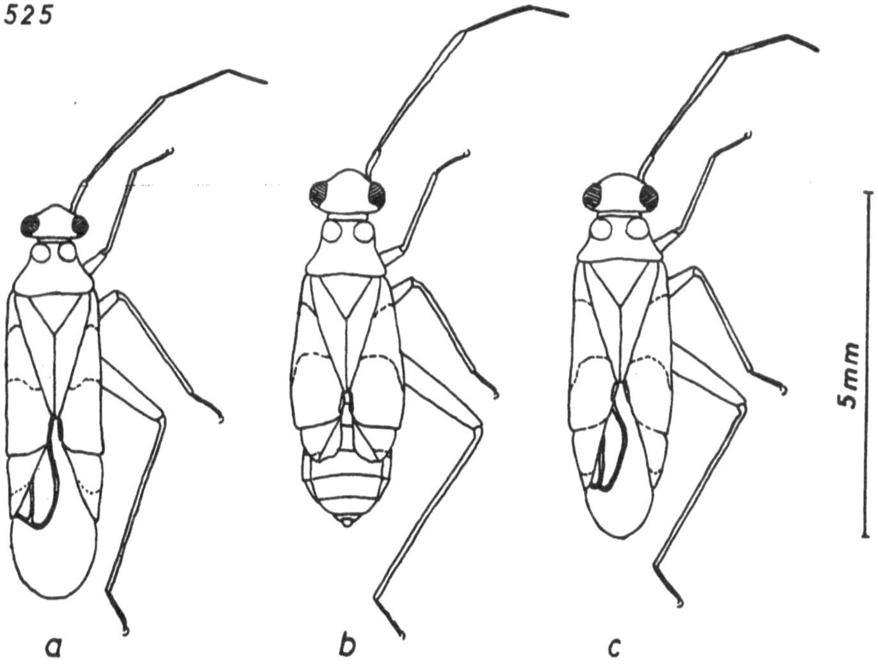

Abb. 525: *Globiceps (Paraglobiceps) cruciatus* Reut.
a: Männchen makr. — b: Weibchen brach. — c: id., makr.

Bestimmungsschlüssel
für die Untergattungen von *Globiceps* LEP. et SERV.

1 (2) Die silberglänzenden Schuppenhaare bilden auf der Oberseite schmale, selten auch breitere, weiße Querbinden (Abb. 54a). Halbdecken ohne gelbe Zeichnung. 4. Untergattung **Globiceps** S. 284

2 (1) Die silberglänzenden Schuppenhaare sind unregelmäßig verteilt oder fehlen. Halbdecken meistens mit gelber, weißgelber oder brauner Zeichnung (Abb. 528).

3 (6) Oberseite mit silberglänzenden Schuppenhaaren, insbesondere im vorderen Teil. Halbdecken der f. brach. (Abb. 525b) weniger stark verkürzt, mindestens 3× so lang wie das Scutellum.

4 (5) 2. Fühlerglied nur 0,85–0,90× so lang, wie das Pronotum breit ist. ♂ und ♀ makropter und einander sehr ähnlich, 2,67–3,0× so lang wie breit. 3. Untergattung **Aglobiceps** S. 282

5 (4) 2. Fühlerglied mindestens 1,1× so lang, wie das Pronotum breit ist, selten 1,0×, dann sind die Halbdecken weißlich und haben keine dunklen Querbinden (*G. thymi* SEID.). ♀ sehr oft brachypter. Gestalt der f. macr. mehr als 3,5× so lang wie breit. 2. Untergattung **Paraglobiceps** S. 264

6 (3) Oberseits ohne silberglänzende Schuppenhaare. Halbdecken der f. brach. (Abb. 527b) etwa 2× so lang wie das Scutellum, stark verkürzt. 1. Untergattung **Globicellus** S. 262

1. Untergattung **Globicellus** KIRITSHENKO, 1951

Typus-Art: *G. dispar* BOH.

Hem. Het. der UdSSR: 175; E. WAGNER 1960, Soc. Sci. Fenn. Comm. Biol., Bd. 23, Nr. 5, S. 1—3.

Klein, Halbdecken mit undeutlichen hellen Querbinden. Oberseite ohne silberglänzende Schuppenhaare. Halbdecken der f. brach. (Abb. 527b) ohne Membranrest, nur 2× so lang wie das Scutellum. 2. Fühlerglied beim ♂ (Abb. 527g) kaum, beim ♀ (Abb. 527h) stark verdickt. Seiten des Pronotum geschweift, Schwielen konvex. Genitalien des ♂ siehe Abb. 526, a–c!
Die Untergattung enthält nur 1 Art, die auch im Norden des Mittelmeerraumes vorkommt.

1. **Globiceps (Globicellus) dispar** (BOHEMAN), 1852 (Abb. 527, a+b)

Mecomma dispar BOH., SOUTHWOOD und WOODROFFE 1957, Proc. Roy. Ent. Soc. London, 26 (1—2), S. 29; id. STICHEL 1956, Ill. Best. Tab. Wanz. II, Europa. Bd. 1, S. 537—538; *Globiceps dispar* E. WAGNER 1960, Soc. Sci. Fenn. Comm. Biol., Bd. 23, Nr. 5, S. 1—3.

Klein, glänzend schwarz, Halbdecken weißlich. Clavus beim ♂ (Abb. 527a) größtenteils schwarz, beim ♀ (Abb. 527b) weißlich mit Ausnahme der Spitze; Corium im

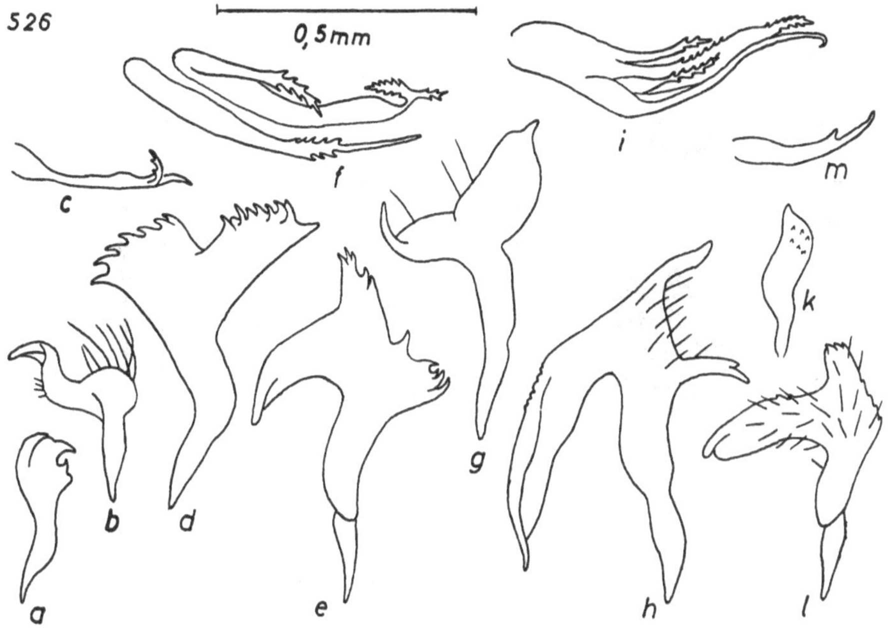

Abb. 526: *Globiceps*, Genitalien des Männchens
a—c: *G. (Globicellus) dispar* Boh. — d—f: *G. (Paraglobiceps) cruciatus* Reut. — g—i: *G.* (s. str.) *sphegiformis* Rossi — k—m: *G. (Aglobiceps) parvulus* Reut.
a, d, g, k: rechtes Paramer von oben — b, e, h, l: linkes Paramer von oben — c, f, i, m: Chitinbänder der Vesika von links

hinteren Teile mit brauner Querbinde von wechselnder Deutlichkeit. Spitze des Cuneus beim ♂ braun. Fühler (Abb. 527, g+h) schwarz, beim ♂ das 1. Glied hell, oft auch die Basis des 3.; beim ♀ das 1. Glied hell, oft auch das 3. und 4.; 2. Glied beim ♂ 1,83×, beim ♀ 2,0× so lang, wie das Pronotum breit ist, beim ♀ (Abb. 527h) im Apikalteil stark keulig verdickt. Das Rostrum erreicht die Hinterhüften.

Rechtes Paramer (Abb. 526a) keulenförmig, distal mit mehreren nach innen gerichteten Zähnen. Linkes Paramer (Abb. 526b) mit rundem Sinneshöcker und S-förmig gekrümmtem Hypophysisarm. Chitinbänder der Vesika (Abb. 526c) distal gegabelt, der dorsale Ast rückwärts gerichtet und fein gezähnt.

Die var. *ater* DGL. et SC. (♀) ist einfarbig schwarz mit Ausnahme der Basis des 3. Fühlergliedes und eines kleinen Fleckes an der Basis des Cuneus.

Länge: ♂ makr. = 4,0–4,2 mm, ♀ makr. = 4,1–4,4 mm, ♀ brach. = 2,9–3,1 mm.

Die Art lebt am Boden von feuchten Orten und sumpfigen Wiesen. Imagines von Juni bis August. Überwintert als Ei.

Boreo-montane Art, die im Norden des Mittelmeerraumes vorkommt. Dort in Südfrankreich (Haute-Loire), Norditalien (Venetien) und Bulgarien gefunden.

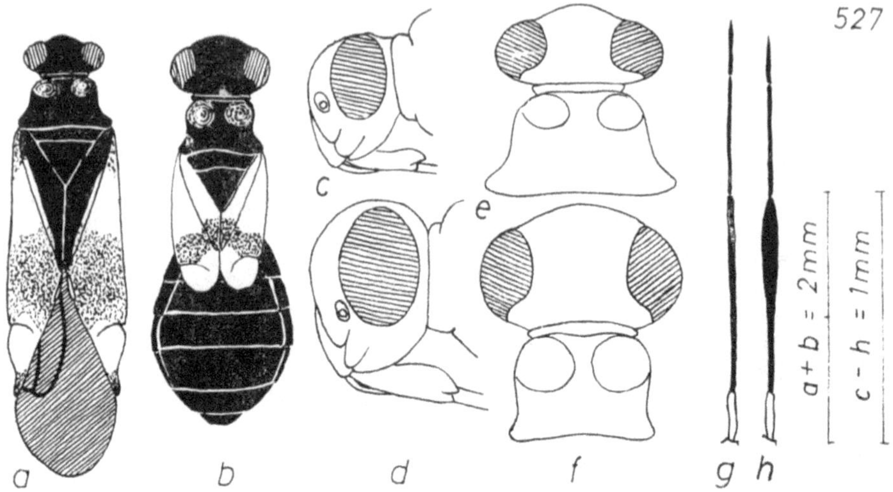

Abb. 527: *Globicellus dispar* Boh.
a: Männchen — b: Weibchen — c: Kopf des ♂ von links — d: dasselbe vom ♀ — e: Kopf und Pronotum des ♂ von oben — f: dasselbe vom ♀ — g: Fühler des ♂ — h: Fühler des ♀

2. Untergattung **Paraglobiceps** E. WAGNER, 1957

Typus-Art: *G. flavomaculatus* F.

GULDE, Tierw. Mitteleur., Heft 9, S. 359; E. WAGNER 1960, Soc. Sci. Fenn. Comm. Biol., Bd. 23, Nr. 5, S. 1—26.

Querbinden der Halbdecken breit, gelbweiß bis bräunlich (Abb. 528), selten sind die Halbdecken fast einfarbig weißlich (Abb. 532, a+b, *G. thymi* SEID.) oder fast

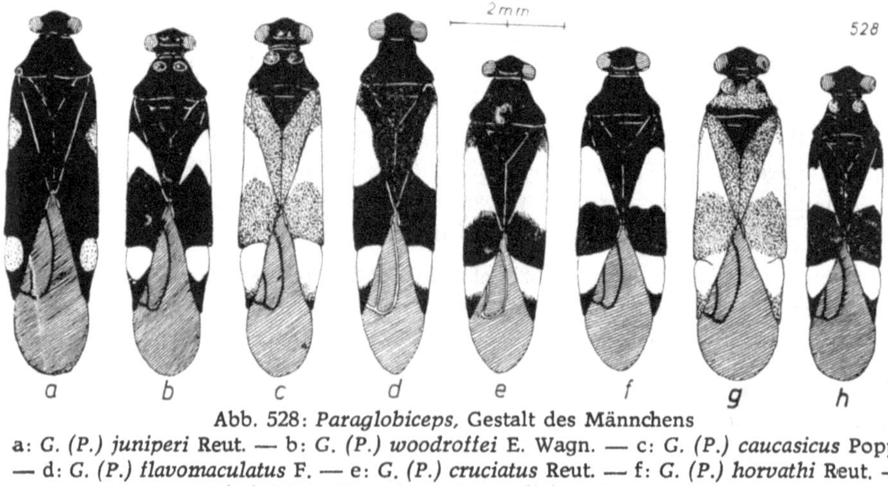

Abb. 528: *Paraglobiceps*, Gestalt des Männchens
a: *G. (P.) juniperi* Reut. — b: *G. (P.) woodroffei* E. Wagn. — c: *G. (P.) caucasicus* Popp. — d: *G. (P.) flavomaculatus* F. — e: *G. (P.) cruciatus* Reut. — f: *G. (P.) horvathi* Reut. — g: *G. (P.) fulvicollis* Jak. — h: *G. (P.) syriacus* E. Wagn.

ganz schwarz (Abb. 528a, *G. juniperi* REUT.). Cuneus größtenteils oder im basalen Teil hell, bei der f. brach. oft einfarbig hell. Oberseite mit silberglänzenden Schuppenhaaren, die unregelmäßig verteilt sind und sich vor allem auf dem Pronotum und dem basalen Teil der Halbdecken finden. Schwielen des Pronotum buckelartig, bisweilen undeutlich, aber nie kegelförmig. Genitalien des ♂ (Abb. 526, d–f) groß, Parameren bizarr geformt. Chitinbänder der Vesika verzweigt und stärker gezähnt. Die Untergattung wird im Mittelmeerraum durch 14 Arten vertreten.

Bestimmungsschlüssel

für die Arten von *Paraglobiceps* E. WAGN.

a. Männchen (stets makropter)

1 (2) 2. Fühlerglied so lang oder geringfügig kürzer, als das Pronotum breit ist. Halbdecken weißgelb, ohne Querbinden. Länge unter 4 mm.
2. **G. (P.) thymi** S. 271

2 (1) 2. Fühlerglied mindestens 1,1× so lang, wie das Pronotum breit ist. Länge meistens über 4 mm. Halbdecken mit Querbinden oder Teilen davon (Abb. 528).

3 (12) Hinterrand des Scheitels gerade, an den Seiten nicht nach vorn gebogen (Abb. 530c).

4 (9) Vor dem Hinterrande des Scheitels keine sehr deutlichen kreisrunden Gruben. Die silberglänzenden Schuppenhaare finden sich nur im vorderen Teile der Oberseite.

5 (8) Pronotumseiten deutlich geschweift (Abb. 534c, 535c).

6 (7) 1. Fühlerglied hell. Parameren siehe Abb. 534, f+g!
4. **G. (P.) sordidus** S. 272

7 (6) 1. Fühlerglied dunkel. Parameren siehe Abb. 535, e–g!
5. **G. (P.) astragali** S. 273

8 (5) Pronotumseiten gerade (Abb. 536c). Parameren siehe Abb. 536, e+f!
6. **G. (P.) genistae** S. 274

9 (4) Vor dem Hinterrande des Scheitels 2 sehr deutliche, kreisrunde Gruben. Die silberglänzenden Schuppenhaare sind über die ganze Oberseite verteilt.

10 (11) Länger und schlanker (Abb. 537a), 4× so lang, wie das Pronotum breit ist. 2. Fühlerglied 1,1× so lang, wie das Pronotum breit ist. Parameren siehe Abb. 537, n+p! 7. **G. (P.) weberi** S. 275

11 (10) Kürzer und breiter (Abb. 537b), 3,5× so lang, wie das Pronotum breit ist. 2. Fühlerglied 1,4× so lang, wie das Pronotum breit ist. Parameren siehe Abb. 537, o+q! 8. **G. (P.) picteti** S. 275

12 (3) Hinterrand des Scheitels gekrümmt, an den Seiten nach vorn gebogen (Abb. 530, a+b), oder der Scheitel ist ungerandet.

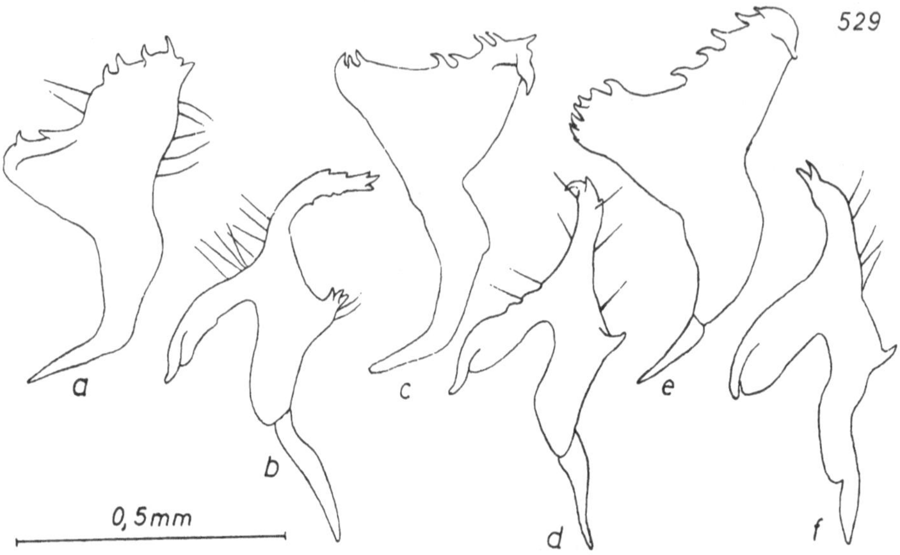

Abb. 529: *G. (P.) juniperi*-Gruppe, Parameren
a+b: *G. (P.) juniperi* Reut. — c+d: *G. (P.) salicicola* Reut. — e+f: *G. (P.) woodroffei* E. Wagn.
a, c, e: rechtes Paramer von oben — b, d, f: linkes Paramer von oben

13 (16) 2. Fühlerglied sehr lang, 1,7–1,8× so lang, wie das Pronotum breit ist. Scheitel zwischen den Augen gewölbt (Abb. 530a). Gestalt sehr schlank, etwa 5× so lang, wie das Pronotum breit ist (Abb. 528, c+d).

14 (15) Clavus schwarz oder schwarzbraun (Abb. 528d). 2. Fühlerglied 1,7× so lang, wie das Pronotum breit ist. Scheitel ungerandet. Parameren siehe Abb. 538f! 9. **G. (P.) flavomaculatus** S. 277

15 (14) Clavus gelbbraun (Abb. 528c). 2. Fühlerglied 1,8× so lang, wie das Pronotum breit ist. Scheitel hinten mit stumpfem Kiel.
Der im Süden des europäischen Teils der Sowjetunion lebende **G. (P.) caucasicus** POPP.

16 (13) 2. Fühlerglied höchstens 1,6× so lang, wie das Pronotum breit ist. Scheitel zwischen den Augen eben oder leicht gewölbt (Abb. 530b). Gestalt breiter (Abb. 528, a+b, e–h).

17 (18) Der Scheitel erhebt sich nicht über das Auge (Abb. 540c, oben). 2. Fühlerglied nur 1,4× so lang, wie das Pronotum breit ist. Kleiner und schlanker. Parameren siehe Abb. 540, e+f! 11. **G. (P.) syriacus** S. 279

18 (17) 2. Fühlerglied mindestens 1,5× so lang, wie das Pronotum breit ist. Gestalt breiter. Der Scheitel erhebt sich ein wenig über das Auge.

19 (24) Gestalt groß (Abb. 528, a+b), Pronotum mindestens 1,45–1,50× so breit wie der Kopf (*G. juniperi*-Gruppe).

20 (21) Das Rostrum erreicht die Spitze der Hinterhüften. Parameren siehe Abb. 529, a+b! 10. **G. (P.) juniperi** S. 278

21 (20) Das Rostrum ragt nicht über die Mittelhüften hinaus.

22 (23) Halbdecken dunkel (wie Abb. 528a). Pronotum 1,55× so breit wie der Kcpf. Parameren siehe Abb. 529, c+d!
Der in Nordeuropa an Salix lebende **G. (P.) salicicola** REUT.

23 (22) Halbdecken mit 2 hellen Querbinden (Abb. 528b). Pronotum nur 1,45× so breit wie der Kopf. Parameren siehe Abb. 529, e+f!
Der in Mitteleuropa und Großbritannien an Calluna lebende **G. (P.) woodroffei** E. WAGN.

24 (19) Kleiner (Abb. 528, e–g). Pronotum 1,20–1,25× so breit wie der Kopf (*G. cruciatus*-Gruppe).

25 (26) Pronotum, Halbdecken und 2. Fühlerglied ganz oder zum Teil rotbraun, die Halbdecken mit weißlichen Querbinden (Abb. 528g).
Der von Wien bis Turkestan verbreitete **G. (P.) fulvicollis** JAK.

26 (25) Pronotum, Halbdecken und 2. Fühlerglied schwarz oder schwarzbraun, Halbdecken mit weißlichen Querbinden (Abb. 528f).

27 (28) Schenkel schwarz, ihre Spitze schmal gelbbraun. Parameren siehe Abb. 541, c+g! 14. **G. (P.) obscuripes** S. 282

28 (27) Schenkel gelbbraun oder rotgelb, selten verdunkelt, dann aber ohne scharf abgesetzte gelbliche Spitze.

530

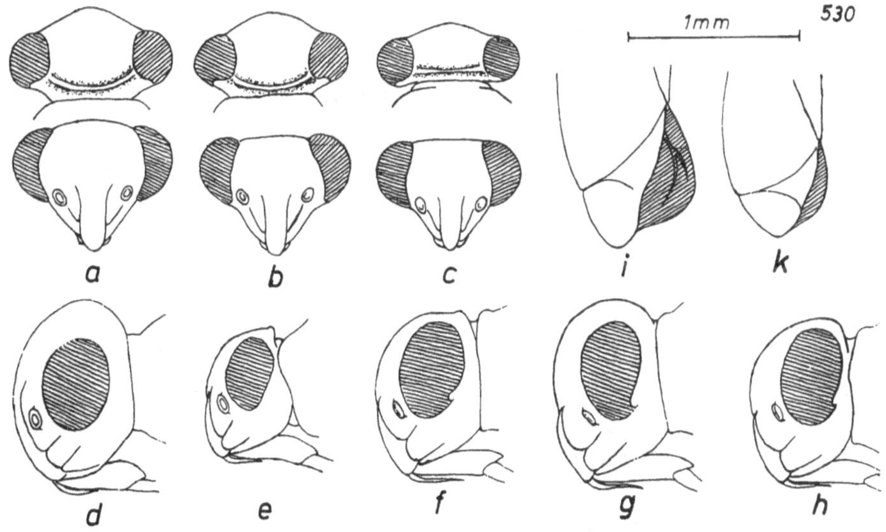

Abb. 530: *Paraglobiceps*, Kopf und Membran
a+d: *G. (P.) flavomaculatus* F. — b, f, i: *G. (P.) cruciatus* Reut. — c, e, k: *G. (P.) sordidus* Reut. — g: *G. (P.) horvathi* Reut. — h: *G. (P.) fulvicollis* Jak.
a—c: Kopf des ♂, unten von vorn, oben von oben — d—h: Kopf des ♀ von links — i+k: Membran des brachypteren ♀

29 (30) Scheitel das Auge nach oben kaum überragend (Abb. 542e), 1,85–1,90× so breit wie das Auge. Parameren siehe Abb. 541, a+e!
12. **G. (P.) cruciatus** S. 279

30 (29) Scheitel (Abb. 542f) das Auge merklich überragend, 1,60–1,65× so breit wie das Auge. Parameren siehe Abb. 541, b+f! 13. **G. (P.) horvathi** S. 281

b. W e i b c h e n (brachypter, seltener makropter)

1 (2) Corium weißgelb, auch der Clavus größtenteils weißlich (Abb. 532b), Pronotum der f. brach. trapezförmig, schmaler als der Kopf (Abb. 532c, unten). 2. **G. (P.) thymi** S. 271

2 (1) Corium mit deutlicher Querbinde oder großem Fleck im hinteren Teil. Pronotum der f. brach. glockenförmig, oft breiter als der Kopf.

3 (10) Körperlänge der f. brach. höchstens 3,8 mm. Membran nur ein schmaler – oft dreieckiger – Saum (Abb. 530k).

4 (5) Das Rostrum ragt weit über die Hinterhüften hinaus. Pronotum der f. brach. etwas breiter als der Kopf (Abb. 535c). 5. **G. (P.) astragali** S. 273

5 (4) Das Rostrum erreicht höchstens die Hinterhüften. Pronotum der f. brach. schmaler oder so breit wie der Kopf.

6 (9) Pronotum etwa so breit wie der Kopf (f. brach.).

7 (8) 2. Fühlerglied distal weniger stark verdickt (Abb. 536d), 1,8× so lang, wie der Kopf breit ist. 6. **G. (P.) genistae** S. 274

8 (7) 2. Fühlerglied distal stark verdickt (Abb. 533d), 1,3× so lang, wie der Kopf breit ist. 3. **G. (P.) holtzi** S. 271

9 (6) Pronotum der f. brach. 0,95× so breit wie der Kopf (Abb. 534c, unten).
4. **G. (P.) sordidus** S. 272

10 (3) Länge der f. brach. über 4 mm. Membranrest etwa halb so breit wie lang (Abb. 530i).

11 (14) Vor dem Hinterrande des Scheitels befindet sich jederseits eine deutliche, runde Grube (Abb. 537, g+h). Schuppenhaare über die ganze Oberfläche zerstreut.

12 (13) Scheitel meistens rotbraun, 2,45× so breit wie das Auge (Abb. 537g). 2. Fühlerglied meistens schwarz, 1,10–1,15× so lang, wie das Pronotum breit ist. Brachypter, Membran die Cuneusspitze nicht überragend (Abb. 537c). 7. **G. (P.) weberi** S. 275

13 (12) Scheitel schwarz oder schwarzbraun, 1,95× so breit wie das Auge (Abb. 537h). 2. Fühlerglied oft braun, 1,6× so lang, wie das Pronotum breit ist. Membran in der Regel die Cuneusspitze überragend (Abb. 537d).
8. **G. (P.) picteti** S. 275

14 (11) Die glänzenden Schuppenhaare finden sich nur im vorderen Teil der Oberseite und nur an einzelnen Stellen. Vor dem Hinterrande des Scheitels keine deutliche, runde Grube.

15 (18) Kopf stark gewölbt, Scheitel das Auge nach oben um mindestens die halbe Augenbreite überragend (Abb. 530d), ungerandet.

16 (17) Clavus schwarz. Scheitel gleichmäßig gerundet (Abb. 538, c+d). Membranrest dreieckig, breit. 9. **G. (P.) flavomaculatus** S. 277

17 (16) Clavus gelbbraun. Scheitel konisch. Membranrest schmaler.

Der im Süden des europäischen Teils der Sowjetunion lebende **G. (P.) caucasicus** POPP.

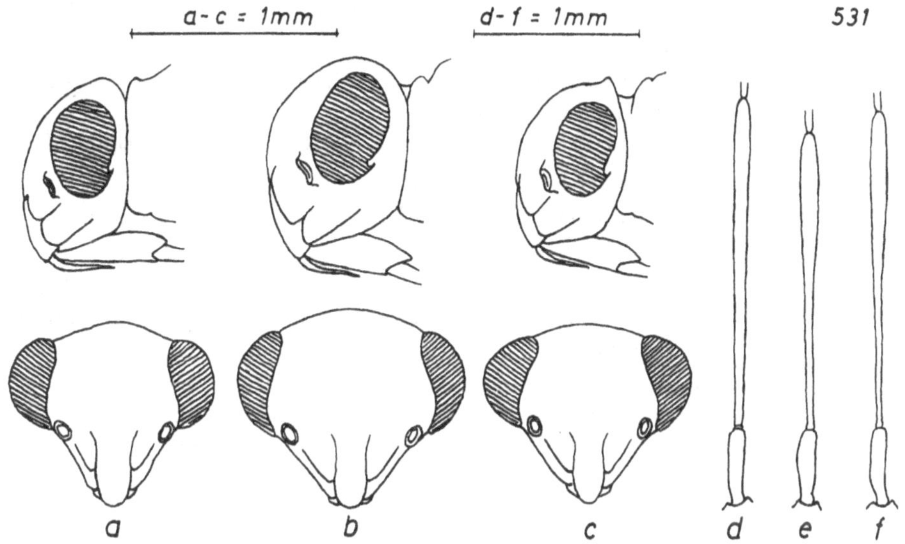

Abb. 531: *G. juniperi*-Gruppe, Weibchen

a+d: *G. (P.) juniperi* Reut. — b+e: *G. (P.) salicicola* Reut. — c+f: *G. (P.) woodroffei* E. Wagn.

a—c: Kopf, oben von links, unten von vorn — d—f: Fühler

18 (15) Kopf weniger stark gewölbt (Abb. 530, f–h), Scheitel das Auge nach oben um höchstens ein Drittel der Augenbreite überragend.

19 (20) 2. Fühlerglied gegen die Spitze allmählich und nur wenig verdickt (Abb. 531d). Rostrum die Spitze der Hinterhüften erreichend.

10. **G. (P.) juniperi** S. 278

20 (19) 2. Fühlerglied in der Basalhälfte schlank, in der Apikalhälfte in eine deutliche Keule erweitert (Abb. 531, e+f). Das Rostrum reicht bis zu den Mittelhüften.

21 (22) Kopf groß, stark gewölbt, glänzend. Scheitel abgerundet, ohne Rand oder Kante, oft jederseits ein Grübchen (Abb. 531b).

Der in Nordeuropa und Sibirien an Salix lebende **G. (P.) salicicola** REUT.

22 (21) Kopf normal (Abb. 531c), Scheitel nur selten ohne Quereindruck.

23 (24) Scheitel hinten mit deutlichem, leistenartigem Rand (Abb. 531c). Pronotum viel breiter als der Kopf.

Der in Mitteleuropa und Skandinavien an Calluna lebende **G. (P.) woodroffei** E. WAGN.

24 (23) Scheitel hinten mit undeutlichem Rand oder mit abgerundeter Kante.

25 (26) Basalteil des 2. Fühlergliedes sehr dünn, Keule daher auffällig (Abb. 540g). 11. **G. (P.) syriacus** S. 279

26 (25) Basalteil des 2. Fühlergliedes kräftiger, Keule daher weniger auffällig (Abb. 542, i+k).

27 (28) Pronotum, Clavus und 2. Fühlerglied ganz oder teilweise rotbraun. Scheitel mit undeutlichem Rand (Abb. 530h).

Der vom Wiener Becken bis Turkestan verbreitete **G. (P.) fulvicollis** JAK.

28 (27) Diese Teile schwarz oder schwarzbraun.

29 (30) Hinterrand des Scheitels mit undeutlicher Kante, davor ein Quereindruck (Abb. 530f). 12. **G. (P.) cruciatus** S. 279

30 (29) Hinterrand des Scheitels zum mindesten in der Mitte ohne Rand, oft mit abgerundeter Kante (Abb. 530g), vor derselben höchstens an den Seiten ein flaches Grübchen.

31 (32) Schenkel schwarz, ihre Spitze schmal gelbbraun. Kopf klein, Scheitel das Auge nur wenig überragend. 14. **G. (P.) obscuripes** S. 282

32 (31) Schenkel gelbbraun oder gelbrot. Scheitel das Auge erheblich überragend (Abb. 530g). 13. **G. (P.) horvathi** S. 281

532

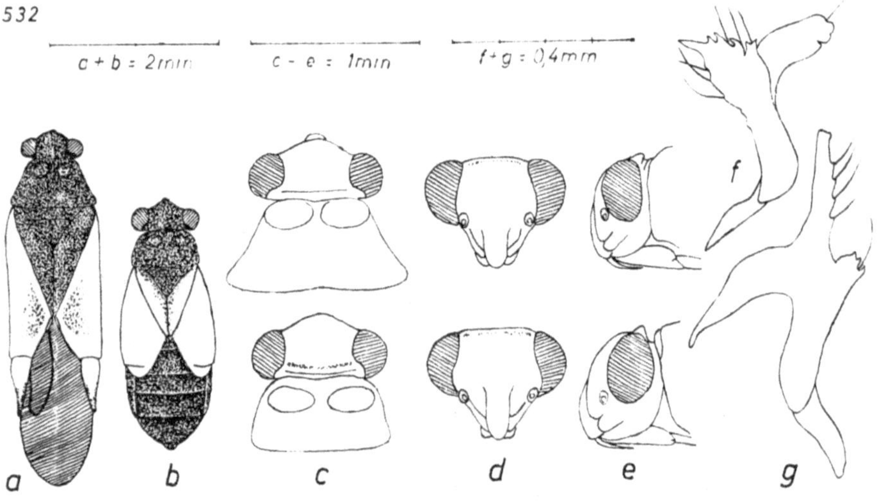

Abb. 532: *Globiceps (Paraglobiceps) thymi* Seid.

a: ♂ — b: ♀ — c: Kopf und Pronotum von oben (oben = ♂, unten = ♀) — d: Kopf von vorn (oben = ♂, unten = ♀) — e: Kopf von links (oben = ♂, unten = ♀) — f: rechtes Paramer von oben — g: linkes Paramer von oben

2. Globiceps (Paraglobiceps) thymi SEIDENSTÜCKER, 1964 (Abb. 532, a+b)

Reichenbach., Bd. 3, S. 151—160; Syn.: *G. albipennis* E. WAGN., 1960, nec JAKOVLEFF, Soc. Sci. Fenn. Comm. Biol., Bd. 23, Nr. 5, S. 6—8.

Klein, dimorph. Corium weißgelb, oft mit undeutlichem grauem Mittelfleck. Clavus beim ♂ schwarz (Abb. 532a), beim ♀ mit Ausnahme eines Streifens an der Kommissur hell (Abb. 532b). Cuneus beim ♀ hell, beim ♂ mit dunkler Spitze. Scheitel hinten undeutlich gerandet (Abb. 532, c–e). Pronotum beim ♂ breiter als der Kopf, Seiten leicht geschweift (Abb. 532c), beim ♀ schmaler als der Kopf, Seiten nach hinten kaum divergierend. Fühler beim ♂ schwarz, 2. Glied gegen die Spitze kaum verdickt; beim ♀ oft die Spitze des 1. und die Basalhälfte des 2. Gliedes bräunlich, letzteres distal stärker verdickt; bei ♂ und ♀ ist das 2. Glied etwa so lang, wie das Pronotum breit ist. Halbdecken beim ♀ stark verkürzt, Cuneus sehr klein, ohne Membranrest.

Rechtes Paramer (Abb. 532f) beilförmig, mit nach innen ragendem Fortsatz, der eine Borste trägt. Außenecke mit spitzen Zähnen. Linkes Paramer (Abb. 532g) mit 3 Fortsätzen, der innere lang und spitz, abwärts gerichtet, der äußere kurz und mit einigen Zähnen besetzt, der obere Fortsatz lang und schlank, außen höckerig.

Länge: ♂ makr. = 3,5–3,8 mm, ♀ brach. = 2,5–2,7 mm.

Die Art lebt nach SEIDENSTÜCKER an Thymus. Imagines im Juni. Bisher nur in der Türkei gefunden.

3. Globiceps (Paraglobiceps) holtzi REUTER, 1912

E. WAGNER 1960, Soc. Sci. Fenn. Comm. Biol., Bd. 23, Nr. 5, S. 8; id. 1969, Notul. Ent., Bd. 49, S. 91—92.

Weibchen: Brachypter. Schwarz. Oberseite mit feiner, goldgelber Behaarung und im vorderen Teil stellenweise mit weißen, glänzenden Schuppenhaaren. Kopf schwarzbraun. Scheitel (Abb. 533a) 2,5× so breit wie das runde Auge, hinten mit

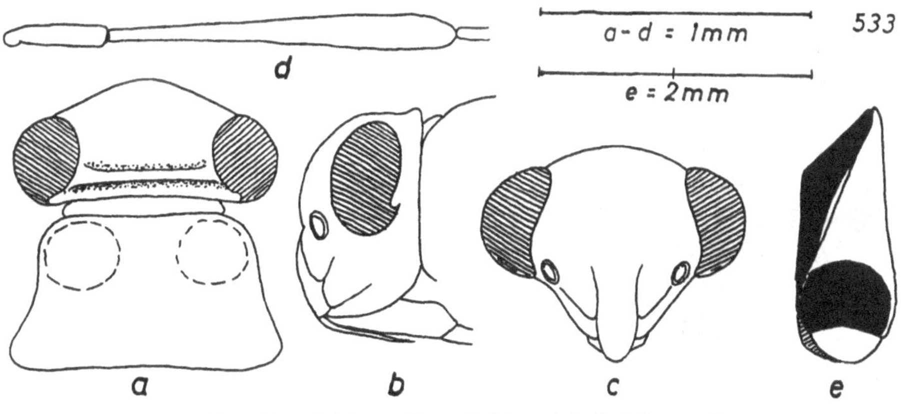

Abb. 533: *Globiceps (Paraglobiceps) holtzi* Reut., ♀
a: Kopf und Pronotum von oben — b: Kopf von links — c: Kopf von vorn — d: Fühler — e: rechte Halbdecke

geradem Querkiel (Abb. 533, a+b). Fühler schwarz; 1. Glied 0,38× so lang, wie der Kopf breit ist; 2. Glied distal stark keulig verdickt (Abb. 533d), 1,3× so lang, wie das Pronotum breit ist.

Pronotum fast trapezförmig, 1,04× so breit wie der Kopf, Seiten eingebuchtet, Schwielen gewölbt. Clavus schwarz, in der Mitte am Coriumrand schmal weißlich. Corium weißlich (Abb. 533e), im hinteren Teil ein großer, runder, schwarzer Querfleck, der fast bis an den Außenrand reicht. Cuneus weißlich. Membran schmal dreieckig. Das Rostrum reicht bis zu den Mittelhüften. Schenkel braun mit heller Spitze. Schienen gelbbraun, ihre Spitzen und die Tarsen braun.

Länge: ♀ brach. = 3,7 mm, ♂ unbekannt.

Von dieser Art wurde nur einmal 1 ♀ in Griechenland, Taygetos-Gebirge, in 1500–2000 m Höhe von HOLTZ gefangen.

4. **Globiceps (Paraglobiceps) sordidus** REUTER, 1876 (Abb. 534, a+b)

E. WAGNER 1960, Soc. Sci. Fenn. Comm. Biol., Bd. 23, Nr. 5, S. 7—8; SEIDENSTÜCKER 1964, Reichenbach., Bd. 3, S. 156—158.

Etwas größer, Halbdecken im hinteren Teil mit deutlicher, dunkler Querbinde. Spitze des Cuneus bei der f. macr. breit schwarz, bei der f. brach. hell. Im letzten Falle mit schmalem Membranrest. Hinterrand des Scheitels (Abb. 534c) gerade, leistenartig (Abb. 534d), Scheitel von vorn gesehen (Abb. 534e) eben. Pronotum beim ♂ breiter, beim ♀ schmaler als der Kopf, Seiten stark geschweift. 2. Fühlerglied beim ♂ gegen die Spitze schwach, beim ♀ stark verdickt (Abb. 534h), beim ♂ 1,3×, beim ♀ 1,5× so lang, wie das Pronotum breit ist; 1. Glied in der Regel gelbbraun.

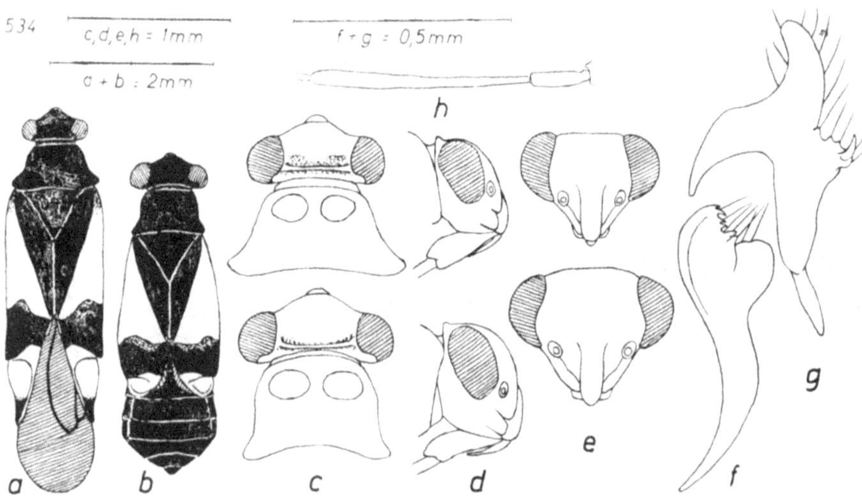

Abb. 534: *Globiceps (Paraglobiceps) sordidus* Reut.

a: ♂ — b: ♀ — c: Kopf und Pronotum von oben (oben = ♂, unten = ♀) — d: Kopf von rechts (oben = ♂, unten = ♀) — e: Kopf von vorn (oben = ♂, unten = ♀) — f: rechtes Paramer von oben — g: linkes Paramer von oben — h: 1. und 2. Fühlerglied

Rechtes Paramer (Abb. 534f) distal verdickt, fast keulig, beide Lappen nach innen gekrümmt. Linkes Paramer (Abb. 534g) mit 3 kräftigen Fortsätzen, von denen der äußere sehr kurz und gezähnt, der obere lang und gekrümmt und der innere noch länger und spitz ist.

Länge: ♂ makr. = 4,2 mm, ♀ brach. = 3,5–3,8 mm.

G. albipennis JAK. wurde als Variante von *G. sordidus* REUT. beschrieben. SEIDENSTÜCKER (1964) hält ihn für eine Subspecies, die sich durch geringere Größe, dickere Fühlerkeule des ♀ und etwas abweichend gebautes rechtes Paramer des ♂ unterscheidet. Er lebt im Süden der UdSSR.

G. sordidus REUT. ist aus Süd- und Südosteuropa gemeldet. Im Mittelmeerraum wurde er in Südfrankreich und Griechenland gefunden. Als Wirtspflanze wird Calycotome spinosa LINK. angegeben.

5. **Globiceps (Paraglobiceps) astragali** SEIDENSTÜCKER, 1964 (Abb. 535, a+b)

G. astraguli SEID. 1964, Reichenbach., Bd. 3, S. 153—156; *G. astragali* SEID. 1964, ib., S. 233 (emend.).

Der vorigen Art sehr ähnlich. Schwarz, glänzend. Clavus schwarz, an der Coriumnaht oft hell. Corium und Cuneus weißgelb. Corium im hinteren Teil mit großem, schwarzem Fleck, der beim ♀ Innen- und Außenrand nicht ganz erreicht. Cuneus bei der f. macr. an der Spitze breit schwarz, bei der f. brach. (♀) einfarbig hell. Membran im letzteren Falle schmal, saumartig. Scheitel hinten mit geradem, kiel-

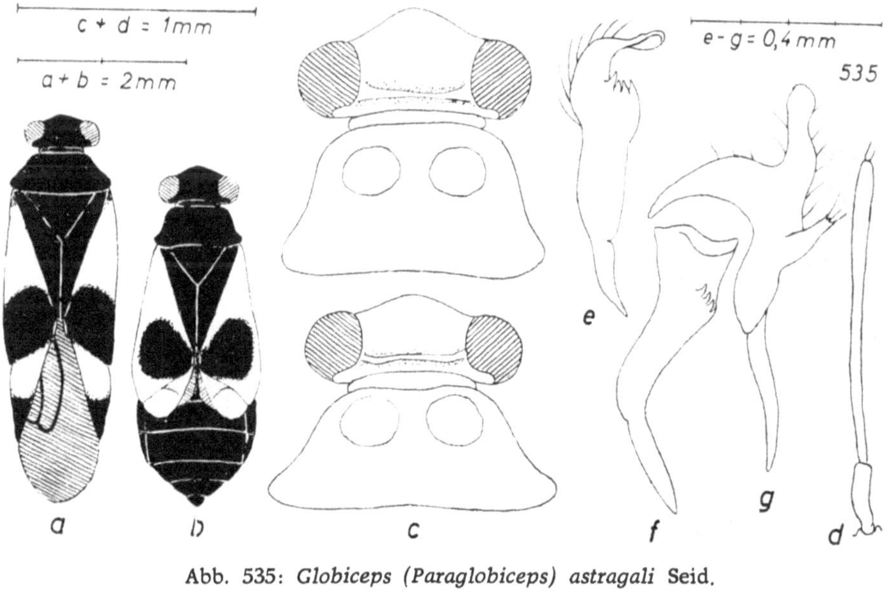

Abb. 535: *Globiceps (Paraglobiceps) astragali* Seid.
a: ♂ — b: ♀ — c: Kopf und Pronotum von oben (oben = ♂, unten = ♀) — d: 1. und 2. Fühlerglied des ♀ — e: rechtes Paramer von oben — f: dasselbe von innen — g: linkes Paramer von oben

artigem Rand (Abb. 535c), flach. Fühler schlank, 2. Glied distal nicht keulenförmig, aber gegen die Spitze allmählich verdickt, besonders beim ♀ (Abb. 535d). Pronotum beim ♂ 1,33×, beim ♀ 1,05× so breit wie der Kopf. Seiten geschweift. 2. Fühlerglied bei ♂ und ♀ so lang, wie das Pronotum breit ist.

Rechtes Paramer (Abb. 535, e+f) distal mit einem abgerundeten, gekrümmten Fortsatz, darunter eine gezähnte Kante. Am linken Paramer (Abb. 535g) ist der obere Fortsatz lang und gerade, der innere zugespitzt und gekrümmt und der äußere klein und schlank, mit 3 Zähnen besetzt.

Länge: ♂ makr. = 4,1–4,35 mm, ♀ brach. = 3,7–3,9 mm.

Die Art lebt in der Türkei an Astragalus (Ankara, Kayserie). Imagines waren im Juni vorhanden.

6. **Globiceps (Paraglobiceps) genistae** SEIDENSTÜCKER, 1971 (Abb. 536, a+b)

Notul. Ent., Bd. 51, S. 36—40.

Von etwa gleicher Gestalt und Größe wie vorige Art. Schwarz, glänzend. Corium gelbweiß, im hinteren Teil mit dem gleichen, schwarzen Fleck wie vorige Art. Auch die Ausbildung des Cuneus ist gleich. Scheitel hinten mit geradem, kielartigem Rand, flach (Abb. 536c). Fühler schwarz, 2. Glied gegen die Spitze beim ♂ schwach, beim ♀ stärker verdickt (Abb. 536d), beim ♂ 1,2×, beim ♀ 1,4× so lang, wie das Pronotum breit ist. Letzteres beim ♂ trapezförmig und 1,4× so breit wie der Kopf, beim ♀ glockenförmig und 1,1× so breit wie der Kopf (Abb. 536c). Das Rostrum erreicht die Hinterhüften.

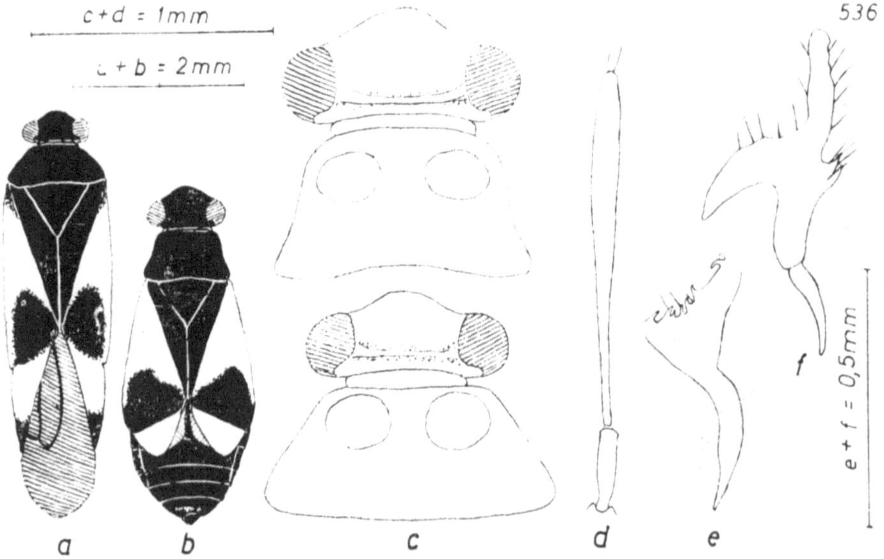

Abb. 536: *Globiceps (Paraglobiceps) genistae* Seid.
a: ♂ — b: ♀ — c: Kopf und Pronotum von oben (oben = ♂, unten = ♀) — d: 1. und 2. Fühlerglied des ♀ — e: rechtes Paramer — f: linkes Paramer von oben

Rechtes Paramer (Abb. 536e) im Apikalteil dreieckig, die obere, äußere Kante mit kräftigen Zähnen besetzt. Linkes Paramer (Abb. 536f) der vorigen Art ähnlich, aber der obere Fortsatz länger und schlank, der äußere weit kürzer und nur aus 2 kräftigen Zähnen bestehend.

Länge: ♂ makr. = 4,4–4,5 mm, ♀ brach. = 3,7–3,8 mm.

Die Art lebt in der Türkei (Ulu-Dagh) an Genista. Imagines waren im Juni vorhanden.

7. **Globiceps (Paraglobiceps) weberi** E. WAGNER, 1969 (Abb. 537, a+c)

Notul. Ent., Bd. 49, S. 94—95; *G. picteti* E. WAGN. 1956, Nachr. naturw. Mus. Aschaffenbg., Heft 50, S. 9—12; id. 1960, Soc. Sci. Fenn. Comm. Biol., Bd. 23, Nr. 5, S. 8—9.

Männchen wesentlich länger als Weibchen, fast parallelseitig, 4× so lang, wie das Pronotum breit ist. Scheitel 1,70–1,75× so breit wie das Auge (Abb. 537, e+i), hinten mit geradem Rand, davor jederseits ein rundes Grübchen. Fühler meistens schwarz, 2. Glied 1,1× so lang, wie das Pronotum breit ist. Die silberglänzenden Schuppenhaare sind über die ganze Oberseite verteilt. Pronotum trapezförmig, 1,36–1,38× so breit wie der Kopf. Clavus am Coriumrande schmal hell (Abb. 537a). Cuneus hell, seine Spitze und der Außenrand schwarz. Corium im hinteren Teil mit großem, vorn spitzem, schwarzem Fleck, der den Außenrand nicht berührt. Membran groß, den Cuneus weit überragend. Das Rostrum reicht bis zu den Mittelhüften.

Rechtes Paramer (Abb. 537n) dreieckig, obere Kante gerade, ohne Einbuchtung und mit Zähnen besetzt. Ein kleinerer Zahn sitzt etwas von der Innenkante entfernt. Linkes Paramer (Abb. 537p) mit 3 Fortsätzen, von denen der äußere kurz, dick und mit Zähnen besetzt ist, der obere schlank, spitz und mit 3 Zähnen und der innere kurz, dick und fast gerade ist.

Weibchen deutlich kleiner (Abb. 537c). Scheitel 2,45× so breit wie das Auge (Abb. 537, g+l). 2. Fühlerglied 1,15× so lang, wie das Pronotum breit ist, seine Basalhälfte und das 1. Glied oft hell. Hinterer Teil des Kopfes oft rotbraun. Pronotum 1,04× so breit wie der Kopf. Halbdecken stets verkürzt. Cuneus hell. Membran klein, den Cuneus nicht überragend. Sonst wie ♂.

Länge: ♂ makr. = 4,8–5,2 mm, ♀ brach. = 4,0–4,2 mm.

Bisher nur in Südspanien, Sierra Nevada in 2500–2800 m Höhe, gefunden. Die Art lebt an Genista baetica. Imagines waren im Juli vorhanden.

8. **Globiceps (Paraglobiceps) picteti** FIEBER, 1861 (Abb. 537, b+d)

E. WAGNER 1960, Soc. Sci. Fenn. Comm. Biol., Bd. 23, Nr. 5, S. 8—9 (pro parte); id. 1969, Notul. Ent., Bd. 49, S. 92—94.

Beide Geschlechter etwa gleich groß. Männchen 3,5× so lang, wie das Pronotum breit ist. Die silberglänzenden Schuppenhaare sind über die ganze Oberseite verteilt. Scheitel 1,75–1,80× so breit wie das Auge (Abb. 537, f+k), Hinterrand kielartig, davor jederseits ein rundes Grübchen. Fühler gelbbraun bis schwarzbraun; 2. Glied 1,4× so lang, wie das Pronotum breit ist. Letzteres nach hinten weniger

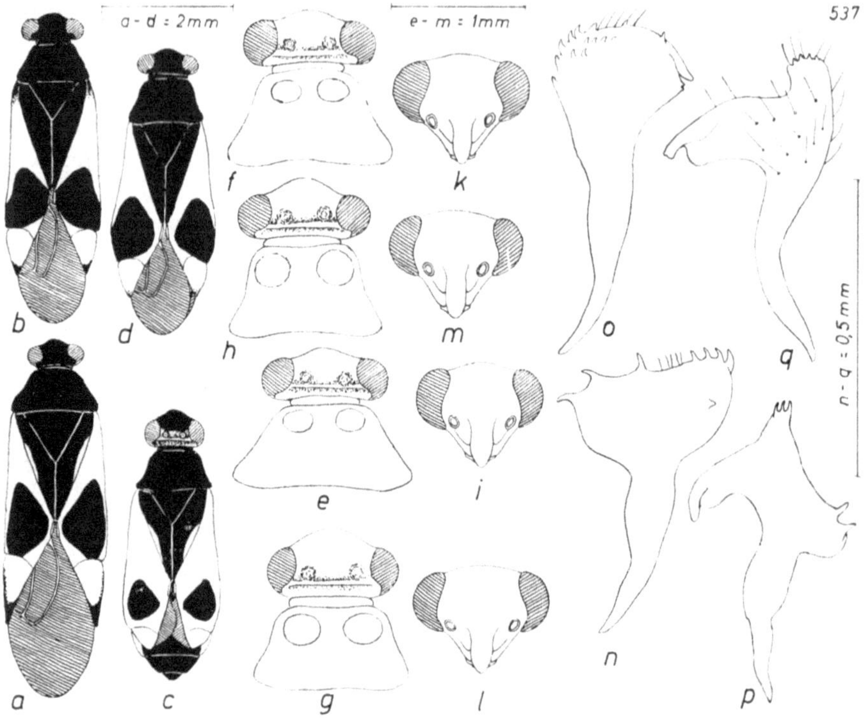

Abb. 537: *Globiceps (P.) picteti* Fieb. und *weberi* E. Wagn.
Obere Hälfte: *G. (P.) picteti* Fieb. — untere Hälfte: *G. (P.) weberi* E. Wagn.
a+b: ♂ — c+d: ♀ — e+f: Kopf und Pronotum des ♂ von oben — g+h: dasselbe vom ♀ — i+k: Kopf des ♂ von vorn — l+m: dasselbe vom ♀ — n+o: rechtes Paramer von oben — p+q: linkes Paramer von oben

stark verbreitert, nur 1,24× so breit wie der Kopf. Scutellum und Clavus schwarz. Corium hell, im hinteren Teil ein vorn gerundeter schwarzer Fleck. Spitze des Cuneus schmal dunkel, Membran kürzer als bei voriger Art. Beine in der Regel gelbbraun. Das Rostrum reicht zwischen die Mittelhüften.

Rechtes Paramer (Abb. 537o) keulenförmig, distal kopfartig, außen mit Zähnen, Hypophysis gerade und anliegend. Linkes Paramer (Abb. 537q) mit nur 2 Fortsätzen, außen ohne solchen, oberer Fortsatz kurz und sehr dick, mit Zähnen, innerer Fortsatz dick und fast gerade. Hypophysis kurz.

Weibchen etwa so groß wie das ♂, sehr oft makropter (Abb. 537d). Scheitel 1,9–2,0× so breit wie das Auge (Abb. 537, h+m). Fühler schwarzbraun, 1. Glied und die Basalhälfte des 2. oft heller; 2. Glied 1,6× so lang, wie das Pronotum breit ist. Kopf meistens schwarz. Sonst wie ♂.

Länge: ♂ makr. = 4,0–4,5 mm, ♀ makr. + brach. = 4,5–4,8 mm.

Lebensweise unbekannt. Bisher nur in Mittelspanien (Kastilien) und Nordspanien (Catalonien, Asturien) gefunden.

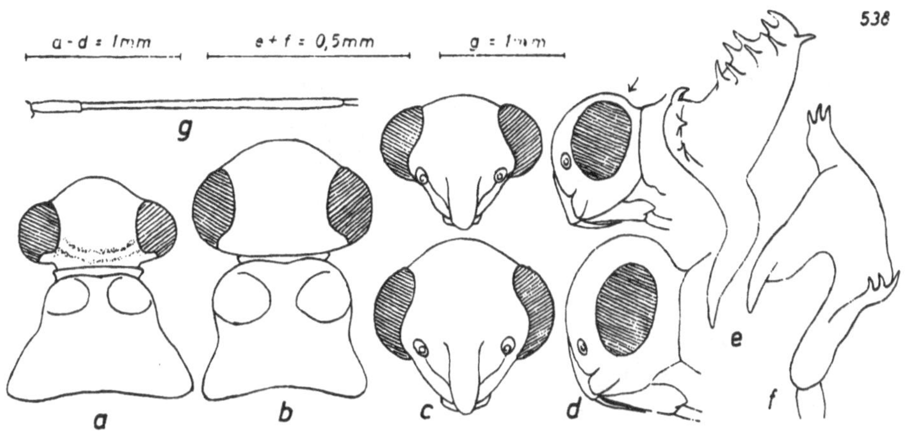

Abb. 538: *Globiceps (Paraglobiceps) flavomaculatus* F.
a: Kopf und Pronotum des ♂ von oben — b: dasselbe vom ♀ — c: Kopf von vorn (oben = ♂, unten = ♀) — d: Kopf von links (oben = ♂, unten = ♀) — e: rechtes Paramer von oben — f: linkes Paramer von oben — g: 1. und 2. Fühlerglied des ♂

9. **Globiceps (Paraglobiceps) flavomaculatus** (FABRICIUS), 1794 (Abb. 528d)

E. WAGNER 1960, Soc. Sci. Fenn. Comm. Biol., Bd. 23, Nr. 5, S. 9—11.

Das ♂ auffallend schlank, etwa 5× so lang, wie das Pronotum breit ist. Schwarz, Halbdecken mit 2 gelben Querbinden. Kopf gewölbt (Abb. 538, a+b), seitlich gesehen (Abb. 538d) erhebt sich der Scheitel beim ♀ um etwa die halbe Augenbreite über das Auge, hinten ohne Rand oder Kante, beim ♂ mit flachem Quereindruck und deutlich gebogenem Hinterrand. Von vorn gesehen (Abb. 538c) ist er bei ♂ und ♀ deutlich gewölbt. Fühler schwarz, das 1. Glied gelbrot; 2. Glied beim ♂ (Abb. 538g) stabförmig und 1,7×, beim ♀ distal verdickt und fast 2× so lang, wie das Pronotum breit ist. Pronotum glockenförmig, beim ♂ etwas breiter, beim ♀ deutlich schmaler als der Kopf (Abb. 538, a+b). Schwielen stark gewölbt. Clavus schwarz. Corium im basalen Teil mit breiter, gelber Querbinde. Cuneus gelb, seine Spitze schwarz. Das makroptere ♀ ist breiter und kürzer als das ♂; beim brachypteren ♀ sind die Halbdecken verkürzt, der Cuneus einfarbig hell und die Membran ein breiter, dreieckiger Lappen.

Rechtes Paramer (Abb. 538e) länglich dreieckig, außen mit kräftigen Zähnen, innen nur 1 Zahn. Linkes Paramer (Abb. 538f) schlank, innerer Fortsatz dick und gerade, distal mit kräftiger Hypophysis; oberer Fortsatz schlank, mit kräftigen Zähnen, äußerer Fortsatz höckerartig, mit 2 bis 3 Zähnen.

Länge: ♂ makr. = 6,1–6,7 mm, ♀ makr. = 6,0–6,1 mm, ♀ brach. = 5,0–5,9 mm.

G. flavomaculatus F. lebt phytophag an Papilionaceen, insbesondere an Kleinsträuchern. Imagines von Juni bis August. Überwintert als Ei.

Euro-sibirische Art. Im Mittelmeerraum in Spanien, Portugal, Südfrankreich, Italien, auf der Balkanhalbinsel und in der Türkei.

539

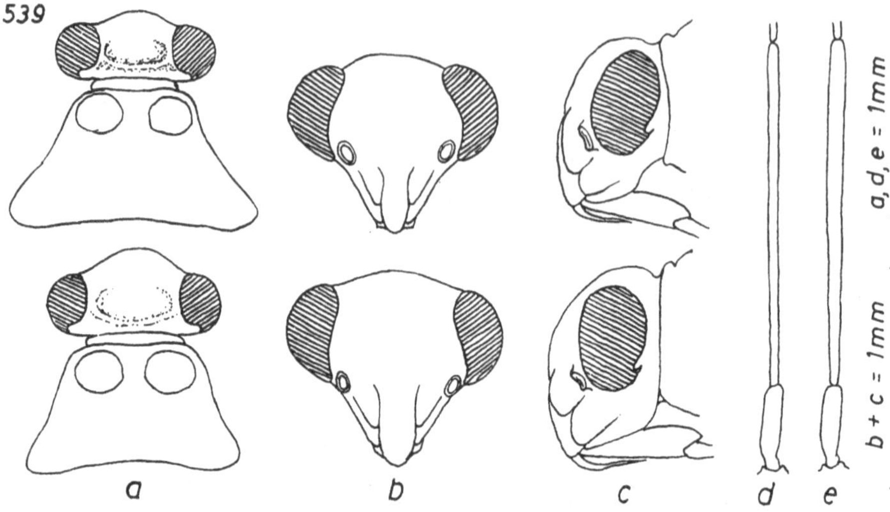

Abb. 539: *G. (Paraglobiceps) juniperi* Reut.

a: Kopf und Pronotum von oben — b: Kopf von vorn — c: Kopf von links (a—c = oben ♂, unten ♀) — d: Fühler des ♂ — e: Fühler des ♀

10. **Globiceps (Paraglobiceps) juniperi** REUTER, 1902 (Abb. 528a)

E. WAGNER 1960, Soc. Sci. Fenn. Comm. Biol., Bd. 23, Nr. 5, S. 16—18.

Gestalt groß und verhältnismäßig breit (Abb. 528a). Schwarz, auf den Halbdecken sind die gelben Querbinden stark reduziert und braun gefärbt. Scheitel gewölbt (Abb. 539, a+b), bei seitlicher Betrachtung das Auge nach oben etwas überragend, beim ♂ 1,76×, beim ♀ 2,08× so breit wie das Auge (Abb. 539a), beim ♂ mit undeutlichem Querkiel, vor dem eine Furche liegt, die an den Seiten in einer runden Grube endet, beim ♀ ebenso, aber weit undeutlicher. Fühler schwarz, 1. Glied gelbrot; 2. Glied (Abb. 539, d+e) gegen die Spitze allmählich etwas dicker werdend, beim ♂ 1,38×, beim ♀ 1,6× so lang, wie das Pronotum breit ist. Letzteres beim ♂ 1,5×, beim ♀ 1,25× so breit wie der Kopf, Seiten geschweift. Das Rostrum erreicht die Spitze der Hinterhüften.

Rechtes Paramer (Abb. 529a) dreieckig, die äußere obere Kante eingebuchtet, an beiden Enden gezähnt. Linkes Paramer (Abb. 529b) mit 3 Fortsätzen, der innere schlank, abwärts gerichtet, mit schlanker Hypophysis, der obere Fortsatz sehr schlank und rückwärts gerichtet, mit einigen stumpfen Zähnen, der äußere Fortsatz nur kurz.

Länge: ♂ makr. = 6,4 - 6,8 mm, ♀ brach. = 4,5 - 5,5 mm.

Die Art lebt im Alpengebiet phytophag an Juniperus (J. nana WILLD.). Imagines im August. Hauptverbreitungsgebiet sind die Alpen. Im Mittelmeerraum in Norditalien (Venetia Tridentina) gefunden.

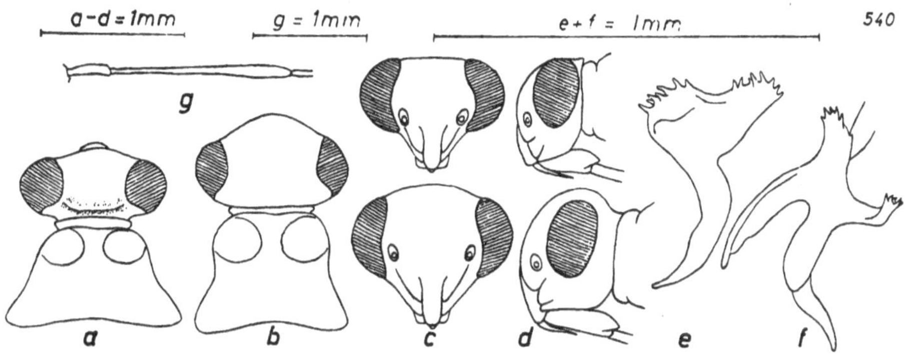

Abb. 540: *G. (Paraglobiceps) syriacus* E. Wagn.
a: Kopf und Pronotum des ♂ von oben — b: dasselbe vom ♀ — c: Kopf von vorn (oben = ♂, unten = ♀) — d: Kopf von links (wie c) — e: rechtes Paramer von oben — f: linkes Paramer von oben — g: 1. und 2. Fühlerglied des ♀

11. **Globiceps (Paraglobiceps) syriacus** E. WAGNER, 1969

Notul. Ent., Bd. 49, S. 28—29; Syn.: *G. horvathi* E. WAGN. 1960, nec REUTER, Soc. Sci. Fenn. Comm. Biol., Bd. 23, Nr. 5, S. 15—16.

Kleiner und schlanker (Abb. 528h). Schwarz, Halbdecken mit zwei gelben Querbinden. Scheitel beim ♂ 1,6×, beim ♀ 2,6× so breit wie das Auge, eben (Abb. 540c), beim ♂ hinten mit stumpfem Querkiel, der an den Seiten nach vorn gebogen ist, davor ein Quereindruck (Abb. 540a). Kopf des ♀ (Abb. 540, c+d) wesentlich größer und stärker gewölbt, Scheitel ohne Rand oder Kante. Fühler schwarz, 1. Glied gelbrot; 2. Glied beim ♂ gegen die Spitze allmählich verdickt, 1,3–1,5× so lang, wie das Pronotum breit ist, beim ♀ an der Basis sehr schlank, im Apikalteil keulig verdickt (Abb. 540g), 1,5–1,6× so lang, wie das Pronotum breit ist. Pronotum glokkenförmig (Abb. 540, a+b) beim ♂ 1,2×, beim ♀ 0,95× so breit wie der Kopf. Schwielen stark gewölbt.

Rechtes Paramer (Abb. 540e) mit dreieckigem Apikalteil, obere Kante in der Mitte eingebuchtet, beiderseits davon mit kräftigen Zähnen. Linkes Paramer (Abb. 540f) mit drei Fortsätzen; der innere sehr lang und schlank, abwärts gekrümmt; der obere gekrümmt und dicht gezähnt; der äußere lang und schlank, nach oben gekrümmt, distal mit 2 bis 3 Zähnen.

Länge: ♂ makr. = 5,6–6,0 mm, ♀ brach. = 4,0–5,0 mm.

Bisher in Syrien (Hama) und Kleinasien (Namrun) gefunden.

12. **Globiceps (Paraglobiceps) cruciatus** REUTER, 1879 (Abb. 528e)

COBBEN 1958, Tijdschr. Ent., Bd. 101, S. 24—26; *G. fulvicollis cruciatus* REUT., E. WAGNER 1960, Soc. Sci. Fenn. Comm. Biol., Bd. 23, Nr. 5, S. 12—14, 21—22; *G. cruciatus* REUT. E. WAGNER 1969, Notul. Ent., Bd. 49, S. 25—30.

Verhältnismäßig breiter, das ♂ etwa 4× so lang, wie das Pronotum breit ist. Scheitel beim ♂ fast eben (Abb. 530b), hinten mit stumpfer Leiste, die an den Seiten nach

541

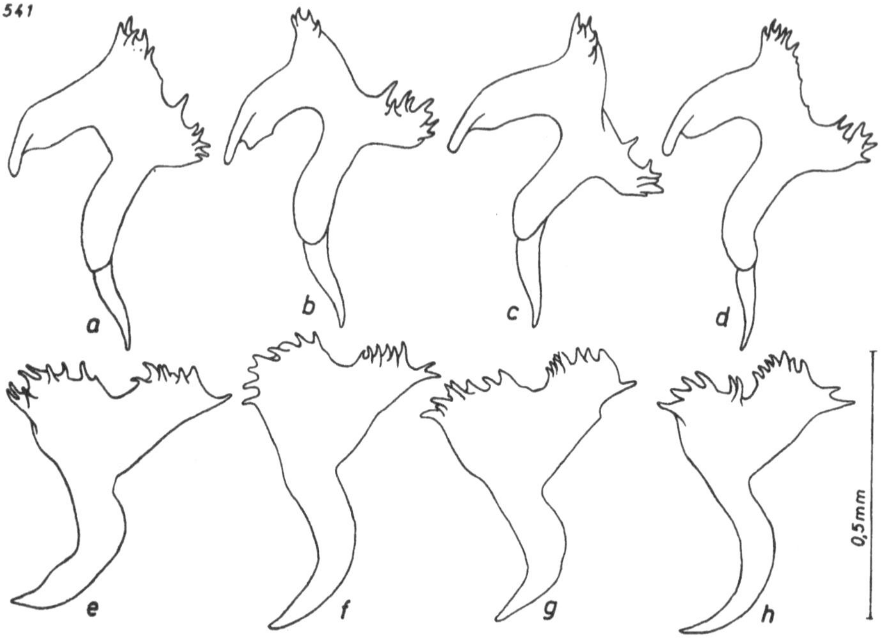

Abb. 541: *G. cruciatus*-Gruppe, Parameren

a+e: *G. (P.) cruciatus* Reut. — b+f: *G. (P.) horvathi* Reut. — c+g: *G. (P.) obscuripes* Ldbg. — d+h: *G. (P.) fulvicollis* Jak.
a—d: rechtes Paramer von oben — e—h: linkes Paramer von oben

vorn gekrümmt ist, beim ♀ leicht gewölbt (Abb. 542g), das Auge nach oben nur wenig überragend (Abb. 530f), hinten mit abgerundetem Rand (Abb. 542c), davor ein undeutlicher Quereindruck. Fühler schwarz, 1. Glied gelbbraun; 2. Glied beim ♂ 1,5–1,6× so lang, wie das Pronotum breit ist, beim ♀ (Abb. 542i) distal keulenartig verdickt. Pronotum beim ♂ (Abb. 542a) hinten stark verbreitert, Seiten eingebuchtet, beim ♀ glockenförmig. Beine gelbrot, seltener schwarzbraun.

Rechtes Paramer (Abb. 541e) distal zweilappig, die Einkerbung zwischen beiden Lappen winklig, der innere Lappen lang, mit zahlreichen Zähnen und einer nach innen gerichteten Spitze. Linkes Paramer (Abb. 541a) mit drei Fortsätzen, der äußere kurz, dick und ungestielt, der obere kegelförmig und mit kräftigen Zähnen besetzt, der innere dick und gerade.

Länge: ♂ makr. = 5,1–6,1 mm, ♀ makr. = 5,2–5,6 mm, ♀ brach. = 4,1–4,8 mm.

Die Art lebt sowohl zoophag als auch phytophag an Sträuchern und Kleinsträuchern (Sarothamnus, Salix). Imagines von Juni bis August. Überwintert als Ei, das an den Zweigen von Sträuchern abgelegt wird.

G. cruciatus REUT. bewohnt Nordwest- und Westeuropa. Im Mittelmeerraum wurde er in Südfrankreich, Spanien und Italien gefunden.

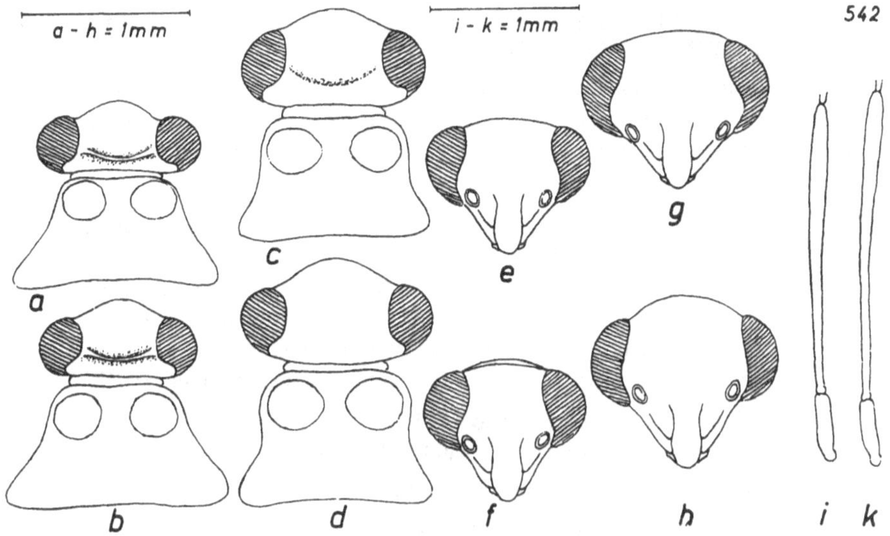

Abb. 542: *G. (P.) cruciatus* Reut. und *horvathi* Reut.
a, c, e, g, i: *G. (P.) cruciatus* Reut. — b, d, f, h, k: *G. (P.) horvathi* Reut.
a+b: Kopf und Pronotum des ♂ von oben — c+d: dasselbe vom ♀ — e+f: Kopf des ♂ von vorn — g+h: dasselbe vom ♀ — i+k: 1. und 2. Fühlerglied des ♀

13. **Globiceps (Paraglobiceps) horvathi** REUTER, 1912 (Abb. 528f)

E. WAGNER 1969, Notul. Ent., Bd. 49, S. 25—30.

Der vorigen Art sehr ähnlich und als Geschwisterart derselben zu betrachten. Das ♂ etwas größer, aber von gleicher Gestalt (Abb. 528f). Das Pronotum (Abb. 542b) etwas länger. Scheitel (Abb. 542, f+h) stärker gewölbt, beim ♀ das Auge nach oben deutlich überragend, beim ♂ mit undeutlichem Rand, 1,60–1,65× so breit wie das Auge.

Rechtes Paramer (Abb. 541f) zwischen beiden Lappen mit flacher Einbuchtung, der innere Lappen weit kleiner als der äußere, an der Spitze mit zwei Zähnen. Linkes Paramer (Abb. 541b) mit drei Fortsätzen, der äußere länger und deutlich gestielt, zur Seite gerichtet, der obere Fortsatz schlanker, der innere kürzer und abwärts gekrümmt.

Das ♀ hat einen stärker gerundeten Kopf, der Scheitel hat weder einen Rand noch eine Kante (Abb. 542, d+h), das 2. Fühlerglied (Abb. 542h) ist etwas länger und schlanker.

Länge: ♂ makr. = 5,4–6,1 mm, ♀ makr. = 5,3–5,6 mm, ♀ brach. = 4,5–5,2 mm.

Bisher festgestellt in Südfrankreich, Italien, Ungarn und auf der Balkanhalbinsel.

G. fulvicollis JAK. ist nicht, wie ursprünglich angenommen, ein Rassenkreis, sondern hier handelt es sich ebenfalls um 18 Geschwisterarten.

14. **Globiceps (Paraglobiceps) obscuripes** LINDBERG, 1940

var. *obscuripes* LINDBG. 1940, Soc. Sci. Fenn. Comm. Biol., Bd. 7, Nr. 14, S. 35; E. WAGNER 1969, Notul. Ent., Bd. 49, S. 25—30.

Auch diese Form, die ursprünglich als Variante beschrieben wurde, ist eine Geschwisterart der drei vorhergehenden Arten. Sie ist diesen sehr ähnlich. Färbung wie bei *G. cruciatus*, aber alle Schenkel sind schwarz, ihre Spitze schmal gelb. Das ♂ ist kleiner, aber von gleicher Gestalt.

Rechtes Paramer (Abb. 541g) groß, die obere Kante beider Lappen bildet eine fast gerade Linie, die Einbuchtung ist klein und gerundet. Am äußeren Lappen sitzen alle Zähne an dieser Kante, am inneren alle bis auf einen, der geradeaus nach innen gerichtet ist. Das linke Paramer (Abb. 541c) hat einen noch längeren äußeren Fortsatz, der deutlich nach unten gerichtet ist und deutlich schlanker ist als bei den übrigen Arten. Der obere Fortsatz ist länger und trägt nur wenige, kleinere Zähne.

Kopf des ♀ klein. Scheitel gerundet, ohne Rand oder Querfurche, 2,85× so breit wie das Auge und dieses nach oben nur wenig überragend.

Länge: ♂ makr. = 5,7 mm, ♀ brach. = 4,7 mm.

Bisher nur in Marokko (Mittlerer Atlas) gefunden.

3. Untergattung **Aglobiceps** E. WAGNER, 1969

Typus-Art: *G. parvulus* REUT.

Notul. Ent., Bd. 49, S. 97—98.

Kurz und auffallend breit (Abb. 543, a+b), 2,67× (♀) bis 3,0× (♂) so lang wie breit. Oberseite im vorderen Teil mit weißlichen Schuppenhaaren. Kopf nur schwach gewölbt (Abb. 543, g+h), Stirn vom Tylus durch die Einkerbung getrennt. Scheitel hinten mit geradem Querkiel. Schwielen des Pronotum buckelartig, aber deutlich. Halsring sehr schmal und eingeengt. 2. Fühlerglied 0,85–0,90× so lang, wie das Pronotum breit ist. Beide Geschlechter makropter. Halbdecken mit breiten, weißlichen Querbinden, die Spitze des Abdomens überragend. Genitalien des ♂ sehr einfach gebaut.

Die einzige Art der Untergattung wurde bisher nur in Spanien gefunden.

15. **Globiceps (Aglobiceps) parvulus** REUTER, 1904 (Abb. 543, a+b)

E. WAGNER 1969, Notul. Ent., Bd. 49, S. 95—97.

Makropter, auffallend breit. Schwarzbraun bis schwarz, Halbdecken mit zwei weißlichen Querbinden. Kopf wenig gewölbt (Abb. 543, c+d), auch beim ♀ nicht kugelig. Scheitel beim ♂ 2,05×, beim ♀ 2,7× so breit wie das Auge. Kopf von vorn gesehen (Abb. 543, e+f) 1,20–1,25× so breit wie hoch. Fühler (Abb. 543, i+k), kurz, schwarzbraun bis schwarz; 2. Glied beim ♂ 0,85×, beim ♀ 0,90× so lang, wie das Pronotum breit ist, aber länger als das 3. und 4. zusammen. Pronotum trapezförmig (Abb. 543, c+d) beim ♂ 1,4×, beim ♀ 1,2× so breit wie der Kopf, Schwielen buckelartig, deutlich. Scutellum und Clavus einfarbig dunkel. Corium mit einer weißlichen Querbinde, die einen nach hinten offenen Winkel bildet. Eine zweite solche Querbinde liegt über dem vorderen Teil des Cuneus und greift auf das Corium über.

Sie ist gerade. Membran dunkel, beim ♀ etwas kürzer als beim ♂. Unterseite schwarzgrau, Rostrum bis zwischen die Hinterhüften reichend. Beine schwarzbraun bis braun. An den Hintertarsen (Abb. 543l) ist das 1. Glied sehr kurz und das 2. und 3. etwa von gleicher Länge.

Genitalsegment des ♂ (Abb. 543m) kurz und dick. Rechtes Paramer (Abb. 543n) einfach, gekrümmt, ungeteilt. Linkes Paramer (Abb. 543o) mit zwei Fortsätzen. Außen eine stumpfe Ecke, oberer Fortsatz kurz und stumpf, mit kleinen Zähnen, die sich nach unten bis zur Außenecke fortsetzen. Innerer Fortsatz lang, dick und gekrümmt. Hypophysis sehr kurz, den Fortsatz kaum überragend. Vesika des Penis mit einem einfachen Chitinband, das vor der Spitze einen Zahn trägt.

Länge: ♂ = 3,85 mm, ♀ = 3,55–3,70 mm.

Die Art wurde bisher nur in Spanien (Soria, Sierra Nevada) gefunden.

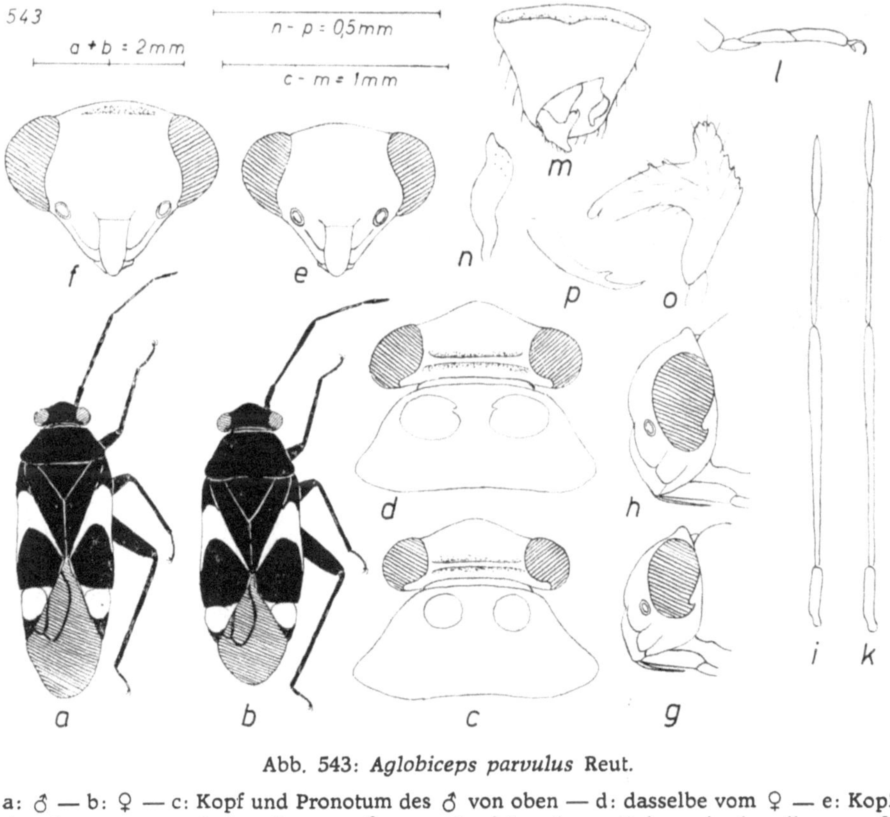

Abb. 543: *Aglobiceps parvulus* Reut.

a: ♂ — b: ♀ — c: Kopf und Pronotum des ♂ von oben — d: dasselbe vom ♀ — e: Kopf des ♂ von vorn — f: dasselbe vom ♀ — g: Kopf des ♂ von links — h: dasselbe vom ♀ — i: Fühler des ♂ — k: Fühler des ♀ — l: Hinterfuß des ♂ — m: Genitalsegment des ♂ von oben — n: rechtes Paramer von oben — o: linkes Paramer von oben — p: Chitinband der Vesika

4. Untergattung **Globiceps** s. str.

Typus-Art: *G. sphegiformis* ROSSI

E. WAGNER 1956, in GULDE, Wanz. Mitteleur., Heft 11, S. 358—359; id. 1960, Soc. Sci. Fenn. Comm. Biol., Bd. 23, Nr. 5, S. 23—25; id. 1969, Notul. Ent., Bd. 49, S. 89—91.

Schwarz, ohne gelbe oder weißliche Zeichnung. Halbdecken mit zwei weißen Querbinden, die von silberglänzenden Schuppenhaaren gebildet werden. Schwielen des Pronotum (Abb. 546) stark vorstehend, zapfenartig (Ausnahme *G. handlirschi* REUT.). Hinter den Schwielen silberglänzende Schuppenhaare (Abb. 544a). Dimorph, das ♂ makropter, das ♀ pseudobrachypter. Beim ♀ ist der Membranrest groß und erreicht oft die Spitze des Abdomens.

Das rechte Paramer (Abb. 545, a, c, e,- 547g) hat distal zwei Lappen, der äußere trägt einen Zahn, der innere ist breit, auf ihm sitzt die Hypophysis. Am linken Paramer (Abb. 545, b, d, f) ist der innere Fortsatz ungewöhnlich lang und nach unten gerichtet; oberer und äußerer Fortsatz sitzen oft ziemlich nahe beieinander. Chitinbänder der Vesika verzweigt und mit gezähnten Rändern.

Die Untergattung wird im Mittelmeerraum durch vier Arten vertreten.

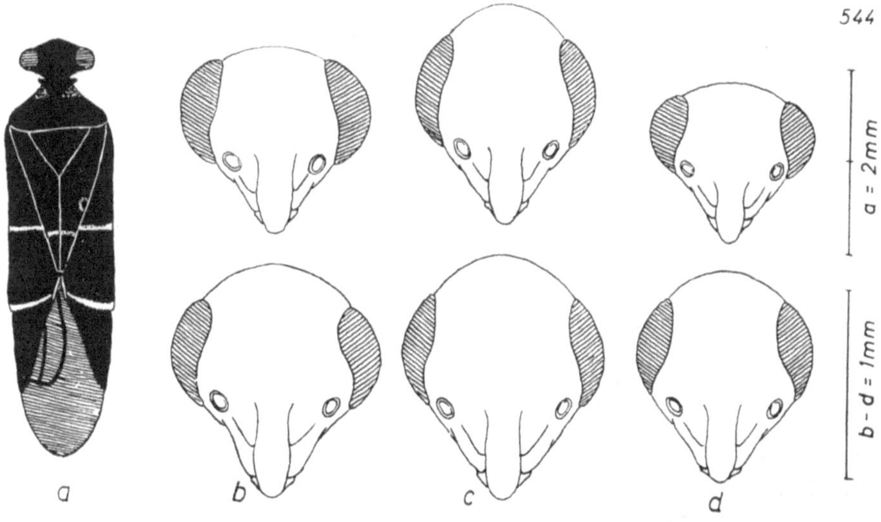

Abb. 544: *Globiceps* s. str.
a+b: *G. (G.) sphegiformis* Rossi — c: *G. (G.) novaki* E. Wagn. — d: *G. (G.) rubi* E. Wagn.
a: Gestalt des ♂ — b—d: Kopf von vorn. Oben = ♂, unten = ♀

Bestimmungsschlüssel
für die Arten von *Globiceps* s. str.

1 (6) Schwielen des Pronotum zapfenartig verlängert (Abb. 546).

2 (5) Scheitel beim ♂ 2,2–2,5×, beim ♀ 2,95–3,1× so breit wie das Auge. Kopf beim ♂ 0,90–0,93×, beim ♀ 1,06–1,12× so hoch wie breit.

3 (4) Länge des ♂ 5,8–6,2 mm, des ♀ 4,9–5,5 mm. Scheitel beim ♂ 2,2×, beim ♀ 2,95× so breit wie das Auge (Abb. 544b). 2. Fühlerglied beim ♂ 1,73×, beim ♀ 1,45× so lang, wie der Kopf breit ist. Parameren siehe Abb. 545, a+b! 16. **G. (G.) sphegiformis** S. 285

4 (3) Länge des ♂ 4,5 mm, des ♀ 3,8–4,05 mm. Scheitel beim ♂ 2,5×, beim ♀ 3,0–3,1× so breit wie das Auge (Abb. 544d). 2. Fühlerglied beim ♂ 1,6×, beim ♀ 1,3× so lang, wie der Kopf breit ist. Parameren siehe Abb. 545, e+f! 17. **G. (G.) rubi** S. 286

5 (2) Scheitel beim ♂ 2,9×, beim ♀ 4,0× so breit wie das außerordentlich flache Auge. Kopf beim ♂ 1,18×, beim ♀ 1,16× so hoch wie breit. Parameren siehe Abb. 545, c+d! 18. **G. (G.) novaki** S. 286

6 (1) Schwielen des Pronotum nur buckelartig gewölbt (Abb. 547b). Querbinden der Halbdecken breit (Abb. 547a). Parameren siehe Abb. 547, g+h! 19. **G. (G.) handlirschi** S. 287

16. **Globiceps (Globiceps) sphegiformis** (ROSSI), 1790 (Abb. 544a)

E. WAGNER 1950, Ent. Nachr.bl. österr. schweiz. Ent., Bd. 2 (5), S. 93—95.

Dimorph, das ♂ makropter und fast parallelseitig, das ♀ pseudobrachypter und mehr oval. Kopf von vorn gesehen (Abb. 544b) beim ♂ 0,9×, beim ♀ 1,06× so hoch wie breit. Scheitel beim ♂ 2,2×, beim ♀ 2,95× so breit wie das Auge (Abb. 546a). Fühler schwarz, 1. Glied gelblich; 2. Glied gegen die Spitze verdickt, beim ♂ 1,73×, beim ♀ 1,44× so lang, wie der Kopf breit ist. Schwielen des Pronotum (Abb. 546a) kegelförmig, nach vorn den Vorderrand nicht erreichend. Halbdecken

545

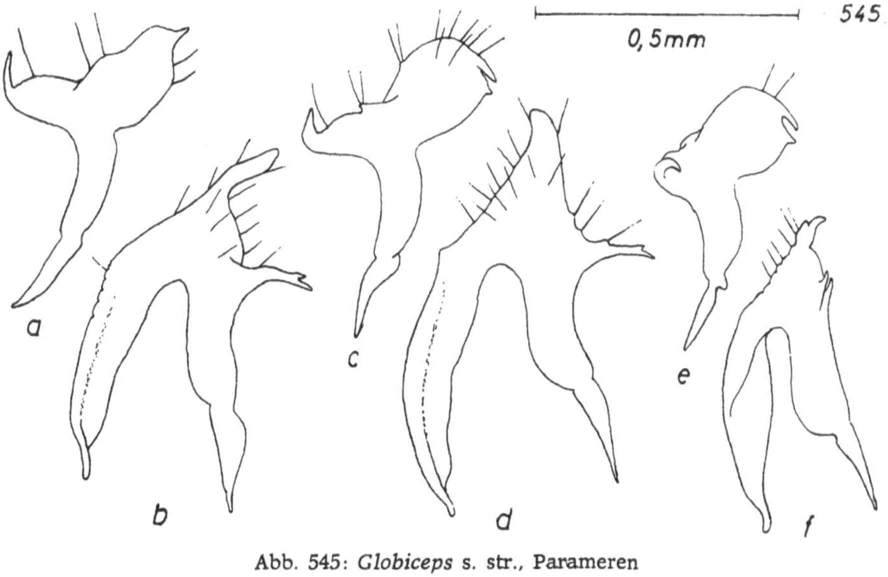

Abb. 545: *Globiceps* s. str., Parameren
a+b: *G. (G.) sphegiformis* Rossi — c+d: *G. (G.) novaki* E. Wagn. — e+f: *G. (G.) rubi* E. Wagn.
a, c, e: rechtes Paramer von oben — b, d, f: linkes Paramer von oben

mit schmalen, weißen Querbinden, die von silberglänzenden Schuppenhaaren gebildet werden.

Rechtes Paramer (Abb. 545a) distal zweilappig, der äußere Lappen schlank, mit aufwärts gerichtetem, schlankem Zahn; innerer Lappen mit kleiner, gerader, spitzer Hypophysis. Linkes Paramer (Abb. 545b) mit sehr langem, abwärts gerichtetem, innerem Fortsatz. Der obere und der äußere Fortsatz sind einander genähert und von gleicher Länge, der äußere an der Spitze mit 2 Zähnen.

Länge: ♂ = 5,6-6,2 mm, ♀ = 4,9-5,5 mm.

Die Art lebt an Holzgewächsen (Fagus, Quercus), vor allem an Waldrändern. Imagines im Juli und August. Überwintert als Ei.

Verbreitungsgebiet sind Mittel- und Südeuropa. Im Mittelmeerraum in ganz Südeuropa und Algerien.

17. **Globiceps (Globiceps) rubi** E. WAGNER, 1964

Israel Journal of Zool., Bd. 13, S. 34—35.

Kleiner, das ♂ 4,0×, das ♀ 3,8-3,9× so lang, wie das Pronotum breit ist. Die silberglänzenden Schuppenhaare bilden 3 Querbinden, von denen eine hinter den Schwielen des Pronotum, die zweite in der Mitte des Corium und die dritte am Hinterrande desselben liegt. Außerdem mit hellen, halbaufgerichteten Haaren. Kopf breit (Abb. 546c), stark gewölbt. Scheitel beim ♂ 2,5×, beim ♀ 3,0-3,1× so breit wie das etwas flachere Auge, beim ♀ stark gewölbt, beim ♂ vor dem Hinterrand ein gebogener Querkiel (Abb. 546c). Fühler braun, das 1. Glied gelbbraun; 2. Glied beim ♂ 1,6×, beim ♀ 1,3× so lang, wie der Kopf breit ist. Schwielen des Pronotum (Abb. 546c) spitz, nach vorn den Vorderrand des Pronotum überragend. ♂ makropter, ♀ pseudobrachypter. Membran verkürzt, aber das Ende des Abdomens erreichend und mit deutlichen Zellen.

Rechtes Paramer (Abb. 545e) kleiner, der Zahn an der Außenecke kräftig und stark gekrümmt; innerer Lappen sehr breit. Hypophysis klein und anliegend. Linkes Paramer (Abb. 545f) ebenfalls kleiner, oberer Fortsatz kurz und zweispitzig, an Stelle des äußeren Fortsatzes sitzen 2 Zähne.

Länge: ♂ = 4,5 mm, ♀ = 3,8-4,05 mm.

Bisher nur in Israel (Sedi Elizer) und auf der Insel Zypern gefunden. LESTON fing die Art an Rubus. Imagines waren im Mai vorhanden.

18. **Globiceps (Globiceps) novaki** E. WAGNER, 1950

Ent. Nachr.bl. österr. schweiz. Ent., Bd. 2 (5), S. 93—95.

In Gestalt und Größe dem *G. sphegiformis* ROSSI ähnlich und von gleicher Färbung und Zeichnung. Kopf (Abb. 544c) größer und stärker gewölbt. Scheitel (Abb. 546b) beim ♂ 2,9×, beim ♀ 4,0× so breit wie das außerordentlich flache Auge, beim ♂ vor dem Hinterrand ein gebogener Querkiel. Fühler schwarz, das 1. Glied rotgelb; 2. Glied beim ♂ 1,47×, beim ♀ 1,33× so lang, wie der Kopf breit ist. Schwielen des Pronotum nach außen gerichtet und den Vorderrand nicht erreichend. Quer-

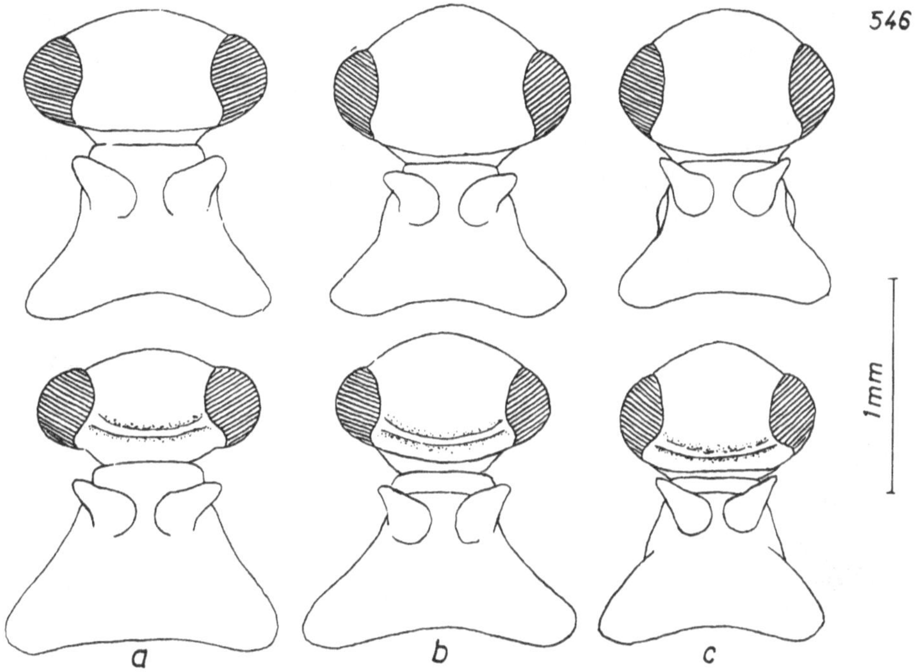

Abb. 546: *Globiceps* s. str., Kopf und Pronotum von oben
a: *G. (G.) sphegiformis* Rossi — b: *G. (G.) novaki* E. Wagn. — c: *G. (G.) rubi* E. Wagn.
Oben = ♀, unten = ♂

furche mit silberglänzenden Schuppenhaaren. ♂ makropter, ♀ pseudobrachypter. Das Rostrum erreicht die Mittelhüften.

Rechtes Paramer (Abb. 545c) zweilappig, der äußere Lappen klein, der Zahn kurz, kräftig und gerade aufwärts gerichtet. Innerer Lappen groß und breit, Hypophysis schlank und anliegend. Linkes Paramer (Abb. 545d) sehr groß, innerer Fortsatz sehr lang, abwärts gekrümmt, oberer Fortsatz groß und kräftig, äußerer Fortsatz sehr lang und schlank, mit einigen Zähnen.

Länge: ♂ = 5,3–5,6 mm, ♀ = 4,2–5,1 mm.

Die Art lebt an Quercus ilex. Imagines in der zweiten Maihälfte. Bisher nur in Jugoslawien (Dalmatien, Macedonien) gefunden.

19. **Globiceps (Globiceps) handlirschi** REUTER, 1912 (Abb. 547a)

E. WAGNER 1969, Notul. Ent., Bd. 49, S. 89—91.

Die kleinste Art der Untergattung, 3,2× so lang, wie das Pronotum breit ist (♂). Schwarz, mit 3 Querbinden aus silberglänzenden Schuppenhaaren, die viel breiter sind als bei den vorhergehenden Arten. Die vordere hinter den Schwielen des Pronotum, die mittlere in der Mitte des Corium und vor der Spitze des Clavus und die hintere am Hinterrande des Corium gelegen. Kopf (Abb. 547b) kurz und breit. Scheitel 1,8× so breit wie das gewölbte Auge, vor dem Hinterrande eine undeutliche Querfurche. Fühler (Abb. 547e) schwarz, das 1. Glied gelbbraun, die Basalhälfte des 2. etwas aufgehellt; 2. Glied 0,95× so lang, wie das Pronotum breit ist, gegen die Spitze allmählich verdickt. Schwielen des Pronotum flach, buckelartig. Pronotum 1,19× so breit wie der Kopf. Makropter, aber die Membran etwas verkürzt.

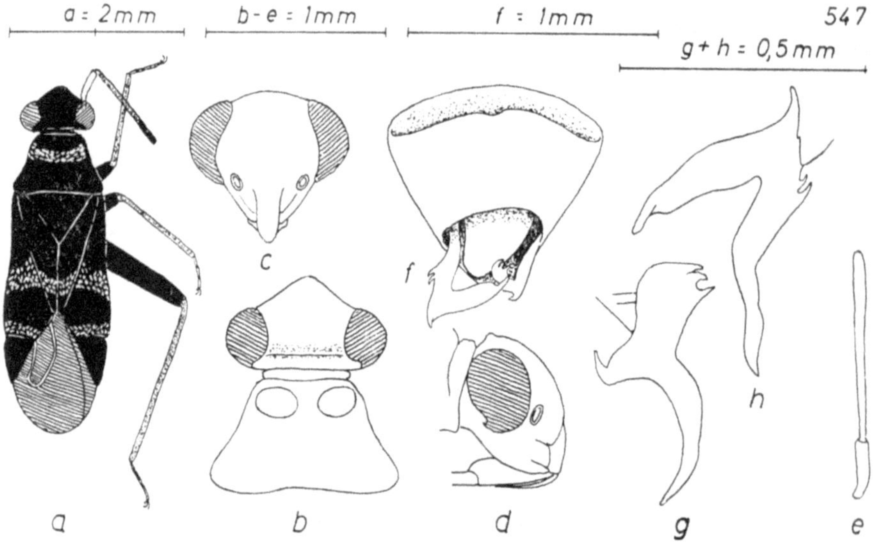

Abb. 547: *Globiceps* (s. str.) *handlirschi* Reut., ♂ (Typus)

a: ♂ — b: Kopf und Pronotum von oben — c: Kopf von vorn — d: Kopf von rechts — e: Fühler — f: Genitalsegment von oben — g: rechtes Paramer von oben — h: linkes Paramer von oben

Rechtes Paramer (Abb. 547g) außen mit kräftigem, nach oben gerichtetem Zahn; innerer Lappen breit, distal mit 3 kurzen, kräftigen Zähnen, die nach innen gerichtet sind. Linkes Paramer (Abb. 547h) mit sehr langem, nach unten gerichtetem, innerem Fortsatz; oberer Fortsatz schlank, spitz, leicht nach innen gekrümmt; außen ein flacher Höcker, der 2 Zähne trägt.

Länge: ♂ = 3,7 mm, ♀ unbekannt.

Bisher nur einmal ein Männchen auf der Insel Kreta (Assitaes) von HOLTZ gefangen.

105. Gattung **LAURINIA** REUTER, 1884

Typus-Art: *L. fugax* REUT.

Syn.: *Formicocoris* LINDBERG 1940, Soc. Sci. Fenn. Comm. Biol., Bd. 7, Nr. 14, S. 1—55; LINDBERG 1956, Notul. Ent., Bd. 36, S. 53—64; CARVALHO 1952, An. Acad. Bras. Ci., Bd. 24 (1), S. 31—111; E. WAGNER 1957, Dtsch. Ent. Zeit., Bd. 4, S. 263—65.

Dimorph, das ♂ (Abb. 548a) makropter und den Arten der Gattung *Systellonotus* FIEB. ähnlich, das ♀ (Abb. 548b) brachypter und ameisenähnlich. Pronotum mit einer Querfurche, beim ♂ (Abb. 427c) im hinteren Teil stark gewölbt, beim ♀ (Abb. 427d) ist der hintere Abschnitt schmaler als der vordere. An den Hintertarsen (Abb. 548, f+g) ist das 1. Glied länger als das 2. und etwa so lang wie das 3. Glied. Genitalien vom *Orthotylinae*-Typ (Abb. 548, e, i, k), Vesika mit 2 Chitinbändern, die einfach und unverzweigt sind. Arolien (Abb. 548h) mit ihren Spitzen gegeneinander gekrümmt.

Die Gattung enthält nur 1 Art, die auch im Mittelmeerraum vorkommt. *L. chobauti* PUT. gehört in die Gattung *Hypomimus* LDBG. der Unterfamilie *Hallodapinae* van DUZ.

548

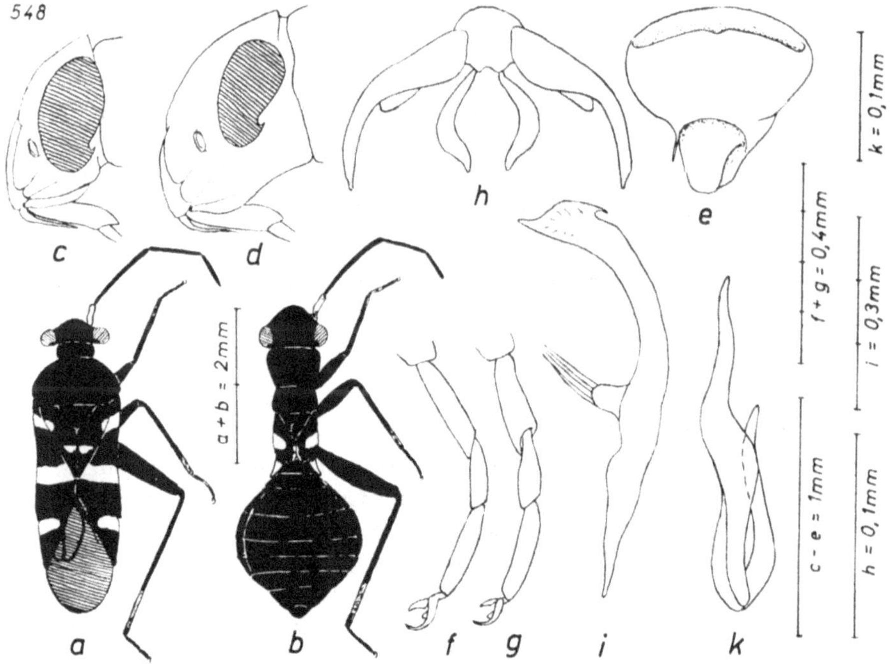

Abb. 548: *Laurinia fugax* Reut.

a: ♂ — b: ♀ — c: Kopf des ♂ von links — d: dasselbe vom ♀ — e: Genitalsegment des ♂ von oben — f: Hinterfuß des ♂ — g: Hinterfuß des ♀ — h: Klauen von innen — i: linkes Paramer von oben— k: Chitinbänder der Vesika von rechts

Laurinia fugax REUTER, 1884 (Abb. 548, a+b)

Syn.: *Formicocoris camponotideus* LDBG. 1940, l. c.; *F. sexmaculatus* E. WAGNER 1943, Mitt. dtsch. Ent. Ges., Bd. 12 (1), S. 7—15; id. 1957, l. c.

Männchen: Schwarz, glänzend, mit weißer Zeichnung auf den Halbdecken. Makropter. Kopf (Abb. 548a) 2,67× so breit wie lang. Scheitel fast 2× so breit wie das Auge. Fühler schwarzbraun bis braun, das 1. Glied gelblich; 2. Glied 0,87× so lang, wie das Pronotum breit ist und etwa so lang wie das 3. und 4. zusammen. Vorderer Abschnitt des Pronotum schmaler als der Kopf, Schwielen buckelartig erhaben. Hinterer Abschnitt stark gewölbt, 1,3× so breit wie der Kopf. Scutellum mit knotenartig gewölbtem hinterem Abschnitt. Halbdecken dunkelbraun bis schwarz. Im basalen Teil des Corium jederseits ein weißlicher Querfleck, der ein wenig auf den Clavus übergreift. In der Mitte des Corium jederseits ein weißer Querfleck, im hinteren Teil des Clavus ein mondförmiger Fleck und an der Basis des Cuneus ein Querfleck (Abb. 548a). Beine braun bis schwarz. An den Hintertarsen (Abb. 548f) ist das 2. Glied nur 0,67× so lang wie jedes der beiden anderen.

Genitalsegment (Abb. 548e) kurz und dick, hinter der Mitte plötzlich verjüngt. Linkes Paramer (Abb. 548i) schlank, Hypophysis flach, distal mit feiner Spitze, proximal eine rückwärts gerichtete Spitze. Sinneshöcker klein, aber stark vorstehend.

Weibchen ameisenähnlich. Kopf (Abb. 548b) größer und länger, seitlich gesehen (Abb. 548, c+d) stärker gewölbt. Fühler und Beine wie beim ♂. Pronotum in der Mitte eingeschnürt, der hintere Abschnitt schmaler als der vordere (Abb. 548b). Scutellum im hinteren Teil mit aufrechtem Kegel. Halbdecken stark verkürzt, Cuneus in eine lange Spitze ausgezogen (Abb. 548b), Apikalhälfte weiß. Mitte des Corium mit weißem Fleck. Abdomen stark kugelig gewölbt.

Länge: ♂ makr. = 4,1–5,4 mm, ♀ brach. = 4,0–4,3 mm.

Die Art wurde bisher in Spanien (Aranjuez), Marokko, Algerien und Tunesien gefunden. Lebensweise nicht bekannt.

106. Gattung **BLEPHARIDOPTERUS** KOLENATI, 1845

Typus-Art: *B. angulatus* FALL.

Syn.: *Aetorrhinus* FIEBER, 1860.

Zarte, schlanke, hellgrüne Arten mit sehr langen Fühlern und Beinen (Abb. 549). Kopf breiter als lang (Abb. 550). Scheitel vor dem Hinterrande mit deutlichem Kiel, davor eine Querfurche. 3. Fühlerglied fast so lang wie das 2.; das 4. sehr kurz. Schwielen des Pronotum zu einer Querwulst vereinigt, dahinter eine Querfurche, die den Seitenrand erreicht (Abb. 549). Halbdecken durchscheinend, glänzend. Membran beiderseits der Kubitalader mit schwarzem oder dunkelgrünem Fleck. An den Hintertarsen ist das 3. Glied kürzer als das 2.

Genitalsegment am unteren Rande der Genitalöffnung nach hinten verlängert. Parameren (Abb. 551) sehr einfach gebaut, schwarzbraun bis schwarz gefärbt. Penis schlank und fast gerade. Chitinbänder der Vesika (Abb. 551, c, f, i) nicht verzweigt und kaum gezähnt.

549

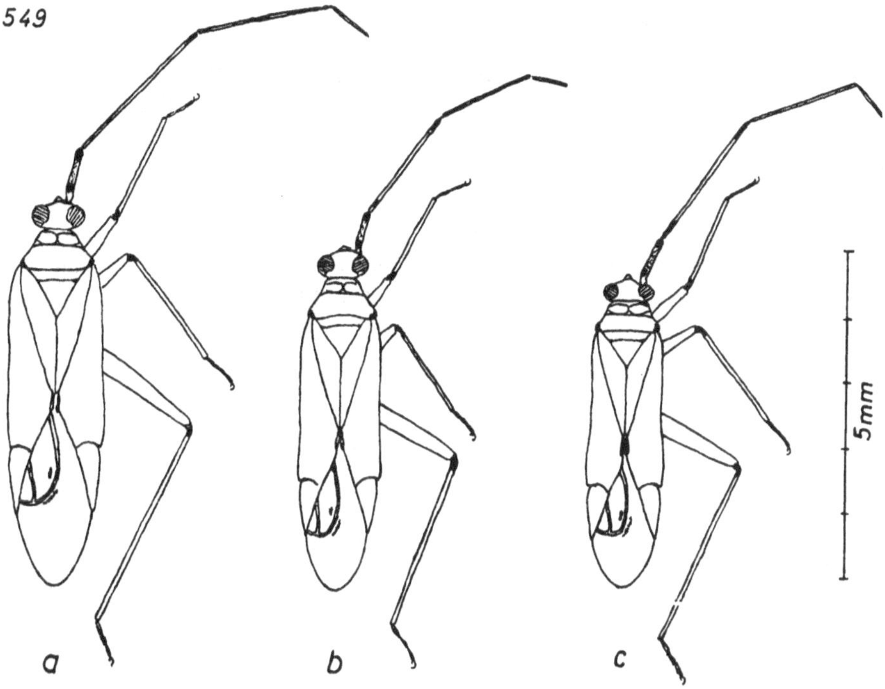

Abb. 549: *Blepharidopterus* Klti., Männchen
a: *B. angulatus* Fall. — b: *B. brevicornis* E. Wagn. — c: *B. dubius* E. Wagn.

Über den Status der Formen der Gattung ist bereits viel diskutiert worden. Nach den heutigen Auffassungen über den Artbegriff (z. B. bei MAYR 1968) müssen wir sie als Geschwisterarten betrachten.

Die Gattung wurde bisher nur in der Paläarktis angetroffen. Sie enthält 3 Arten, die sämtlich im Mittelmeerraum vorkommen.

Bestimmungsschlüssel
für die Arten von *Blepharidopterus* KLTI.

1 (4) 1. Fühlerglied beim ♂ mindestens 1,12×, beim ♀ mindestens 1,0× so lang wie der Kopf breit ist. Scheitel beim ♂ höchstens 1,0×, beim ♀ 1,67× sc breit wie das Auge. Das Rostrum reicht bis zu den Hinterhüften.

2 (3) Länge des ♂ 5,1–5,9 mm, des ♀ 5,2–5,5 mm. Parameren siehe Abb. 551, a+b! 1. **B. angulatus** S. 292

3 (2) Länge des ♂ 4,7–4,9 mm, des ♀ 4,1–4,4 mm. Genitalien siehe Abb. 551, g–i! 2. **B. dubius** S. 293

4 (1) 1. Fühlerglied beim ♂ 0,85×, beim ♀ 0,75× so lang, wie der Kopf breit ist. Scheitel beim ♂ 1,4×, beim ♀ 1,75× so breit wie das Auge. Das Rostrum reicht bis zu den Mittelhüften. Genitalien siehe Abb. 551, d–f! 3. **B. brevicornis** S. 294

1. **Blepharidopterus angulatus** (FALLÉN), 1807 (Abb. 549a)

Zart, mit langen Extremitäten. Hellgrün bis grün. Oberseite mit schwarzen Haaren. Glänzend. Scheitel beim ♂ 0,94×, beim ♀ 1,67× so breit wie das Auge (Abb. 550a). 1. Fühlerglied beim ♂ 1,12×, beim ♀ 0,95–1,0× so lang, wie der Kopf breit ist, mit 2 schwarzen Ringen; 2. Glied nahe der Basis mit schwarzem Ring, beim ♂ 2,0×, beim ♀ 1,7× so lang, wie das Pronotum breit ist und nur wenig länger als das 3. Glied. Pronotum mit schwarzen Basalecken. Membran grau, Adern grün, beiderseits der Kubitalader ein kleiner, dunkelgrüner oder schwarzer Streif. Beine grün, sehr lang. Schienen an der Basis mit schwarzem Fleck.

550

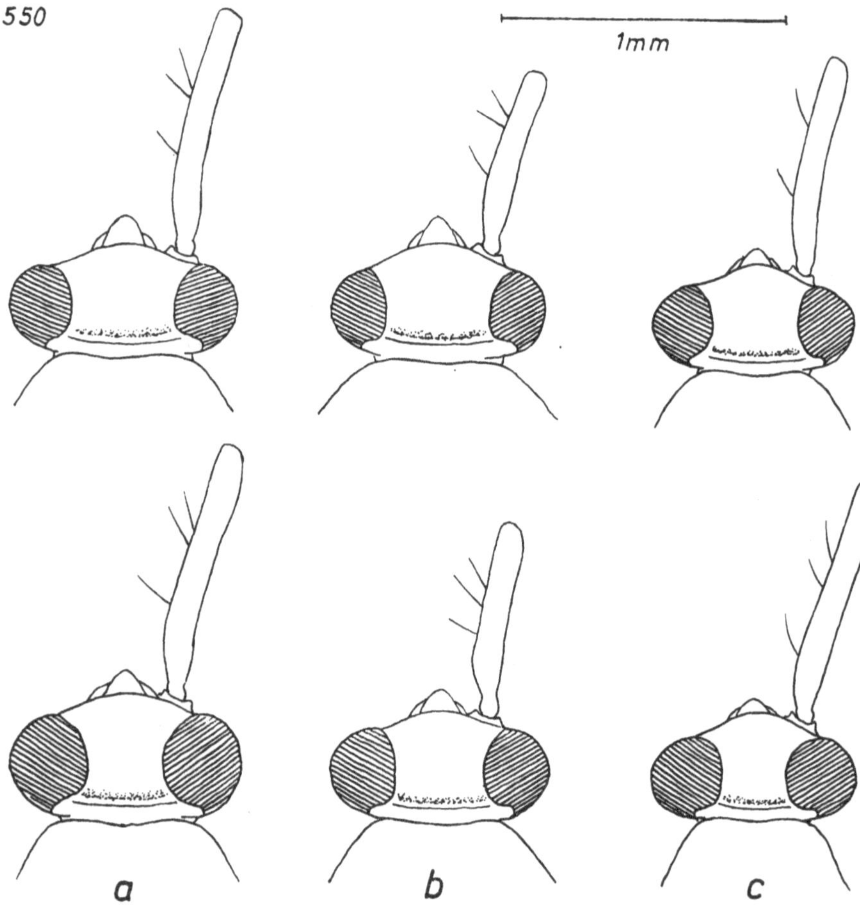

Abb. 550: *Blepharidopterus* Klti., Kopf und 1. Fühlerglied
a: *B. angulatus* Fall. — b: *B. brevicornis* E. Wagn. — c: *B. dubius* E. Wagn.
Oben = ♀, unten = ♂

Rechtes Paramer (Abb. 551a) schlank, distal verdickt, Hypophysis dick und gekrümmt. Linkes Paramer (Abb. 551b) beilförmig, distal außen eine Ecke, von der eine gezähnte Kante nach unten verläuft. Hypophysis schlank, distal abgerundet. Chitinbänder der Vesika groß, lang und schlank (Abb. 551c).

Länge: ♂ = 5,1–5,9 mm, ♀ = 5,2–5,6 mm.

Die Art lebt phytophag an Laubhölzern (Betula, Alnus, Corylus). Imagines von Juni bis Oktober. Überwintert als Ei. Eine Generation im Jahre.

Nearktische Art. Im Mittelmeerraum aus ganz Südeuropa und Algerien gemeldet.

2. **Blepharidopterus dubius** E. WAGNER, 1954 (Abb. 549c)

Bull. Soc. Fouad I. Ent., Bd. 38, S. 227—229.

Der vorigen Art sehr ähnlich und mit ihr in Färbung und Zeichnung übereinstimmend. Gestalt wesentlich kleiner (Abb. 549c). Kopf etwas kleiner, Scheitel etwas schmaler (Abb. 550c). 1. Fühlerglied beim ♂ 1,20–1,25×, beim ♀ 1,0× so lang, wie der Kopf breit ist; 2. Glied beim ♂ 2,3×, beim ♀ 1,8× so lang, wie das Pronotum breit ist. Pronotum verhältnismäßig kürzer.

Rechtes Paramer (Abb. 551g) schlanker, stärker gekrümmt, Hypophysis gleichfalls schlanker und stärker gekrümmt. Linkes Paramer (Abb. 551h) mit kürzerer Hypophysis und abgerundeter distaler Außenecke, von ihr aus geht ein kleiner Fortsatz nach innen, der unten einen Zahn trägt. Chitinbänder der Vesika (Abb. 551i) sehr klein und ungezähnt.

Länge: ♂ = 4,7–4,9 mm, ♀ = 4,1–4,4 mm.

Bisher nur auf der Insel Zypern (Prodhomos, Stavros, Platania) gefunden. Lebensweise unbekannt. Imagines im Juni und Juli.

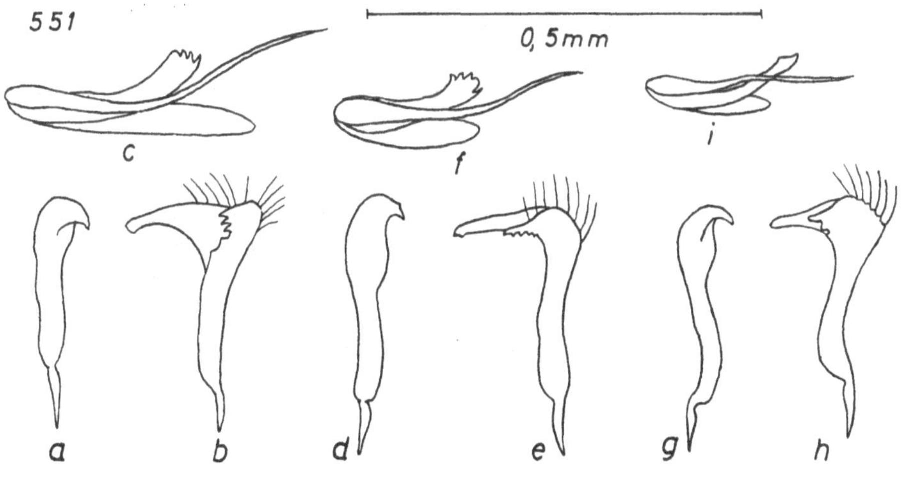

Abb. 551: *Blepharidopterus*, Genitalien des Männchens
a—c: *B. angulatus* Fall. — d—f: *B. brevicornis* E. Wagn. — g—i: *B. dubius* E. Wagn.
a, d, g: rechtes Paramer von oben — b, e, h: linkes Paramer von oben — c, f, i: Chitinbänder der Vesika von links

3. **Blepharidopterus brevicornis** (E. WAGNER), 1947 (Abb. 549b)

Aetorrhinus brevicornis E. WAGNER 1947, Verh. Ver. naturw. Heimatforschg. Hambg., Bd. 29, S. 90—93; *B. angulatus brevicornis* E. WAGN. 1956, in GULDE, Wanz. Mitteleur., Heft 11, S. 356—357; *B. angulatus* LESTON, nec FALL. 1958, Proc. South London Ent. Soc., S. 100—114.

In Gestalt, Färbung und Zeichnung ebenfalls mit *B. angulatus* FALL. übereinstimmend. Extremitäten kürzer. Scheitel beim ♂ 1,4×, beim ♀ 1,75× so breit wie das Auge (Abb. 550b). 1. Fühlerglied beim ♂ 0,85×, beim ♀ 0,76× so lang, wie der Kopf breit ist; 2. Glied beim ♂ 1,67×, beim ♀ 1,3× so lang, wie das Pronotum breit ist. Das Rostrum überragt nie die Mittelhüften.

Rechtes Paramer (Abb. 551d) länger, distal deutlicher verdickt. Linkes Paramer (Abb. 551e) sehr schlank, distal ohne Höcker, Hypophysis schlanker, Sinneshöcker mit nach innen gerichteter Spitze, deren untere Kante gezähnt ist. Chitinbänder der Vesika kurz, aber kräftig (Abb. 551f).

Länge: ♂ = 4,5–4,9 mm, ♀ = 4,6–5,2 mm.

Die Art lebt an Laubhölzern (Ulmus) und ist phytophag. Imagines von Juli bis Oktober. Überwintert als Ei. Eine Generation im Jahre.

Bisher festgestellt in Mittel- und Nordeuropa. Im Mittelmeerraum in Südfrankreich und Jugoslawien (Dalmatien).

107. Gattung **DRYOPHILOCORIS** REUTER, 1875

Typus-Art: *D. flavoquadrimaculatus* DEG.

CARVALHO 1952, An. Ac. Bras. Ci., Bd. 24, S. 76; E. WAGNER 1952, Tierw. Deutschl., Heft 41, S. 110, 135.

Groß, langgestreckt, parallelseitig (Abb. 552). Kopf kurz und breit, etwa so breit wie der vordere Teil des Pronotum an den Schwielen. Hinterrand des Scheitels mit deutlichem Querkiel, der stets gelb gefärbt ist. 2. Fühlerglied viel länger als das 3. Schwielen des Pronotum groß und rund, deutlich voneinander getrennt (Abb. 553, 427e), hinter ihnen eine Querrinne, die den Seitenrand erreicht. Halbdecken lang und schmal, Cuneus spitz dreieckig. Hinterhüften deutlich voneinander getrennt. Schwarz und gelb gefärbte Arten. Stets makropter. Genitalien des ♂ denen der Gattung *Globiceps* LEP. et SERV. ähnlich. Rechtes Paramer (Abb. 554a) distal stark erweitert und mit Zähnen besetzt. Linkes Paramer (Abb. 554b) mit 2 sehr langen, schlanken Fortsätzen, außen ohne Fortsatz. Penis (Abb. 554c) schlank, fast gerade. Chitinbänder der Vesika (Abb. 554c) lang und schmal, kaum verzweigt und nur 1 Anhang gezähnt.

Die Gattung enthält 3 Arten, die sämtlich im Mittelmeerraum vorkommen.

Bestimmungsschlüssel
für die Arten von *Dryophilocoris* REUT.

1 (2) Halbdecken gelb gefärbt, Pronotum überwiegend gelb, glänzend (Abb. 552a).
1. **D. luteus** S. 295

2 (1) Halbdecken schwarz mit gelben Flecken, Pronotum einfarbig schwarz, oft matt (Abb. 553, b+c).

3 (4) 2. Fühlerglied 1,3–1,4× so lang, wie das Pronotum breit ist; 1. Glied hell, 0,65–0,77× so lang, wie der Kopf breit ist. Vorderer Abschnitt des Pronotum (Abb. 553b) etwas schmaler als der Kopf. 2. **D. flavoquadrimaculatus** S. 296

4 (3) 2. Fühlerglied 1,0–1,1× so lang, wie das Pronotum breit ist; 1. Glied schwarz, 0,57–0,58× so lang, wie der Kopf breit ist. Vorderer Abschnitt des Pronotum deutlich etwas breiter als der Kopf (Abb. 553c). 3. **D. persimilis** S. 297

552

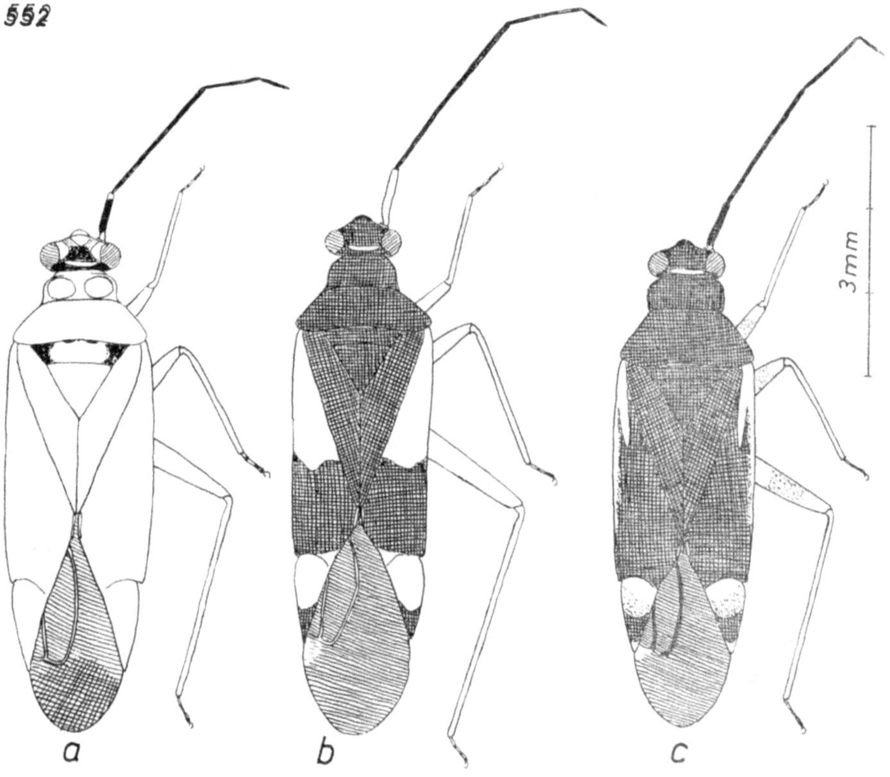

Abb. 552: *Dryophilocoris* Reut., Männchen
a: *D. luteus* H.-S. — b: *D. flavoquadrimaculatus* Deg. — c: *D. persimilis* Put.

1. **Dryophilocoris luteus** (HERRICH-SCHÄFFER), 1835 (Abb. 552a)

Weißgelb bis kräftig gelb, Halbdecken ohne schwarze Zeichnung, nur Kopf und Basis des Scutellum schwarz gefleckt. Kopf kurz und breit, fast oval. Scheitel beim ♂ 2,36×, beim ♀ 2,5–2,6× so breit wie das Auge, hinten mit kräftigem Querkiel (Abb. 553a). Stirn und Scheitel schwarz gefleckt oder schwarz mit Ausnahme der Ränder und des Querkiels. Spitze des Tylus schwarz. Fühler schwarz, das 1. Glied an beiden Enden schmal weißlich, 0,67× so lang, wie der Kopf breit ist (Abb. 553a);

2. Glied schlank, beim ♂ 1,0–1,05× so lang, beim ♀ 0,95× so lang, wie das Pronotum breit ist, beim ♀ oft gelbbraun mit schwarzer Spitze, beim ♂ schwarz; 3. Glied 0,44–0,55× so lang wie das 2.; das 4. Glied sehr kurz. Vorderer Teil des Pronotum geringfügig schmaler als der Kopf. Basiswinkel des Scutellum schwarz. Halbdecken einfarbig gelb. Membran dunkelgrau, Adern graugelb. Unterseite hell. Kehle und Mitte der Brust oft schwarz. Beine gelb, Tarsen dunkel.

Länge: ♂ = 5,4–6,0 mm, ♀ = 5,7–6,6 mm.

Die Art lebt sowohl zoo- als auch phytophag an Quercus. Imagines im Juli und August. Überwintert als Ei.

Bisher in Österreich (Wiener Becken), Ungarn und Griechenland festgestellt.

553

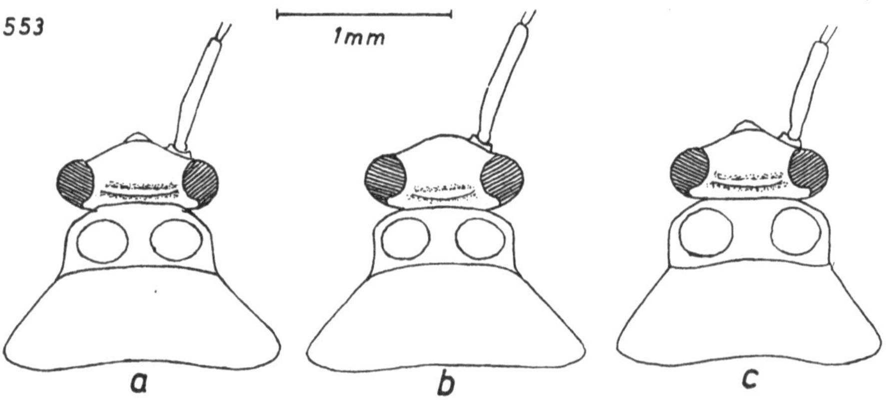

Abb. 553: *Dryophilocoris*, Kopf, Pronotum und 1. Fühlerglied des ♂
a: *D. luteus* H.-S. — b: *D. flavoquadrimaculatus* Deg. — c: *D. persimilis* Put.

2. **Dryophilocoris flavoquadrimaculatus** (DEGEER), 1773 (Abb. 552b)

Schwarz mit gelber Zeichnung. Halbdecken mit 4 gelben Flecken (Abb. 552b). Kopf schwarz, oval. Scheitel beim ♂ (Abb. 553b) 1,87×, beim ♀ 2,56× so breit wie das Auge, hinten mit kräftigem Querkiel, der gelb gefärbt ist. Fühler schwarz, das 1. Glied gelbrot bis gelbbraun, an beiden Enden dunkler, beim ♂ 0,77×, beim ♀ 0,65× so lang, wie der Kopf breit ist; 2. Glied schwarz, beim ♂ 1,4×, beim ♀ 1,3× so lang, wie das Pronotum breit ist; 3. Glied beim ♂ 0,4×, beim ♀ 0,5× so lang wie das 2.; das 4. nur 0,39× so lang wie das 3. Glied. Vorderer Abschnitt des Pronotum (Abb. 553b) geringfügig schmaler als der Kopf, hinterer Abschnitt 1,7× so breit wie derselbe. Pronotum, Scutellum und Clavus einfarbig schwarz. Vordere Hälfte des Corium hellgelb. Cuneus mit Ausnahme der Spitze hellgelb. Membran schwarzgrau, Adern graugelb. Unterseite schwarz. Beine hellgelb, Tarsen dunkel.

Rechtes Paramer (Abb. 554a) fast keulenförmig, distal mit zahlreichen Zähnen, Hypophysis kurz und spitz. Linkes Paramer (Abb. 554b) mit 2 sehr langen, schlanken Fortsätzen; der innere abwärts gerichtet und mit kleiner, gekrümmter Spitze; der obere Fortsatz außen gezähnt; der äußere Fortsatz fehlt. Chitinbänder der Vesika (Abb. 554c) lang und schmal, kaum verzweigt und nur im apikalen Teil gezähnt.

Die var. *lucanicus* nov. var. ist einfarbig schwarz, nur der Querkiel am Hinterrande des Scheitels ist gelbbraun. Sie wurde in Süditalien (Lucania) gefunden. Holotypus in Sammlung ECKERLEIN, Coburg.

Länge: ♂ = 6,0–6,6 mm, ♀ = 6,2–6,6 mm.

Ebenfalls zoo- und phytophag an Quercus. Imagines im Mai und Juni. Überwintert als Ei. Eine Generation im Jahre.

Europäische Art. Im Mittelmeerraum in Südeuropa und Nordafrika.

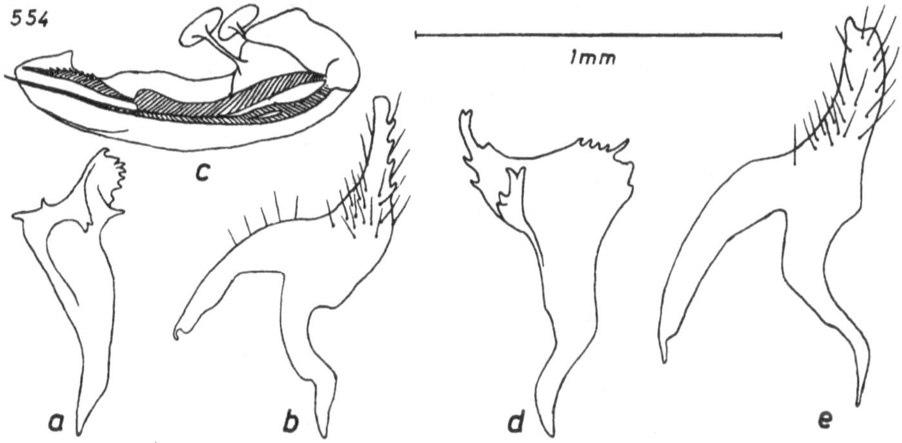

Abb. 554: *Dryophilocoris* und *Cyllocoris*, Genitalien des Männchens
a—c: *D. flavoquadrimaculatus* Deg. — d+e: *C. histrionicus* L.
a+d: rechtes Paramer von oben — b+e: linkes Paramer von oben — c: Penis von rechts

3. **Dryophilocoris persimilis** (PUTON), 1895 (Abb. 552c)

Schwarz, mit gelber Zeichnung auf den Halbdecken, die jedoch weit weniger ausgedehnt ist; der Außenrand des Corium bis über die Mitte hinaus sehr schmal hell. Kopf schwarz, Scheitel beim ♂ (Abb. 553c) 2,08×, beim ♀ 2,29× so breit wie das Auge, hinten mit kräftigem Querkiel, der gelb gefärbt ist. Fühler schwarz, 1. Glied an beiden Enden weißlich, beim ♂ 0,58×, beim ♀ 0,57× so lang, wie der Kopf breit ist; 2. Glied nur 1,0–1,05× so lang, wie das Pronotum breit ist; 3. Glied 0,53–0,55× so lang wie das 2.; das 4. Glied sehr kurz. Vorderer Abschnitt des Pronotum geringfügig breiter als der Kopf (Abb. 553c); hinterer Abschnitt 1,6–1,7× so breit wie der Kopf. Pronotum, Scutellum und Clavus einfarbig schwarz.

Corium im vorderen Teil mit gelbem Fleck, der beim ♀ größer zu sein pflegt als beim ♂, Außenrand bis über die Mitte hinaus schmal gelblich. Cuneus gelbrot, der hintere Teil schwarz, die äußerste Spitze jedoch schmal hell. Membran schwarzgrau, Adern schwarz, Querader zum Teil graugelb. Unterseite schwarz. Beine gelb, Mitte der Schenkel braun, Tarsen schwarz.

Länge: ♂, ♀ = 6,0–7,0 mm.

Bisher nur in der Türkei und in Syrien gefunden. Imagines waren im Mai und Juni vorhanden.

108. Gattung **CYLLOCORIS** HAHN, 1854

Typus-Art: *C. histrionicus* L.

Von etwas schlankerer Gestalt (Abb. 555a), parallelseitig. Kopf (Abb. 555, e+f) kurz und breit, fast oval. Scheitel hinten völlig ungerandet oder mit undeutlicher Kante. Vorderer Teil des Pronotum viel schmaler als der Kopf (etwa 0,8× so breit). Schwielen des Pronotum (Abb. 427f) breiter als lang, schwach gewölbt, in der Mitte aneinanderstoßend, hinter ihnen eine deutliche Querrinne. Seiten des hinteren Teiles eingebuchtet (Abb. 555a). 1. Fühlerglied länger, als der Kopf breit ist (Abb. 555, e+f); 2. Glied viel länger als das 3. (Abb. 555a). Cuneus sehr lang, schmal und spitz. Hinterhüften deutlich voneinander getrennt.

Genitalien des ♂ denen der vorigen Gattung sehr ähnlich (Abb. 554, d+e).

Die Gattung enthält 4 Arten, die in der Paläarktis (einschließlich China) leben. 2 davon kommen im Mittelmeerraum vor.

Bestimmungsschlüssel
für die Arten von *Cyllocoris* HHN.

1 (2) 1. Fühlerglied gelbbraun oder gelbrot, so lang, wie der Kopf breit ist und etwa halb so dick, wie das Auge breit ist (Abb. 555e). 1. **C. histrionicus** S. 298

2 (1) 1. Fühlerglied schwarzbraun bis schwarz, 1,25–1,30× so lang, wie der Kopf breit ist und fast so dick, wie das Auge breit ist (Abb. 555f). 2. **C. marginatus** S. 299

1. **Cyllocoris histrionicus** (LINNÉ), 1767 (Abb. 555a)

Gestalt lang und parallelseitig. Fühler und Beine lang. Kopf schwarz, Scheitel am Hinterrand oft mit gelbbraunem Fleck, ohne Rand oder Kante (Abb. 555g), 1,6–1,7× so breit wie das Auge. Fühler schwarz, 1. Glied gelbbraun oder gelbrot, an der Basis schmal schwarz, etwa so lang, wie der Kopf breit ist (Abb. 555e); 2. Glied gegen die Spitze kaum verdickt, 2,5× so lang wie das 1. und fast doppelt so lang wie das 3. Glied. Pronotum (Abb. 555, b–d) schwarz und gelb gefärbt; entweder nur die Schwielen schwarz (var. *douglasi* STICH.) oder fast ganz schwarz mit Ausnahme eines hellen Streifens am Hinterrande und eines damit verbundenen Mittelfleckes (Abb. 555d, var. typica), dazwischen Übergänge (Abb. 555c, var. *cunealis* REUT.). Vorderer Teil des Pronotum viel schmaler als der Kopf. Scutellum schwarz, seine Spitze mehr oder weniger ausgedehnt hell (Abb. 555a). Halbdecken rotbraun bis schwarzbraun, Cuneus gelb, Spitze schwarz. Membran grau, Adern gelblich. Beine gelb, Schenkel rotgelb bis braun.

Rechtes Paramer (Abb. 554d) fast dreieckig, außen 2 gezähnte Fortsätze, innen eine Reihe von Zähnen. Linkes Paramer (Abb. 554e) mit 2 langen, leicht gekrümmten Fortsätzen, der innere abwärts gerichtet; der andere nach oben gerichtet, außen eine stumpfe Ecke.

Länge: ♂ = 5,7–7,5 mm, ♀ = 6,2–8,0 mm.

Die Art ist sowohl zoophag als auch phytophag und lebt an Quercusarten. Imagines von Mai bis Juli. Überwintert als Ei. Eine Generation im Jahre.

Verbreitungsgebiet ist Europa. Im Mittelmeerraum in ganz Südeuropa.

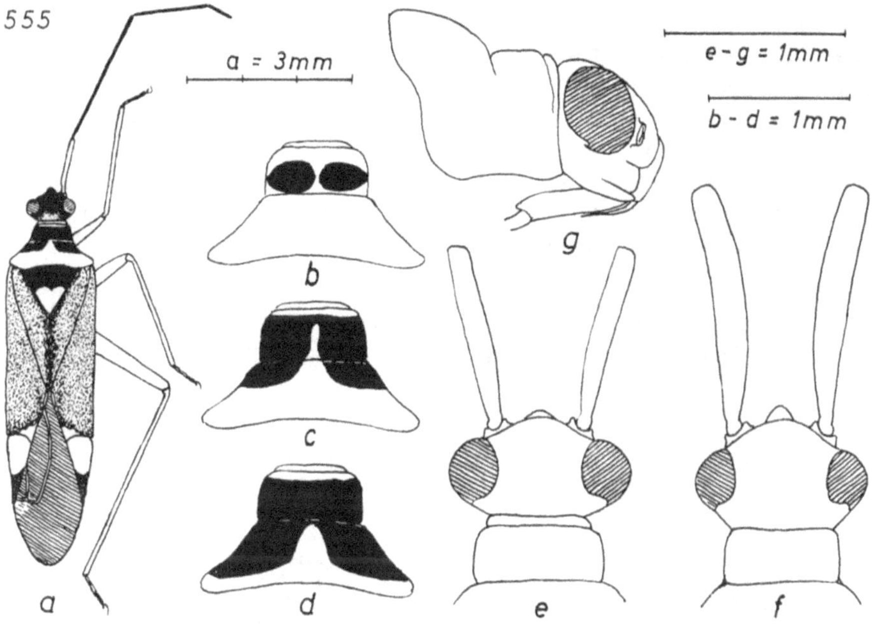

Abb. 555: *Cyllocoris* Hhn., Männchen
a—e, g: *C. histrionicus* L. — f: *C. marginatus* Fieb.
a: Gestalt — b—d: Pronotum von oben — e+f: Kopf und 1. Fühlerglied von oben — g: Kopf und Pronotum von rechts

2. **Cyllocoris marginatus** (FIEBER), 1870

Von längerer, schlankerer Gestalt und mit noch längeren Fühlern und Beinen. Kopf schwarz, Hinter- und Augenrand oft gelb. Scheitel hinten stumpfkantig, etwa doppelt so breit wie das Auge (Abb. 555f). Fühler gelb, 1. Glied schwarzbraun bis schwarz, 1,25–1,30× so lang, wie der Kopf breit ist und etwa so dick, wie das Auge breit ist, die übrigen Glieder dünn und gelb. Pronotum schwarzbraun bis schwarz, mit gelbem Mittelstreif, der den Vorderrand nicht erreicht. Scutellum schwarzbraun, Apikalhälfte gelb. Corium und Clavus graubraun bis braun, Außenrand des Corium schmal hell. Cuneus im basalen Teil rotgelb bis gelb, Apikalteil schwarz, dazwischen eine braune Übergangszone. Membran hell graubraun, von den Zellen führt ein dunkler Streifen zum Hinterrand, Adern weißlich, zum mindesten die Querader. Beine gelb, Schenkel rotgelb, Apikalteil oft braun. Das Rostrum reicht bis zum Hinterrande der Mittelbrust.

Länge: ♂, ♀ = 7,0 mm.

Aus Griechenland beschrieben, angeblich in der Schweiz gefunden. Die Angabe, daß die Art in Deutschland (Sachsen) gefunden sei, muß bezweifelt werden.

7. Unterfamilie PILOPHORINAE DOUGLAS et SCOTT, 1876

Kopf hinten konkav, in dieser Höhlung sitzt der Vorderrand des Pronotum, so daß letzteres den Hinterrand der Augen nach vorn überragt (Abb. 560). Wangen so hoch wie das Auge. 2. Fühlerglied distal verdickt, stets länger als das 3. und 4. zusammen (Abb. 556). Halbdecken mit schmalen Querbinden, die von silberglänzenden Schuppenhaaren gebildet werden (Abb. 556, a–c) und nur selten fehlen (*Hypseloecus* REUT., Abb. 556d). Auch auf dem Scutellum Streifen von silberglänzenden Schuppenhaaren. Halbdecken zwischen Corium und Cuneus mit deutlicher Incisur, in der Regel dort nach unten geknickt (Fraktur). Flügel mit Zellhaken. 2. Glied der Hintertarsen doppelt so lang wie das 3. Arolien bläschenartig, ihre Spitzen gegeneinander geneigt.

Genitalien (Abb. 557, e–g) vom *Phylinae*-Typ.

Die Unterfamilie enthält etwa 20 Gattungen, von denen 2 in der Paläarktis vorkommen. Sie finden sich auch im Mittelmeerraum.

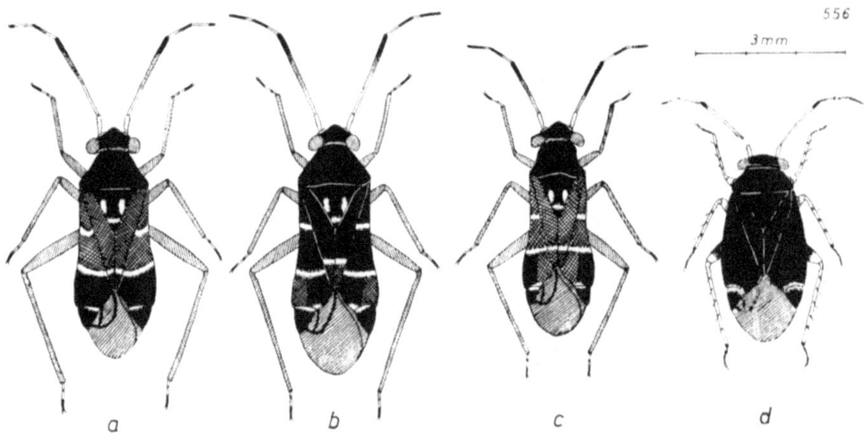

Abb. 556: *Pilophorinae*, Männchen
a: *Pilophorus cinnamopterus* Kb. — b: *P. clavatus* L. — c: *P. pusillus* Reut. — d: *Hypseloecus visci* Put.

Bestimmungsschlüssel
für die Gattungen der *Pilophorinae* DGL. et SC.

1 (2) Gestalt breit oval (Abb. 556d), Hinterrand des Scheitels nur schwach konkav (Abb. 557, a+b). 2. Fühlerglied (Abb. 557, c+d) dünner oder höchstens so dick wie das 1. Schienen hell mit schwarzen Punkten.
109. Gattung **Hypseloecus** S. 301

2 (1) Gestalt länglich (Abb. 556, a–c), oft in der Mitte verengt. Hinterrand des Scheitels stark konkav (Abb. 560). 2. Fühlerglied (Abb. 558c) viel dicker als das 1. Schienen ohne schwarze Punkte, in der Regel dunkel.
110. Gattung **Pilophorus** S. 302

109. Gattung **HYPSELOECUS** REUTER, 1891

Typus-Art: *H. visci* PUT.

E. WAGNER 1955, Deut. Ent. Zeit., Bd. 2 (5), S. 240; CARVALHO 1955, Bol. Mus. Em. Goeldi, Bd. 11, S. 72; id. 1958, Arq. Mus. Nac. Bras., Bd. 47, S. 77.

Kopf (Abb. 557, a+b) breit und sehr kurz. Wangen so hoch wie das Auge. Hinterrand des Scheitels scharfkantig, Auge breiter als lang. Pronotum etwa doppelt so breit wie lang. Gestalt breit oval (Abb. 556d), zwischen Corium und Cuneus eine deutliche Incisur. 2. Fühlerglied schlank (Abb. 557, c+d), dünner oder höchstens so dick wie das 1. Schenkel mit heller Spitze, Schienen mit schwarzen Punkten, hell. Die einzige Art lebt an Viscum und wurde auch im Mittelmeerraum gefunden.

Hypseloecus visci (PUTON), 1880 (Abb. 556d)

Pechbraun bis schwarz. Oberseite dicht mit silberglänzenden Schuppenhaaren bedeckt. Scheitel mehr als doppelt so breit wie das Auge (Abb. 557, a+b). 1. und 2.

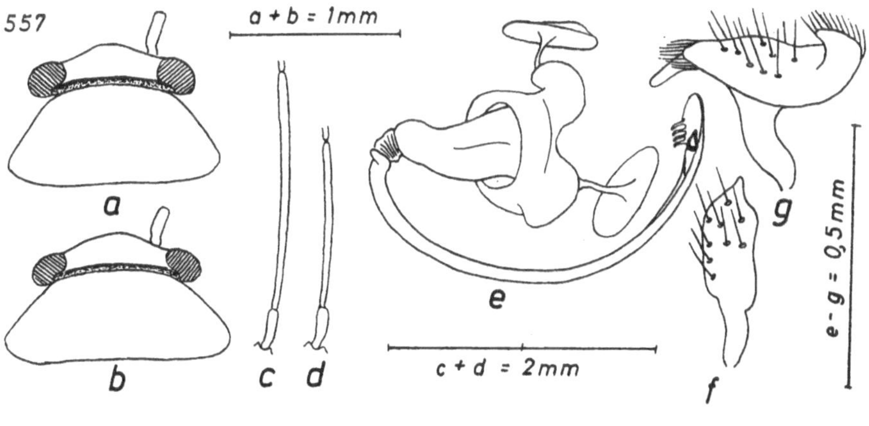

Abb. 557: *Hypseloecus visci* Put.
a: Kopf und Pronotum des ♂ von oben — b: dasselbe vom ♀ — c: Fühler des ♂ — d: Fühler des ♀ — e: Penis von links — f: rechtes Paramer von oben — g: linkes Paramer von oben

Fühlerglied oft hell gelbbraun, das 2. Glied (Abb. 557, c+d) beim ♂ länger und dicker als beim ♀, aber nicht dicker als das 1. Glied; 3. Glied 0,6× so lang wie das 2. Spitze des Scutellum sowie Innenwinkel und Außenecke des Corium oft gelbbraun, an der Basis des Cuneus eine gelbbraune Querbinde, die bisweilen rötlich erscheint. Oft ist auch der hintere Teil des Corium gelbbraun.

Linkes Paramer (Abb. 557g) mit abwärts gerichteter Hypophysis und aufwärts gerichtetem Sinneshöcker, stark behaart. Rechtes Paramer (Abb. 557f) eckig, Hypophysis kurz. Vesika des Penis (Abb. 557e) lang und dünn, gleichmäßig gekrümmt, Apikalteil abgerundet, innen mit 4 bis 5 zahnartigen Anhängen neben der sekundären Gonopore.

Länge: ♂ = 3,2–3,5 mm, ♀ = 3,0–3,6 mm.

Die Art lebt an Viscum album L. Imagines im Juli und August. Überwintert als Ei. Eine Generation im Jahre.

Verbreitungsgebiet Deutschland und Frankreich. Im Mittelmeerraum in Südfrankreich (Haute Garonne, Aube).

110. Gattung **PILOPHORUS** HAHN, 1825

Typus-Art: *P. clavatus* L.

Längliche Arten, in der Mitte des Corium oft etwas eingeschnürt (Abb. 556, a–c). Scutellum und Halbdecken mit schmalen Binden, die von silberglänzenden Schuppenhaaren gebildet werden. Kopf und Augen hinten konkav, den Vorderrand des Pronotum umfassend (Abb. 558, a+b). Hinterrand des Scheitels scharfkantig. Fühler robust, das 2. Glied viel dicker als das 1. und länger als das 3. und 4. zusammen. Pronotum ohne Querfurche, Schwielen undeutlich. Beine braun, Schienen ohne schwarze Punkte.

Rechtes Paramer (Abb. 558d) blattartig dünn, stark behaart. Linkes Paramer (Abb. 558, e+f) mit abwärts gerichteter Hypophysis und aufwärts gerichtetem Sinneshöcker. Vesika des Penis (Abb. 558h) sehr dünn und lang, gleichmäßig gekrümmt. Apikalteil schlank, an der Innenseite neben der sekundären Gonopore eine Reihe zahnartiger Anhänge (Abb. 558i). Apikalteil der Theka kurz und dick, kräftiger chitinisiert als der Basalteil und mit dem Rande der Genitalöffnung verwachsen. Die Gattung enthält 46 Arten, von denen 11 in der Paläarktis leben. Von ihnen kommen 8 im Mittelmeerraum vor.

Bestimmungsschlüssel
für die Arten von *Pilophorus* HHN.

1 (12) Behaarung der Oberseite kurz und schrägstehend, nur hinter der 2. Querbinde des Corium bisweilen längere, aufrechte Haare.

2 (7) Corium hinter der 2. Querbinde in ganzer Breite stark glänzend (Abb. 556a).

3 (4) Pronotum schmaler (Abb. 560a) oder kaum breiter als der Kopf (♂), seine Seiten geschweift. 2. Fühlerglied distal keulig verdickt.

Der im Gebiet nördlich des Kaspischen Meeres lebende **P. sinuaticollis** REUT.

4 (3) Pronotum deutlich breiter als der Kopf, Seiten schwach geschweift (Ausnahme die ♀♀ mancher Arten).

5 (6) Scutellum im hinteren Teil schwach gewölbt, ohne stark erhabenen Höcker. 1. **P. cinnamopterus** S. 304

6 (5) Scutellum im hinteren Teil mit stark erhabenem Höcker. 5. **P. scutellaris** S. 306

7 (2) Corium hinter der 2. Querbinde im inneren Teil matt, das Exocorium glänzend.

8 (9) Die 2. Querbinde der Halbdecken liegt im Clavus deutlich weiter nach vorn als im Corium (Abb. 559a). 2. **P. clavatus** S. 304

9 (8) Die 2. Querbinde liegt im Clavus und Corium ungefähr auf gleicher Höhe und bildet daher eine durchlaufende Querlinie.

10 (11) Größer, Hinterrand des Corium mit einer Reihe langer, aufrechter Haare. Seiten des Pronotum schwach eingebuchtet (Abb. 560c). 3. **P. perplexus** S. 305

11 (10) Kleiner, die langen, aufrechten Haare im hinteren Teil des Corium sind über die ganze Fläche hinter der 2. Querbinde verteilt. Seiten des Pronotum etwas stärker eingebuchtet (Abb. 560d). 4. **P. pusillus** S. 305

12 (1) Oberseite mit langen, aufrechten Haaren, die sich auch im vorderen Teil der Halbdecken finden.

13 (16) Corium hinter der 2. Querbinde matt, nur das Exocorium glänzend.

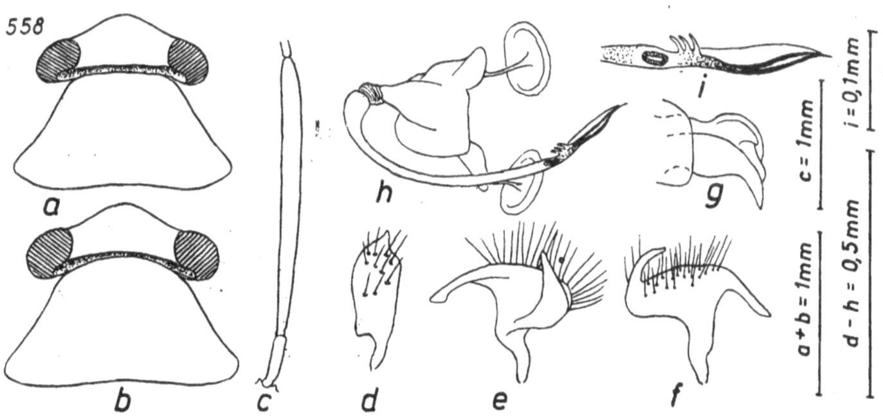

Abb. 558: *Pilophorus cinnamopterus* Kb.

a: Kopf und Pronotum des ♂ von oben — b: dasselbe vom ♀ — c: Fühler des ♂ — d: rechtes Paramer von oben — e: linkes Paramer von oben — f: dasselbe von außen — g: Apikalteil der Theka von innen — h: Penis von links — i: Apikalteil der Vesika von links

14 (15) Halbdecken in der Regel etwas verkürzt, von der Basis bis nahe an den Cuneus gleichmäßig verbreitert (Abb. 559d), Außenrand nicht eingebuchtet. 4. Fühlerglied länger als das 3. 6. **P. confusus** S. 306

15 (14) Halbdecken voll entwickelt, ihr Außenrand nahe der Mitte eingebuchtet (Abb. 559e). 4. Fühlerglied kürzer als das 3. 7. **P. gallicus** S. 307

16 (13) Corium hinter der 2. Querbinde überall glänzend. Außenrand in der Mitte eingebuchtet (Abb. 559f). 8. **P. angustulus** S. 309

1. **Pilophorus cinnamopterus** (KIRSCHBAUM), 1856 (Abb. 556a)

Schwarzbraun, matt, glatt. Halbdecken zimtbraun bis rotbraun, im hinteren Teil schwarz und glänzend. Scheitel etwa 2× so breit wie das Auge (Abb. 558, a+b). Fühler gelbbraun, 2. Glied an der Spitze schwarz, basaler Teil der Glieder 3 und 4 weißgelb. Halbdecken hinter der 2. Querbinde überall glänzend. 2. Querbinde ohne Absatz durchlaufend. Beine braun. Das Rostrum reicht bis zu den Mittelhüften.

Rechtes Paramer (Abb. 558d) fast viereckig. Linkes Paramer (Abb. 558, e+f) mit langem, spitzem Sinneshöcker und schlanker Hypophysis. Penis (Abb. 558h) gleichmäßig gekrümmt. Apikalteil der Vesika (Abb. 558i) schlank, distal spitz. Neben der sekundären Gonopore nur 3 Zähne. Apikalteil der Theka (Abb. 558g) außen mit einem Buckel.

Länge: ♂ = 4,1–5,2 mm, ♀ = 4,4–4,8 mm.

Die Art lebt sowohl zoo- als auch phytophag an Pinusarten. Imagines von Juni bis September. Überwintert als Ei.

Holarktische Art. Im Mittelmeerraum in ganz Südeuropa.

2. **Pilophorus clavatus** (LINNÉ), 1767 (Abb. 556b)

Groß, schwarz, seltener schwarzbraun. Die 2. Querbinde der Halbdecken liegt im Clavus etwas weiter nach vorn als im Corium (Abb. 559a). Hinter dieser Querbinde ist das Corium matt, das Exocorium jedoch glänzend. Fühler braun, Apikalteil des 2. Gliedes schwarz, der helle Teil an der Basis ist beim 3. Glied breiter als beim 4. Scheitel 1,67× so breit wie das Auge. Makropter.

Rechtes Paramer (Abb. 561a) breit und gerundet, Hypophysis kurz. Hypophysis des linken Paramers (Abb. 561, b+c) gerade und steil nach unten gerichtet. Sinneshöcker zungenförmig, aufwärts gekrümmt. Vesika des Penis (Abb. 561d) im Apikalteil geschweift. Letzterer schlank und spitz (Abb. 561e), neben der sekundären Gonopore 7 Zähne. Apikalteil der Theka (Abb. 561f) kurz, außen ein kleiner Höcker.

Länge: ♂ = 3,9–5,0 mm, ♀ = 4,0–4,6 mm.

Die Art lebt an Laubhölzern (Salix, Populus, Tilia, Quercus). Sie ist phytophag und zoophag. Imagines von Juni bis September. Überwintert als Ei.

Holarktische Art. Im Mittelmeerraum in Südfrankreich, Italien, Jugoslawien, Bulgarien und Rumänien.

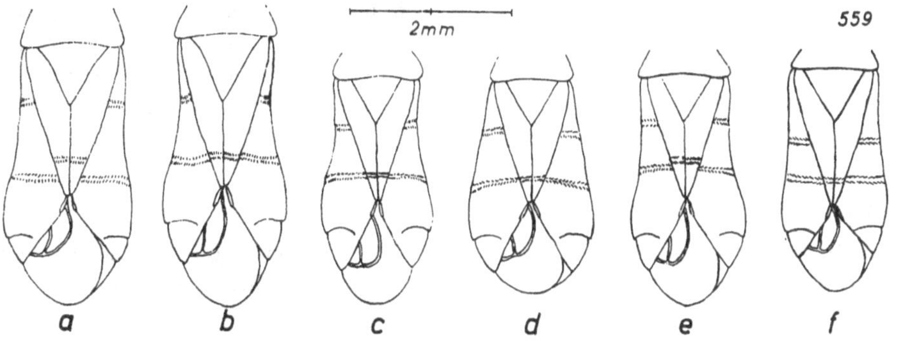

Abb. 559: *Pilophorus* Hhn., Halbdecken des Männchens
a: *P. clavatus* L. — b: *P. perplexus* Dgl. et Sc. — c: *P. pusillus* Reut. — d: *P. confusus* Kb. — e: *P. gallicus* Rem. — f: *P. angustulus* Reut.

3. **Pilophorus perplexus** (DOUGLAS et SCOTT), 1875

Etwas heller gefärbt, Halbdecken oft größtenteils braun. Die 2. Querbinde der Halbdecken liegt in Clavus und Corium auf gleicher Höhe (Abb. 559b) und bildet daher eine durchlaufende Querlinie. Scheitel fast doppelt so breit wie das Auge. 2. Fühlerglied 1,3–1,4× so lang, wie der Kopf breit ist. Das Rostrum erreicht die Hinterhüften. Seiten des Pronotum (Abb. 560c) nur geringfügig eingebuchtet. Am Hinterrande des Corium findet sich eine Reihe längerer, aufrechter Haare.

Rechtes Paramer (Abb. 561g) eckig, Hypophysis robust. Linkes Paramer mit schlanker, spitzer, leicht abwärts gekrümmter Hypophysis und zungenförmigem, schräg aufwärts gerichtetem Sinneshöcker. Vesika des Penis (Abb. 561k) gleichmäßig gekrümmt. Apikalteil (Abb. 561l) distal leicht verbreitert und abgerundet, neben der sekundären Gonopore 8 Zähne. Apikalteil der Theka (Abb. 561m) sehr schlank, wenig gewölbt und schwach gekrümmt.

Länge: ♂ = 4,0–4,9 mm, ♀ = 4,2–4,5 mm.

Die Art lebt sowohl zoophag als auch phytophag an Laubhölzern (Fraxinus, Alnus, Tilia, Acer, Quercus, Malus, Salix). Imagines von Juli bis Oktober. Überwintert als Ei.

Holarktische Art. Im Mittelmeerraum in Südeuropa und Nordafrika (Marokko, Algerien und Tunesien), auch von Madeira gemeldet.

4. **Pilophorus pusillus** REUTER, 1858 (Abb. 556c)

RIBAUT 1920, Bull. Soc. Hist. Nat. Toulouse, S. 70.

Kleiner, aber von gleicher Färbung wie vorige Art. 2. Querbinde der Halbdecken (Abb. 559c) ohne Unterbrechung durchlaufend. Scheitel (Abb. 560d) doppelt so breit wie das Auge. 2. Fühlerglied 1,25–1,33× so lang, wie der Kopf breit ist und 1,5× so lang wie das 3. und 4. zusammen. Die langen Haare im hinteren Teil des Corium sind über die ganze Fläche hinter der 2. Querbinde verteilt. Seiten des

Pronotum etwas stärker eingebuchtet (Abb. 560d).

Rechtes Paramer (Abb. 561t) klein und oval, Hypophysis kurz und abgerundet. Hypophysis des linken Paramers (Abb. 561, u+v) zur Seite gerichtet und leicht gekrümmt. Vesika (Abb. 561w) schlank, schwach, aber gleichmäßig gekrümmt. Apikalteil (Abb. 561x) mit großem, spitzem, membranösem Anhang, neben der sekundären Gonopore 5 Zähne. Apikalteil der Theka (Abb. 561y) klein, außen stark gewölbt.

Länge: ♂ = 3,2–3,5 mm, ♀ = 3,1–3,9 mm.

Die Art lebt an Laubbäumen (Quercus, Ulmus) und an Büschen (Sarothamnus). Sie wird wie alle Arten der Gattung oft in Gesellschaft von Ameisen angetroffen. Imagines im August und September. Überwintert als Ei.

Mediterrane Art, die auch den Süden Mitteleuropas bewohnt. Im Mittelmeerraum in Spanien (Mallorca), Südfrankreich, Italien, Jugoslawien (Dalmatien, Serbien), Griechenland, Bulgarien und Rumänien.

5. **Pilophorus scutellaris** REUTER, 1902

Diese Art ist dem Verfasser unbekannt. Die Type konnte nicht aufgefunden werden. Beschreibung nach REUTER.

Länglich. Zimtbraun, glänzend. Apikalteil des Scutellum schwarz, mit einem hohen, zimtfarbenen Höcker. Halbdecken matt. Hinter der 2. Querbinde der Halbdecken in ganzer Breite schwarz, glänzend. Die hintere Querbinde verläuft in gerader Linie durch Clavus und Corium. Abdomen schwarz, glänzend, jederseits mit einer schrägen Binde aus weißen Schuppenhaaren. Kopf dreieckig, zimtbraun. 2. Fühlerglied schwarzbraun, distal verdickt, so lang, wie das Pronotum breit ist. Letzteres 1,5× so breit wie der Kopf. Beine zimtbraun, Schienen distal dunkler.

Länge: 4,67 mm.

Bisher nur einmal in Tunesien (Teboursouk) gefunden.

6. **Pilophorus confusus** (KIRSCHBAUM), 1856

Oberseite mit langen, aufrechten Haaren auch im vorderen Teile bedeckt. Gestalt (Abb. 559d) hinten breiter, die breiteste Stelle liegt in der Nähe des Coriumhinterrandes. Außenrand des Corium nicht eingebuchtet. Membran verkürzt, den Cuneus kaum überragend, ihr Außenrand weiß. Die 2. Querbinde liegt in Clavus und Corium auf gleicher Höhe. Scheitel doppelt so breit wie das Auge. 2. Fühlerglied 1,25–1,33× so lang, wie der Kopf breit ist. Pronotum nur wenig breiter als der Kopf. 4. Fühlerglied länger als das 3. Das Rostrum reicht bis zu den Mittelhüften.

Rechtes Paramer (Abb. 561n) oval, Hypophysis klein. Linkes Paramer (Abb. 561, o+p) mit langem, kräftigem, steil nach oben gerichtetem Sinneshöcker und schlanker, nur wenig abwärts gerichteter Hypophysis. Vesika des Penis (Abb. 561q) kürzer, dicker und nur schwach gekrümmt. Apikalteil (Abb. 561r) breit und spitz, neben der sekundären Gonopore 6 schlanke Zähne. Apikalteil der Theka (Abb. 561s) gekrümmt, Spitze schlank, der äußere Buckel niedrig.

560

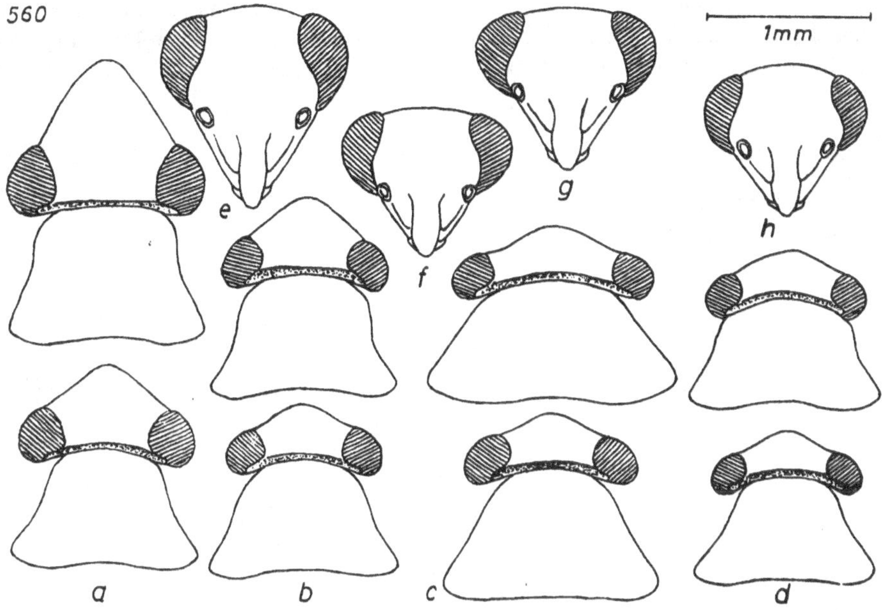

Abb. 560: *Pilophorus* Hhn., Kopf und Pronotum
a+e: *P. sinuaticollis* Reut. — b+f: *P. gallicus* Rem. — c+g: *P. perplexus* Dgl. et Sc. — d+h: *P. pusillus* Reut.
a—d: Kopf und Pronotum von oben (unten = ♂, darüber = ♀) — e—h: Kopf des ♀ von vorn

Bei der var. *nitidicollis* PUT. ist das Pronotum im hinteren Teil glänzend.

Länge: ♂ = 3,5–4,5 mm, ♀ = 3,5–3,9 mm.

Die Art lebt auf Laubhölzern, oft an Salix. Auch sie wird oft in Gesellschaft von Ameisen angetroffen. Imagines von Juni bis August. Überwintert als Ei.

Eurosibirische Art. Im Mittelmeerraum in Spanien, Südfrankreich, Italien, Albanien, Jugoslawien, Rumänien, Bulgarien und Marokko. LINDBERG meldet sie von den Azoren.

7. **Pilophorus gallicus** REMANE 1954

Vie et milieu, Bd. 5 (1), S. 164; Syn.: *P. ponderosus* LINNAV. 1962, Act. Ent. Fenn., Bd. 28 (5), S. 169—172; E. WAGNER 1969, Notul. Ent., Bd. 49, S. 279—281.

Der vorigen Art sehr ähnlich und mit der gleichen, aufrechten Behaarung, unterscheidet sich aber durch schlankere Gestalt (Abb. 559e) und nicht verkürzte Halbdecken. Außenrand des Corium nahe der Mitte eingebuchtet. 2. Querbinde der Halbdecken in Corium und Clavus fast in gleicher Höhe. Scheitel beim ♂ 1,63–1,83×, beim ♀ 1,9× so breit wie das Auge. Pronotum matt, mit leichtem Metallglanz, beim ♂ 1,14–1,25×, beim ♀ 1,05× so breit wie der Kopf (Abb. 560b).

Seiten deutlich eingebuchtet, beim ♀ sogar erheblich. Die Membran überragt den Cuneus beim ♀ mit einem Drittel, beim ♂ mit der Hälfte ihrer Länge. Das Rostrum reicht bis zu den Mittelhüften. 4. Fühlerglied kürzer als das 3.

Länge: ♂, ♀ = 3,8–3,9 mm.

Die Art lebt an Populus alba L., seltener an Salix. Imagines von Juni bis September.

Bisher in Südfrankreich (Pyrénées-or., Var) und auf den Inseln Mallorca, Korsika und Sardinien gefunden.

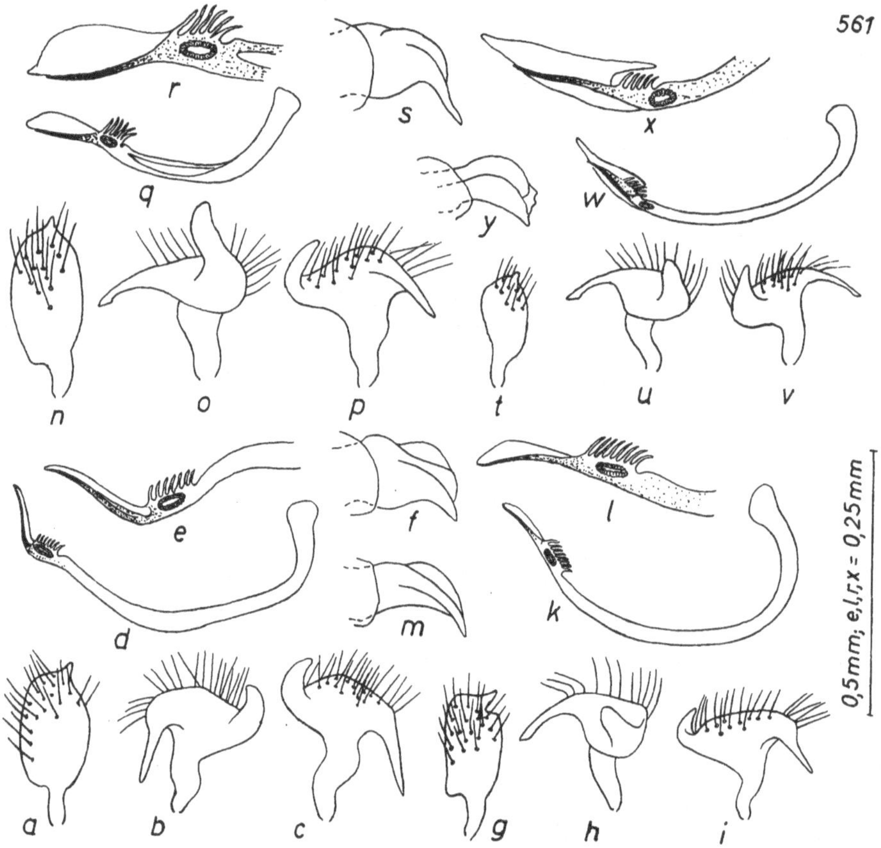

Abb. 561: *Pilophorus* Hhn., Genitalien des Männchens

a—f: *P. clavatus* L. — g—m: *P. perplexus* Dgl. et Sc. — n—s: *P. confusus* Kb. — t—y: *P. pusillus* Reut.

a, g, n, t: rechtes Paramer von oben — b, h, o, u: linkes Paramer von oben — c, i, p, v: dasselbe von innen — d, k, q, w: Penis von rechts — e, l, r, x: Apikalteil der Vesika — f, m, s, y: Apikalteil der Theka von rechts

8. **Pilophorus angustulus** REUTER, 1888

Färbung wie bei *P. cinnamopterus* KB., der vordere Teil der Halbdecken zimtbraun bis rotbraun, der Teil hinter der 2. Querbinde schwarzbraun und glänzend. Letztere ohne Absatz durchlaufend (Abb. 559f). Außenrand des Corium eingebuchtet. Oberseite mit langen, aufrechten Haaren, auch im vorderen Teil, die jedoch weit weniger dicht stehen als bei *P. confusus* KB. Scheitel 1,6–1,7× so breit wie das Auge. Membran nie verkürzt. Das Rostrum erreicht die Hinterhüften.

Länge: ♂, ♀ = 3,5–3,8 mm.

Die Art lebt an Quercusarten. Imagines vom Juli bis September. Überwinterung als Ei.

Mediterrane Art. Bisher festgestellt in Südfrankreich, Dalmatien, Griechenland, Syrien und auf der Insel Zypern.

8. Unterfamilie **CYLAPINAE** KIRKALDY, 1903

Diese Unterfamilie unterscheidet sich von den übrigen durch den Bau der Klauen und ihrer Anhänge. Die Arolien fehlen und sind durch ein Paar gerader Borsten ersetzt (Abb. 19i). Klauen gleichmäßig gekrümmt, schlank, ohne Basalzahn, oft klein. Die Haftläppchen fehlen ebenfalls. Pronotum mit einem Halsring. Genitalien des ♂ vom *Mirinae*-Typ.

Die Unterfamilie hat Vertreter vor allem in tropischen Gebieten. Sie zerfällt in 3 Stämme, von denen jedoch nur 1 in der Paläarktis vorkommt.

Bestimmungsschlüssel
für die Stämme der *Cylapinae* KIRK.

1 (2) Kopf lang und fast spitz (Abb. 562, a+b). Kehle lang. Schwielen des Pronotum vereinigt, etwa zwei Drittel der Länge desselben einnehmend.
1. Stamm **Fulviini** S. 309

2 (1) Kopf kurz, Kehle kurz. Schwielen des Pronotum getrennt, etwa ein Drittel der Länge desselben einnehmend.

3 (4) Oberseite nicht glänzend und höchstens fein punktiert. Membran nicht behaart.
Die in der neotropischen Region lebenden **Cylapini** s. str.

4 (3) Oberseite kräftig punktiert und stark glänzend. Membran behaart.
Die in der orientalischen Region lebenden **Bothriomirini** KIRK.

1. Stamm **FULVIINI** UHLER, 1886

Kopf lang und spitz (Abb. 562, a+b). Stirn und Kehle fast horizontal. Tylus vorstehend, stark gekrümmt (Abb. 562b). Schwielen des Pronotum groß und zu einem Buckel vereinigt, der etwa zwei Drittel der Länge des Pronotum einnimmt (Abb. 562a).

Der Stamm umfaßt 23 Gattungen, von denen nur 1 in der Paläarktis und auch im Mittelmeerraum vorkommt.

111. Gattung FULVIUS STÅL, 1862

Typus-Art: *F. anthocoroides* STÅL

Mittelgroße, flache Arten von länglich-ovaler Gestalt. Augen meistens bis zur Kehle reichend. 2. Fühlerglied länger als das 3. und 4. zusammen. Seiten des Pronotum stark geschweift, vor den Hinterecken blattartig ausgebreitet, stark vorstehend und scharfkantig (Abb. 562a). Halbdecken mit deutlich abgegrenztem Embolium. Das Rostrum überragt die Hinterhüften.

Die Gattung enthält 39 Arten, von denen wiederum nur eine in der Paläarktis und auch im Mittelmeerraum vorkommt.

562

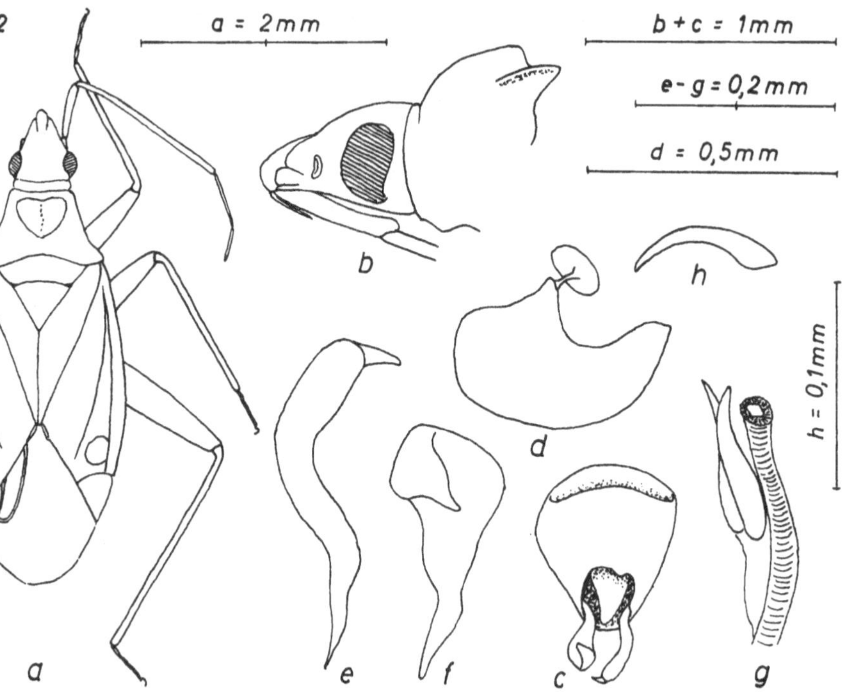

Abb. 562: *Fulvius punctum-album* Rossi

a: Männchen — b: Kopf und Pronotum des ♀ von links — c: Genitalsegment des ♂ von oben — d: Penis von links — e: rechtes Paramer von oben — f: linkes Paramer von oben — g: Vesika des Penis von links — h: Klaue des Hinterfußes von außen

Fulvius punctum-album (ROSSI), 1790 (Abb. 562a)

Syn.: *F. oxycarenoides* REUT., CARVALHO 1957, Arq. Mus. Nac. Rio de Jan., Bd. 44, S. 18.

Länglich-oval. Dunkelbraun, teilweise gelbbraun. Kopf (Abb. 562a) länger als breit und etwa so lang wie das Pronotum, vorn spitz. Augen flach, fast bis zur Kehle reichend, unbehaart (Abb. 562b). Scheitel mehr als 2,5× so breit wie das Auge, ungerandet. Fühler schlank, auf einem Sockel weit vor dem Auge sitzend; 1. Glied etwas länger, als der Scheitel breit ist; 2. Glied 1,25× so lang, wie das Pronotum breit ist, seine Spitze breit weißlich; 3. und 4. Glied zusammen etwas mehr als halb so lang wie das 2., sehr dünn. Seiten des Pronotum stark eingebuchtet, im hinteren Teil scharfkantig. Halsring breit. Schwielen zu einem stark gewölbten Buckel vereinigt (Abb. 562a). Halbdecken 1,3× so breit wie das Pronotum. Embolium deutlich abgegrenzt. Hinterer Teil des Corium und des Clavus gelbbraun, nahe dem Hinterrande ein weißer, runder Fleck. Membran hell, Adern zum Teil braun, zum Teil gelblich. Tarsen klein und schlank, Klauen nur etwa 0,06–0,07 mm lang, gleichmäßig gekrümmt (Abb. 562h).

Genitalsegment des ♂ (Abb. 562c) gerundet dreieckig. Genitalöffnung klein, am Vorderrande ein Höcker. Rechtes Paramer (Abb. 562e) schlank, gekrümmt, Hypophysis gerade und spitz. Linkes Paramer (Abb. 562f) mit stark zurückgekrümmter Hypophysis. Penis (Abb. 562d) kurz und gekrümmt. Vesika (Abb. 562g) sehr einfach gebaut, mit 2 glatten Chitinbändern, neben ihrer Spitze die sekundäre Gonopore.

Länge: ♂ = 3,0–3,2 mm, ♀ = 3,6–3,7 mm.

Über die Lebensweise ist nichts bekannt. Die Art wird vorwiegend in Wäldern gefangen und soll auf oder unter der Rinde von Baumstämmen zu finden sein. MONTANDON fand 1 Exemplar unter Rinde. PERRIER fing die Art auf Quercus. Imagines von April bis Juli.

Verbreitungsgebiet sind der westliche Mittelmeerraum und Südosteuropa. Im Mittelmeerraum nur selten, aber in allen Ländern Südeuropas gefunden.

9. Unterfamilie **HALLODAPINAE** van DUZEE, 1916

Univ. Calif. Ent. Publ., Bd. 1, S. 199; Syn. *Systellonotinae* REUT. 1912; E. WAGNER 1970, Reichenbach., Bd. 13, S. 149—155.

Schlanke Arten mit langen Fühlern und Beinen. Färbung braun bis schwarz, oft mit weißlichen Querbinden oder -flecken, bisweilen auch mit Längsstreifen. Vielfach ameisenähnlich. Pronotum mit einem Halsring (Abb. 568, a–g). Halbdecken beim ♀ fast immer, beim ♂ nur selten verkürzt. Klauen (Abb. 581e) schlank, gleichmäßig gekrümmt, mit einem kleinen Haftläppchen. Arolien fehlend, an ihrer Stelle ein Borstenpaar. Genitalien des ♂ vom *Phylinae*-Typ. Vesika des Penis in der Regel auffallend lang und stark gewunden (Abb. 571h).

Die Arten dieser Unterfamilie werden oft in Gesellschaft von Ameisen gefunden. Dennoch ist eine Beziehung beider Tiergruppen zueinander bisher nicht erwiesen. Viele Arten ernähren sich von Aphiden.

Die Unterfamilie zerfällt in 3 Stämme, die alle im Mittelmeerraum vorkommen.

Bestimmungsschlüssel
für die Stämme der *Hallodapinae* van DUZ.

1 (2) 3. Glied der Hintertarsen länger als das 2. (Abb. 564, g+h). Augen groß und vorstehend, bis zur Kehle reichend. Pronotum im hinteren Teil mit einer Mittelschwiele, die oft über den Hinterrand hinausragt. Stirn des ♂ bisweilen kegelförmig verlängert. 1. Stamm **Aelocorini** S. 312

2 (1) 3. Glied der Hintertarsen (Abb. 568, h–m) etwa so lang wie das 2. Augen nur selten bis zur Kehle reichend. Pronotum ohne Mittelkiel oder -schwiele. Stirn ohne Fortsatz.

3 (4) Halbdecken schwarzbraun, mit schmalen gelben Längsstreifen (Abb. 566a). 1. Glied der Hintertarsen viel länger als das 2.
2. Stamm **Cremnocephalini** S. 317

4 (3) Halbdecken mit mehr oder weniger deutlichen, hellen Querbinden oder mit einer breiten dunklen Längsbinde in der Mitte (*Plagiorrhamma* FIEB.). 1. Glied der Hintertarsen nur selten länger als das 2., dann sind die hellen Querbinden der Halbdecken deutlich. 3. Stamm **Hallodapini** S. 319

1. Stamm **AELOCORINI** E. WAGNER 1970

Reichenbach., Bd. 13, S. 149—153.

In Gestalt, Färbung und Zeichnung einer *Phytocoris*-Art ähnlich (Abb. 563a, 565a), die breiteste Stelle liegt nahe dem Cuneus. 3. Glied der Hintertarsen länger als das 2. (Abb. 564, g+h). Auge groß und stark gewölbt, bei seitlicher Betrachtung (Abb. 564, e+f) beim ♂ die ganzen Kopfseiten bedeckend und oft sowohl die Kehle nach unten als auch den Scheitel nach oben überragend. Pronotum mit einer Mittelschwiele, die oft als kleine Spitze über den Hinterrand hinausragt (Abb. 563a). Oberseite mit zweifacher Behaarung.

Der Stamm enthält 2 Gattungen, die beide im Mittelmeerraum vorkommen.

Bestimmungsschlüssel
für die Gattungen der *Aelocorini* E. WAGN.

1 (2) Die Mittelschwiele des Pronotum ragt als kurze Spitze über den Hinterrand hinaus (Abb. 564, a+b). Stirn gewölbt, vom Tylus durch eine Einkerbung getrennt, aber nicht über ihn vorstehend (Abb. 564, e+f). Die Behaarung besteht aus kurzen, gekrümmten Haaren und aufrechten Stifthaaren (Abb. 564k). 112. Gattung **Aelocoris** S. 312

2 (1) Mittelschwiele nicht über den Hinterrand des Pronotum hinausragend (Abb. 565b). Stirn beim ♂ (Abb. 565, c+d) nach vorn kegelförmig vorstehend und die Basis des Tylus weit überragend. Oberseite mit kurzen Haaren und Schuppenhaaren, die zum Teil aufgerichtet sind.
113. Gattung **Acrorrhinium** S. 315

112. Gattung **AELOCORIS** REUTER, 1903

Typus-Art: *Ae. alboconspersus* REUT.

Syn.: *Carinonotus* LINDBERG 1956, Notul. Ent., Bd. 36, S. 54—56; *Saharocylapus* E. WAGNER 1959, Deut. Ent. Zeit., Bd. 6, 1—7; id. 1970, Reichenbach., Bd. 13, S. 149—153.

Länglich (Abb. 563a) mit langen, schlanken Fühlern und Beinen. Zwischen der kurzen, hellen Behaarung finden sich aufrechte Stifthaare (Abb. 564k), die auch auf den Augen sitzen und am 1. Fühlerglied gut zu erkennen sind. Auge sehr groß, Scheitel beim ♂ 0,67–1,0×, beim ♀ 1,0–1,5× so breit wie das Auge (Abb. 564, a–d). Stirn stark gewölbt, vom Tylus durch eine tiefe Einkerbung getrennt, aber nicht über ihn vorstehend (Abb. 564, e+f). Fühler lang, ihr 3. und 4. Glied zusammen länger als das 2. und nicht dünner als dieses. Pronotum im hinteren Teil mit einem Mittelkiel, der als kurze Spitze über den Hinterrand vorsteht (Abb. 564, a+b). Scutellum in der Mitte mit einer tiefen Grube (Abb. 564l).

Penis (Abb. 563, b–e) kurz und dick, fast rechtwinklig gebogen. Vesika (Abb. 563c) aus 2 aneinanderliegenden Chitinblättern bestehend, lang und gewunden, derjenigen der *Phylinae* ähnlich; sekundäre Gonopore weit vor der Spitze. Theka (Abb. 563d) im basalen Teil membranös, im apikalen Teil kräftiger chitinisiert, aber nicht mit dem Rande der Genitalöffnung verwachsen. Basis des Penis (Abb. 563e) anliegend.

Die Gattung enthält 2 Arten, die beide im Mittelmeerraum vorkommen.

Bestimmungsschlüssel
für die Arten von *Aelocoris* REUT.

1 (2) Scheitel beim ♂ 0,9–1,0×, beim ♀ 1,5× so breit wie das Auge (Abb. 564, b+d). **1. A. alboconspersus** S. 314

2 (1) Scheitel beim ♂ 0,65–0,67× so breit wie das Auge, ♀ unbekannt (Abb. 564, a+c). **2. A. vidali** S. 314

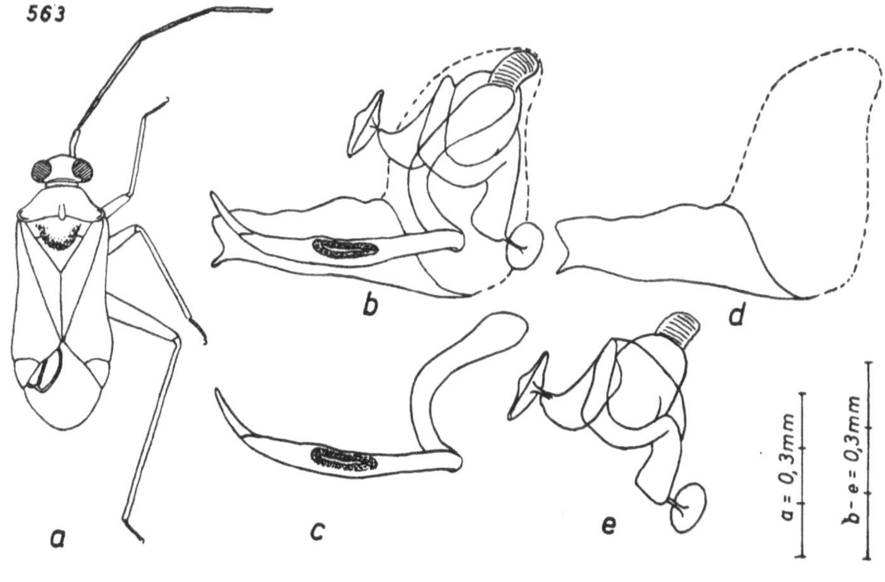

Abb. 563: *Aelocoris*, Penis und Gestalt des Männchens
a: *Ae. alboconspersus* Reut. — b—e: *Ae. vidali* E. Wagn.
a: Gestalt — b: Penis von rechts — c: Vesika desselben — d: Theka (die unterbrochene Linie stellt den membranösen Teil dar) — e: Basis

1. **Aelocoris alboconspersus** REUTER, 1903 (Abb. 563a)

Syn.: *Carinonotus phytocoroides* LINDBERG 1956, Notul. Ent., Bd. 36, S. 54—56; E. WAGNER 1970, Reichenbach., Bd. 13, S. 149—152.

Schwarzbraun bis braun, mit hellen Flecken, die an *Phytocoris* FALL. erinnern. Kopf geneigt (Abb. 564f), Stirn und Tylus fast senkrecht, durch eine tiefe Einkerbung getrennt. Scheitel beim ♂ 0,9–1,0×, beim ♀ 1,5× so breit wie das Auge. Der Kopf steht unter den Augen kaum vor (Abb. 564, d+f). Fühler schlank, etwa so lang wie das Tier; 2. Glied beim ♂ 1,2×, beim ♀ 1,4× so lang wie die Pronotumbreite, aber kürzer als das 3. und 4. zusammen. Pronotum mit hellem Mittelkiel (Abb. 563a), Seiten stark eingebuchtet, Hinterecken abgeflacht, fast spitz. Halbdecken beim ♂ stark, beim ♀ schwach eingebuchtet. Beine schwarzbraun, dicht mit kleinen, weißen Flecken bedeckt.

Rechtes Paramer (Abb. 564n) oval, blattartig, Hypophysis groß. Linkes Paramer (Abb. 564p) mit langer, geschweifter Hypophysis, Sinneshöcker in eine schlanke Spitze verlängert. Apikalteil der Theka an der Spitze mit einem Zahn. Vesika mit langer, schlanker Spitze.

Länge: ♂ = 5,0–5,2 mm, ♀ = 4,8–5,1 mm.

Lebensweise nicht bekannt. Verbreitungsgebiet ist hauptsächlich der Sudan. Im Mittelmeerraum nur einmal von de BERGEVIN im südlichen Tunesien gefunden.

2. **Aelocoris vidali** (E. WAGNER), 1959

Saharocylapus id. E. WAGNER 1959, Deut. Ent. Zeit., Bd. 6, S. 17; id. 1970, Reichenbach., Bd. 13, S. 149—152.

Etwas größer, aber von gleicher Färbung und Zeichnung. Stirn etwas weniger stark gewölbt (Abb. 564e). Tylus senkrecht. Kopf unter den Augen etwas spitzer (Abb. 564c). Scheitel beim ♂ 0,65–0,67× so breit wie das große, stark gewölbte Auge, das den Scheitel nach oben und die Kehle nach unten überragt (Abb. 564, b+c). Fühler schlank (Abb. 563a); 1. Glied 0,63× so lang wie die Kopfbreite; 2. Glied 1,6× so lang wie die Pronotumbreite; 3. Glied 0,55–0,60× so lang wie das 2. und 1,4× so lang wie das 4. Glied. Mittelkiel des Pronotum weißlich. Scutellum (Abb. 564l) mit tiefer Grube. Beine gelbbraun, dicht mit rotbraunen Flecken bedeckt, auch die Schienen. 3. Glied der Hintertarsen (Abb. 564g) fast so lang wie das 1. und 2. zusammen. Das Rostrum überragt die Hinterhüften.

Rechtes Paramer (Abb. 564m) distal verjüngt. Linkes Paramer (Abb. 564o) auf dem Sinneshöcker mit kurzem, gekrümmtem Fortsatz, Hypophysis lang und gewunden. Spitze der Vesika (Abb. 563c) kräftiger. Apikalteil der Theka unter der Spitze mit einem Zahn (Abb. 563d).

Länge: ♂ = 5,3–6,3 mm, ♀ unbekannt.

In der marokkanischen Sahara (Oued Khrouf) von RUNGS gefunden.

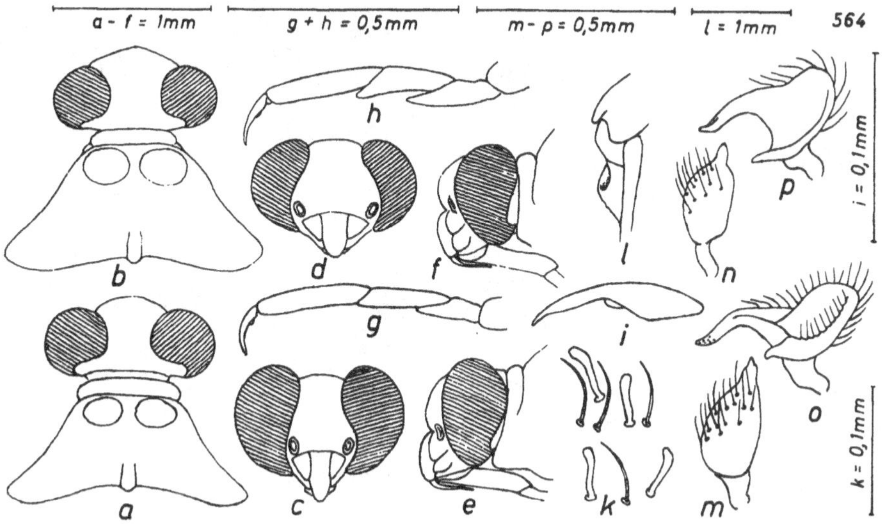

Abb. 564: *Aelocoris* Reut., Männchen

a, c, e, g, i, k, m, o: *Ae. vidali* E. Wagn. — b, d, f, h, l, n, p: *Ae. alboconspersus* Reut. a+b: Kopf und Pronotum von oben — c+d: Kopf von vorn — e+f: Kopf von links — g+h: Hinterfuß — i: Klaue desselben von außen — k: Behaarung der Oberseite — l: Scutellum von rechts — m+n: rechtes Paramer von oben — o+p: linkes Paramer von oben

113. Gattung **ACRORRHINIUM** NOUALHIER, 1895

Typus-Art: *A. conspersus* NOUALH.

E. WAGNER 1970, Reichenbach., Bd. 13, S. 149—152.

Die wesentlichen Unterschiede gegenüber der vorigen Gattung sind das Fehlen der Stifthaare, an deren Stelle Schuppenhaare sitzen, die im vorderen Teil des Tieres aufgerichtet sind, die weniger deutliche Mittelschwiele des Pronotum, die nicht über den Hinterrand hinausragt (Abb. 565b) und die eigenartige Kopfform des ♂ (Abb. 565, b–d). Letzterer ist bei seitlicher Betrachtung fast viereckig (Abb. 565d), die Stirn waagerecht und nach vorn in einen kegelförmigen Fortsatz verlängert, der weit über die Basis des Tylus vorsteht. Beim ♀ fehlt dieser Fortsatz. Tylus rückwärts gerichtet. Pronotum am Hinterrand fast winklig eingebuchtet (Abb. 565b), ohne Spitze. Scutellum mit einer Längsschwiele, ohne Grube. Das Rostrum erreicht die Hinterhüften.

Die Gattung enthält 8 Arten, von denen nur 1 in der Paläarktis und auch im Mittelmeerraum vorkommt.

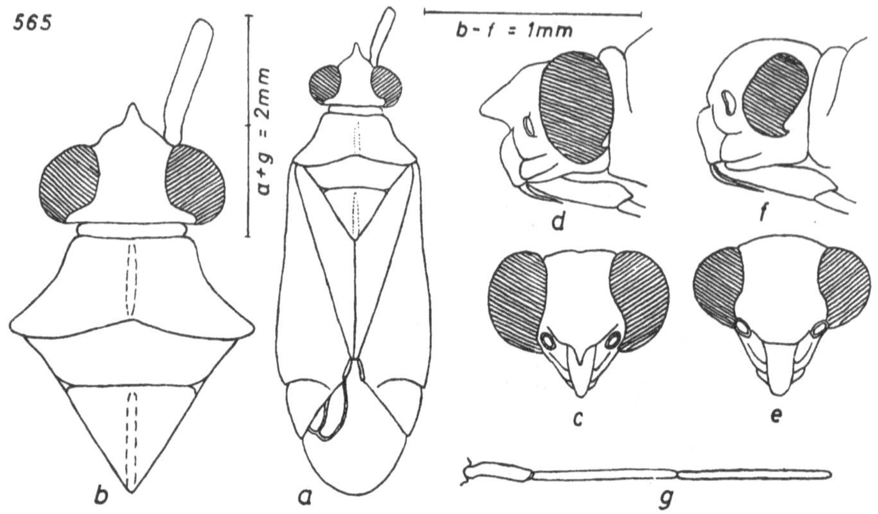

Abb. 565: *Acrorrhinium conspersus* Noualh.
a: Gestalt des ♂ — b: vorderer Teil des ♂ — c: Kopf des ♂ von vorn — d: derselbe von links — e+f: dasselbe vom ♀ — g: Fühler des ♂

Acrorrhinium conspersus NOUALHIER, 1895 (Abb. 565a)

REUTER, O. M. 1913. Öfv. Fin. Vet. Soc. Förh., Bd. 55, Nr. 14, S. 88—89; LINNAVUORI 1965, Act. Ent. Fenn., Bd. 21, S. 53 (♀); E. WAGNER 1970, l. c.

Graubraun, mit schwarzer und heller Zeichnung. Pronotum und Scutellum im hinteren Teil mit weißgelber Mittelschwiele. Oberseite mit halbaufgerichteten, feinen, gelben Haaren und weißlichen Schuppenhaaren, die im vorderen Teil des Tieres fast senkrecht stehen, im hinteren aber anliegen. Stirn beim ♂ (Abb. 565, c+d) kegelförmig vorstehend, beim ♀ (Abb. 565, e+f) stark gewölbt. Scheitel beim ♂ 0,9–1,0×, beim ♀ 1,5× so breit wie das Auge (Abb. 565a). 1. Fühlerglied schwarz mit kleinen, weißen Flecken, 0,7× so lang wie die Kopfbreite; 2. Glied hell graugelb, kräftig (Abb. 565g), beim ♂ 1,1×, beim ♀ 1,5× so lang wie die Pronotumbreite; 3. Glied so lang wie das 2. Pronotum (Abb. 565b) trapezförmig, Seiten stark geschweift, Hinterrand eingebuchtet, in der Mitte fast winklig, aber ohne vorstehende Spitze. Scutellum im hinteren Teil mit Längsschwiele, ohne Grube. Clavus hinter der Mitte mit schwarzbraunem, hell eingefaßtem, rundem Fleck. Corium hinter der Mitte mit einem großen und einem kleineren, schwarzbraunen Fleck. Cuneus größtenteils schwarzbraun. Schenkel und Schienen schwarzbraun, dicht mit kleinen weißlichen Flecken bedeckt, Apikalteil der Schienen heller.

Länge: ♂ = 4,0 mm, ♀ = 4,2 mm.

Bisher nur in Syrien (Akbes) und der Türkei (Gülek) gefunden. LINNAVUORI gibt als Wirtspflanze Juniperus phoenicea L. an.

2. Stamm **CREMNOCEPHALINI** REUTER, 1909

E. WAGNER 1941, Mitt. dtsch. Ent. Ges., Bd. 10, S. 99; id. 1970, Reichenbach., Bd. 13, S. 153—155.

Länglich-ovale, robuste Arten von schwarzbrauner Farbe, auf den Halbdecken hellgelbe Längsstreifen. Behaarung sehr fein und kurz. Genitalien des ♂ vom Phylinae-Typ. Rechtes Paramer walzenförmig, mit großer kräftiger Hypophysis (Abb. 567). Der Stamm enthält nur 2 Gattungen, von denen eine in der Paläarktis lebt und auch im Mittelmeerraum vertreten ist.

114. Gattung **CREMNOCEPHALUS** FIEBER, 1861

Typus-Art: *C. albolineatus* REUTER

E. WAGNER 1941, Mitt. deut. Ent. Ges., Bd. 10, S. 99.

Groß, länglich. Schwarzbraun bis schwarz, Halbdecken mit gelben Längslinien (Abb. 566a). Behaarung fein und kurz. Die Augen berühren den Vorderrand des Pronotum. Fühler und Beine lang. Schienen mit Dornen, mehr oder weniger gerade. 1. Glied der Hintertarsen (Abb. 568h) länger als jedes der anderen.

Die Arten der Gattung leben an Koniferen. Die Gattung umfaßt 2 Arten. Bei beiden reicht das Verbreitungsgebiet in den Norden des Mittelmeerraumes hinein.

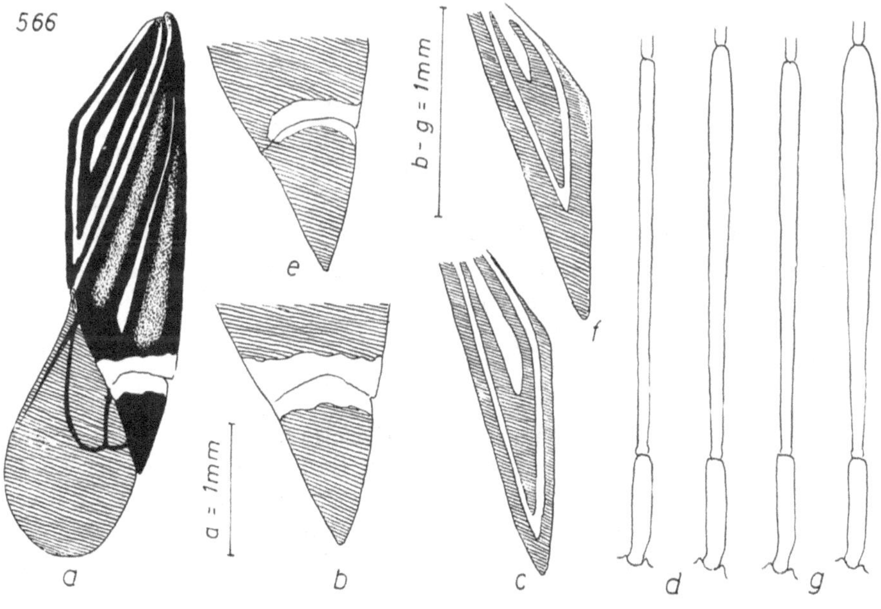

Abb. 566: *Cremnocephalus* Fieb.
a—d: *C. albolineatus* Reut. — e—g: *C. alpestris* E. Wagn.
a: rechte Halbdecke des ♀ — b+e: Cuneus des ♂ — c+f: Clavus des ♂ — d+g: Fühler (links ♂, rechts ♀)

Bestimmungsschlüssel
für die Arten von *Cremnocephalus* FIEB.

1 (2) Der Winkel, den die gelben Längslinien des Clavus bilden, reicht fast bis zur Spitze (Abb. 566c). Scheitel beim ♂ etwa 1×, beim ♀ 1,3× so breit wie das Auge. 2. Fühlerglied beim ♀ nicht auffällig verdickt (Abb. 566d).
1. **C. albolineatus** S. 318

2 (1) Der gelbe Winkel im Clavus reicht nur wenig über die Mitte der Kommissur hinaus (Abb. 566f). Scheitel beim ♂ 1,25×, beim ♀ 1,4× so breit wie das Auge. 2. Fühlerglied des ♀ (Abb. 566g) distal stark verdickt.
2. **C. alpestris** S. 318

1. **Cremnocephalus albolineatus** REUTER, 1875

Schwarzbraun bis schwarz. Halsring des Pronotum weißlich. 1. Fühlerglied, oft auch die Basis des 2. hell. Corium und Clavus mit gelben Längslinien (Abb. 566, a+c). An der Basis des Cuneus eine weiße Querbinde (Abb. 566b), die den Innenrand erreicht. Scheitel beim ♂ etwa 1×, beim ♀ 1,3× so breit wie das Auge. 2. Fühlerglied (Abb. 566d) bei ♂ und ♀ etwa gleich dick, distal beim ♀ nur wenig verdickt.

Rechtes Paramer (Abb. 567b, oben) kürzer und mit spitzer Hypophysis. Linkes Paramer (Abb. 567c, oben) distal spitz, Sinneshöcker stumpf. Vesika des Penis (Abb. 567d, oben) schlank, stark gekrümmt. Apikalteil der Theka (Abb. 567f, oben) lang und schlank.

Bei der var. *umbratilis* STICH. hat das Pronotum 2 braune Flecke; bei der var. *vittata* STICH. hat es eine braune Querbinde, während bei der var. *obscura* STICH. die gelben Längslinien des Corium fast völlig verschwunden sind.

Länge: ♂ = 6,25–6,85 mm, ♀ = 5,6–6,25 mm.

Die Art lebt an Pinusarten. Sie ist phytophag. Imagines im Juli und August. Überwintert als Ei. Eine Generation im Jahre.

Verbreitungsgebiet sind Mittel- und Nordeuropa. Im Mittelmeerraum in Südfrankreich, Norditalien, Dalmatien, Albanien, Bulgarien und Rumänien.

2. **Cremnocephalus alpestris** E. WAGNER, 1941

Mitt. deut. Ent. Ges., Bd. 10, S. 99.

Der vorigen Art sehr ähnlich. Hinterrand des Scheitels oft gelbbraun. Scheitel beim ♂ 1,25×, beim ♀ 1,4× so breit wie das Auge. 2. Fühlerglied (Abb. 566g) beim ♀ stark verdickt und etwa doppelt so dick wie beim ♂. Außenrand des Corium etwas stärker nach außen gebogen. Der gelbe Winkel im Clavus (Abb. 566f) reicht kaum über die Mitte der Kommissur nach hinten. Die weißliche Querbinde an der Basis des Cuneus (Abb. 566e) erreicht nicht den Innenrand.

Rechtes Paramer (Abb. 567b, unten) länger und schlanker, die Hypophysis dicker und stumpf. Sinneshöcker des linken Paramers (Abb. 567c, unten) länger und spitzer, obere Ecke stumpf, Hypophysis kürzer. Penis (Abb. 567d, unten) noch länger und schlanker. Apikalteil der Theka (Abb. 567f, unten) distal spitzer.

567

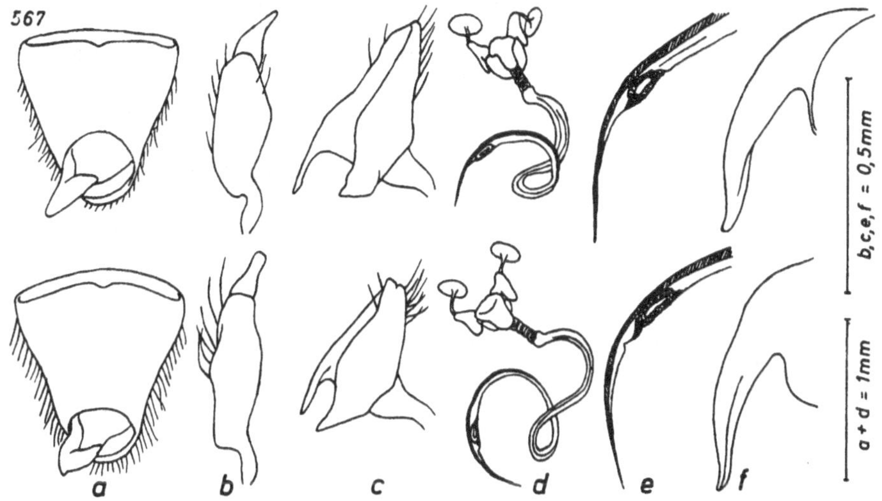

Abb. 567: *Cremnocephalus* Fieb., Genitalien des Männchens
Obere Reihe: *C. albolineatus* Reut. — untere Reihe: *C. alpestris* E. Wagn.
a: Genitalsegment von oben — b: rechtes Paramer von oben — c: linkes Paramer von oben — d: Penis von oben — e: Apikalteil der Vesika — f: Apikalteil der Theka von oben

Länge: ♂ = 4,5–6,0 mm, ♀ = 4,8–5,8 mm.

Die Art lebt im Gebirge an Picea. Sie ist phytophag und zoophag. Imagines im Juli und August.

Vor allem in den Alpen in Höhen von 1000–1700 m. Im Mittelmeerraum nur in Norditalien (Alpes maritimes, Venezia Tridentina).

3. Stamm **HALLODAPINI** s. str.

Schlanke Arten mit langen Fühlern und Beinen, oft ameisenähnlich. Halbdecken mit lebhafter Zeichnung, die in der Regel Querflecke und -binden bildet. Halbdecken oft stark verkürzt, besonders beim ♀. Pronotum ohne Längsschwiele. Behaarung in der Regel schwach. Auge nur selten bis zur Kehle reichend. 1. Glied der Hintertarsen (Abb. 568, k–m) kürzer als das 2., nur bei *Myrmecomimus* REUT. länger als das 2., dann sind die Augen vom Halsring des Pronotum entfernt (Abb. 569a) und die Halbdecken haben weiße Querbinden.

Der Stamm umfaßt 42 Gattungen, von denen im Mittelmeerraum 13 vorkommen. Fast alle Arten sind Bodentiere.

Bestimmungsschlüssel
für die *Hallodapini* s. str.

1 (2) 1. Glied der Hintertarsen länger als das 2. (Abb. 568i). Augen vom Vorderrand des Pronotum entfernt (Abb. 569a).

115. Gattung **Myrmecomimus** S. 322

2 (1) 1. Glied der Hintertarsen (Abb. 568, k–m) kürzer als das 2.

3 (10) 3. Fühlerglied fast so lang oder länger als das 2.; letzteres viel kürzer als das 3. und 4. zusammen (Abb. 570, a+e). Selten ist das 3. Glied kürzer als das 2., dann sind die Augen vom Vorderrande des Pronotum entfernt.

4 (5) Schwielen des Pronotum stark gewölbt, buckelartig (Abb. 568f), Seiten des Pronotum hinter den Schwielen eingebuchtet.

117. Gattung **Omphalonotus** S. 324

5 (4) Schwielen des Pronotum undeutlich. Seiten bald gerade, bald eingebuchtet.

6 (9) Halbdecken schwarz oder braun, mit sehr deutlichen Querflecken oder Binden (Abb. 572).

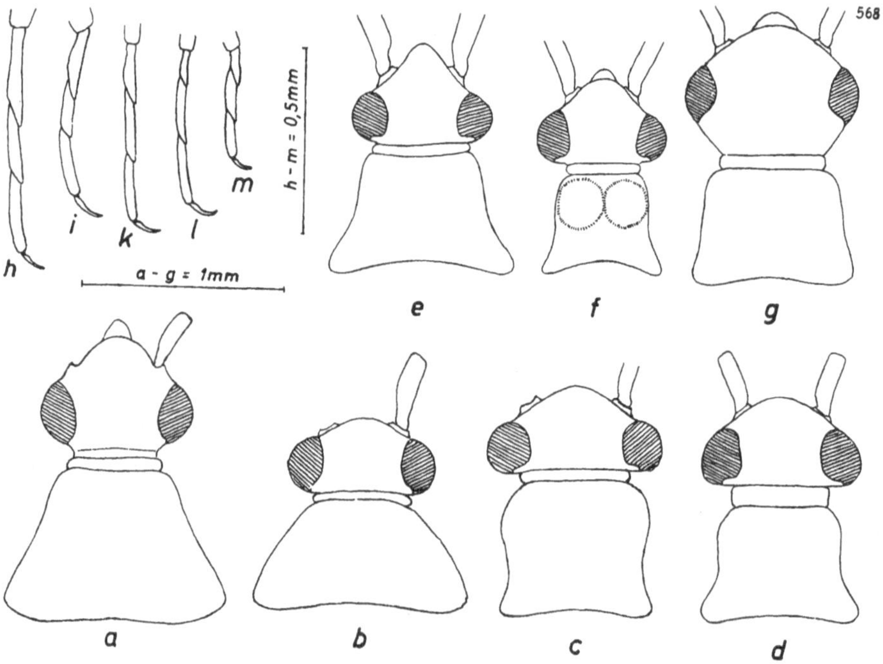

Abb. 568: *Hallodapinae*

a+m: *Hypomimus chobauti* Put. — b: *Ribautocapsus brucki* Reut. — c+k: *Mimocoris rugicollis* Costa — d: *Laemocoris remanei* E. Wagn. — e: *Hallodapus rufescens* Burm. — f: *Omphalonotus quadriguttatus* Kb. — g: *Systellonotus triguttatus* L. — h: *Cremnocephalus alpestris* E. Wagn. — i: *Myrmecomimus variegatus* Costa — l: *Mimocapsus quinquemaculatus* E. Wagn.

a—g: Kopf und Pronotum des ♀ von oben — h—m: Hinterfuß

7 (8) Halbdecken mit nur 1 hellen Querbinde (Abb. 570, a, b, e), beim ♀ mindestens bis zum 3. Tergit reichend. 116. Gattung **Alloeomimus** S. 323

8 (7) Halbdecken beim ♂ mit 2 bis 3 weißlichen Querbinden (Abb. 572), beim ♀ stark verkürzt und nur bis zum 1. Tergit reichend (Abb. 574, b+d). 118. Gattung **Systellonotus** S. 326

9 (6) Mitte der Halbdecken mit einer dunklen Längsbinde, die außen gezackt ist und bisweilen stellenweise fast bis zum Außenrand reicht; bisweilen auch einfarbig hell (Abb. 580). 119. Gattung **Plagiorrhamma** S. 337

10 (3) 3. Fühlerglied höchstens 0,8× so lang wie das 2., letzteres so lang oder nur wenig kürzer als das 3. und 4. zusammen.

11 (12) 3. und 4. Fühlerglied sehr dick, mindestens so dick wie das 2. und dicker als das 1. (Abb. 582d). 120. Gattung **Hypomimus** S. 340

12 (11) 3. und 4. Fühlerglied dünner als das 1. und in der Regel auch dünner als das 2.

13 (14) Augen bis zur Kehle reichend, gewölbt. Hinterrand des Scheitels gekielt oder kantig. Fühler überall etwa gleich dick (Abb. 583d). 121. Gattung **Linoceraea** S. 342

14 (13) Augen nicht bis zur Kehle reichend, in der Regel nur wenig über die Kopfmitte ausgedehnt.

15 (16) 2. Fühlerglied beim ♀ (Abb. 584, e+f) an der Spitze keulig verdickt. Helle Querbinden der Halbdecken sehr schmal (Abb. 584, a–d). 122. Gattung **Mimocoris** S. 343

16 (15) 2. Fühlerglied des ♀ zylindrisch oder allmählich verdickt. Helle Querbinden der Halbdecken breit oder undeutlich.

17 (20) Hinterrand des Scheitels gerandet, oft mit deutlicher, schmaler Querleiste.

18 (19) Halbdecken des ♀ stark verkürzt, bis zum 2. Tergit reichend (Abb. 586b). ♂ mit fadenförmigen Fühlern, die etwa so lang sind wie das Tier; 4. Glied so lang oder länger als das 3. (Abb. 586, a+b). 123. Gattung **Mimocapsus** S. 346

19 (18) Halbdecken des ♀ mindestens bis zum 4. Tergit reichend, oft bis zum Ende des Abdomens. Fühler des ♂ kürzer und kräftiger, ihr 4. Glied stets kürzer als das 3. 124. Gattung **Laemocoris** S. 347

20 (17) Scheitel ungerandet.

21 (24) Zügel nicht stark gewölbt. Querbinden der Halbdecken oft undeutlich.

22 (23) Querbinden der Halbdecken deutlich, die vordere läuft ohne Unterbrechung durch. Stirn und Scheitel durch eine Einkerbung getrennt. ♂ makropter, ♀ brachypter. 125. Gattung **Paralaemocoris** S. 352

23 (22) Querbinden der Halbdecken undeutlich, selten deutlich, dann ist die vordere in der Mitte unterbrochen und greift nur wenig auf den Clavus über (Abb. 591, a–c). 127. Gattung **Hallodapus** S. 353

24 (21) Zügel stark gewölbt. Querbinden der Halbdecken deutlich, die vordere durchlaufend, aber im Clavus stark verschmälert (Abb. 590a).

126. Gattung **Ribautocapsus** S. 352

115. Gattung **MYRMECOMIMUS** REUTER, 1881

Typus-Art: *M. variegatus* COSTA

Groß, länglich, an *Camponotidea* REUT. erinnernd (Abb. 569a). Kopf leicht geneigt (Abb. 569d), hinter den Augen halsartig verengt. Stirn und Tylus bilden eine gemeinsame Rundung. 2. Fühlerglied (Abb. 569c) keulenartig verdickt. Halsring des Pronotum deutlich. 1. Glied der Hintertarsen länger als das 2. (Abb. 568i). Rostrum schlank.

Die Gattung enthält nur eine Art, die im westlichen Mittelmeerraum lebt.

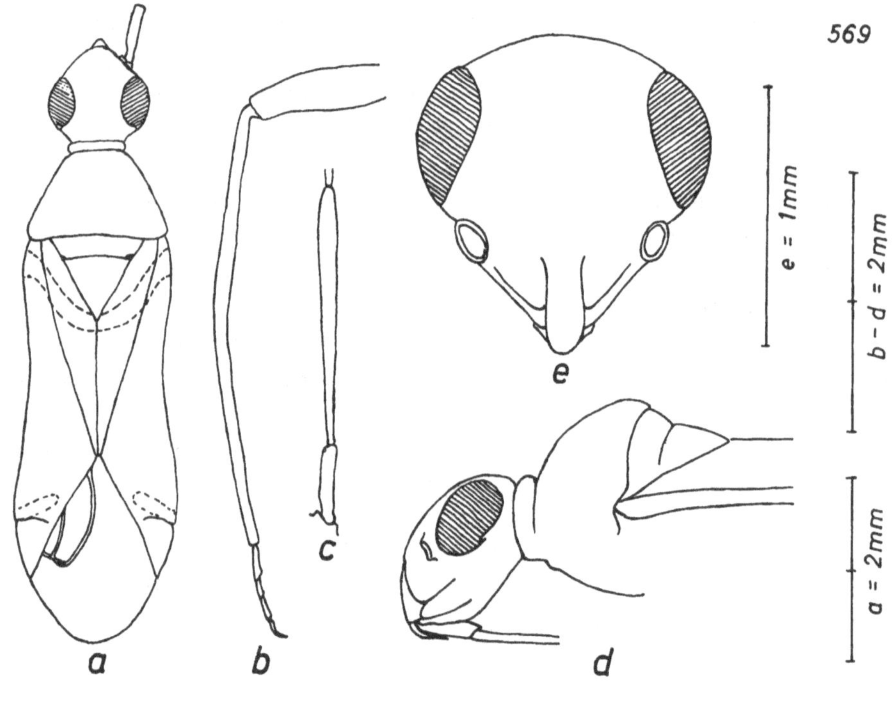

Abb. 569: *Myrmecomimus variegatus* Costa, Männchen
a: Gestalt — b: Hinterschiene — c: 1. und 2. Fühlerglied — d: vorderer Teil von links — e: Kopf von vorn

Myrmecomimus variegatus (COSTA), 1838 (Abb. 569a)

Gestalt schlank, in der Mitte leicht eingeschnürt. Schwarz, Rostrum und Beine braun. Kopf, Pronotum und Scutellum mit aufrechten Haaren. Scheitel (Abb. 569e) 2,6× so breit wie das flache Auge. 1. Fühlerglied hell, das 2. gegen die Spitze verdickt (Abb. 569c); Glied 3 und 4 schlank. Seitlich gesehen (Abb. 569d) ist der Kopf leicht geneigt, das Auge sitzt in der oberen Hälfte der Kopfseiten. Pronotum trapezförmig (Abb. 569a), nach hinten stark ansteigend (Abb. 569d). Scutellum nur schwach gewölbt. Halbdecken im vorderen Teil mit schmaler, weißer Querbinde, die im Bogen hinter dem Scutellum vorbeiläuft. Am Coriumhinterrand ein schräger, weißer Fleck. Membran schwärzlich, Adern dunkel. Beine braun, Spitzen der Schienen breit weißlich. Hinterschiene (Abb. 569b) gekrümmt, im basalen Teil abgeflacht und etwas verbreitert. Das Rostrum erreicht die Spitze der Mittelhüften.

Länge: ♂ = 6,5 mm, ♀ = 4,7–5,7 mm.

Die Art lebt nach COSTA an Quercus pubescens WILLD. und wurde bisher nur in Italien und auf der Insel Sizilien gefunden.

116. Gattung **ALLOEOMIMUS** REUTER, 1910

Typus-Art: *A. unifasciatus* REUT.

Etwas kleiner. Kopf groß (Abb. 570, a, b, e). Scheitel gewölbt. Die Augen sitzen in der Mitte der Kopfseiten (Abb. 570, c+f). Stirn und Tylus bilden eine gemeinsame Rundung (Abb. 570g). 3. Fühlerglied nur wenig kürzer als das 2. Scutellum mit einem kräftigen Höcker (Abb. 570d). Halbdecken mit nur einer weißen Querbinde, beim ♀ verkürzt, aber mit deutlichem Cuneus und mindestens bis zum 6. Tergit reichend. Abdomen beim ♀ oval.

Die Gattung enthält 2 Arten, die beide im Mittelmeerraum vorkommen.

Bestimmungsschlüssel
für die Arten von *Alloeomimus* REUT.

1 (2) Einfarbig schwarz mit Ausnahme der weißen Querbinde. Scheitel beim ♂ 1,67×, beim ♀ 2,0× so breit wie das Auge. Etwas größer.
1. **A. unifasciatus** S. 323

2 (1) Braun bis schwarzbraun. Halbdecken in der Regel graubraun. Scheitel beim ♂ 1,9–2,0×, beim ♀ 2,25× so breit wie das Auge. Etwas kleiner.
2. **A. kurdus** S. 324

1. **Alloeomimus unifasciatus** (REUTER), 1879 (Abb. 570, a+b)

Schwarz, matt. Lang-oval, das ♀ hinten etwas breiter. Scheitel beim ♂ 1,67×, beim ♀ 2,0× so breit wie das flache Auge. 2. Fühlerglied 1,33× so lang, wie das Pronotum breit ist; 3. Glied 0,83× so lang wie das 2. Glied. Pronotum beim ♀ schmaler als beim ♂ und länger als breit (Abb. 570b). Scutellum im hinteren Teil (Abb. 570d) mit kräftigem Höcker. Halbdecken etwas vor der Mitte jederseits mit dreieckigem, weißem Fleck, der die Kommissur nicht erreicht. Membran beim ♀ stark verkürzt und die Cuneusspitze nicht überragend, nur einen breiten Saum bildend. Beine schwarzbraun, Spitzen der Schenkel schmal, diejenige der Schienen breit weißlich. 1. Glied der Hintertarsen kürzer als das 2.

Länge: ♂ makr. = 4,0–4,4 mm, ♀ pseudobrach. = 4,2–4,6 mm.

Die Art bewohnt vor allem den Westen des Mittelmeerraumes und wird dort in Südfrankreich, Italien, Marokko, Algerien und Tunesien gefunden. Sie wird auch aus Transkaspien und Turkmenien gemeldet und angeblich in Syrien gefunden.

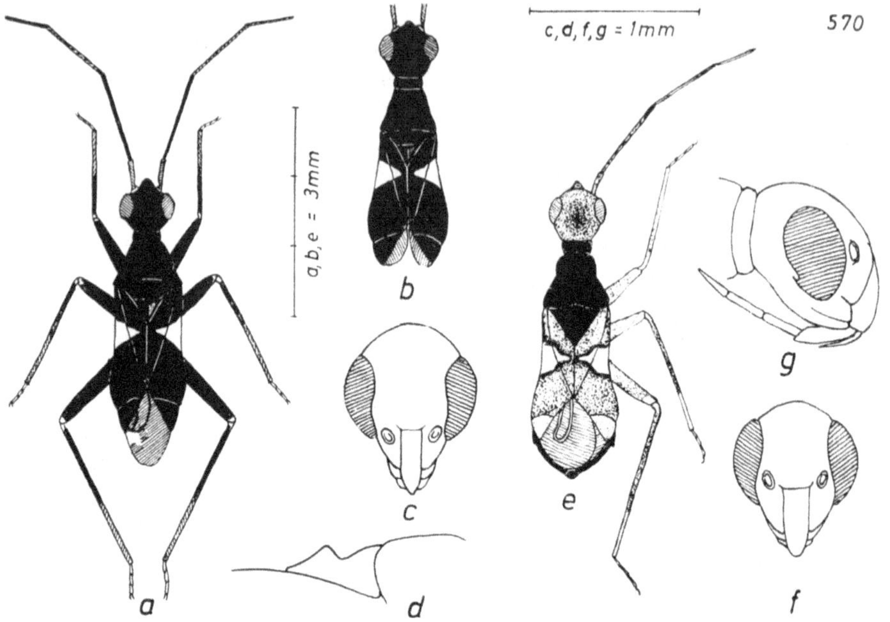

Abb. 570: *Alloeomimus* Reut.
a—d: *A. unifasciatus* Reut. — e—g: *A. curdus* Hob.
a: Männchen — b+e: Weibchen — c+f: Kopf des ♀ von vorn — d: Scutellum von rechts — g: Kopf des ♀ von rechts

2. **Alloeomimus kurdus** HOBERLANDT, 1953 (Abb. 570e)

Beitr. z. Ent., Bd. 3, S. 383—384.

Kleiner und in der Regel heller gefärbt. Fühler und Beine etwas schlanker. Schwach glänzend. Scheitel beim ♂ 1,9–2,0×, beim ♀ 2,25× so breit wie das Auge. 2. Fühlerglied beim ♂ 1,5×, beim ♀ 1,2× so lang, wie das Pronotum breit ist; 3. Glied etwa 0,9× so lang wie das 2. Pronotum beim ♂ 1,2×, beim ♀ 1,0× so breit wie lang (Abb. 570e). Scutellum mit kräftigem Höcker. Halbdecken in der Mitte mit dreieckigem Querfleck, der nicht bis an die Kommissur reicht. Beim ♀ ist die Membran etwas verkürzt, aber fast kreisförmig und reicht fast bis an das Ende des Abdomens. Beine braun, Spitzen der Schenkel schmal, die der Schienen breit weißlich.

Länge: ♂ = 3,5–3,6 mm, ♀ 4,45 mm.

Die Art wurde aus dem nördlichen Irak beschrieben, später auch in Syrien gefunden. Sie lebt stellenweise in den Gallen von Blattläusen.

117. Gattung **OMPHALONOTUS** REUTER, 1876

Typus-Art: *O. quadriguttatus* KB.

Klein. Fühler und Beine sehr lang (Abb. 571, a+b). Augen den Vorderrand des Pronotum berührend, gewölbt (Abb. 568f). Zwischen Stirn und Tylus eine Einkerbung

(Abb. 571e). 3. Fühlerglied so lang wie das 2. Schwielen des Pronotum stark gewölbt, Seiten eingebuchtet (Abb. 568f). Halbdecken mit zwei weißen Querbinden, die in der Mitte unterbrochen sind. In der Regel sind ♂ und ♀ brachypter, bei beiden kommen jedoch selten makroptere Stücke (Abb. 571b) vor. Schienen hellgelb. An den Hintertarsen ist das 1. Glied kürzer als das 2. Vesika des Penis (Abb. 571h) ungewöhnlich lang.

Die Gattung enthält nur eine Art, die auch im Mittelmeerraum angetroffen wurde.

Omphalonotus quadriguttatus (KIRSCHBAUM), 1856 (Abb. 571, a+b)

Syn.: *Systellonotus motelayi* LAMBERTIE 1906, Act. Soc. Linn. Bordeaux, Bd. 61, S. 27.

Schwarz, fast matt, mit zwei weißen Querbinden, die in der Mitte unterbrochen sind. Stirn konvex (Abb. 571e). Zügel stark vorstehend (Abb. 571, c+d). Augen im oberen Teil der Kopfseiten gelegen, etwas stärker gewölbt als bei den vorhergehenden Gattungen. Pronotum etwas breiter als lang, mit stark eingebuchteten Seiten

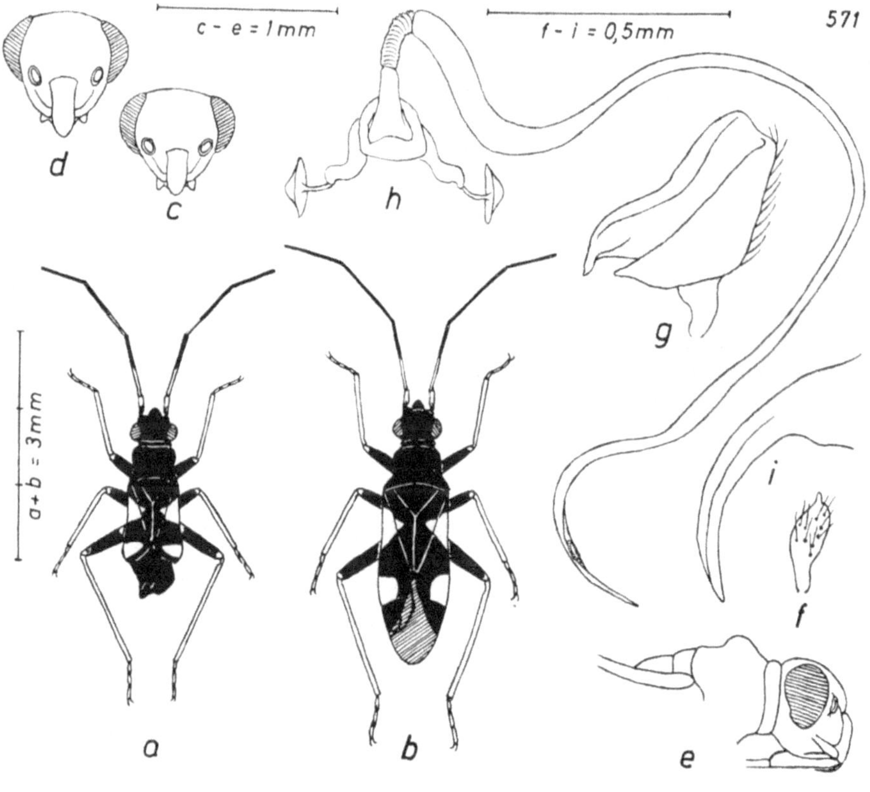

Abb. 571: *Omphalonotus quadriguttatus* Kb.

a: Männchen — b: Weibchen — c: Kopf des ♂ von vorn — d: dasselbe vom ♀ — e: vorderer Teil des ♂ von rechts — f: rechtes Paramer von oben — g: linkes Paramer von oben — h: Penis (ohne Theka) — i: Apikalteil der Theka von links und gewölbten Schwielen. Scutellum ohne Höcker. Halbdecken der f. brach. ohne Cuneus oder Membran. Vordere weiße Querbinde dreieckig, nur wenig auf den Clavus übergreifend, auch die hintere erreicht den Innenrand des Corium nicht. Schenkel schwarz, mit hellgelber Spitze. Schienen und Tarsen einfarbig hellgelb. Rechtes Paramer (Abb. 571f) klein, blattartig, behaart. Linkes Paramer (Abb. 571g) groß und robust, Hypophysis kurz und gekrümmt, Sinneshöcker gerade und spitz. Vesika des Penis (Abb. 571h) ungewöhnlich lang, dünn und gewunden; sekundäre Gonopore nahe der Spitze. Apikalteil der Theka (Abb. 571i) lang, schlank und gekrümmt.

Länge: ♂ makr. = 3,6 mm, ♂ brach. = 2,6 – 2,8 mm, ♀ makr. = 3,8 mm. ♀ brach. = 2,7 – 3,0 mm.

Die Art lebt an trockenen, sandigen Orten unter Pflanzen. Imagines von Juni bis August. Überwintert als Ei.

Von Mitteleuropa bis Vorderasien (Turkestan) verbreitet. Im Mittelmeerraum in Südfrankreich, Bulgarien und Illyrien (Gorice).

118. Gattung **SYSTELLONOTUS** FIEBER, 1858

Typus-Art: *S. triguttatus* L.

Dimorph, das ♂ makropter und fast parallelseitig, das ♀ brachypter, ameisenähnlich, mit kugeligem, an der Basis eingeschnürtem Abdomen (Abb. 574), die verkürzten Halbdecken reichen etwa bis zur Mitte der Einschnürung. Kopf beim ♂ klein und dreieckig, beim ♀ groß und kugelig. Augen vom Vorderrand des Pronotum entfernt. Fühler sehr lang und dünn (Ausnahme *S. villiersi* RIB.), das 3. Glied mindestens 0,75× so lang wie das 2., letzteres weit kürzer als das 3. und 4. zusammen. Halsring des Pronotum dick. Pronotum beim ♂ trapezförmig, beim ♀ in der Regel glockenförmig. Halbdecken beim ♂ mit zwei weißlichen Querbinden, die meistens in der Mitte unterbrochen sind, beim ♀ mit einer solchen, die ebenfalls die Kommissur nicht erreicht, 1. Glied der Hintertarsen kürzer als das 2. Vesika des Penis lang und gewunden, sekundäre Gonopore nahe der Spitze.

Die Gattung enthält 14 Arten, von denen 10 im Mittelmeerraum gefunden wurden.

Bestimmungsschlüssel
für die Arten von *Systellonotus* FIEB.

a. Männchen, makropter

1 (10) Die Haare der Oberseite stehen senkrecht und sind in der Regel länger, als die Schiene dick ist.

2 (3) Grundfarbe hell rotbraun. Die vordere weiße Querbinde ist im Clavus nur wenig schmaler als im Corium (Abb. 574c). 1. **S. insularis** S. 330

3 (2) Grundfarbe dunkelbraun bis schwarz, Halbdecken oft ganz oder teilweise heller (Abb. 572, a, c, d, e). Vordere weiße Querbinde im Clavus viel schmaler als im Corium, bisweilen fehlt sie im Clavus.

4 (7) Heller Fleck im Clavus mondförmig (Abb. 572, a+e).

5 (6) Clavus größtenteils gelbbraun, mit mondförmigem, hellem Fleck, der schwarz eingefaßt ist (Abb. 572a). 2. **S. triguttatus** S. 330

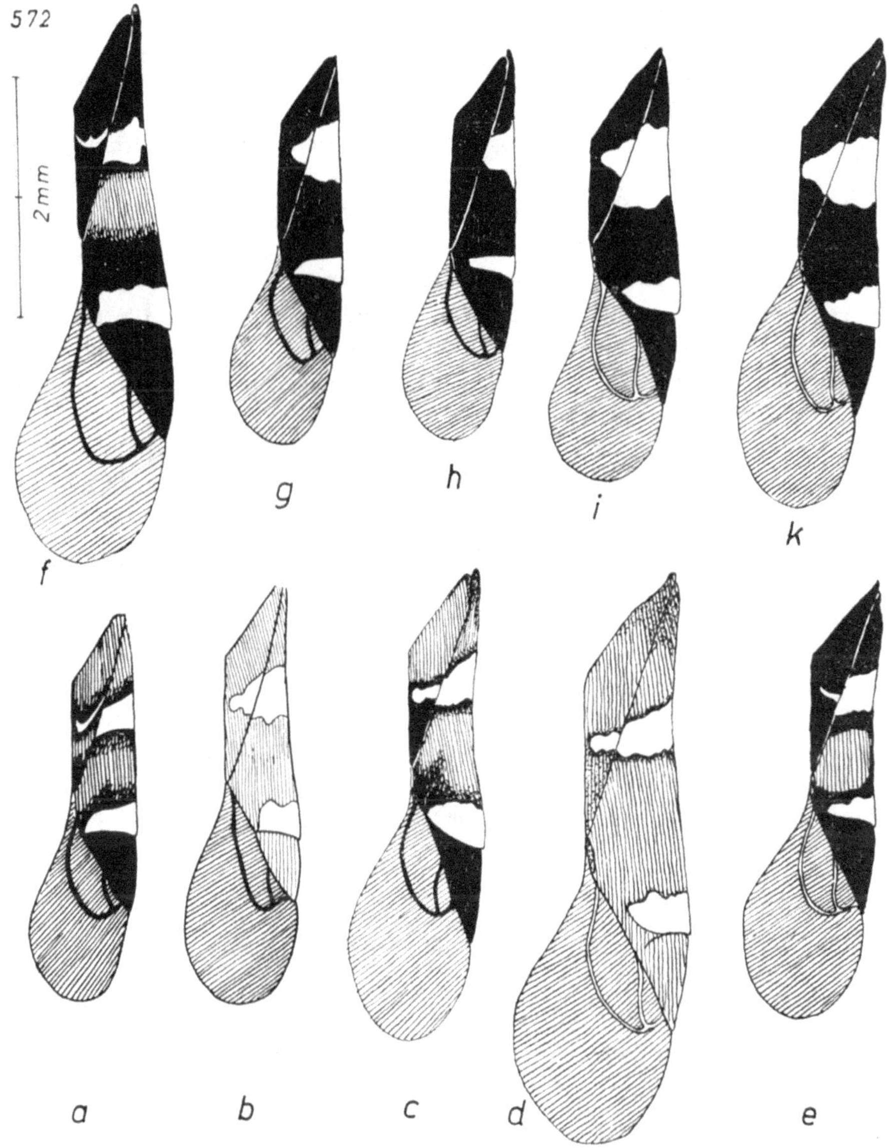

Abb. 572: *Systellonotus* Fieb., rechte Halbdecken des Männchens
a: *S. triguttatus* L. — b: *S. insularis* E. Wagn. — c: *S. weberi* E. Wagn. — d: *S. championi* Reut. — e: *S. kiritschenkoi* Popp. — f: *S. alpinus* Fr.-Gssn. — g: *S. thymi* Sign. var. *putoni* Reut. — h: *S. thymi* Sign. var. typica — i: *S. velox* Horv. — k: *S. albofasciatus* Luc.

6 (5) Clavus schwarz, der mondförmige Fleck sehr schmal und weiß (Abb. 572e). 5. **S. kiritschenkoi** S. 332

7 (4) Heller Fleck im Clavus bindenartig (Abb. 572, c+d).

8 (9) Fühler und Beine dunkelbraun. 2. Fühlerglied kräftig, so dick wie die Vorderschiene und 1,33× so lang, wie das Pronotum breit ist. Große Art von 6,5 mm Länge. 4. **S. championi** S. 331

9 (8) Fühler und Beine gelbbraun, 2. Fühlerglied dünner als die Vorderschiene und 1,25× so lang, wie das Pronotum breit ist. Kleinere Art von 4,0–5,0 mm Länge. 3. **S. weberi** S. 331

10 (1) Die Haare der Oberseite stehen schräg oder liegen an. Sie sind nie länger, als die Schiene dick ist.

11 (18) Halbdecken mit nur zwei weißen Querbinden.

12 (13) Sehr groß. Kopf hinter den Augen halsartig verengt. Corium in der Mitte breit zimtbraun, sonst schwarz (Abb. 572f). 6. **S. alpinus** S. 333

13 (12) Kleiner, selten bis 6,5 mm lang. Halbdecken einfarbig schwarzbraun bis schwarz (Abb. 572, g–k).

14 (15) Fühler einfarbig schwarzbraun bis dunkelbraun. Die vordere weiße Querbinde reicht nur bis zur Mitte des Clavus oder fehlt im Clavus (Abb. 572, g+h), Länge 3,1–4,0 mm. 7. **S. thymi** S. 334

15 (14) 3. Fühlerglied an der Basis weißlich. Die vordere weiße Querbinde reicht fast oder ganz bis zur Kommissur (Abb. 572, i+k).

16 (17) Am 3. Fühlerglied ist etwa ein Drittel der Länge weißlich. Die vordere weiße Querbinde ist beim Zusammentreffen an der Clavusnaht im Corium und im Clavus gleich breit (Abb. 572k). 8. **S. albofasciatus** S. 334

17 (16) Basis des 3. Fühlergliedes nur sehr schmal weißlich. Vordere weiße Querbinde an der Corium-Clavus-Naht im Corium etwa doppelt so breit wie im Clavus (Abb. 572i). 9. **S. velox** S. 335

18 (11) Halbdecken mit drei weißen Querbinden (Abb. 578a), die in der Mitte unterbrochen sind. 10. **S. villiersi** S. 336

b. W e i b c h e n , brachypter

1 (10) Oberseite mit aufrechten Haaren, die in der Regel länger sind, als die Vorderschiene dick ist.

2 (9) Halbdecken rotbraun oder zimtbraun.

3 (4) Körperfarbe rotbraun, Abdomen glänzend. 1. **S. insularis** S. 330

4 (3) Abdomen schwarzbraun, matt.

5 (8) 3. Fühlerglied so lang oder fast so lang wie das 2.

6 (7) Scheitel 3,5× so breit wie das Auge (Abb. 573b). 2. **S. triguttatus** S. 330

7 (6) Scheitel 2,6× so breit wie das Auge (Abb. 573d). 3. **S. weberi** S. 331

8 (5) 3. Fühlerglied 0,75–0,80× so lang wie das 2. Kopf groß (Abb. 573c). 4. **S. championi** S. 331

573

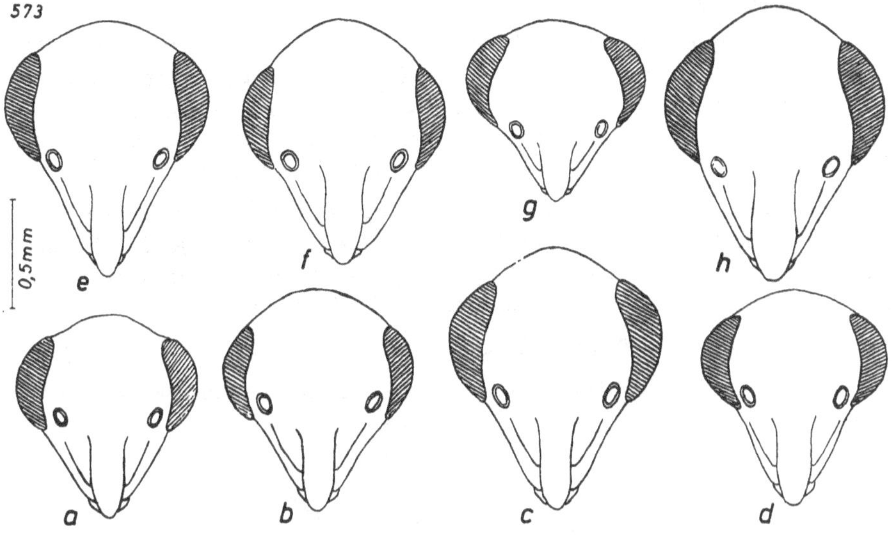

Abb. 573: *Systellonotus* Fieb., Kopf des Weibchens von vorn

a: *S. insularis* E. Wagn. — b: *S. triguttatus* L. — c: *S. championi* Reut. — d: *S. weberi* E. Wagn. — e: *S. albofasciatus* Luc. — f: *S. kiritschenkoi* Popp. — g: *S. thymi* Sign. — h: *S. velox* Horv.

9 (2) Halbdecken schwarz mit weißlicher Binde. Abdomen schwarz, glänzend. Kopf groß (Abb. 573f). 5. **S. kiritschenkoi** S. 332

10 (1) Haare der Oberseite kurz, anliegend oder schrägstehend.

11 (12) Halbdecken braun mit weißer Binde. Kopf etwa 2× so hoch wie breit. 6. **S. alpinus** S. 333

12 (11) Halbdecken schwarz mit weißem Querfleck.

13 (14) 3. Fühlerglied einfarbig schwarzbraun bis braun. Länge 2,6–2,8 mm. Kopf so breit wie hoch (Abb. 573g). 7. **S. thymi** S. 334

14 (13) 3. Fühlerglied an der Basis weißlich. Länge über 4 mm. Kopf höher als breit (Abb. 573, e+h).

15 (16) Scheitel 3,0× so breit wie das Auge (Abb. 573e). Die weiße Querbinde der Halbdecken reduziert, den Außenrand nicht erreichend (Abb. 577d). Pronotum etwas breiter als der Kopf. 8. **S. albofasciatus** S. 334

16 (15) Scheitel 2,77× so breit wie das Auge (Abb. 573h). Weiße Querbinde der Halbdecken groß, den Außenrand erreichend (Abb. 577b). Pronotum etwas schmaler als der Kopf. 9. **S. velox** S. 335

Das Weibchen von *S. villiersi* RIB. ist bisher unbekannt.

1. **Systellonotus insularis** E. WAGNER, 1948 (Abb. 574, c+d)

Ent. Month. Mag., Bd. 84, S. 3.

Männchen: Hell rotbraun, auch die Extremitäten. Behaarung lang und aufrecht. Die vordere weiße Querbinde reicht nicht bis zur Kommissur und ist an der Clavusnaht im Clavus und im Corium gleich breit (Abb. 572b). Scheitel 1,5× so breit wie das Auge. Membran hellgrau, Adern gelblich. Rechtes Paramer breit und gerade. Linkes Paramer kegelförmig, Hypophysis spitz. Apikateil der Theka spitz.

Weibchen: Von gleicher Färbung und Behaarung wie das ♂, der Ameise *Lasius emarginatus* LATR. sehr ähnlich. Scheitel 2,6× so breit wie das Auge. 2. Fühlerglied 1,67× so lang, wie das Pronotum breit ist. Letzteres schmaler als der Kopf. 3. Glied 0,86× so lang wie das 2. Das Rostrum überragt die Mittelhüften.

Länge: ♂ makr. = 4,6–5,0 mm, ♀ brach. = 3,4–3,8 mm.

Die Art wurde in Gesellschaft der oben genannten Ameisenart am Boden gefangen. Bisher nur auf der Insel Korsika (Bocagnano) gefangen.

574

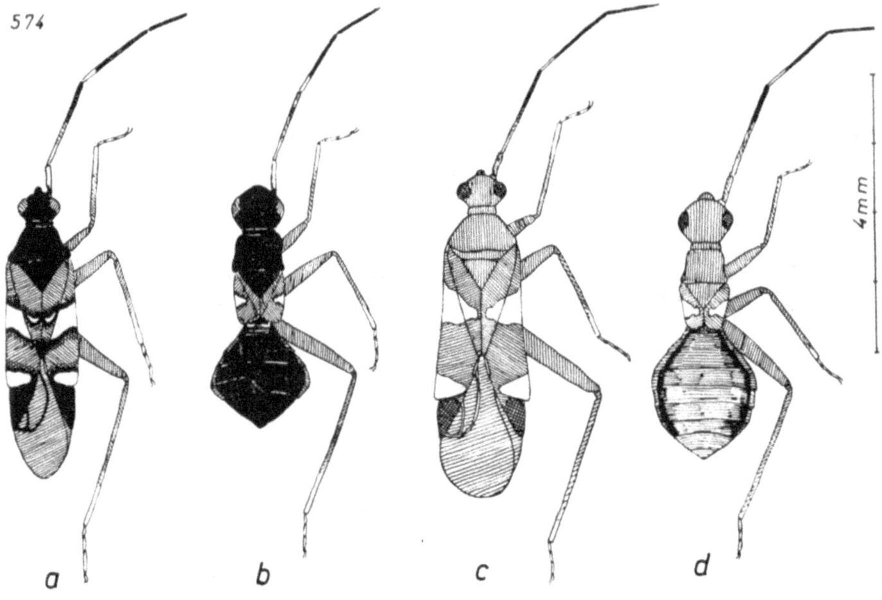

Abb. 574: *Systellonotus* Fieb.
a: *S. triguttatus* L. ♂ — b: id., ♀ — c: *S. insularis* E. Wagn., ♂ — d: id., ♀

2. **Systellonotus triguttatus** (LINNÉ), 1767 (Abb. 574, a+b)

Männchen: Schwarzbraun, mit langen, aufrechten Haaren. Fühler zum Teil schwarz; 1. Glied und die Basalhälfte des 2. hell, 2. Glied 1,3× so lang, wie das Pronotum breit ist; 3. Glied etwa so lang wie das 2., an der Basis schmal hell. Scheitel höchstens 2× so breit wie das Auge. Spitze der Schienen und Tarsen hell. Halbdecken

(Abb 572a) zimtbraun, die weißen Querbinden schwarz eingefaßt. Heller Fleck im Clavus schmal und mondförmig.

Weibchen: Schwarzbraun, der Ameise *Lasius niger* L. ähnlich. Scheitel 3,5× so breit wie das Auge (Abb. 568g). Pronotum fast so breit wie der Kopf. 2. Fühlerglied 1,3× so lang, wie das Pronotum breit ist. Halbdecken stark verkürzt, der helle Fleck reicht nicht bis zum Clavus. Abdomen kugelig. Färbung und Behaarung wie beim ♂.

Länge: ♂ makr. = 4,3–4,7 mm, ♀ brach. = 3,3–3,7 mm.

Auf trockenem oder sandigem Boden, in der Regel in Gesellschaft von Ameisen. Ernährt sich von Pflanzensäften und von Aphiden. Eine Beziehung zu den Ameisen konnte bisher nicht nachgewiesen werden. Imagines von Mai bis September. Überwintert als Ei.

Durch fast ganz Europa verbreitet. Im Mittelmeergebiet in Südfrankreich, Italien, Jugoslawien, Albanien, Bulgarien und Rumänien.

3. **Systellonotus weberi** E. WAGNER, 1955

Mitt. deut. Ent. Ges., Bd. 14, S. 6.

Männchen: Schwarzbraun, glänzend, fast glatt. Oberseite mit langen, aufrechten Haaren. Halbdecken rotbraun, die weißen Querbinden schwarz eingefaßt (Abb. 572c); die vordere Binde im Clavus schmaler als im Corium, aber nicht mondförmig, distal abgerundet, die Kommissur nicht erreichend. Adern der Membran schwärzlich. Scheitel (Abb. 575c) 1,5× so breit wie das Auge. 2. Fühlerglied 1,25× so lang, wie das Pronotum breit ist; das 3. Glied 0,8× so lang wie das 2. Das Pronotum 1,5× so breit wie der Kopf.

Linkes Paramer distal kegelförmig, Hypophysis abwärts gerichtet, distal spitz. Sinneshöcker spitz. Rechtes Paramer oval, distal verjüngt. Vesika lang und S-förmig gebogen, distal zwei abgerundete Spitzen. Apikalteil der Theka groß und stumpf.

Weibchen: Färbung und Behaarung wie beim ♂. Ameisenähnlich. Kopf von vorn gesehen (Abb. 573f) so hoch wie breit. Scheitel fast dreimal so breit wie das Auge (Abb. 575d). Pronotum schmaler als der Kopf. 1. Fühlerglied 0,84× so lang, wie der Kopf breit ist; 2. Glied 1,7× so lang, wie das Pronotum breit ist; das 3. fast so lang wie das 2. Halbdecken stark verkürzt. Abdomen kugelig.

Länge: ♂ makr. = 3,1–4,0 mm, ♀ brach. = 3,1–3,9 mm.

Die Art lebt am Boden von xerothermen Örtlichkeiten unter Thymus vulgaris L. Imagines im Juli und August.

Bisher nur in Südfrankreich (Basses Alpes) gefunden.

4. **Systellonotus championi** REUTER, 1903

Männchen: Von großer, schlanker Gestalt, 4,6× so lang, wie das Pronotum breit ist. Behaarung lang und aufrecht. Halbdecken zimtbraun, die weißen Querbinden mit schmalem, dunklem Saum (Abb. 572d). Die vordere Querbinde im Clavus schmaler als im Corium und fast bis zur Kommissur reichend. Kopf (Abb. 575a) klein, Scheitel 1,67× so breit wie das Auge. Fühler braun, 1. Glied hell; 2. Glied 1,37× so lang,

575

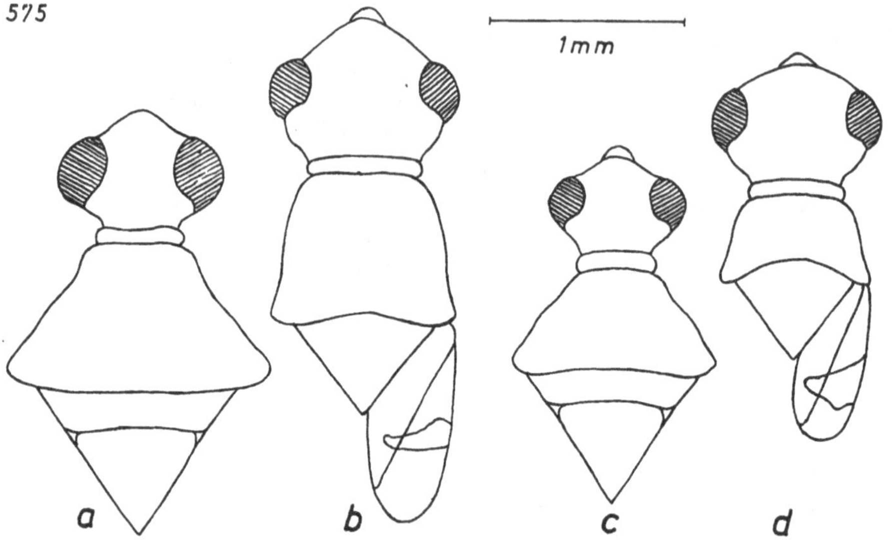

Abb. 575: *Systellonotus* Fieb., vorderer Teil
a: *S. championi* Reut., ♂ — b: id., ♀ — c: *S. weberi* E. Wagn., ♂ — d: id., ♀

wie das Pronotum breit ist; 3. Glied 0,84× so lang wie das 2., an der Basis mit hellem Ring. Pronotum 1,6× so breit wie der Kopf (Abb. 575a). Membran grau, Adern grau. Beine schwarzbraun.

Weibchen: Schwarzbraun. Halbdecken, Beine und 1. Fühlerglied rotbraun. Kopf, Pronotum und Scutellum braun. Scheitel 2,85× so breit wie das Auge (Abb. 575b). Fühler dunkel; 2. Glied 1,5× so lang, wie das Pronotum breit ist; 3. Glied 0,8× so lang wie das 2., an der Basis, mit hellem Ring. Pronotum fast so breit wie der Kopf. Halbdecken stark verkürzt (Abb. 575b). Abdomen oval, schwarzbraun, matt. Behaarung wie beim ♂.

Länge: ♂ makr. = 6,0–6,2 mm, ♀ brach. = 5,2 mm.

Die Art wurde bisher nur in Spanien (Soria) gefunden.

5. **Systellonotus kiritschenkoi** POPPIUS, 1912

Rev. Russe d'Ent., Bd. 12, S. 202; Syn.: *S. skopljensis* KORMILEV 1948, Bull. Soc. Skopje, Bd. 20, S. 197, nach HOBERLANDT 1963, Act. Faun. Mus. Nat. Prag., Bd. 9, S. 258—260.

Männchen: Von kleinerer Gestalt, schwarz. Behaarung der Oberseite lang und abstehend. Halbdecken schwarz (Abb. 572e), mit zwei weißen Querbinden und einem gelbbraunen Fleck im Corium zwischen diesen Binden, der jedoch nicht bis an die Binden reicht. Die vordere Binde ist im Clavus sehr schmal und etwa mondförmig. Kopf (Abb. 576a) hinter den Augen mit langem Hals. Scheitel 1,73× so breit wie das Auge. 2. Fühlerglied 1,26× so lang, wie das Pronotum breit ist; 3. Glied fast so lang wie das 2., an der Basis mit hellem Ring. Pronotum 1,47× so breit wie der Kopf. Membran schwarz, Adern gelbbraun. Beine schwarzbraun, sehr lang und dünn.

Weibchen: Färbung und Behaarung wie beim ♂. Kopf von vorn gesehen (Abb. 573f) 1,15× so hoch wie breit. Scheitel 4,8× so breit wie das Auge. 2. Fühlerglied 1,75× so lang, wie das Pronotum breit ist; 3. Glied 0,9× so lang wie das 2., an der Basis mit hellem Ring. Pronotum nur 0,77× so breit wie der Kopf. Die verkürzten Halbdecken mit weißem Querfleck, der fast bis an den Clavus reicht.

Länge: ♂ makr. = 4,8–5,0 mm, ♀ brach. = 4,5–4,7 mm.

Die Art lebt am Boden, oft in der Nähe von Ameisennestern. Sie wurde aus „Südrußland" beschrieben und später in Macedonien (Skopje) und Bulgarien (Čirpan) gefunden. Imagines von Mai bis August.

576

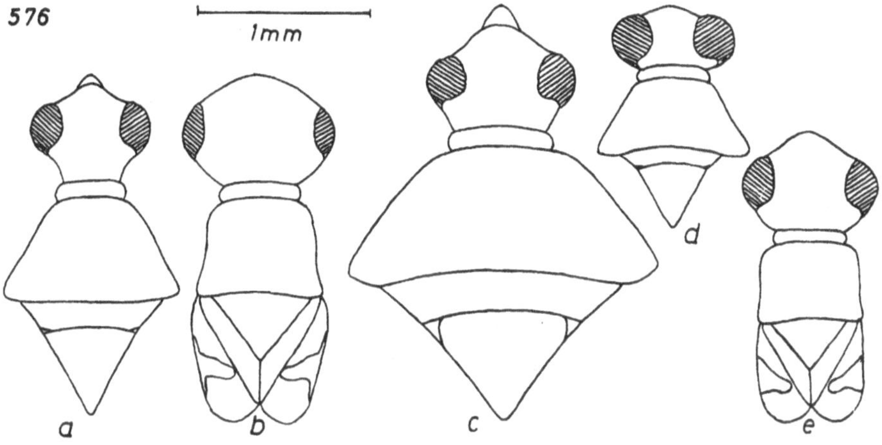

Abb. 576: *Systellonotus* Fieb., vorderer Teil
a: *S. kiritschenkoi* Popp., ♂ — b: id., ♀ — c: *S. alpinus* Fr.-Gssn., ♂ — d: *S. thymi* Sign., ♂ — e: id., ♀

6. **Systellonotus alpinus** (FREY-GESSNER), 1873

Männchen: Schwarzbraun. Oberseite mit kurzen, halbanliegenden Haaren, fast kahl. Kopf hinter den Augen halsartig (Abb. 576c). Scheitel 1,5–1,6× so breit wie das Auge. Fühler sehr lang, 2. Glied 1,33× so lang, wie das Pronotum breit ist; 3. Glied so lang wie das 2., an der Basis mit hellem Ring. Pronotum (Abb. 576c) 2,1× so breit wie der Kopf. Halbdecken hinten verbreitert (Abb. 572f) schwarzbraun bis braun. Die vordere Querbinde im Clavus mondförmig. Corium zwischen beiden Binden mit gelbbraunem Fleck, der jedoch nicht bis an die Binden reicht und der vorderen Binde näher liegt als der hinteren. Membran dunkel graubraun, Adern graubraun. Beine gelb- bis schwarzbraun.

Weibchen. Färbung und Behaarung wie beim ♂. Ameisenähnlich. Kopf fast doppelt so hoch wie breit. Augen flach. 2. Fühlerglied sehr lang und 1,5× so lang wie das 3., letzteres an der Basis mit hellem Ring. Abdomen kugelig, doppelt so breit wie das Pronotum.

Länge: ♂ makr. = 6,2–6,6 mm, ♀ brach. = 5,0–5,1 mm.

Die Art lebt vor allem in höheren Lagen der Westalpen, wo sie an grasigen Stellen am Boden gefunden wurde. Sie wurde jedoch auch in den Pyrenäen gefunden und aus Nordspanien gemeldet.

7. **Systellonotus thymi** SIGNORET, 1859

Syn.: *S. putoni* REUTER 1890; E. WAGNER 1958, Vie et milieu, Bd. 8, S. 332.

Männchen: Schwarz, klein. Behaarung sehr kurz und anliegend, fast kahl. Halbdekken matt, schwarz (Abb. 572, g+h). Vordere weiße Querbinde oft auf den Clavus übergreifend (var. *putoni* REUT., Abb. 572g), oft aber auch im Clavus fehlend (var. typica, Abb. 572h). Kopf (Abb. 576d) kurz. Scheitel 1,2–1,4× so breit wie das große Auge. 2. Fühlerglied 1,25× so lang, wie das Pronotum breit ist; das 3. 0,80–0,82× so lang wie das 2. Glied. Pronotum nur 1,20–1,25× so breit wie der Kopf. Spitzen der Schenkel hell.

Weibchen: Ameisenähnlich. Färbung u. Behaarung wie beim ♂. Vordere weiße Querbinde greift nie auf den Clavus über, die var. *putoni* REUT. läßt sich daher beim ♀ nicht unterscheiden. Scheitel 2,2× so breit wie das Auge (Abb. 576e). Von vorn gesehen (Abb. 573g) ist der Kopf so breit wie hoch. 2. Fühlerglied doppelt so lang, wie das Pronotum breit ist; 3. Glied 0,8× so lang wie das 2. Das Pronotum ist 0,8× so breit wie der Kopf. Abdomen oval.

Länge: ♂ makr. = 3,1–4,0 mm, ♀ brach. = 2,6–2,8 mm.

Die Art lebt an trockenen, sandigen Orten unter Pflanzenpolstern. Imagines von Mai bis August.

Mediterrane Art. Bisher festgestellt in Südfrankreich, ganz Nordafrika und in der Türkei.

8. **Systellonotus albofasciatus** LUCAS, 1849

Syn.: *S. micelii* REUTER, 1886, id. 1890 (Syn.).

Männchen: Groß, schlank. Extremitäten sehr lang und dünn. Schwarz, glänzend, Behaarung fein, kurz und fast anliegend. Vordere weiße Querbinde der Halbdecken (Abb. 572k) an der Clavusnaht im Corium so breit wie im Clavus. Kopf klein (Abb. 577c). Scheitel 1,15× so breit wie das Auge. Fühler schwarz, 2. Glied 1,3× so lang, wie das Pronotum breit ist; 3. Glied 0,9× so lang wie das 2., an der Basis bis zu einem Drittel der Länge weißlich; 1. Glied dunkelbraun bis schwarz. Pronotum trapezförmig, 1,47× so breit wie der Kopf (Abb. 577c). Scutellum im hinteren Teil mit einem runden Höcker.

Weibchen: Ameisenähnlich, schwarz, glänzend. Behaarung wie beim ♂. Kopf groß, von vorn gesehen (Abb. 573e) 1,2× so hoch wie breit. Scheitel (Abb. 577d) 3,0× so breit wie das kleine Auge. 2. Fühlerglied 1,6× so lang, wie das Pronotum breit ist; das 3. Glied 0,8× so lang wie das 2., wie beim ♂ gefärbt. Pronotum etwas breiter als der Kopf. Heller Fleck der Halbdecken (Abb. 577d) klein, den Außenrand nicht erreichend. Abdomen oval.

Länge: ♂ makr. = 5,2–5,6 mm, ♀ brach. = 4,8–5,0 mm.

Bisher nur in Nordafrika (Algerien, Tunesien und Marokko) gefunden.

577

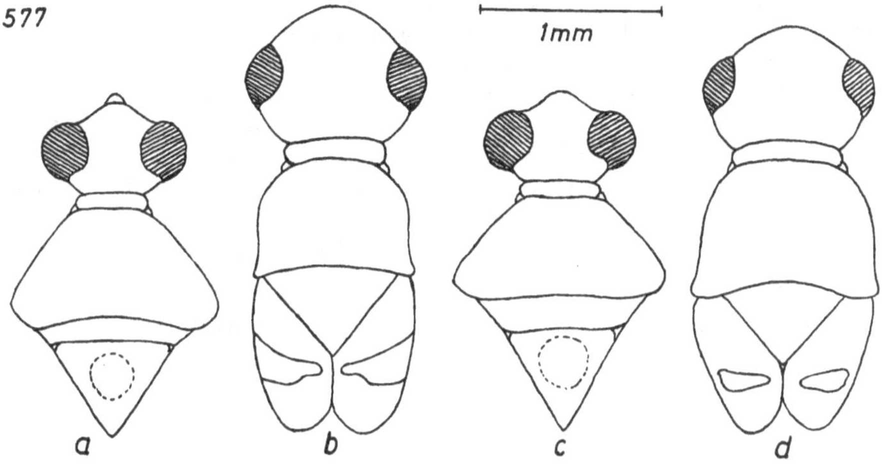

Abb. 577: *Systellonotus* Fieb., vorderer Teil
a: *S. velox* Horv., ♂ — b: id., ♀ — c: *S. albofasciatus* Luc., ♂ — d: id., ♀

9. **Systellonotus velox** HORVATH, 1907

Syn.: *S. micelii* HORVATH 1894, nec REUTER.

Männchen: Der vorigen Art sehr ähnlich, aber etwas kleiner. Behaarung kurz und anliegend. Halbdecken matt; die vordere weiße Querbinde ist an der Clavusnaht im Corium etwa doppelt so breit wie im Clavus und reicht nicht bis zur Kommissur (Abb. 572i), sie ist im Corium gelblich oder orange getönt. Scheitel etwa 1,1× so breit wie das große Auge (Abb. 577a). 1. Fühlerglied weißgelb oder gelbbraun; 2. Glied 1,2× so lang, wie das Pronotum breit ist; 3. Glied 0,9× so lang wie das 2., an der Basis nur etwa ein Fünftel weißlich. Pronotum 1,4× so breit wie der Kopf. Höcker des Scutellum etwas höher. Schienen im Apikalteil etwas aufgehellt.

Weibchen: Färbung und Behaarung wie beim ♂. Ameisenähnlich. Heller Fleck der Halbdecken größer, den Außenrand erreichend (Abb. 577b), oft gelblich oder orange getönt. Scheitel 2,77× so breit wie das größere Auge. 2. Fühlerglied 1,72× so lang, wie das Pronotum breit ist. Letzteres etwas schmaler als der Kopf. Abdomen kugelig. Sonst wie ♂.

Länge: ♂ makr. = 4,8–5,0 mm, ♀ brach. = 4,2–4,5 mm.

Bisher nur in Tunesien und Libyen gefunden.

10. **Systellonotus villiersi** RIBAUT, 1939 (Abb. 578)

Bull. Soc. Sci. Nat. Maroc, Bd. 19, S. 188—189.

Männchen: Groß, schwarzbraun. Behaarung weiß, kurz und fast anliegend. Halbdecken mit 3 weißen Querbinden. Die vordere beginnt in Höhe der Scutellumspitze, berührt fast die Kommissur und ist an der Clavusnaht im Corium so breit wie im Clavus. Die mittlere liegt etwas vor der Clavusspitze, ist weit schmaler als die anderen und berührt weder den Außenrand noch die Clavusnaht. Die hintere liegt unmittelbar am Hinterrande des Corium (Abb. 578a) und reicht bis an den Innenwinkel des Cuneus. Kopf lang (Abb. 578, d+e), mit Punktgruben, hinter den Augen halsartig (Abb. 578c). Scheitel ungerandet, 1,53× so breit wie das Auge. Tylus von der Stirn durch eine Einkerbung getrennt (Abb. 578e). 2. Fühlerglied gegen die Spitze gleichmäßig verdickt, 1,5× so lang, wie das Pronotum breit ist; 3. Glied schlank, an der Basis breit weißlich. Pronotum (Abb. 578c) trapezförmig, vorn sehr schmal, nach hinten stark verbreitert und dort 2,17× so breit wie der Kopf. Scutellum im hinteren Teil höckerartig erhöht. Tarsen sehr schlank. An den Hintertarsen (Abb. 578f) ist das 3. Glied etwas kürzer als das 2. Klauen (Abb. 578g) sehr schlank.

Länge: ♂ makr. = 6,5 mm, ♀ unbekannt.

Bisher nur einmal ein Männchen in Marokko (Mittlerer Atlas) von VILLIERS gefangen.

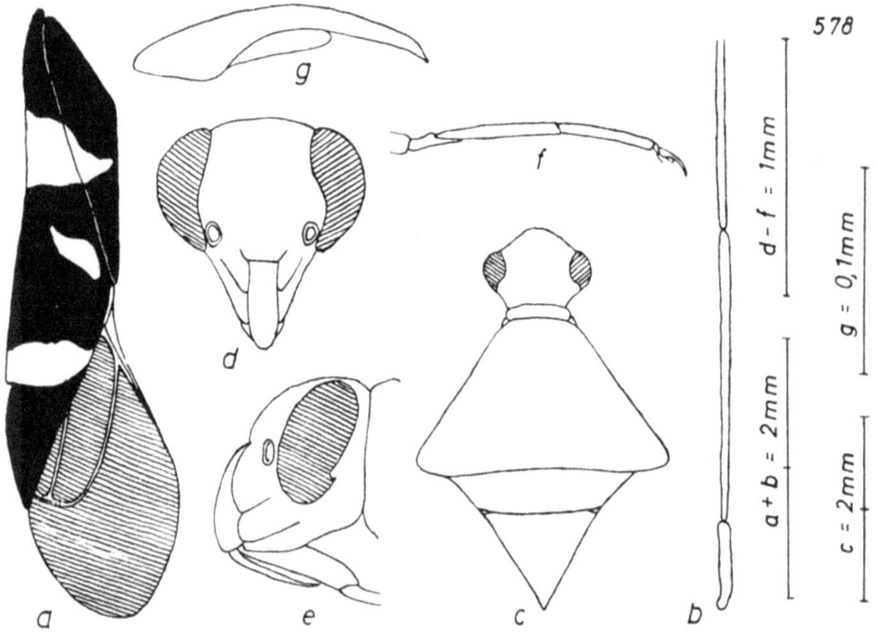

Abb. 578: *Systellonotus villiersi* Rib., Männchen
a: linke Halbdecke — b: Fühler — c: vorderer Teil von oben — d: Kopf von vorn — e: Kopf von links — f: Hinterfuß — g: Klaue desselben von außen

119. Gattung **PLAGIORRHAMMA** FIEBER, 1870

Typus-Art: *P. suturalis* H.-S.

CARVALHO 1952, An. Acad. Brasil. Ci., Bd. 24, S. 70; E. WAGNER 1952, Tierw. Deut., Nr. 41, Blindwanz., 142; id. 1970, Notul. Ent., Bd. 50, S. 69—71.

Kleine, zarte Arten mit auffallend langen Fühlern. Männchen stets lang-oval und makropter, Weibchen brachypter und mehr oval. Halbdecken der f. brach. (Abb. 580, b, d, f) im hinteren Teil verbreitert und bis zum 5. oder 6. Tergit reichend. Scheitel hinten gerandet oder kantig. Augen vom Vorderrand des Pronotum etwas entfernt (Abb. 579, a–f). 3. Fühlerglied etwa so lang wie das 2. (Abb. 579, g–m), das letztere weit kürzer als das 3. und 4. zusammen. Corium im äußeren Teil, zum mindesten der Außenrand, hell. Seiten des Pronotum geschweift (Abb. 579, a–f).
In der Paläarktis ist die Gattung durch 4 Arten vertreten, von denen im Mittelmeerraum 3 vorkommen.

Bestimmungsschlüssel
für die Arten von *Plagiorrhamma* FIEB.

1 (2) Halbdecken einfarbig hell, bisweilen mit schattenartiger, rötlicher Zeichnung. Von etwas dunklerer Farbe sind in der Regel Kopf, Pronotum und Scutellum (Abb. 580, e+f). **1. P. concolor** S. 338

2 (1) Clavus größtenteils und Corium im inneren Teil schwarz oder schwarzbraun, Cuneus schwarzrot (Abb. 580, a–d). Kopf, Pronotum und Scutellum dunkel.

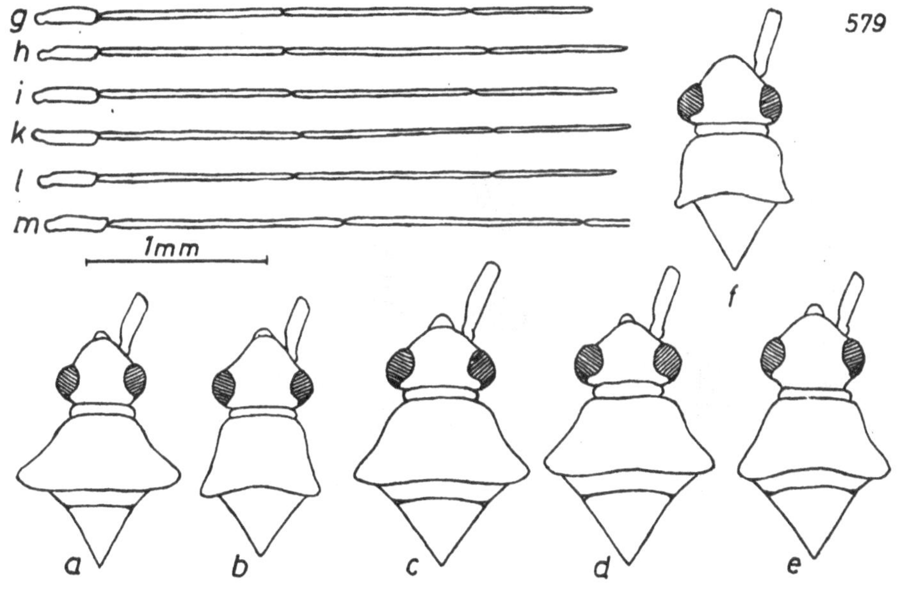

Abb. 579: *Plagiorrhamma*, vorderer Teil und Fühler
a+g: *P. suturalis* H.-S., ♂ — b+h: id., ♀ — c+i: *P. costai* Reut. ♂ — d+k: id., ♀ — e+l: *P. concolor* Reut., ♂ — f+m: id., ♀
a—f: vorderer Teil — g+m: Fühler

3 (4) Der schwarze Fleck im Innenwinkel des Corium reicht nach außen nur etwa bis zur Mitte (Abb. 580, a+b). 2. **P. suturalis** S. 339

4 (3) Der schwarze Fleck im Innenwinkel des Corium reicht bis fast an den Außenrand (Abb. 580, c+d). 3. **P. costalis** S. 340

1. Plagiorrhamma concolor REUTER, 1890

E. WAGNER 1970, l. c.

Hellgelb. Behaarung lang und weißlich. ♂ (f. macr.) lang und fast parallelseitig, ♀ oval. Stirn mit schwach erkennbaren Querlinien. Scheitel undeutlich gerandet, beim ♂ 1,4×, beim ♀ 3,0–3,1× so breit wie das Auge. Fühler rötlich (Abb. 579, g+h), 2. Glied viel kürzer als das 3. und 4. zusammen, etwa so lang wie das 3. und mehr als doppelt so lang wie die Kopfbreite. Kopf, Pronotum und Scutellum ein wenig dunkler als die Halbdecken. Letztere einfarbig hell, bisweilen mit einem rötlichen Anflug, der das Zeichnungsmuster von *P. suturalis* H.-S. erkennen läßt. ♂ stets makropter, Halbdecken beim ♀ verkürzt, ohne Cuneus oder Membranrest (Abb. 580, e+f). Membran hellgrau, Adern gelb. Beine schlank, Schenkel und Basis der Schienen rötlich, Schienen mit feinen, hellen Dornen. 3. Glied der Hintertarsen länger als das 2.

Rechtes Paramer (Abb. 581i) sehr klein, löffelförmig. Linkes Paramer (Abb. 581k) groß, obere Außenecke mit kleiner, nach innen gekrümmter Spitze, Hypophysis zweispitzig, Sinneshöcker mit langem, spitzem Fortsatz. Vesika des Penis (Abb. 581l) schlank, S-förmig gekrümmt, distal zweispitzig. Apikalteil der Theka (Abb. 581m) schlank, gleichmäßig gekrümmt.

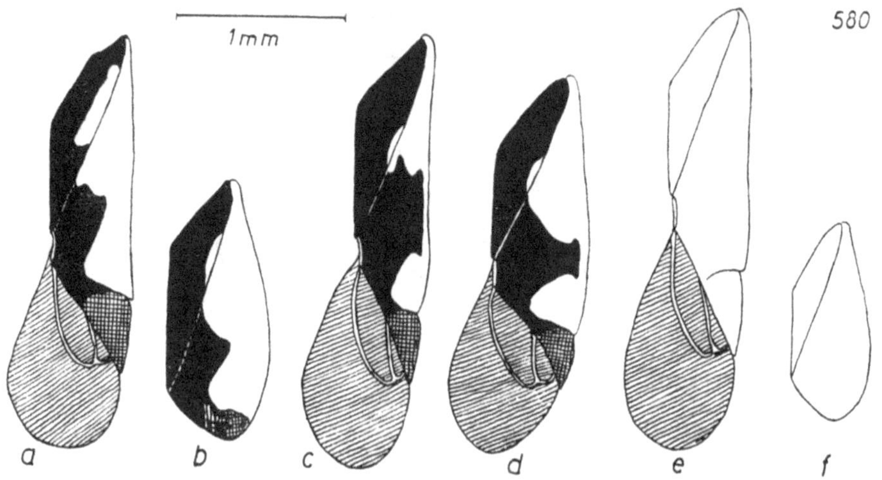

Abb. 580: *Plagiorrhamma* Fieb., rechte Halbdecke
a: *P. suturalis* H.-S., ♂ — b: id., ♀ — c: *P. costai* Reut., ♂ — d: id., ♀ — e: *P. concolor* Reut., ♂ — f: id., ♀

Länge: ♂ makr. = 3,3 mm, ♀ brach. = 3,0–3,4 mm.

Aus dem Süden der UdSSR beschrieben und neuerdings in Israel, auf der Insel Zypern und in Saudi-Arabien gefunden.

2. **Plagiorrhamma suturalis** (HERRICH-SCHÄFFER), 1839

E. WAGNER 1970, l. c.

Dimorph, das ♂ makropter und langgestreckt, das ♀ brachypter und lang-oval. Oberseite mit langen, weißlichen Haaren. Schwarz, Halbdecken größtenteils weißlich (Abb. 580, a+b). Kopf schwarz, Scheitel beim ♂ 2,2×, beim ♀ 2,6× so breit wie das Auge (Abb. 579, a+b). Fühler sehr lang (Abb. 579, g+h), hellgelb, teilweise rötlich; 2. Glied viel kürzer als das 3. und 4. zusammen, etwa so lang wie das 3. und fast doppelt so lang wie die Kopfbreite. Pronotum und Scutellum schwarz. Halb-

581

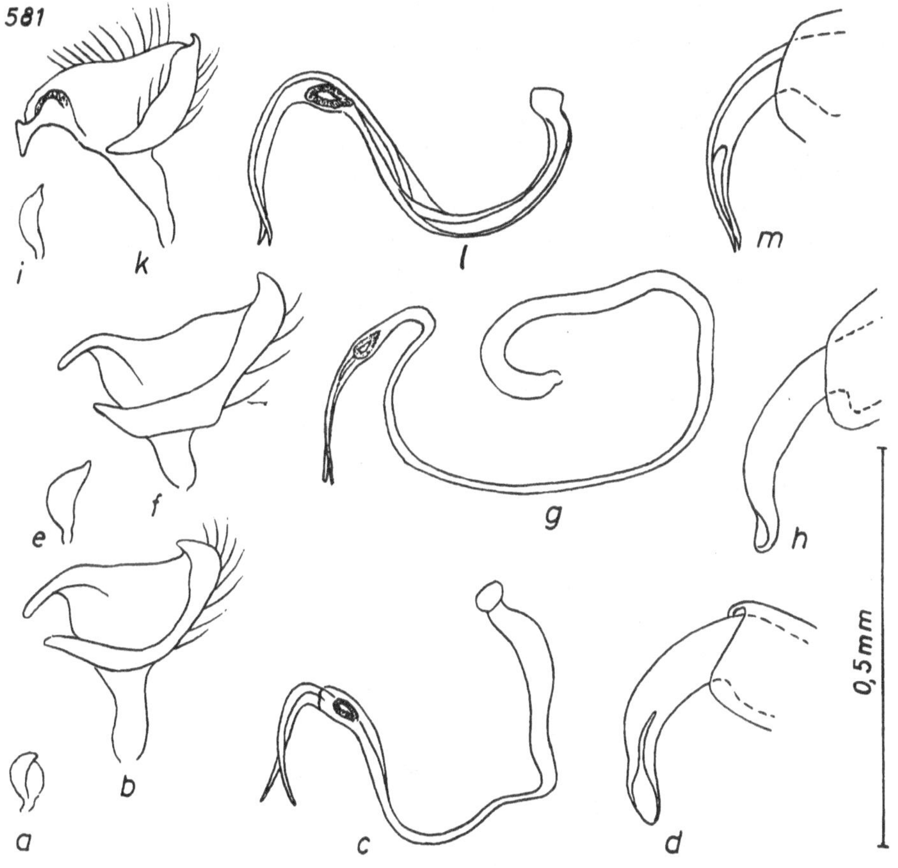

Abb. 581: *Plagiorrhamma* Fieb., Genitalien des Männchens
a—d: *P. costai* Reut. — e—h: *P. suturalis* H.-S. — i—m: *P. concolor* Reut.
a, e, i: rechtes Paramer von oben — b, f, k: linkes Paramer von oben — c, g, l: Vesika des Penis von rechts — d, h, m: Apikalteil der Theka von rechts

decken gelbweiß, im inneren Teil mit gezackter Längsbinde (Abb. 580, a+b). Cuneus schwarz bis schwarzrot. Membran beim ♂ hellgrau, Adern grau. Beim ♀ sind nur ein schmaler Saum und ein stark verkürzter Cuneus vorhanden. Beine hellgelb, Schenkel teilweise rötlich. Schienen mit feinen, hellen Dornen. 3. Glied der Hintertarsen etwa so lang wie das 2.

Rechtes Paramer (Abb. 581e) sehr klein, gewölbt. Linkes Paramer (Abb. 581f) groß, äußere Ecke nach innen gekrümmt, Hypophysis gerade, auf dem Sinneshöcker ein langer, spitzer Fortsatz. Vesika des Penis (Abb. 581g) sehr dünn und stark gewunden, distal zweispitzig. Sekundäre Gonopore weit vor der Spitze. Apikalteil der Theka (Abb. 581h) etwas dicker und stärker gekrümmt, die Öffnung liegt an der Spitze.

Länge: ♂ makr. = 2,9–3,1 mm, ♀ brach. = 2,5–2,7 mm.

Die Art lebt auf trockenen, sonnigen Flächen am Boden unter Pflanzenpolstern. Imagines von Juni bis September.

Mediterrane Art. Bisher nur in Südeuropa festgestellt.

3. **Plagiorrhamma costai** (REUTER), 1890

Laemocoris costai REUTER 1890; Syn.: *Hallodapus longicornis* REUT. 1904, Öfv. Fin. Vet. Soc. Förh., Bd. 47, Nr. 4, S. 12; *Hallodapus costai* REUT., LINNAV. 1961, Ann. Zool. Soc. Vanamo, Bd. 22, S. 4; *Plagiorrhamma* id. E. WAGNER 1970, Notul. Ent., Bd. 50, S. 69.

Dimorph, das ♂ stets makropter (Abb. 580c), das ♀ brachypter und pseudobrachypter (Abb. 580d). Oberseite mit kürzeren, fast anliegenden gelblichen Haaren. Kopf schwarz. Scheitel (Abb. 579, c+d) beim ♂ 1,35×, beim ♀ 2,1× so breit wie das Auge. Fühler sehr lang (Abb. 579, i+k), hellgelb; 1. Glied an der Basis dunkel; 2. Glied viel kürzer als das 3. und 4. zusammen, etwa so lang wie das 3. und doppelt so lang wie die Kopfbreite. Pronotum und Scutellum schwarz. Dunkle Färbung der Halbdecken weiter ausgedehnt und fast bis an den Außenrand reichend, das Exocorium freilassend. Cuneus schwarzrot. Membran hellgrau, Adern gelblich. Membran beim ♀ bisweilen stark, bisweilen nur wenig verkürzt. Schenkel im Apikalteil dunkel, Schienen gelb, mit feinen, hellen Dornen.

Rechtes Paramer (Abb. 581a) sehr klein, löffelförmig. Linkes Paramer (Abb. 581b) demjenigen der vorigen Art ähnlich, aber breiter und spitzer. Vesika des Penis (Abb. 581c) lang und sehr dünn, Apikalteil stark gekrümmt. Sekundäre Gonopore weit vor der Spitze. Apikalteil der Theka (Abb. 581d) schlanker, aber von ähnlicher Gestalt wie bei *P. suturalis* H.-S.

Länge: ♂ makr. = 3,3–3,5 mm, ♀ pseudobrach. = 5,25 mm.

Bisher nur in Ägypten und Israel gefunden, auch im Sudan.

120. Gattung **HYPOMIMUS** LINDBERG, 1940

Typus-Art: *H. albosellatus* LDBG.

Soc. Sci. Fenn. Comm. Biol., Bd. 7, Nr. 14, S. 34; E. WAGNER 1957, Deut. Ent. Zeit., Bd. 4, S. 265—266.

Von robusterer Gestalt (Abb. 582a). ♂ und ♀ makropter. Fühler sehr kräftig (Abb. 582d), das 2. Glied etwa so lang wie das 3. und 4. zusammen, die beiden Endglieder etwas dicker als das 1. oder 2. Glied. Pronotum im hinteren Teil stark gewölbt

(Abb. 582b). Scutellum mit einem kegelförmigen Höcker. Halbdecken beim ♂ das Abdomen weit, beim ♀ nur wenig überragend. Penis sehr lang und schlank. Sekundäre Gonopore weit vor der Spitze.

Die Gattung enthält 1 Art, die im Mittelmeerraum lebt.

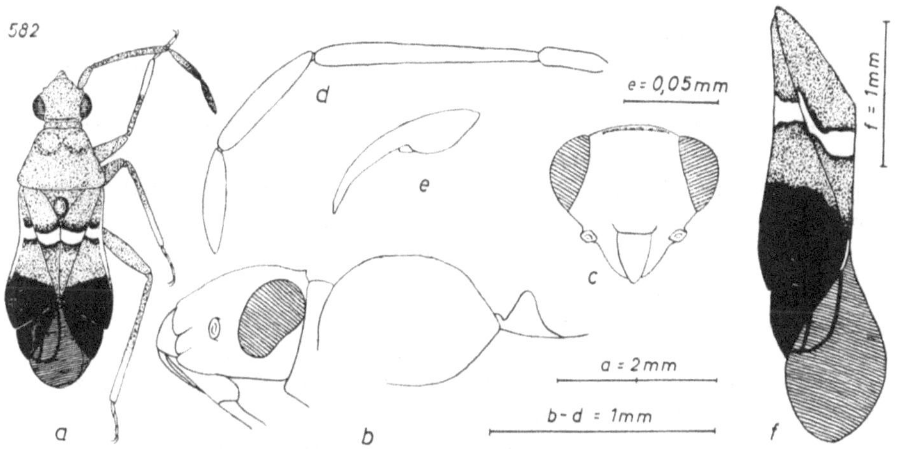

Abb. 582: *Hypomimus chobauti* Put.
a: ♀ — b: Kopf, Pronotum und Scutellum des ♀ von links — c: Kopf des ♀ von vorn — d: Fühler des ♀ — e: Klaue des Hinterfußes von außen — f: rechte Halbdecke des ♂

Hypomimus chobauti (PUTON), 1898 (Abb. 582a)

Laurinia chobauti PUT. 1898; *Hypomimus* id., E. WAGNER 1957, Deut. Ent. Zeit., Bd. 5, S. 265—266; CARVALHO 1959, Arq. Mus. Nac. Rio de Janeiro, Bd. 4, S. 351; Syn.: *H. albosellatus* LNDBG. 1940, Soc. Sci. Fenn. Comm. Biol., Bd. 7, Nr. 14, S. 35; E. WAGNER 1960, Deut. Ent. Zeit., Bd. 7, S. 164—165 (♀); *H. secundus* LINNAV. 1961, Ann. Zool. Soc. Vanamo, Bd. 22, Nr. 5, S. 5.

Gestalt schlank (Abb. 582, a+f), makropter. Oberseite mit spärlichen, halbaufgerichteten, hellen Haaren. Hell rotbraun, der hintere Teil der Halbdecken schwarz, der vordere mit einer weißen Querbinde, die schwarz eingefaßt ist. Sie verläuft beim ♂ (Abb. 582f) etwas anders als beim ♀ (Abb. 582a), Kopf länger als hoch (Abb. 582b). Scheitel hinten kielartig gerandet, beim ♂ 1,2×, beim ♀ 1,7–2,0× so breit wie das Auge (Abb. 582c). Fühler kräftig, alle Glieder dick, die beiden Endglieder etwas dicker als die beiden Basalglieder (Abb. 582d). Schwielen des Pronotum undeutlich. Scutellum mit kräftigem, kegelförmigem Höcker (Abb. 582b). Die helle Querbinde der Halbdecken liegt im Clavus etwas weiter nach hinten als im Corium. Dieser Abstand ist beim ♂ größer als beim ♀ (Abb. 582, a+f), und von der Binde im Clavus führt an der Naht ein schmaler Streifen nach vorn bis zu der Binde im Corium. Cuneus und hinterer Teil des Corium schwarz. Beine kräftig, braun, Apikalteil der Schienen weißlich. Klauen schlank, Haftläppchen sehr klein (Abb. 582e).

Länge: ♂ = 3,7–4,0 mm, ♀ = 3,8 mm.

Die Art wurde bisher in Marokko, Algerien und Israel gefunden.

121. Gattung **LINOCERAEA** HORVATH, 1913

Typus-Art: *L. lunigera* HORV.

Nov. Zool., Bd. 20, S. 595—597; HOBERLANDT 1953, Bull. Soc. Fouad I. Ent., Bd. 37, S. 365—367; *Glaphyrocoris* CARVALHO 1958, Arq. Mus. Nac. Rio de Jan., Bd. 45, S. 166.

Kleine, verhältnismäßig breite Arten. Kopf kurz und breit (Abb. 583a), Scheitel hinten mit kielartigem Rand. Auge sehr groß, die ganze Kopfseite bedeckend und bis zur Kehle reichend (Abb. 583c). Fühler dünn, alle Glieder etwa von gleicher Dicke (Abb. 583d), das 2. Glied nur wenig kürzer als das 3. und 4. zusammen, das 3. Glied 0,7× so lang wie das 2. und 1,7× so lang wie das Endglied. Scutellum mit dickem Höcker (Abb. 583a). Halbdecken im vorderen Teil mit einer mehr oder weniger deutlichen weißen Querbinde, die an der Clavusnaht unterbrochen ist oder nur im Clavus vorhanden ist, beim ♂ etwas verkürzt, aber mit deutlicher Membran. Penis verhältnismäßig kurz. Sekundäre Gonopore weit vor der Spitze. 3. Glied der Hintertarsen etwa so lang wie das 2. (Abb. 583e).

Die Gattung wurde von CARVALHO mit *Glaphyrocoris* REUT. vereinigt, paßt aber nicht zu dieser Gattung. Bei *Glaphyrocoris* REUT. sind die Fühler sehr kräftig, der Scheitel ist hinten nicht gerandet, das Scutellum hat keinen Höcker und das 3. Glied der Hintertarsen ist fast so lang wie das 1. und 2. zusammen. *Glaphyrocoris* REUT. kommt im Mittelmeerraum nicht vor.

Linoceraea HORV. enthält 2 Arten, die beide in Nordafrika leben.

Bestimmungsschlüssel
für die Arten von *Linoceraea* HORV.

1 (2) Länge des ♂ 3,5–3,6 mm. Grundfarbe rotbraun bis braun. Scheitel fast 2× so breit wie das Auge. 1. **L. lunigera** S. 342

2 (1) Länge des ♂ 4,7 mm. Grundfarbe schwarz. Scheitel so breit wie das Auge. 2. Fühlerglied so lang, wie das Pronotum breit ist. 2. **L. pauliani** S. 342

1. **Linoceraea lunigera** HORVATH, 1913

Novit. Zool., Bd. 20, S. 597; HOBERLANDT 1953, l. c.

Männchen: Grundfarbe rotbraun bis braun, glänzend. Kopf schwarzbraun. Scheitel fast 2× so breit wie das Auge. Fühler braun, Basis und Spitze des 1. Gliedes dunkel; 2. Glied nur wenig kürzer als das 3. und 4. zusammen und 0,8–0,9× so lang, wie das Pronotum breit ist. Scutellum mit dickem, stumpfem Höcker. Halbdecken braun, Clavus mit weißlichem Querfleck, der bis an die Kommissur reicht. Membran etwas verkürzt. Schenkel und Schienen braun, das apikale Drittel der Schienen aufgehellt. An den Hintertarsen ist das 3. Glied etwas länger als das 2.

Länge: ♂ = 3,5–3,6 mm, ♀ unbekannt.

Die Art wurde aus der Sahara beschrieben und später in Ägypten (Oase Siwa) aufgefunden.

2. **Linoceraea pauliani** RIBAUT, 1939

Bull. Soc. Sci. Nat. Maroc, Bd. 19, S. 189—190.

Größer, schwarzbraun. Kopf (Abb. 583a) kurz. Hinterrand des Scheitels mit einer abgerundeten Kante. Augen groß, vorstehend, an der Kehle fast zusammenstoßend

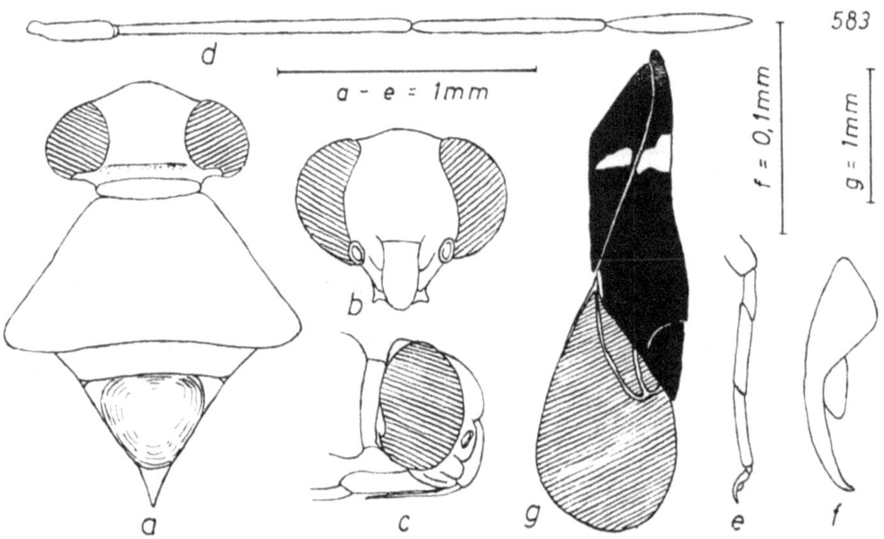

Abb. 583: *Linoceraea pauliani* Rib., ♂ (Holotypus)
a: vorderer Teil von oben — b: Kopf von vorn — c: Kopf von rechts — d: Fühler — e: Hinterfuß — f: Klaue desselben von außen — g: rechte Halbdecke

(Abb. 583c). Scheitel 1,2× so breit wie das Auge. 2. Fühlerglied 1,53× so lang wie das 3. und etwa so lang, wie das Pronotum breit ist (Abb. 583d). Hinterer Teil des Scutellum mit dickem, stumpfem Höcker (Abb. 583a). Halbdecken in der Mitte leicht eingebuchtet (Abb. 583g), etwas hinter der Scutellumspitze in Corium und Clavus eine weiße Querbinde, die aus 4 Flecken besteht, die weder die Kommissur noch die Clavusnaht berühren. Beine dunkel, Schienen distal hell. Hinterschienen leicht abgeplattet, an der Außenkante eine Reihe kurzer, aufrechter, abgestutzter Borsten, die im basalen Fünftel fehlt. 3. Glied der Hintertarsen (Abb. 583e) etwas kürzer als das 2. Klauen schlank (Abb. 583f), Haftläppchen verhältnismäßig groß.

Länge: ♂ = 4,7 mm, ♀ unbekannt.

Bisher nur einmal in Marokko gefunden.

122. Gattung MIMOCORIS SCOTT, 1872

Typus-Art: *M. rugicollis* COSTA

E. WAGNER 1955, Vie et milieu, Bd. 6, S. 276.

Dimorph, das ♂ makropter, das ♀ brachypter und ameisenähnlich (Abb. 584, a–d). Fühler kurz (Abb. 584, e+f), 2. Glied gegen die Spitze verdickt und deutlich länger als das 3. und 4. zusammen. Halbdecken mit 2 schmalen, weißen Querbinden. Pronotum der f. brach. (♀) hinten nicht breiter als vorn. Halbdecken des ♀ stark verkürzt. Augen das Pronotum berührend (Abb. 585, a+b). 1. Glied der Hintertarsen kürzer als das 2. (Abb. 568k).

Die Gattung enthält 3 Arten, von denen 2 im Mittelmeerraum vorkommen.

Bestimmungsschlüssel
für die Arten von *Mimocoris* SCOTT

1 (2) Männchen: Scheitel 1,8–1,9× so breit wie das Auge (Abb. 585a, unten). 2. Fühlerglied 5,4× so lang wie das 1., gegen die Spitze allmählich verdickt. Weibchen: Scheitel fast 2× so breit wie das Auge. 2. Fühlerglied distal keulenförmig (Abb. 585f). Pronotum nicht länger als breit (Abb. 585b, unten).
1. **M. rugicollis** S. 344

2 (1) Männchen: Scheitel 1,5× so breit wie das Auge (Abb. 585a, oben). 2. Fühlerglied 4× so lang wie das 1., distal weniger stark verdickt (Abb. 584e). Weibchen: Scheitel 2,25× so breit wie das Auge. 2. Fühlerglied distal schwach verdickt (Abb. 585e). Pronotum etwas länger als breit (Abb. 585b, oben).
2. **M. coarctatus** S. 345

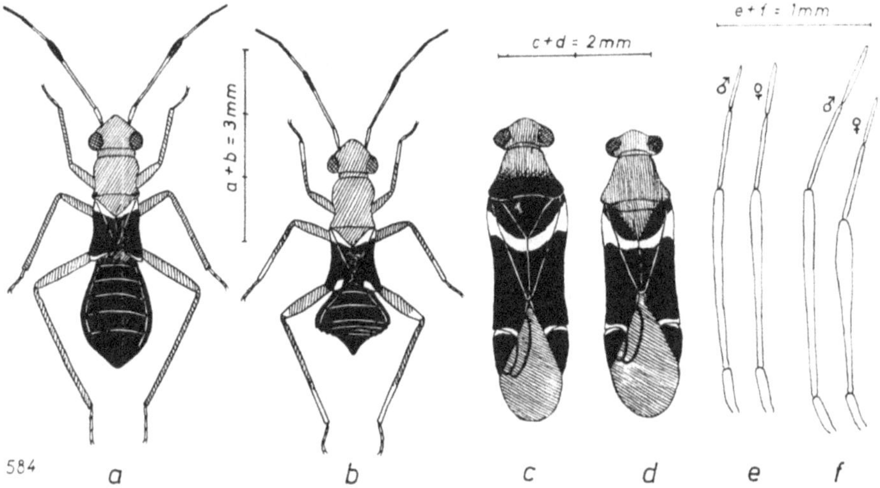

Abb. 584: *Mimocoris* Scott
a, c, f: *M. rugicollis* Costa — b, d, e: *M. coarctatus* Mls. et Rey
a+b: ♀ — c+d: Gestalt des ♂ — e+f: Fühler

1. **Mimocoris rugicollis** (COSTA), 1852 (Abb. 584, a+c)

M. coarctatus REUT. 1872, nec MLS.; E. WAGNER 1948, Ent. Month. Mag. Bd. 84, S. 5; *M. camaronotoides* SCOTT 1872, ib., Bd. 8, S. 197; *M. paederoides* COSTA 1884; *M. formosus* HORV. 1923, Bull. Soc. Ent. Fr., S. 64; *M. rugicollis* E. WAGNER 1955, Vie et milieu, Bd. 6, S. 276.

Männchen: Fast schwarz, Kopf und vorderer Teil des Pronotum oft braun oder rotbraun. Scheitel 1,8–1,9× so breit wie das Auge. Fühler (Abb. 584f) kräftig, das 2. Glied 5,4× so lang wie das 1. und 1,25× so lang, wie das Pronotum breit ist. Helle Querbinden der Halbdecken (Abb. 584c) sehr schmal. Genitalsegment (Abb. 585c, unten) kegelförmig. Rechtes Paramer (Abb. 585d, unten) oval, Hypophysis kurz und dick. Linkes Paramer (Abb. 585e, unten) mit langer, schlanker Hypophysis, auf dem Sinneshöcker ein schlanker Fortsatz. Apikalteil der Theka (Abb. 585f, unten) lang und gekrümmt. Vesika des Penis lang und gewunden, sekundäre Gonopore nahe der Spitze.

Weibchen: Scheitel fast 2× so breit wie das Auge. 2. Fühlerglied 1,35–1,40× so lang, wie der Kopf breit ist, gegen die Spitze stark keulig verdickt (Abb. 584f). Halbdecken stark verkürzt (Abb. 584a), die hintere weiße Querbinde lang und schmal. Pronotum geringfügig breiter als lang (Abb. 585b, unten). Abdomen oval.

Länge: ♂ makr. = 3,6–4,3 mm, ♀ brach. = 3,6–4,1 mm.

Am Boden und auf Büschen, insbesondere auf Quercus ilex L., oft in Gesellschaft von Ameisen. Imagines im Juni und Juli.

Mediterrane Art, bisher festgestellt in Italien, auf Sardinien, Sizilien, der Balkanhalbinsel und Zypern.

585

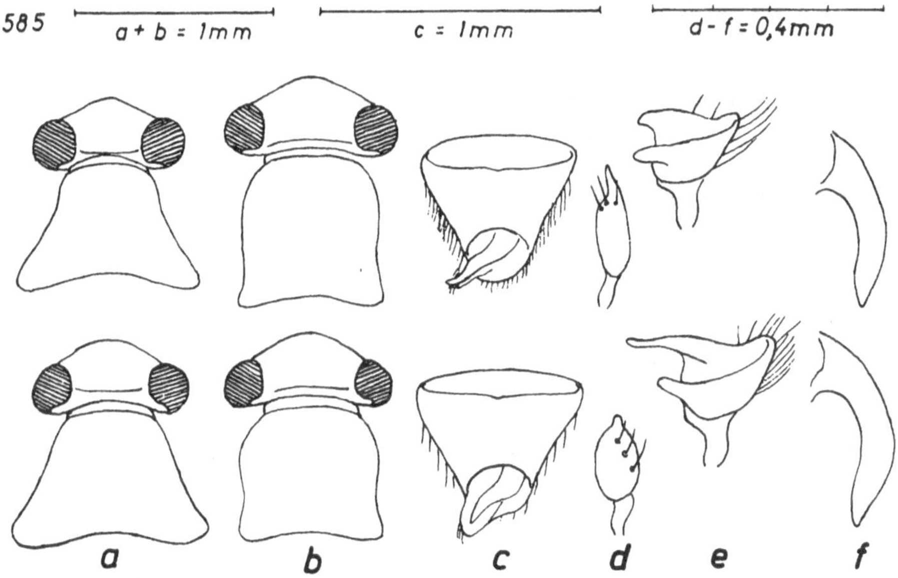

Abb. 585: *Mimocoris* Scott

Obere Reihe: *M. coarctatus* Mls. et Rey — untere Reihe: *M. rugicollis* Costa
a: Kopf und Pronotum des ♂ — b: dasselbe vom ♀ — c: Genitalsegment des ♂ von oben — d: rechtes Paramer von oben — e: linkes Paramer von oben — f: Apikalteil der Theka von links

2. **Mimocoris coarctatus** (MULSANT et REY), 1852 (Abb. 584, b+d)

Syn.: *M. angusticollis* E. WAGNER 1948, Ent. Month. Mag., Bd. 84, S. 5; *M. coarctatus* E. WAGNER 1955, Vie et milieu, Bd. 6, S. 276.

Der vorigen Art sehr ähnlich und eine Geschwisterart derselben. Etwas kleiner und in der Regel heller gefärbt, im vorderen Teil rotbraun. Scheitel beim ♂ 1,5×, beim

♀ 2,25× so breit wie das Auge (Abb. 585, a+b, oben). Fühler (Abb. 584e) schlanker, das 2. Glied beim ♂ 4× so lang wie das 1. und 1,17× so lang, wie das Pronotum breit ist; beim ♀ distal weniger stark verdickt und 1,1× so lang, wie der Kopf breit ist. Pronotum schmaler, beim ♀ deutlich länger als breit (Abb. 584b, oben). Die hellen Querbinden der Halbdecken beim ♀ deutlich breiter.

Genitalsegment des ♂ (Abb. 585c, oben) kleiner und dichter behaart. Rechtes Paramer (Abb. 585d, oben) schlank, mit langer, spitzer Hypophysis. Beide Fortsätze des linken Paramers (Abb. 585e, oben) kurz und stumpf. Apikalteil der Theka (Abb. 585f, oben) kleiner.

Länge: ♂ makr. = 3,6–3,8 mm, ♀ brach. = 3,3–3,8 mm.

Am Boden und auf Büschen (Sarothamnus, Buxus, Juniperus), oft in Gesellschaft von Ameisen (*Messor*). Imagines im Juli und August.

Bisher in Südfrankreich und Spanien gefunden.

123. Gattung **MIMOCAPSUS** E. WAGNER, 1953

Typus-Art: *M. quinquemaculatus* E. WAGN.

Bull. Soc. Fouad I. Ent., Bd. 37, S. 477; *Paramimus* E. WAGN. 1951, ib., Bd. 37, S. 155 (n. pr.).

Dimorph, das ♂ makropter, das ♀ brachypter und ameisenähnlich (Abb. 586, a+b). Fühler schlank, das 2. Glied etwa so lang wie das 3. und 4. zusammen. Halbdecken der f. macr. (♂) mit 5 weißen Flecken. Augen im oberen Teil der Kopfseiten sitzend, ihr unterer Rand von der Kehle entfernt (Abb. 586, e+f). Scheitel mit kielartigem Rand. Zügel vorstehend (Abb. 586, c+d). Scutellum im hinteren Teil mit deutlichem Höcker. Halbdecken des ♀ stark verkürzt, 5 Segmente freilassend, schmal und spitz. 2. Glied der Hintertarsen (Abb. 586g) viel länger als das 1. und etwa so lang wie das 3.

Die Gattung enthält nur eine Art, die im Osten des Mittelmeerraumes vorkommt.

Mimocapsus quinquemaculatus (E. WAGNER), 1951 (Abb. 586, a+b)

Paramimus id., E. WAGNER 1951, Bull. Soc. Fouad I. Ent., Bd. 35, S. 155—157.

Männchen: Schlank. Schwarz, glänzend, Behaarung zerstreut, fein, hell. Kopf (Abb. 586, c+f) oft braun, etwa so hoch wie breit. Scheitel 1,8× so breit wie das Auge. Fühler sehr schlank, 1. Glied weißlichgelb; 2. Glied 2,1× so lang, wie der Kopf breit ist und 1,4× so lang, wie das Pronotum breit ist; 3. Glied 0,55× so lang wie das 2. und etwas kürzer als das 4. Scutellum im hinteren Teil mit einem Höcker (Abb. 586f). Corium nahe der Basis mit weißem Querfleck, der ein wenig auf den Clavus übergreift, an der Clavusspitze ein kleiner, weißer Fleck und am Hinterrande ein dreieckiger Fleck. Membran schwarzgrau, Adern grau. Schenkel schwarz mit heller Spitze, Schienen im apikalen Drittel aufgehellt.

Weibchen: Färbung und Behaarung wie beim ♂ oder der vordere Teil des Tieres ist rotbraun. Kopf größer, Stirn gerundet (Abb. 596e). Scheitel 3,2× so breit wie das kleine, flache Auge. Von vorn gesehen (Abb. 596d) ist der Kopf höher als breit. Fühler wie beim ♂; 2. Glied 1,7× so lang, wie der Kopf breit ist. Pronotum schmaler als der Kopf, im hinteren Teil etwas schmaler als im vorderen (Abb. 586b).

Scutellum wie beim ♂. Halbdecken verkürzt, aber länger als breit, hinten spitz, mit nur 4 weißen Flecken. Abdomen kugelig, an der Basis stark eingeschnürt. Beine wie beim ♂.

Länge: ♂ makr. = 3,8–4,0 mm, ♀ brach. = 3,3–3,6 mm.

Bisher nur in Ägypten (Rotes Meer, Halib) gefunden.

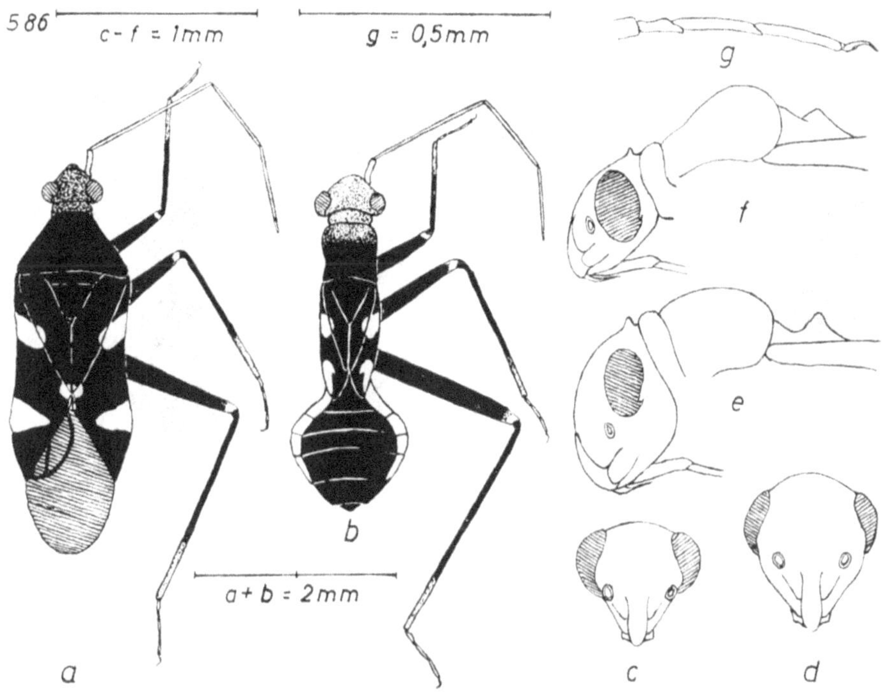

Abb. 586: *Mimocapsus quinquemaculatus* E. Wagn.
a: ♂ — b: ♀ — c: Kopf des ♂ von vorn — d: dasselbe vom ♀ — e: vorderer Teil des ♀ von links — f: dasselbe vom ♂ — g: Hinterfuß des ♂

124. Gattung **LAEMOCORIS** REUTER, 1879

Typus-Art: *L. reuteri* JAK.

Dimorph, das ♂ makropter und brachypter, das ♀ fast immer brachypter. Bei der f. brach. sind die Halbdecken hinten verbreitert und reichen mindestens bis zur breitesten Stelle des Abdomens, oft lassen sie nur wenige Segmente frei. Scheitel kielartig gerandet oder stumpfkantig. Fühler etwas kräftiger, 2. Glied so lang oder etwas kürzer als das 3. und 4. zusammen (Abb. 587, a+b). Pronotum schmal, stark gewölbt, oft nicht breiter als der Kopf; bei der f. macr. (Abb. 588e) trapezförmig mit geschweiften Seiten, hinterer Abschnitt stark gewölbt (Abb. 587e). Scutellum im hinteren Teil mit kräftigem Höcker (Abb. 587e). Halbdecken in Höhe der Scutellumspitze jederseits mit dreieckigem, weißem Fleck, der jedoch nicht bis zur

Kommissur reicht. Hinterer Teil des Corium wechselnd gefärbt (Abb. 588, a–d). An den Hintertarsen (Abb. 587f) ist das 3. Glied länger als das 2. und das 1. Glied das kürzeste.

Die Gattung bewohnt die paläarktische, äthiopische und orientalische Region. In der Paläarktis ist sie auf den Mittelmeerraum und Vorderasien beschränkt. Sie enthält 10 Arten, von denen im Mittelmeerraum 5 vorkommen.

587

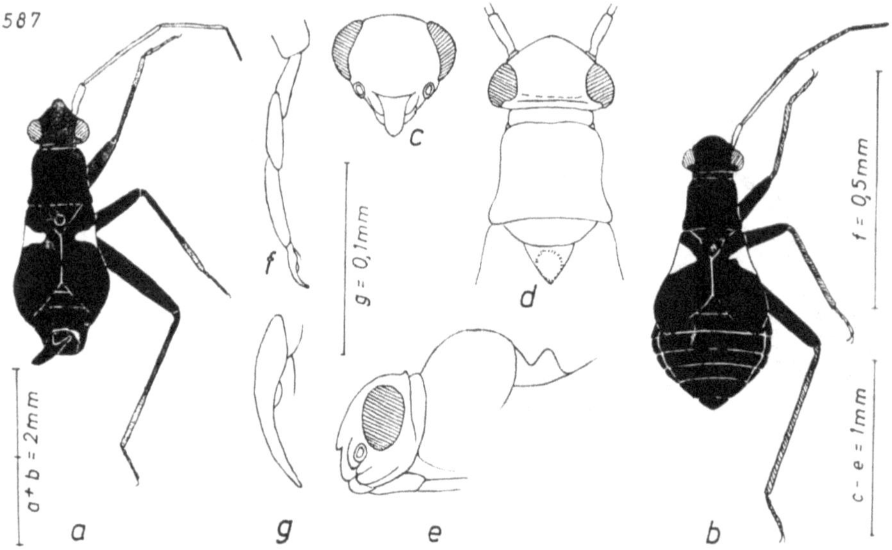

Abb. 587: *Laemocoris remanei* E. Wagn.

a: ♂ — b: ♀ — c: Kopf des ♂ von vorn — d: vorderer Teil des ♂ von oben — e: derselbe von links — f: Hinterfuß — g: Klaue desselben von außen

B e s t i m m u n g s s c h l ü s s e l

für die Arten von *Laemocoris* REUT.

1 (2) Halbdecken schwarzbraun, bei der f. brach. nur im vorderen Teil des Corium ein weißer Fleck (Abb. 587, a+b), bei der f. macr. auch im Innenwinkel und an der hinteren Außenecke ein kleiner heller Fleck. 1. **L. remanei** S. 349

2 (1) Corium der f. brach. auch im hinteren Teil hell gezeichnet; bei der f. macr. im hinteren Teil ein weißer Querfleck und im Innenwinkel ein kleiner runder Fleck.

3 (4) Länge der f. macr. höchstens 3 mm. Die f. brach. auf dem Scutellum mit einem Zapfen, der mehr als doppelt so hoch ist wie in der Mitte dick (Abb. 589a). Pronotum am Hinterrand schmaler als der vordere Teil (Abb. 588a).
2. **L. dispar** S. 349

4 (3) Länge der f. macr. mindestens 3,4 mm. Scutellum der f. brach. mit einem kegelförmigen Höcker (Abb. 589, b–d), der nicht höher ist als in der Mitte dick. Pronotum am Hinterrand so breit oder breiter als der vordere Teil (Abb. 588, b–e).

5 (6) Membran der f. macr. mit einem breiten weißen Band. Pronotum der f. brach. am Hinterrand nicht breiter als vorn (Abb. 588c). Länge der f. brach. 3,5–5,5 mm. 3. **L. reuteri** S. 350

6 (5) F. macr. unbekannt oder ohne weißliches Querband in der Membran. Pronotum der f. brach. hinten breiter als vorn (Abb. 588, b+d).

7 (8) Größer. Pronotum des ♀ 0,9× so lang wie breit (Abb. 588b) und fast so breit wie der Kopf. ♂ unbekannt. 4. **L. facetus** S. 351

8 (7) Kleiner. Pronotum des ♀ 0,75× so lang wie breit (Abb. 588d) und 0,92× so breit wie der Kopf. ♂ demjenigen von *L. reuteri* JAK ähnlich, Halbdecken teilweise rotbraun. 5. **L. divisus** S. 351

1. **Laemocoris remanei** E. WAGNER, 1960 (Abb. 587, a+b)

Vie et milieu, Bd. 11, S. 129—130; E. WAGNER 1972, Nachr.bl. Bayr. Ent., Bd. 21, S. 48 bis 49 (f. macr.)

Schwarzbraun bis schwarz, matt, Mitte des Corium glänzend. Oberseite mit langen, grauen, aufrechten Haaren. Scheitel hinten kielartig gerandet (Abb. 587, d+e), beim ♂ (Abb. 587, c+d) 1,8×, beim ♀ 2,33× so breit wie das flache Auge. Fühler braun, 2. Glied 1,4× so lang wie die Pronotumbreite und 1,33–1,40× so lang wie das 3. Pronotum etwa so breit wie der Kopf.

F. brach.: Hinterrand der Halbdecken in der Mitte einen rechten Winkel bildend. In Höhe der Scutellumspitze ein dreieckiger, weißer Fleck. Beine schwarz, Apikalteil der Schienen grau. An den Hintertarsen (Abb. 587f) ist das 3. Glied das längste und das 1. das kürzeste.

Bei der f. macr. (♀) erreichen die Halbdecken fast das Ende des Abdomens. Pronotum trapezförmig und hinten 1,3× so breit wie der Kopf. Corium auch im Innenwinkel und an der hinteren Außenecke mit kleinem hellem Fleck. Membran samt Adern dunkel.

Länge: ♂ brach. = 2,9 mm, ♀ brach. = 3,2–3,4 mm, ♀ macr. = 3,6 mm.

Die Art lebt am Boden. REMANE fand sie unter Lavendula stoechas L. Imagines im August und September.

Bisher nur in Südfrankreich und Spanien gefunden.

2. **Laemocoris dispar** K. SCHMIDT, 1939

Bull. Soc. Fouad I. Ent., Bd. 23, S. 374—382.

Schwarz, glänzend. ♂ makropter, Halbdecken mit einem weißen Fleck in Höhe der Scutellumspitze, einem weißen dreieckigen Fleck am Ende des Corium und einem weißen Punkt im Innenwinkel. ♀ brachypter (Abb. 588a), Halbdecken im hinteren Teil stark verbreitert, in Höhe der Scutellumspitze ein dreieckiger weißer Fleck; der hintere Teil weiß mit Ausnahme des Seitenrandes im vorderen Teil und eines schwarzen Saumes am Hinterrand. Scheitel beim ♂ 2×, beim ♀ fast 3× so breit wie das Auge. 2. Fühlerglied beim ♂ etwa so lang wie die Pronotumbreite, beim ♀ 1,5× so lang wie die Kopfbreite. Scutellum (Abb. 589a) mit hohem Zapfen. Fühler schwarz, das 1. Glied und die Basalhälfte des 2. aufgehellt. Spitze der Schenkel und Apikalteil der Schienen grau.

Länge: ♂ makr. = 3,0 mm, ♀ brach. = 2,75 mm.

Bisher nur in Ägypten gefunden. Imagines im April und August. PRIESNER fing die Art an Haloxylon schweinfurthi.

3. **Laemocoris reuteri** (JAKOVLEFF), 1879

L. reiteri JAK. 1881 (err. typ.).

Schwarzbraun bis rotbraun. Oberseite mit langen, hellen, aufrechten Haaren. ♂ makropter, Halbdecken in Höhe der Clavusspitze und am Ende des Corium mit je einem dreieckigen, weißen Fleck; im Innenwinkel des Corium ein weißer Punkt. ♀ brachypter (Abb. 588c), Halbdecken im hinteren Teil verbreitert, mit der gleichen Zeichnung wie beim ♂, hinter der Mitte aber aufgehellt. Membran der f. macr. in der Mitte mit weißer Querbinde. Scheitel beim ♂ fast 2×, beim ♀ 2,2× so breit wie das Auge. 2. Fühlerglied beim ♂ 1,1–1,3× so lang, wie das Pronotum breit ist, beim ♀ 1,6× so lang und bei beiden viel kürzer als das 3. und 4. zusammen; 1. Glied grauweißlich, die übrigen an der Spitze dunkler. Pronotum der f. brach. am Hinterrande nicht breiter als im vorderen Teil. Höcker des Scutellum (Abb. 589c) niedrig und abgerundet. Schenkel verdunkelt, Apikalteil der Schienen aufgehellt.

Länge: ♂ makr. = 3,7–4,0 mm, ♂ brach. = 2,6 mm, ♀ brach. = 3,0–3,5 mm.

Die Art lebt in den Gebieten nördlich des Schwarzen und des Kaspischen Meeres, wurde aber auch in Algerien und Marokko gefunden.

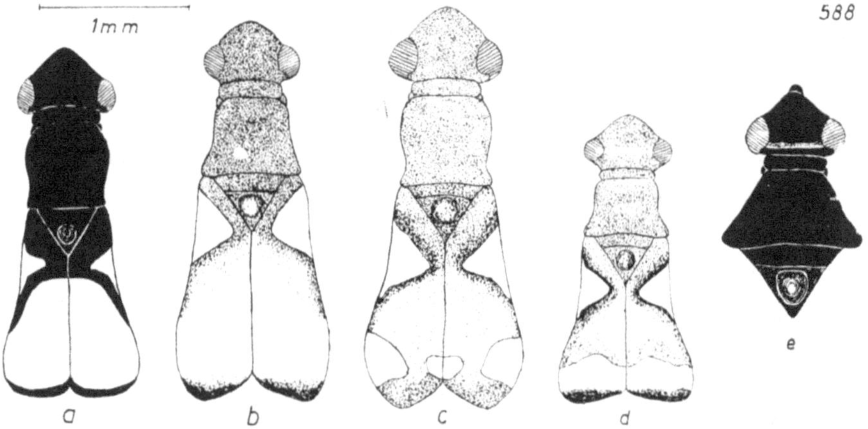

Abb. 588: *Laemocoris* Reut., vorderer Teil von oben
a: *L. dispar* K. Schm., ♀ — b: *L. facetus* Horv., ♀ — c: *L. reuteri* Jak., ♀ — d: *L. divisus* Linnav., ♀ — e: *L. reuteri* Jak., ♂

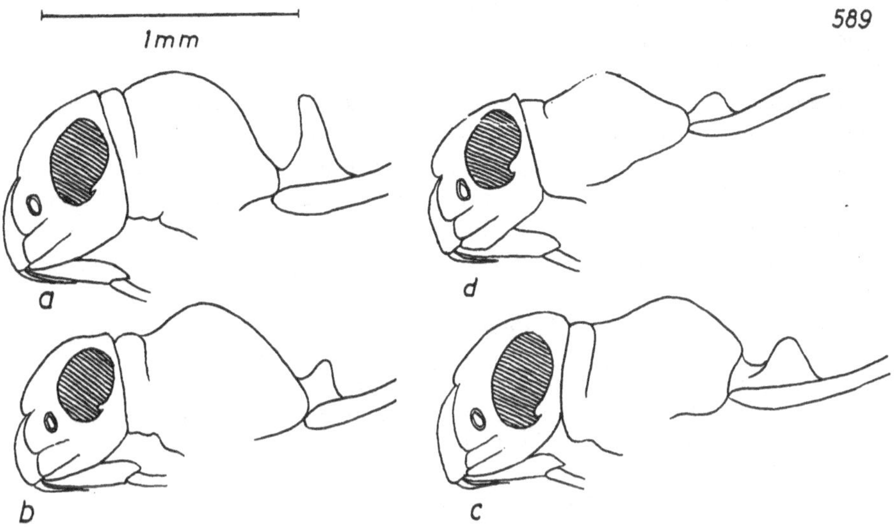

Abb. 589: *Laemocoris* Reut., vorderer Teil des ♀ von links
a: *L. dispar* K. Schm. — b: *L. facetus* Horv. — c: *L. reuteri* Jak. — d: *L. divisus* Linnav.

4. **Laemocoris facetus** HORVATH, 1907

PRIESNER et ALFIERI 1953, Bull. Soc. Fouad I. Ent., Bd. 37, S. 95.

Weibchen: Brachypter, dunkelbraun bis schwarzbraun. Scheitel 2,1–2,3× so breit wie das Auge. Fühler lang, dunkelgelb gefärbt. Pronotum im hinteren Teil deutlich breiter als im vorderen (Abb. 588b). Höcker des Scutellum (Abb. 589b) niedrig, aber verhältnismäßig schlank. Halbdecken im hinteren Teil graugelblich, ohne deutliche Zeichnung (Abb. 588b), Hinterrand schmal braun.

Länge: ♀ 2,5–2,8 mm, ♂ unbekannt.

Aus Tunesien und Ägypten gemeldet.

5. **Laemocoris divisus** LINNAVUORI, 1964

Ann. Zool. Fenn., Bd. 1, S. 324—325.

Dem *L. reuteri* JAK. sehr ähnlich, aber kleiner. ♂ ohne deutliche weiße Querbinde in der Membran. Halbdecken in der Mitte rotbraun, Cuneus schwarz. Scheitel 1,3× so breit wie das Auge. 2. Fühlerglied 1,35× so lang, wie das Pronotum breit ist. ♀ ebenfalls kleiner, heller gefärbt. 2. Fühlerglied 1,85–1,90× so lang, wie das Pronotum breit ist. Scheitel 2,4× so breit wie das Auge. Pronotum (Abb. 588d) im hinteren Teil breiter als im vorderen und 0,9× so breit wie der Kopf. Höcker des Scutellum (Abb. 589d) sehr niedrig und abgerundet. Halbdecken (Abb. 588d) die letzten 3 Tergite freilassend, rotbraun mit dreieckigem weißem Fleck in Höhe der Scutellumspitze, im hinteren Teil eine unscharf begrenzte weiße Querbinde, die nicht unterbrochen ist, Hinterrand schmal braun.

Länge: ♂ makr. = 3,4 mm, ♀ brach. = 2,6 mm.

Bisher nur in Jordanien, 1 ♂ bei Jericho, 1 ♀ bei Herzliga gefunden.

125. Gattung **PARALAEMOCORIS** LINNAVUORI, 1964

Typus-Art: *P. strigifrons* REUT.

Ann. Zool. Fenn., Bd. 1, S. 326—328.

Von breiterer, robusterer Gestalt. Die Zeichnung der Halbdecken besteht aus einer durchlaufenden, breiten weißen Querbinde hinter der Scutellumspitze und einem gleichfalls breiten, weißen Querfleck am Hinterrand des Corium, der den Innenrand nicht erreicht. Scheitel hinten ohne Rand. Tylus bei seitlicher Betrachtung vorstehend, von der Stirn durch eine Einkerbung getrennt. Spitze des Scutellum gewölbt, aber nicht höckerartig. Pronotum trapezförmig, flach, auch bei der f. brach. breiter als der Kopf.

Die Gattung enthält 4 Arten, von denen nur 1 im Mittelmeerraum vorkommt.

Paralaemocoris strigifrons (REUTER), 1895

Etwas größer und robust. Schwarz, Oberseite mit langen, aufrechten Haaren. Dimorph, das ♂ makropter, das ♀ brachypter. Scheitel ungerandet, Stirn mit weißen Querstreifen, die von silberglänzenden Härchen gebildet werden. Fühler dick, das 2. Glied etwas dicker als die Vorderschiene und deutlich länger, als das Pronotum breit ist und etwa so lang wie das 3. und 4. zusammen. Weiße Querbinden der Halbdecken sehr breit und regelmäßig; die vordere im Clavus so breit wie im Corium. Außenrand des Corium zum größten Teil schmal hell. Cuneus schwarz. Membran beim ♂ (makr.) das Ende des Abdomens überragend, beim ♀ (brach.) als halbkreisförmige Fläche an der Innenseite sitzend.

Länge: ♂ makr. = 5,4 mm, ♀ brach. = 5,1 mm.

Bisher nur in Algerien und Ägypten gefunden. Imagines im September. LINNAVUORI meldet die Art von Haloxylon salicornicum.

126. Gattung **RIBAUTOCAPSUS** E. WAGNER, 1962

Typus-Art: *R. brucki* REUT.

Notul. Ent., Bd. 42, S. 83; *Ribautia* STICH. 1956 (n. pr.), Ill. Best. Tab. II, S. 396; *Laemocoridea* E. WAGN. 1957 (n. pr.), Act. Ent. Mus. Nat. Prag., Bd. 31, S. 121.

Von breiter, robuster Gestalt, ♂ makropter, ♀ (Abb. 590a) pseudobrachypter, nur die Membran etwas verkürzt. Scheitel ungerandet (Abb. 590c). Tylus von der Stirn nicht durch eine Einkerbung getrennt. Fühlerwurzel über der unteren Augenecke gelegen (Abb. 590d). Zügel stark gewölbt (Abb. 590, c+d). Die vordere weiße Querbinde der Halbdecken ist an der Kommissur nicht unterbrochen, aber im Clavus stark verschmälert. Hinterer Teil des Scutellum konvex, aber nicht kegelförmig (Abb. 590c). 1. Glied der Hintertarsen (Abb. 590e) kürzer als das 2. Haftläppchen (Abb. 590f) klein.

Die Gattung enthält nur eine Art, die im Westen des Mittelmeerraumes lebt.

Ribautocapsus brucki (REUTER), 1879 (Abb. 590a)

Laemocoris brucki REUT. 1879; *Ribautocapsus* id. E. WAGNER 1962, l. c.

Schwarzbraun, Halbdecken zimtbraun. Die vordere weiße Querbinde tritt in gleicher Breite in den Clavus über, verschmälert sich plötzlich in der Mitte desselben und erreicht die Kommissur. Scheitel 2× so breit wie das Auge (Abb. 590b). Letzte-

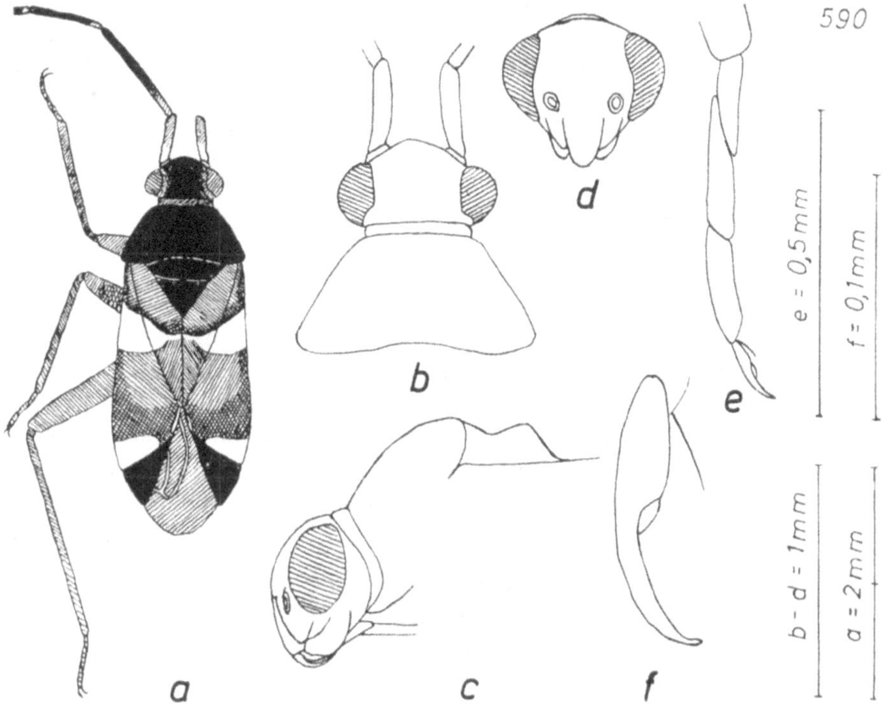

Abb. 590: *Ribautocapsus brucki* Reut., ♀
a: Gestalt — b: vorderer Teil von oben — c: derselbe von links — d: Kopf von vorn — e: Hinterfuß — f: Klaue desselben von außen

res berührt den Vorderrand des Pronotum. Fühler kräftig, schwarz (Abb. 590a), 1. Glied im basalen Teil weißlich, apikaler Teil und Basis des 2. Gliedes braun. Letzteres beim ♂ länger, beim ♀ so lang, wie das Pronotum breit ist und etwa so lang wie das 3. und 4. zusammen. Pronotum trapezförmig, 1,4× so breit wie der Kopf. Beine braun. An den Hintertarsen (Abb. 590e) ist das 3. Glied etwas kürzer als das 2. Klauen (Abb. 590f) lang und schlank.

Länge: ♂ makr. = 3,3–3,5 mm, ♀ pseudobrach. = 3,3–3,4 mm.

Die Art lebt an trockenen, sonnigen Orten im Grase. Imagines im Juni und Juli.

Bisher in Südfrankreich, Spanien und Algerien gefunden.

127. Gattung **HALLODAPUS** FIEBER, 1858

Typus-Art: *H. rufescens* BURM.

Syn.: *Allodapus* FIEB., 1861.

Große, mehr oder weniger ovale Arten. In der Regel sind ♂ und ♀ brachypter und oval (Abb. 591, b+c), aber beide kommen auch makropter vor und sind dann lang-oval (Abb. 591a). Halbdecken mit 2 weißen Querbinden, die oft undeutlich oder unscharf begrenzt sind. Kopf geneigt, von vorn gesehen (Abb. 591, d–g) etwas breiter als hoch. Augen das Pronotum berührend. Pronotum trapezförmig, auch bei der f. brach. breiter als der Kopf und nur schwach gewölbt. Fühler (Abb. 591h) lang, das 2. Glied etwa so lang wie das 3. und 4. zusammen, 1,4–1,5× so lang wie das 3. und länger, als das Pronotum breit ist. Grundfarbe rotbraun. Halbdecken der f. brach. bis zum 6. oder 7. Tergit reichend. 1. Glied der Hintertarsen kürzer als das 2.

Die Gattung enthält 15 Arten, von denen nur zwei im Mittelmeerraum angetroffen wurden.

Bestimmungsschlüssel
für die Arten von *Hallodapus* FIEB.

1 (2) Halbdecken überall schwach glänzend. Scheitel beim ♂ 1,5×, beim ♀ 2,0× so breit wie das Auge (Abb. 591, d+e). Helle Zeichnung der Halbdecken unscharf begrenzt (Abb. 591, a+b). 1. **H. rufescens** S. 354

2 (1) Halbdecken im vorderen Teil matt. Scheitel (Abb. 591, f+g) beim ♂ 1,8×, beim ♀ 2,4× so breit wie das Auge. Querbinden der Halbdecken scharf begrenzt (Abb. 591c). 2. **H. montandoni** S. 354

1. **Hallodapus rufescens** (BURMEISTER), 1835 (Abb. 591, a+b)

Blaß rotbraun, mit langen, aufrechten, kräftigen, bräunlichen Haaren. Kopf dunkelbraun, dunkler als Pronotum und Scutellum. Fühler (Abb. 591h) lang, verhältnismäßig kräftig, Spitze des 1. und Basis des 2. Gliedes weißlich; 2. Glied etwa doppelt so lang, wie der Kopf breit ist; 3. Glied beim ♂ 0,5×, beim ♀ 0,6× so lang wie das 2. Scheitel hinten kantig, beim ♂ 1,5×, beim ♀ 2,0× so breit wie das Auge (Abb. 591, d+e). Halbdecken in der Regel verkürzt, die vordere weiße Querbinde setzt sich auf dem Clavus in gleicher Breite fort, erreicht aber nicht die Kommissur. Hinterrand der Halbdecken schräg, mit saumartigem Membranrest. Die seltene f. macr. (Abb. 591a) hat eine hellgraue Membran. Adern hell. Beine rotbraun bis rot, Schenkel an der Spitze verdunkelt, Apikalteil der Schienen hell.

Länge: ♂ makr. = 4,8–5,0 mm, ♂ brach. = 2,5–3,5 mm, ♀ makr. = 5,0 mm, ♀ brach. = 3,5–4,0 mm.

Die Art lebt am Boden, oft in Gesellschaft von Ameisen. Sie bevorzugt sandige, trockene Orte. Imagines von Juni bis Oktober. Überwintert als Ei.

Verbreitungsgebiet Mittel- und Nordeuropa, reicht bis in den Norden des Mittelmeerraumes hinein. Dort in Südfrankreich, Italien und Rumänien gefunden.

2. **Hallodapus montandoni** REUTER, 1895 (Abb. 591c)

Von gleicher Gestalt, Färbung und Behaarung wie vorige Art. Kopf in der Regel hell. Scheitel beim ♂ 1,8×, beim ♀ 2,4× so breit wie das Auge (Abb. 591, f+g). 2. Fühlerglied 1,7× so lang, wie der Kopf breit ist. Vorderer Teil der Halbdecken stets bis über die vordere weiße Querbinde hinaus matt; die hellen Querbinden schärfer begrenzt (Abb. 591c), insbesondere die vordere. Sonst wie vorige Art.

Länge: ♂ makr. = 4,8–5,1 mm, ♂ brach. = 3,0–3,2 mm, ♀ makr. = 5,1 mm, ♀ brach. = 3,3–3,8 mm.

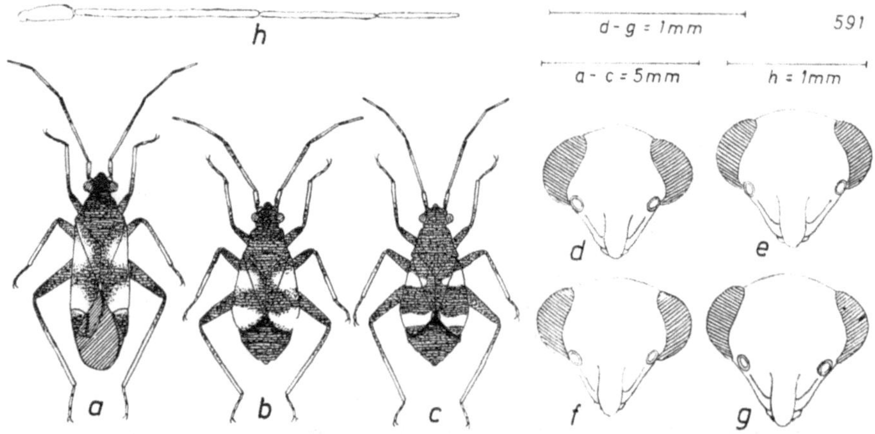

Abb. 591: *Hallodapus* Fieb.
a, b, d, e, h: *H. rufescens* Burm. — c, f, g: *H. montandoni* Reut.
a: ♂ makr. — b+c: ♀ brach. — d+f: Kopf des ♂ von vorn — e+g: Kopf des ♀ von vorn

Die Art hat die gleiche Lebensweise, bevorzugt aber Kalkboden und wird oft in Gebirgsgegenden angetroffen. Sie bewohnt Mittel- und Osteuropa und kommt bis Turkestan vor. Im Mittelmeerraum nur im Norden (Südfrankreich, Norditalien, Bulgarien, Rumänien).

10. Unterfamilie PHYLINAE DOUGLAS et SCOTT, 1865

Syn.: *Oncotylinae* DOUGLAS et SCOTT, 1865, *Plagiognathinae* OSCHANIN, 1912.

Artenreiche, wenig differenzierte Unterfamilie. Kleine bis mittelgroße Arten. Kopf in der Regel kurz, bisweilen aber auch vorgestreckt. Wangen in der Regel niedrig. Scheitel bald gerandet, bald scharfkantig oder gerundet. Fühler meistens lang und dünn. Pronotum ohne Halsring. Basaler Teil des Scutellum zum großen Teil frei. Kubitalader der Halbdecken ungegabelt. 3. Tarsenglied stets länger als das 1. Arolien durch ein Paar gerader Borsten ersetzt (Ausnahme: *Cephalocapsus*-Gruppe). Haftläppchen (Abb. 593) unterschiedlich ausgebildet, bisweilen fehlend. Die Gestalt der Klauen und ihrer Anhänge ist von hohem taxonomischem Wert.

Genitalien des ♂ vom *Phylinae-Typ* (s. Teil 1, S. 16). Genitalsegment (Abb. 592a) klein und kegelförmig. Rechtes Paramer (592e) blattartig dünn, in der Regel wenig differenziert. Hypophysis klein, bisweilen undeutlich. Linkes Paramer (Abb. 592, c+d) kopfförmig, mit zwei nach innen gerichteten Fortsätzen, die oft eine Zange bilden, die der Führung des Penis dienen dürfte. Die beiden Fortsätze sind die Hypophysis und der Sinneshöcker. Letzterer trägt oft einen finger- oder zahnförmigen Fortsatz. Der Penis (Abb. 592b) ist recht charakteristisch gebaut. Die Vesika besteht aus zwei aneinanderliegenden Chitinblättern, die oft schraubenartig umeinander gedreht sind.

592

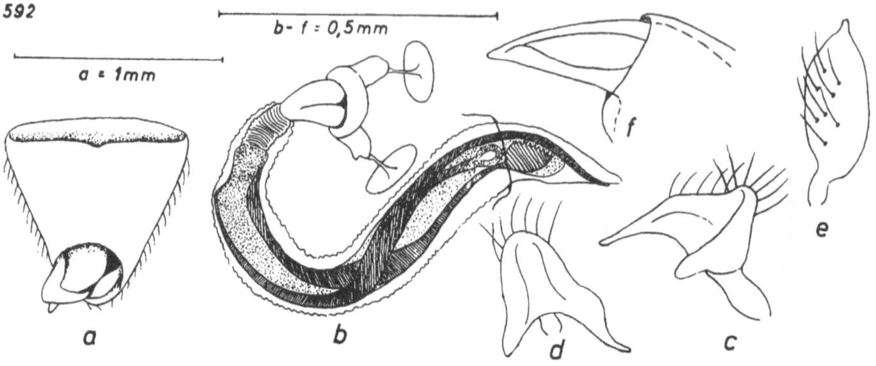

Abb. 592: *Phylinae*, Genitalien des Männchens
a: *Psallus varians* H.-S. — b: *Psallus betuleti* Fall. — c—f: *Psallus graminicola* Zett.
a: Genitalsegment von oben — b: Penis von links — c+d: linkes Paramer in verschiedenen Stellungen — e: rechtes Paramer von oben — f: Apikalteil der Theka von rechts

Die sekundäre Gonopore liegt im Apikalteil, in ihrer Umgebung finden sich oft membranöse Anhänge oder Chitinplatten, die von großer taxonomischer Bedeutung sind. Die Theka ist im basalen Teil membranös und oft recht zart (Abb. 592b). Der Apikalteil (Abb. 592b, f) dagegen ist kräftig chitinisiert und ragt aus der Genitalöffnung hervor. An der Übergangsstelle zwischen membranösem und chitinisiertem Teil ist die Theka mit der Wandung des Genitalsegments verwachsen. Hier entsteht der Eindruck, daß die Theka in einem Chitinrohr steckt. Dieses Rohr dürfte eine Bildung der Subgenitalplatte sein.

593

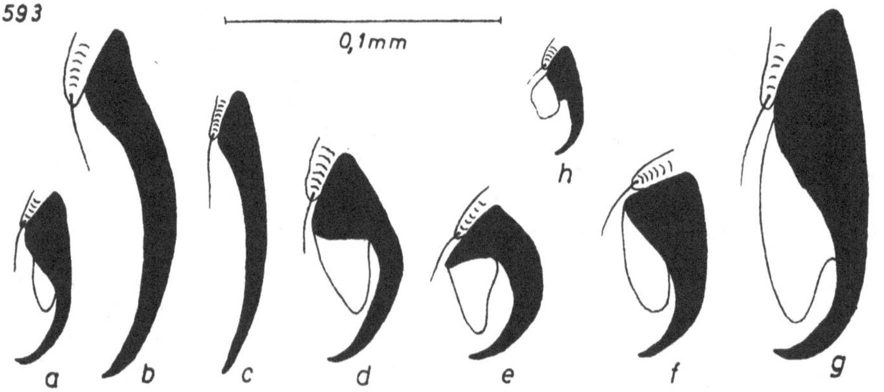

Abb. 593: *Phylinae*, Klauen
a: *Ectagela punctata* E. Wagn. — b: *Camptotylus yersini* Mls. et Rey — c: *Tuponia tamaricis* Perr. — d: *Cremnorrhinus basalis* Reut. — e: *Macrotylus herrichi* Reut. — f: *Utopnia torquata* Reut. — g: *Amblytylus albidus* Hhn. — h: *Atomophora picticornis* Horv.

Eine natürliche Unterteilung der Unterfamilie erscheint heute noch nicht möglich. Nur einige kleinere Stämme lassen sich abteilen. Die *Phylinae* DGL. et SC. umfassen zahlreiche Gattungen, von denen einige sehr artenreich sind. Sie sind durch alle Regionen verbreitet. Im Mittelmeerraum kommen mehr als 90 Gattungen vor.

Bestimmungsschlüssel
für die Stämme der *Phylinae* DGL. et SC.

1 (2) In der kleinen Zelle der Membran befindet sich ein tiefschwarzer, runder Fleck (Abb. 594, a–c), dessen Umgebung weiß ist. Den Genitalien des ♂ fehlt das rechte Paramer. Vesika des Penis an der rechten, unteren Seite mit einem Fortsatz (Abb. 595n). 1. Stamm **Ectagelini** S. 357

2 (1) Kleine Zelle der Membran ohne tiefschwarzen, weiß umrandeten Fleck. Rechtes Paramer vorhanden. Vesika des Penis ohne derartigen Fortsatz.

3 (4) Am Ende der Radialader des Corium ein tiefschwarzer Fleck (Abb. 594d). 3. und 4. Glied des Rostrum gegen ihre Verbindungsstelle verdickt (Abb. 598b). Grundfarbe grün. Klauen ohne Haftläppchen (Abb. 593b). 2. Stamm **Exaeretini** S. 363

4 (3) Am Ende der Radialader nur selten ein auffälliger schwarzer Fleck, dann ist das Haftläppchen groß und deutlich. 3. und 4. Glied des Rostrum nicht gegen ihre Verbindungsstelle verdickt, aber zusammen länger als das 2. (Ausnahme *Nasocoris* REUT., *Tragiscocoris* FIEB., bei denen nie ein tiefschwarzer Fleck im Corium vorkommt).

5 (6) Klauen mit hohem Basalzahn oder -höcker (Abb. 593, d–f), der mindestens 0,3× so hoch ist, wie die Klaue lang ist. Das Empodium reicht nicht bis zur Spitze dieses Zahnes oder Höckers. Klauen klein, kürzer oder wenig länger, als das 3. Tarsenglied dick ist. 3. Stamm **Cremnorrhinini** S. 367

6 (5) Klauen nicht mit hohem Zahn oder Höcker; wenn ein solcher vorhanden ist, ist er weniger als 0,25× so hoch, wie die Klaue lang ist (Abb. 593, c, g, h), das Empodium erreicht die Spitze des Höckers oder Zahnes. 4. Stamm **Phylini** S. 401

1. Stamm **Ectagelini** E. WAGNER, 1969

Reichenbach., Bd. 13, S. 19—27.

Kleine, zarte, weißgelbe bis weißlich graugrüne Arten. Oberseite entweder mit größeren, orangeroten Flecken, die Querbinden bilden, oder dicht und gleichmäßig mit feinen braunen Punkten bedeckt (Abb. 594, a–c). Kleine Zelle der Membran mit tiefschwarzem, abgerundetem Fleck, der von einer weißen Zone umgeben ist. Rostrum gegen die Spitze gleichmäßig verjüngt. Klauen (Abb. 593a) schwach gekrümmt, Haftläppchen klein. Den Genitalien des ♂ fehlt das rechte Paramer. Vesika des Penis an der rechten, oberen Seite mit einem Fortsatz (Abb. 597).

Der Stamm enthält nur 1 Gattung, die auch im Südosten des Mittelmeerraumes gefunden worden ist.

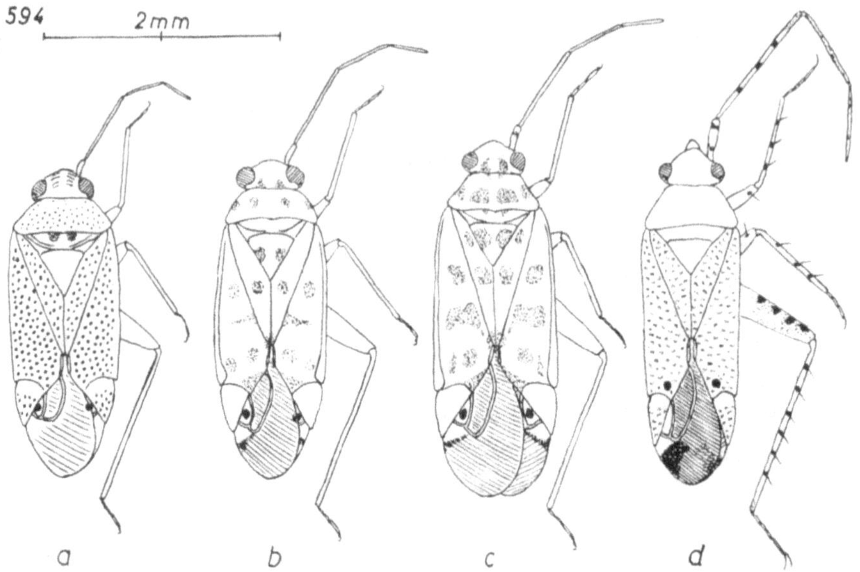

Abb. 594: *Ectagela* und *Camptotylus*, Männchen
a: *Ectagela punctata* E. Wagn. — b: *E. guttata* K. Schm. — c: *E. subfasciata* E. Wagn. — d: *Camptotylus yersini* Mls. et Rey

128. Gattung ECTAGELA K. SCHMIDT, 1939

Typus-Art: *E. guttata* K. SCHM.

Bull. Soc. Fouad. I. Ent. 1939, S. 26—28; E. WAGNER 1970, Reichenbach., Bd. 13, S. 19—27.

Behaarung der Oberseite hell, halbaufgerichtet, oft sehr dicht. Kopf geneigt. Scheitel ungerandet und ohne Kante. Tylus deutlich von der Stirn abgesetzt. Augen groß, fast bis zur Kehle reichend (Abb. 595b), grob gekörnt. Fühlerwurzel unmittelbar am Augenrand liegend, etwas auf das Auge übergreifend. Fühler hell, ihr 2. Glied zylindrisch, etwa so lang, wie das Pronotum breit ist. Pronotum mit einer mittleren Längsschwiele, sein Hinterrand oft beiderseits derselben leicht eingebuchtet, die Mitte stumpfwinklig (Abb. 596, a, d, g). Scutellum groß, seine Basis frei, jederseits mit einem schrägen Querkiel (Abb. 596, a, d, g). Oberseite entweder mit orangeroten, fast viereckigen Flecken, die Querreihen bilden (Abb. 594, b+c), oder dicht mit kleinen braunen Punkten gleichmäßig bedeckt (Abb. 594a). Bisweilen sind die Flekken undeutlich. Kleine Zelle der Membran weiß, in ihrer Mitte ein auffälliger, abgerundeter, schwarzer Fleck. Beine ungefleckt, Schienen ohne Punkte. An den Hintertarsen (Abb. 595h) sind die beiden Basalglieder etwa gleich lang und das Endglied etwa so lang wie die beiden anderen zusammen. Xyphus der Vorderbrust gewölbt, ungerandet.

Genitalsegment des ♂ (Abb. 595, f+g) kegelförmig, länger als dick. Linkes Paramer (Abb. 595, k–m) schief dreieckig, Hypophysis lang und S-förmig gekrümmt.

Auf dem Sinneshöcker ein kurzer, dicker Zahn. Vesika des Penis lang und dünn (Abb. 595n), fast gerade (Ausnahme *E. furcata* E. WAGN.), an ihrer rechten, oberen Seite ein Anhang. Apikalteil der Theka mit einem Spalt, der beim Austreten der Vesika sich wie ein Vogelschnabel öffnet.

Die Gattung enthält 6 Arten, von denen 4 auch im Südosten des Mittelmeerraumes vorkommen. Die Bestimmung der Arten nach äußeren Merkmalen ist schwierig, dagegen ist es leicht, sie nach der Gestalt der Vesika zu trennen.

Bestimmungsschlüssel
für die Arten von *Ectagela* K. SCHM.

1 (2) Grundfarbe hell graugrünlich. Oberseite dicht und gleichmäßig mit kleinen braunen Punkten bedeckt (Abb. 594a). 1. **E. punctata** S. 360

2 (1) Grundfarbe weißgelb, seltener grünlichweiß. Oberseite mit größeren, teilweise fast viereckigen, gelbroten Flecken bedeckt, die Querreihen bilden (Abb. 594, b+c).

3 (4) 2. Fühlerglied 0,9× so lang, wie das Pronotum breit ist. Flecken der Halbdecken klein, aber deutlich (Abb. 594b). Vesika siehe Abb. 597b! Behaarung der Oberseite lang und dicht. 2. **E. guttata** S. 361

4 (3) 2. Fühlerglied so lang oder länger, als das Pronotum breit ist, selten beim ♀ nur 0,95× so lang. Flecken der Halbdecken groß, bisweilen aber undeutlich oder nicht zu erkennen. Behaarung der Oberseite weniger dicht und oft viel kürzer.

5 (6) Scheitel beim 1,8×, beim ♀ 2,15× so breit wie das Auge. 2. Fühlerglied 0,95× (♀) bis 1,0× (♂) so lang, wie das Pronotum breit ist. Vesika siehe Abb. 597e!
Die in NO-Nubien lebende **E. remanei** E. WAGN.

6 (5) Scheitel beim ♂ höchstens 1,5×, beim ♀ höchstens 1,95× so breit wie das Auge. 2. Fühlerglied 1,0× (♀) bis 1,2× so lang, wie das Pronotum breit ist.

7 (8) Länge des ♂ 2,75–3,1 mm, des ♀ 2,8–3,25 mm. Scheitel (Abb. 596, a–c) beim ♂ 1,40–1,45×, beim ♀ 1,7–1,9× so breit wie das Auge. Behaarung der Oberseite sehr fein und kurz. Vesika siehe Abb. 597d!
3. **E. major** S. 362

8 (7) Länge beim ♂ höchstens 2,58 mm, beim ♀ höchstens 2,8 mm. Scheitel beim ♂ 1,23–1,25×, beim ♀ 1,34× so breit wie das Auge. Behaarung etwas länger und kräftiger.

9 (10) 2. Fühlerglied bei ♂ und ♀ 1,05× so lang, wie das Pronotum breit ist. Vesika siehe Abb. 597c! 4. **E. subfasciata** S. 362

10 (9) 2. Fühlerglied beim ♂ 1,17–1,20× so lang, wie das Pronotum breit ist. ♀ unbekannt. Vesika siehe Abb. 597f!
Die in NO-Nubien lebende **E. furcata** E. WAGN.

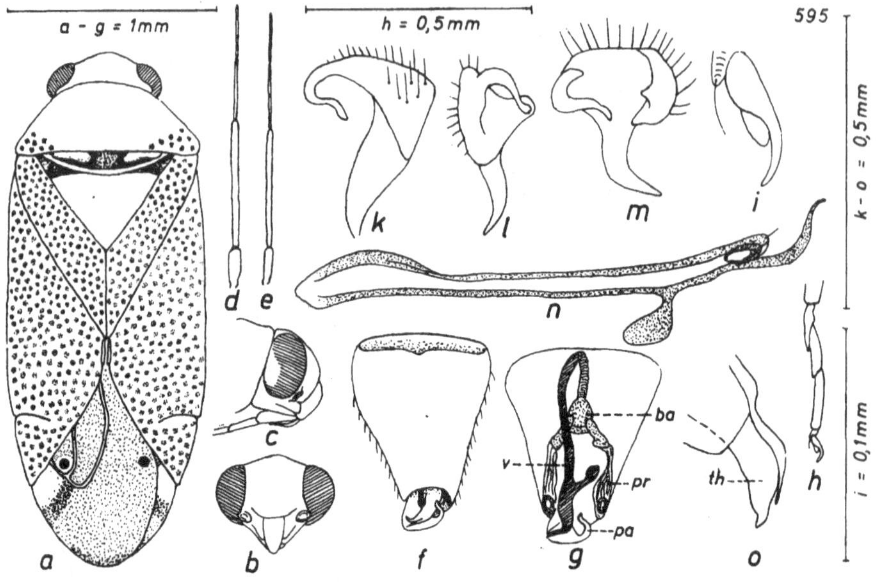

Abb. 595: *Ectagela punctata* E. Wagn.

a: Gestalt des ♀ — b: Kopf des ♂ von vorn — c: derselbe von rechts — d: Fühler des ♂ — e: Fühler des ♀ — f: Genitalsegment des ♂ von oben — g: dasselbe geöffnet — h: Hinterfuß — i: Klaue desselben von außen — k—m: linkes Paramer in verschiedenen Stellungen — n: Vesika des Penis von unten — o: Apikalteil der Theka von oben ba = Basis, pa = Paramer, pr = Penisprotractoren, th = Apikalteil der Theka, v = Vesika

1. **Ectagela punctata** E. WAGNER, 1969 (Abb. 594a, 595a)

Notul. Ent., Bd. 49, S. 22—24; E. WAGNER 1970, Reichenbach., Bd. 13, S. 26.

Länglich-oval, 3,0–3,1× so lang, wie das Pronotum breit ist. Hell graugrünlich. Halbdecken und Hinterecken des Pronotum dicht mit kleinen, braunen Punkten bedeckt. Ober- und Unterseite dicht mit langen, hellen Haaren bedeckt. Scheitel bei ♂ und ♀ 2,1× so breit wie das Auge. Kopf (Abb. 595b) breiter als hoch. Fühlerwurzel etwas auf den inneren Augenrand übergreifend. Stirn gewölbt (Abb. 595c), Fühler (Abb. 595, d+e) hell, schlank, 2. Glied 0,70–0,75× so lang, wie das Pronotum breit ist. Scutellum ohne Punkte (Abb. 595a), Basis mit deutlichem Querkiel. Das Rostrum reicht bis zu den Mittelhüften. Klauen (Abb. 595i) klein, distal gekrümmt. Haftläppchen etwas kürzer als seine Entfernung von der Klauenspitze.

Genitalsegment des ♂ (Abb. 595, f+g) kegelförmig, Genitalöffnung sehr kurz und nach hinten gerichtet. Linkes Paramer (Abb. 595, k–m) distal verbreitert, Hypophysis lang, schlank und gewunden. Vesika des Penis (Abb. 595n) lang und gerade. Vor der Spitze ein abgerundeter, blattartiger, nach rechts oben gerichteter Anhang, distal eine hornartige Spitze. Sekundäre Gonopore nahe der Spitze. Apikalteil der Theka (Abb. 595o) kurz und dick, gespalten.

Länge: ♂ = 2,25–2,50 mm, ♀ = 2,2–2,4 mm.

Die Art lebt an Maerua crassifolia FORSK. Imagines von Februar bis Juni. Bisher nur in Libyen (Fezzan) und dem Sudan (Hudeiba) gefunden.

2. **Ectagela guttata** K. SCHMIDT, 1939 (Abb. 594b)

Bull. Soc. Fouad I. Ent., S. 26—39; E. WAGNER 1970, Reichenbach., Bd. 13, S. 19—27.

Hell gelblichweiß, mit orangeroten Flecken. Behaarung lang, hell und dicht. Scheitel mit 2 orangeroten Flecken, beim ♂ 1,36×, beim ♀ 1,75× so breit wie das Auge (Abb. 596, d–f). Fühlerwurzel etwas über der unteren Augenecke gelegen und auf den Augenrand übergreifend. Fühler hell weißgelb, schlank, 2. Glied 0,9× so lang, wie das Pronotum breit ist. Pronotum (Abb. 596d) kurz und breit, Hinterrand in der Mitte leicht vorstehend, auf der Fläche 4 orangerote Flecke, die eine Querbinde bilden. Hinterer Abschnitt des Scutellum mit 2 seitlichen roten Flecken. Clavus mit 2, Corium mit 4 orangeroten Flecken, die Querbinden bilden (Abb. 594b), Hinterecke des Corium rot. Cuneus weißgelb. Membran grau, Adern weiß. Kleine Zelle mit tiefschwarzem Fleck. Beine weißgelb, Schienen mit sehr feinen, hellen Dornen.

Genitalsegment kegelförmig. Linkes Paramer wie bei voriger Art. Vesika des Penis (Abb. 597b) lang, sehr schwach gekrümmt. Der nach rechts oben gerichtete Fortsatz oval. Spitze der Vesika mit hornartigem Fortsatz. Sekundäre Gonopore nahe der Spitze.

Länge: ♂ = 2,60–2,75 mm, ♀ = 2,75–2,80 mm.

Bisher in Israel, Ägypten und Nubien gefunden. Lebensweise nicht bekannt.

596

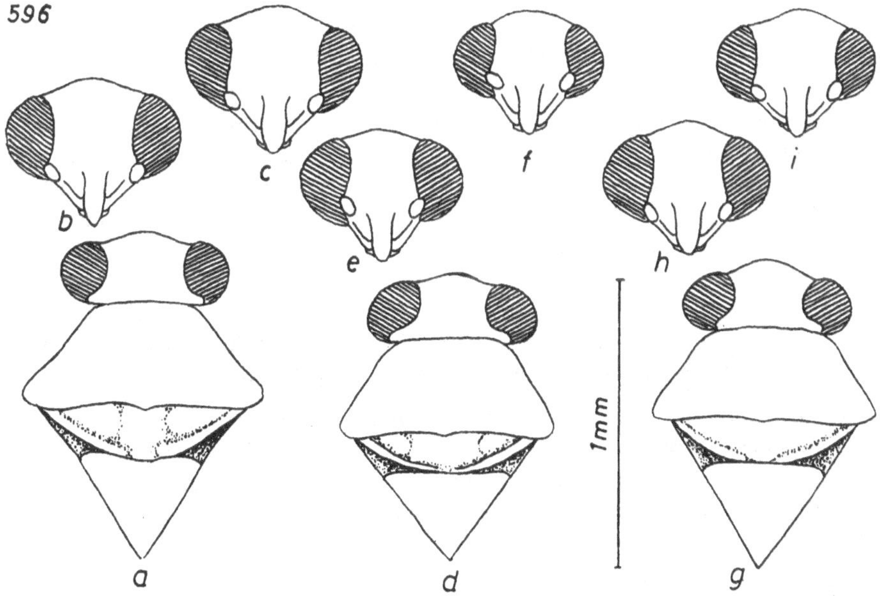

Abb. 596: *Ectagela* K. Schm., Kopf, Pronotum und Scutellum
a—c: *E. major* E. Wagn. — d—f: *E. guttata* K. Schm. — g—i: *E. subfasciata* E. Wagn.
a, d, g: vorderer Teil von oben — b, e, h: Kopf des ♂ von vorn — c, f, i: dasselbe vom ♀

3. Ectagela major E. WAGNER, 1970

Reichenbach., Bd. 13, S. 19—27.

Hell gelblichweiß, in der Regel mit schwach erkennbaren, gelbroten Flecken, die das gleiche Muster bilden wie bei voriger Art, bisweilen aber auch in einer leichten Rotfärbung der Oberseite verschwinden. Oberseite leicht glänzend, Behaarung sehr kurz, fein und wenig auffallend. Kopf (Abb. 596a) groß, kurz und breit. Scheitel beim ♂ 1,40–1,45×, beim ♀ 1,7–1,9× so breit wie das Auge (Abb. 596, b+c). Fühlerwurzel unmittelbar an der unteren Augenecke, der Teil des Kopfes unter den Augen spitzer, fast rechtwinklig. Fühler weißgelb, 2. Glied beim ♂ 1,1–1,2×, beim ♀ 1,0–1,1× so lang, wie das Pronotum breit ist. Letzteres (Abb. 596a) trapezförmig, Hinterrand beiderseits der Mitte leicht eingebuchtet. Scutellum groß, die schrägen Querkiele vorn undeutlich begrenzt. Die beiden roten Flecke an der Basis sind zu einem Mittelfleck vereinigt. Das Rostrum erreicht die Hinterhüften. Beine wie bei den vorhergehenden Arten.

Genitalsegment des ♂ sehr lang und schlank. Linkes Paramer größer und eckiger. Vesika (Abb. 597d) kurz und kräftig, der Apikalteil stark verbreitert, die apikale Chitinspitze kurz, S-förmig gekrümmt. Der nach rechts oben gerichtete Fortsatz ist klein, stark rückwärts gekrümmt und hat nahe der Basis einen Höcker. Er sitzt unmittelbar neben der sekundären Gonopore.

Länge: ♂ = 2,75–3,1 mm, ♀ = 2,8–3,25 mm.

Bisher im Sudan und in Jordanien (Jericho) gefunden. Imagines von Februar bis April.

4. Ectagela subfasciata E. WAGNER, 1970 (Abb. 594c)

Reichenbach., Bd. 13, S. 19—27.

Hell gelblichweiß, mit großen, orangeroten Flecken, die 5 Querbinden bilden und in der Regel sehr deutlich sind. Behaarung hellgelb, lang und schrägstehend, etwas weniger dicht als bei *E. guttata* K. SCHM. Kopf (Abb. 596g) etwas kleiner, Scheitel beim ♂ 1,25×, beim ♀ 1,34× so breit wie das Auge. Fühlerwurzel an der unteren Augenecke, auf den Augenrand übergreifend. Kopf unter den Augen stumpf (Abb. 596, h+i). 2. Fühlerglied bei ♂ und ♀ 1,05× so lang, wie das Pronotum breit ist. Zeichnung der Oberseite siehe Abb. 594c! Pronotum (Abb. 596g) sehr kurz. Die schrägen Querkiele des Scutellum vorn unscharf begrenzt. Das Rostrum reicht bis zur Mitte der Hinterhüften. Beine wie bei den vorhergehenden Arten.

Genitalsegment des ♂ länger als dick, kegelförmig. Genitalöffnung am oberen Rand mit einem Höcker. Vesika (Abb. 597c) kürzer als bei *E. guttata* K. SCHM. und stärker gekrümmt. Der nach rechts oben gerichtete Fortsatz ist klein, gegabelt und sitzt neben der sekundären Gonopore. Apikalteil verbreitert, mit langer, schlanker Spitze.

Länge: ♂, ♀ = 2,5–2,8 mm.

ECKERLEIN fing die Art an Calitropis procera ACT. Imagines im Mai und Juni.

Bisher in Nubien (Kassala-Provinz) und Algerien (Tassili N'Ajjer) gefunden.

597

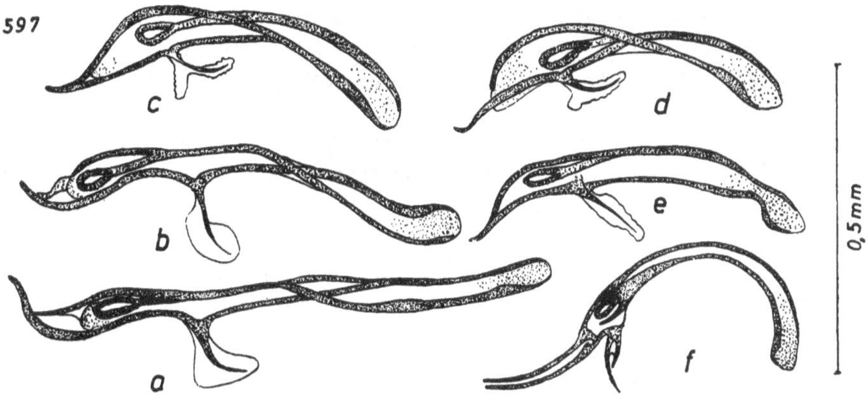

Abb. 597: *Ectagela* K. Schm., Vesika von rechts oben
a: *E. punctata* E. Wagn. — b: *E. guttata* K. Schm. — c: *E. subfasciata* E. Wagn. — d: *E. major* E. Wagn. — e: *E. remanei* E. Wagn. — f: *E. furcata* E. Wagn.

2. Stamm **EXAERETINI** PUTON, 1875

Syn.: *Camptotylini* REUTER, 1891.

Zarte Arten mit langen Extremitäten. Weißgrün. Fühler weißlich, mit schwarzen Ringen (Abb. 598c). Kopf fast senkrecht (Abb. 598b). 3. und 4. Glied des Rostrum gegen ihre Verbindungsstelle verdickt und zusammen nicht länger als das 2. Am Hinterrand des Corium neben der Radialader ein auffallender runder, schwarzer Fleck (Abb. 599). Schienen mit schwarzen Dornen, die aus deutlichen schwarzen Punkten entspringen. Klauen (Abb. 593b) lang, schlank, schwach gekrümmt, Haftläppchen nicht zu erkennen. Genitalsegment des ♂ (Abb. 598d) fast so lang, wie die übrigen Segmente zusammen. Die Vesika des Penis besteht aus zwei deutlich gegeneinander abgesetzten Teilen (Abb. 598g).

Der Stamm umfaßt zwei Gattungen, von denen eine im Mittelmeerraum vorkommt.

Bestimmungsschlüssel

für die Gattungen der *Exaeretini* PUT.

1 (2) 1. Fühlerglied weißlich, schwarz gezeichnet, seltener ganz schwarz, mindestens 0,75× so lang, wie der Scheitel breit ist. Oberseite mit heller Behaarung, die bisweilen mit schwarzen Haaren gemischt ist. Stirn nicht mit ockergelben Querlinien. 129. Gattung **Camptotylus** S. 364

2 (1) 1. Fühlerglied schwarz (Abb. 599c), 0,5× so lang, wie der Scheitel breit ist. Oberseite mit schwarzen Schuppenhaaren. Stirn mit ockergelben Querlinien.

Die im Süden des europäischen Teils der Sowjetunion und Turkestan lebende Gattung **Exaeretus** FIEB.

129. Gattung **CAMPTOTYLUS** FIEBER, 1861

Typus-Art: *C. yersini* MLS. et REY

Kleine, mehr oder weniger schlanke Arten (Abb. 599, a+b). Meistens grünlich gefärbt und mit heller Behaarung, zwischen der oft schwarze Haare sitzen. 1. Fühlerglied mindestens 0,75× so lang, wie der Scheitel breit ist, oft viel länger; entweder weißlich mit schwarzer Zeichnung oder einfarbig grün bis schwarz. 2. Glied mit schwarzen Ringen. Stirn ohne ockergelbe Querlinien. Rechtes Paramer (Abb. 598f) klein und schlank. Linkes Paramer (Abb. 598e) mit 3 Spitzen. Vesika (Abb. 598g) S-förmig.

Die Gattung enthält 5 Arten, die sämtlich in der Paläarktis leben und von denen 4 im Mittelmeerraum gefunden worden sind.

Bestimmungsschlüssel
für die Arten von *Camptotylus* FIEB.

1 (2) 2. Fühlerglied mit 4 schwarzen Ringen (Abb. 598c). 1. Glied etwas kürzer, als der Scheitel breit ist. 1. **C. yersini** S. 365

2 (1) 2. Fühlerglied an beiden Enden dunkel, oft auch in der Mitte ein dunkler Ring (Abb. 599, a+b).

3 (6) 1. Fühlerglied lang und kräftig, so lang oder fast so lang, wie der Kopf breit ist (Abb. 599a).

4 (5) 1. Fühlerglied einfarbig schwarz (Abb. 599a); 2. Glied mit 3 dunklen Ringen. 2. **C. linae** S. 365

5 (4) Fühler einfarbig schmutzig grün. 3. **C. bipunctatus** S. 365

6 (3) 1. Fühlerglied beim ♀ 0,75–0,80×, beim ♂ fast 1,0× so lang, wie der Scheitel breit ist (Abb. 599b). 4. **C. reuteri** S. 366

598

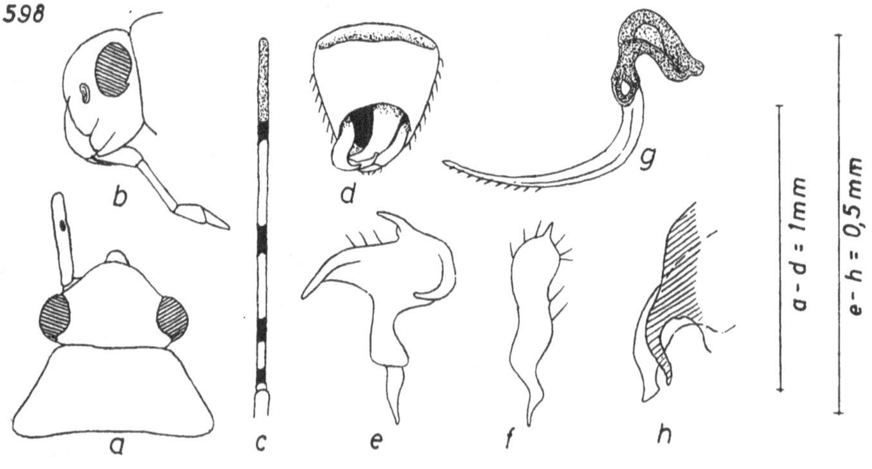

Abb. 598: *Camptotylus yersini* Mls. et Rey, ♂

a: Kopf, Pronotum und 1. Fühlerglied von oben — b: Kopf und Rostrum von links — c: 2. Fühlerglied — d: Genitalsegment von oben — e: linkes Paramer von oben — f: rechtes Paramer von oben — g: Vesika von rechts — h: Apikalteil der Theka von links

· 1. **Camptotylus yersini** (MULSANT et REY), 1856 (Abb. 594d)

Kopf gelblich, Augen schwarz. Pronotum, Scutellum und Halbdecken grün. Scheitel beim ♂ 2,5–2,6×, beim ♀ 2,8× so breit wie das Auge. Fühler länger als der Körper; 1. Glied fast so lang, wie der Scheitel breit ist (Abb. 598a), an der Innenseite mit schwarzem Punkt; 2. Glied (Abb. 598c) beim ♂ 1,7–1,8×, beim ♀ 1,6–1,7× so lang, wie das Pronotum breit ist, mit 4 schwarzen Ringen und brauner Spitze. Rostrum (Abb. 598b) kurz, das 3. und 4. Glied zusammen so lang wie das 2. und gegen ihre Verbindungsstelle erweitert. Pronotum (Abb. 598a) trapezförmig.

Genitalsegment des ♂ (Abb. 598d) kegelförmig. Rechtes Paramer (Abb. 598f) klein, schlank, mit geschweiften Seiten. Linkes Paramer (Abb. 598e) mit 3 Spitzen, davon 2 auf dem Sinneshöcker. Vesika des Penis (Abb. 598g) zweiteilig, der basale Teil kurz, kräftig und gewunden, an seiner Spitze die sekundäre Gonopore; der apikale Teil schlanker, schwach gekrümmt, in der apikalen Hälfte an der Ventralseite mit Zähnen besetzt. Apikalteil der Theka (Abb. 598h) gekrümmt, distal abgestutzt, neben ihm ein gekrümmter Fortsatz (schraffiert), der zur Subgenitalplatte gehören dürfte.

Länge: ♂ = 2,5–2,8 mm, ♀ = 2,6–3,0 mm.

Die Art lebt an Tamarix. Imagines von Juni bis September. Überwintert als Ei.

Mediterrane Art, die in Südfrankreich, Spanien, Algerien, Ägypten und Turkestan gefunden wurde.

2. **Camptotylus linae** (PUTON), 1881 (Abb. 599a)

Hellgrün, mit feiner, weißlicher Behaarung, dazwischen einzelne, kräftige, schwarze Haare. Scheitel beim ♂ 2,3–2,4×, beim ♀ 3,0× so breit wie das Auge. 1. Fühlerglied schwarz, beim ♂ 1,07×, beim ♀ 0,9× so lang, wie der Kopf breit ist; 2. Glied beim ♂ 2,5×, beim ♀ 2,0× so lang wie das 1. und beim ♂ 1,9×, beim ♀ 1,25× so lang, wie das Pronotum breit ist, an Basis und Spitze schwarz, etwas hinter der Mitte ein mehr oder weniger deutlicher, dunkler Ring. Pronotum trapezförmig, 1,3× so breit wie der Kopf. Das Rostrum reicht fast bis zu den Mittelhüften, Glied 3 und 4 pechbraun, gegen ihre Verbindungsstelle erweitert. Beine weißgelb. Hinterschenkel am Vorderrand mit schwarzen Borsten. Schienen mit großen schwarzen Flecken und schwarzen Dornen.

Länge: ♂ = 2,8–3,0 mm, ♀ = 2,5–3,0 mm.

Auch diese Art lebt an Tamarix. Sie wurde in Kaukasien, Syrien, Israel und Jordanien gefunden.

3. **Camptotylus bipunctatus** (REUTER), 1879

Der vorigen Art in Gestalt und Färbung ähnlich, aber kleiner. Oberseite mit hellen Schuppenhaaren. Scheitel beim ♂ etwas mehr als 2× so breit wie das Auge. Fühler schmutzig grün; 1. Glied kräftig, fast so lang, wie der Kopf breit ist; 2. Glied ebenfalls kräftig, etwa so lang, wie das Pronotum breit ist, an der Spitze leicht erweitert und mit Borsten besetzt, etwas länger als das 3. und 4. zusammen. Beine hell, Schenkel am Vorderrand mit Borsten besetzt. Schienen mit schwarzen Punkten und schwarzen Dornen. Das Rostrum ragt nur wenig über die Vorderhüften hinaus, das

3. und 4. Glied sind gegen ihre Verbindungsstelle verdickt und zusammen etwas länger als das 2.

Länge: ♂ = 2,0–2,5 mm, das ♀ ist dem Verfasser unbekannt.

Bisher in Turkestan und Syrien gefunden.

599

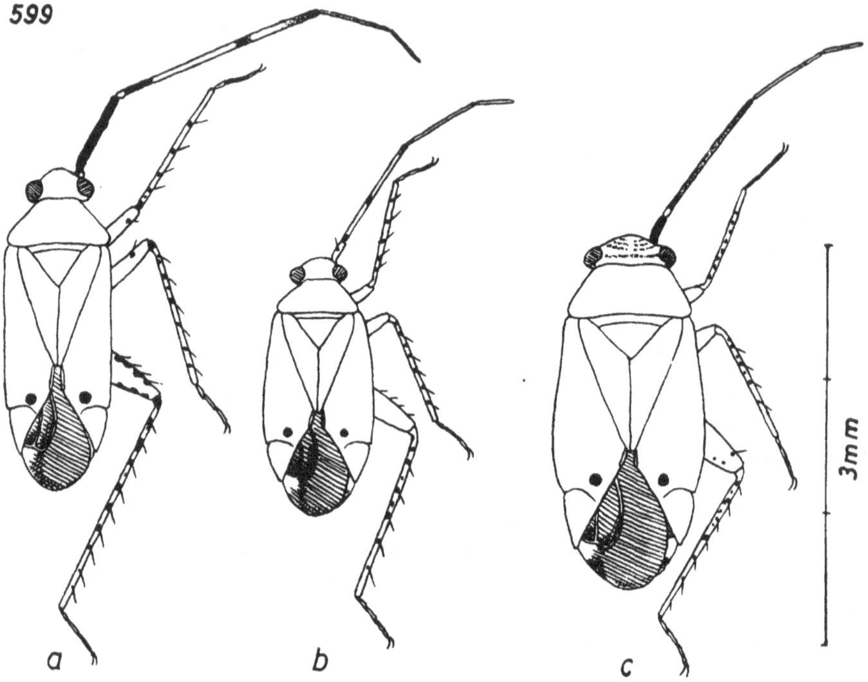

Abb. 599: *Camptotylus* Fieb. und *Exaeretus* Fieb.
a: *Camptotylus linae* Put., ♂ — b: *C. reuteri* Jak., ♀ — c: *Exaeretus meyeri* Fr.-Gssn., ♀

4. **Camptotylus reuteri** JAKOVLEFF, 1881 (Abb. 599b)

Kleine, mehr ovale Art. Grünlich, Halbdecken weißgrün. Oberseite fein hell behaart, im hinteren Teil der Halbdecken auch schwarze Haare. Scheitel beim ♂ (Abb. 599b) 2,5–2,6×, beim ♀ 2,7–2,8× so breit wie das Auge. Fühler sehr schlank, das 1. Glied hell, mit einem schwarzen Punkt, der eine Borste trägt, 0,7–0,8× so lang, wie der Scheitel breit ist; 2. Glied dünn, stabförmig, mit 3 dunklen Ringen, der mittlere etwas vor der Mitte gelegen, 1,2× so lang, wie das Pronotum breit ist und etwas länger als das 3. und 4. zusammen. Pronotum etwa 1,5× so breit wie der Kopf. Membran grau, Zellen verdunkelt, Adern braun; hinter der kleinen Zelle ein weißer Fleck, innerhalb desselben ein dunkler Streif, der nach hinten führt. Beine weißgelb, Schenkel im vorderen Teil mit schwarzen Flecken und an der Vorderkante mit schwarzen Borsten. Schienen mit schwarzen Punkten und kräftigen schwarzen Dornen, die länger sind, als die Schiene dick ist. Das Rostrum erreicht die Mittelhüften, hat aber die gleiche Gestalt wie bei den vorhergehenden Arten (wie Abb. 598b).

Länge: ♂ = 1,9–2,0 mm, ♀ = 2,2–2,5 mm.

Die Art lebt an Tamarix. Imagines von Mai bis Juli. Überwintert als Ei.

Aus dem Süden der UdSSR beschrieben und später in Griechenland, der Türkei, Syrien und auf der Insel Zypern gefunden.

3. Stamm **CREMNORRHININI** REUTER, 1883

Dieser Stamm zeichnet sich durch den Bau der Klauen und ihrer Anhänge aus (Abb. 593, d–f). Die Klauen sind sehr klein und so lang bis höchstens doppelt so lang, wie das 3. Tarsenglied dick ist. Sie sind gleichmäßig gekrümmt oder in der Mitte oder nahe der Basis stark gekrümmt und haben einen auffällig hohen Basalzahn oder -höcker. Das Empodium erreicht bei weitem nicht die Spitze des Höckers oder Zahnes. Die Höhe des Zahnes oder Höckers beträgt zum mindesten die Hälfte seiner Entfernung von der Klauenspitze. Das Haftläppchen ist groß, frei und reicht fast bis zur Klauenspitze (Abb. 593, d–f). Kopf lang und in der Regel vorgestreckt (Abb. 600, d+h). Tylus und Wangen daher von oben her sichtbar. Fühler schlank. Halbdecken nur selten beim ♀ verkürzt. Dornen der Schienen kurz und fein.

Der Stamm umfaßt 3 Gattungen, die im Mittelmeerraum vorkommen.

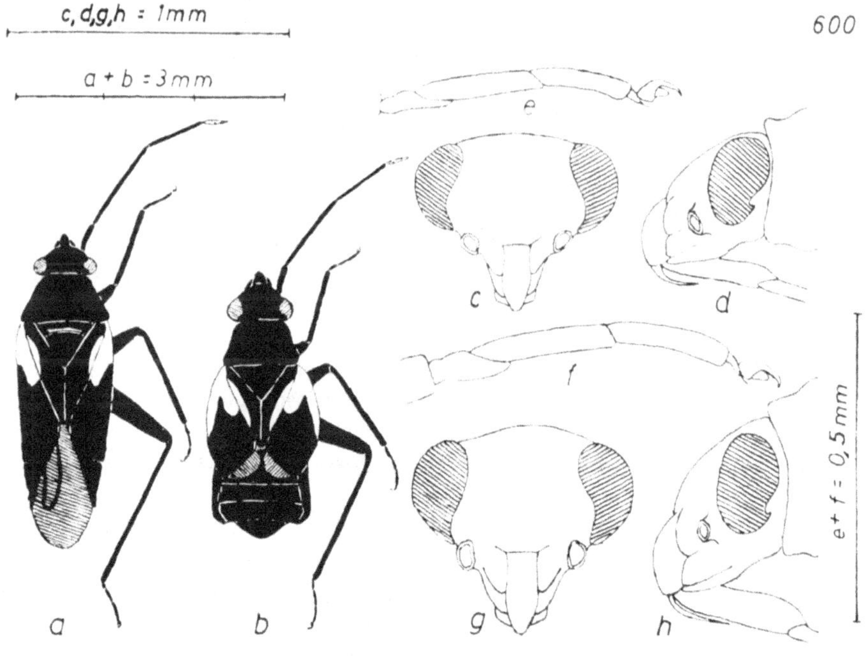

Abb. 600: *Cremnorrhinus basalis* Reut.

a—e: *C. basalis minor* E. Wagn. — f—h: *C. basalis basalis* Reut.

a: ♂ — b: ♀ — c+g: Kopf des ♂ von vorn — d+h: derselbe von links — e+f: Hinterfuß

Bestimmungsschlüssel
für die Gattungen der *Cremnorrhinini* REUT.

1 (2) Klauen in der Mitte winklig gebogen (Abb. 593d), Apikalteil schwach gekrümmt, fast gerade. Halbdecken des ♀ oft verkürzt.
130. Gattung **Cremnorrhinus** S. 368

2 (1) Klauen mehr oder weniger gleichmäßig gebogen (Abb. 593, e+f), nur ausnahmsweise nahe der Basis stark gekrümmt und danach fast gerade (*Macrotylus ponticus* SEID., Abb. 607f). ♂ und ♀ makropter.

3 (4) Klauen mit hohem Basalzahn (Abb. 593e). Xyphus der Vorderbrust konkav.
131. Gattung **Macrotylus** S. 369

4 (3) Klauen mit Basalhöcker (Abb. 593f). Xyphus der Vorderbrust mit undeutlichem Mittelkiel und 2 getrennten Längseindrücken.
132. Gattung **Utopnia** S. 400

130. Gattung CREMNORRHINUS REUTER, 1880

Typus-Art: *C. basalis* REUT.

E. WAGNER 1961, Fragm. Balcan., Bd. 4, S. 57—60.

Dimorph (Abb. 600, a+b). Kopf kaum geneigt, Tylus vorstehend (Abb. 600, d+h). 3. Fühlerglied nur wenig dünner als das 2., letzteres etwas länger als das 3. und 4. zusammen. 3. Glied der Hintertarsen etwas kürzer als das 2. (Abb. 600, e+f). Klauen (Abb. 593d) in der Mitte winklig gebogen. Haftläppchen groß und breit.

Die Gattung enthält nur 1 Art, die auf der Balkanhalbinsel und in Kleinasien lebt.

Cremnorrhinus basalis REUTER, 1880 (Abb. 600, a+b)

ssp. *minor* E. WAGNER 1961, Fragm. Balcan., Bd. 4, S. 57—60.

Das ♂ schlank, stets makropter und 3,4×, das ♀ dimorph, oval und 3,5× so lang, wie das Pronotum breit ist. Schwarz, Basalteil der Halbdecken mit weißem Fleck. Behaarung fein und hell, im vorderen Teil des Tieres einige schwarze Borsten. Kopf (Abb. 600, c+g) dreieckig, unten spitz, etwas breiter als hoch. Seitlich gesehen (Abb. 600, d+h) wirkt der Kopf vorgestreckt, die Kehle lang. Fühler schwarz, ihr 2. Glied beim ♂ 1,14×, beim ♀ 1,0× so lang, wie der Kopf breit ist. Beim brachypteren ♀ ist der Außenrand des Corium stark gebogen, die Membran sitzt als runde Fläche an der Innenseite. Die Halbdecken reichen bis zum 3. Sternit. Das Rostrum erreicht die Spitze der Mittelhüften. Schenkel schlank. Schienen mit feinen Dornen, die kaum länger sind als die Behaarung. An den Hintertarsen (Abb. 600f) ist das 3. Glied deutlich kürzer als das 2.

Genitalsegment des ♂ (Abb. 601a) länger als dick, distal abgerundet. Rechtes Paramer (Abb. 601c) löffelförmig, distal etwas verbreitert, außen mit kräftigen Borsten. Linkes Paramer (Abb. 601e) groß, Hypophysis stark verjüngt und abwärts gekrümmt, Sinneshöcker mit spitzem Fortsatz. Vesika des Penis (Abb. 601g) schlank, S-förmig gekrümmt, distal mit zwei langen Chitinspitzen. Sekundäre Gonopore weit vor der Spitze. Apikalteil der Theka (Abb. 601i) schlank und spitz, im basalen Teil stärker gekrümmt.

Länge: ♂ makr. = 3,9–4,0 mm, ♀ makr. = 3,6–3,7 mm, ♀ brach. = 3,5–4,1 mm.

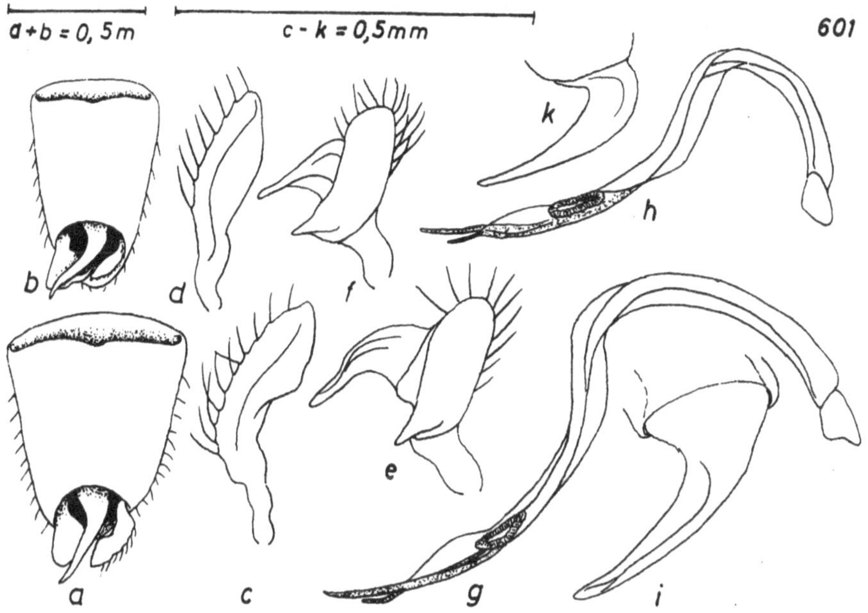

Abb. 601: *Cremnorrhinus basalis* Reut., Genitalien des Männchens
a, c, e, g, i: *C. basalis basalis* Reut. — b, d, f, k, h: *C. basalis minor* E. Wagn.
a+b: Genitalsegment von oben — c+d: rechtes Paramer von oben — e+f: linkes Paramer von oben — g+h: Vesika von links — i+k: Apikalteil der Theka von links

C. basalis minor E. WAGNER, 1961 (Abb. 600, a+b)

Von kleinerer Gestalt. 2. Fühlerglied dicker und beim ♂ 1,06×, beim ♀ 0,96× so lang, wie der Kopf breit ist. Genitalsegment des ♂ kleiner und schlanker (Abb. 601b). Rechtes Paramer (Abb. 601d) distal kaum verbreitert. Hypophysis des linken Paramers (Abb. 601f) kürzer und weniger stark gekrümmt. Apikalteil der Theka (Abb. 601k) im basalen Teil stärker gekrümmt.

Länge: ♂ makr. = 3,30–3,45 mm, ♀ makr. = 3,45–3,50 mm, ♀ brach. = 2,75–3,15 mm.

Die Nominatrasse bewohnt Jugoslawien, Griechenland und die Insel Korfu, die ssp. *minor* E. WAGN. kommt nur in Bulgarien vor.

131. Gattung **MACROTYLUS** FIEBER, 1858

Typus-Art: *M. quadrilineatus* SCHRK.

Syn.: *Alloeonycha* REUT., 1904, syn. E. WAGNER 1952, Nachr. naturw. Mus. Aschaffenbg., Nr. 35, S. 49; E. WAGNER 1969, Mem. Soc. Ent. Ital., Bd. 48, S. 300—310.

Die Gattung *Macrotylus* FIEB. unterscheidet sich von allen übrigen Gattungen der *Phylinae* DGL. et SC. durch den eigenartigen Bau der Klauen (Abb. 593e). Sie sind sehr klein, gleichmäßig, in der Regel kräftig, gekrümmt und haben einen hohen Basalzahn. Das Haftläppchen ist groß, frei und reicht bis in die Nähe der Klauenspitze. Eine Ausnahme macht *M. ponticus* SEID. (Abb. 607f), bei dem die Klaue im basalen Teil stark gekrümmt, im apikalen Teil aber gerade ist. Der Basalzahn hat neben der Spitze eine zweite vorstehende Ecke und das Haftläppchen sitzt zwischen dieser Ecke und der Spitze des Zahnes. Der Kopf ist vorgestreckt (Abb. 607, c+d), der Tylus dick und steht stark vor. Fühler kräftig, in der Regel kürzer als der Körper. Färbung stark wechselnd. Membran oft lebhaft gezeichnet. Schienen mit feinen, kurzen Dornen.

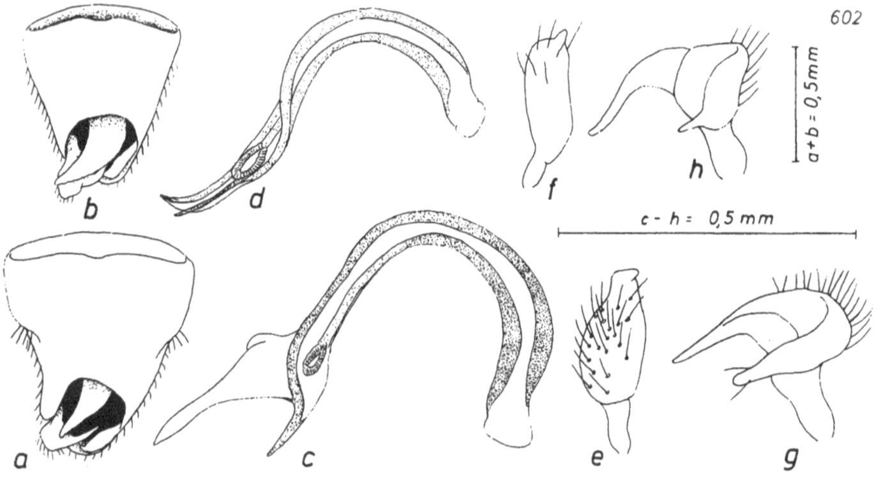

Abb. 602: *Macrotylus* Fieb., Genitalien des Männchens
a, c, e, g: *M. quadrilineatus* Schrk. — b, d, f, h: *M. nigricornis* Fieb.
a+b: Genitalsegment von oben — c+d: Vesika von links — e+f: rechtes Paramer von oben — g+h: linkes Paramer von oben

Im Bau der Genitalien des ♂ finden sich zwei Typen, die sich durch den Bau der Vesika stark unterscheiden. Beim ersten Typ (Abb. 602c) ist diese im Apikalteil stark verbreitert oder verzweigt und trägt dort schwächer chitinisierte Anhänge von oft bizarrer Form (Abb. 608, 610). Über die sekundäre Gonopore ragt nur ein Chitinband hinaus. Der zweite Typ (Abb. 602d) hat eine Vesika, die im apikalen Teil nicht oder nur unwesentlich verbreitert ist. Schwach chitinisierte Anhänge fehlen oder sind nur schmal und stehen nicht ab. Über die sekundäre Gonopore ragen in der Regel 3, seltener 2 Chitinspitzen hinaus.

Nach diesem Bau der Vesika muß die Gattung in 2 Untergattungen eingeteilt werden. Dem ersten Typ gehört die Typus-Art der Gattung, *M. quadrilineatus* SCHRK., an. Sie muß daher *Macrotylus* s. str. heißen. Zum Rest der Gattung, dem zweiten Typ, gehört *Macrotylus mayri* REUT., die Typus-Art für *Alloeonycha* REUT. Daher muß diese Untergattung den Namen *Alloeonycha* REUTER 1904 tragen. Da sich aber beide Untergattungen nach äußeren Merkmalen nicht klar trennen lassen, wird nur ein Bestimmungsschlüssel für alle Arten der Gattung gegeben.

Auch der im Bau der Klauen stark abweichende *M. ponticus* SEID. bildet eine eigene Untergattung, *Pontodemus* E. WAGNER, 1970. Bei ihm sind die Genitalien des ♂ vom *Alloeonycha*-Typ.

Die Arten der Gattung leben an stark behaarten oder klebrigen Pflanzen. Sie scheinen vorwiegend phytophag und in der Regel an eine oder wenige Pflanzenarten gebunden zu sein.

Die Gattung enthält 52 Arten, von denen 13 in der Nearktis, der Rest in der Paläarktis lebt. Im Mittelmeerraum kommen davon 36 vor.

603

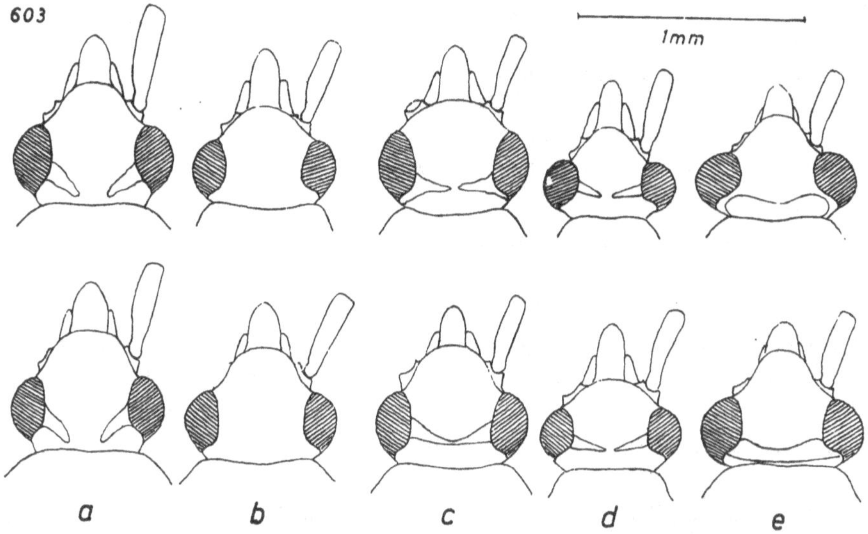

Abb. 603: *Macrotylus* Fieb., Kopf und 1. Fühlerglied
a: *M. (M.) quadrilineatus* Schrk. — b: *M. seidenstuekkeri* E. Wagn. — c: *M. (M.) scutellaris* E. Wagn. — d: *M. (M.) soosi* Jos. — e: *M. (M.) lindbergi* E. Wagn.
Oben: ♂ — unten: ♀

Bestimmungsschlüssel
für die Arten von *Macrotylus* FIEB.

1 (2) Klauen an der Basis stark gekrümmt, im Apikalteil gerade (Abb. 607f). Untergattung *Pontodemus* E. WAGN. Genitalien vom *Alloeonycha*-Typ.
1. **M. (P.) ponticus** S. 377

2 (1) Klauen gleichmäßig gekrümmt (Abb. 593e).

3 (12) Oberseite einfarbig schwarz, nur Cuneus und Membran oft weiß gezeichnet (Abb. 606a). Scheitel mit gelbbraunen Flecken (Abb. 603), selten hat auch das Scutellum zwei keilförmige, gelbbraune Flecke (Abb. 606h).

4 (5) Kopf deutlich kürzer als breit (Abb. 603e). Membran am Außenrand mit 2 hintereinanderliegenden weißen Flecken (Abb. 606b). Vesika des Penis siehe Abb. 608d! 6. **M. (M.) lindbergi** S. 381

5 (4) Kopf mindestens so lang wie breit (Abb. 603, a–d). Membran nur an der Cuneusspitze mit weißem Fleck (Abb. 606a).

6 (7) Länge 5,1–5,6 mm. 2. Fühlerglied länger, als das Pronotum breit ist. Vesika des Penis siehe Abb. 602c! 2. **M. (M.) quadrilineatus** S. 378

7 (6) Länge unter 5 mm. 2. Fühlerglied so lang oder kürzer, als das Pronotum breit ist.

8 (9) Kopf meistens rotbraun. Scheitel beim ♂ 2,2×, beim ♀ 2,4× so breit wie das Auge. Vesika des Penis siehe Abb. 608a!
3. **M. (M.) seidenstuekkeri** S. 379

9 (8) Kopf schwarz. Scheitel mit gelben Querflecken, beim ♂ 1,6–1,8×, beim ♀ 2,1× so breit wie das Auge.

10 (11) Scutellum mit 2 gelbbraunen, keilförmigen Flecken (Abb. 606h). Länge beim ♂ 4,5–4,9 mm, beim ♀ 4,3–4,8 mm. Vesika siehe Abb. 608b!
4. **M. (M.) scutellaris** S. 380

11 (10) Scutellum schwarz. Länge beim ♂ 3,8–4,0 mm, beim ♀ 3,7–4,0 mm. Vesika siehe Abb. 608c! 5. **M. (M.) soosi** S. 381

12 (3) Oberseite, vor allem die Halbdecken, teilweise oder ganz hell gefärbt, nicht schwarz.

13 (24) Fühler einfarbig schwarz (Abb. 604, a+b). Länge über 3,4 mm.

14 (15) Grundfarbe goldgelb, rotgelb oder rotbraun. Große Art von 4,0–5,5 mm Länge. ♀ stets erheblich größer als ♂. Vesika siehe Abb. 602d!
18. **M. (A.) nigricornis** S. 388

15 (14) Halbdecken grün, graugrün oder grau, seltener gelbgrün. ♂ etwa so groß wie ♀.

16 (17) Schwarz, nur Clavus und Corium grün (Abb. 605a) oder graugrün. Vesika siehe Abb. 610a! 30. **M. (A.) bicolor** S. 396

17 (16) Kopf und Pronotum ebenfalls zum Teil hell gefärbt (Abb. 605, b–e).

18 (19) Fühler ungewöhnlich kurz und kräftig, ihr 2. Glied nur 0,75× so lang, wie das Pronotum breit ist. Kleine Art von 3,4–4,2 mm Länge (Abb. 611d). Vesika siehe Abb. 610e! 10. **M. (M.) syriacus** S. 384

19 (18) Fühler etwas länger, ihr 2. Glied beim ♂ mindestens 0,83× so lang, wie das Pronotum breit ist. Größere Arten, Länge etwa 5 mm.*)

20 (21) Stirn beim ♂ in der Regel einfarbig schwarz (Abb. 611a), bisweilen, vor allem beim ♀, in der Mitte aufgehellt. Scheitel beim ♂ 1,8×, beim ♀ 2,44× so breit wie das Auge (Abb. 611a). Vesika siehe Abb. 610b!
7. **M. (M.) herrichi** S. 381

21 (20) Stirn in der Mitte mit deutlichem, ovalem Fleck oder ganz hell (Abb. 611, b+c). Scheitel beim ♂ 1,45–1,67×, beim ♀ 1,70–2,40× so breit wie das Auge.

---

*) die folgenden 3 Arten sind einander sehr ähnlich, aber mit Sicherheit an der Gestalt der Vesika zu erkennen.

22 (23) Scheitel beim ♂ 1,45×, beim ♀ 2,3–2,4× so breit wie das Auge (Abb. 611b). 2. Fühlerglied beim ♂ 1,1×, beim ♀ 0,92× so lang, wie das Pronotum breit ist. Vesika siehe Abb. 610c! 8. **M. (M.) gravesteini** S. 382

23 (22) Scheitel beim ♂ 1,67×, beim ♀ 1,70–1,75× so breit wie das Auge (Abb. 611c). 2. Fühlerglied bei ♂ und ♀ 0,9× so lang, wie das Pronotum breit ist. Vesika siehe Abb. 610d! 9. **M. (M.) mactensis** S. 383

24 (13) Fühler teilweise oder ganz hell (Abb. 604, c–f), selten schwarz, dann beträgt die Länge des Tieres 2,6–3,3 mm.

604

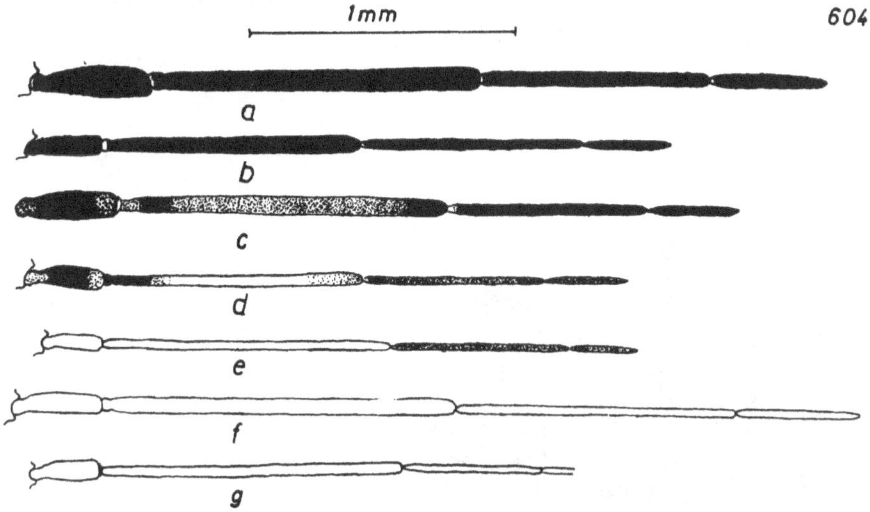

Abb. 604: *Macrotylus* Fieb., Fühler des Männchens
a: *M. (A.) nigricornis* Fieb. — b: *M. (M.) herrichi* Reut. — c: *M. (M.) dentifer* E. Wagn. — d: M. (A.) *paykulli* Fall. — e: M. (A.) *colon* Reut. — f: M. (A.) *mayri* Reut. — g: M. (A.) *montandoni* Reut., ♀

25 (62) 1. Fühlerglied mit schwarzem Ring oder Fleck; 2. Glied nahe der Basis mit schwarzem Ring, oft auch an der Spitze schwarz (Abb. 604, c+d).

26 (39) Vesika vom *Macrotylus*-Typ (Abb. 612). Corium am Hinterrande neben der Radialader mit schwarzem Fleck (Abb. 606g), selten ist dieser undeutlich, dann ist das Auge sehr groß und der Scheitel beim ♂ 1,4–1,5×, beim ♀ etwa 2× so breit wie das Auge (Abb. 605d).

27 (30) Schenkel schwarz. Schwarzer Fleck am Hinterrande des Corium groß, oft zu einer Querbinde erweitert (Abb. 605, b+c), Exocorium im hinteren Teil schwarz.

28 (29) Große robuste Art, das ♂ 2,5×, das ♀ 2,2–2,3× so lang wie breit (Abb. 605b). Vesika siehe Abb. 612c! 11. **M. (M.) perdictus** S. 384

29 (28) Kleine, schlanke Art (Abb. 605c), ♂ und ♀ 2,8–3,0× so lang wie breit. Vesika siehe Abb. 612e! 12. **M. (M.) galatinus** S. 384

30 (27) Schenkel gelbbraun bis braun, oft mit schwarzen Punkten. Schwarzer Fleck am Ende des Corium klein (wie Abb. 606g).

31 (32) Das Rostrum reicht bis zur Mitte der Mittelhüften. Vesika siehe Abb. 612b! 17. **M. (M.) anahtaris** S. 388

32 (31) Das Rostrum erreicht oder überragt die Hinterhüften.

33 (34) Grundfarbe grau, oft mit roter Zeichnung. Scheitel beim ♂ 2,0×, beim ♀ 2,4× so breit wie das Auge. Vesika siehe Abb. 612d! 13. **M. (M.) hamatus** S. 385

34 (33) Grundfarbe gelbgrün oder graugrün.

605

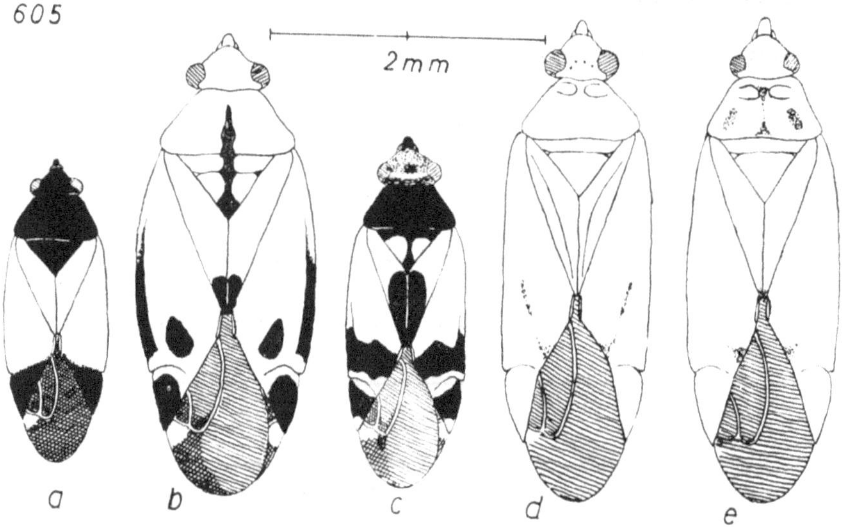

Abb. 605: *Macrotylus* Fieb., Gestalt des Männchens
a: *M. (A.) bicolor* Fieb. — b: *M. (M.) perdictus* Kir. — c: *M. (M.) galatinus* Seid. — d: *M. (M.) anahtaris* Seid. — e: *M. (A.) dentifer* E. Wagn.

35 (36) Das Rostrum überragt die Hinterhüften beträchtlich. Kopf beim ♂ zum Teil schwarz. Vesika siehe Abb. 612f! 16. **M. (M.) longulus** S. 387

36 (35) Das Rostrum erreicht die Spitze der Hinterhüften.

37 (38) Kopf von oben gesehen etwa so lang wie breit. Scheitel beim ♂ 1,6×, beim ♀ 2,3× so breit wie das Auge. Vesika siehe Abb. 612a! 14. **M. (M.) ancoratus** S. 386

38 (37) Kopf 1,25–1,30× so breit wie lang. Scheitel beim ♂ 1,70–1,75×, beim ♀ 2,5× so breit wie das Auge. Vesika siehe Abb. 612g! 15. **M. (M.) antennalis** S. 387

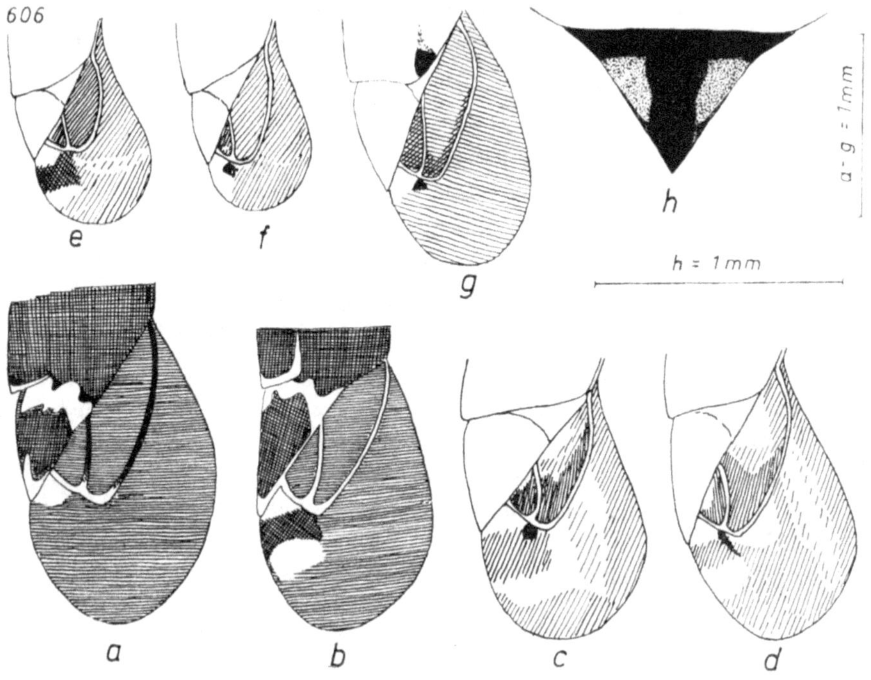

Abb. 606: *Macrotylus* Fieb., Membran und Scutellum
a: *M. (M.) quadrilineatus* Schrk. — b: *M. (M.) lindbergi* E. Wagn. — c: *M. (A.) horvathi* Reut. — d: *M. (A.) mayri* Reut. — e: *M. (A.) paykulli* Fall. — f: *M. (A.) bipunctatus* Reut. — g: *M. (A.) geniculatus* Reut. — h: *M. (M.) scutellaris* E. Wagn.
a—g: Membran — h: Scutellum

39 (26) Vesika vom *Alloeonycha*-Typ (Abb. 614, e–h). Corium am Hinterrande neben der Radialader nur selten (*M. geniculatus* REUT., *M. dentifer* E. WAGN.) mit dunklem Fleck, dann ist der Scheitel beim ♂ mindestens 1,9×, beim ♀ mindestens 2,3× so breit wie das Auge.

40 (49) Fühler sehr kräftig (Abb. 604c), ihr 2. Glied mehr als halb so dick wie das 1. und doppelt so dick wie die Endglieder. Pronotum oft mit 3 dunklen oder roten Längsbinden oder -streifen (Abb. 614, a–d). ♀ in der Regel wesentlich größer als das ♂.

41 (42) Kopf mit hellem Längsstreifen (Abb. 614a). Grundfarbe rosarot. Vesika siehe Abb. 614e! 19. **M. (A.) fuentei** S. 389

42 (41) Kopf nicht mit hellem Längsstreif. Grundfarbe hellgrün, graugrün oder gelbgrün, selten rosa.

43 (44) Die schwarzen Haare der Halbdecken entspringen aus winzigen, schwarzen Punkten. Vesika siehe Abb. 614f! 20. **M. (A.) spergulariae** S. 390

44 (43) Die schwarzen Haare der Halbdecken stehen nicht in schwarzen Punkten.

45 (46) Scheitel beim ♂ 1,60–1,67×, beim ♀ 2,0× so breit wie das Auge. ♀ erheblich größer als ♂. Vesika siehe Abb. 614g! 21. **M. (A.) elevatus** S. 390

46 (45) Scheitel beim ♂ mindestens 1,9×, beim ♀ mindestens 2,3× so breit wie das Auge. ♀ kaum größer als ♂.

47 (48) Scheitel beim ♂ 2,1–2,5×, beim ♀ 2,6–2,7× so breit wie das Auge. Länge 3,8–4,3 mm. Vesika vor der Spitze ohne Zahn (Abb. 615i).
22. **M. (A.) geniculatus** S. 390

48 (47) Scheitel beim ♂ 1,9×, beim ♀ 2,3× so breit wie das Auge. Länge 4,3–5,5 mm. Schwarzer Fleck am Ende des Corium deutlich. Vesika vor der Spitze mit einem Zahn (Abb. 614h). 23. **M. (A.) dentifer** S. 391

49 (40) Fühler schlank (Abb. 604d), 2. Glied etwa halb so dick wie das 1. und nur wenig dicker als die beiden Endglieder. Pronotum ohne Längsbinden. ♂ etwa so groß wie ♀.

50 (61) Membran hinter den Zellen mit viereckigem, schwarzem Fleck, der bis an den Außenrand reicht und dort von zwei weißen Flecken eingefaßt ist (Abb. 606e).

51 (56) Schienen am Knie mit schwarzen Fleck (Abb. 618, a+b).

52 (53) Kleine Art von höchstens 2 mm Länge. Vesika siehe Abb. 617e!
24. **M. (A.) attenuatus** S. 392

53 (52) Größere Arten von 2,3–3,7 mm Länge.

54 (55) Scheitel beim ♂ 2,2×, beim ♀ 2,6× so breit wie das Auge. Vesika siehe Abb. 617a! An Ononis. 25. **M. (A.) paykulli** S. 392

55 (54) Scheitel beim ♂ 1,9×, beim ♀ 2,4× so breit wie das Auge. Vesika siehe Abb. 617b! An Lotus und Ononis natrix L.
26. **M. (A.) interpositus** S. 394

56 (51) Schienen einfarbig hell.

57 (58) Kopf etwas breiter als hoch (Abb. 616c), Scheitel beim ♂ 2,2×, beim ♀ 2,3–2,4× so breit wie das Auge. Vesika siehe Abb. 617c!
27. **M. (A.) atricapillus** S. 394

58 (57) Kopf so hoch oder etwas höher als breit (Abb. 616, d+f). Scheitel beim ♂ 2,5×, beim ♀ 2,7–3,05× so breit wie das Auge.

59 (60) 2. Fühlerglied etwa 1,1× so lang, wie das Pronotum breit ist. Vesika siehe Abb. 617d! 28. **M. (A.) nasutus** S. 395

60 (59) 2. Fühlerglied beim ♂ 0,70–0,75×, beim ♀ 0,65× so lang, wie das Pronotum breit ist. Vesika siehe Abb. 617f! 29. **M. (A.) ancyranus** S. 395

61 (50) Membran hinter den Zellen nur mit einem kleinen schwarzen Fleck, der den Außenrand nicht erreicht (Abb. 606f). 31. **M. (A.) bipunctatus** S. 396

62 (25) 1. und 2. Fühlerglied einfarbig hell, oft auch das 3. und 4. (Abb. 604, e+f). Fühler schlank.

63 (64) Membran hinter den Zellen mit schattenartigem, viereckigem, dunklem Fleck, der den Außenrand erreicht und dort zwischen 2 hellen Flecken liegt, aber nur wenig dunkler ist als seine Umgebung.
32. **M. (A.) montandoni** S. 397

64 (63) Membran hinter den Zellen mit kleinem, schwärzlichem Fleck oder Punkt, der nicht bis zum Außenrand reicht (Abb. 606, c+d).

65 (66) Das Rostrum reicht weit über die Mitte des Bauches hinaus. 1. und 2. Fühlerglied hell, Glied 3 und 4 schwärzlich. Länge unter 4 mm.
33. **M. (A.) colon** S. 397

66 (65) Das Rostrum erreicht die Spitze der Hinterhüften oder überragt sie ein wenig. Fühler einfarbig hell, Glied 3 und 4 bisweilen bräunlich. Länge über 4 mm.

67 (68) Der Fleck hinter den Zellen der Membran ist rund (Abb. 606c). Apikalteil der Schenkel dicht mit kleinen, braunen oder schwarzen Punkten bedeckt. Vesika siehe Abb. 620c! 34. **M. (A.) horvathi** S. 397

68 (67) Der Fleck hinter den Zellen der Membran ist länglich (Abb. 606d). Schenkel im Apikalteil nicht mit dunklen Punkten bedeckt.

69 (70) Kopf fast so breit wie hoch (Abb. 619a, b), Scheitel beim ♂ 2,0×, beim ♀ 2,6× so breit wie das Auge. Graugrün bis grau. Vesika siehe Abb. 620a!
35. **M. (A.) solitarius** S. 398

70 (69) Kopf 1,10–1,15× so breit wie hoch (Abb. 619c, d), Scheitel beim ♂ 1,7×, beim ♀ 2,3× so breit wie das Auge. Weißgrün bis gelbgrün. Vesika siehe Abb. 620b! 36. **M. (A.) mayri** S. 399

1. Untergattung **Pontodemus** E. WAGNER, 1969

Typus-Art: *M. ponticus* SEID.

Mem. Soc. Ent. Ital., Bd. 48, S. 203.

Klauen größer, länger, als das 3. Tarsenglied dick ist (Abb. 607f), im basalen Teil stark gekrümmt, Apikalteil fast gerade. Basalzahn distal mit 2 Höckern, zwischen denen das Haftläppchen sitzt. Überwiegend schwarz gefärbt. 3. Tarsenglied sehr kurz (Abb. 607e). Genitalien des ♂ vom *Alloeonycha*-Typ.
Die Untergattung enthält nur 1 Art.

1. **Macrotylus (Pontodemus) ponticus** SEIDENSTÜCKER, 1967

Reichenbach., Bd. 8, Nr. 27, S. 215—220; E. WAGNER 1969, l. c.

Groß, lang-oval. Oberseite mit verhältnismäßig langen, schwarzen Haaren. Einfarbig schwarz, nur auf dem Scheitel 2 oft undeutliche, gelbbraune Flecke und in der Membran neben der Cuneusspitze ein weißer Fleck, der auf die Querader und die Enden der beiden anderen Adern übergreift. Kopf (Abb. 607, a+b) etwa so lang wie breit, seitlich gesehen (Abb. 607, c+d) vorgestreckt, länger als hoch. Kehle lang. Scheitel beim ♂ 2,2×, beim ♀ 2,4× so breit wie das Auge. Fühler schwarz, schlank, 2. Glied 1,05–1,1× so lang, wie das Pronotum breit ist. Das Rostrum reicht bis zum Hinterrande der Hinterbrust. 3. Glied der Hintertarsen (Abb. 607e) sehr kurz.

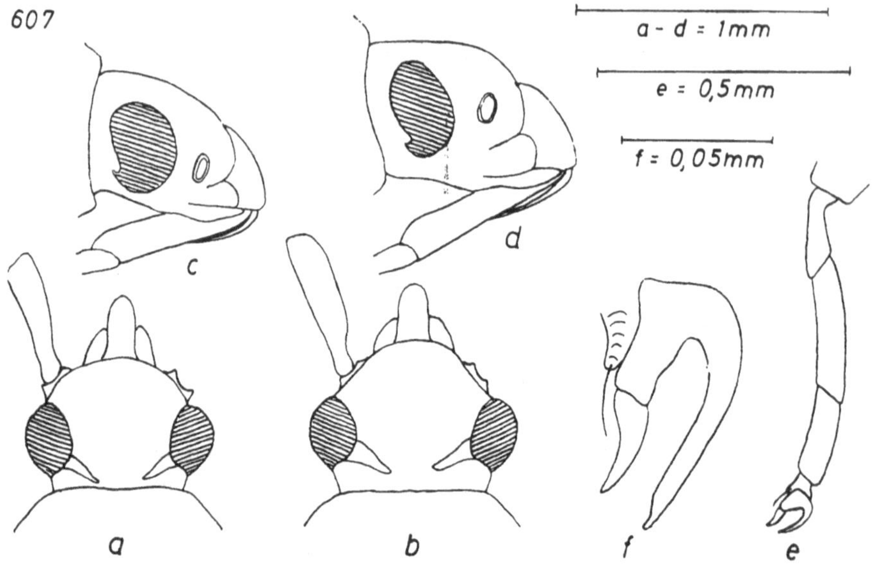

Abb. 607: *Macrotylus (Pontodemus) ponticus* Seid.
a: Kopf und 1. Fühlerglied des ♂ — b: dasselbe vom ♀ — c: Kopf des ♂ von rechts — d: dasselbe vom ♀ — e: Hinterfuß des ♂ — f: Klaue desselben von außen

Genitalsegment des ♂ ohne Höcker im basalen Teil. Vesika vom *Alloeonycha*-Typ, schlank, S-förmig gekrümmt. Die sekundäre Gonopore wird von 2 Chitinspitzen überragt, die distal konvergieren.

Länge: ♂ = 4,4–5,1 mm, ♀ = 4,8–5,8 mm.

Die Art lebt im östlichen Teil der Schwarzmeerküste der Türkei zwischen Ordu und Giresan an Salvia. Imagines waren im September vorhanden.

2. Untergattung **Macrotylus** s. str.

E. WAGNER 1969, Mem. Soc. Ent. Ital., Bd. 48, S. 301—304.

Klauen klein und gleichmäßig gekrümmt, kürzer oder so lang, wie das 3. Tarsenglied dick ist (Abb. 593d). Färbung wechselnd, oft dunkel. Vesika des Penis (Abb. 608) im Apikalteil mit einem oder mehreren Ästen von wechselnder Gestalt, oft dort verbreitert. Genitalsegment des ♂ bisweilen im basalen Teil mit 2 Höckern oder Fortsätzen (Abb. 608, a–c).

Die Untergattung wird im Mittelmeerraum durch 16 Arten vertreten, die vorwiegend an Salvia-Arten leben.

2. **Macrotylus (Macrotylus) quadrilineatus** (SCHRANK), 1785 (Abb. 609, a+b)

Schwarz, matt, mit schwarzer Behaarung. Auf dem Scheitel 2 keilförmige, gelbbraune Flecke (Abb. 603a). Basis und Spitze des Cuneus weiß, ebenso ein Fleck in der Membran neben der Cuneusspitze sowie die Querader und die Enden der beiden

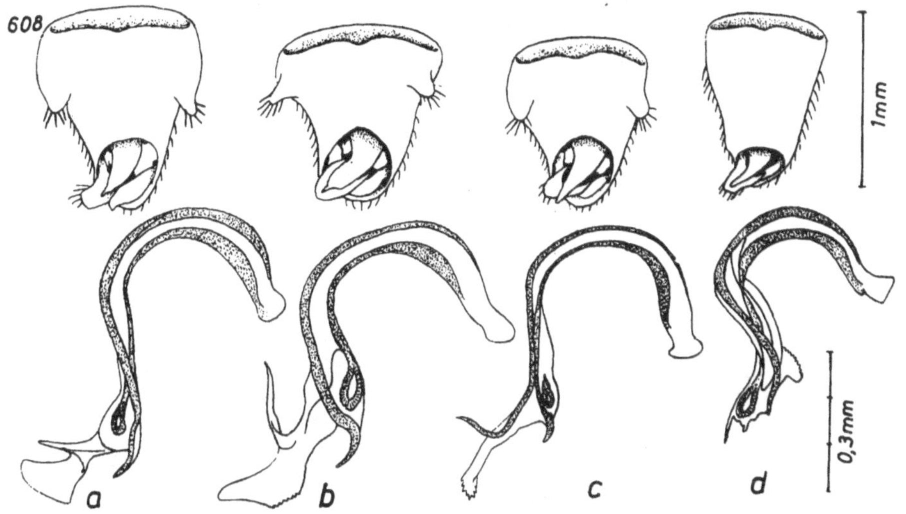

Abb. 608: *Macrotylus* s. str., Genitalien des Männchens
a: *M. seidenstuekkeri* E. Wagn. — b: *M. scutellaris* E. Wagn. — c: *M. soosi* Jos. — d: *M. lindbergi* E. Wagn.
Oben: Genitalsegment von oben — unten: Vesika von links

anderen Adern (Abb. 606a). Kopf etwas breiter als lang (Abb. 603a). Scheitel beim ♂ 2,1×, beim ♀ 2,2× so breit wie das Auge. Fühler schwarz, 2. Glied etwa so lang, wie das Pronotum breit ist. Das Rostrum überragt die Hinterhüften.

Genitalsegment des ♂ (Abb. 602a) groß, etwas vor der Mitte plötzlich verjüngt und dort eckig vorstehend. Vesika (Abb. 602c) U-förmig gebogen, distal verbreitert und gegabelt, der äußere Fortsatz sehr lang.

Länge: ♂ = 5,0–5,5 mm, ♀ = 5,1–5,6 mm.

Die Art lebt in Gebirgsgegenden an Salvia glutinosa L. Imagines von Juli bis Oktober. Überwintert als Ei.

Verbreitungsgebiet sind vor allem die Alpen, die Karpaten und Teile der deutschen Mittelgebirge. Im Mittelmeerraum in Südfrankreich, Norditalien und auf der Balkanhalbinsel gefunden. Die Meldungen der Art aus Kleinasien und von Zypern betreffen einige der folgenden Arten.

3. **Macrotylus (Macrotylus) seidenstuekkeri** E. WAGNER, 1954

Rev. Fac. Sci. Univ. Istanbul, Serie B, Bd. 5 (3), S. 237—239.

Der vorigen Art sehr ähnlich, aber der Kopf meistens rotbraun, etwa so lang wie breit (Abb. 603b). Scheitel beim ♂ 2,2×, beim ♀ 2,4× so breit wie das Auge. Fühler schwarz. Halbdecken wie bei voriger Art, auch die Membran mit der gleichen Zeichnung (wie Abb. 606a). Das Rostrum reicht weiter über die Hinterhüften hinaus. Haftläppchen der Klauen schmal und gegen die Spitze nicht verjüngt.

Genitalsegment des ♂ (Abb. 608a) im basalen Teil mit 2 Fortsätzen, die borstenartige Haare tragen. Vesika des Penis (Abb. 608a) schlank, U-förmig gebogen, Apikalteil mit 3 Fortsätzen: innen einer schlanken Chitinspitze und außen einem geraden, spitzen Fortsatz, zwischen beiden eine große beilförmige Chitinfläche.

Länge: ♂ = 3,75–4,4 mm, ♀ = 4,3–4,55 mm.

Die Art lebt an Salvia grandiflora im Eichten- und Zypressenhochwald. Imagines wurden Ende Juni bis Anfang Juli gefunden. Bisher nur in Kleinasien (Taurus bei Namrun) gefunden.

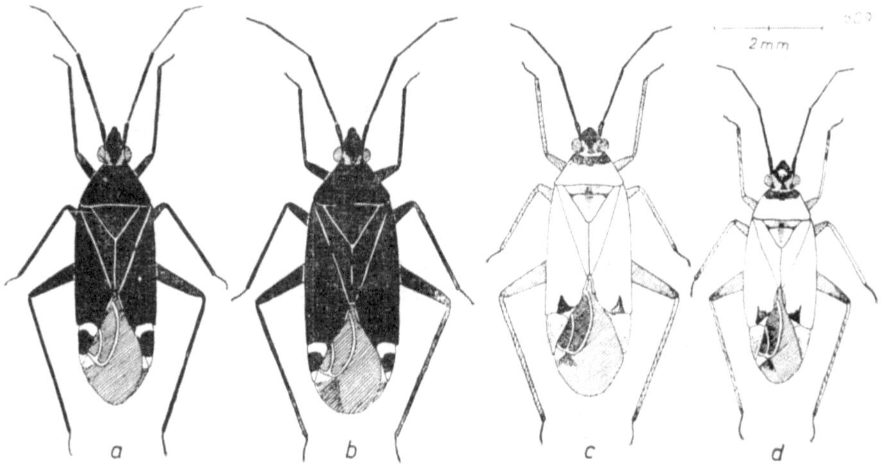

Abb. 609: *Macrotylus* s. str.
a: *M. quadrilineatus* Schrk., ♂ — b: id., ♀ — c: *M. herrichi* Reut., ♂ — d: id., ♀

4. **Macrotylus (Macrotylus) scutellaris** E. WAGNER, 1966

Reichenbach., Bd. 6, Nr. 26, S. 214—217.

Ebenfalls von gleicher Gestalt und Färbung, aber die gelbbraunen Flecken auf dem Scheitel liegen quer und das Scutellum hat im hinteren Teile 2 große, dreieckige, gelbbraune Flecke (Abb. 606h). Membran und Cuneus wie Abb. 606a. Scheitel beim ♂ 1,9×, beim ♀ 2,0× so breit wie das Auge. Kopf (Abb. 603c) fast so lang wie breit. Fühler schlank, 2. Glied etwa so lang, wie das Pronotum breit ist, an der Basis schmal weiß. Das Rostrum erreicht die Hinterhüften. Haftläppchen der Klauen groß, gegen die Spitze deutlich verschmälert.

Genitalsegment des ♂ (Abb. 608b) wie bei voriger Art, aber die Fortsätze im basalen Teil stärker divergierend. Vesika des Penis (Abb. 608b) robuster, Apikalteil größer, der äußere Fortsatz rückwärts gekrümmt und die breite Chitinfläche länger, distal spitzer, ihr Rand gezähnt.

Länge: ♂ = 4,5–4,9 mm, ♀ = 4,3–4,8 mm.

Bisher nur auf der Insel Zypern (Kakomallis) gefunden. Imagines waren im Juli vorhanden.

5. **Macrotylus (Macrotylus) soosi** JOSIFOV, 1962

Ann. Nat. Hist. Mus. Nat. Hung., Bd. 54, S. 377—379; E. WAGNER 1966, Reichenbach., Bd. 6, Nr. 26, S. 216.

Kleiner, aber von der gleichen schwarzen Farbe und der gleichen weißen Zeichnung auf Cuneus und Membran. Kopf mit 2 querliegenden, gelbbraunen Flecken, die sich oft in der Mitte vereinigen (Abb. 603d). Fühler schwarz, 2. Glied kürzer, als das Pronotum breit ist. Scutellum einfarbig schwarz. Das Rostrum überragt die Hinterhüften ein wenig.

Genitalsegment des ♂ (Abb. 608c) wie bei den vorhergehenden Arten. Vesika des Penis (Abb. 608c) sehr schlank, Apikalteil mit 2 Chitinspitzen, von denen die äußere länger ist, zwischen ihnen ein schwächer chitinisierter Fortsatz, der lang und schlank ist und dessen Ränder gezähnt sind.

Länge: ♂ = 4,0 mm, ♀ = 3,9–4,1 mm.

Die Art wurde von der Insel Kreta beschrieben und später im Libanon (Beirut) von ECKERLEIN gefunden.

6. **Macrotylus (Macrotylus) lindbergi** E. WAGNER, 1953

Soc. Sci. Fenn. Comm. Biol., Bd. 13, Nr. 14, S. 14—17; Reichenbach., Bd. 6, Nr. 26, S. 214—217.

Schwarz bis schwarzgrau, mit feiner schwarzer Behaarung. Kopf deutlich kürzer als breit (Abb. 603e). Scheitel hinten mit gelbbrauner Querbinde, beim ♂ 1,6×, beim ♀ 1,8× so breit wie das runde, leicht vorstehende Auge. Fühler schlank, schwarz. Scutellum einfarbig schwarz. Cuneus an der Basis mit weißer Querbinde, die auf den hinteren Teil des Corium übergreift und dort an den Rändern und an der Radialader als schmaler Streifen nach vorn verläuft. Spitze des Cuneus weiß (Abb. 606b). Membran schwärzlich, Adern weiß; Außenrand mit 2 hintereinanderliegenden, weißen Flecken, zwischen ihnen ein schwarzer, rechteckiger Fleck. Das Rostrum reicht bis zu den Hinterhüften.

Genitalsegment des ♂ (Abb. 608d) schlank, gleichmäßig verjüngt, im basalen Teil ohne Höcker oder Fortsätze. Vesika (Abb. 608d) kräftig, U-förmig gekrümmt, Apikalteil weniger stark verbreitert, mit 2 kurzen Chitinspitzen und einer schwächer chitinisierten Fläche, deren Rand gezähnt ist. Sekundäre Gonopore nahe der Spitze.

Länge: ♂ = 4,6–5,1 mm, ♀ = 4,0–4,9 mm.

Die Art lebt im Macchiengebiet an Salvia grandiflora. Imagines im Juni.

Bisher nur auf der Insel Zypern (Troodos-Geb.) von LINDBERG gefunden.

7. **Macrotylus (Macrotylus) herrichi** (REUTER), 1873 (Abb. 609, c+d)

var. *unicolor* et *flava* POLENTZ, 1954, Abh. Mus. Kulturgesch. Magdeburg, Bd. 9, S. 94.

Bläulichgrau bis gelbgrau, seltener (var. *flava* POL.) hellgelb. Behaarung fein und schwarz. Kopf schwarz (Abb. 611a), kürzer als breit, Scheitel mit 2 großen, gelbbraunen Flecken, die schräg nach hinten gerichtet sind, beim ♂ 1,5×, beim ♀ fast 2× so breit wie das Auge. Fühler schwarz (Abb. 604b), 2. Glied 0,8–0,9× so lang, wie das Pronotum breit ist. Pronotum im vorderen Teil mit schwarzer Querbinde, die oft fehlt. Scutellum mit dunklem Mittelfleck (Abb. 609, c+d). Corium am Ende der Radialader mit kleinem, schwarzem Fleck. Auch er fehlt bisweilen (var. *unicolor*

POL.). Membran grau, die Zellen und ein Fleck hinter ihnen schwarz, neben der Cuneusspitze ein weißer Fleck, Adern weißlich. Das Rostrum erreicht die Spitze der Hinterhüften.

Genitalsegment des ♂ schlank. Vesika (Abb. 610b) kräftig, Apikalteil stark verbreitert, mit einer langen Chitinspitze, an der Außenseite eine schwächer chitinisierte Fläche, die proximal von einer gekrümmten Spitze begleitet wird.

Länge: ♂ = 4,6-5,2 mm, ♀ = 3,5-4,3 mm, bisweilen treten wesentlich kleinere Exemplare auf.

Die Art lebt an Salvia pratensis L. Imagines im Juni und Juli. Überwintert als Ei. Verbreitungsgebiet sind Mittel- und Osteuropa. Im Mittelmeerraum in Südfrankreich, Jugoslawien, Bulgarien und Rumänien.

610

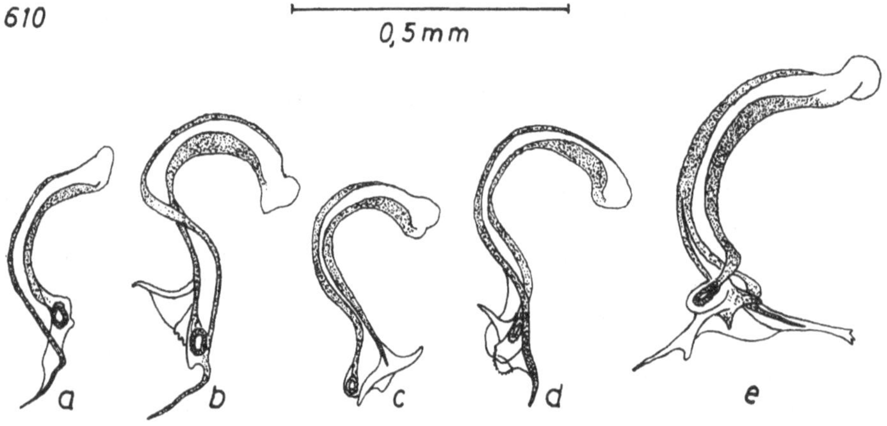

Abb. 610: *Macrotylus* Fieb., Vesika
a: *M. (A.) bicolor* Fieb. — b: *M. (M.) herrichi* Reut. — c: *M. (M.) gravesteini* E. Wagn. — d: *M. (M.) mactensis* E. Wagn. — e: *M. (M.) syriacus* E. Wagn.

8. **Macrotylus (Macrotylus) gravesteini** E.WAGNER, 1967

Ztschr. Arb.gem. österr. Ent., Bd. 18, H. 2—3, S. 47—50.

Grau, bräunlich gezeichnet. Gestalt lang-oval. Behaarung fein und schwarz. Kopf (Abb. 611b) 1,20-1,25× so breit wie lang, schwarz, Mitte der Stirn, 2 schräge Flecke auf dem Scheitel, die oft zu einer Querbinde vereinigt sind, und oft auch die Wangen teilweise gelbbraun. Scheitel beim ♂ 1,45×, beim ♀ 2,3-2,4× so breit wie das Auge. Fühler schwarz, kräftig, 2. Glied beim ♂ 1,1×, beim ♀ 0,92× so lang, wie das Pronotum breit ist. Schwielen des Pronotum beim ♂ schwarz, beim ♀ zwischen ihnen ein schwarzer Fleck. Corium am Ende der Radialader mit kleinem, schwarzem Fleck. Membran graubraun, Adern weiß, die kleine Zelle und ein länglicher Fleck hinter den Zellen schwärzlich, neben der Cuneusspitze ein weißer Fleck. Das Rostrum reicht bis zu den Mittelhüften.

Genitalsegment des ♂ stumpf kegelförmig. Vesika (Abb. 610c) klein, Apikalteil verbreitert, distal mit einer Chitinfläche, die 2 stark divergierende Spitzen trägt.

Sekundäre Gonopore der Spitze sehr nahe. Der Chitinstab reicht nicht über die Gonopore hinaus.

Länge: ♂ = 5,0 mm, ♀ = 4,4–5,1 mm.

Die Art lebt an Thymus mastichina L. Imagines waren im Mai vorhanden. Bisher nur in Portugal (Estremadura) gefunden.

9. **Macrotylus (Macrotylus) mactensis** E. WAGNER, 1968

Reichenbach., Bd. 10, Nr. 9, S. 67—68.

Hellgrau, mit brauner bis schwarzer Zeichnung. Behaarung schwarz. Kopf (Abb. 611c) 1,2× so breit wie lang, gelbgrau, beim ♂ die Stirn mit Ausnahme der Mitte schwarz, beim ♀ nur mit dunklen Querlinien und einem bohnenförmigen Fleck. Scheitel beim ♂ 1,67×, beim ♀ 1,70–1,75× so breit wie das Auge. Pronotum hinter den Schwielen mit schwarzem Querfleck (♂), der oft in Einzelflecke aufgelöst ist (♀). Adern der Halbdecken hell, zwischen ihnen oft dunklere Streifen. Ränder des Cuneus hell. Membran dunkelgrau, Adern hell. Das Rostrum erreicht die Hinterhüften.

Genitalsegment des ♂ länger als dick. Vesika (Abb. 610d) schlank, Apikalteil weniger stark verbreitert, mit 2 diametral entgegengesetzt gerichteten Spitzen, zwischen ihnen eine Chitinfläche, die feine Zähne trägt.

Länge: ♂ = 5,4–5,5 mm, ♀ = 5,2–5,4 mm.

Die Art lebt an Salvia argentea L. Imagines im April.

Bisher nur in Algerien (Perrégaux) gefunden.

611

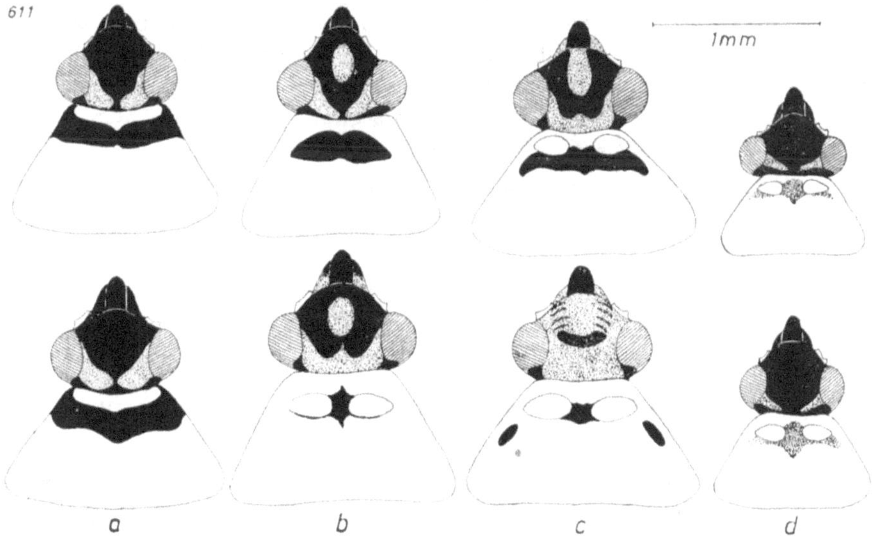

Abb. 611: *Macrotylus* s. str., Kopf und Pronotum

a: *M. (M.) herrichi* Reut. — b: *M. (M.) gravesteini* E. Wagn. — c: *M. (M.) mactensis* E. Wagn. — d: *M. (M.) syriacus* E. Wagn.

Oben: ♂ — unten: ♀

10. **Macrotylus (Macrotylus) syriacus** E. WAGNER, 1963

Reichenbach., Bd. 1, Nr. 21, S. 161—163.

Kleiner, länglich-oval. Kopf schwarz, breiter als lang. Scheitel mit 2 querliegenden, gelbbraunen Flecken, beim ♂ 1,9×, beim ♀ 2,05× so breit wie das Auge. Fühler schwarz, auffallend kurz, 2. Glied 1,1–1,2× so lang, wie der Kopf breit ist. Schwielen des Pronotum und ihre Umgebung oft dunkel (Abb. 611d). Corium grau, am Hinterrande neben der Radialader ein schwarzer Fleck. Cuneus grau, Basis und Spitze breit weißlich. Membran dunkelgrau, neben der Cuneusspitze und in der Mitte des Außenrandes je ein weißer Fleck, zwischen ihnen ein viereckiger, schwarzer Fleck, der innen eine nach hinten gerichtete Spitze trägt. Adern weißlich. Das Rostrum reicht bis zu den Mittelhüften oder überragt sie ein wenig.

Vesika des Penis (Abb. 610e) ungewöhnlich groß, robust. Apikalteil mit 2 stark divergierenden Spitzen, von denen die innere distal gezähnt ist und die äußere vor der Spitze einen größeren Zahn trägt, innen vor der Gonopore ein kurzer Fortsatz.

Länge: ♂ = 3,5–4,2 mm, ♀ = 3,4–3,8 mm.

Die Art lebt an Salvia acetabulosa VAHL. Imagines im April. Bisher nur in Syrien (Antilibanon) von ECKERLEIN gefunden.

11. **Macrotylus (Macrotylus) perdictus** KIRITSCHENKO, 1938

Rev. Russe Ent., Bd. 28, S. 117; Syn.: *Utopnia echinopis* LINDBERG, 1948, Soc. Sci. Fenn. Comm. Biol., Bd. 10, Nr. 7, S. 54; SEIDENSTÜCKER 1956, Rev. Fac. Sci. Univ. Istanbul, Ser. B. Bd. 21, Nr. 1—2, S. 71—79.

Von großer, breiter Gestalt (Abb. 605b), das ♂ 2,5×, das ♀ 2,2–2,3× so lang wie breit. Gelbgrün, mit schwarzer Zeichnung von wechselnder Ausdehnung. Stets schwarz gefärbt sind ein großer, runder Fleck am Ende des Corium zwischen Radial- und Kubitalader, die Mitte des Cuneus und die Schenkel mit Ausnahme der Spitze. Oft sind das Embolium teilweise, ein Mittelstreif auf Pronotum und Scutellum und der apikale Teil des Clavus ebenfalls schwarz. Fühler hell, 1. Glied in der Mitte und das 2. nahe der Basis schwarz. Kopf breiter als lang.

Vesika (Abb. 612c) sehr groß, schlank, fast S-förmig. Apikalteil leicht verbreitert, mit 3 kurzen Spitzen, von denen die innere stärker chitinisiert ist.

Länge: ♂ = 4,2–4,5 mm, ♀ = 4,1–4,6 mm.

Die Art lebt an Echinops viscosus. Imagines im Mai und Juni. Aus dem Süden der UdSSR beschrieben. Im Mittelmeerraum in Syrien, der Türkei und auf der Insel Zypern gefunden.

12. **Macrotylus (Macrotylus) galatinus** SEIDENSTÜCKER, 1968 (Abb. 605c)

Reichenbach., Bd. 10, Nr. 17, S. 143—148.

Kleiner und schlanker, ♂ und ♀ etwa 2,8× so lang wie breit, mit lebhafter, schwarzer Zeichnung von wechselnder Ausdehnung. Kopf schwarz (mit gelbem Querstreif auf dem Scheitel) bis hell (mit dunklem Mittelfleck). Scheitel beim ♂ 2,5×, beim ♀ 2,6× so breit wie das Auge. Fühler hell, 1. Glied schwarz, an Basis und Spitze hell; 2. Glied nahe der Basis mit schwarzem Ring, Spitze geschwärzt; Glied 3 und 4 dunkelbraun. Pronotum schwarz bis hell mit 3 dunklen Längsstreifen. Clavus in der

612

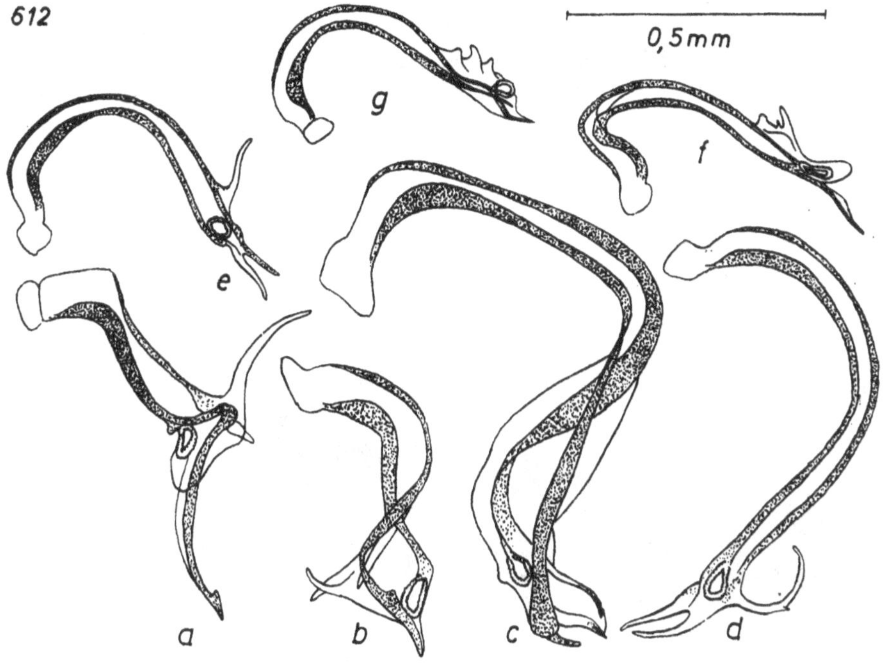

Abb. 612: *Macrotylus* s. str., Vesika von rechts
a: *M. (M.) ancoratus* Seid. — b: *M. (M.) anahtaris* Seid. — c: *M. (M.) perdictus* Kir. — d: *M. (M.) hamatus* Seid. — e: *M. (M.) galatinus* Seid. — f: *M. (M.) longulus* Popp. — g: *M. (M.) antennalis* Horv.

Apikalhälfte schwarz oder mit schwarzem Fleck. Corium am Hinterrande mit schwarzer Querbinde, die bis auf einen runden Fleck zwischen Radial- und Kubitalader verschwinden kann. Cuneus in der Mitte breit schwarz oder dunkelgrau. Membran dunkelbraun, Adern und ein Fleck neben der Cuneusspitze weißlich, hinter den Zellen ein dunkler Fleck. Schenkel schwarz.

Vesika (Abb. 612e) distal kaum verbreitert, aber mit 3 langen Fortsätzen, von denen 2 gabelartig nach vorn ragen, der äußere aber rückwärts gerichtet ist.

Länge: ♂ = 2,7–3,6 mm, ♀ = 2,9–3,7 mm.

Die Art lebt an Salvia spec. Imagines von Ende Juni bis Anfang Juli. Bisher nur in der Türkei (Ankara-Çankiri) gefunden.

13. **Macrotylus (Macrotylus) hamatus** SEIDENSTÜCKER, 1963

Reichenbach., Bd. 2, Nr. 41, S. 29—32.

Länglich-oval. Grundfarbe grau, mit schwarzer Zeichnung und oft mit roten Tönen. Kopf hell mit schwarzer Zeichnung. Scheitel beim ♂ 2,0×, beim ♀ 2,4× so breit wie das Auge. 1. Fühlerglied schwarz, distal schmal hell; 2. Glied in der Mitte gelbbraun; 3. und 4. Glied schwarz. Schwielen des Pronotum oft schwarz oder rot. Halbdecken in der Regel rot, an den Rändern und an der Radialader helle Längs-

streifen. Am Hinterrande des Corium an der Radialader ein rhombischer, schwarzer Fleck. Membran schwarzbraun, neben der Cuneusspitze und am Außenrande je ein heller Fleck. Adern weißlich. Schenkel gelbbraun mit dunklen Flecken.
Vesika (Abb. 612d) sehr schlank, Apikalteil mit 3 schlanken Fortsätzen, von denen 2 geradeaus gerichtet sind, der 3. aber zurückgekrümmt ist und in der Mitte einen kleinen Zahn trägt.

Länge: ♂ = 3,6–4,5 mm, ♀ = 3,9–4,6 mm.

Die Art lebt an Salvia spec. Imagines im Juni. Bisher nur in der Türkei (Ali Dagh bei Kayseri) gefunden.

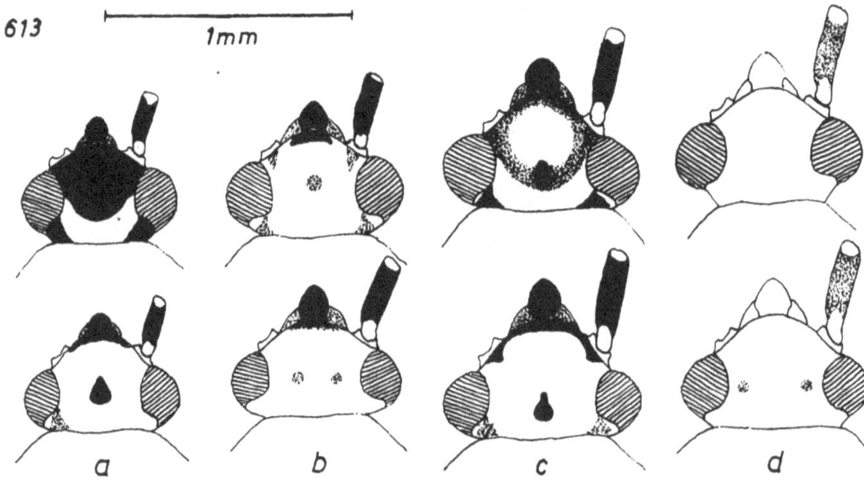

Abb. 613: *Macrotylus* s. str., Kopf von oben
a: *M. longulus* Popp. — b: *M. (M.) antennalis* Horv. — c: *M. (M.) ancoratus* Seid. — d: *M. (M.) anahtaris* Seid.
Oben: ♂ — unten: ♀

14. **Macrotylus (Macrotylus) ancoratus** SEIDENSTÜCKER 1959

Rev. Fac. Sci. Univ. Istanbul, Ser. B, Bd. 24, S. 25—31.

Von gleicher Gestalt, aber etwas größer als vorige Art. Grundfarbe stets grünlich, Behaarung schwarz. Kopf (Abb. 613c) etwa so lang wie breit. Scheitel beim ♂ 1,6×, beim ♀ 2,3× so breit wie das Auge. Fühler schwarz, 1. Glied an beiden Enden hell, das 2. in der Mitte breit gelbbraun. Corium am Hinterrande neben der Radialader mit dreieckigem, schwarzbraunem Fleck, zwischen Embolium und Corium ein dunkler Längsstreif. Membran rauchbraun, die kleine Zelle dunkel, hinter den Zellen ein dunkler Fleck, der bis zum Außenrand reicht und dort zwischen 2 hellen Flecken liegt. Schenkel gelbbraun. Das Rostrum reicht bis zur Spitze der Hinterhüften.

Vesika (Abb. 612a) kurz und kräftig, Apikalteil mit 2 langen, stark divergierenden Fortsätzen, der innere distal mit rückgekrümmtem Zahn. Sekundäre Gonopore an der Verzweigungsstelle, neben ihr ein membranöser Sack.

Länge: ♂ = 4,6–4,9 mm, ♀ = 4,8–5,2 mm.

Die Art lebt an Salvia spec. Imagines von Ende Juni bis Anfang Juli. Bisher nur in der Türkei (Namrun) gefunden.

15. **Macrotylus (Macrotylus) antennalis** HORVATH, 1905

Schlanker. Gelbgrün mit schwarzer Behaarung. Kopf (Abb. 613b) breiter als lang, schwarz gefleckt. Scheitel beim ♂ 1,75×, beim ♀ 2,5× so breit wie das kleine Auge. Fühler wie bei den vorhergehenden Arten gefärbt, 2. Glied 0,89× (♀) bis 0,92× so lang, wie das Pronotum breit ist. Letzteres 1,6× so breit wie der Kopf. Scutellum ohne mittleren, dunklen Längsstreif. Corium am Hinterrande neben der Radialader bisweilen mit undeutlichem, kleinem Fleck. Membran hell rauchbraun, wie bei voriger Art gezeichnet. Schenkel gelbgrün, Tarsen schwarz. Das Rostrum erreicht die Spitze der Hinterhüften.

Vesika (Abb. 612g) klein, U-förmig gekrümmt. Sekundäre Gonopore nahe der Spitze, von 2 kurzen Chitinspitzen überragt. An der Außenseite vor der Gonopore eine Verbreiterung, die 3 Chitinhöcker aufweist, von denen der mittlere der größte ist.

Länge: ♂ = 5,0–5,2 mm, ♀ = 5,2 mm.

Die Art wurde aus der Türkei (Erdschias-Dagh) beschrieben und später dort von SEIDENSTÜCKER (Ulukischla, Ciftehan) wiedergefunden.

16. **Macrotylus (Macrotylus) longulus** POPPIUS, 1912

Öfv. Fin. Vet. Soc. Förh., Bd. 54, Nr. 29, S. 12—15; E. WAGNER 1954, Notul. Ent., Bd. 34, S. 80—81; Syn. *M. bipunctatus* POPP. 1912, l. c.

Der vorigen Art ähnlich, aber der Kopf des ♂ größtenteils schwarz (Abb. 613a). Scheitel beim ♂ 1,8×, beim ♀ 2,2× so breit wie das Auge. Fühler wie bei *M. dentifer* (Abb. 604c); 2. Glied beim ♂ 0,83×, beim ♀ 0,70× so lang, wie das Pronotum breit ist. Schwielen des Pronotum beim ♂ schwarz, beim ♀ ein schwarzer Fleck zwischen ihnen. Scutellum mit mittlerer, schwarzer Längsbinde. Hinterrand des Corium an der Radialader mit dunklem Längsfleck. Membran wie bei *M. ancoratus* SEID. gezeichnet. Schenkel hell, Spitze der Schienen und die Tarsen schwarz. Das Rostrum ragt über die Hinterhüften hinaus.

Vesika (Abb. 612f) schlanker und länger als bei voriger Art. Sekundäre Gonopore von der Spitze entfernt, sie wird von einer langen Chitinspitze überragt. An der Außenseite vor der Gonopore eine Verbreiterung, die 3 nahe beieinander sitzende Höcker trägt, von denen der mittlere der kleinste ist.

Länge: ♂ = 5,2–5,3 mm, ♀ = 4,0–4,3 mm.

Die Art wurde aus Kaukasien beschrieben. Im Mittelmeerraum ist sie bisher nicht nachgewiesen, könnte aber in der Türkei vorkommen.

17. **Macrotylus (Macrotylus) anahtaris** SEIDENSTÜCKER, 1959 (Abb. 605d)

Rev. Fac. Sci. Univ. Istanbul, Ser. B, Bd. 24, S. 25—31.

Von schlankerer Gestalt und hellerer Färbung. Kopf (Abb. 613d) kaum gefleckt. Scheitel beim ♂ 1,44×, beim ♀ 2,0× so breit wie das Auge. Fühler wie bei den übrigen Arten gezeichnet (wie Abb. 604c); 2. Glied in der Mitte breit gelbbraun. Pronotum, Scutellum und Halbdecken nur geringfügig gezeichnet. Corium am Ende der Radialader mit 2 undeutlichen, hintereinanderliegenden Flecken (Abb. 605d). Membran fast gleichmäßig grau, neben der Cuneusspitze ein heller Fleck. Schenkel hell.

Vesika (Abb. 612b) robust, kurz, distal stark verbreitert, mit 3 kurzen Chitinspitzen, eine nach außen gerichtet, die beiden anderen in entgegengesetzte Richtung weisend. Sekundäre Gonopore nahe der äußeren Spitze.

Länge: ♂ = 4,6–5,0 mm, ♀ = 5,0–5,9 mm.

Die Art wurde bisher nur in der Türkei (Ulukischla, Eregli, Konia) gefunden. Imagines waren im Juli vorhanden.

3. Untergattung **Alloeonycha** REUTER, 1904

Typus-Art: *M. mayri* REUT.

E. WAGNER 1969, Mem. Soc. Ent. Ital., Bd. 48, S. 301-304.

Klauen klein, gleichmäßig gekrümmt (Abb. 615h), kürzer, als das 3. Tarsenglied dick ist. Färbung meistens grünlich. Membran lebhaft gefleckt (Abb. 606, c–g). Vesika des Penis im Apikalteil weder verbreitert noch mit stark divergierenden Fortsätzen (Abb. 614, e–h, 617). Die sekundäre Gonopore wird von 3 oder 2 Chitinstäben überragt, die kaum divergieren.

Die Untergattung wird im Mittelmeerraum durch 20 Arten vertreten.

18. **Macrotylus (Alloeonycha) nigricornis** FIEBER, 1864

Syn.: *M. lutescens* FIEBER 1870, E. WAGNER 1958, Boll. Soc. Ent. Ital., Bd. 88, Nr. 1—2, S. 27—29; LINDBERG 1953, Soc. Sci. Fenn. Comm. Biol., Bd. 14, Nr. 1, S. 137.

Groß, das ♂ erheblich kleiner als das ♀. Färbung goldgelb, rotgelb, rot oder braun mit mehr oder weniger ausgedehnter schwarzer Zeichnung. Kopf fast so lang wie breit. Scheitel beim ♂ 1,9–2,0×, beim ♀ 2,15–2,25× so breit wie das Auge. Fühler schwarz, Glied 2 und 4 bisweilen an der Spitze aufgehellt; 2. Glied 0,7–0,8× so lang, wie das Pronotum breit ist. Adern der Membran gelb oder rot. Das Rostrum überragt die Hinterhüften.

Vesika (Abb. 602d) S-förmig, distal nicht verbreitert. Sekundäre Gonopore von 3 Chitinspitzen überragt. Rechtes Paramer (Abb. 602f) länglich. Linkes Paramer (Abb. 602h) mit großer, geschwungener Hypophysis, auf dem Sinneshöcker ein gerader, spitzer Fortsatz.

Variation:

1 (4) Scutellum und Pronotum einfarbig hell oder mit 1 dunklen Längsbinde.

2 (3) Fühler einfarbig schwarz. var. *melanocera* PUT.

3 (2) Apikalteil des 2. und 3. Fühlergliedes hell. var. typica

4 (1) Pronotum mit 3 dunklen Längsbinden oder fast ganz schwarz. Scutellum zum großen Teil schwarz.
5 (6) Grundfarbe ockergelb. var. *lutescens* FIEB.
6 (5) Grundfarbe rot oder orange.
7 (8) Pronotum mit 3 schwarzen Längsbinden. var. *garibaldiana* RAG.
8 (7) Pronotum fast ganz schwarz. var. *fusca* STICH.

Länge: ♂ = 3,8–4,2 mm, ♀ = 4,5–5,3 mm.

Die Art lebt an Calendula. Imagines im Mai und Juni. Überwintert als Ei.

Westmediterrane Art, von den Makaronesischen Inseln bis zur Balkanhalbinsel und bis Tunesien verbreitet.

19. **Macrotylus (Alloeonycha) fuentei** HORVATH, 1889

REUTER 1913, Öfv. Fin. Vet. Soc. Förh., Bd. 55A, Nr. 14, S. 99; E. WAGNER 1969, Mem. Soc. Ent. Ital., Bd. 48, S. 305—307.

Länglich-oval, ♂ erheblich kleiner als ♀. Rosenrot mit weißen Längsstreifen. Behaarung kurz und schwarz. Kopf mit weißem Mittelstreif. Scheitel beim ♂ 1,55×, beim ♀ 2,4× so breit wie das Auge (Abb. 614a). Fühler rotbraun, kräftig; 1. Glied dick, unterseits schwarz; 2. Glied an der Basis mit weißem Ring, auf den ein schwarzer folgt, 0,91– 0,94× so lang, wie das Pronotum breit ist; die Endglieder schwarz. Pronotum weißrot, mit 3 roten Längsbinden (Abb. 614a). Scutellum rot, mit 2 dreieckigen, weißroten Flecken. Halbdecken rosa, Adern mit weißen Längsstreifen. Membran grau, Adern weiß. Das Rostrum erreicht die Spitze der Hinterhüften.

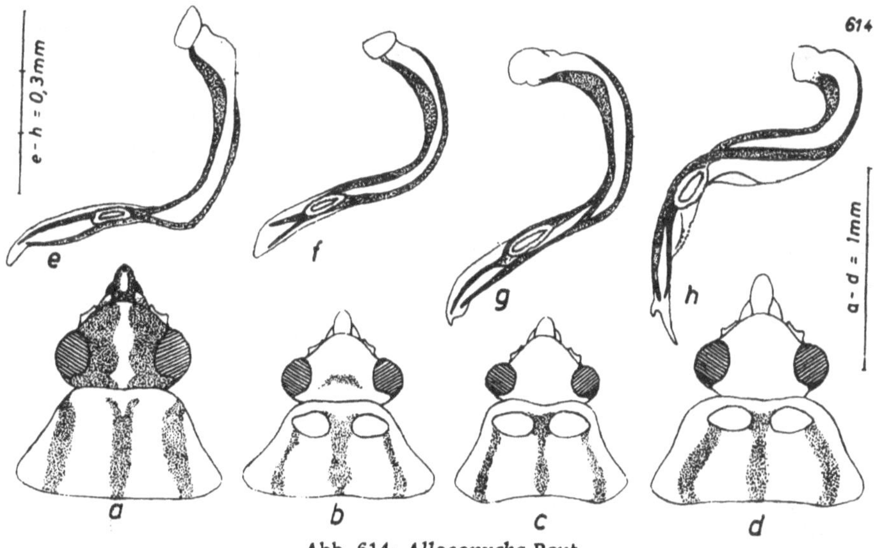

Abb. 614: *Alloeonycha* Reut.
a+e: *M. (A.) fuentei* Horv. — b+f: *M. (A.) spergulariae* Ldbg. — c+g: *M. (A.) elevatus* Fieb. — d+h: *M. (A.) dentifer* E. Wagn.
a—d: Kopf und Pronotum des ♂ von oben — e—h: Vesika des Penis von rechts

Vesika (Abb. 614e) schwach gekrümmt, distal schlank. Sekundäre Gonopore weit vor der Spitze, von 2 Chitinspitzen und einer membranösen Fläche überragt.

Länge: ♂ = 3,9–4,1 mm, ♀ = 4,75–5,1 mm.

Bisher nur in Spanien (Ciudad Real) und Portugal (Grandola) gefunden.

20. **Macrotylus (Alloeonycha) spergulariae** LINDBERG, 1953

Soc. Sci. Fenn. Comm. Biol., Bd. 14, Nr. 1, S. 138—139.

Graugrünlich bis schmutzig gelbgrün. Behaarung fein und schwarz. Kopf (Abb. 614b) breiter als lang. Scheitel beim ♂ 2,0–2,1×, beim ♀ 2,8× so breit wie das Auge. Fühler gelbbraun, 1. Glied beim ♂ schwarz, beim ♀ gelbbraun; 2. Glied an der Basis weißlich, daneben ein dunkler Ring, beim ♂ dicker und kürzer als beim ♀. Pronotum (Abb. 614b) mit 3, Scutellum mit 1 dunklen Längsbinde. Die schwarzen Haare entspringen auf den Halbdecken aus kleinen dunklen Punkten. Das Rostrum ragt weit über die Hinterhüften hinaus.

Vesika (Abb. 614f) kleiner, sekundäre Gonopore der Spitze näher.

Länge: ♂ = 3,4–3,5 mm, ♀ = 4,0 mm.

Die Art lebt an Spergularia salsuginea. Imagines im März. Bisher nur auf den Kanarischen Inseln (Lanzarote) gefunden.

21. **Macrotylus (Alloeonycha) elevatus** FIEBER, 1858

E. WAGNER, 1969, Mem. Soc. Ent. Ital., Bd. 48, S. 305—307.

Klein, länglich-oval, das ♀ weit größer als das ♂. Weißgrün bis graugelb. Haare schwarz und etwas borstig. Kopf (Abb. 614c) 0,75–0,80× so lang wie breit. Scheitel beim ♂ 1,60–1,67×, beim ♀ 2,0× so breit wie das Auge. Fühler sehr dick, gelbbraun; 2. Glied beim ♂ 1,1×, beim ♀ 1,0× so lang wie die Pronotumbreite, nahe der weißlichen Basis mit dunklem Ring; Glied 3 und 4 schwarzbraun. Pronotum mit 3 dunklen Längsbinden, 1,40–1,45× so breit wie der Kopf (Abb. 614c). Dornen der Schienen nur etwa halb so lang, wie die Schiene dick ist. 3. Glied der Hintertarsen kürzer als das 2., Haftläppchen lang und spitz.

Vesika (Abb. 614g) größer, U-förmig gekrümmt. Sekundäre Gonopore weit vor der Spitze. Membranöser Teil vor der Spitze ohne Zahn.

Länge: ♂ = 3,1–3,4 mm, ♀ = 3,3–3,9 mm.

Westmediterrane Art, in Südfrankreich (Hyères, Cannes), auf Korsika, in Spanien und Tunesien gefunden.

22. **Macrotylus (Alloeonycha) geniculatus** REUTER, 1900 (Abb. 615a)

E. WAGNER, 1969, Mem. Soc. Ent. Ital., Bd. 48, S. 308—310.

Länglich-oval. Gelbgrün, dicht mit schrägstehenden, schwarzen Haaren bedeckt. Kopf 1,05–1,1× so breit wie lang (Abb. 615, b+c). Scheitel beim ♂ 2,1×, beim ♀ 2,6–2,7× so breit wie das kleine Auge. Fühler gelbbraun, kräftig (Abb. 615, e+f); 2. Glied beim ♂ dicker als beim ♀, Basis weiß, daneben ein schwarzer Ring, kaum länger als die Pronotumbreite; Glied 3 und 4 schwarzbraun. Pronotum in der Regel ohne dunkle Längsbinden (Abb. 615a). Corium in der Mitte des Hinterrandes mit schwarzem Fleck. Clavusspitze schmal dunkel. Membran hellgrau, die kleine Zelle ganz, die große im hinteren Teil und ein Fleck hinter den Zellen schwärzlich. Schenkel hell, unterseits mit dunklem Streif. Schienen an der Basis schmal dunkel. Tarsen schwarz. Haftläppchen (Abb. 615h) lang und spitz.

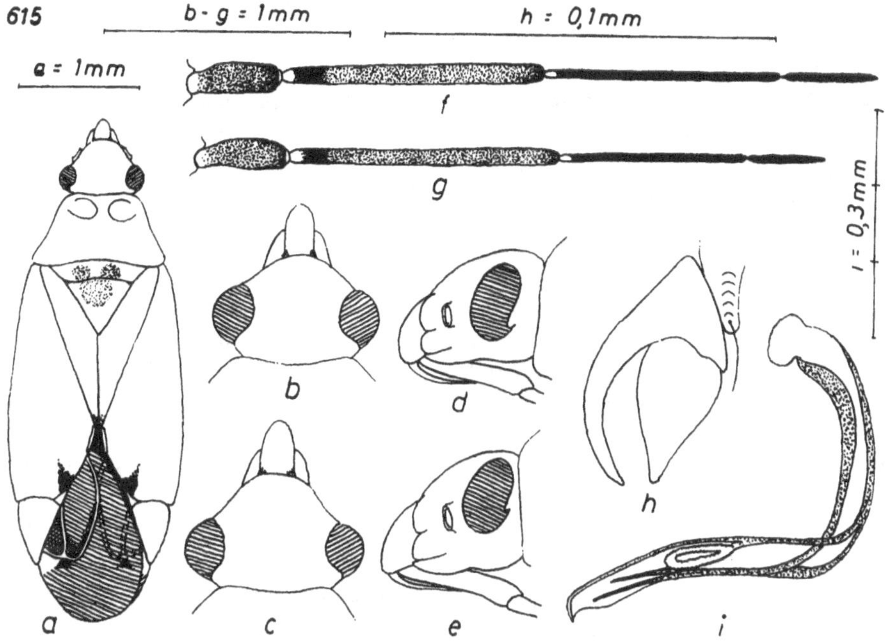

Abb. 615: *Macrotylus (Alloeonycha) geniculatus* Reut.
a: Gestalt des ♀ — b: Kopf des ♂ von oben — c: dasselbe vom ♀ — d: Kopf des ♂ von links — e: dasselbe vom ♀ — f: Fühler des ♂ — g: Fühler des ♀ — h: Klaue des Hinterfußes von außen — i: Vesika von rechts

Vesika (Abb. 615i) schlank, sekundäre Gonopore weit vor der Spitze. Sie wird von 2 Chitinspitzen und einer blattartigen Fläche überragt; letztere distal mit feiner, gekrümmter Spitze.

Länge: ♂ = 3,5–3,8 mm, ♀ = 4,1–4,2 mm.

Aus Algerien beschrieben und später von LINDBERG in Marokko und von DUFFELS in Südspanien (Malaga) gefunden.

23. **Macrotylus (Alloeonycha) dentifer** E. WAGNER 1969 (Abb. 605e)

Mem. Soc. Ent. Ital., Bd. 48, S. 308—310.

♂ und ♀ etwa gleich groß. Gelbgrün bis graugrün. Behaarung feiner. Kopf (Abb. 614d) etwa so lang wie breit. Scheitel beim ♂ 1,9×, beim ♀ 2,3× so breit wie das Auge. Fühler gelbbraun, etwas schlanker, aber von gleicher Färbung und Zeichnung

(Abb. 604c); 1. Glied schwarz, distal hell; 2. Glied so lang wie die Pronotumbreite. Letzteres mit 3 dunklen Längsbinden, die bisweilen fehlen. Membran rauchgrau, Adern weißlich; die kleine Zelle ganz, die größere im Apikalteil und ein Fleck hinter den Zellen bisweilen dunkler. Haftläppchen sehr lang, über die Klauenspitze hinausreichend.

Vesika (Abb. 614h) robust, S-förmig. Sekundäre Gonopore sehr weit vor der Spitze. Sie wird von 2 Chitinspitzen und einer schwach chitinisierten Fläche überragt; letztere hat außen vor der Spitze einen Zahn.

Länge: ♂ = 4,6–4,8 mm, ♀ = 4,7–5,0 mm.

Ostmediterrane Art, bisher in Macedonien (Skopje), Bulgarien (Petritsch) und der Türkei (Ankara) gefunden.

24. **Macrotylus (Alloeonycha) attenuatus** JAKOVLEFF, 1882

SEIDENST. 1969, Reichenbach., Bd. 12, S. 143—145.

Die kleinste Art der Gattung. Hell gelbgrün, mit feinen, schwarzen Haaren dicht bedeckt. Kopf etwa so hoch wie breit (Abb. 616e). Scheitel bei ♂ und ♀ 2,7–2,8× so breit wie das Auge. Fühler schlank, gelbbraun, 1. Glied in der Mitte mit schwarzem Ring; 2. Glied an den Enden breit schwarz, etwas kürzer als die Kopfbreite und 0,67× so lang wie die Pronotumbreite; Basis von Glied 3 dunkel. Scutellum und Halbdecken hell. Membran grauweiß, Adern weiß, neben der Cuneusspitze ein weißer Fleck, hinter demselben ein tiefschwarzer Fleck, der von der Querader bis an den Außenrand reicht und weit schmaler ist als bei *M. paykulli* FALL. (Abb. 606e). Beine hell, Schienen am Knie mit schwarzem Ring. Tarsen dunkel. Das Rostrum reicht bis zu den Hinterhüften.

Vesika (Abb. 617e) klein, schwach gekrümmt. Sekundäre Gonopore weit vor der Spitze. Sie wird von 3 fast parallelen Chitinspitzen überragt.

Die Art lebt an Helianthemum. Imagines im Juni.

Aus Südrußland beschrieben und neuerdings von SEIDENSTÜCKER in der Türkei (Kayseri) gefunden.

25. **Macrotylus (Alloeonycha) paykulli** (FALLÉN), 1807 (Abb. 618, a+b)

Hellgrün bis gelbgrün, die schwarze Behaarung der Oberseite bildet kleine Flecken. Kopf (Abb. 616a) schwarz oder gelbgrün, etwa so hoch wie breit. Scheitel beim ♂ 2,2×, beim ♀ 2,6× so breit wie das Auge. Fühler schlank (Abb. 604d), 1. Glied schwarz; 2. Glied an der Basis schmal weißlich, daneben breit schwarz, beim ♂ 1,1×, beim ♀ 1,0× so lang, wie das Pronotum breit ist; 3. Glied in der basalen Hälfte schwarz. Oft sind die Fühler ganz schwarz. Schwielen des Pronotum bisweilen schwarz gefleckt. Membran (Abb. 606e) grau, hinter den Zellen ein tiefschwarzer, viereckiger Fleck, der von 2 weißen Flecken eingefaßt ist. Das Rostrum überragt die Hinterhüften. Schienen an der Basis schwarz.

Vesika (Abb. 617a) einfach gekrümmt, sekundäre Gonopore weit vor der Spitze. Letztere nach außen gebogen, mit 1 Chitinspitze.

Variation:

1 (2) Gelbgrün, nur Fühler und Membran gezeichnet. var. typica

2 (1) Oberseite (Kopf, Pronotum oder Scutellum) schwarz gezeichnet.

3 (4) Kopf, Fühler und Beine schwarz. var. *nigriceps* REUT.

4 (3) Kopf teilweise gelbgrün.

5 (6) Unterseite schwarz, Beine zum großen Teil schwarz. var. *nigripes* PUT.

6 (5) Nur die Mitte der Brust und die Schwielen des Pronotum schwarz. var. *fusconotata* STICH.

Länge: ♂ = 2,8–3,3 mm, ♀ = 3,0–3,7 mm.

Die Art lebt phytophag an Ononis spinosa L. Imagines von Mai bis September. Überwintert als Ei.

Verbreitungsgebiet Europa und der Mittelmeerraum. Dort überall mit Ausnahme von Libyen und Ägypten gefunden.

616

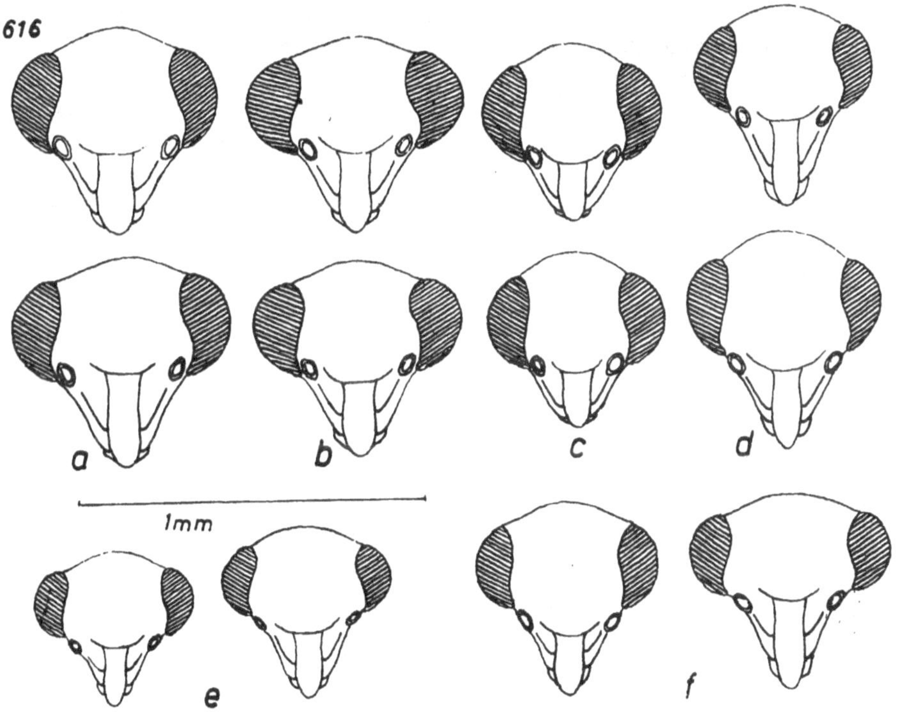

Abb. 616: *Alloeonycha*, Kopf von vorn

a: *M. (A.) paykulli* Fall. — b: *M. (A.) interpositus* E. Wagn. — c: *M. (A.) atricapillus* Scott — d: *M. (A.) nasutus* E. Wagn. — e: *M. (A.) attenuatus* Jak. — f: *M. (A.) ancyranus* Seid.

a—d: oben ♂, unten ♀ — e+f: links ♂, rechts ♀

26. **Macrotylus (Alloeonycha) interpositus** E. WAGNER, 1951

Nachr. naturw. Mus. Aschaffenbg., Heft 31, S. 61; *M. intermedius* E. WAGNER 1950, n. pr., ib., Heft 29, S. 6.

Der vorigen Art sehr ähnlich und als Geschwisterart derselben zu betrachten. Färbung heller, Behaarung weniger dicht. Scheitel (Abb. 616b) beim ♂ 1,9×, beim ♀ 2,4× so breit wie das Auge. Das Rostrum erreicht die Mitte des Bauches. Schienen am Knie schwarz. Sonst wie vorige Art.

Vesika (Abb. 617b) kürzer, sekundäre Gonopore weiter von der Spitze entfernt. Apikalteil schlanker.

Länge: ♂ = 2,3–2,6 mm, ♀ = 2,6–3,0 mm.

Die Art lebt an Lotus angustissimus und Ononis natrix. Imagines im Mai und Juni.

Mediterrane Art. Aus Südfrankreich, Italien, Spanien und von der Balkanhalbinsel gemeldet.

27. **Macrotylus (Alloeonycha) atricapillus** (SCOTT), 1872 (Abb. 618c)

Sehr klein und zart. Blaß gelbgrün, mit feiner weißlicher Behaarung, dazwischen einzelne schwarze Haare. Kopf etwas niedriger als breit (Abb. 616c). Scheitel beim ♂ 2,7×, beim ♀ 3,0× so breit wie das Auge. Fühler schlank; 1. Glied nahe der Spitze mit schwarzem Ring; 2. Glied nahe der Basis mit schwarzem Ring, etwas länger als die Pronotumbreite. Membran grau, ein tiefschwarzer Fleck führt von der Querader zum Außenrand; er liegt zwischen 2 weißen Flecken und ist schmaler als bei voriger Art. Das Rostrum erreicht die Spitze der Hinterhüften. Schienen einfarbig hell.

Vesika (Abb. 617c) robust, einfach gekrümmt, sekundäre Gonopore der Spitze genähert. Apikalteil breit und gebogen.

Länge: ♂ = 1,9–2,4 mm, ♀ = 2,0–2,5 mm.

Die Art lebt an Inula viscosa Ait. Imagines von Mai bis Juli.

Mediterrane Art. Im Mittelmeerraum wohl überall verbreitet.

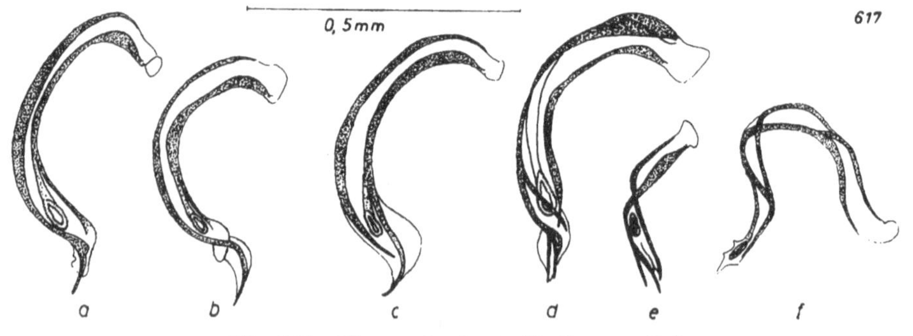

Abb. 617: *Alloeonycha* Reut., Vesika von links
a: *M. (A.) paykulli* Fall. — b: *M. (A.) interpositus* E. Wagn. — c: *M. (A.) atricapillus* Scott — d: *M. (A.) nasutus* E. Wagn. — e: *M. (A.) attenuatus* Jak. — f: *M. (A.) ancyranus* Seid.

28. **Macrotylus (Alloeonycha) nasutus** E. WAGNER, 1958

Bull. Sci. Nat. Phys. Maroc, Bd. 38, S. 81—82.

Größer, aber von gleicher Gestalt, Behaarung und Färbung. Kopf von vorn gesehen (Abb. 616d) 1,1× so hoch wie breit. Scheitel beim ♂ 2,5×, beim ♀ 2,7–2,9× so breit wie das Auge. Fühler schlank, weißgelb, 1. Glied mit 2 schwarzen Flecken; 2. Glied nahe der Basis schmal schwarz, 1,1× so lang wie die Pronotumbreite. Pronotum, Scutellum und Halbdecken einfarbig hell. Membran hellgrau, die Zellen dunkler, hinter ihnen ein viereckiger, tiefschwarzer Fleck, der zwischen 2 weißen Flecken liegt. Adern weißlich. Das Rostrum überragt die Hinterhüften. Beine hell, Schienen einfarbig hell, Dornen fein und braun.

Vesika (Abb. 617d) robust. Apikalteil gerade, schlanker, mit 2 parallelen Chitinspitzen.

Länge: ♂ = 2,8 mm, ♀ = 2,7–3,3 mm.

Bisher in Marokko (Quezzane), Algerien, Tunesien und Libyen gefunden.

29. **Macrotylus (Alloeonycha) ancyranus** SEIDENSTÜCKER, 1969

Reichenb., Bd. 12, S. 143—145.

Klein, hellgrün, mit feiner, schwarzer Behaarung. Kopf von vorn gesehen (Abb. 616f) etwa so hoch wie breit. Scheitel beim ♂ 2,5×, beim ♀ 3,05× so breit wie das Auge. Fühler weißgelb, 1. Glied schwarz, an Basis und Spitze weißlich; 2. Glied nahe Basis und Spitze mit breitem, schwarzem Ring, die Enden weißlich, das Glied beim

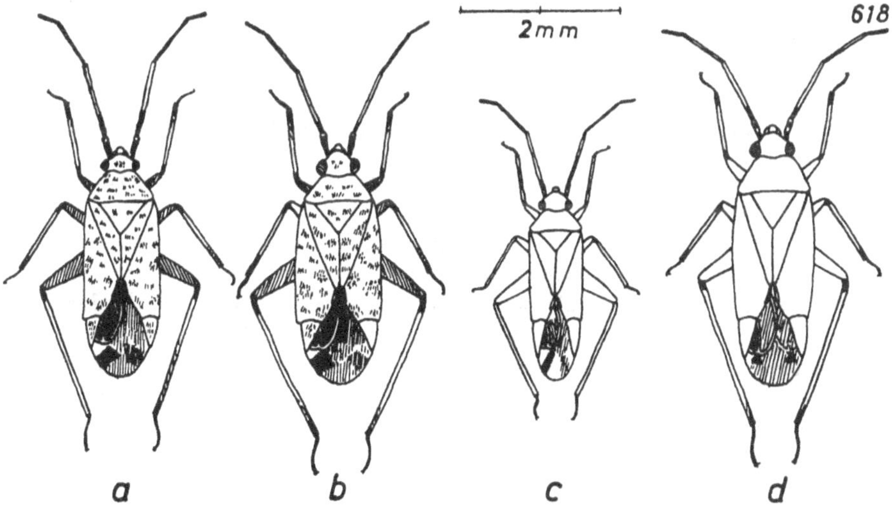

Abb. 618: *Alloeonycha* Reut.
a: *M. (A.) paykulli* Fall., ♂ — b: id., ♀ — c: *M. (A.) atricapillus* Scott, ♂ — d: *M. (A.) bipunctatus* Reut.

♂ 0,70–0,75×, beim ♀ 0,65× so lang wie die Pronotumbreite. Oberseite hell. Corium in der Mitte des Hinterrandes mit dunklem Fleck. Membran grau, Zellen distal dunkler, von der Querader zum Außenrande führt ein länglich viereckiger, schwarzer Fleck, der oft in 2 nebeneinanderliegende Flecke aufgelöst ist und zwischen 2 weißen Flecken liegt. Das Rostrum reicht bis zu den Hinterhüften. Schienen am Knie hell, Tarsen schwarz.

Vesika (Abb. 617f) stark U-förmig gekrümmt, schlank. Apikalteil leicht verjüngt. Sekundäre Gonopore nahe der Spitze, neben ihr 2 kleine Höcker.

Länge: ♂, ♀ = 2,6–3,1 mm.

Die Art lebt an Salvia. Imagines im Juni und Juli.

Bisher nur in der Türkei (Baraj bei Ankara) gefunden.

30. **Macrotylus (Alloeonycha) bicolor** FIEBER, 1861 (Abb. 605a)

Auffällig gefärbt. Schwarz, Clavus und Corium hellgrün bis graugrün, dicht mit feinen, schwarzen Haaren bedeckt. Kopf breiter als lang. Scheitel beim ♂ 2,0–2,2×, beim ♀ 3,0× so breit wie das Auge. Fühler schwarz, Basis der Glieder sehr schmal hell, Glied 3 und 4 schwarzbraun; 2. Glied 0,67× so lang wie die Pronotumbreite und kaum kürzer als das 3. und 4. zusammen. Clavus und Corium hell, Cuneus und Membran schwarz, neben der Cuneusspitze ein heller Fleck, Adern der Membran weißgrün. Das Rostrum erreicht die Hinterhüften. Beine schwarz.

Vesika (Abb. 610a) klein, schwach gekrümmt. Sekundäre Gonopore weit von der Spitze entfernt. Apikalteil winklig gebogen, schlank, mit 1 Chitinspitze.

Länge: ♂ = 2,8–3,0 mm, ♀ = 2,7–2,9 mm.

Bisher in Spanien, Marokko, Algerien, Tunesien und Libyen gefunden.

31. **Macrotylus (Alloeonycha) bipunctatus** REUTER, 1879 (Abb. 618d)

Länglich-oval. Hell gelbgrün, mit sehr feiner, dunkler Behaarung, im vorderen Teil auch mit kräftigeren, weißlichen Haaren. Kopf etwa so breit wie hoch. Scheitel beim ♂ 2,3×, beim ♀ 3,0× so breit wie das Auge. Fühler schlank, gelblich; 1. Glied schwarz, in der basalen Hälfte mit hellem Ring; 2. Glied neben der weißen Basis mit schwarzem Ring, 0,90–0,95× so lang wie die Pronotumbreite, die beiden Endglieder bräunlich. Corium am Hinterrande neben der Radialader oft mit kleinem, undeutlichem, dunklem Fleck. Membran gleichmäßig hellgrau, nur hinter den Zellen ein dunkler Punkt (Abb. 606f), oft auch die kleine Zelle verdunkelt. Beine hell. Basis der Schienen schmal schwarz, Tarsen schwarz. Das Rostrum erreicht die Mitte des Bauches.

Länge: ♂ = 3,0–3,3 mm, ♀ = 2,8–3,2 mm.

Die Art wurde an Thymus und Rosmarinus gefunden. Imagines im Juli.

In Südfrankreich, Spanien. Nordafrika und Kleinasien gefunden.

32. **Macrotylus (Alloeonycha) montandoni** REUTER, 1900

Weibchen: Hell graugrünlich, mit ziemlich dichter, schwarzer Behaarung. Länglich-oval. Scheitel (♀) 2,33× so breit wie das Auge. Fühler einfarbig hell, mit feiner, dunkler Behaarung; 2. Glied so lang wie die Pronotumbreite; 3. Glied 0,43× so lang wie das 2., hell; das 4. Glied fehlt teilweise. Corium im hinteren Teil mit unscharf begrenztem dunklem Fleck. Membran hellgrau, mit schattenartiger brauner Zeichnung, die im Muster an diejenige von *M. paykulli* FALL. erinnert. Hinterer Teil der Zellen dunkler, vor allem an den Adern, hinter ihnen ein viereckiger Fleck, der bis an den Außenrand reicht und dort zwischen 2 hellen Flecken liegt. Das Rostrum überragt die Hinterhüften.

Länge: ♀ = 4,0 mm, ♂ unbekannt.

Bisher nur einmal in Rumänien (Plainesci) von MONTANDON gefangen. Alle Meldungen aus anderen Ländern beruhen auf Fehlbestimmungen.

33. **Macrotylus (Alloeonycha) colon** REUTER, 1880

Lang-oval. Weißlichgrün, mit feiner, weißgelber, anliegender Behaarung. Kopf (Abb. 619, g+h) beim ♂ etwas höher als breit, beim ♀ 0,9× so hoch wie breit. Scheitel beim ♂ 1,8–1,9×, beim ♀ 2,4× so breit wie das graue Auge. Fühler (Abb. 604e) schlank, Glied 1 und 2 einfarbig hell, Glied 3 und 4 schwarzbraun; 2. Glied 1,23–1,30× so lang, wie das Pronotum breit ist. Pronotum, Scutellum und Halbdecken einfarbig hell. Hinterer Teil des Corium und Cuneus mit schwarzen Haaren, die im Cuneus recht dicht stehen. Membran weißlich, hinter den Zellen ein kleiner, auffälliger, schwärzlicher Fleck, der oft die Form eines Komma hat. Bisweilen hat die Membran schattenartige, bräunliche Flecke, die jedoch wenig auffallen. Das Rostrum erreicht beim ♂ die Spitze des Abdomens, beim ♀ die Mitte des Bauches. Beine hell, Spitze des 3. Tarsengliedes dunkel. Schienen mit feinen, dunklen Dornen.

Länge: ♂ = 4,0–4,1 mm, ♀ = 4,5–4,6 mm.

Bisher nur in Spanien (Granada, Ilcfar, Valencia) gefangen.

34. **Macrotylus (Alloeonycha) horvathi** REUTER, 1876

E. WAGNER 1947, Zentralbl. Ges. Geb. Ent., Bd. 2, (1), S. 56.

Hell gelbgrün, mit langer, heller Behaarung und einigen schwarzen Haaren. Kopf (Abb. 619, e+f) verhältnismäßig lang, nur wenig breiter als hoch. Scheitel beim ♂ fast 2×, beim ♀ 3× so breit wie das Auge. Fühler gelbgrün, oft im apikalen Teil etwas dunkler; 2. Glied beim ♂ etwas länger, beim ♀ so lang, wie das Pronotum breit ist. Halbdecken einfarbig hell, Membran rauchgrau, mit hellen Flecken, hinter den Zellen ein runder, schwarzer Fleck (Abb. 606c). Das Rostrum erreicht die Spitze der Hinterhüften. Beine hell. Schenkel im Apikalteil dicht mit feinen braunen oder schwarzen Punkten bedeckt.

Vesika (Abb. 620c) S-förmig gekrümmt, an der sekundären Gonopore etwas verbreitert und danach zugespitzt. Rechtes Paramer (Abb. 620f) gerade, parallelseitig, mit kleiner, aber deutlicher Hypophysis.

Länge: ♂ = 4,2–4,8 mm, ♀ = 4,7–5,1 mm.

Die Art lebt an Ballota nigra L. Imagines von Juni bis September. Überwintert als Ei.

Europäische Art. Im Mittelmeerraum in Südfrankreich und auf der Balkanhalbinsel.

619

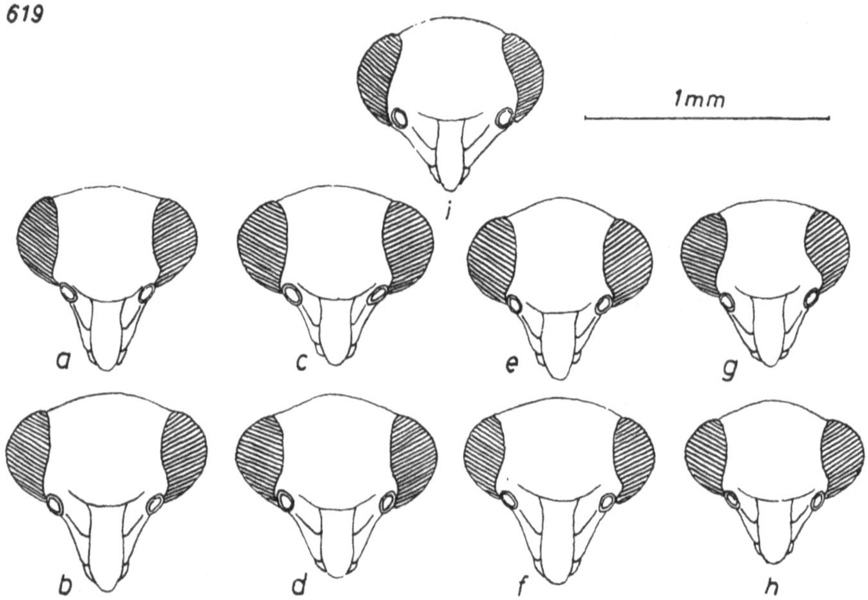

Abb. 619: *Alloeonycha* Reut., Kopf von vorn
a: *M. (A.) solitarius* M.-D., ♂ — b: id., ♀ — c: *M. (A.) mayri* Reut., ♂ — d: id., ♀ — e: *M. (A.) horvathi* Reut., ♂ — f: id., ♀ — g: *M. (A.) colon* Reut., ♂ — h: id., ♀ — i: *M. (A.) montandoni* Reut., ♀

35. **Macrotylus (Alloeonycha) solitarius** (MEYER-DÜR), 1843

E. WAGNER 1947, l. c.

Groß, länglich, 2,5–2,7× so lang, wie das Pronotum breit ist. Graugrün oder gelbgrün. Behaarung der Oberseite schwarz. Kopf (Abb. 619, a+b) so hoch wie breit. Scheitel beim ♂ 2,0×, beim ♀ 2,6× so breit wie das Auge. Fühler einfarbig graugrün; 2. Glied etwa so lang, wie das Pronotum breit ist. Scutellum etwas heller als Pronotum und Halbdecken. Membran dunkelgrau mit hellen Flecken (wie Abb. 606d), hinter den Zellen ein auffälliger, länglicher, schwärzlicher Fleck. Adern weiß. Beine gelb, Schenkel ohne Punkte.

Vesika (Abb. 620a) stark S-förmig gekrümmt, im Apikalteil nicht verbreitert. Die sekundäre Gonopore wird von 2 Chitinspitzen und einer schwach chitinisierten Fläche überragt; letztere dicht mit kleinen Zähnen besetzt. Rechtes Paramer (Abb. 620d) schlanker, ohne erkennbare Hypophysis.

Länge: ♂ = 5,1 - 5,6 mm, ♀ = 5,0 - 5,7 mm.

Die Art lebt an Stachys silvatica L. und ernährt sich vom Saft der Pflanze. Imagines von Juni bis August. Überwintert als Ei.

Verbreitungsgebiet Mittel- und Osteuropa. Im Mittelmeerraum nur im Norden Südeuropas (Südfrankreich, Jugoslawien, Bulgarien, Rumänien).

620

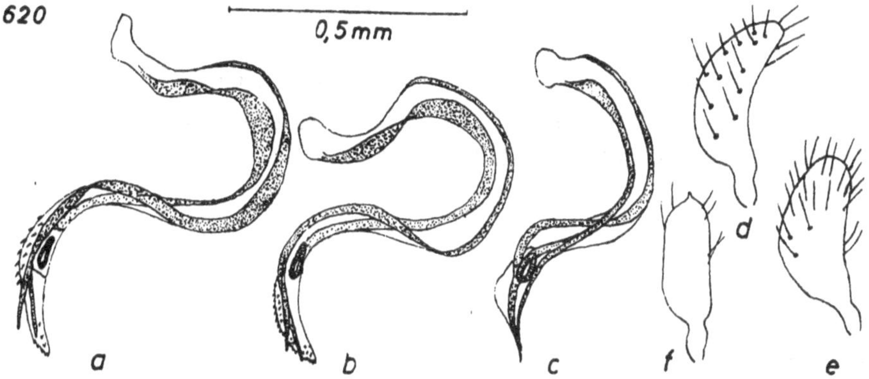

Abb. 620: *Alloeonycha* Reut., Vesika und rechtes Paramer
a+d: *M. (A.) solitarius* M.-D. — b+e: *M. (A.) mayri* Reut. — c+f: *M. (A.) horvathi* Reut.
a—c: Vesika von rechts — d—f: rechtes Paramer von oben

36. **Macrotylus (Alloeonycha) mayri** (REUTER), 1904

Alloeonycha mayri REUTER 1904, Öfv. Fin. Vet. Soc. Förh., Bd. 46, Nr. 14, S. 8; *Macrotylus singeri* E. WAGNER 1947, Zentralbl. Ges. Geb. Ent. Bd. 2 (1), S. 56; id. 1952, *Macrotylus mayri* (REUT.), Nachr. naturw. Mus. Aschaffenbg., Heft 35, S. 49.

Der vorigen Art sehr ähnlich, aber Grundfarbe hell weißlichgrün bis weißgelb. Kopf (Abb. 619, c+d) beim ♂ 1,15×, beim ♀ 1,1× so breit wie hoch. Scheitel beim ♂ 2,0×, beim ♀ 2,6× so breit wie das Auge. Fühler (Abb. 604f) hell, ohne dunkle Zeichnung; 2. Glied etwas kürzer, als das Pronotum breit ist. Membran (Abb. 606d) wie bei voriger Art. Beine gelb, Schenkel ohne dunkle Punkte. Das Rostrum überragt die Hinterhüften deutlich.

Vesika (Abb. 620b) ähnlich voriger Art, aber etwas kleiner. Zähne des Apikalteils kleiner und zahlreicher. Rechtes Paramer (Abb. 620e) breit, leicht gekrümmt, ohne erkennbare Hypophysis.

Länge: ♂ = 5,1 - 5,4 mm, ♀ = 4,2 - 4,7 mm.

Die Art lebt an Stachys recta L. und ernährt sich von den Säften der Pflanze. Imagines im Juni und Juli. Überwintert als Ei.

Verbreitungsgebiet Mittel- und Osteuropa. Im Mittelmeerraum nur in Südfrankreich und Bulgarien

132. Gattung **UTOPNIA** REUTER, 1881

Typus-Art: *U. torquata* PUT.

SEIDENSTÜCKER 1956, Rev. Fac. Sci. Univ. Istanbul, Ser. B, Bd. 21 (1—2), S. 71—79.

Mittelgroß, länglich-oval (♂) bis oval (♀). Kopf geneigt, Tylus nur wenig vorstehend, von der Stirn durch eine Einkerbung getrennt (Abb. 621, b+c). Scheitel eben. Klauen (Abb. 593f) länger, als das 3. Tarsenglied dick ist, mit einem Basalhöcker. Haftläppchen groß, distal abgerundet. Xyphus der Vorderbrust mit einem undeutlichen Mittelkiel. Schienen ohne Punkte. An den Hintertarsen ist das 3. Glied länger als das 2.

Vesika des Penis (Abb. 621h) S-förmig gebogen, distal zweispitzig.

Die Gattung enthält nur eine Art, die im Osten des Mittelmeerraumes lebt. *U. echinopis* LNDBG. ist identisch mit *Macrotylus perdictus* KIR.

621

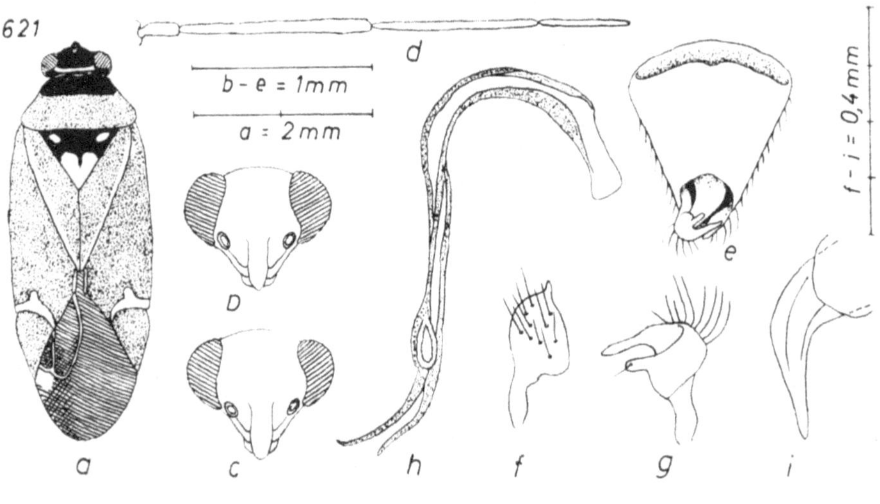

Abb. 621: *Utonia torquata* Put.

a: Männchen — b: Kopf des ♂ von vorn — c: dasselbe vom ♀ — d: Fühler des ♂ — e: Genitalsegment des ♂ von oben — f: rechtes Paramer von oben — g: linkes Paramer von oben — h: Vesika von links — i: Apikalteil der Theka von rechts

Utopnia torquata (PUTON), 1881 (Abb. 621a)

Macrotylus anatolicus HOBERLANDT 1961, Act. Ent. Mus. Nat. Prag. Bd. 34, S. 399—401; SEIDENSTÜCKER 1962, Reichenbach., Bd. 1, S. 129.

Dimorph, das ♂ (Abb. 621a) länglich-oval, das ♀ breit-oval. Schwarz. Oberseite größtenteils hellgrau bis graubraun, mit feinen, schrägstehenden, schwarzen Haaren. Kopf schwarz, Scheitel hinten mit mehr oder weniger deutlicher, gelbbrauner Querbinde, beim ♂ 1,5–1,6×, beim ♀ 2,0–2,1× so breit wie das Auge. Fühler schwarz, das 2. Glied 0,75–0,80× so lang, wie das Pronotum breit ist und kürzer als das 3. und 4. zusammen. Pronotum grau, beim ♂ im vorderen Teil mit schwarzer Querbinde (Abb. 621a), beim ♀ dort gelbbraun. Basis des Scutellum beim ♂ schwarz, beim ♀ gelbbraun. Halbdecken grau, bisweilen mit unscharfen, dunklen Flecken. Corium am Hinterrande mit schmaler, heller Querbinde. Membran schwärzlich, Adern grau, hinter den Zellen ein heller Fleck. Beine schwarz.

Genitalsegment des ♂ (Abb. 621e) kegelförmig, Ränder der Genitalöffnung ohne Fortsätze. Rechtes Paramer (Abb. 621f) sehr breit und kurz, mit kleiner Hypophysis. Linkes Paramer (Abb. 621g) mit dicker, gerader Hypophysis, auf dem Sinneshöcker ein fingerförmiger Fortsatz, der eine Borste trägt. Vesika des Penis (Abb. 621h) schlank, S-förmig gekrümmt, die sekundäre Gonopore wird von 2 langen, getrennten Chitinstäben überragt. Apikalteil der Theka (Abb. 621i) schlank und spitz.

Länge: ♂ = 4,25–4,40 mm, ♀ = 4,0–4,2 mm.

Die Art lebt an Salvia spec. Imagines waren im Mai und Juni vorhanden.

Bisher in Israel, Syrien und der Türkei gefunden.

4. Stamm **PHYLINI** s. str.

Artenreicher Stamm von großer Vielgestaltigkeit. Dennoch ist es bis heute unmöglich, ihn in natürlicher Weise einzuteilen. Die in den folgenden Zeilen aufgestellten Gattungsgruppen können daher keinen Anspruch darauf erheben, Subtriben zu sein. Eine Ausnahme machen lediglich die *Nasocoraria* und die *Atomophoraria*.

Bestimmungsschlüssel

für die Gattungsreihen der *Phylini* s. str.

1 (2) Rostrum kurz und dick (Abb. 623f), Glied 3 und 4 gegen ihre Verbindungsstelle erweitert. Fühler (Abb. 623, a–e) schlank, das 1. Glied dick und dicht behaart, die Haare oft sehr lang. 1. Gattungsreihe **Nasocoraria** S. 402

2 (1) Rostrum schlank, Glied 3 und 4 gegen ihre Verbindungsstelle nicht verdickt. 1. Fühlerglied nicht auffallend dick und nicht lang behaart.

3 (4) Klauen sehr klein, an der Basis mit flachem Basalhöcker (Abb. 593h). Haftläppchen groß und sehr breit und stumpf, an der Unterseite des Basalzahnes sitzend und in ganzer Länge mit ihm verwachsen. Halbdecken gescheckt. 2. Gattungsreihe **Atomophoraria** S. 406

4 (3) Klauen normal, Haftläppchen nicht sehr breit und stumpf (Abb. 593g).

5 (6) Rostrum die Vorderhüften nicht überragend. 2. Fühlerglied beim ♂ vor der Spitze einseitig verbreitert, kaum länger als das 1., beim ♀ normal (Abb. 627, a–h). Haftläppchen groß (Abb. 628g), mit den Klauen verwachsen. 3. Gattungsreihe **Harpoceraria** S. 410

6 (5) Rostrum die Vorderhüften überragend, seltener nur bis zu ihnen reichend, dann ist das Haftläppchen klein oder fehlt. 2. Fühlerglied beim ♂ nicht einseitig verbreitert. 4. Gattungsreihe **Phylaria** s. Teil 3, S. 1

1. Gattungsreihe **Nasocoraria** REUTER, 1883

Rostrum (Abb. 623f), die Vorderhüften nicht überragend, Glied 3 und 4 gegen ihre Verbindungsstelle erweitert. Tylus stark vorstehend, seitlich zusammengedrückt (Abb. 623, i–n), seitlich gesehen (Abb. 623, f–h) stark gerundet. 1. Fühlerglied dick, stark behaart (Abb. 623, a–e). Die Gattungsreihe enthält nur eine Gattung.

133. Gattung **Nasocoris** REUTER, 1879

Typus-Art: *N. argyrotrichus* REUT.

E. WAGNER 1968, Reichenbach., Bd. 8, Nr. 35, S. 297—301; LINNAVUORI 1968, Ann. Ent. Fenn., Bd. 34, S. 201—204.

Kleine, länglich-ovale Arten von heller Färbung. Kopf (Abb. 623, f–i) geneigt, Scheitel eben (Abb. 623, k–n). Tylus vorstehend, seitlich zusammengedrückt und daher von oben her spitz erscheinend (Abb. 623i). Auge groß und gewölbt, beim ♂ fast bis zur Kehle reichend. Fühler schlank, das 1. Glied dick und stark behaart. Klauen ohne Haftläppchen (Abb. 622e), mit basalem Höcker.

Die Gattung enthält acht Arten, von denen im Mittelmeerraum sechs vorkommen und eine in Turkestan lebt. Sie leben fast alle an Ephedraarten.

Bestimmungsschlüssel
für die Arten von *Nasocoris* REUT.

1 (6) Behaarung des 1. Fühlergliedes weiß und stark glänzend.

2 (5) 3. Fühlerglied etwa so lang wie das 2. (Abb. 623e).

3 (4) 1. Fühlerglied kurz, nur 0,30–0,36× so lang wie das 2., seine Behaarung kurz und mehr anliegend (Abb. 623e). 1. **N. breviceps** S. 402

4 (3) 1. Fühlerglied 0,48× so lang wie das 2., seine Behaarung lang und aufrecht. 2. **N. psyche** S. 404

5 (2) 3. Fühlerglied viel kürzer als das 2., das 1. Glied 0,5× so lang wie das 2. (Abb. 623b). 3. **N. albipennis** S. 405

6 (1) Behaarung des 1. Fühlergliedes braun bis schwarz, kaum glänzend.

7 (8) 3. Fühlerglied nur 0,8× so lang wie das 2. (Abb. 623d). Kopf seitlich gesehen (Abb. 623h) kaum länger als hoch. 4. **N. ephedrae** S. 405

8 (7) 3. Fühlerglied 0,90–0,95× so lang wie das 2. (Abb. 623a).

9 (10) Hinterrand des Corium und Innenrand des Cuneus gleichfarben. Kopf seitlich gesehen (Abb. 623g) länger als hoch. 5. **N. platycranoides** S. 405

10 (9) Hinterrand des Corium und Innenrand des Cuneus rot. Kopf seitlich gesehen kaum länger als hoch. 6. **N. artemis** S. 406

1. **Nasocoris breviceps** E. WAGNER, 1968 (Abb. 622a)

Reichenbach., Bd. 8, Nr. 35, S. 297—301.

Hell grauweiß, Pronotum und Scutellum braun. Kopf kurz (Abb. 622, a–c), geneigt. Scheitel hinten scharfkantig, beim ♂ 1,2×, beim ♀ 1,5× so breit wie das Auge. Unter den Augen (Abb. 623, k+l) ist der Kopf sehr kurz. Seitlich gesehen (Abb. 623f)

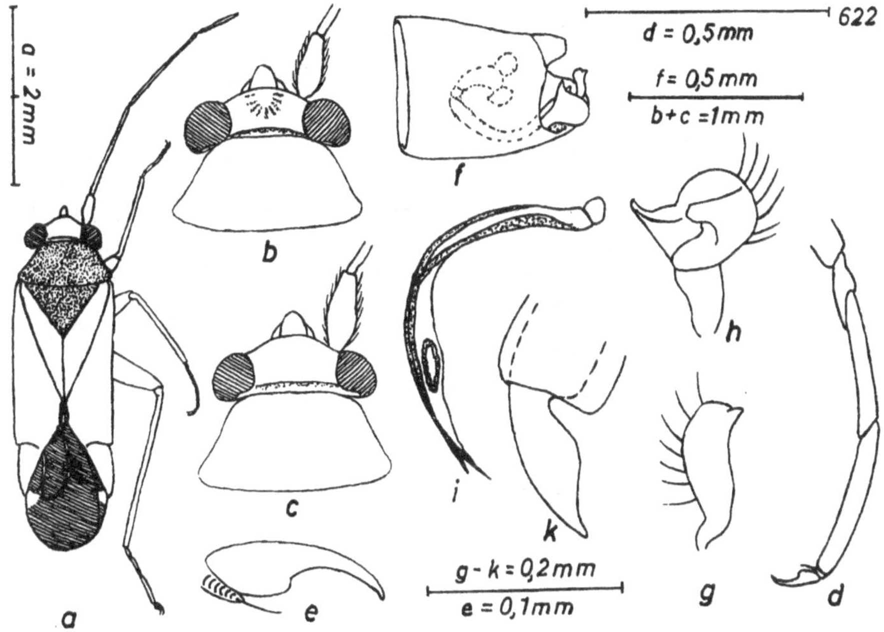

Abb. 622: *Nasocoris breviceps* E. Wagn.

a: Männchen — b: Kopf, Pronotum und 1. Fühlerglied des ♂ — c: dasselbe vom ♀ — d: Hinterfuß des ♂ — e: Klaue desselben von außen — f: Genitalsegment von links — g: rechtes Paramer von oben — h: linkes Paramer von oben — i: Vesika von links — k: Apikalteil der Theka von links

kaum länger als hoch, das Auge bedeckt fast die ganze Kopfseite. Fühler hellgelb (Abb. 623e), 1. Glied mit kurzen, weißen glänzenden Haaren, 2. Glied beim ♂ 3,4×, beim ♀ 2,3 bis 2,65× so lang wie das 1., etwas länger, als das Pronotum breit ist und kaum länger als das 3. Glied. Pronotum trapezförmig (Abb. 622, b+c), 1,1× so breit wie der Kopf. Halbdecken weißgrau. Membran dunkelgrau, Adern heller, ebenso ein Fleck neben der Cuneusspitze. Beine hellgelb, Hinterschenkel an der Vorderkante leicht gebräunt. Schienen mit borstenartigen, hellen Dornen. 3. Glied der Hintertarsen 1,1× so lang wie das 2. (Abb. 622d).

Genitalsegment des ♂ (Abb. 622f) klein, mit feiner, weißer Behaarung. Rechtes Paramer (Abb. 622g) leicht gekrümmt. Linkes Paramer (Abb. 622h) dick, kopfartig. Vesika des Penis (Abb. 622i) schlank, U-förmig, distal mit zwei feinen Chitinspitzen, sekundäre Gonopore weit vor der Spitze. Apikalteil der Theka (Abb. 622k) in der Mitte bauchig erweitert, distal spitz.

Länge: ♂ = 3,75–3,90 mm, ♀ = 3,40–3,45 mm.

Die Art lebt an Ephedra alata. Imagines im April.

Bisher nur in Algerien (Quargla) gefunden.

2. **Nasocoris psyche** LINNAVUORI, 1968

Ann. Ent. Fenn., Bd. 34, S. 201—204.

Eine höchst zweifelhafte Art, nach einem einzelnen ♀ beschrieben. Dem Verfasser unbekannt. Beschreibung nach LINNAVUORI.

Weißlich, Fühler blaßgelb. 4× so lang, wie das Pronotum breit ist. Kopf etwas höher als lang. Scheitel (♀) 1,82× so breit wie das Auge. 2. Fühlerglied 2,1× so lang wie das 1. und so lang wie das 3.; 1. Glied mit dichter, langer, aufrechter, weißlicher Behaarung. Pronotum am Hinterrand mit zwei dunklen Flecken. Scutellum rot, Basis braun. Halbdecken weißlich, Membran rauchgrau, die Adern in Nähe des Cuneus braun. Schenkel schmutzig rötlich.

Länge: ♀ = 3,75 mm, ♂ unbekannt.

Nur einmal von SERVADEI auf Sizilien (Platamona) gefangen.

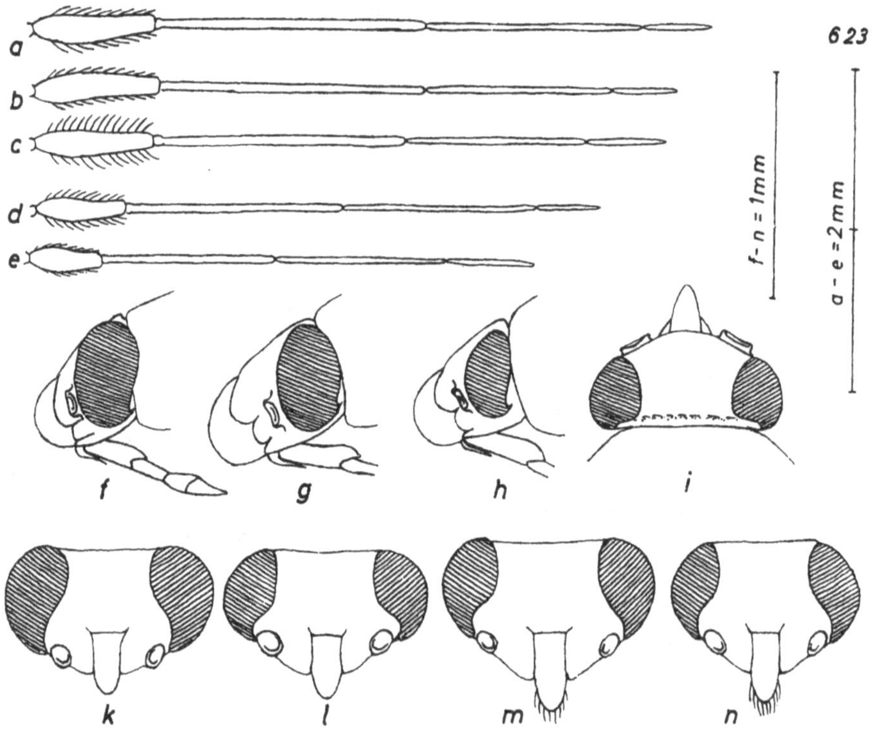

Abb. 623: *Nasocoris* Reut., Kopf und Fühler

a, g, i, m: *N. platycranoides* Mont. — b: *N. albipennis* Ldbg. — c: *N. argyrotrichus* Reut. — d, h, n: *N. ephedrae* Reut. — e, f, k, l: *N. breviceps* E. Wagn.
a—e: Fühler des ♀ — f—h: Kopf des ♂ seitlich — i: Kopf des ♂ von oben — k: Kopf des ♂ von vorn — l—n: Kopf des ♀ von vorn

3. **Nasocoris albipennis** LINDBERG, 1939

Bull. Soc. Fouad I. Ent., Bd. 22, S. 18; LINNAVUORI 1968, l. c.

Gelblichweiß. Behaarung des 1. Fühlergliedes weißlich und glänzend. Scheitel beim ♂ 1,0–1,1×, beim ♀ 1,30–1,35× so breit wie das Auge. 2. Fühlerglied 2,1× so lang wie das 1., 1,24× so lang wie 3. Glied und 1,25× so lang, wie das Pronotum breit ist. Pronotum und Scutellum oft graubräunlich. Halbdecken weißgelb. Beine hell, weiß behaart. Vesika des Penis sehr lang und schlank, U-förmig gekrümmt.

Länge: ♂, ♀ = 3,75–4,3 mm.

Die Art wurde von PRIESNER an Haloxylon schweinfurthi, von LINNAVUORI an Ephedra alata gefangen. Vermutlich ist Ephedra die Wirtspflanze.

Imagines waren im Mai und September vorhanden.

Bisher nur in Ägypten (Sinai-Halbinsel) gefunden.

4. **Nasocoris ephedrae** REUTER, 1902

LINDBERG 1939, l. c.; E. WAGNER 1968, l. c.; LINNAVUORI 1968, l. c.

Klein, von gleicher Gestalt wie die vorhergehenden Arten. Schienen mit kleinen, schwarzen Punkten. 1. Fühlerglied mit langen, braunen Haaren, etwas mehr als halb so lang, wie der Kopf breit ist; 2. Glied 2,4× so lang wie das 1. und 1,2× so lang wie das 3. (nach LINNAVUORI nur 0,92×) und etwas länger, als das Pronotum breit ist (Abb. 623d). Kopf seitlich gesehen (Abb. 623h) kaum länger als hoch. Scheitel beim ♂ 1,8–1,9×, beim ♀ 2,2–2,3× so breit wie das Auge (Abb. 623n). Pronotum und Scutellum dunkelbraun. Halbdecken hell, Mitte angedunkelt. Membran grau. Schenkel braun, an der Spitze hell gelbbraun. Genitalien des ♂ denen der vorigen Art ähnlich.

Länge: ♂ = 3,4–3,6 mm, ♀ = 3,5–3,75 mm.

Die Art lebt im westlichen Mittelmeerraum an Ephedra nebrodensis und E. cossoni. Bisher aus Spanien und Marokko gemeldet.

5. **Nasocoris platycranoides** MONTANDON, 1890

Die größte Art im Gebiet. Schienen einfarbig hellgelb. 1. Fühlerglied rot, mit schwarzen und hellbraunen Haaren, die verhältnismäßig kurz sind und schrägstehen (Abb. 623a); 2. Glied 2,1× so lang wie das 1., 1,0–1,05× so lang wie das 3. und 1,4× so lang, wie das Pronotum breit ist. Kopf seitlich gesehen (Abb. 623g) deutlich länger als hoch, von vorn gesehen (Abb. 623m) unter den Augen nur wenig vorstehend. Scheitel eben, hinten scharfkantig, beim ♂ 1,73×, beim ♀ 1,75× so breit wie das Auge. Letzteres beim ♂ die ganzen Kopfseiten bedeckend. Pronotum gelbweiß, die Seiten und der Hinterrand rötlich. Scutellum rotbraun. Halbdecken hell gelbbraun, Membran dunkel, Adern hell. Beine hell gelbbraun, Schenkel rötlich.

Länge: ♂ = 4,25–4,70 mm, ♀ = 4,60–5,25 mm.

Die Art lebt im westlichen Mittelmeerraum an Ephedra cossoni. Sie wurde bisher in Marokko, Algerien und auf der Insel Sizilien gefunden.

6. **Nasocoris artemis** LINNAVUORI, 1968

Ann. Ent. Fenn., Bd. 34 (4), S. 204.

Hell gelblich. Schienen einfarbig hellgelb. Fühler weißgelb, 1. Glied gelbrot, mit langen, teils gelbbraunen, teils schwarzen Haaren, beim ♂ 0,75–0,80×, beim ♀ 0,9–1,0× so lang, wie der Kopf breit ist; 2. Glied 2,6× so lang wie das 1., 1,6–1,7× so lang, wie das Pronotum breit ist und ein wenig länger als das 3. Glied. Kopf seitlich gesehen deutlich länger als hoch. Seiten- und Hinterrand des Pronotum leicht verdunkelt. Scutellum rötlich, mit blassem Mittelstreif. Hinterrand des Corium und Innenrand des Cuneus schmal gelbrot. Membran grau, Adern braun.

Länge: ♀ = 4,5 mm, ♂ unbekannt.

Bisher nur in Israel (Rehovot) gefunden. Imagines im Juli.

2. Gattungsreihe **Atomophoraria nov. subtrib.**

Kleine, längliche Arten mit gescheckten Halbdecken. Kopf kurz, stark geneigt, unter den Augen sehr kurz. Tylus seitlich zusammengedrückt. Augen groß, oft die ganzen Kopfseiten bedeckend. Klauen (Abb. 593h) sehr klein, nicht länger, als das 3. Tarsenglied dick ist, mit flachem Basalhöcker. Haftläppchen sehr breit, auf der Unterseite des Höckers sitzend und in ganzer Länge mit ihm verwachsen.

Die Gattungsreihe enthält nur eine Gattung.

134. Gattung **ATOMOPHORA** REUTER, 1879

Typus-Art: *A. pantherina* REUT.

Kleine, zarte Arten. Behaarung einfach, hell und etwas kraus. Kopf (Abb. 625, a–e) stark geneigt. Tylus vorstehend, seitlich zusammengedrückt. Auge sehr groß, beim ♂ oft bis zur Kehle reichend (Abb. 625e) und die ganze Kopfseite bedeckend. Fühler (Abb. 625, f–h) meistens hell, oft mit dunkler Zeichnung. Halbdecken mit kleinen Punkten bedeckt, oft außerdem mit schwarzer oder roter Zeichnung (Abb. 625, i+k). Rostrum schlank, gleichmäßig verjüngt. Beine meistens hell. Schienen bald hell, bald mit schwarzen oder roten Punkten. 3. Glied der Hintertarsen so lang oder etwas länger als das 2. Klauen (Abb. 624g) sehr klein, mit niedrigem, aber langem Basalhöcker. Haftläppchen sehr breit, aber kurz, auf der Unterseite des Basalhöckers sitzend.

Genitalsegment des ♂ sehr breit und kurz, unterseits mit einer Falte (Abb. 624b). Genitalöffnung kurz und breit (Abb. 624a). Rechtes Paramer (Abb. 624c) klein. Paramerenkörper des linken Paramers mondförmig. Vesika S-förmig, schlank, die sekundäre Gonopore wird von einem langen, kräftigen Fortsatz überragt.

Die Gattung ist vorwiegend irano-turanisch verbreitet, hat aber auch Vertreter in Arabien und der Sahara. Aus dem Mittelmeerraum wurden 4 Arten gemeldet.

Bestimmungsschlüssel
für die Arten von *Atomophora* REUT.

1 (4) Schienen ohne dunkle Punkte.

2 (3) Fühler einfarbig braun. 1. **A. fuscomaculata** S. 407

3 (2) Fühler hell, 1. Glied nahe der Spitze mit dunklem Fleck (Abb. 625g). 2. **A. subpallida** S. 407

4 (1) Schienen mit deutlichen, dunklen Punkten.

5 (6) 1. Fühlerglied schwarz, seine Spitze schmal hell; 2. Glied nahe der Basis mit schwarzem Ring (Abb. 625f). Scheitel 1,5–1,7× so breit wie das Auge (Abb. 625a). 3. **A. pantherina** S. 408

6 (5) 1. Fühlerglied hell, nahe der Spitze ein dunkler oder roter Ring (Abb. 625h). Scheitel beim ♂ 1,0–1,1×, beim ♀ 1,95× so breit wie das Auge (Abb. 625b). 4. **A. macrophthalma** S. 409

A. picticornis HORV. gehört in die Gattung *Yotvata* LINNAV.

1. **Atomophora fuscomaculata** REUTER, 1879

Größere Art. Hellgelb, rot punktiert. Schwärzlich sind 2 große Flecke auf dem Pronotum, 2 Flecke vor der Spitze des Scutellum, ein Fleck vor der Mitte des Corium und einer am Hinterrande desselben beiderseits der Radialader. Halbdecken mit dunklen Punkten, in denen dunkle Haare sitzen. Membran grau, Adern weißlich, am Außenrande 2 hintereinanderliegende, helle Flecke. Fühler einfarbig braun. Beine hell, Hinterschenkel im Apikalteil oft rötlich. Schienen ohne Punkte, mit bräunlichen, feinen Dornen.

Länge: ♂ = 3,5 mm.

Die Art wurde aus dem Gebiet um das Kaspische Meer gemeldet. Ein einziger, unsicherer Fund wird von LINNAVUORI aus Israel gemeldet.

2. **Atomophora subpallida** E. WAGNER, 1965

Act. Faun. Ent. Mus. Nat. Prag., Bd. 11, S. 227—228;

Etwas kleiner. Oberseite mit feinen, gelben Haaren. Kopf sehr klein, 1,4× so breit wie hoch. Scheitel beim ♂ 1,6–1,7×, beim ♀ 2,5–2,6× so breit wie das kleine Auge (Abb. 625c). Fühler (Abb. 625g) lang und schlank, hell, nur das 1. Glied innen vor der Spitze mit schwarzem Fleck; 2. Glied 0,9× so lang, wie das Pronotum breit ist. Letzteres mit ungleich großen, unregelmäßig verteilten, schwarzbraunen Flecken und Punkten. Scutellum mit wenigen Flecken. Halbdecken (Abb. 625k) weißlich rotbraun. Corium am Hinterrande neben der Radialader mit schwarzem Fleck, neben demselben ein weißlicher, weit nach vorn reichender Streif. Membran hell, dunkel gescheckt, Adern weißlich. Das Rostrum reicht bis zu den Hinterhüften. Dornen der Schienen hell, aus dunklen Punkten entspringend. Schenkel mit dunklen

Flecken. 3. Glied der Hintertarsen 1,2× so lang wie das 2. Klauen klein, distal stark gekrümmt.

Genitalien des ♂ siehe Abb. 624!

Länge: ♂ = 2,9–3,7 mm, ♀ = 2,6 mm.

Bisher nur in Algerien (Biskra, Saharaatlas) gefunden.

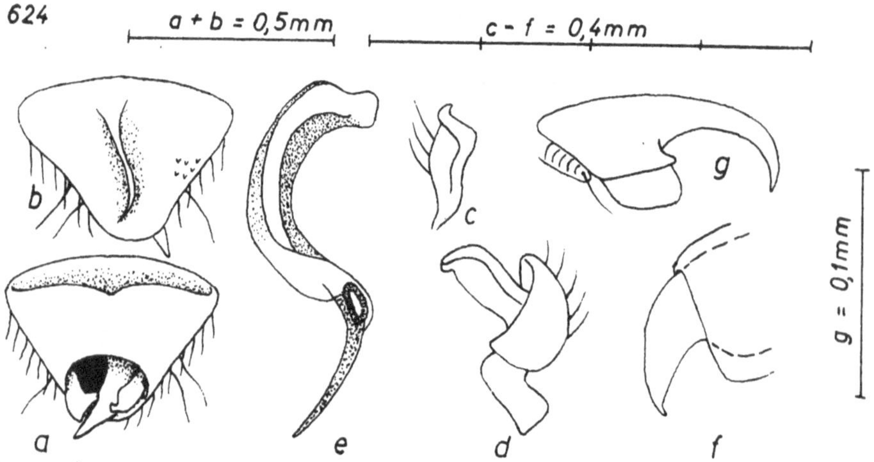

Abb. 624: *Atomophora subpallida* E. Wagn., Männchen

a: Genitalsegment von oben — b: dasselbe von unten — c: rechtes Paramer von oben — d: linkes Paramer von oben — e: Vesika von links — f: Apikalteil der Theka von rechts — g: Klaue des Hinterfußes von außen

3. **Atomophora pantherina** REUTER, 1879

Stark dunkel gezeichnete Art. Behaarung weißlich und lang. Kopf und Pronotum dicht schwarz gefleckt, oft fast ganz schwarz (Abb. 625a). Scheitel 1,5–1,7× so breit wie das Auge. Fühler braun, beim ♂ (Abb. 625f) dicker als beim ♀; 1. Glied schwarz, an der Spitze schmal weißlich; 2. Glied nahe der Basis mit schwarzem Ring. Beim ♀ sind diese Glieder oft einfarbig braun. Halbdecken mit großen, schwarzen, oft zusammenfließenden Flecken, Cuneus größtenteils schwarz (Abb. 625i), Membran gescheckt, am Außenrande 2 helle Flecke. Beine weißlich, Schenkel mit roten Flecken, Apikalteil oft rotbraun. Schienen mit großen, schwarzen Flecken, die bisweilen Ringe bilden, Dornen weißlich.

Länge: ♂, ♀ = 3,0–3,3 mm.

Aus Turkestan beschrieben, im Iran gefunden und neuerdings von ECKERLEIN in Israel und Algerien festgestellt. Dort an Caligonum comosum l'HERIT gefunden.

625

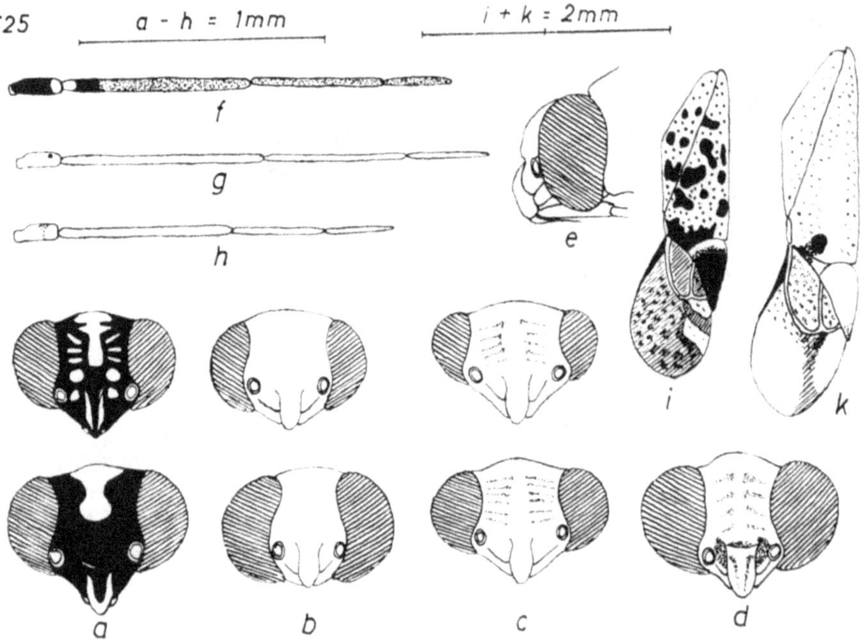

Abb. 625: *Atomophora* Reut.
a, f, i: *A. pantherina* Reut. — b, e, h: *A. macrophthalma* Popp. — c, g, k: *A. subpallida* E. Wagn. — d: *A. oculata* Reut.
a—d: Kopf von vorn (oben ♂, unten ♀, d nur ♂) — e: Kopf von links — f—h: Fühler — i+k: rechte Halbdecke

4. **Atomophora macrophthalma** POPPIUS, 1909

E. WAGNER 1960, Boll. Soc. Ent. Ital., Bd. 90, S. 100—101.

Länglich-oval. Gelblichweiß, mit braunen und rotbraunen Punkten bedeckt. Behaarung hell. Kopf (Abb. 625b) unter den Augen sehr kurz. Scheitel beim ♂ 1,0–1,1×, beim ♀ 1,95× so breit wie das Auge. Fühler (Abb. 625h) weißlich, 1. Glied vor der Spitze mit rotem Ring; 2. Glied beim ♂ dicker als beim ♀ und bei beiden etwa so lang wie das 3. und 4. zusammen. Pronotum mit einer hellen, mittleren Längslinie. Corium mit 2 dunklen Flecken, einem neben der Mitte des Clavus und einem am Hinterrande zwischen Radial- und Kubitalader. Membran braun gescheckt, am Außenrande ein heller Fleck. Unterseite weißlich, mit roten Flecken. Das Rostrum reicht bis zu den Hinterhüften. Beine weißlich, Apikalteil der Schenkel dunkelbraun bis rotbraun. Dornen der Schienen weißlich, aus großen schwarzen oder rotbraunen Punkten entspringend.

Länge: ♂ = 2,7–3,0 mm, ♀ = 2,5–2,8 mm.

Die Art wurde aus der Sahara (Bou Harmes) beschrieben und später in Saudi-Arabien gefunden.

3. Gattungsreihe Harpoceraria DOUGLAS et SCOTT, 1865

E. WAGNER, 1952, Tierw. Deutschl., Blindwanzen, S. 144—145.

Männchen und Weibchen im Bau der Fühler stark verschieden (Abb. 627, a–h); 2. Glied beim ♂ vor der Spitze verdickt und mit kurzen Haaren besetzt, kaum länger als das 1. und meistens deutlich kürzer als das 3. Glied. Beim ♀ ist das 2. Glied schlank, etwa doppelt so lang wie das 1. und kürzer oder so lang wie das 3. Glied (Ausnahme *H. hellenica* REUT., Abb. 627h). Rostrum kurz, höchstens bis zur Spitze der Vorderhüften reichend, gegen die Spitze gleichmäßig verjüngt.

Nur eine Gattung, die im Westen der Paläarktis lebt.

135. Gattung **HARPOCERA** CURTIS, 1838

Typus-Art: *H. thoracica* FALL.

E. WAGNER 1968, Mitt. deutsch. Ent. Ges., Bd. 27 (1), S. 9—12.

Dimorph, das ♂ schlanker und mit stark abgewandelten Fühlern (siehe oben!), in der Regel dunkler gefärbt als das ♀ (Abb. 628) und überdies mit gekrümmten Vorder- und Hinterschienen. Beide Geschlechter glatt, glänzend. Kopf breiter als lang, Scheitel hinten gekielt. Klauen groß (Abb. 628g), distal stark gekrümmt. Haftläppchen groß, über die Mitte der Klaue hinausreichend. Abdomen des ♂ lang, schlank und gekrümmt.

Genitalsegment (Abb. 626a) schlank und gekrümmt, viel länger als dick. Vesika (Abb. 626b) groß, stark gekrümmt. Sekundäre Gonopore nahe der Spitze, von 2 ungleichen Chitinspitzen überragt. Rechtes Paramer (Abb. 626c) klein, dick und gekrümmt, Hypophysis klein. Linkes Paramer (Abb. 626d) mit großer, distal blattartig verbreiterter Hypophysis, deren Apikalteil feine Härchen trägt. Sinneshöcker in eine kräftige Spitze verlängert. Apikalteil der Theka (Abb. 626e) groß, schwach gekrümmt, in der Mitte bauchig erweitert.

Die Gattung enthält 4 Arten, die sämtlich im Mittelmeerraum vorkommen. Sie leben an Quercusarten.

Bestimmungsschlüssel
für die Arten von *Harpocera* CURT.

1 (2) 3. Fühlerglied beim ♂ schwach gekrümmt und 1,0×, beim ♀ gerade und 0,85× so lang wie das 2. (Abb. 627, d+h). Länge 4,6–5,0 mm.
1. **H. hellenica** S. 411

2 (1) 3. Fühlerglied stärker gekrümmt, beim ♂ mindestens 1,25×, beim ♀ mindestens 1,0× so lang wie das 2. (Abb. 627, a–c, e–g). Länge meistens über 5 mm.

3 (4) 2. Fühlerglied beim ♂ (Abb. 627c) vor der Spitze nur keulig verdickt; 3. Glied beim ♂ 1,25×, beim ♀ (Abb. 627g) 1,0× so lang wie das 2.; 1. Glied schwarz. Länge beim ♂ 4,6–5,3 mm, beim ♀ 5,1–5,5 mm.
2. **H. atlantica** S. 412

4 (3) 2. Fühlerglied beim ♂ (Abb. 627, a+b) unterseits vor der Spitze mit kräftigem Höcker und dort mindestens 1,9× so dick wie im basalen Teil; beim ♀ stets deutlich kürzer als das 3. (Abb. 627, e+f). Länge beim ♂ mindestens 5,6 mm, beim ♀ mindestens 6,0 mm.

5 (6) Mindestens die Spitze des Cuneus schwarz (Abb. 628, a+b). Tarsen (Abb. 627i) lang und schlank, das 3. Glied mindestens so lang wie das 2. 2. Fühlerglied beim ♂ (Abb. 627a) 1,15× so lang wie das 1., der Höcker hoch und das Glied dort 2,5× so dick wie im basalen Teil. 3. **H. thoracica** S. 412

6 (5) Halbdecken einfarbig hell. Tarsen (Abb. 627k) kürzer und kräftiger, ihr 2. Glied länger als das 3. 2. Fühlerglied des ♂ (Abb. 627b) 1,4× so lang wie das 1., an seiner Spitze samt Höcker 1,9× so dick wie im basalen Teil. 4. **H. cypria** S. 414

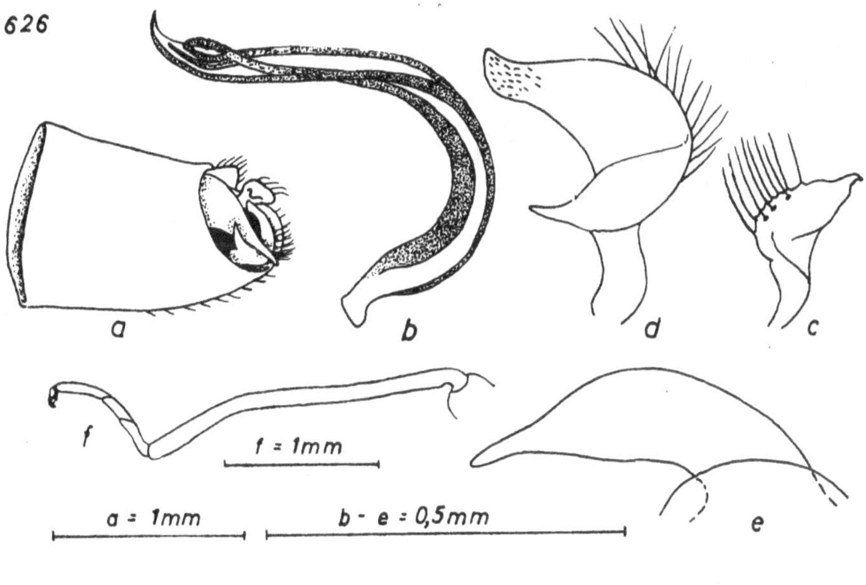

Abb. 626: *Harpocera thoracica* Fall., Genitalien und Hinterschiene

a: Genitalsegment von links — b: Vesika von links — c: rechtes Paramer von oben — d: linkes Paramer von oben — e: Apikalteil der Theka von rechts — f: Hinterschiene und -fuß

1. **Harpocera hellenica** REUTER, 1876 (Abb. 628, e+f)

E. WAGNER 1968, l. c.

Die kleinste Art der Gattung. ♀ einfarbig hell, beim ♂ sind Kopf, Pronotum und Scutellum schwarz und haben eine helle Mittellinie, die Halbdecken sind hell, das Exocorium zum Teil schwärzlich und der Cuneus mit Ausnahme der Basis schwarz.

Fühler kurz, beim ♂ (Abb. 627d) ist das 2. Glied distal nur schwach verdickt und unterseits behaart; 3. Glied 1,0× so lang wie das 2. und kaum gekrümmt. Beim ♀ (Abb. 627h) ist das 2. Glied 1,9× so lang wie das 1. und das 3. Glied gerade, nur 0,85× so lang wie das 2. Hinterschenkel beim ♂ im Apikalteil schwarzbraun, beim ♀ hell. Tarsen sehr kurz. An den Hintertarsen (Abb. 627m) sind das 2. und 3. Glied gleich lang.

Länge: ♂ = 4,8–5,0 mm, ♀ = 4,6–4,7 mm.

Die Art lebt an Quercus pubescens WILLD. und wurde bisher in Griechenland, der Türkei, Syrien und auf der Insel Kreta gefunden. Imagines im Mai.

2. **Harpocera atlantica** E. WAGNER, 1963 (Abb. 628, c+d)

Ann. Zool. Polska Acad. Nauk, Bd. 21, S. 5—8; id. 1968, l. c.

Etwas größer, das ♀ hell, mit schattenartigen Flecken auf den Halbdecken, dunklem Apikalteil des Cuneus und einigen schwarzen Flecken um die Schwielen des Pronotum; das ♂ (Abb. 628c) im vorderen Teil stark schwarz gefleckt, Halbdecken undeutlich gefleckt und der Cuneus mit Ausnahme der Basis schwarzbraun. Fühler etwas länger, beim ♂ (Abb. 627c) das 2. Glied 1,30–1,33× so lang wie das 1.; letzteres dunkelbraun bis schwarz, das 2. Glied distal schwach verdickt und mit einigen kurzen Haaren; 3. Glied stark gekrümmt, 1,25–1,30× so lang wie das 2. Beim ♀ (Abb. 627g) sind alle Glieder schlank, das 2. so lang wie das 3., letzteres gekrümmt. Hinterschenkel beim ♀ hell, beim ♂ an der Spitze schmal schwarzbraun. Tarsen etwas länger. An den Hintertarsen (Abb. 627l) ist das 2. Glied 1,07× so lang wie das 3.

Länge: ♂ = 4,65–5,30 mm, ♀ = 5,1–5,2 mm.

Die Art lebt an Quercus suber L. Imagines im Mai. Bisher nur in Tunesien (Atlasgeb.) gefunden.

3. **Harpocera thoracica** (FALLÉN), 1807 (Abb. 628, a+b)

Die größte Art der Gattung. Das ♂ dunkel. Kopf, Pronotum und Scutellum mit gelber Mittellinie, die auch fehlen kann. Halbdecken grau bis schwarz, meistens mit gelben Längsstreifen. Cuneus schwarz, mit heller Basis. Membran rauchbraun, Adern hell. Beim ♀ (Abb. 628b) sind Pronotum, Scutellum und Halbdecken in der Regel hell mit dunkler Zeichnung. Fühler des ♂ (Abb. 627a) schlank, 2. Glied nur 1,15× so lang wie das 1., vor der Spitze unterseits mit hohem Höcker, dort 2,5× so dick wie im basalen Teil; 3. Glied fast 1,5× so lang wie das 2., stark gekrümmt. Beim ♀ sind alle Glieder schlank, das 3. gekrümmt und 1,2× so lang wie das 2. Hinterschenkel beim ♂ in der Apikalhälfte schwarz. Hintertarsen (Abb. 627i) lang und schlank, das 3. Glied mindestens so lang wie das 2.

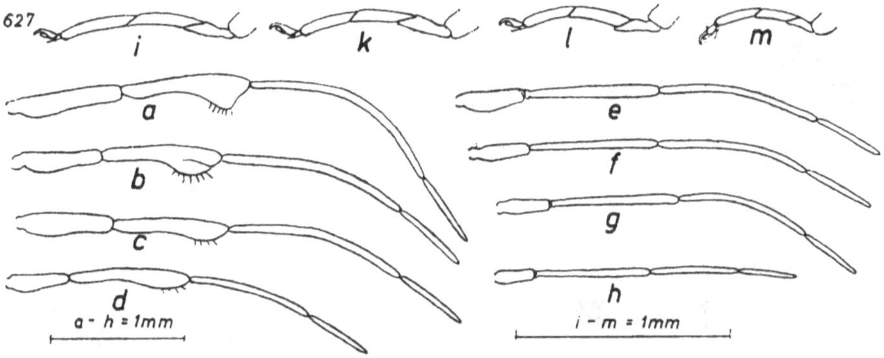

Abb. 627: *Harpocera* Curt., Fühler und Hinterfuß
a, e, i: *H. thoracica* Fall. — b, f, k: *H. cypria* E. Wagn. — c, g, l: *H. atlantica* E. Wagn. — d, h, m: *H. hellenica* Reut.
a—d: Fühler des ♂ — e—h: Fühler des ♀ — i—m: Hinterfuß des ♂

Variation:

1 (7) Pronotum gelblich, bräunlich oder grau, nur die Schwielen oft schwarz gefleckt (♀).

2 (3, 4) Pronotum und Scutellum gelbbraun. var. typica

3 (2, 4) Pronotum und Scutellum graubraun. var. *grisescens* STICH.

4 (2, 3) Pronotum und Scutellum hell rötlichbraun.

5 (6) Halbdecken graubraun. var. *confusa* STICH.

6 (5) Halbdecken rotgelb. var. *ruficollis* WESTH.

7 (1) Pronotum ganz oder größtenteils schwarz (♂, ♀).

8 (9) Pronotum ohne helle Mittellinie. var. *nigra* STICH.

9 (8) Pronotum mit heller Mittellinie.

10 (11) Halbdecken schwarz, mit gelben Längslinien (♂). var. typica

11 (10) Halbdecken bräunlichgrau (♂). var. *confusa* STICH.

Länge: ♂ = 6,0–6,4 mm, ♀ = 6,4–6,8 mm.

Die Art lebt an Quercusarten. Imagines im Mai oder Juni, seltener bereits im April. Imaginalperiode kurz. Ernährt sich von kleinen Insekten. Überwintert als Ei Eine Generation im Jahre.

In Mittel- und Südeuropa verbreitet. Außerdem aus der Türkei und aus Algerien gemeldet.

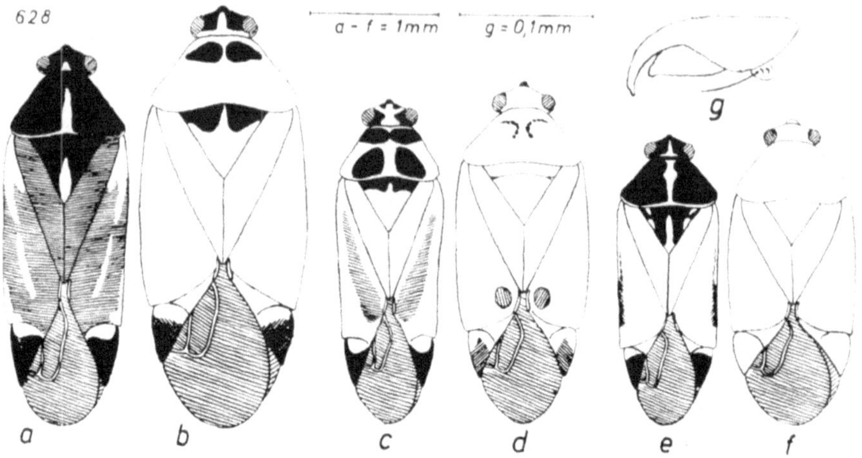

Abb. 628: *Harpocera* Curt., Gestalt und Klaue
a, b, g: *H. thoracica* Fall. — c+d: *H. cypria* E. Wagn. — e+f: *H. hellenica* Reut.
a, c, e: ♂ — b, d, f: ♀ — g: Klaue des Hinterfußes von außen

4. **Harpocera cypria** E. WAGNER, 1968

Mitt. deutsch. Ent. Ges., Bd. 27 (1), S. 9—12.

Hell gelbbraun mit geringer schwarzer Zeichnung. Bei ♂ + ♀ sind der Kopf und die Schwielen des Pronotum schwarz gefleckt, die Halbdecken sind einfarbig hell, nur selten hat der Cuneus in der Mitte des Innenrandes einen etwas dunkleren Fleck, seine Spitze ist stets hell. Fühler einheitlich hell, beim ♂ (Abb. 627b) das 2. Glied etwa 1,4-1,5× so lang wie das 1., distal unterseits mit einem Höcker und dort samt Höcker 1,9× so dick wie im basalen Teil; 3. Glied 1,5× so lang wie das 2., stark gekrümmt. Beim ♀ ist das 2. Glied 2,2× so lang wie das 1. (Abb. 627f); das 3. Glied 1,1-1,2× so lang wie das 2. Tarsen kürzer. An den Hintertarsen (Abb. 627k) ist das 2. Glied länger als das 3. Zahn des linken Paramers stark gekrümmt. Vesika distal schlank.

Länge: ♂ = 5,7-6,75 mm, ♀ = 6,0-6,5 mm.

Bisher nur auf der Insel Zypern gefunden.

Register für den zweiten Teil

(Synonyme sind *kursiv* gesetzt)

1. Gattungen und Untergattungen

2. Arten und Unterarten

Illustrationen

Für Strichätzungen werden einwandfreie Original-Tuschezeichnungen auf weißem Papier oder Transparentpapier (ohne Braun- und Grautöne!) gefordert. Bei Zusammenstellungen von Tafeln aus Zeichnungen auf Transparentpapier ist darauf zu achten, daß zum Aufkleben farbloser Leim verwendet wird! Bei der Anfertigung der Zeichnungen ist auf den Verkleinerungsmaßstab zu achten. Unser Satzspiegel mißt 12 × 18 cm. Die dünnste, gerade noch durch die Strichätzung reproduzierbare Linie (bzw. der Abstand zwischen zwei Strichen) ist 0,1—0,15 mm stark bei einer Wiedergabe von 1:1. Soll eine Zeichnung um die Hälfte verkleinert wiedergegeben werden, dann sollte der dünnste Strich bzw. schmalste Abstand von 0,2 (besser 0,3) mm zwischen zwei Strichen auf keinen Fall unterschritten werden.

Große Zeichnungen mit winzigen Punktierungen und Strichelungen sind also für eine stark verkleinerte Reproduktion nicht zu verwerten!

Fotos sollen scharf sein, auf weißem Hochglanzpapier abgezogen und einzeln eingeschickt werden.

Sämtliche Abbildungen und deren Legenden sind vom Manuskript gesondert zu halten.

Korrekturgang

Änderungen und Zusätze zu eingereichten Manuskripten sind unerwünscht und, wenn unerläßlich, baldigst nachzureichen.

Der Autor erhält je zwei Fahnen- und Umbruchexemplare seiner Arbeit zur Korrektur; je eines ist mit der Korrektur versehen zurückzusenden. Die Rücksendung hat bis spätestens 2 Wochen nach Erhalt der Korrekturexemplare zu erfolgen, bei später abgeschickten Korrekturen muß der Autor damit rechnen, daß diese nicht mehr berücksichtigt werden können.

Sämtliche Reihen unserer Publikationen, außer „Reichenbachia", nehmen nur Arbeiten über Material aus der palaearktischen Region auf. Publikationen über Material aus dem Gebiet der Deutschen Demokratischen Republik und den angrenzenden Gebieten werden vorrangig behandelt. Für Arbeiten über museumseigene Bestände kann diese regionale Begrenzung überschritten werden.

Reichenbachia:

Inhalt: Entomologische Taxonomie, vorwiegend für Neubeschreibungen und kleinere Revisionen (einschl. Spinnentiere und Tausendfüßer), Gebiet: orbis terrarum

Seitenzahl pro Arbeit: nicht mehr als 48 Seiten.

Entomologische Abhandlungen:

Inhalt: Bestimmungstabellen, Revisionen, Monographien, biologische, morphologische, anatomische Arbeiten, Entwicklungslehre. (Insekten, Spinnentiere, Tausendfüßer)

Seitenzahl pro Arbeit: In der Regel nicht mehr als 200 Seiten.

Faunistische Abhandlungen:

Inhalt: Faunistik unter ökologischem, tiersoziologischem oder tiergeographischem Aspekt (Insekten, Spinnentiere, Tausendfüßer)

Seitenzahl pro Arbeit: In der Regel nicht mehr als 80 Seiten.

Zoologische Abhandlungen:

Inhalt: Taxonomie, Biologie, Faunistik, Tierökologie und -geographie, Anatomie, Morphologie, Entwicklungslehre.

(Nicht Physiologie, Ethologie usw.) Umfassend: Säuger, Vögel, Amphibien, Reptilien, Fische, Wirbellose (außer Insekten, Spinnentiere, Tausendfüßer, Mollusken, Protozoen).

Seitenzahl pro Arbeit: In der Regel bis zu 80 Seiten.

Malakologische Abhandlungen:

Inhalt: Taxonomie, Ökologie, Faunistik, Tiergeographie, Anatomie, Morphologie, Entwicklungslehre bei Mollusken.
(Nicht Physiologie, Palaeontologie usw.).
Seitenzahl pro Arbeit: In der Regel bis zu 80 Seiten.

Der Herausgeber

Übersicht über die Publikationen des Staatlichen Museums für Tierkunde Dresden

Nach 1945 erschienen bisher folgende Bände:

Abhandlungen und Berichte aus dem Staatlichen Museum für Tierkunde Dresden

Band 21 (1953)
Band 22 (1) (1954)
Band 22 (2) (1955)
Band 23 (1) (1956)
Band 23 (2) (1957)
Band 24 (1958)
Band 25 (1960)

Ab 1961 wurden die Abhandlungen und Berichte des Staatlichen Museums für Tierkunde in Dresden in folgende Reihen unterteilt:

Entomologische Abhandlungen
Zoologische Abhandlungen (ab 1964 ohne Mollusken)

Später kamen folgende Reihen hinzu:

Reichenbachia (ab 1962)
Faunistische Abhandlungen (ab 1963)
Malakologische Abhandlungen (ab 1964)

Davon sind erschienen oder in Vorbereitung:

Entomologische Abhandlungen

Band 26 (1961/62)
Band 27 (1962)
Band 28 (1963/64)
Band 29 (1963/64)
Band 30 (1964)
Band 31 (1964/65)
Band 32 (1964/67)
Band 33 (1966)
Band 34 (1966/68)
Band 35 (1966/68)
Band 36 mit Supplementband (1967/70)
Band 37 (1969/71) Supplementband im Druck
Band 38 (1970/71)
Band 39 in Vorbereitung

Zoologische Abhandlungen

Band 26 (1961/64)
Band 27 (1964/65)
Band 28 (1965/66)
Band 29 (1967/68)
Band 30 (1969/71)
Band 31 (1970)
Band 32 in Vorbereitung

Reichenbachia

Band 1 (1962/63)
Band 2 (1963/64)
Band 3 (1964)
Band 4 (1964/65)
Band 5 (1965)
Band 6 (1965/66)
Band 7 (1965/66)
Band 8 (1966/67)
Band 9 (1967/68)
Band 10 (1968)
Band 11 (1968/69)
Band 12 (1968/70)
Band 13 (1970/71)
Band 14 im Druck

Faunistische Abhandlungen

Band 1 (1963/66)
Band 2 (1967/69)
Band 3 (1969/71)
Band 4 im Druck

Malakologische Abhandlungen

Band 1 (1964/67)
Band 2 (1966/69)
Band 3 im Druck

FSC
www.fsc.org
MIX
Papier | Fördert gute Waldnutzung
FSC® C083411

Kolibri 360 GmbH
Ferdinand-Jühlke-Straße 7
99095 Erfurt, Deutschland
produktsicherheit@kolibri360.de